U0163126

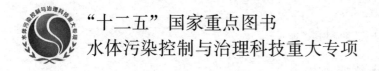

"十二五"国家重点图书

水体污染控制与治理科技重大专项

建筑水系统微循环重构技术研究与应用

赵　锂　刘永旺　李　星　等著

中国建筑工业出版社

图书在版编目（CIP）数据

建筑水系统微循环重构技术研究与应用/赵锂等
著. —北京：中国建筑工业出版社，2020.7
"十二五"国家重点图书水体污染控制与治理科技重
大专项
ISBN 978-7-112-25203-9

Ⅰ. ①建… Ⅱ. ①赵… Ⅲ. ①房屋建筑设备-给
排水系统-研究 Ⅳ.①TU82

中国版本图书馆 CIP 数据核字（2020）第 091875 号

　　本书是对建筑水系统微循环重构技术的系统梳理，包含了建筑水系统现状调
研、建筑给水与生活热水水质保障技术、建筑水系统节水节能关键技术、建筑排
水卫生安全性能保障关键技术、建筑室外水环境节水与水质保障技术、建筑水系
统微循环重构技术示范等章节内容。

　　本书对于从事建筑给水排水科研、设计、教学的人员具有很好的参考价值。

　　责任编辑：于　莉
　　责任校对：姜小莲

"十二五"国家重点图书
水体污染控制与治理科技重大专项
建筑水系统微循环重构技术研究与应用
赵　锂　刘永旺　李　星　等著

*

中国建筑工业出版社出版、发行（北京海淀三里河路 9 号）
各地新华书店、建筑书店经销
霸州市顺浩图文科技发展有限公司制版
北京圣夫亚美印刷有限公司印刷

*

开本：787×1092 毫米　1/16　印张：37½　字数：936 千字
2020 年 9 月第一版　2020 年 9 月第一次印刷
定价：**140.00** 元
ISBN 978-7-112-25203-9
（35944）

本书编委会

主　任：赵　锂

副主任：刘永旺　李　星　张　磊　赵　昕　陈　永　李　军
　　　　高　峰

编　委：（按姓氏笔画排序）

王　君	王　睿	王凤蕊	王国田	王耀堂	卢兴超
匡　杰	冉　帆	尹文超	刘　鹏	刘永旺	安　岩
许　兵	李　军	李　星	李久义	李茂林	李建业
杨艳玲	杨鹏辉	吴俊奇	邹芳睿	沈　晨	陈　永
张　哲	张　晶	张　磊	张晋童	周志伟	郑世雄
赵　昕	赵　锂	赵世明	赵志忠	赵珍仪	姜文超
钱江锋	高　峰	高乃云	高国伟	郭卫星	

序

    随着我国经济建设的快速发展、城镇化水平的不断提高，人民的生活水平也在快速提高，人民对居住条件改善的需求也在提高。我国土地资源的基本国情是"人多地少"，为满足人民日益增长的美好生活需要，建筑的类型已从新中国成立初期的单层、多层建筑，发展到目前的高层建筑为主，建筑的高度、类型和复杂程度已经发生了翻天覆地的变化。对于城镇供水来说，在新中国成立初期以室外供水为主，保障城镇供水普及率及水量，逐步发展到室内供水，水量、水压并重，再到当前阶段的高层建筑二次供水，水量、水压、水质三者并重，并重点要满足在保证水量、水压的前提下对水质的保障。建筑给水排水是整个给水排水学科中最接近百姓生活的部分，建筑给水排水工程是每个百姓都能摸得着、有切身感受的。从这个角度来说，建筑给水排水的重要意义不言而喻。随着建筑行业的不断发展，建筑给水排水系统的复杂性不断提高，但市场需求与技术现状水平不匹配，导致建筑给水排水系统逐渐出现一些问题：高层建筑龙头水压不稳定，龙头水出现黄水、红虫等水质问题；高层建筑的二次供水如何在保证水质、水量和水压的前提下做好系统节能等；2003 年爆发的 SARS 疫情，高层建筑的排水系统被证明是建筑物内的主要传播源之一；卫生间排水系统返臭气是困扰住户的主要问题。这些问题，影响了百姓生活的用水体验，甚至威胁了百姓健康。

    中国建筑设计研究院有限公司总工程师赵锂教授级高级工程师，带领团队在建筑给水排水领域开展了十几年的科研探索和实践，我也有幸参加了他们团队承担的国家"十二五"水专项"建筑水系统微循环重构技术研究与示范"课题的关键技术鉴定，多项关键技术均达到了国际领先水平。团队围绕百姓关心关注的热点问题，提出了"建筑水系统微循环重构"的系统化解决方案，形成了多项创新性成果，填补了国内外技术空白，编制了系列标准规范，将技术研发成果通过标准规范应用到全国工程建设项目，直接推动了建筑给水排水的行业发展。

    项目团队也取得了一些可喜的成果，课题研究成果"模块化户内中水集成系统"获2019 年度香港建造业议会创新奖国际组第一名。为更好地将研究成果进行推广，项目组对研究成果进行了编制出版，内容包含建筑给水水质保障、建筑节水节能、建筑排水卫生安全、建筑与小区场地雨水收集回用等方面，是建筑水系统技术的全面总结，代表了目前我国建筑给水排水技术发展的最高水平，并在国际上也处于领先。本书的发行，能够有效促进我国建筑给水排水工程水平及科研水平的提升，对建筑给水排水的科研、设计、教学具有很好的参考价值。

中国工程院院士、哈尔滨工业大学教授

2020 年 1 月

前言

党的十九大报告指出，我国社会主要矛盾已经转化为人民日益增长的美好生活需要和不平衡不充分的发展之间的矛盾。建筑作为百姓生活和工作的最重要场所，对日常生活具有最直接的影响，百姓美好生活能否实现，建筑起到了决定性作用。城市的发展带来人口的不断聚集，推动了建筑向竖向空间延伸，高层和超高层建筑逐渐成为城市建筑的主流。与多层建筑相比，高层建筑的功能更加复杂。其配套的各机电系统也不断发展完善，以匹配建筑的发展变化。以建筑给水排水为核心的建筑水系统，支撑整个建筑用水过程，也逐渐呈现复杂化和多样化的特点。

一、建筑水系统发展需求

1. 建筑水系统是从水源到水龙头全过程饮用水安全保障的关键，需进一步加强水质安全保障水平

饮用水安全保障是国家公共卫生安全保障体系的重要组成部分，是促进经济社会可持续发展、保障人民群众身体健康和社会稳定的基本条件，也是全面建设小康社会、构建和谐社会的重要内容。近年来，按照党中央、国务院的部署，各省、市有关部门把城乡饮用水安全保障工作摆在突出重要的位置，进一步加大了工作和投入力度，工程建设显著加快，监管力度持续加强，城市饮用水安全保障工作取得了明显成效，饮用水状况总体安全。

建筑水系统是城镇供水系统的"最后一公里"，是从水源到水龙头全过程安全保障的限制性因素。建筑供水系统末端开口多、管材多样、管道系统复杂、没有完善的水质监测系统，污染控制难度明显大于市政供水。管网老化、供水设施运营管理不到位等原因造成的供水水质不达标问题依然突出。

2. 建筑水系统是实施国家节水行动的用水终端，是落实"节水优先"治水理念的关键环节

水是事关国计民生的基础性自然资源和战略性经济资源，是生态环境的控制性要素，水资源短缺已经成为生态文明建设和经济社会可持续发展的制约瓶颈。习近平总书记指出，要深入开展节水型城市建设，使节约用水成为每个单位、每个家庭、每个人的自觉行动，为节水工作指明了主攻方向。近年来，住房和城乡建设部大力开展城镇节水活动，我国城镇节约用水工作取得了显著效益，城市居民人均日生活用水量降低了24%，城市年用水总量基本稳定在 500 亿 m^3，约占全国总用水量的十分之一。《水污染防治行动计划》("水十条")指出：自 2018 年起，单体建筑面积超过 2 万 m^2 的新建公共建筑，北京市 2 万 m^2、天津市 5 万 m^2、河北省 10 万 m^2 以上集中新建的保障性住房，应安装建筑中水设施。建筑与小区的节水效果对城镇节水成效具有重要的影响。

3. 建筑水系统难以匹配百姓美好生活，需全面提升来满足百姓对美好生活的需求

随着城镇化进程的推进，城镇老旧小区建造时间比较长、市政配套设施老化、公共服

务缺项等问题突出，由于原来建筑水系统设计标准较低，维护、养护不到位，建筑水系统设施、管材老化等问题非常严重。目前全国需要改造的城镇老旧小区涉及居民上亿人，面广量大，严重影响了广大百姓的生活。老旧小区问题成为百姓美好生活的重要障碍，引起了党中央、国务院的高度重视。习近平总书记指出，要加快老旧小区改造；不断完善城市管理和服务，彻底改变粗放型管理方式，让人民群众在城市生活得更方便、更舒心、更美好。李克强总理在 2019 年《政府工作报告》中对城镇老旧小区改造工作作出部署，推进城镇老旧小区改造工作，顺应群众期盼改善居住条件。住房和城乡建设部会同有关部门，扎实推进城镇老旧小区改造工作。2017 年年底，住房和城乡建设部在厦门、广州等 15 个城市启动了城镇老旧小区改造试点，截至 2018 年 12 月，试点城市共改造老旧小区 106 个，惠及 5.9 万户居民，形成了一批可复制可推广的经验。2019 年 7 月，住房和城乡建设部会同发展和改革委员会、财政部联合印发《关于做好 2019 年老旧小区改造工作的通知》，全面推进城镇老旧小区改造。建筑水系统改造是城镇老旧小区改造的重要内容，是呼应百姓美好生活需要的重要措施。

二、建筑水系统痛点及问题

1. 龙头水质不达标现象依然存在，生活热水无水质标准

龙头水质达标是饮用水安全保障的目标，但是调查显示，龙头水质不达标现象依然存在，以浊度和色度为代表的感官指标、以余氯和细菌总数为代表的化学指标不达标情况较为突出。龙头的黄水、红水、红虫问题，危害了百姓健康，影响了百姓生活的幸福感和安全感。建筑集中生活热水系统无水质标准，热水系统中出现军团菌造成使用者肺部感染、甚至死亡的问题。

2. 部分建筑发生中水错接问题，严重威胁百姓健康

小区集中中水回用（市政再生水为水源及自建中水处理站）是建筑与小区非传统水源利用的主要形式。由于中水正式通水与住户装修入住时间不匹配，住户装修过程通常临时接自来水冲厕，造成了中水正式使用后，中水和自来水的串通。近年来，北京地区已发生多起中水错接，导致部分居民一段时间内误饮混接后的中水，严重危害威胁了百姓身体健康。

3. 建筑排水系统返臭气已成普遍现象

建筑排水系统是建筑的重要组成系统。调查显示，超过 75% 的高层建筑受到返臭气影响，严重影响了百姓的正常生活，地漏和坐便器返臭是最主要的原因。而臭气中所含的气态污染物大多属于"三致（致癌、致畸、致突变）"污染物，能够造成人体血液携氧量降低、肺崩溃和损伤等疾病。臭气中还含有硫化氢气体，有些城市已发生由于硫化氢气体通过排水管道系统进入住宅内，造成居住人员中毒死亡的问题。市面上水封式地漏产品合格率极低，北方某大型城市建材市场地漏的调查显示，水封式地漏的合格率仅为 16.7%，机械地漏效果一般，易出现失效和密封不严的问题。

三、建筑水系统"微循环重构"概念及技术

1. 建筑水系统"微循环重构"概念的产生

建筑水系统是城镇供水的"最后一公里"，也是城镇排水的起端。是城镇供水排水系统中最接近百姓生活的部分，建筑水系统的运转情况，对百姓生活产生最直接的影响。当

前，我国建筑水系统的各环节，包括二次供水水质、系统节水节能、排水卫生安全性能、二次供水运营管理模式等，还存在诸多人民群众不满意的地方，亟需对建筑水系统进行全方位梳理，针对现状问题形成具有针对性的技术解决方案，重新构建完整的建筑水系统，为百姓生活提供优质的供水、舒适的用水和卫生的排水。

党的十九大报告指出，推进资源全面节约和循环利用，实施国家节水行动，降低能耗、物耗，实现生产系统和生活系统循环链接。"循环"成为提高资源利用效率的重要途径。建筑水系统既是城镇供水系统的终端，也是城市排水系统的始端，是生活用水从"供"转向"排"的转折点，构成了水资源在城市水系统循环的重要节点。在传统的建筑水系统中，生活用水的流转过程为"建筑给水系统"到"建筑排水系统"的单向流转，水从建筑给水系统经过生活用水过程排入建筑排水系统，随城镇排水进入水系统的自然循环过程。为了响应国家"推进资源循环利用"的号召，提升水资源利用效率，我们提出建筑水系统"微循环"的理念：在常规建筑水系统的基础上，通过构建户内环状供水（包括系统及末端）、户内灰水回用和建筑场地雨水处理回用，实现建筑水系统内水的微循环；通过户内灰水和建筑雨水回用，提高了建筑水系统的水资源利用效率；通过户内环状供水方式，消除了建筑户内给水系统的"死水"区，显著缩短了户内供水管道的水力停留时间，保障了供水水质安全。建筑水系统"微循环重构"示意图见图1。

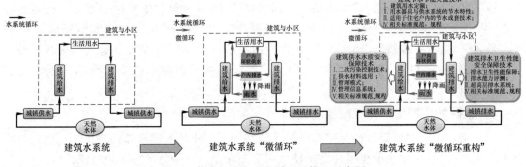

图1　建筑水系统"微循环重构"示意图

2. 建筑水系统"微循环重构"的关键技术

针对建筑给水、建筑用水过程、建筑排水的问题，建立基于建筑供水水质保障、建筑排水卫生安全、建筑系统节水节能、建筑户内灰水回用、建筑雨水收集利用的建筑水系统微循环技术体系，实现了建筑水系统"微循环重构"，保障"最后一公里"供水水质和排水卫生安全，形成了"建筑供水水质安全保障技术"、"建筑节水节能关键技术"、"建筑排水卫生性能安全保障与排水能力预测技术"，解决了建筑给水的水质安全、生活用水的节水节能、建筑排水的安全保障问题。在给水卫生安全保障方面，通过"基于终端水质安全的建筑给水水质保障技术"保障龙头水的水质安全，通过"住宅户内的节水成套技术"保障户内回用中水的水质安全，满足百姓生活用水的水质安全需要。在排水卫生安全保障方面，通过排水能力预测和高安全排水系统的搭建，系统性解决排水系统的返臭问题，保障百姓生活排水卫生安全。

3. 建筑水系统"微循环重构"的创新成果

建筑水系统微循环重构技术体系中"建筑供水水质安全保障技术"、"建筑节水节能关键技术"、"建筑排水卫生性能安全保障与排水能力预测技术"等3项关键技术，通过了李圭白院士、侯立安院士等专家的关键技术鉴定。"建筑水系统微循环重构技术研究与应用"整体技术成果，通过了彭永臻院士、马军院士等专家组的总体成果鉴定，专家组认为课题拥有多项原创性技术成果，社会经济效益显著，总体达到了国际领先水平。

建筑水系统微循环重构技术体系主要创新点及技术内容包括：（1）为解决城镇给水系统的终端水质、龙头水达标问题，解析了建筑供水系统水质污染特性，建立了建筑给水二次消毒技术体系；通过建立建筑户内供水管道的微循环，显著缩短了建筑用户端的水力停留时间和滞水区域，有效保障了水质安全。（2）提出了我国生活热水的水质指标与限值，编制出了相应的行业标准及技术规程，填补了国内关键性热水水质指标和行业标准的空白。（3）在全面研究全国用水规律的基础上，科学地修订了建筑用水定额，并形成了建筑节水节能关键技术，成果已纳入国家标准《建筑给水排水设计标准》GB 50015—2019。（4）构建出模块化户内中水集成系统，实现了产品化、标准化、产业化，户均节水率达30%。该技术作为推荐技术应用于北京市保障性住房和共有产权房建设（京建发〔2015〕282号、京建发〔2017〕20号）。（5）建立了瞬间流量测试方法和流程，补充了我国住宅排水系统立管排水能力测试方法，创建了排水系统排水能力预测方法和预测软件，填补了国际上建筑排水能力预测领域的空白，成果已纳入建筑给排水相关规范。（6）项目成果在北京、天津、沈阳等地开展了应用示范，并在全国300余自来水公司及建筑小区推广。

建筑水系统微循环重构技术体系产出标准规范14项（包含国家标准2项、行业标准6项、协会标准2项、联盟标准4项），获得授权发明专利19项、授权实用新型专利37项，发表学术论文101篇，出版专著3部，获重庆市科技进步一等奖、建设行业科学技术奖（华夏建设科学技术奖）一等奖2项、二等奖1项、香港建造业议会国际创新奖第一名。

四、"微循环重构"技术研究与实践

近年来，中国建筑设计研究院有限公司依托国家"十二五"水体污染控制与治理科技重大专项——"建筑水系统微循环重构技术研究与示范（2014ZX07406002）"、"绿色建筑与小区低影响开发雨水系统研究与示范（2010ZX07320）"，"十二五"国家科技支撑计划课题——"建筑室外水系维护与节水关键技术研究（2013BAJ02B02）"，中国—新加坡科技合作计划课题"绿色建筑节水关键技术"，中国建设科技集团科技创新基金项目"二次供水水质安全与节水关键技术研究与示范"等多项国家、省部级课题，联合北京工业大学、北京建筑大学、北京交通大学、同济大学、重庆大学、山东建筑大学、亚太建设科技信息研究院、中国建筑标准设计研究院、天津市华澄供水工程技术有限公司、天津生态城建设投资有限公司、天津生态城绿色建筑研究院有限公司、沈阳水务集团有限公司、北京沃奇新德山水实业有限公司等十余家高校、科研院所、大型企业，开展了近十余年的建筑水系统"微循环重构"技术研究、标准编制、产品开发、工程应用等实践。成果在北京、天津、沈阳、张家港等地开展了综合示范和工程应用，显著提高了建筑二次供水和建筑排水等生活用水的安全性和保障率，提升了建筑给水排水行业的技术发展水平，产生了显著的经济效益和社会效益。

五、结语

建筑水系统微循环重构技术体系，从给水排水流程上包含了建筑给水、建筑用水、建

筑排水过程，涉及建筑与小区红线范围内的全部用水过程。本书是对建筑水系统微循环重构技术的系统梳理，包含了建筑水系统现状调研、建筑给水与生活热水水质保障技术、建筑水系统节水节能关键技术、建筑排水卫生安全性能保障关键技术、建筑室外水环境节水与水质保障技术、建筑水系统微循环重构技术示范等章节内容。

中国建筑设计研究院有限公司为我国建筑给水排水及二次供水领域技术研发领军单位，为住房和城乡建设部建筑给水排水标准化技术委员会、中国建筑学会建筑给水排水研究分会、中国建筑节能协会建筑给水排水系统分会、中国城镇供水排水协会建筑给水排水分会秘书处依托单位，拥有国家住宅与居住环境工程技术研究中心、北京市重点实验室、北京市国际合作基地和博士后科研工作站等多个科技创新研发平台，长期致力于建筑给水排水行业的推动和发展。

编制组将以本书籍出版为契机，不断总结、丰富和完善"建筑水系统微循环重构"目标，以推动建筑给水排水事业健康发展为己任，努力前行。

本书经过多次修改与完善，但不足之处在所难免，望读者同仁给予批评指正。

2020 年 1 月　于北京

目录

研究系统，即每一个调研点都覆盖居住、公共等不同类型的建筑作为本课题的研究对象。分别对不同区域的同类建筑在同一时期内开展用水量和水质检测。同时通过自来水公司获得该建筑近 5 年内的水量销售明细作为参考数据。针对全国不同城市的建筑用水及水质水量差异，拟开展建筑水系统现状调研与分析，确定水质的污染规律和影响因素，提出二次污染关键指标，进行建筑给水、建筑排水、生活热水等水质的污染规律和关键影响因素研究。分析建筑水量及用水规律，开展节水设计指南编制。

2. 各地区建筑基本信息介绍

各地区面积、人口和供水形式等建筑基本信息介绍如表 1.2-1 所示。

3. 东北地区建筑用水量及用水变化规律调研分析与总结

东北地区各城市各类型建筑实际用水量与时变化系数如表 1.2-2 所示。

养老院、幼儿园、办公楼、商场、住宅、快餐店和宾馆客房的用水定额基本小于规范，一天内用水时间主要集中在白天，晚上用水量很小。宾馆采用了节水型供水器具，其中沈阳快餐店和办公楼的用水定额远超出标准，这与当地的饮食文化及用水习惯有关。公共浴室、培训中心/旅馆、体育场用水量偏大，一部分原因是调研的东北地区部分城市几乎没有节水观念，用水量非常大；也有一部分原因是当地管网存在漏水情况。高校教学实验楼的用水量偏大，这是由其实验性质决定的，例如某段时间需要集中大量用水。在时变化系数方面，高校教学实验楼的时变化系数与规范值差别较大，主要由于人员较少，用水时间不固定，用水量波动大，容易造成时变化系数与现行标准出现差异；住宅中，东北地区大部分城市的时变化系数与规范值较为接近，但也有一些地区时变化系数与规范值不一致，其中住宅人数难于准确统计也是容易产生误差的原因；宾馆客房中绥化和海伦的时变化系数均大于规范值，可能是因为绥化和海伦当地用水量混乱，多处未设置水表并且多处建筑使用自备井供水，统计不准确，其造成的误差较大。

4. 华南、西南地区建筑用水量及用水变化规律调研分析与总结

华南、西南地区各城市各类型建筑实际用水量与时变化系数如表 1.2-3 所示。

在各类建筑用水量方面，高校的基础设施较多，大型城市（重庆市主城区、深圳市）宿舍的用水定额普遍高于规范限额，小型城市（江门市棠下镇）宿舍的用水定额普遍低于规范限额；江门市棠下镇幼儿园用水定额低于规范限额，主要是因为棠下镇所调研的幼儿园属于乡镇幼儿园，用水设施不完善，且幼儿园没有食堂；餐饮业及体育场的用水定额与规范值存在较大的差异，主要是由于餐饮业及体育场均为流动人口，难以准确统计其人口数；办公楼人均用水定额均略高于规范限额，主要是由于所调研的办公楼中部分含有食堂，使得其人均用水定额升高。

在时变化系数方面，餐饮业时变化系数高于现行标准，主要是由于餐饮类用水时间较分散，用水量波动大，容易造成时变化系数大于现行标准。公共浴室时变化系数大于现行标准，主要是由于所调研的部分公共浴室为学生浴室，开放时间较短，用水时间集中，故其时变化系数大于现行标准。幼儿园和住宅类建筑时变化系数符合现行标准规定。同时，由于南方生活习惯的原因，人们普遍偏好在家中洗澡，公共浴室不是当地人洗澡的首要选择，因此当地的公共浴室营业时间较短，用水人数变化较大，故其时变化系数明显大于规范值。

建议加强对华南、西南地区各行业的用水管理，定期对用水单位进行实地调查，实时

第1章 建筑水系统现状调研

1.1 引言

目前我国对城市建筑区内的实际用水量和用水变化规律、热水和排水现状研究欠缺，没有形成具有指导性的研究成果，因此开展不同地区城镇、不同性质建筑区内的水量监测工作和水量变化规律测试与分析、热水和排水现状研究的工作具有实际意义。通过对7个地区14类建筑进行实际监控和数据采集，客观掌握建筑区内的实际用水量与用水变化规律。同时，对热水和排水现状进行调查研究，形成指导性研究成果，为用水定额分析与制定提供基础。

随着城市大型建筑的日益增多，建筑给水工程也向着大水量、高水压的方向发展，二次供水系统日益复杂。随之而来的是二次供水系统污染风险增大，各种严重的水质污染时有发生，大大影响了人们的身体健康，供水水质下降与人们对水质要求越来越高的矛盾日益突出。本书通过对二次供水水质、水量及管理模式等内容进行调研分析，总结了我国二次供水存在的主要问题，对于开展二次供水相关研究提供基础依据和方向指引。

建筑室外水环境是城市人居环境的重要组成部分。随着社会不断发展和人们生活条件不断改善，建筑室外景观水体慢慢地融入了人们的生活，其功能和价值越来越受到重视，这些水体对提高人居环境的品质有重要作用。建筑室外景观水体的规划建设大多数情况下会被赋予当地的人文和自然特点，具有浓郁的文化底蕴，成为城市的特色名片，常被喻为城市的一颗明珠。本章通过对建筑室外水体水质、水量的调研分析，总结了我国建筑室外水环境存在的主要问题，对于开展相关研究提供基础和方向指引。

1.2 全国各地区用水现状调研及分析

1.2.1 全国各地区建筑用水量和水质调研及分析

1. 调研内容及方法

从调研面上尽量覆盖较大的范围，同时参照我国城市给水排水技术规范区域划分的情况，分别在我国东北地区、华北地区、西南地区、华南地区等地选择具有代表性的城市开展城镇二次供水水量普查调研，根据资料的完整性和可利用性，筛选确定具有统计价值的、能反映我国不同气候区域、不同地形、不同水源、不同经济发展水平、不同生活习性、不同人口规模特征的典型城市；例如，东北地区选择辽河流域的重点城市沈阳，华北地区选择典型城市北京或天津，西南地区选择重庆，华南地区选择广州或东莞。在调研点注意收集各地较有指导意义的示范试点的相关材料，结合城市发展特性，建立"建筑群"

各地区各类建筑基本情况

表 1.2-1

建筑类型	地区	面积(m²)	人口(人)	总层数(层)	建成年份	供水形式	建筑高度(m)	床位	单位	使用时间(h)
宿舍	东北地区	4500	1000~1200	6~7	2002—2006	市政直供,自备井	20.0~25.0	912	L/(人·d)	24
	西南地区	335~32000	27~900	5~11	1983—2010	市政直供,水泵水箱二次供水	6.0~35.0	35~360	L/(人·d)	24
	华南地区	1056~25000	384~37980	5~6	1983—2005	市政直供,水泵水箱二次供水	15.0~21.0	384~600	L/(人·d)	24
	华东地区	3900~49200	415~4220	6~15	1999—2006	3层及以下市政直供;3层以上水池-水泵-屋顶水箱供水	15.2~60.0	415~4220	L/(人·d)	24
	西北地区	5200	960	6	2000	市政供水	28.0	—	L/(人·d)	24
	华北地区	4100~10400	466~902	6~9	1990—2011	1~3层市政直供;4~9层变频供水	19.2~29.9	—	L/(人·d)	24
	华中地区	—	—	—	—	—	—	—	—	6~24
培训中心	东北地区	70~260	15~20	1~2	2006—2010	市政直供	3.0~7.0	8	L/(人·d)	24
	西南地区	145~3920	20~1118	7~25	1983—2009	市政直供,水泵水箱二次供水	21.0~80.0	25~1000	L/(人·d)	24
	华南地区	600~29590.7	25~200	4~16	2007—2014	市政直供,水泵水箱二次供水	15.0~75.8	27~350	L/(床·d)	24
	华东地区	6500~8200	400~600	6~8	2001—2008	3层及以下市政直供;3层以上水池-水泵-屋顶水箱供水	15.4~22.6	400~600	L/(人·d)	24
	西北地区	700~1800	46~150	1~3	1998—2013	水箱供水	3.8~11.0	—	L/(人·d)	24
	华北地区	4000~9200	70~226	6~7	2013—2014	市政直供加水箱供水	18.0~21.0	—	L/(人·d)	24
	华中地区	3800~8800	83~248	8~17	2006—2012	二次加压供水	24.0~51.0	—	L/(人·d)	24
酒店式公寓	东北地区	2000	200	4	2013	市政直供	10.0	—	L/(人·d)	24
	西南地区	—	—	0	2010	—	—	—	—	—
	华南地区	1000~1300	25~65	6~8	—	市政直供	19.0~25.0	50~62	L/(人·d)	24
	华东地区	800	58	2	2009	市政直供	5.1	—	L/(人·d)	24
	西北地区	800~1500	11~120	2~4	2011—2015	市政供水	8.0~17.0	—	L/(人·d)	24

续表

建筑类型	地区	面积(m²)	人口(人)	总层数(层)	建成年份	供水形式	建筑高度(m)	床位	单位	使用时间(h)
酒店式公寓	华北地区	—	—	—	—	—	—	—	—	—
	华中地区	—	327~6000	15~23	2005—2013	加压罐供水、市政直供、变频泵供水	45.0~69.0	—	L/(人·d)	24
宾馆客房	东北地区	500~4000	33~130	2~5	2008—2014	市政直供、二次加压供水	5.0~15.0	36~156	L/(人·d)	24
	西南地区	890~23570	50~600	8~22	1999—2005	水泵水箱二次供水、市政直供	24.0~66.0	70~450	L/(人·d)	24
	华南地区	1500~37000	50~500	5~32	1996—2013	水泵水箱联合供水、市政直供	16.0~85.0	90~500	L/(人·d)、L/(床·d)	24
	华东地区	28000	1200	11	2008	3层及以上市政直供；3层及以上水泵屋顶水箱供水	30.4		L/(床·d)	24
	西北地区	9000~11000	450~486	6~14	2008—2009	1~3层市政供水；4层及以上上水箱供水	22.0~46.0	220~340	L/(人·d)	24
	华北地区	19800~38000	80~800	10~15	1990—2008	4层以下市政直供；4层及以上无负压供水	30.0~45.0	—	L/(人·d)	24
	华中地区	71100	—	21	1999	水箱二次供水		1100	L/(人·d)	24
医院	东北地区	1000~63000	120~350	2~10	1945—2011	市政直供	7.0~20.0	54~800	L/(人·d)	24
	西南地区	3000~210330	80~800	7~13	1983—2009	市政直供、水池水箱联合供水	21.0~52.0	450~1300	L/(床·d)	24
	华南地区	150~119000	10~1500	2~15	1985—2003	水泵水箱联合供水、市政直供	8.0~60.4	0~1900	L/(人·d)	24
	华东地区	18000	1700	9	2002	3层及以下市政直供；3层及以上上水池-水泵-屋顶水箱供水	24.8	1700	L/(人·d)	24
	西北地区	14113~38000	—	12~22	2006—2009	市政供水、水箱供水、叠压供水	43.2~72.0	455~680	L/(人·d)	24

续表

建筑类型	地区	面积(m²)	人口(人)	总层数(层)	建成年份	供水形式	建筑高度(m)	床位	单位	使用时间(h)
医院	华北地区	22×10⁴	10000	11	2012	3层以下市政直供;3层及以上变频泵供水	48.3	—	L/(人·d)	8~12
	华中地区	10500		8	2005	1~3层市政直供;4~8层变频泵供水	24.0	120	L/(人·d)	24
养老院	东北地区	450~2300	20~120	1~4	2001—2008	市政直供,水箱二次供水	7.0~12.0	28~100	L/(人·d)	24
	西南地区	640~7300	30~380	2~5	1996—2004	市政直供	6.0~15.0	50~300	L/(人·d)	24
	华南地区	200~45000	10~320	2~10	1991—2010	市政直供,水泵水箱二次供水	7.0~31.0	0~510	L/(床·d)	24
	华东地区	1500~3200	180~280	4~6	2004—2007	市政供水,水池-水泵-屋顶水箱供水	10.9~17.2	—	L/(人·d)	24
	西北地区	1500~2600	36~248	2~3	2009—2012	市政供水	7.0~10.0	260~500	L/(人·d)	24
	华北地区	—	—	—	—		—	—	—	—
	华中地区	—	—	—	—		—	—	—	—
幼儿园	东北地区	219~1840	32~220	2~5	1994—2014	市政直供,二次加压供水	6.0~13.5	—	L/(人·d)	8~24
	西南地区	400~4784	60~480	3~7	1983—2006	市政直供	10.0~21.0	0~420	L/(人·d)	24
	华南地区	1280~6852	280~482	2~5	1970—2013	市政直供	7.0~14.0	7~16	L/(人·d)	10~12
	华东地区	3300~5700	500~700	5	2005—2008	3层及以下市政直供;3层以上水池-水泵-屋顶水箱供水	14.1~14.3	—	L/(人·d)	10~12
	西北地区	300~5400	120~505	1~3	2010—2012	市政供水	3.0~10.0	—	L/(人·d)	24
公共浴室	华北地区	—	—	—	—		—	—	—	—
	华中地区	—	—	—	—		—	—	—	—
	东北地区	80~1100	30~70	1~2	2005—2013	混合水,市政直供,泵抽(地下水)	3.0~10.0	8~24	L/(人·次)	12~17
	西南地区	80~450	35~300	2~6	1985—2004	市政供水	0.0~18.0	—	L/(人·次)	4~10

续表

建筑类型	地区	面积(m²)	人口(人)	总层数(层)	建成年份	供水形式	建筑高度(m)	床位	单位	使用时间(h)
公共浴室	华南地区	—	—	—	—	—	—	—	—	—
	华东地区	300	150	2	2010	市政直供	5.7	—	L/(人·d)	24
	西北地区	300	1600	1	1998	市政供水	4.0	—	L/(人·d)	8
	华北地区	1000	589	2	1990	市政直供	7.0	—	L/(人·d)	12
	华中地区	—	—	—	—	—	—	—	—	—
餐饮业	东北地区	65~200	27~200	1~2	2000~2014	市政直供、水箱二次供水	3.0~25.0	—	L/(人·d)	12~16
	西南地区	140~3706	150~2100	2~23	2000~2004	市政直供、水泵二次供水	6.0~80.0	—	L/(人·次)	12~13
	华南地区	200~1789	75~1100	1~7	1997~2012	水泵二次供水	3.5~200.0	30~300	L/(人·次)	11~24
	华东地区	380	600	2	2007	市政直供	5.1	—	L/(人·d)	16
	西北地区	2000~5000	948~16000	2~3	1993~2010	市政直供	7.0~15.0	—	L/(人·d)	14
	华北地区	400~6000	400~4684	2	1970~2011	市政直供、水箱二次供水	7.0~10.0	—	L/(人·d)	12~16
	华中地区	—	—	—	—	—	—	—	—	—
商场	东北地区	1100~24000	800~3000	1~8	2002~2013	市政直供、水箱二次供水	5.0~30.0	—	L/(人·d)	12~14
	西南地区	1950~38527	1200	4~25	1998~2005	市政供水	12.0~80.0	—	L/m²	10~12
	华南地区	260~80000	300~15000	1~7	2001~2008	市政直供	3.5~25.0	—	L/m²	12~14
	华东地区	15500~25000	—	2~7	2008~2010	3层及以下市政直供；3层以上水池+水泵+屋顶水箱供水	5.8~19.8	—	—	15~16
	西北地区	5400~240000	5000~50000	3~6	2010~2014	市政、水箱供水	14.0~32.0	—	L/(人·d)	12~14
	华北地区	—	—	—	—	—	—	—	—	—
	华中地区	35000	—	4	2012	无负压供水	14.0	—	L/(人·d)	15

续表

建筑类型	地区	面积(m²)	人口(人)	总层数(层)	建成年份	供水形式	建筑高度(m)	床位	单位	使用时间(h)
办公楼	东北地区	1450~5000	80~180	4~6	1997—2011	市政直供	12.0~20.0		L/(人·d)	8
	西南地区	520~4850	90~900	6~12	1996—2000	市政供水、水泵二次供水	18.0~36.0	—	L/(人·d)	8~10
	华南地区	7000~88780	354~3500	7~25	2009—2013	市政直供、水泵水箱二次供水	25.0~99.0	—	L/(人·d)	12
	华东地区	11500~13000	1440~1500	5~8	2011—2012	3层及以下市政直供；3层以上水池-水泵-屋顶水箱供水	14.1~22.7	—	—	12
	西北地区	841~5000	55~1123	5	1990—2001	市政直供	18.0	—	L/(人·d)	8~24
	华北地区	2500~31500	102~600	3~16	1960—2011	市政直供、水泵水箱联合供水、水箱二次供水	12.4~48.0	—	L/(人·d)	8~14
	华中地区	—	—	—	—	—	—	—	—	—
体育场	东北地区	1200~2000	100~250	2~4	2008—2009	市政直供	6.0	—	L/(人·d)	10
	西南地区	4800~12000	1500~2200	4~10	1994—2004	市政供水	24.0~30.0	—	L/(m²·d)	9~12
	华南地区	1100~47400	60~2500	3~7	1984—2008	市政直供	12.5~55.0	5848	L/(人·次)	14~16
	华东地区	1700	10000	1	2012	市政直供	3.4	—	—	18
	西北地区	97000	50000	—	1999	市政直供	—	—	L/(人·d)	—
	华北地区	—	—	—	—	—	—	—	—	—
	华中地区	—	—	—	—	—	—	—	—	—
高校教学实验楼	东北地区	6000~8000	36~200	5~7	2010—2011	市政直供	17.0~24.0	—	L/(人·d)	24
	西南地区	8000~9860	155~7000	4~5	2006—2007	市政直供	18.0~24.0	—	L/(人·d)	9~14
	华南地区	600~70000	360~3500	3	1984—2003	市政直供	10.0	—	L/(人·d)	12~16
	华东地区	1100~229100	260~1600	5~6	1997—2001	3层及以下市政直供；3层以上水池-水泵-屋顶水箱供水	14.5~17.2	—	—	18

续表

建筑类型	地区	面积(m²)	人口(人)	总层数(层)	建成年份	供水形式	建筑高度(m)	床位	单位	使用时间(h)
高校教学实验楼	西北地区	826000	38000	—	—	市政、水箱供水	—	—	L/(人·d)	24
	华北地区	4600~15700	259~724	4~5	1950—2011	市政直供、叠压供水等	17.5~24.0	—	L/(人·d)	18
	华中地区	15600	1100	6	2004	1~3层市政直供；4~6层无负压供水	24.0	—	L/(人·d)	8~9
住宅	东北地区	700~90×10⁴	36~13278	6~33	2004—2011	市政直供、水箱二次供水	12.0~60.0	150	L/(人·d)	24
	西南地区	1200~52463	310~1404	6~30	1999—2010	市政直供、水泵二次供水	18.0~92.0	—	L/(人·d)	24
	华南地区	60~130000	3~4800	5~22	1996—2013	市政直供、水泵水箱二次供水、气压罐供水	3.0~67.0	1~92	L/(人·d)	24
	华东地区	15000~17000	88~200	6~7	2004—2008	3层及以下市政直供；3层以上水池-水泵屋顶水箱供水	18.3~20.2	—	—	24
	西北地区	260000~400000	7942~12162	4~20	20世纪80年代—2012	市政、水箱供水	—	—	L/(人·d)	24
	华北地区	17900~21100	90~540	5~18	1990—1999	市政供水、叠压供水、变频泵供水	15.0~54.0	—	L/(人·d)	24
	华中地区	30000~70000	210~700	6~32	2002—2007	市政直供、水箱二次供水、无负压供水	18.0~96.0	—	L/(人·d)	24

注："—"表示未调研。

东北地区各类型建筑实际用水量与时变化系数　　　表 1.2-2

建筑类型	实际用水量 [L/(人·d)]					标准用水定额 [L/(人·d)]	时变化系数					
	哈尔滨	绥化	海伦	沈阳	新民	规范值	哈尔滨	绥化	海伦	沈阳	新民	规范值
宿舍	—	—	—	—	—	100～150	—	—	—	—	—	
培训中心	142	22	50	220	15	80～130	—	—	—	—	—	
酒店式公寓	—	—	—	230		200～300						
宾馆客房(旅客)	205	270	145	280	363	250～400	—	3.56	3.85	—	—	2.0～2.5
医院住院部	—	167	83	—	103	100～200						
养老院(全托)	23	85	90	200	110	100～150						
幼儿园(全托)	55	73	40	100	40	50～100						
公共浴室(淋浴)	150	545	135	210	135	100						
餐饮业(快餐店)	14.4	38	15	170	19	20～25						
商场(员工及顾客)	7	3	5	10	5	5～8						
办公楼	20	38	—	100		30～50						
体育场 (运动员淋浴)	10	89		44		30～40						
高校教学实验楼	111	—	—	—		40～50	3.69					1.2～1.5
住宅	81	130	203	147	155	130～300	2.07	—	2.65	2.42	2.67	2.3～2.8

注："—"表示未调研。

获取用水人数、用水量等基本情况数据,为方便后续建筑水系统的调研做铺垫;加大地方有关部门与调研人员的沟通与合作,同时要提高公众对科学用水的认知度,如通过定期开展节水讲座、在社区播放建筑水科普宣传片、派发相关简章等方式,推广用水调研在现阶段的现实意义,从而提升调研工作在公众当中的认可度,有利于协调各方,从而使得调研工作更加顺利进行。

华南、西南地区各类型建筑实际用水量与时变化系数　　　表 1.2-3

建筑类型	实际用水量[L/(人·d)]						标准用水定额 [L/(人·d)]	时变化系数	
	重庆	重庆合川区	铜梁镇	深圳	江门	棠下镇	规范值	实测值	规范值
宿舍	194	180	147	166	121	93	100～150	—	
招待所、培训中心、普通旅馆	190	224	183	213	189	98	120～200	—	
酒店式公寓	—						—		
宾馆客房	411	483	303	408	396	263	250～400		
医院住院部	244	180	226	222	140	95	150～250		
养老院	176	—	136	158	188	117	100～150		
幼儿园	71	81	73	109	51	15	50～100	2.7	2.5～3.0

续表

建筑类型	实际用水量[L/(人·d)]						标准用水定额 [L/(人·d)]	时变化系数	
	重庆	重庆合川区	铜梁镇	深圳	江门	棠下镇	规范值	实测值	规范值
公共浴室	148	202	178	—	—	—	150～200	7.1	1.5～2.0
餐饮业	81	74	45	65	98	65	20～25	2.9～3.2	1.2～1.5
商场	6	9	4	7	9	—	5～8	—	—
办公楼	76	99	66	73	70		0～50	—	—
体育场	5	—	3	8	6	—	30～40		
高校教学实验楼	46		43	37			40～50		
住宅	215	147	95	182	196	153	130～300	1.9～2.5	2.3～2.8

注："—"表示未调研。

5. 西北地区建筑用水量及用水变化规律调研分析与总结

西北地区各类型建筑实际用水量与时变化系数如表1.2-4所示。

医院用水量在城市总用水量中所占比重大，其中用水量最多的是住院部，而住院部中用水量最多的是病房用水和医疗器械用水，用水量主要与病房病床入住率有关。医院用水规律较其他类型建筑有很大不同，在一般住宅、商场、办公楼不用水的情况下医院用水量不但没有减少，还倍数增加，其用水具有持续时间长、用水量大、峰值一般出现在夜间的特点。

养老院、福利院用水量主要与在院人数有关，其中用水主要集中在食堂用水和保洁用水。经研究用水变化规律发现，同级别养老院同时段用水规律没有相关性，与福利院类养老院也没有相关关系。同时，同一类别相邻年同时段用水量相差也非常大，没有明显相关规律。

宾馆客房用水量基本与热水用水量成正相关，因为宾馆客房中用水主要为洗漱和洗浴用水，热水是宾馆客房类用水中的主要分支。

西北地区各类型建筑实际用水量与时变化系数   表1.2-4

建筑类型	标准用水定额 [L/(人·d)]	实际用水量 [L/(人·d)]	时变化系数
医院住院部	100～200	239～302	1.78～1.96
福利院	100～150	105～278	1.23～2.60
宾馆客房	250～400	157～553	1.12～2.42
办公楼	30～50	93.75～146.7	1.53～1.91
餐饮业	20～25	11.9～29.7	1.21～1.34
商场	5～8	2.4	1.54
住宅	180～320	90～156	2.38～2.63
幼儿园	30～50	103～137	1.54～1.76
公共浴室	100	112.5	1.57

建筑类型	标准用水定额 [L/(人·d)]	实际用水量 [L/(人·d)]	时变化系数
高校	40~50	111.0	1.89
宿舍	150~200	158.49	1.36~2.12
体育场	3	17.87	1.78
酒店式公寓	200~300	489~726	2.12~2.34
招待所	80~130	130~142	2.22~2.87

6. 华北地区建筑用水量及用水变化规律调研分析与总结

对华北地区各类型建筑的人均用水量以及时变化系数实测值进行分析处理，剔除包含多种用水类型的水量数据，得到各类型建筑的用水定额结果以及时变化系数结果。

华北地区各城市各类型建筑实际用水量与时变化系数如表 1.2-5 所示。

华北地区各类型建筑实际用水量与时变化系数　　表 1.2-5

建筑类型	实际用水量[L/(人·d)]					标准用水定额 [L/(人·d)]	时变化系数					
	北京	天津	呼和浩特	长治	华北地区	规范值	北京	天津	呼和浩特	长治	华北地区	规范值
宿舍（Ⅲ类）	77	—	—	—	77	100~150	3.4	—	—	—	3.4	3.5~3.0
招待所、培训中心、普通旅馆	—	—	102	—	102	120~200	—	—	2.3	—	2.3	3.0~2.5
酒店式公寓	—	—	—	—	—	200~300	—	—	—	—	—	2.5~2.0
宾馆客房（旅客）	347	—	—	—	347	250~400	2.2	—	—	—	2.2	2.5~2.0
医院住院部	—	—	—	—	—	150~250	—	—	—	—	—	2.5~2.0
养老院（全托）	—	—	—	—	—	100~150	—	—	—	—	—	2.5~2.0
幼儿园（全托）	—	—	—	—	—	50~100	—	—	—	—	—	3.0~2.5
公共浴室	104	—	—	—	104	100	1.5	—	—	—	1.5	2.0~1.5
餐饮业（学生食堂）	23	—	—	—	23	20~25	3.1	—	—	—	3.1	1.5~1.2
餐饮业（中餐酒楼）	—	—	—	—	—	40~60	—	—	—	2.4	2.4	1.5~1.2
商场	—	—	—	—	—	5~8	—	—	—	—	—	1.5~1.2
办公楼	50	—	—	78	59	30~50	1.6	—	—	2.0	1.7	1.5~1.2
体育场	—	—	—	—	—	30~40	—	—	—	—	—	3.0~2.0
高校教学实验楼	71	—	—	—	71	40~50	3.3	—	—	—	3.3	1.5~1.2
住宅（普通住宅Ⅱ类）	105	71	—	89	93	130~300	1.6	2.0	—	2.2	2.5	2.8~2.3
图书馆	28	—	—	—	28	5~10	1.5	—	—	—	1.5	1.5~1.2

注："—"表示未调研。

7. 华中地区建筑用水量及用水变化规律调研分析与总结

对华中地区各类型建筑的人均用水量以及时变化系数实测值进行分析处理，剔除包含多种用水类型的水量数据，得到各类型建筑的用水定额结果以及时变化系数结果，如表 1.2-6 所示。

华中地区各类型建筑实际用水量与时变化系数

表 1.2-6

建筑类型	实际用水量[L/(人·d)]							标准用水定额[L/(人·d)]	时变化系数							
	洛阳	郑州	许昌	平顶山	南阳	武汉	华中地区	规范值	洛阳	郑州	许昌	平顶山	南阳	武汉	华中地区	规范值
宿舍（Ⅲ类）	—	—	—	—	—	—	—	100～150	—	—	—	—	—	—	—	3.5～3.0
招待所、培训中心、普通旅馆	—	106	—	183	—	—	157	120～200	—	2.6	—	1.8	—	—	2.1	3.0～2.5
酒店式公寓	—	—	—	—	—	—	—	200～300	—	—	—	—	—	—	—	2.5～2.0
宾馆客房（旅客）	—	—	—	—	—	—	—	250～400	—	—	—	—	—	—	—	2.5～2.0
医院住院部	—	—	—	—	—	—	—	150～250	—	—	—	—	—	—	—	2.5～2.0
养老院（全托）	—	—	—	—	—	—	—	100～150	—	—	—	—	—	—	—	2.5～2.0
幼儿园（全托）	—	—	—	—	—	—	—	50～100	—	—	—	—	—	—	—	3.0～2.5
公共浴室	—	—	—	—	—	—	—	100	—	—	—	—	—	—	—	2.0～1.5
餐饮业（学生食堂）	—	—	—	—	—	—	—	20～25	—	—	—	—	—	—	—	1.5～1.2
餐饮业（中餐酒楼）	—	—	—	—	—	—	—	40～60	—	—	—	—	—	—	—	1.5～1.2
商场	—	—	—	—	1	—	1	5～8	—	—	—	—	2.5	—	2.5	1.5～1.2
办公楼	—	—	—	—	—	—	—	30～50	—	—	—	—	—	—	—	1.5～1.2
体育场	—	—	—	—	—	—	—	30～40	—	—	—	—	—	—	—	3.0～2.0
中小学校教学实验楼	—	—	—	—	—	35	35	40～50	—	—	—	—	—	3.0	3.0	1.5～1.2
住宅（普通住宅Ⅱ类）	318	—	—	233	233	127	228	130～300	1.8	—	—	3.9	1.3	1.8	2.2	2.8～2.3
图书馆	—	—	—	—	—	—	—	5～10	—	—	—	—	—	—	—	1.5～1.2

注："—"表示未调研。

由表 1.2-6 可知，华中地区的普通旅馆、中小学校教学实验楼、住宅（普通住宅Ⅱ类）的实际用水量在规范值范围内。商场的实际用水量低于规范值，这是因为所监测的商场人流量过小，故用水量平均到每平方米营业面积数值偏小，在规范修订中可以考虑不同城市不同规模商场的人流量大小，来确定用水定额。

华中地区的住宅（普通住宅Ⅱ类）的时变化系数在规范值范围内。普通旅馆的时变化系数与规范值有较小差异。中小学校教学实验楼的时变化系数大于规范值，这是因为学生上课、做实验的时间比较集中，用水主要发生在这个时段。

8. 华东地区建筑用水量及用水变化规律调研分析与总结

根据调研任务要求，选取华东地区经济发达城市上海和南京以及经济发展一般城市苏州和绍兴作为水量调研城市，并将两座经济发达城市作为调研重点。华东地区各城市各类型建筑实际用水量与时变化系数如表 1.2-7 所示。

由表 1.2-7 可知，华东地区宿舍、普通旅馆、宾馆客房、办公楼、住宅及商场等建筑人均用水量基本在规范值范围内；而餐饮业等建筑人均用水量则低于规范值，这与当地餐饮类建筑使用了节水器具及人们节水意识提高有重要关系。但是，体育场、高校教学实验楼、幼儿园及医院住院部等建筑人均用水量则高于规范值，其中体育场包含了多种服务功能的设施，如洗浴、餐饮等，致使其用水量增大；高校教学实验楼包含水利相关专业的实验室等导致人均用水量偏大，这些调研结果也反映出当地这些类型的建筑存在较大的节水空间。宿舍、招待所、酒店式公寓、医院住院部、幼儿园、体育场等建筑的实际用水时变化系数明显低于规范值；餐饮类建筑及办公楼建筑的实际用水时变化系数则与规范值接近；而商场类建筑的实际用水时变化系数明显高于规范值，这与商场类建筑客流量较大、人员流动性强，因此用水波动性大有关。由于本次全国建筑用水调研具体划分了各地区分别负责实地测定 14 类典型建筑中某几类建筑的时变化系数，其中宾馆客房、养老院、公共浴室、高校教学实验楼及住宅类建筑的用水时变化系数不在华东地区负责范围内，因此华东地区没有实地测定上述建筑的用水时变化系数。

华东地区各类型建筑实际用水量与时变化系数   表 1.2-7

建筑类型	实际用水量[L/(人·d)]				标准用水定额[L/(人·d)]	时变化系数	
	上海	南京	苏州	绍兴	规范值	实测值	规范值
宿舍	186	—	184	—	150～200	1.77	2.5～3.5
招待所、培训中心、普通旅馆	—	123	—	—	120～200	1.7～3.15	2.5～3.0
酒店式公寓	230	260	215	—		1.77	2.0～2.5
宾馆客房	360	—	—	—	250～400	—	—
医院住院部	—	202	291	—	150～250	1.8	2.0～2.5
养老院	—	—	142	—	200～300	—	—
幼儿园	—	104	—	—	50～100	1.47～1.54	2.0
公共浴室	—	—	140	—	150～200	—	—
餐饮业	—	—	—	77	20～25	1.535	1.2～1.5
商场	6.7	5.02	—	—	5～8	1.57～5.98	1.2～1.5
办公楼	51	45	—	—	30～50	1.27～1.56	1.2～1.5
体育场	55	—	—	—	30～40	1.78	2.0～3.0
高校教学实验楼	77	—	—	—	40～50	—	—
住宅	269	258	—	—	130～300	—	—

注："—"表示未调研。

9. 全国各地区用水量及时变化系数总结

全国各地区不同建筑用水定额、时变化系数及设计规范建议值，如表 1.2-8 所示。总结全国各地区 14 类建筑的用水定额和全国各个大区的用水定额和时变化系数可以看出，东北和西北地区各个建筑的用水量相对于其他地区较低，华南、华东和西南地区各个建筑的用水量整体偏高，这与各个地区的用水习惯和节水意识有一定关系，同时，南方地区水资源相对丰富，而北方地区水资源相对缺乏。从宿舍的用水量来看，西南地区的用水量偏高，华北地区的用水量偏低；对于普通旅馆、培训中心，南方地区的用水量都超过了规范值，只有东北和华北地区在规范值以内；宾馆客房的用水量基本都在规范值之内，只有华东地区的用水量超过了规范值而东北地区的用水量偏低；对于医院住院部，西南和华东地区的用水量超出了规范值；对于养老院和幼儿园，各个地区的用水量与规范值相差不大，只有华东地区的幼儿园用水量稍微偏高；对于公共浴室，东北、西北和华东地区的用水量都超过了规范值，只有西南地区在规范值之内；对于餐饮业（中餐酒楼），只有华北地区的用水量低于规范值，其他各个地区的用水量都超过了规范值；商场的用水量整体比较恒定，只有西北地区的用水量偏低；办公楼的用水量都超过了规范值；体育场的用水量各个地区差异很大，可能与其使用程度和方式有关；高校教学实验楼的用水量有高有低，主要和当地教学实验楼的使用方式有关，实验性质的建筑对水的需求量较大；住宅的用水量基本都在规范值之内，只有华北地区的用水量低于规范值。

全国的用水定额计算值都较规范值偏大。偏大的建筑主要是招待所/普通旅馆/培训中心（公共盥洗室）、医院住院部（设公用盥洗室、淋浴室）、幼儿园（全托）、餐饮业（中餐酒楼）、办公楼和高校教学实验楼。其中招待所/普通旅馆/培训中心（公共盥洗室）、医院住院部和办公楼的用水定额偏离规范值较多，具体原因是现在普通旅馆和培训中心发展较快，用水量较大，且人数不易统计，招待所目前基本不存在了，可以考虑删去这个建筑类型，只保留普通旅馆和培训中心；办公楼用水量偏大主要是因为许多建筑有自己的食堂和淋浴，整体用水量偏大；医院住院部用水量偏大是因为它是公共场所，人口流动非常大，容易造成人数统计的误差。体育场的用水量偏小，偏离规范值很少；其他建筑的用水量都在规范值之内。

从全国各地区 14 类建筑的时变化系数中可以看出，东北地区的 3 类建筑中高校教学实验楼和宾馆客房的时变化系数偏大，住宅正常；西北地区的 9 类建筑中有 4 类建筑偏大，4 类建筑偏小，整体波动性较大，但偏离规范值并不大；华东地区的 7 类建筑中餐饮业（中餐酒楼）和商场的时变化系数偏大，4 类建筑偏小；西南和华南地区的 4 类建筑中住宅和幼儿园的时变化系数正常，餐饮业（中餐酒楼）的时变化系数偏大，公共浴室的时变化系数偏小；华中和华北地区的时变化系数整体偏大，高出规范值较多。

10. 全国各地区水质分析与总结

对各单位的水质调研结果进行汇总整理，如表 1.2-9 所示，将全国各地区水质调查结果总结如下：

从供水形式角度分析，全国市政供水水质整体情况良好，但东北地区中小型城市水质较差，主要是余氯和细菌总数不达标。主要原因是东北地区中小型城市多数使用自备井，容易产生污染，不能保证供水水质。全国二次供水水质整体情况良好，略低于市政供水水质，经济较发达的地区水质最好，例如华东地区。沈阳无高位水箱供水，无水箱污染，因

全国各地区不同建筑用水定额、时变化系数及设计规范建议值

表 1.2-8

建筑类型	实际用水量[L/(人·d)]							标准用水定额[L/(人·d)] 规范值	时变化系数							设计规范建议值 建筑给水排水设计规范(建议值)	目前标准建议值
	东北地区建议值	西北地区建议值	华东地区建议值	西南地区建议值	华南地区建议值	华中地区建议值	华北地区建议值		东北地区建议值	西北地区建议值	华东地区建议值	西南和华南地区建议值	华中地区建议值	华北地区建议值	规范值		
宿舍	—	—	141	174	131	—	79	100~150	—	—	1.77	—	—	4.44	3.0~2.5	130~180	100~150
普通旅馆/培训中心	90	—	148	199	192	157	66	50~100	—	—	—	—	—	—	—	150~200	50~100
酒店式公寓	230	—	156	—	—	—	—	200~300	—	—	—	—	—	—	—	150~250	200~300
宾馆客房(旅客)	250	345	430	399	373	372	347	250~400	3.7	1.87	1.77	—	2.14	3.03	2.5~2.0	250~450	250~400
医院住院部(设公用盥洗室、浴室)	120	173	291	217	180	—	—	100~200	—	1.88	1.8	—	4.98	—	2.5~2.0	120~200	100~200
养老院(全托)	100	151	152	156	172	—	—	100~150	—	2.6	—	—	—	—	2.5~2.0	100~200	100~150
幼儿园(全托)	60	115	149	75	109	—	—	50~100	—	1.65	1.51	2.7	—	—	3.0~2.5	70~150	50~100
公共浴室(淋浴、澡盆加淋浴)	235	113	140	87/176	—	—	104	100	—	—	—	1.3	—	—	2.0~1.5	100~180	120~150
餐饮业(快餐店)	16	45	—	—	8	—	—	20~25	—	—	—	—	—	—	—	20~30	20~25
餐饮业(中餐酒楼)	100	—	77	66	71	—	38	40~60	—	1.28	1.54	2.3	3.02	3.43	1.5~1.2	60~80	40~60
商场(员工及顾客)	6	2.4	6.7	6.4	8.2	—	—	5~8	—	1.82	3.11	—	2.45	3.81	1.5~1.2	5~8	5~8
办公楼	50	120	61	80	71	—	63	30~50	—	1.62	1.42	—	—	3.73	1.5~1.2	50~70	30~50
体育场(运动员淋浴)	48	—	55	3.87	6.8	—	—	30~40	—	—	—	—	—	—	—	30~40	30~40
高校教学实验楼	110	110	58	44	37	—	31	40~50	3.69	1.89	—	—	—	3.43	1.5~1.2	50~70	40~50
住宅(有大便器、洗涤盆、洗脸盆、洗衣机、热水器和淋浴设备)	143	133	233	152	177	228	94	130~300	2.61	1.56	—	2.5	2.44	2.37	2.8~2.3	150~250	130~300

注："—"表示未调研。

表 1.2-9

全国各地区水质总结

建筑类型	地区	浊度(NTU)	色度	嗅味	肉眼可见物	水温(℃)	pH值	COD$_{Mn}$(mg/L)	铁(mg/L)	氨氮(mg/L)	总硬度(mg/L)	余氯(mg/L)	细菌总数(CFU/mL)	大肠杆菌(MPN)	军团菌
	规范值	≤1	≤15	无	无	—	6.50~8.50	3.00	0.30	≤0.50	≤450.00	≥0.05	≤100	不得检出	不得检出
宿舍	东北	1.23~7.87	15.00~17.00	无	无	12.2~16.7	6.64~7.18	1.37~1.69	—	0.00~0.87	323.00	0.03	189~820	不得检出	—
	西北	0.08	0.89	无	无		7.83	2.42	0.04	0.21	79.20	0.03	20	0	0
	华东	0.14~0.16	4.10~4.60	无	无	23.1~24.0	7.24~7.34	1.75~2.74	0.00	0.07~0.08	126.00~134.00	0.05~0.06	34~36	0	0
	西南	0.29	6.00	无	无	24.9	8.01	1.22	0.20	0.33	214.00	0.33	4	0	—
	华南	1.08	7.00	无	无	19.6	7.63	2.08	0.08	0.10	63.89	0.11	51	0	0
	华中	<0.10	≤10.00	无	无	—	7.16~7.72	1.17~1.43	—	<0.01	99.00~147.00	0.02~0.03	0	0	0
	华北	<0.10	≤10.00	无	无	—	7.63~7.96	1.81~2.11	—	<0.01	268.00~286.00	0.15~0.25	0	0	—
普通旅馆	东北	0.11~0.91	0.00~16.00	无	无	15.4~22.9	7.02~7.51	0.67~3.64	0.12~1.20	0.02~1.13	185.00~392.00	0.01~0.43	0~151	0~7	—
	西北	0.25	0.92	无	无		7.77	0.92	0.03	0.14	209.89	0.00	0	30	5
	华东	0.20~0.65	3.80~5.10	无	无	23.7	7.26~7.75	1.45~2.75	0.00~0.06	0.17~0.19	145.00~193.00	0.06~0.07	73~133	0	0
	西南	0.33	7.00	无	无	22.3	7.65	1.61	0.01	0.32	196.00	0.45	7	0	—
	华南	1.08	7.00	无	无	19.6	7.63	2.08	0.08	0.10	63.89	0.11	51	0	0
	华中	0.20~1.10	≤10.00	无	无	24.9~26.9	7.78~8.85	1.69~2.86	<0.02	0.06~0.09	126.00~408.00	0.02~0.18	0	0	0
	华北	<0.10	≤10.00	无	无	—	7.03	0.00~1.15	<0.02	<0.01	271.00	0.06~0.39	0	—	—
酒店式公寓	东北	—	—	—	—	—	—	—	—	—	—	—	—	—	—
	西北	0.12	1.57	无	无		6.48	1.17	0.01	0.16	91.08	0.01	6	0	0
	华东	0.53~0.80	4.80~5.90	无	无	22.6~23.6	7.25~7.46	1.43~2.15	0.00	0.12~0.13	138.00~253.00	0.05~0.07	46~82	0	—

续表

建筑类型	地区	浊度(NTU)	色度	嗅味	肉眼可见物	水温(℃)	pH值	COD_{Mn}(mg/L)	铁(mg/L)	氨氮(mg/L)	总硬度(mg/L)	余氯(mg/L)	细菌总数(CFU/mL)	大肠杆菌(MPN)	军团菌
	规范值	≤1	≤15	无	无	—	6.50~8.50	3.00	0.30	≤0.50	≤450.00	≥0.05	≤100	不得检出	不得检出
酒店式公寓	西南	0.27	4.00	无	无	24.2	7.98	1.22	0.02	0.32	218.00	0.50	2	0	—
	华南	—	—	—	—	—	—	—	—	—	—	—	—	—	—
	华中	0.10~0.70	≤10.00	无	无	24.8~26.9	7.91~8.84	1.82~2.99	<0.02	0.06~0.10	21.00~272.00	0.02~0.12	0	0	0
	华北	<0.10	≤10.00	无	无	—	7.86~8.46	2.47~3.38	<0.02	<0.01	245.00	0.02	0	0	0
宾馆客房	东北	0.37~0.61	5.00~10.00	无	无	17.0~24.1	7.40~7.58	0.61~1.69	0.24~1.60	0.02~4.25	235.00~447.00	0.01~0.25	2~51	0	—
	西北	0.07	0.74	无	无	—	6.63	2.35	0	0.23	67.32	0.05	2	2	5
	华东	0.02~0.65	3.80~5.10	无	无	23.7	7.26~7.75	1.45~2.75	0.00~0.06	0.17~0.19	145.00~193.00	0.06~0.07	73~133	0	0
	西南	0.14~0.22	1.00~6.00	无	无	20.8	7.73~8.27	1.36~1.96	0.08~0.09	0.28~0.51	152.00~204.00	0.18~0.24	16~17	—	—
	华南	0.45~0.75	2.00~5.00	无	无	19.7~19.9	7.64~7.70	1.37~1.85	0.01~0.06	0.18~0.14	56.65~74.07	0.15	25~59	—	—
	华中	0.00~1.50	0.00~10.00	无	无	24.8~26.9	7.76~8.85	1.69~4.16	0.00~0.08	0.00~0.09	21.00~408.00	0.00~0.50	0~1170	0	0
	华北	0.00~0.80	0.00~10.00	无	无	22.9~27.4	7.03~8.50	1.15~3.38	0.00~0.03	0.00~0.13	105.00~272.00	0.00~0.41		0	—
医院	东北	0.11~12.10	10.00~15.00	无	无	15.4~21.6	7.00~7.37	0.58~1.69	0.00~1.08	0.02~16.09	186.00~410.00	0.03~0.19	42~1150	0	0
	西北	0.01	0.92	无	无	—	7.55	1.00	0.07	0.37	384.13	0.01	0	—	—
	华东	0.13~0.78	0.00~10.00	无	无	23.6~23.8	7.45~7.66	1.42~2.05	0.00~0.06	0.10~0.11	158.00~238.00	0.06~0.07	34~145	0	0
	西南	0.28	4.00	无	无	23.6	7.83	1.62	0.02	0.21	184.00	0.31	11	0	—
	华南	0.28	9.00	无	无	20.2	8.02	1.69	0.07	0.36	37.43	0.14	92	0	—
	华中	0.00~0.10	0.00~10.00	无	无	25.8~25.9	7.43~8.16	1.25~2.60	0.00~0.02	0.00~0.08	124.00~343.00	0.05~0.31	—	—	—
	华北	0.00~1.20	0.00~10.00	无	无	23.6~24.0	7.81~8.07	1.56~1.95	0.00~0.02	0.00~0.09	238.00~255.00	0.00~0.30	—	—	—

续表

建筑类型	地区	浊度(NTU)	色度	嗅味	肉眼可见物	水温(℃)	pH值	COD$_{Mn}$(mg/L)	铁(mg/L)	氨氮(mg/L)	总硬度(mg/L)	余氯(mg/L)	细菌总数(CFU/mL)	大肠杆菌(MPN)	军团菌
	规范值	≤1	≤15	无	无	—	6.50~8.50	3.00	0.30	≤0.50	≤450.00	≥0.05	≤100	不得检出	不得检出
养老院	东北	0.49~0.66	5.00~15.00	无	无	9.9~23.9	7.07~7.80	0.52~4.29	0.04~0.18	0.02~5.52	184.00~388.00	0.03~0.23	5~2370	不得检出	—
	西北	0.11	1.37	无	无	—	6.50	1.50	0.05	0.14	73.26	0.03	5	0	0
	华东	0.21~0.53	0.00~10.00	无	无	23.5~23.6	7.25~7.29	1.43~1.63	0.00	0.13	136.00~253.00	0.05~0.08	46~78	1	0
	西南	0.34	5.00	无	无	24.4	7.70	1.43	0.22	0.25	166.00	0.21	3	0	0
	华南	0.46~1.39	3.50~7.04	无	无	19.0~20.7	7.60~8.32	1.30~1.72	0.03~0.07	0.18~0.24	57.85~76.27	0.00~0.14	34~118	0	—
	华中	—	—	—	—	—	—	—	—	—	—	—	—	—	—
	华北	<0.10	≤10.00	无	无	—	7.17	2.63	—	<0.01	299.00	0.09~0.20	0	0	0
幼儿园	东北	0.33~0.87	0.00~15.00	无	无	16.0~25.7	7.01~7.56	0.72~3.90	0.03~0.78	0.02~1.98	145.00~324.00	0.02~0.25	0~5100	0~49	—
	西北	0.13	1.47	无	无	—	6.65	1.92	0.17	0.15	83.16	0.03	10	1	0
	华东	0.33~0.69	4.70	无	无	23.5~23.9	7.72~7.83	1.72~1.89	0.00	0.114~0.148	174.00~205.00	0.05~0.09	68~101	0	0
	西南	0.30~0.66	4.32~7.60	无	无	20.6~25.3	7.49~8.12	1.43~2.08	0.03~0.10	0.18~0.48	158.00~236.00	0.14~0.52	2~25	0	—
	华南	0.43~0.76	3.28~9.40	无	无	19.8~20.7	7.55~7.66	0.90~1.73	0.02~0.06	0.14~0.17	62.82~82.67	0.19~0.24	4~17	0	0
	华中	—	—	—	—	—	—	—	—	—	—	—	—	—	—
	华北	<0.10	≤10.00	无	无	—	7.85	1.30	—	<0.01	206.00	0.18~0.25	0	0	—
公共浴室	东北	0.36~0.79	0.00~17.00	无	无	22.5~27.2	7.28~7.92	0.66~2.99	0.42	0.02~2.12	202.00~342.00	0.01~0.10	44~16400	45~540	—
	西北	0.15	0.82	无	无	—	7.76	2.33	0.06	0.24	73.26	0.03	3	0	5
	华东	0.35~0.94	5.00~10.00	无	无	23.6~23.7	7.55~7.58	2.03~2.18	0.00	0.09~0.17	104.00~143.00	0.07~0.08	46~73	0	0

续表

建筑类型	地区	浊度 (NTU)	色度	嗅味	肉眼可见物	水温 (℃)	pH值	COD_Mn (mg/L)	铁 (mg/L)	氨氮 (mg/L)	总硬度 (mg/L)	余氯 (mg/L)	细菌总数 (CFU/mL)	大肠杆菌 (MPN)	军团菌
	规范值	≤1	≤15	无	无	—	6.50~8.50	3.00	0.30	≤0.50	≤450.00	≥0.05	≤100	不得检出	不得检出
公共浴室	西南	0.95	6.00	无	无	20.2	8.35	1.10	0.12	0.35	186.00	0.19	32	不得检出	—
	华南	—	—	—	—	—	—	—	—	—	—	—	—	—	—
	华中	—	—	—	—	—	—	—	—	—	—	—	—	—	—
	华北	<0.10	≤10.00	无	无	—	8.13	1.30	—	<0.01	247.00	0.15~0.25	0	0	0
餐饮业	东北	0.18~1.39	0.00~16.00	无	无	21.7~23.8	6.80~7.56	0.63~1.56	0.06~0.98	0.02~2.83	199.00~356.00	0.01~0.46	45~4543	7~170	—
	西北	0.40	1.40	无	无	—	6.68	1.83	0.29	0.20	71.28	0.03	0	0	0
	华东	0.56~0.74	5.80~6.30	无	无	23.0~23.1	7.65~7.81	1.84~2.38	0.00~0.01	0.06~0.17	140.00~168.00	0.06~0.07	22~77	0	0
	西南	0.22~1.04	1.70~6.25	无	无	20.6~24.5	7.65~7.94	1.22~1.80	0.09~0.20	0.14~0.48	182.00~202.00	0.02~0.45	7~36	0	—
	华南	0.35	4.00	无	无	19.9	7.54	1.54	0.06	0.23	74.76	0.24	61	0	—
	华中	0.10~0.70	≤10.00	无	无	24.8~26.9	7.91~8.84	1.82~2.99	<0.02	0.06~0.10	21.00~272.00	0.02~0.12	0	0	0
	华北	<0.10	≤10.00	无	无	—	8.07	1.43	—	<0.01	245.00	0.03	0	0	—
商场	东北	0.22~1.22	15.00~20.00	无~有	无~有	17.0~21.7	6.50~7.58	0.68~2.08	0.86~1.60	0.02~55.40	193.00~369.00	0.00~0.57	4~2980	0~1600	—
	西北	0.11	1.16	无	无	—	8.00	2.00	0.03	0.19	61.38	0.03	0	0	0
	华东	0.87~0.95	0.00~10.00	无	无	22.9~23.2	7.75~7.81	1.98~3.11	0.04~0.06	0.11~0.17	169.00~181.00	0.08~0.09	54~126	0	0
	西南	0.41~0.55	7.00	无	无	19.2~21.9	7.84~7.88	1.03~1.97	0.09~0.16	0.11~0.34	206.00~238.00	0.33~0.36	22~34	0	0
	华南	0.34~0.41	5.00	无	无	19.6~19.9	7.60~7.75	1.61~1.74	0.07	0.26~0.34	42.04~66.84	0.14~0.23	6~12	0	0
	华中	<0.10	≤10.00	无	无	26.4~26.6	7.81~7.95	3.77~4.03	<0.02	0.09~0.14	74.00~79.00	0.02~0.03	0	0	0
	华北	<0.10	≤10.00	无	无	—	7.63	1.96	—	<0.01	207.00~221.00	0.03~0.07	0	0	0

续表

建筑类型	地区	浊度 (NTU)	色度	嗅味	肉眼可见物	水温 (℃)	pH值	COD$_{Mn}$ (mg/L)	铁 (mg/L)	氨氮 (mg/L)	总硬度 (mg/L)	余氯 (mg/L)	细菌总数 (CFU/mL)	大肠杆菌 (MPN)	军团菌
	规范值	≤1	≤15	无	无	—	6.50~8.50	3.00	0.30	≤0.50	≤450.00	≥0.05	≤100	不得检出	不得检出
办公楼	东北	0.32~1.22	0.00~17.00	无	无	16.2~21.3	7.02~7.47	0.64~2.08	0.88	0.02~2.55	191.00~356.00	0.03~0.15	4~2010	0~8	—
	西北	0.13	1.02	无	无		7.87	1.83	0.07	0.19	67.32	0.01	0	3	5
	华东	0.12~0.92	0.00~10.00	无	无	23.1	7.17~7.32	1.52~1.70	0.00	0.09~0.14	124.00~225.00	0.07~0.08	44~86	0	0
	西南	0.23~0.39	0.80~6.92	无	无	21.0~24.5	7.97~8.02	1.02~1.47	0.02~0.10	0.27~0.41	172.00~194.00	0.28~0.30	4~8	0	—
	华南	0.41	8.00	无	无	19.8	8.27	1.64	0.05	0.25	49.84	0.15	69	0	—
	华中	0.00~0.80	0.00~10.00	无	无	24.8~26.7	7.78~8.87	1.82~4.03	0.00~0.02	0.00~0.19	99.00~401.00	0.00~0.45	—	—	—
	华北	0.00~0.60	0.00~10.00	无	无	23.3~27.9	7.27~8.43	0.10~2.60	0.00~0.13	0.00~0.19	112.00~247.00	0.00~0.77	0~15	0	—
体育场	东北	0.34~0.46	0.00~16.00	无	无~有	19.5~29.0	7.22~7.51	1.02~1.43	0.72	0.22~2.69	119.00~236.00	0.02~0.17	0~7000	0~2	—
	西北	1.28	4.80	无	无		7.87	1.12	0.04		158.00	0.12	12	0	0
	华东	0.76~1.16	0.00~10.00	无	无	23.5~24.1	7.18~7.65	1.87~2.52	0.05~0.06	0.10~0.15	170.00~194.00	0.05~0.07	95~122	0	0
	西南	0.17	4.00	无	无	24.5	8.02	1.47	0.02	0.42	176.00	0.30	34	0	—
	华南	0.33	6.00	无	—	19.3	7.97	1.66	0.00	0.28	74.47	0.13	12	0	—
	华中	—	—	无	无	—	—	—	—	—	—	—	—	—	—
	华北	<0.10	≤10.00	无	无	—	8.08	2.47	—	<0.01	273.00~299.00	0.13	0	0	0
高校教学实验楼	东北	0.46~7.76	10.00~19.00	无~有	无~有	14.8~25.3	6.89~7.05	1.30~1.56	0.18	0.43~22.10	332.00~428.00	0.02	820~2380	0	—
	西北	0.08	0.74	无	无	—	7.68	2.33	0.00	0.33	122.76	0.10	1	0	0
	华东	0.14~0.16	4.10~4.60	无	无	23.1~24.0	7.24~7.34	1.75~2.74	0.00	0.07~0.08	126.00~134.00	0.05~0.06	34~36	0	0

续表

建筑类型	地区	浊度(NTU)	色度	嗅味	肉眼可见物	水温(℃)	pH值	COD$_{Mn}$(mg/L)	铁(mg/L)	氨氮(mg/L)	总硬度(mg/L)	余氯(mg/L)	细菌总数(CFU/mL)	大肠杆菌(MPN)	军团菌
	规范值	≤1	≤15	无	无	—	6.50~8.50	3.00	0.30	≤0.50	≤450.00	≥0.05	≤100	不得检出	不得检出
高校教学实验楼	西南	0.39~0.46	3.64~5.30	无	无	20.6~23.7	8.02~8.13	1.47~1.80	0.05~0.18	0.16~0.37	192.00~208.00	0.13~0.25	4~27	0	—
	华南	—	—	—	—	—	—	—	—	—	—	—	—	—	—
	华中	0.00~0.20	0.00~10.00	无	无	—	7.17~8.12	1.56~2.99	—	0.00~0.07	97.00~214.00	0.00~0.46	—	—	—
	华北	0.00~0.10	0.00~10.00	无	无	16.7~29.0	7.81~8.08	2.21~3.24	—	0.00~0.19	245.00~258.00	0.00~0.07	—	—	—
	东北	0.25~0.34	0.00~17.00	无	无-有	—	6.79~7.55	0.61~2.73	0.36	0.02~0.28	195.00~391.00	0.02~0.16	0~62	0	—
	西北	0.11	0.74	微弱	无	—	7.79	2.33	0.06	0.24	71.28	0.05	0	0	0
	华东	0.17~0.25	0.00~10.00	无	无	22.9~23.6	7.26~7.27	1.99~2.46	0.00	0.07~0.11	128.00~166.00	0.06	56~87	0	0
住宅	西南	0.31~0.84	5.00~6.00	无	无	20.3~22.6	7.07~7.63	1.02~1.72	0.14~0.21	0.21~0.36	162.00~224.00	0.05~0.44	10~106	0	—
	华南	0.75	2.00	无	无	19.7	7.70~7.57	1.85~2.05	0.06	0.18~0.43	48.00~74.10	0.08~0.15	25~72	0	—
	华中	0.00~1.20	0.00~10.00	无	无	24.6~27.0	7.16~8.83	1.30~4.68	0.00~0.02	0.00~0.09	112.00~287.00	0.00~0.66	—	—	—
	华北	0.00~0.70	0.00~10.00	无	无	23.4~27.3	7.01~8.46	1.43~2.47	0.00~0.11	0.00~0.10	110.00~356.00	0.00~0.41	0~85	0	—

注："—"表示未调研。

此水质较好；但是重庆采用高位水箱供水，水质也较好，因为重庆高位水箱供水管理到位，能有效控制水箱产生的污染。

全国所有地区中，余氯、细菌总数、COD$_{Mn}$、浊度、铁及氨氮是水质中达标率较低的指标，主要原因是二次供水的水质普遍存在余氯不足现象，因此导致细菌总数超标。另外，测试过程中存在的误差也是导致部分指标不达标的一个因素。微生物指标多数无法现场测定，需要送到外地测定，因此会存在一定的超标现象。余氯不达标也有可能是由于外地水样带回来测试，运输时间较长，导致余氯含量低于规范限值。二次供水水质明显低于直接供水。不合格的二次供水单位的水质是在二次处理过程中产生的。二次供水不合格指标主要是细菌总数、总大肠菌群，其中一个主要原因是设备老旧、管网老化，这也是导致个别二次供水单位铁及肉眼可见物等指标不合格的原因；另一个主要原因在于卫生管理不规范，由于缺乏管理，各种记录不全，设施周围环境脏、乱、差，涉水产品和消毒产品的索证资料不全。除此之外，个别二次供水单位清洗或消毒工作不到位，致使水池中的泥沙、有机物等微细悬浮物吸附细菌、病毒等，造成二次污染，也使水的浊度增高。同时，有些单位未开展日常自检，不能及时掌握水质动态，也就不能及时采取相应的处理措施。从不同设施类型二次供水水质监测结果来看，水泥型贮水池的二次供水水质较差，这有可能是清洗消毒不彻底，水在水箱里停留过久使微生物繁殖所致。

从建筑类型角度分析，公共场所和商业办公楼的二次供水水质好于居民住宅楼。公共场所和商业办公楼用水量较大，贮水池中的水处于循环状态，而一些居民住宅楼的水在水箱中停留时间过长，形成死水，致使杂质沉淀、微生物繁殖，从而导致检测结果不合格。不定期清洗的水箱水质合格率明显低于定期清洗的水箱水质，水箱清洗与否会直接影响二次供水水质。调研中还发现，部分单位采取人工不定时定量投加消毒剂，使得消毒剂余量达不到要求，达不到预期的消毒效果，且单位没有配备测试消毒剂余量的相关仪器设备，很难对水质进行分析。一旦水箱被污染，无二次消毒措施或者消毒措施达不到预期效果，极易造成二次供水的污染，存在较大隐患。

总而言之，在水质方面，分析发现细菌总数和余氯以及浊度呈现较强的负相关关系，二次供水水质相对于市政直供水质普遍偏差。铁超标主要发生在东北地区，可能是由于管网老化所致。氨氮超标也主要发生在东北地区。

1.2.2　全国各地区热水现状调研

1. 生活热水水质现状

（1）生活热水水质存在的问题

1）生活热水中的病原微生物

建筑生活热水作为日常洗涤、淋浴等用途用水，是生活用水的重要组成部分。随着人们生活水平的提高和对生活品质的追求，其对生活热水的需求量也随之增长，部分居住建筑以及医院、养老院、酒店宾馆、高校、写字楼等大中型的公共建筑，均要求设置热水供应系统。公共场所人口密集，相互接触频繁，公共设施交互重复使用易造成污染并引发健康问题。目前大多数公共建筑和部分居住建筑内采用集中热水供应系统，受水温、水质和管道循环效果等因素的影响，相比自来水管道，这类建筑热水管道中更易滋生军团菌和非结核分枝杆菌。建筑生活热水一般以城镇自来水作为原水，加热至一定温度后，通过热水管道系统输送至末端用水点。加热后得到的生活热水，水温和水中的一些理化指标含量发生变化，与自来水有所不同。其中一些因素的变化给军团菌、非结核分枝杆菌等致病微生物的繁殖提供了有利条件。近年来，我国卫生部门和专家学者相继对我国各地水质展开水质调查，已在多个地区的自来水、生活热水中发现军团菌和非结核分枝杆菌的水质污染现象。

2）机会致病菌（Opportunistic Premise Plumbing Pathogens，简称 OPPPs）的存在状态

美国在约 40% 的住宅样本中鉴定出了可检出水平的嗜肺军团菌，在调研的住宅和建筑物淋浴喷头样本中，70% 的生物膜样本含有分枝杆菌属，而且其中 30% 含有鸟分枝杆菌。国外的研究表明，从住宅、公寓、医院和办公楼等房屋建筑管道中完全根除此类机会致病菌几乎是不可能的。

为了节约能源和资源再利用，实现可持续发展，绿色建筑中往往采用节能节水系统，如太阳能热水系统等。水在长距离的管道内停留时间过长，太阳能加热水温升高较慢或热量利用不充分，城市热网、热泵加热不能将水温加热至较高的温度等因素，都增加了微生物在管道系统中生长繁殖的风险，为 OPPPs 提供了滋生条件。

3）致病菌与热水水温

根据国外研究资料，军团菌适宜生长温度为 30～37℃，温度大于 46℃时生长受到抑制；分枝杆菌适宜生长温度为 15～45℃，温度大于 53℃时生长受到抑制。因此通常将水温控制作为热水系统机会致病菌控制的第一道防线。但热水水温高又增加了使用人员烫伤的风险，因此热水系统水温的确定需要综合考虑两方面的因素。

（2）国内外生活热水机会致病菌（OPPPs）污染现状

1）国内生活热水 OPPPs 污染现状

近年来，生活热水的水质安全引起了人们的广泛关注，我国各地卫生部门对沐浴热水水质进行了大量调查，多个地区沐浴热水中发现了军团菌污染的现象。2010 年广州市疾病预防控制中心检测广州某高级酒店淋浴热水，军团菌阳性率 9.3%；2008 年北京市疾病预防控制中心检测北京市三星级以上宾馆饭店淋浴热水，军团菌阳性率 6.58%；2008 年北京市顺义区疾病预防控制中心检测涉奥公共场所淋浴热水，军团菌阳性率 33.30%；2008 年北京市朝阳区疾病预防控制中心检测北京市朝阳区奥运场馆周边宾馆淋浴热水，军团菌阳性率 6.90%。

北京市疾病预防控制中心在 2006 年 1 月至 2010 年 9 月对北京市 297 家宾馆饭店的621 件生活热水水样进行了嗜肺军团菌的培养鉴定，历年生活热水中嗜肺军团菌阳性率分别为 9.9%、9.8%、9.6%、16.7%、15.6%，整体呈增长趋势，每年中以第三季度（夏季）阳性率最高、第四季度（冬季）阳性率最低。

在北京举办 2008 年奥运会之前，北京市海淀区疾病预防控制中心调查了海淀区宾馆饭店淋浴水，采样 61 件，阳性 2 件，阳性率 3.28%；医院淋浴水 30 件，阳性 2 件，阳性率 6.67%。

北京市海淀区疾病预防控制中心在对海淀区公共场所军团菌污染状况的调查中发现，淋浴水军团菌阳性率为 4.59%、淋浴喷头涂抹阳性率为 2.86%，淋浴水中写字楼阳性率最高，为 8.33%，淋浴喷头涂抹中医院阳性率最高，为 12.5%。深圳市疾病预防控制中

心于 2010 年 10 月至 2011 年 12 月对深圳 6 家宾馆酒店进行了嗜肺军团菌检测，86 件淋浴热水水样中，20 件呈阳性，阳性率为 23.3%，LP1、LP3、LP6 血清型分别占 65%、10%、25%。北京市西城区疾病预防控制中心在对各种水体嗜肺军团菌污染状况和分布规律的研究中发现，342 件水样中检出军团菌的有 96 件，总体阳性率为 28.1%。淋浴热水、冷却塔水、喷泉水和河湖水的阳性率分别为 60.2%、35.8%、16.7% 和 6.7%，其余 3 种水体未检出军团菌，淋浴热水水样阳性率最高。

由以上检测数据可知，相比自来水，非结核分枝杆菌和军团菌在生活热水中的阳性率更高，由于具备相应的繁殖条件，易引起致病微生物在管道系统中的大量繁殖，导致水体污染，使生活热水成为引起疾病爆发的潜在感染源。

2）国外生活热水 OPPPs 污染现状

据 WHO 统计，在世界各国宾馆饭店的供水系统受军团菌感染高，如欧洲 5 个国家（法国、西班牙、德国、意大利和英国）平均感染率约为 55%，其中英国为 33%～66%；西班牙 114 家饭店，阳性率 45.6%；英国在 1982—1984 年的阳性率为 20%～52%。法国共发生 803 例军团菌病，其中约 14% 为医院获得性感染。约 60%～85% 的医疗机构供水管道系统中定植军团菌感染率最高。在德国饭店（1988 年）的管道系统中检出军团菌 10^1～10^3 CFU/mL，最高达 10^5 CFU/mL。据文献记载，意大利酒店的热水系统被军团菌定植的情况最为严重，总共对 40 个酒店进行了检测，其中 30 个呈阳性，阳性率为 75%；119 个样品中有 72 个呈阳性，阳性率为 60.5%；对至少被一种机会致病菌污染的建筑物管道进行检查发现，60% 的水样已被军团菌污染，浓度水平都超过 10^3 CFU/mL。

日本县邦雄在"特定建筑物内军团菌防止的对策"演讲中，提供了热水和温泉受军团菌污染的调研资料，见表 1.2-10 和表 1.2-11。

日本供应热水军团菌调查（佐藤弘和）   表 1.2-10

加热方式	检测数（个）	检出数（个）	检出率（%）	检出军团菌数（CFU/100mL）
即热式	20	0	0.0	0
储热式	20	2	10.0	$4.0×10^0$
循环式	40	5	12.5	$2.4×10^1$～$1.7×10^2$
合计	80	7	8.8	$4.0×10^0$～$1.7×10^2$

注：集中循环式余氯 0.1mg/L 以下，检出率达 30.3%（10/33），55℃ 以下检出率高，40℃ 以下检出率更高。

日本温泉水军团菌的分布（2003.4—2004.4 古畑）   表 1.2-11

军团菌数（CFU/100mL）	检出数（检出率）	军团菌数（CFU/100mL）	检出数（检出率）
未检出（10 以下）	506(71.3%)	1000～10000	29(4.1%)
10～100	98(13.8%)	10000 以上	6(0.8%)
100～1000	71(10.0%)	合计	710(100%)

注：检出率 29%，最高为 34000CFU/100mL。

上述国内外热水水质现状为研究掌握沐浴水水质变化和热水系统被军团菌定植污染提供了证据，进一步证实了目前沐浴水和热水系统中影响水质安全的因素，因此有必要进一步调研沐浴水和热水水质状况，探索控制军团菌的有效可行方法。

2. 北京地区冷热水水质对比调研及分析

（1）调研背景、内容及方法

长久以来，我国乃至世界各国对集中生活热水和生活给水的水质要求均使用了同一水质标准，为了了解生活热水与生活给水之间的水质区别，2014年3—7月之间热水课题组对北京市内不同类型建筑（大型酒店、医院、高校、住宅和工厂）的二次供水（生活给水、集中生活热水）系统进行了取样检测，初步了解了北京市二次供水水质现状。分析影响二次供水水质安全的主要理化指标，为保障二次供水水质安全提供理论依据和技术措施。

（2）水质调研及分析

1）调查方法

以北京市内14个不同单位建筑生活给水和生活热水水质为对象进行用水末端取样分析。14个二次供水单位主要位于西城区、东城区、丰台区、石景山区、海淀区，包括大型酒店3个、医院5个、居民小区2个、高校3个和工厂1个。14个生活给水系统均以市政供水为原水，14个生活热水系统均为集中热水供应系统，根据其加热方式不同分为地源热泵加热的集中热水供应系统2个，市政热源通过换热器加热的集中热水供应系统5个，燃油燃气热水锅炉加热的集中热水供应系统4个，太阳能集热器加热的集中热水供应系统3个。

2）水质检测指标

参照《生活饮用水卫生标准》GB 5749—2006（以下简称《标准》）进行检测，采用在线快速检测结合实验室检测的方法，分析水样中的理化、微生物指标，指标包括TOC、DOC、COD_{Mn}、UV_{254}、pH值、温度、电导率、浊度、三磷酸腺苷（ATP）、余氯、三卤甲烷、细菌总数和异养菌数（heterotrophic，HPC）共13项。

3）样品来源

于2014年3—4月在14个样点采集了280份样品，其中涵盖14个建筑的生活热水和生活给水。按照《生活饮用水标准检验方法 水样的采集和保存》GB/T 5750.2—2006进行样品采集和保存。

4）检测方法

使用奥地利是能UV-VIS（紫外-可见光）光谱水质分析仪现场检测生活给水和生活热水的TOC、DOC、COD_{Mn}和UV_{254}四项指标。采用便携式pH仪、电导率仪和温度计现场检测pH值、电导率和水温。使用日本3M-Clean-Trace-ATP检测仪测定微生物含量，其他指标均在实验室测定。每个指标均测定5次取平均记录，微生物指标做平行试验取平均记录。

5）二次供水水质检测结果

生活给水和生活热水应保证用水终端的水质符合《标准》的要求。共采集生活给水水样140件，合格率为78.57%，不合格项目为COD_{Mn}和余氯。共采集生活热水水样140件，合格率为71.43%，不合格水样主要表现为pH值、COD_{Mn}和余氯不达标，其余项目均合格，见表1.2-12。同时生活给水经加热成为生活热水时，有机物含量、电导率、三卤甲烷、浊度均呈现增加趋势，余氯则降低。生活热水中异养菌数和细菌总数平均检测值分别是生活给水的1.43倍和1.3倍，生活热水的一部分检测指标不满足《标准》要求。

北京市建筑二次供水（生活给水、生活热水）水质检测项目合格率　　表 1. 2-12

检测项目	生活给水			生活热水		
	检测单位	合格单位	合格率（%）	检测单位	合格单位	合格率（%）
COD_{Mn}	14	12	85.71	14	13	92.86
pH 值	14	14	100.00	14	13	92.86
余氯	14	13	92.86	14	13	92.86
三卤甲烷	14	14	100.00	14	14	100.00
浊度	14	14	100.00	14	13	92.86
细菌总数	14	14	100.00	14	14	100.00

注：表格内的检测项目为本次检测指标中《生活饮用水卫生标准》GB 5749—2006 规定的几项，其余另加说明。

6）检测项目分析

① 有机物指标

近年来我国水环境形势相对较为严峻，有机污染甚多，再加之氯化消毒是我国给水处理中普遍采用的消毒技术，氯化消毒的同时消毒剂与水中的某些有机和无机成分反应，生成消毒副产物。这些消毒副产物的增多使水的致突变活性增强，影响人体健康。本次试验选择 COD_{Mn}、TOC、DOC 及 UV_{254} 作为有机物指标。参考《标准》中对 COD_{Mn} 的限值要求，给水系统中有 2 个 COD_{Mn} 值高于 3mg/L，分别为 3.02mg/L 和 3.29mg/L，平均 COD_{Mn} 值为 1.830mg/L。热水系统中仅有 1 个 COD_{Mn} 值超出限值，为 4.49mg/L，还有 1 个热水系统的 COD_{Mn} 值接近 3mg/L，为 2.98mg/L。热水系统的 COD_{Mn} 在 0.24～4.49mg/L 范围内，平均值为 1.926mg/L，不合格率为 7.14%，比给水系统的平均值约高 5.25%。

《标准》中并未对 TOC 提出限值要求。生活给水的 TOC 值在 0.904～3.104mg/L 范围内，生活热水的 TOC 值在 0.914～6.688mg/L 范围内。有学者认为，可将北京市生活饮用水 TOC 标准值定为 4mg/L。美国环保署提出的《消毒剂和消毒副产物规定》中提出饮用水的 TOC<2mg/L，才能确保消毒副产物的量被控制在可接受的水平。参考美国的规定，生活给水中有 2 个 TOC 值高于 2mg/L，平均 TOC 值为 1.560mg/L，合格率为 85.71%。生活热水中仅有 1 个 TOC 值超出 2mg/L，平均值为 1.808mg/L，比生活给水的平均值约高 15.90%，超出 TOC 限值的采样点可能存在消毒副产物超标的风险。生活给水的 UV_{254} 平均值为 0.017Abs/m，生活热水的 UV_{254} 在 0.000～0.040Abs/m 范围内，平均值为 0.019Abs/m，比生活给水的平均值约高 11.76%。

在 14 个以生活给水为水源的热水系统中，给水加热成为热水后，TOC、DOC、COD_{Mn}、UV_{254} 指标含量都有所增加。分别取平均值，各有机物指标也呈现增加趋势，如图 1.2-1 所示。水中的有机物含量是管网细菌再生长的首要限制因子，生活给水经过加热成为生活热水后，生活热水中有机物含量升高，为微生物异养菌大量繁殖提供了条件，同时对于热水系统中存在的死水区域或长时间不使用的管段易形成生物膜，危及热水系统水质安全。

② 微生物指标

本次试验选择细菌总数、HPC 作为微生物指标，选择 ATP 作为指示微生物指标。参

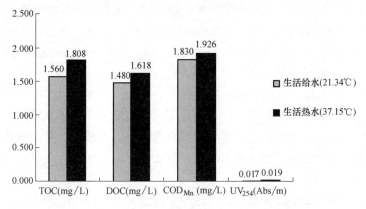

图 1.2-1 生活给水与生活热水有机物对比

考《标准》中对细菌总数的限值要求（100CFU/mL），14 个给水系统和 14 个热水系统的细菌总数均小于 100CFU/mL，总数合格率为 100％，此时热水水温在 27～48℃范围内，余氯基本上在 0.05～0.354mg/L 范围内，而且热水中细菌总数明显高于给水中细菌总数，且对 14 个采样点的冷热水、给水细菌总数取平均值，亦发现热水中细菌总数略高于给水中细菌总数。在 14 个热水系统中，给水加热成为热水后，细菌总数有所增加，取其平均值也有同样规律，如图 1.2-2 所示。含细菌的给水进入热水系统后，温度在一定范围内的升高会导致生化反应活化能降低，细菌生长繁殖速率加快，微生物污染风险增大。

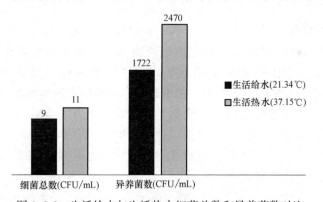

图 1.2-2 生活给水与生活热水细菌总数和异养菌数对比

我国水质标准中未对 HPC 作规定。但 R2A 培养基相对于传统营养琼脂培养基更能反映管道系统中实际的营养条件，有研究者发现，由于异养菌能够较多地在从属滋养菌的培养条件下检出，因此出现的群落数通常会比一般细菌多 10～100 倍，在自来水中有时竟多达 1000 倍。结合世界各国对 HPC 指标的相关规定，饮用水限值为 100CFU/mL，且高于 100CFU/mL 就有产生军团菌的风险。对于与大肠杆菌相关的 HPC 水平具有规定，不能超过 500CFU/mL，比较高的 HPC 水平（高于 500CFU/mL）被认为是潜在的导致大肠杆菌超标的因素。参考国外限值，规定二次供水中异养菌限值为 100CFU/mL。本次试验的 14 个给水系统和 14 个热水系统中 HPC 检测值远远高于 100CFU/mL，有产生军团菌的风险。在 14 个热水系统中，给水加热成为热水后，异养菌数也有所增加，如图 1.2-2 所示。因此，为保障生活用水的水质安全，建议增设消毒装置。

本次试验采用 ATP 作为二次供水的微生物指标。根据 ATP 检测仪的说明，饮用水 ATP 在 100RLU（relative light unit，RLU 相对光单位）以下为合格，大于 100RLU 为不合格。给水系统和热水系统的合格率均为 86%。其中 ATP 大于 100RLU 的 2 个给水系统和 2 个热水系统同时表现为细菌总数和异养菌数高。

微生物指标超标反映了二次供水还存在微生物污染，可能是由于供水设施设计不当，存在污染隐患，军团菌在水中常有出现，温度高时繁殖更快，在热水系统管道中，爆发军团菌的风险加大。为消除安全隐患，首先需要合理设计热水系统，其次对热水系统加强维护管理，还应建立有效的消毒和改善水质的办法。

③ 其他指标

a. pH 值。给水的 pH 值全部符合《标准》要求。热水的 pH 值在 7.5～8.6 范围内，热水的 pH 值普遍比给水高，其中 1 个达到 8.586，超过了《标准》要求。

b. 热水温度。《城镇给水排水技术规范》GB 50788—2012 中要求建筑生活热水的水温要满足使用要求，主要是集中热水供应系统保证终端出水水温不低于 45℃。当水温低于 45℃时，不易杀死滋生在热水中的各种细菌。当热水系统的水温在 31～36℃ 之间时，非常适合军团菌快速生长和长期存活甚至繁殖，军团菌肺炎感染的可能性和潜在危险性会大幅度增加。所采样集中热水供应系统的水温在 27～48℃ 范围内，能够直接供应洗手（脸）盆和淋浴器使用，其中 12 个系统（占 85.71%）的水温在 24～40℃ 范围内，低于 45℃。最高、最低和平均水温分别是 47.42℃、24.44℃ 和 37.15℃，故考虑在此温度下极有可能滋生军团菌。

c. 电导率。给水电导率为 260～650μS/cm，热水电导率为 330～710μS/cm，给水的电导率普遍比热水的电导率要低。有日本研究者表示，在水温为 20～60℃、电导率为 500～1500μS/cm 时，军团菌更易繁殖生长。本次试验水样电导率检测值均在 250～710μS/cm 之间，且异养菌在 10^3 水平，考虑采样点水样中有滋生军团菌的可能。

d. 余氯。《标准》中规定管网末梢余氯不小于 0.05mg/L。本次试验中，给水中余氯的含量基本能达到《标准》的要求。根据以往的研究，制备热水时，自来水经加热设备、管道和回水管后，余氯减少，不能保证余氯达到 0.05mg/L 的限值要求，14 个热水系统中有 1 个（占 7%）出现此类情况。

e. 三卤甲烷。生活给水中三卤甲烷平均值为 0.013mg/L，生活热水中三卤甲烷平均值为 0.016mg/L，比生活给水高 23%，合格率均为 100%。水中 NOM 中的腐殖酸和富里酸是三卤甲烷生成的主要前驱物。水中 NOM 含量增加，可使氯化反应需氯量相应增加，导致三卤甲烷生成量随之增加。由于集中热水供应系统普遍采用密闭管道，生成物无法挥发，导致三卤甲烷的量升高。

f. 浊度。生活给水的浊度完全符合《标准》中指标限值要求，最高、最低和平均值分别为 0.804NTU、0.017NTU 和 0.167NTU，生活热水的浊度最高、最低和平均值分别为 2.140NTU、0.023NTU 和 0.308NTU，生活热水的浊度普遍比生活给水高，平均浊度升高了 84.43%，14 个热水系统中浊度高于 1NTU 的只有 1 个，合格率为 92.86%。

在 14 个以生活给水为水源的热水系统中，给水加热成为热水后，三卤甲烷增加、电导率增加、浊度升高、余氯减少。

7) 结论

① 在14个给水系统中，完全符合《标准》的有11个，合格率为78.57%，不合格水样表现为COD_{Mn}、余氯不达标。

② 加热后的热水，其水质发生了变化，有些指标不符合《标准》的规定，达不到卫生安全要求。在14个热水系统中，完全符合《标准》的有10个，合格率为71.43%，不合格项目主要表现为个别水样的pH值、COD_{Mn}、浊度和余氯不达标。

③ 普遍存在给水经过加热系统加热后，三卤甲烷增加、余氯减少、电导率增加、浊度升高、细菌繁殖等问题，降低了系统自身抵御微生物污染的能力。

④ 热水系统中的细菌总数和异养菌数明显高于给水系统。生活热水中异养菌数和细菌总数平均检测值分别是生活给水的1.43倍和1.3倍。热水系统水质有爆发军团菌的可能，存在安全隐患，建议设置辅助消毒装置，定期消毒维护，以保障热水系统水质安全。

⑤ 试验结果表明，现ATP检测值可在一定程度上反映出水中细菌的数量规律，可对筛选细菌不合格水质起到指示作用，并可作为热水系统的卫生安全预警。

3. 湖南、湖北、河南等地主要城市及北京市主城区生活热水水质调研及分析

2016年课题组继续对集中热水供应系统水质进行调研，本次调研对象针对湖南、湖北、河南等地主要城市及北京市主城区，针对具有代表性使用功能的大中型建筑物，随机选取建筑内生活热水水质进行检测分析，调查建筑物内集中热水供应系统水质情况，评价集中热水供应系统水质。理化指标合计采样点为33个，包括湖南、湖北、河南、北京多地的酒店、高校、办公楼、住宅等建筑，热水平均水温为45.5℃。对全国33个采样点的冷水、热水中的钙硬度含量进行检测，其中黄河以南（长沙、武汉、南阳、平顶山、许昌及郑州等地）10个采样点平均钙硬度为108.64mg/L。微生物检测采样点22幢建筑采集样品47个，其中7幢建筑的生活热水水样中检出了军团菌阳性样本，占建筑总数的32.82%；检出军团菌的阳性水样共11件，占总样本数（47）的23.40%。有5幢建筑的生活热水水样中非结核分枝杆菌呈阳性，占本次采样建筑总数的22.73%；共检出阳性水样7件，占总样本数的14.89%；阳性水样来源于酒店和住宅类建筑。

（1）调研背景、内容及方法

1) 试验方案设计

本次试验选择在两种机会致病菌易大量滋生的夏、秋季，从北京市东城区、西城区、朝阳区和海淀区随机选取具有代表性的大中型建筑开展生活热水样品的采集，所有建筑均采用集中热水系统供应生活热水，以市政给水和二次供水（部分建筑为高层建筑）为冷水水源进行加热，热水供应方式分为全天供应热水（全天循环）和分时段供应热水（定时循环）两种方式（见表1.2-13）。

采样点分类及生活热水供应方式   表 1. 2-13

建筑类别	采样点数量(个)	分时段供应热水(个)
酒店	10	—
住宅	4	2
医院	4	—
高校	3	3
办公楼	1	—
总计	22	5

为了分析生活热水水质对军团菌、非结核分枝杆菌的影响，对生活热水中有可能影响两种机会致病菌滋生的理化和微生物指标进行检测，同时对同一末端生活给水（以市政给水与二次供水相结合）进行相同水质指标检测，作为辅助对照。

2）样品采集

本次采样自2016年8月起至11月9日止，从22幢建筑采集水质样品，较全面地选取了使用集中热水供应系统的5类建筑，包括医院、住宅、高校、酒店和办公楼。采样位置为生活热水和生活给水末端（水龙头和淋浴喷头）用水。

参考《生活饮用水卫生标准》GB 5749—2006及与微生物污染相关的指示指标，检测内容包括：温度、pH值、电导率、溶解氧、钙硬度、总碱度、余氯、溶解性总固体、耗氧量（COD_{Mn}）、浊度、菌落总数、异养菌、军团菌和非结核分枝杆菌共14项指标。样品采集和保存方法按《生活饮用水标准检验方法水样的采集和保存》GB/T 5750.2—2006的规定执行。

为了探究军团菌和非结核分枝杆菌在集中热水供应系统中的分布特点，在采样现场条件允许的情况下，尽量选取各个供水分区的水样以及相邻房间、相隔房间的水样，见表1.2-14。

采样点楼层及采样时间分布　　　　　　　　　　　表1.2-14

采样点		采样楼层(层)	采样时间
住宅	1	7	2016-08-01
	2	13	2016-08-01
	3	8	2016-10-17
	4	13	2016-10-17
医院	1	2	2016-08-02
	2	8	2016-08-02
	3	6	2016-08-05
	4	4	2016-10-17
酒店	1	机房热力站	2016-08-08
	2	7/16/17/20/22	2016-08-17
	3	10	2016-08-29
	4	1/18	2016-09-07
	5	9/10/11	2016-09-07
	6	2	2016-09-19
	7	3	2016-09-19
	8	3/5/8	2016-08-01
	9	6/9/15	2016-08-01
	10	6/9/14/19	2016-11-09
办公楼	1	−2	2016-08-05
高校	1	公共淋浴室	2016-08-03
	2	公共淋浴室	2016-08-04
	3	公共淋浴室	2016-08-04

3）试验条件及试验方法

本次试验采取现场快速检测分析与实验室检测分析相结合的方式。为了保证水质检测结果的可靠性，本次试验理化指标及无致病性的微生物的检测在北京工业大学、中国建筑设计研究院有限公司及具有认证资质的第三方检测机构同时进行，试验结果相互验证。

因军团菌和非结核分枝杆菌属于生物危险等级较高的致病微生物，试验需在微生物安全实验室完成。本次非结核分枝杆菌、军团菌及异养菌试验在某疾病预防控制中心生物安全实验室完成，具有高危致病性的非结核分枝杆菌试验在三级生物安全实验室进行，军团菌试验在二级生物安全实验室进行。

4）检测方法

本次试验检测方法如表 1.2-15 所示。

检测方法及检测指标   表 1.2-15

检测方法	检测指标
实验室检测	pH 值、溶解性总固体、耗氧量（COD_{Mn}）、浊度、菌落总数、异养菌（仅热水）、军团菌（仅热水）、非结核分枝杆菌（仅热水）、溶解氧和余氯
现场快速检测	温度、余氯、溶解氧、电导率、钙硬度、总碱度、军团菌快速检测（仅热水）

（2）生活热水水质调研及分析

1）理化指标分析

① 水温

不同类型建筑水温情况见图 1.2-3、表 1.2-16。

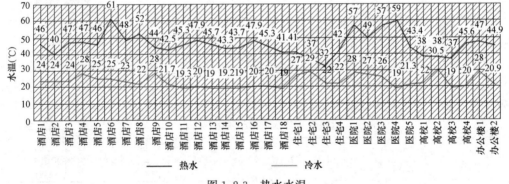

图 1.2-3 热水水温

从图 1.2-3、表 1.2-16 中可以看出，33 个采样点热水平均水温为 45.5℃，高于 46℃的采样点个数为 15 个，其中，医院热水样品检测水温较高，5 家医院平均热水水温为 53.08℃，最高水温为 59℃，只有一个采样点水温低于 46℃；18 家酒店平均热水水温为 46.55℃，最高水温为 52℃，50% 的采样点热水水温高于 46℃；4 个住宅类建筑平均热水水温为 38℃，4 个采样点水温均不高于 46℃，最高水温为 42℃；4 所高校采样点只有一所高校水温为 45.6℃，其余三所高校水温均低于 40℃，最高水温为 38℃；两所高级办公楼热水采样点平均热水水温为 46℃。

② 其他理化指标

本次调研对全国 33 个采样点的冷水、热水中的钙硬度含量进行了检测，其中黄河以

不同类型建筑水温情况 　　　　　　　　　　　　表 1.2-16

建筑类型	数量	平均热水水温(℃)	最高热水出水温度(℃)	最低热水出水温度(℃)
医院	5	53.08	59	43.4
酒店	18	46.55	52	41
住宅	4	38	42	32
高校	4	39.65	45.6	37
办公楼	2	46	47	44.9

南（长沙、武汉、南阳、平顶山、许昌及郑州等地）10 个采样点平均钙硬度为 108.64mg/L，武汉地区样品钙硬度检测值均低于 100mg/L。北京地区 24 个采样点平均钙硬度为 365.79mg/L，最大钙硬度检测值超出了仪器最高检测限 500mg/L。溶解性总固体和 TDS 规律一致，数据显示总趋势是冷水溶解性总固体高于热水溶解性总固体，笔者认为系热水水温升高，水中暂时硬度结垢导致。对冷水、热水中的溶解氧含量进行检测，冷水中溶解氧含量平均值为 6.85mg/L，热水中溶解氧含量平均值为 5.35mg/L。水温升高，热水系统出水溶解氧含量降低。本次调研检测样本中，冷水样品余氯平均值为 0.076mg/L，热水样品余氯平均值为 0.036mg/L，61% 的热水样品余氯检测值低于 0.01mg/L，20% 的冷水样品余氯检测值低于 0.01mg/L，23.33% 的冷水样品余氯检测值高于 0.10mg/L。

2）微生物指标分析

从 22 幢建筑采集样品 47 个，其中 7 幢建筑的生活热水水样中检出了军团菌阳性样本，占建筑总数的 31.82%；检出军团菌的阳性水样共 11 件，占总样本数（47）的 23.40%。检出的嗜肺军团菌血清型分别为 LP1 型和 LP2-14 型，其中 LP2-14 型占阳性样本总数的 63.64%，最易导致疾病的 LP1 型占阳性样本总数的 27.27%。

阳性样本出现的建筑类型为酒店类和住宅类，酒店类军团菌污染严重，检测的 10 家酒店中，6 家生活热水水样中出现军团菌阳性样本，占酒店类建筑的 60%；4 家住宅中，1 家水样呈阳性，占本次检测住宅类建筑的 25%。

建筑生活热水中军团菌的污染情况 　　　　　　　　表 1.2-17

场所类型	采集样本总数(件)	阳性样本数(件)	检出楼层(层)	军团菌类型	检出率(%)
住宅 2	1	1	8	LP1	100
酒店 1	6	1	22	LP2-14	16.67
酒店 2	1	1	10	LP2-14	100
酒店 4	4	3	9/10/11	LP1、LP2-14	75
酒店 7	6	2	3/8	LP2-14	33.33
酒店 9	1	1	机房热力站	LP2-14	100
酒店 10	4	2	14/19	LP1	50
合计	23	11	—	—	—

注：此表内为军团菌实验室检测结果。

① 军团菌阳性水样分析（见表 1.2-17）

综合分析各个建筑检出的军团菌阳性水样发现，军团菌在同一建筑内多个采样点同时存在的情况较多，个别酒店多个采样点中只有一个军团菌阳性。酒店 1 是一所位于核心商业区的五星级酒店，在该酒店对 6 个不同房间（包括同一楼层相隔房间和不同楼层不同房间）采样，有 1 个房间的热水水样中检测出军团菌；另外，该酒店的其他微生物指标也并不理想，细菌总数为 2300CFU/mL，余氯≤0.01mg/L，笔者认为这一采样点可能长期无人使用，导致管段内死水水质恶化，管道中余氯消失，水温降低，存在致人感染军团菌病的风险。

在酒店 4，对 4 个房间（其中包含一组相邻房间）采样，但 3 件阳性样本均在不同楼层不同房间检出，细菌总数为 820CFU/mL，细菌总数远超出了《标准》的规定；在酒店 7，选取 3 个楼层每层 2 个相隔房间（如 822 和 824）采样，相隔房间未同时检出军团菌，在 2 个不同楼层各检出 1 处水样呈阳性。其中酒店 4 的生活热水阳性率较高，采样的 3 个楼层中均有房间出现军团菌阳性样本，且 LP1 型、LP2-14 型均存在，军团菌普遍分布于此建筑的生活热水中，可见这两家酒店存在军团菌在集中热水供应系统中大量定植爆发的风险，建筑内生活热水污染严重，存在导致入住者患病的风险。需及时对系统进行清洗消毒，并采取相应热水水质安全技术措施保障日后用水安全，以防军团菌病的爆发。

在对住宅 2 进行采样时，通过住户反映得知，住宅 2 所在小区采用定时循环供应热水系统，每天下午开始供应热水，且全年热水供应温度普遍低于 35℃，本次对住宅 2 的淋浴和水龙头采样时，放水 10min 后水温仍然较低。定时循环供应热水系统，水流停滞时间较长，导致水温降低、水中余氯减少，末端水温处于军团菌等微生物生长繁殖的最佳区间，有利于微生物大量繁殖并附着在管壁上形成生物膜且易于军团菌等管道机会致病菌在该系统内定植生长。

② 非结核分枝杆菌阳性水样分析（见表 1.2-18）

建筑生活热水中非结核分枝杆菌的污染情况　　　　　　　表 1.2-18

场所类型	采集样本总数（件）	阳性样本数（件）	检出楼层（层）	非结核分枝杆菌（CFU/mL）	检出率（%）
住宅 2	1	1	8	8	100
酒店 2	1	1	10	1	100
酒店 3	4	3	1/18	1,12,18,28	75
酒店 5	1	1	2	26	100
酒店 7	6	1	3	多不可计	16.67
合计	13	7	—	—	—

经试验检测得出，共有 5 幢建筑的生活热水水样中非结核分枝杆菌呈阳性，占本次采样建筑总数的 22.73%；共检出阳性样本 7 件，占总样本数的 14.89%；阳性水样来源于酒店类和住宅类建筑。

采样的 10 家酒店中，有 4 家（酒店 2、酒店 3、酒店 5、酒店 7）生活热水水样中出现非结核分枝杆菌阳性样本，占酒店类建筑的 40%；采样的 4 家住宅中，1 家（住宅 2）水样呈阳性，占住宅类建筑的 25%。出现阳性样本的建筑中，住宅 2、酒店 2 和酒店 5，阳性样本数和样本总数均为 1 件，检出率为 100%；酒店 3 阳性样本数为 3 件，检出率为

75%；酒店 7 阳性样本数为 1 件，检出率为 16.67%。

综合各建筑非结核分枝杆菌阳性水样的楼层房间分布可发现，酒店 3 中，同一楼层不相邻两房间、不同楼层的不对应房间的热水水样均有呈阳性的样本，4 个采样点中 3 个为阳性，说明该酒店集中热水供应系统已被非结核分枝杆菌定植，存在导致用水人员爆发非结核分枝杆菌感染的风险。在酒店 3 进行取样时发现，此阳性点热水出水水流很小、水流流速较慢，出水较长时间之后水温才能达到一定的热水温度。水流小、流速慢有利于非结核分枝杆菌等微生物附着在管壁上形成生物膜；放水较长时间后水温才能达到热水温度，说明支管末端水温较低，给非结核分枝杆菌滋生提供了适宜的温度条件。此阳性点末端余氯检测值为 0.08mg/L，该数值是本次调研中较高的余氯含量。同时该采样点异养菌为 51CFU/mL，菌落总数未检出、军团菌未检出。结合非结核分枝杆菌具有抗氯性，可见，用水末端存在消毒剂，可以有效且很好地起到微生物抑制作用。因此，虽然酒店 3 末端支管及末端用水点的水温较低、水流停滞造成了非结核分枝杆菌大量滋生，但是由于末端余氯含量较高，使得其他微生物受到了抑制，这就给我们一个启发，即有效消毒剂的存在可以保障集中热水供应系统出水的水质安全。

在酒店 7 的 6 个采样房间中，仅 1 处阳性水样，且非结核分枝杆菌数多不可计，其他 5 处（包括同一楼层不同房间和不同楼层不同房间）检测均呈阴性，说明该酒店集中热水供应系统还未被大面积污染。抽检样品与酒店入住率和淋浴使用率有关，当生活热水末端淋浴使用率较低时，末端水温降低，水流停滞，易在淋浴莲蓬头内使包括非结核分枝杆菌在内的微生物大量滋生，同时形成生物膜。

在住宅类建筑中，仅住宅 2 样本呈阳性，值得注意的是在住宅 2 中同时也检测出了军团菌，此处采样点热水水质差，生活热水末端出水水温为 32℃，末端余氯含量为 0.028mg/L，菌落总数高达 700CFU/mL，异养菌数多不可计，军团菌 8CFU/mL，非结核分枝杆菌 8CFU/mL，所有微生物指标均不符合《标准》规定，说明此建筑生活热水水质差，微生物污染严重，存在较高的感染风险。特别是此建筑的热水温度，是造成两种机会致病菌同时滋生的重要原因，35℃处于很多微生物最适宜生长温度区间内，给微生物生长繁殖提供了温床，虽然有消毒剂存在，但综合水温等因素，水中微生物不能够被有效抑制。由此可见，水温和好的循环系统配合有效的消毒措施才可有利于生活热水水质的使用安全。

（3）结论

1）本次调研理化指标采样点 33 个，综合数据来看，影响生活热水水质的主要理化指标有水温、余氯、钙硬度，调研结果显示，水温、余氯和集中热水供应系统设置形式、使用性质都对集中热水供应系统出水水质有很大的影响。生活给水经过加热系统和输水循环管道系统之后，水质已发生了根本性改变，因此生活冷水与热水已不再适用于同一水质标准来衡量。

2）本次调研发现，医院类建筑出水水温基本高于 50℃，这是一个令人欣慰的现象。另外，在医院热水系统中只有快速检测军团菌阳性一例，实验室并未检出。笔者分析，军团菌快速检出的一例阳性，可能是存在于取水点口部，由于医院场所的特殊性，病菌来源并非水源，因此实验室水样中并未检测出军团菌阳性。

3）住宅集中热水供应系统出水水温基本不高于 45℃，不符合我国现行国家标准《城镇给水排水技术规范》GB 50788—2012 中规定的生活热水出水温度 45℃，亦不符合本课题组编制的《生活热水水质标准》CJ/T 521—2018 中所规定的 46℃，结合住宅一般都采用定时供应热水系统，末端消毒剂含量低等因素，使得住宅生活热水用水存在安全隐患。有利的一点是住宅用水集中用水频率高，因此部分采样点并未出现管道机会致病菌阳性。但一些老旧小区生活热水水质仍需多加关注。

4) 酒店类建筑水温基本都高于 46℃，但由于酒店类建筑集中热水供应系统的使用性质，导致个别不常用水房间易滋生致病菌等微生物，本次检测的 10 家酒店中，有 8 家均出现了水质问题，检测出的军团菌、非结核分枝杆菌阳性率较高，污染严重。检测的 10 家酒店中 6 家检测出军团菌，4 家检测出非结核分枝杆菌。出现了同一建筑同时检测出军团菌和非结核分枝杆菌的情况，包括住宅 2、酒店 2 和酒店 7，可见这三座建筑集中热水供应系统被管道机会致病菌定植，存在微生物不稳定引起的水质安全风险，应引起足够的重视，及时进行系统清洗消毒，并采取相应水质保障技术措施。

5) 高校生活热水出水为混水阀出水温度，应考虑学生寒暑假期间，集中热水供应系统使用频率较低时的系统维护及水质保障措施。

综合以上分析，笔者认为，生活热水水质值得用水人员、系统设计维护人员、卫生疾控部门共同给予关注。生活热水是人们每天的必用水，其用水频率高、用水水量大，关乎每个用水人员的身体健康和生活品质。保障生活热水水质、提高生活热水水质，需要结合系统设计及水质保障措施。

1.2.3 全国各地区排水现状调研

1. 典型城市排水系统实态调查

科研院所技术开发研究专项资金项目"住宅排水系统卫生性能研究与技术研发"先后对北京、上海、重庆、广州、哈尔滨 5 个城市的住宅建筑进行了排水系统实态调查，这 5 个城市分别位于我国的华北、华东、西南、华南、东北地区，这些城市属于发展速度较快、经济水平较高的城市。本次各地区典型城市的调查，反映了我国各大城市普通居民住宅的用水过程、用水量、用水观念和卫生器具完善程度等问题。

调查采用入户问卷调查和住户自行连续记录一周卫生器具使用排水情况相结合的方法，得到了住户的支持和帮助，参与调查的人员约千余人。共调查了 250 户住宅，其中 249 户为有效户数。其中北京、上海、哈尔滨各 50 户，重庆 45 户，广州 55 户（其中 1 户为无效），共收回有效调查表 249 份。在汇总调查资料内容和数据的基础上，重点分析了住宅排水系统存在的问题、产生的原因及其对室内环境的影响。

通过实态调查资料的归纳、分析，住宅排水系统存在的问题主要表现在噪声大、返臭气、漏水和排水不畅四个方面，其中噪声大和返臭气问题更为突出（见图 1.2-4）。

其中，居民普遍反映噪声大的主要部位是排水管和卫生器具，见图 1.2-5。

卫生器具噪声主要来自便器冲水声，虽然目前一次冲洗水量≤9L 的节水型便器已在住宅中得到了推广使用，但旋涡虹吸式等低噪声便器因价格较高，在住宅建筑中尚未普遍应用，所以便器冲水声仍为影响居住环境安静的因素之一。

排水管道的噪声主要来自横支管排出污水对立管的冲击和污水在管中流动的噪声，同时通过管壁和水流也传递了便器的冲水声。虽然大部分住户在进行室内装修时都将排水管

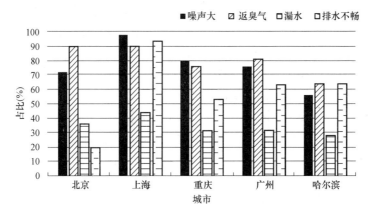

图 1.2-4   居民反映的排水系统问题

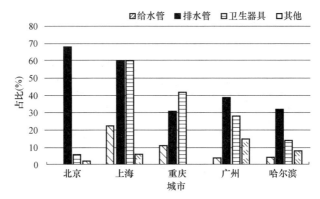

图 1.2-5   五城市住宅噪声问题发生部位统计

隐蔽暗装，但用于暗装的材料主要是石膏板和铝合金板等，板材壁薄起不到很好的隔声作用（见图 1.2-6）；同时，目前住宅的排水管仍以铸铁管和 PVC-U 塑料管为主，见图 1.2-7。管材自身起不到降噪作用，而能起到降噪作用的多孔、发泡或中空等塑料管，未能在住宅中推广使用，有的住宅虽然采用了塑料螺旋管，但实践证明，其降噪效果并不理想。由于一户排水噪声会影响竖向多层住户，对居住环境的干扰较大，所以管道噪声已成为居民迫切需要解决的问题。

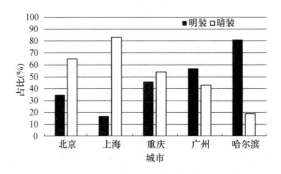

图 1.2-6   五城市住宅排水管"噪声大"用户管道安装形式

地漏是"返臭"的主要部位（见图 1.2-8），北京、上海和重庆反映"返臭"的住户

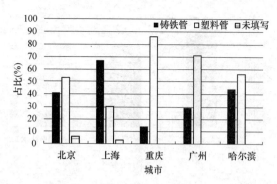

图 1.2-7 五城市住宅排水管"噪声大"用户所采用的管材

中，就分别有 72%、52% 和 40% 的住户指出返臭部位在地漏。地漏"返臭"的主要原因是：（1）地漏水封因蒸发等原因遭到破坏；（2）一些住宅卫生间无洗衣机专用排水口，居民洗衣时，为了迅速排水，均将地漏扣碗自行取出，使排水管内臭气溢出。

目前住宅中大多是多户合用一个卫生间风道，因此风道串气的现象也时有发生，下层住户卫生间内的臭气及抽烟和洗浴时的浊气常通过风道串入上面住户室内，特别是刮风时，"串气"现象更为严重。哈尔滨反映"返臭"问题的住户中，有 34% 的住户指出是风道"串气"所致。

"返臭"、"串气"降低了住宅室内环境质量，直接影响室内空气质量和居民的健康，特别是"SARS"事件之后，杜绝"返臭"、"串气"已成为居民十分关注和急需解决的问题。

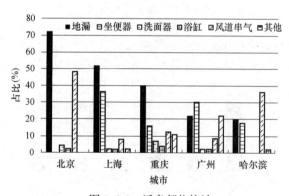

图 1.2-8 返臭部位统计

2. 北京市排水系统实态调研

自 2016 年 2 月至 2017 年底，课题组陆续前往北京市内的 31 个小区开展实地调研工作。调研工作以入户、调查问卷为主，个别住户会以返臭气检测为辅助，共计调研了 71 户。

（1）调研表统计数据

根据调研表的统计与分析，得到如下结论：

1）住宅室内的地漏，主要安装于卫生间内（包括洗衣机专用地漏），有少量（6.5%）住户在厨房内设置有地漏，如图 1.2-9 所示。

2）室内臭气的主要来源是卫生间地漏（占 46.5%）、洗脸盆（占 29.8%），其余来自

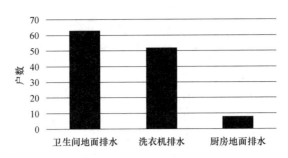

图1.2-9 住宅内地漏安装位置

坐便器、浴缸、洗衣机下水地漏和油烟机风道串气，如图1.2-10所示。

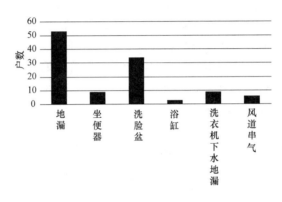

图1.2-10 室内返臭位置

3）天气变化是返臭的影响因素之一，其中大风天气占42.2%，暴雨天气占25%，阴天、变天和其他情况占一小部分，如图1.2-11所示。

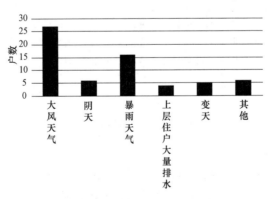

图1.2-11 室内返臭出现的天气

（2）住宅内地漏、存水弯使用情况

1）地漏水封深度不足50mm，甚至无水封。

在入户调研的过程中，发现很多住户的卫生间内安装了无水封的机械密封地漏，由于使用年限过长或地漏产品自身的原因，导致其密封性能降低，无法实现完好的密封状态。

另外，少数安装了水封地漏的家庭，其地漏的水封深度不足 50mm。

2）住户对地漏的作用认识不够，使用不当造成返臭。

①调研发现部分用户认为地漏只是起到排水作用，忽略了地漏也是隔绝排水管道中的有害气体进入室内的重要设备。

②住户反映地漏下水比较慢，所以直接将地漏上盖箅子拿掉，甚至将地漏防臭芯子取出，造成水封功能或机械密封功能被破坏，排水管道与室内空间连通，导致臭气外溢或地漏淤堵。

③用户在淋浴后未对地漏进行定期打扫处理，导致地漏下水口堆积的杂物，如头发、胡须、香皂、肥皂、牙膏等残留物存在下水管存水弯处的管壁上，存水弯内形成污垢，水封比减小，导致地漏淤堵，下水不畅。

3）施工不合格、产品老化造成返臭问题。

①由于国内多是毛坯房交房，洗脸盆底部空间狭小、难以操作，导致洗脸盆自带排水管与下水口连接处密封性差，致使臭气从缝隙外溢到室内。

②大部分用户为了节约装修成本，选用了波纹软管来连接洗脸盆与排水横支管，可能会自行将软管折叠成不规则的"S"形存水弯。因为软管易变形，使用一段时间后，存水弯的功能失效；或者随意乱弯形成双水封；甚至施工人员根本不会折叠"S"形存水弯，直接将下水管插入下水口中等。

③调研中发现由于洗脸盆、地漏、排水管、各接口密封胶垫等产品的使用年限过长，不同程度都有老化，密封不严，产生异味。

④坐便器与地面排水管密封不充分，导致漏气，坐便器周围地砖存在裂纹、空鼓或地砖接缝处未密实填充。

⑤洗衣机排水管与下水管直接连通，导致臭气通过洗衣机进入室内，或洗衣机排水管与地面下水管连接处密封不严，甚至没有任何密封措施。

⑥在新建建筑内也会有地漏下水不畅、返臭等问题，发现少数住户卫生间地漏内部存在混凝土块等杂物，较为严重的卫生间内机械密封地漏被施工胶水破坏。

4）卫生间器具布置格局不合理，排水系统设计不合理。

①当地漏附近有坐便器或排水量大的器具时，尤其是虹吸式坐便器，虹吸现象易使管道内产生瞬间较大负压，对地漏水封产生抽吸现象，水封被破坏。

②发现部分小区住在底层的住户，经常有返臭现象，现场发现由于排水系统时间久室外排出管的管径没有扩径、底层没有设置单独排放管等原因，加之现在居民家中使用卫浴的数量增多、高端卫浴的进入，大大增加了排水流量，超出了原有排水系统最大负荷导致底部正压较大，引起底部住户卫生间返臭。

1.3　全国二次供水水质、水量及管理模式调研

城市供水质量的优劣直接关系到广大人民群众的身体健康。特别是近几年来，随着社会经济飞速发展，城市建设步伐不断加快，高层建筑、多层建筑日益增多。由于我国现行的供水体制（低压供水）压力不足，自来水不能直接送到顶楼，因此大多数住宅区采用增设低位贮水池和高位水箱等二次供水设施来满足居民的用水需要。

1.3.1 二次供水水质现状

二次供水，是指供水单位将来自城市公共供水设施和自建供水设施的供水，经贮存、加压或经深度处理和消毒后，由供水管道或专用管道向用户端供水。随着城市大型建筑的日益增多，建筑给水工程也向着大水量、高水压的方向发展，致使二次供水系统日益增多，随之而来的是二次供水系统污染严重，饮用水水质下降，各种严重的水质污染时有发生，大大影响了人们的身体健康，供水水质下降与人们对水质要求越来越高的矛盾日益突出。

1. 水质调研与监测

随着我国城市建设的飞速发展，高层建筑日益增多，各种二次供水方式得到广泛的应用，为确保市民的安全和健康，城市供水企业所提供的自来水在出厂时必须符合甚至高于国家标准《生活饮用水卫生标准》GB 5749—2006 的规定。自来水是否合格或优质，最终检验点是用水点处。正常情况下出厂水水质是合格的或优质的，因此，解决生活饮用水二次供水系统污染问题成为居住区水质保障的重要一环，引起了社会及有关部门的高度重视。

弄清楚生活饮用水二次污染的现状和原因，可为研发二次污染控制技术及防治二次污染的贮水装置与消毒设备提供相应的依据。根据目前全国各地关于二次供水的资料调研与实地调查整理，得到全国各地区（分为华北、东北、西北、西南、华南、华东 6 个地区）城镇建筑与小区二次供水的水箱水池和用户水质状况汇总情况。调研区域见表 1.3-1。

二次供水水质调研区域汇总表　　　　　　　　　　表 1.3-1

序号	省、自治区、直辖市	城市/区县(水样数量(个))	城市/区县数量(个)	水样数量(个)
1	上海市	闵行区(650)、南汇区(20)、宝山区(672)、黄浦区(68)	4	1410
2	浙江省	慈溪市(68)、宁波市(1108)、嘉兴市(22)、瑞安市(256)、杭州市(65)、余姚市(108)、舟山(138)、温州市(2792)	8	4557
3	江西省	九江市(133)、南昌市(1780)	2	1913
4	湖北省	武汉市(154)	1	154
5	湖南省	长沙市(3657)、常德市(365)、娄底市(240)	3	4262
6	江苏省	南京市(242)、江阴市(144)、镇江市(2738)、连云港市(324)、溧水区(35)、南通市(573)、无锡市(282)、徐州市(360)	8	4698
7	四川省	成都市(2590)、南充(127)、宜宾市(2380)、合川区(284)	4	5381
8	贵州省	贵阳市(6238)、遵义市(504)	2	6742
9	广西壮族自治区	柳州市(68)、北海市(30)、钦州市(89)	3	187
10	重庆市	南岸区(3398)、涪陵区(574)	2	3972
11	云南省	昆明市(1721)、普洱县(360)、玉溪市(94)	3	2175
12	广东省	广州市(5285)、深圳市(542)、惠州市(196)、珠海市(527)、江阳市(331)、中山市(151)、茂名市(957)、东莞市(2225)	8	10214

续表

序号	省、自治区、直辖市	城市/区县(水样数量(个))	城市/区县数量(个)	水样数量(个)
13	福建省	厦门市(3679)、闽侯县(4792)、福州市(2606)、龙岩市(365)、漳州市(3594)	5	15036
14	海南省	海口市(5518)	1	5518
15	北京市	朝阳区(249)、房山区(40)、通州区(351)、东城区(162)、顺义区(176)、门头沟区(207)、大兴区(78)	7	1263
16	天津市	滨海区(100)	1	100
17	河北省	全省(1651)、唐山市(185)、张家口市(200)	3	2036
18	山东省	青岛市(181)、无棣县(48)、聊城市(111)、滨州市(98)、德州市(70)、菏泽市(106)、东营市(82)、枣庄市(1044)	8	1740
19	河南省	南阳市(116)、濮阳市(9)、安阳市(52)、驻马店市(48)、信阳市(284)、焦作市(435)、洛阳市(296)、周口市(56)、山门峡市(24)、荥阳市(25)	10	1345
20	辽宁省	沈阳市(176)、大连市(100)、锦州市(21)、营口市(106)	4	403
21	山西省	太原市(513)、临汾市(32)、运城市(276)	3	821
22	黑龙江省	哈尔滨市(3120)、齐齐哈尔市(246)、黑河市(10)、逊克县(10)、密山市(384)	5	3770
23	吉林省	辉南县(129)、通化市(94)	2	223
24	宁夏回族自治区	银川市(952)	1	952
25	新疆维吾尔自治区	乌鲁木齐市(1334)	1	1334
26	内蒙古自治区	呼和浩特市(254)	1	254
27	甘肃省	兰州市(379)	1	379

注：该表为27个省、自治区、直辖市的101个城市（区县）二次供水用户的80839个水样分析结果的统计。

(1) 华北地区

华北地区二次供水水质指标合格率偏低，市政供水水质情况略优于二次供水，但也存在较多问题。检测不合格项目主要为余氯、COD_{Mn}、浊度及细菌总数四个指标，其中余氯和COD_{Mn}两个指标超标较为严重，浊度仅有少数水样微量超标，细菌总数只有北京地区一户居民水样超标。在2010年以前，二次供水水质在余氯、浊度、细菌总数、大肠菌群、铁等指标上有超标现象。且指标超标率有一定的变化规律，总体而言，余氯、细菌总数和大肠杆菌超标显著，余氯、浊度和铁的超标率有下降趋势，而细菌总数和大肠菌群的超标率则有上升趋势。

(2) 东北地区

东北地区部分城市建筑二次供水各项水质指标除了细菌总数超标外，其他水质指标基本正常。沈阳地区水质达标率接近100%，除个别建筑色度有所超标外，细菌总数等水质指标基本符合规范要求，分析原因是由于沈阳地区二次供水采用变频和叠压供水方式，没有采用高位水箱供水，因而保证了二次供水水质。在2010年以前，二次供水水质在余氯、浊度、细菌总数、大肠菌群、铁等指标上有超标现象。且指标超标率有一定的变化规律，总体而言，余氯、细菌总数、大肠菌群和浊度超标显著，余氯、细菌总数和大肠菌群的超标率有明显的上升趋势，浊度的超标率虽然有降低的趋势，但超标率也不低。

（3）西北地区

西北地区二次供水水质各项指标基本合格，个别建筑供水水质存在问题，主要问题指标为余氯。余氯过低容易使自来水中产生微生物，危害健康。在2010年以前，二次供水水质在余氯、浊度、细菌总数、大肠菌群、铁等指标上有超标现象，浊度超标率高达36.45%、余氯13.81%、大肠菌群12.20%、细菌总数10.23%、铁6.93%，其中浊度超标十分严重，余氯和大肠菌群超标也比较严重。

（4）西南地区

西南地区二次供水水质超标指标主要为余氯、铁、细菌总数、浊度等。西南地区余氯超标主要是由于外地水样带回来测试，运输时间较长，导致余氯含量低于规范限值。西南地区铁超标的主要原因可能是由于管网老化所致。在2010年以前，二次供水水质在余氯、浊度、细菌总数、大肠菌群、铁等指标上有超标情况，大肠菌群超标率4.25%、余氯2.44%、细菌总数2.15%、浊度1.74%，其中大肠菌群超标最为明显。总体而言，余氯、细菌总数和大肠菌群超标较显著，余氯、细菌总数、大肠菌群和铁的超标率有明显的下降趋势，浊度的超标率虽然有降低的趋势，但降低趋势不算明显。

（5）华南地区

华南地区二次供水水质分析发现细菌总数和余氯以及浊度呈现较强的负相关关系，二次供水水质相对于市政直供水质普遍偏差。在2010年以前，二次供水水质在余氯、浊度、细菌总数、大肠菌群、pH值、铁这几个指标上有超标现象，余氯、细菌总数和大肠菌群超标较为明显。指标超标率有一定的变化，总体而言，余氯的超标率有一定下降，但是超标率依然居高不下，浊度、pH值和铁的超标率有明显的下降趋势，细菌总数和大肠菌群的超标率则有上升的趋势。

（6）华东地区

华东地区二次供水水质情况良好。大部分指标达标率为100%。达标率低于100%的指标包括浊度、COD_{Mn}、余氯和大肠杆菌。检测过程中可能引入的外源污染是造成误差的一个重要原因。在2010年以前，二次供水水质在余氯、浊度、细菌总数、大肠菌群、pH值、铁等指标上有超标现象。指标超标率有一定的变化，总体而言，余氯、细菌总数、大肠菌群的超标率虽然有了下降趋势，但是超标率依然居高不下，浊度、pH值和铁的超标率有明显的下降趋势。

通过调研分析可知，全国二次供水水质逐年在变化，二次供水水质的合格率呈现逐年提高的趋势。2010年以前的二次供水水质合格率约为70%～80%，近年二次供水水质合格率基本保持在90%以上。同时全国不同地区二次供水水质合格率的差异也在逐年减小。这种变化趋势与近年来我国持续增加经费投入，通过水源地保护、饮用水处理工艺技术改进和管网改造，提升自来水厂出水水质的进程是一致的。但是，大量的资料对比和统计数据仍然显示，二次供水的水质和城镇自来水管网的水质还有相当大的差距。

在二次供水水质分析的各项指标中，余氯是合格率最低的。2010年余氯合格率只有60%～80%，同时不同地区和同一地区不同季节，二次供水余氯合格率变化较大。随着余氯合格率逐渐上升，近年余氯合格率维持在90%左右；同时余氯合格率的波动范围也在逐渐缩小。由于饮用水中的余氯一方面可以杀灭水中游离的微生物，与供水管网中的生物膜进行作用，另一方面余氯又会与引起饮用水化学指标变化的物质（如氨氮、有机污染物、供水管材等）发生反应，因此余氯是饮用水中水质变化最为敏感的一个指标，它不仅反映了水质的微生物学指标的变化，同时也可以反映其他方面的水质变化。目前，关于供水管网中余氯变化规律的研究已成为市政供水领域的热点研究方向之一，但是在具有独特的水力学规律以及供水-材料界面性质的二次供水系统中余氯衰减研究却不够深入。

细菌总数是第二个最容易不合格的二次供水水质指标。近年来，二次供水水样中细菌总数的达标率基本维持在 90％以上，总体上有逐年提高的趋势。由于余氯对饮用水中游离的细菌生长具有抑制作用，当水中余氯的浓度降低时微生物的生长就有可能上升。二次供水水质统计也表明，很多余氯指标不合格的水样同时伴随着细菌总数超标。另外，在二次供水系统的水箱水池和管道中生长着细菌生物膜，生物膜表面的细菌在水力冲刷作用下可能进入到流动的水中。此外，有研究显示在余氯衰减的过程中，余氯与金属管道（如铸铁）发生反应，将金属管道中的磷元素溶解释放到水中，刺激了水中微生物的生长。

二次供水中浊度也是一个比较容易发生不合格的水质指标，二次供水浊度合格率持续提高，近年基本维持在 90％及以上。由于自来水中颗粒和胶体物质处于一个很低的水平，因此水中浊度的上升主要来自于外源性污染，如二次供水水箱水池三孔，即进水孔、溢流孔、排气孔的泄漏、水箱水池中生物膜的脱落以及管道的腐蚀等方面。

在二次供水中除余氯、细菌总数和浊度指标以外，人们还比较关心总大肠菌群和耐热性大肠杆菌的水平。通过调研和数据分析得知，2007 年以后二次供水中这两项指标的合格率都维持在 95％以上，这说明总体上二次供水受到人畜粪便污染的程度非常低。

2. 水质污染原因分析

通过分析全国各地区二次供水水箱水池和用户水质情况以及部分省市地区水质可以得出：全国二次供水水质超标的主要指标为余氯、细菌总数、大肠杆菌、浊度和铁这五项。而其他指标，如 pH 值、色度、TOC 等超标不算明显，一些地区这些指标都完全达标，符合生活饮用水的目标要求。水的余氯不合格情况较为突出，各地区水箱水池和用户水质监测结果显示，余氯不合格现象都相对比较突出，是二次供水水质监测的重要因素。相对于水池水箱，用户水质中铁超标的现象较为严重，出厂水含铁量＜0.001mg/L，但管网水中含铁量均远高于出厂水，有超出目标限值的现象发生。

经过上述调研，尽管二次污染对水质造成了不同程度的降低，但细菌、大肠杆菌、余氯三项卫生学指标严重超标是十分突出的。

（1）细菌总数

水中的细菌来源于土壤、地面垃圾及人和动物的排泄物，细菌总数是评价水质清洁和净化效果的一项指标。细菌总数含量高时表明水体受到污染，水中可能含有大量对人体有害的致病菌和病毒，饮用和接触后会引起各种介水传染性疾病。受病原微生物污染后的水体，微生物激增，其中许多是致病菌、病虫卵和病毒，它们往往与其他细菌和大肠杆菌共存，所以通常用细菌总数和大肠杆菌作为病原微生物污染的间接指标。水体中含有细菌，就可能含有大量的致病菌，饮用后会引起各种传染性疾病。国家标准要求生活饮用水中细菌总数不超过 100CFU/mL。

（2）大肠菌群

对于混有大肠菌群、痢疾杆菌、伤寒杆菌、副伤寒杆菌、布氏杆菌和钩端螺旋体的水，在相同的条件下对水进行加氯消毒试验，其结果显示大肠杆菌的抵抗力比一般肠道传染病致病菌要强。在消毒后，每升水中大肠菌群残留 13 个的情况下，其他致病菌可被完全杀死而不能检出；每升水中大肠菌群残留 18 个以上时，各种致病菌就能检出。这就充分说明大肠菌群不超过 3 个时是完全能保证对伤寒杆菌、痢疾杆菌、布氏杆菌、致病性钩端螺旋体的杀菌效果，而且安全程度相当大。但是，具有芽胞的细菌、某些病毒、变形虫、虫卵等，它们的抵抗力比大肠菌群还要强。因此，上述大肠菌群指数的容许标准，不能作为肠道病毒等抵抗力较强的病原微生物的安全标准。然而，在没有新的标准足以代替之前，大肠菌群指数对于保证水质安全仍具有重要的意义。

大肠菌群本身是无害的。但肠道致病菌如伤寒杆菌、霍乱弧菌、痢疾杆菌及沙门氏菌等存在时必定有大肠杆菌存在。该菌在外界环境中生存的时间与肠道致病菌基本一致或稍长，如果大肠菌群已经死亡，那同时存在的致病菌的危险亦既消失。所以，大肠菌群的存在与否是水体是否被污染的指示性指标。水中大肠菌群含量高时，表明水体被污染，水中可能含有大量的致病菌，饮用后会引起各种传染性急病。国家标准要求饮用水中总大肠菌群每毫升水中不得检出。

（3）余氯

饮用水用氯或氯素化合物消毒，经过一定时间的接触后，水中所余的氯量称为"余氯"，加入水中的氯量称为"加氯量"，将加氯量减去余氯量可得到水样的"需氯量"。水样的需氯量与加氯量、消毒接触时间、水温、pH 值及水质等因素有密切关系。在研究饮用水消毒时，应在不同的接触时间与温度下比较各种加氯量所产生的结果，同时必须配合细菌检验才能得到可靠的效果。

通过调研，二次供水水质污染的影响因素主要有：

1）腐蚀结垢和沉积物对水质的污染，其中主要包括以下几方面：

① 金属贮水设施内壁腐蚀形成的结垢

由于金属防腐层的脱落，金属会形成结垢层，对金属而言呈现腐蚀现象。所用金属一般为铁，产生铁锈的机理有氧化理论、过氧化理论、电化学理论及微电池理论等，其中最典型的是微电池理论。金属本身含有许多杂质，金属与杂质之间存在电位差，在水介质内形成无数微电池。首先在金属表面某一部位因铁被腐蚀成亚铁离子，进入水中形成阳极，释放电子。所释放的电子传递到金属表面的另一部位，形成阴极。当 pH<7 时，在阴极发生析氢反应。水在阴极失去氢离子而形成氢氧根离子，当达到足够数量时，和水中的亚铁离子形成 $Fe(OH)_2$，再被水中的溶解氧氧化成 $Fe(OH)_3$，其中部分脱水形成铁锈。铁锈是铁氧化生成含水氧化铁的现象，当 pH>7 时，在阴极将发生氧化还原反应，在阴极上氧在水的作用下得到电子，被还原成氢氧根离子。由于静电作用，阳极产物向阴极扩散，阴极产物向阳极扩散，然后彼此再进一步作用，形成 $Fe(OH)_2$，进一步氧化生成 $Fe(OH)_3$，其中部分脱水成为铁锈。铁锈质地疏松，不能对金属贮水设施起保护作用。以上反应不断进行，铁锈在不断生成，在贮水设施内形成锈垢。

二次供水系统中，由于水位不断变化，金属表面可间断与空气接触，不断补充氧气，促进了氧化作用的进行，锈蚀较严重。特别是，在贮水设施的进口和出口处，由于流动状态（流速）变化太大，形成冲刷，腐蚀更加严重。

由于腐蚀的生成物能溶解于酸性介质中，而不易溶解于碱性介质中。因此，pH 值偏低的酸性水有促进腐蚀的作用，而 pH 值偏高的碱性水能阻止或完全停止腐蚀作用。

② 钙镁沉淀在贮水设施中形成的水垢

所有的天然水中几乎都含有钙镁离子，并且水中的重碳酸根离子分解出二氧化碳和碳酸根离子。这些钙镁离子和碳酸根离子化合形成钙镁的碳酸化合物，它难溶于水而形成沉淀物。把重碳酸根溶液看作是一个平衡的体系，那么就可以确定，当其他条件相同时，二氧化碳的排出导致化学反应单向进行，并使碳酸钙镁浓度增大。若浓度超过本身的溶解度，则碳酸钙镁必定开始沉淀，直到形成新的平衡状况为止，因而导致管网水的浊度升高及总硬度下降。对于饱和指数 $IL>0$ 和稳定指数 $IR<6.0$ 的不稳定水质，往往会在供水系统中产生钙垢和镁垢。

③ 含铁量过高所造成的沉积物

作为给水的水源一般含有铁盐，生活饮用水卫生标准中规定铁的最大允许浓度不超过 0.3mg/L。当铁的含量过大时应进行除铁处理，否则会在供水系统中形成沉淀。水中的铁一般以重碳酸铁、碳酸铁等形式存在。在以酸式碳酸铁的形式存在时最不稳定，易分解出二氧化碳，而生成的碳酸铁经水解形成氢氧化亚铁。这种氢氧化亚铁经水中溶解氧的作用，转化为絮状沉淀的氢氧化铁。当市政管网水进入到二次供水贮水设施后，由于流动状态发生改变，流速减缓，这些絮状物在贮水装置内沉淀，形成沉积物。

④ 水中悬浮物的沉淀

水中悬浮物的沉淀是形成沉渣的最简单过程。我国原有的《生活饮用水卫生标准》GB 5749—1985 中规定，出厂水浊度小于 3NTU，特殊情况下小于 5NTU，现行的《生活饮用水卫生标准》GB 5749—2006 中规定，出厂水浊度小于 1NTU，特殊情况下小于 3NTU。出厂水中含有一定的致浊悬浮物，当自来水在二次供水水池和水箱中停留时间较长时，水中少量微小的悬浮物会逐步积累沉淀下来，形成沉渣。

以上 4 个方面往往又同时发生，形成不同形态的结垢和沉淀。当二次供水系统中水力状况发生改变时，这部分水垢有可能进入到二次供水系统中去，影响二次供水水质。并且，由于这些污垢和沉积物的存在，还会消耗水中的余氯，甚至将其消耗殆尽，影响二次供水的持续消毒能力。对饮用水供水安全造成很大的风险。

2）微生物繁殖对水质的污染，主要表现在：①细菌和大肠杆菌的再度繁殖；②耐氯微生物的滋生，如耐氯的藻类（直链藻属、脆杆藻属和小球藻属等），这些藻类的分泌物及死亡体所产生的新的有机污染物会消耗余氯，此外，还为细菌等微生物的生长提供了营养源；③铁细菌等自养型微生物的繁殖，铁细菌的繁殖不但会造成细菌指标超标，同时还加速了腐蚀，使水的浊度和色度增加；④硫的转化菌的繁殖，它同样能造成腐蚀的效果；⑤硝化菌与反硝化菌的繁殖，硝化和反硝化过程都会使水中亚硝酸盐含量上升。

微生物的再度繁殖对水质的危害，除了直接造成细菌学质量的下降，同时也是金属结垢腐蚀产生的诱导原因，并且会造成浊度、色度、有机污染物、亚硝酸指标的上升，严重影响二次供水水质。

微生物造成的二次污染主要环节在市政管网的末梢，特别是在小区管网和贮水池等处。调查发现，造成微生物繁殖的主要原因有：①水中残存的还原性物质也包括微生物本身或还原性二次污染物对余氯的过度消耗；②水的滞留时间过长。有检测结果表明：当水温低于 10℃时，水力停留时间超过 48h，当水温在 15℃左右时，水力停留时间超过 36h，当水温大于 20℃时，水力停留时间超过 24h，细菌、大肠杆菌指标都会明显增加，甚至超标。

3）材质或内壁材质对水质的污染。调查发现，二次供水水池和水箱的材质多为混凝土和金属。金属水箱一般采用沥青防腐或涂防锈漆等涂料，部分混凝土水池内壁采用瓷片防护材料。金属水箱防腐涂料尽管能对金属防腐起到良好的效果，但相应的渗出物也会给水质带来二次污染的问题。

水池内壁或内表面涂层的材料对二次供水水质的影响较大，如金属贮水设备防锈漆的脱落、混凝土和钢筋混凝土贮水设备水泥砂浆抹面中的有害渗出物，都会影响贮水设备出水水质。如采用沥青衬里的，则可能导致水中苯类、挥发性酚类和总 α、β 放射性等指标增大。防锈漆附着能力极差，一般 3～6 个月就会脱落，尤其是不抗水力冲刷，其主要成分二氧化铅易造成水中铅含量增加。水泥砂浆衬里近年才在我国逐步推广，但据美国自来水协会杂志报道，如果处理不当其渗出物也会恶化水质，使用水泥砂浆衬里会造成溶解性物质有一定量的提高，同时也会产生致浊物，硬度有一定的变化、NH_3 渗出等。

4）外界原因造成的二次供水污染。二次供水系统会受到外来的污染，从而造成水质周期性或间断性的恶化。一般有：①管网系统的渗漏，造成失压或停水，外部污染物会进入到供水管道系统中；②用水点处的外部水虹吸倒流，由于安装的不合理，同样会将外部污染物引入到供水系统中；③分质供水系统的不同供水系统和不同用途供水系统的错误连通；④外部污染物直接进入供水系统。

外部污染物进入到供水系统中往往会造成水质污染事故。虽然发生的概率很小，但一旦发生，往往会造成较大的危害，引起大规模的水传染疾病的爆发，如肠炎、痢疾腹泻等。

5）二次供水管理问题。在实际操作中，一是对生活饮用水的卫生管理与监督的法规力度不够，管理不到位。二是监督管理机制不合理，对于自备水源和二次加压供水系统大部分由产权单位管理，缺乏对其监督。三是在二次加压供水系统建设中，设计、选材、施工、验收往往不经过卫生管理部门审查，交付使用后缺乏经常性的卫生管理，往往突击应付检查，在管理方面存在较大问题。

6）其他原因引起的污染

有时供水系统会受到其他外来的污染，从而造成水质周期性的或间断性的恶化。例如：①管网系统的渗漏；②用水点处的外部水虹吸倒流；③分质供水系统的不同供水系统和不同用途供水系统的错误连通。

不稳定的水质也可以污染水质。在所有的天然水中，几乎都含有钙、镁等金属离子，在水中酸或碳酸根离子分解出二氧化碳和离子，碳酸根离子再和水中的钙、镁离子生成碳酸钙或碳酸镁，它们都难溶于水而沉积在水箱内壁上。其反应原理如下：$Ca(HCO_3)_2 = CaCO_3 + CO_2 \uparrow + H_2O$，把这个酸式碳酸盐溶液看作是一个平衡体系，当其他条件相同时，二氧化碳逸出，导致化学平衡向右移动，当浓度超过了碳酸钙的溶度积时，则出现碳酸钙的沉淀，沉淀物沉积于水箱底部。当每次向水箱中注水时，由于水流的冲击，即可导致浑浊的黄水产生。

在管道施工过程中，部分施工人员只顾工程进度，不严格按施工规范操作办事，致使污染物进入管道，造成水质污染。比如在不停水接三通时的一些管件内会因水流长期停滞造成污染；在原管线上开口接三通时，稍不注意就会将管外的污染物带入管内等。抢修过程中，造成污染的现象也很普遍，如抢修时坑内污水水面高于管道破损界面，使污水及泥土进入管道。管道修复后，由于无处放水，不能进行冲洗，结果便造成了用户的水龙头处短期的水质下降。

3. 水质保障技术现状分析

(1) 二次供水系统设计水质保障技术

1) 改变供水方式

当水压足够时尽量不设置二次供水水池和水箱，采用一次供水系统，尽可能减少二次污染的条件和机会。有些地区属于区域性水压不足，而不是水量不足，这种情况可以采取取消生活水池和水箱，直接补压供水的二次供水方式。对于较小的二次供水系统，可以采用气压供水设备进行自动补压供水；对于较大的二次供水系统，可以变频调速供水设备进行自动补压供水。这种供水方式不适合区域性水量不足或高峰时水量不足的地区。

2) 使水池、水箱的结构合理

工艺设计的不合理导致死水区的产生，若水箱设计不当则易形成"死水"，应该在二次供水的水池和水箱中采用合理的结构形式。常用方式有：设计合理的容积；设置合理的进出口位置；合理设置放空管、溢流管与污水管道的正常连接；合理设置水池、水箱内部结构。

3) 安排合适的贮水池位置

按照《建筑给水排水设计标准》GB 50015—2019，生活贮水池位置应远离化粪池、厨房、厕所等卫生不良的地方（＞10m），防止生活饮用水被污染，对水泵房的布置也有一定要求。但有的房地产开发商从节约成本出发，不按规范行事，导致地下贮水池选址不当，饮用水与脏水互相渗透，还有相当部分泵房空间偏小。设备与管路中间层的贮水设施对保障二次供水水质起着非常关键的作用。目前常见的设备设施与管路之间的距离达不到规范要求，给设备及系统的维护和保养带来了一定难度，对二次供水水质造成一定程度的安全隐患。为确保饮用水安全，应严格按照《建筑给水排水设计标准》GB 50015—2019的要求，合理安排二次供水贮水设施的位置。

(2) 二次供水设施材质上的水质保障技术

1) 给水排水管材的选择

管道标准的选定首先要考虑的因素是在规定的使用压力和温度下具有足够的机械强度，并且对管内流动的流体有好的耐腐蚀性，此外还包括材料和工程的成本适当。金属管材易生锈、易腐蚀、易渗漏、易结垢，一旦生锈，并滋生各种微生物，会污染管道中的自来水，这些受污染的自来水中携带的细菌像无形的杀手，时时威胁着人们的健康。随着经济的发展和人民生活水平的提高，人们对家居环境提出了新的要求。采用合适的新型管材来取代传统管材，以确保管道在使用性能良好、使用寿命长的前提下实现暗埋布置。管道材料一旦质量不好，导致使用过程中漏水、渗水，其危害较大，又很难处理。漏水虽然直接损失相对较小，但往往间接经济损失较大。

2) 贮水装置材质和涂层的合理选用

随着技术的不断发展，贮水设施所采用的材质或内涂层也在不断改进和增多。工程中应选用合理的材质或内涂层，如钢板、玻璃板、不锈钢、混凝土、釉瓷涂料、瓷片等。通过对不同贮水设施的材质对二次供水水质各项指标的影响情况进行分析研究可知，不同的贮水材质对余氯衰减的影响存在差异。不同材质的贮水装置内余氯衰减系数的排列顺序为：$K_{混凝土} > K_{玻璃钢} > K_{釉瓷涂料} > K_{不锈钢}$。不同材质表面生物膜的形成时间和形态各不相同。

（3）二次供水设施设备的水质保障技术

1）生活饮用水与消防用水贮水池分建

由于消防用水的不确定性，合用水池势必导致贮水池体积增加，贮水量增大，延长水的停留时间，致使水质恶化。有些设计中为了保证消防贮水量将出水管置于消防水位以上结果形成底部死水区，更是影响水质。《建筑给水排水设计标准》GB 50015—2019 中规定，生活饮用水水池、水箱应与其他用水分开设置。把生活水箱和消防水箱完全分开，管路完全独立，无相互连接，这样就可以从动态和静态防止消防水对生活用水的水质污染问题。

2）增加二次消毒设施

对于现有的部分二次供水系统，因处于市政供水末梢或无法改造等原因，水质无法达标，应在贮水装置出水管处加设二次消毒设施。目前国内外研究的二次供水饮用水的消毒方法还比较多，主要有臭氧消毒、次氯酸钠消毒、二氧化氯消毒、紫外线消毒、活性炭吸附、微电解消毒、光催化氧化等。考虑到投资、环境、管理等因素，二次供水消毒应优先选择物理法，如电子水消毒器和紫外线消毒器等。

3）用户的管道和用水器具

逆流防止装置，防止因供水管产生负压而引起倒虹吸作用的倒流和因倒虹吸和逆压而产生的倒流。合理设计安装配水管道，保证供水管的出水口与用水容器上口边缘有足够高度。如果室内生活饮用水管道出口被淹没，饮用水会因污水回流造成污染。容易出现的地方有浴池、洗涤盆、蹲式大便器等设备的给水管。正确设计和施工配水管网，防止室外生活饮用水管道和非生活饮用水管道错误连接。采用高品质的龙头等配水器。

（4）二次供水系统改造水质保障技术

城市二次供水改造是一项巨大而复杂的项目，建筑的种类不同、地理位置不同、市政管网的压力不同、水质污染的原因不同，则改造的方式也不同，从而所需的改造费用也就不同。故改造的客观条件取决于水厂供水区域的建筑层次及比重、地面标高的变化、用水变化情况以及供水距离等因素，应因地制宜，不宜套用普遍适用的方案。合理选用二次供水方案的实质是，在保证各层建筑均能供水的前提下，研究采用什么二次供水方案、应用到什么程度，并在技术经济上是最合理的或优化的。如何使二次供水系统经改造后趋于合理，保证改造后的二次供水系统不污染水质，主要有以下几个原则：充分利用原有设施，以免重复建设；消防水池水箱与生活水池水箱分开；对保留利用的二次供水系统采用新工艺、新技术改造更新；尽量选择自动化程度高、噪声小、环保、节能、运行安全、寿命长的加压设备；尽量选择对居民正常用水影响最小的改造方式；各地区应根据各地区供水特点因地制宜地制定改造方案；在保证供水安全稳定性的基础上，整体提高饮用水水质。

1.3.2 二次供水水量现状

随着我国城镇大规模的建设和人们生活水平的提高,人们的用水习惯也发生了巨大的改变。建筑内用水器具种类的增多以及各种节水器具的投入使用,都将改变建筑实际用水量。为了较为全面地了解我国当前民用建筑的用水情况,我们对各地区的用水定额进行了调研分析。

1. 不同建筑用水规律分析

(1) 住宅区居民用水量变化规律

随着经济的发展和生活水平的提高,以及用水器具的增多和居民对卫生要求的提高,使得住宅区居民生活用水人均用水量比原来有所增加,同时这个过程伴随着居民节水意识的提高以及节水措施的实施,也使得人均用水量的提高放缓。居民周末的用水量要稍大于工作日,夏季的用水量要高于其他三个季节,南方用水量要显著高于北方,城市居民家庭由以水龙头、洗衣机用水为主导的结构,向以洗澡、冲厕用水为主导的模式发展。

北方地区人均居民生活用水量呈逐年下降趋势。分析其原因主要是水价上涨所致。故纵向比较的结果表明,在水资源管理中,价格是抑制需求的一个重要手段。经计算,本次随机抽样的居民生活用水量平均值为 80.7L/(人·d),近年来北方地区人均用水量为 93L/(人·d),用水量有所增加,分析其原因是人们的生活水平提高了,增加了淋浴、浴盆等用水量较大的用水器具,提高了用水量,并且随着水资源的倍受关注,使人们的节水意识得到了很大的提高,两方面共同作用的结果使得用水量的增加量不是很大。

南方城市与北方城市住宅居民生活用水量对比,南方城市居民生活用水量普遍高于北方城市居民生活用水量,原因在于南方气候较北方暖,用水量会随着温度的升高有所增加。

(2) 学校用水量变化规律

学校用水构成十分复杂,以高校的用水量最大且最为典型,用水结构也最为复杂,是一个集教学、生活于一身的微型社会。学校人均用水量呈现南多北少、东多西少的整体趋势,随着时间的推进用水量并没有大幅度的增加,并且还有一定程度的降低,说明技术的改进和同学们节水意识的提高在其中发挥了关键作用。学校用水包括教学区、生活区和附属区三个主要区域,其中每个区域又有各自不同的内部结构。通常意义上讲,在高校用水管理中,生活区与附属区这两个区域的用水属于外供用水范畴,其用水不纳入本研究的学校用水构成分析之中。教学、办公楼、图书馆、宿舍、食堂、浴室是学校用水的主要部位,其用水总量之和最高可以达到整个学校用水量的 80%,其中宿舍用水量最大,占 36%~44%。其时用水量变化规律与居民时用水量变化规律类似,不同的是周末的用水量有一定程度的降低。

(3) 城镇事业机关用水量变化规律

城镇不同类型办公楼的人均用水量:事业单位办公楼 19.73~29.04L/(人·d)、行政机关单位办公楼 8.39~10.06L/(人·d),均低于规范中的办公楼最高日生活用水定额 30~50L/(人·d)。说明城镇办公人员具有较强的节水意识和良好的用水习惯。

城镇事业机关用水部位主要分布在办公楼的卫生间、食堂、浴室以及供冷或供暖使用的空调或锅炉处,此外还有少量绿化用水。影响机关用水和用水构成的因素主要有职工人数、建筑面积、食堂和浴室、办公条件、管理水平、区位等。以职工人数、建筑面积代表的机关行政级别和规模是影响机关用水的主要因素；机关用水量与职工人数和建筑面积的相关关系都较好（相关系数一般在 0.8 以上），但机关用水量与职工人数的相关关系更好，且职工人数和建筑面积之间也有相关关系，因此职工人数是影响机关用水和用水构成的最主要因素。

一般来说，机关的行政级别越高、建筑面积越大、职工人数越多、用水量越大、用水部位越多，则用水构成越复杂。人数少、面积小、级别低的机关单位有可能没有食堂、浴室以及中央空调，仅有卫生用水；人数多、面积大、级别高的机关单位则可能包含有各种用水类型，不仅有食堂、浴室、中央空调，还可能有其他类别的附属用水，如景观用水。随着机关级别的提高，其人均用水量却在降低，这体现了办公条件、管理水平和区位的影响。部级、副部级机关规模大、用水量多，是城市水资源管理部门管理的重点，节水工作开展得早，有严格的节水管理规章制度，相关的节水工作也做得比较到位，节水器具也比较普及。相反，其他级别的机关数量众多、规模小、用水量少，节水管理制度不完善，节水器具普及程度不高。

（4）医院用水量变化规律

通过比较，一级甲等及以下级别的医院、二级乙等和二级甲等医院其单位床位用水量分别为国家标准（最高日）的 1.32～2.65 倍、0.88～1.47 倍和 1.38～2.2 倍，其中一级甲等及以下级别的医院用水浪费最为突出。由此说明等级较低的医院节水设施不够完善，用水器具和自来水管网跑、冒、滴、漏现象普遍存在，同时在用水管理方面也存在不足，节水意识不强。通过竖向对比，各类型医院的用水量都在稳步增加，说明医院的用水器具随着仪器的添加和技术的进步也增加了，从而使得用水量增加了。

从重庆市和北京市医院不同用途水单位使用量以及各部门用水量占总用水量的百分比可知，按不同用途水分类，冲厕、洗手和沐浴用水在重庆的医院中占到了接近一半的比例，原因是重庆处于我国南方，气候炎热，使得洗澡的用水量大大增加，使该用途的水所占比例显著增大；按不同用水部门分，北京的主体部分和辅助部分占到了总用水量的80%，是主要的用水部门，深入调查发现住院部、洗衣房和浴室是医院三大主要用水区域，原因是住院部病人住在医院，还有家属照顾，基本生活用水都来自于医院，是医院的主要用水部门，洗衣房每天都会洗大量的医用床单、被罩还有医务人员的工作服，也是医院用水量大的部门。

（5）宾馆用水量变化规律

宾馆行业的用水受到多种因素影响，如用水管理水平、用水设备（器具）状况、用水工艺、经营状况、季节（气温）变化、意外事故等。大多数宾馆的经营状况具有很明显的淡季和旺季，主要表现在入住率上，这是影响宾馆用水量的主要因素。此外，不同等级（档次）宾馆的用水管理水平存在较大差异。

通过对某城市多家宾馆调研可知，由于各级宾馆其他服务设施不尽相同，缺乏可比性，现仅针对其中的宾馆客房用水情况进行分析。调研数据显示，人均日用水量随宾馆档次的提高有明显增加，其主要原因是等级高的宾馆卫生设备齐全，用水条件好。就一般旅馆来说，一般用水设备较为陈旧、简陋，卫生条件较差，且一部分旅馆的卫生间为公共使用，这些大大降低了人均用水量。而三、四星级宾馆在上述各方面都有良好的条件。

据调查，床上用品更换频繁是其用水量大的主要因素，如四星级宾馆的床单是一天一换，而三星级宾馆的床单则是一客一换。说明宾馆不注重水资源的节约，并且宾馆入住率相对较低，而宾馆又必须维持正常的清洁工作，使得用水量大大提高，应采取相应的节水措施。

2. 不同建筑用水定额分析

为了较为全面地了解我国当前民用建筑的用水情况，我们对部分省份的用水定额进行了调研分析。通过调研，总结分析得出不同地区、不同类型建筑用水定额情况如表 1.3-2 所示。

部分省份民用建筑用水定额标准　　　　　表 1.3-2

序号	省、自治区、直辖市	定额名称	定额值 [(L/人·d)]
1	北京市	设有洗涤盆无坐便器和淋浴设备	67
		设有坐便器、洗涤盆无淋浴设备	100
		设有坐便器、洗涤盆和淋浴设备	117
2	内蒙古自治区	室内有上下水洗浴等设施齐全的高档住宅（C类）	220
		农村自备水井供水	25
		农村自来水供水	30
3	黑龙江省	室内无卫生供水设备，集中给水龙头供水	30
		室内有给水龙头但无卫生设备	40
		室内有给水排水设施但无卫生设备	70
		室内有给水卫生设备和淋浴设备	120
		室内有给水排水设施、淋浴设备和集中热水供应	150
		室内无卫生供水设备，集中给水龙头供水	20
		室内有给水龙头但无卫生设备	40
4	辽宁省	室内有给水排水设施但无卫生设备	70
		室内有给水卫生设备和淋浴设备	120
		室内有给水排水设施、淋浴设备和集中热水供应	150
		室内有给水龙头但无卫生设备	50
		室内有给水排水设施但无卫生设备	80
5	吉林省	室内有给水排水设施、卫生设备、淋浴设备	110
		室内有给水排水设施、卫生设备、淋浴设备、热水设备	150
		室内有给水设施但无排水设施、卫生设备	55
		室内有给水排水设施但无卫生设备	75
6	河北省	室内有给水排水设施、卫生设备、淋浴设备	100
		室内有给水排水设施、卫生设备、淋浴设备、热水设备	130
		室内无给水排水设施、卫生设备	50
		室内有给水排水设施但无卫生设备	80

续表

序号	省、自治区、直辖市	定额名称	定额值 [(L/人·d)]
7	河南省	室内有给水排水设施但无卫生设备、淋浴设备	110
		室内有给水排水设施但无卫生设备、淋浴设备，24h热水	140
		室内无给水排水设施、卫生设备	50
		室内有给水排水设施但无卫生设备	80
8	陕西省	室内有给水排水设施但无卫生设备、淋浴设备	110
		室内有给水排水设施但无卫生设备、淋浴设备，24h热水	140
		室内无卫生排水设备，集中从水龙头取水	50
		室内有给水龙头但无卫生设备	70
9	广东省	室内有给水排水设施但无卫生设备	90
		室内有卫生排水设备、淋浴设备	160
		室内有给水排水设施、卫生设备、淋浴设备、集中供热水	180
10	广西壮族自治区	室内有厨房和卫生间及配套给水排水设施	150～220
		室内有厨房给水排水设施无卫生间给水排水设施	110
11	云南省	室内无厨房和卫生间及配套给水排水设施	90
12	江西省	有淋浴设备楼房	120～180
		高级住宅	120～180
		室内无水龙头和卫生设备	50
		室内有水龙头但无卫生设备	110
		室内有给水排水设施和淋浴设备	185
		室内有给水排水设施、淋浴设备和集中热水供应	220
13	宁夏回族自治区	平房及简易楼房	85～150
		一般楼房(带卫生间)	130～300
		高级住宅(带浴室)	200～350
		平房及简易楼房	85～100
		无淋浴设备的楼房	90～110
14	甘肃省	有淋浴设备的楼房	90～140
		高级住宅	90～120
		家属楼	70～85

3. 二次供水节水技术现状

随着全球化水资源短缺，各国都设有水龙头标准，其中美国标准使用范围最广，被许多国家所引用。美国现行的主要建筑给水排水规范有3种：《统一建筑给水排水规范》(Uniform Plumbing Code)、《国际建筑给水排水规范》(International Plumbing Code)以及《美国标准建筑给水排水规范》(National Standard Plumbing Code)。3种规范中，以《国际建筑给水排水规范》使用最广，全美50个州中有34个州采用，再加上首都华盛顿和波多黎哥；《统一建筑给水排水规范》次之。其中对节水型器具也有相关规定。节约用水的意义人所共知。在美国，20 世纪 80 年代，作为能源效率法的一部分，美国立法限制各种卫生器具的流量。后来在 1992 年，进一步减少卫生器具的用水量。其中盥洗池水嘴和厨房洗涤池水嘴流量规定为 2.2gal/min，即 0.14L/s。美国研制的节水花洒，每分钟只有 5.3L 的出水，通过加气增加出水的压力，在满足出水冲击力的同时又实现了建筑节水。在日本，各城市也普遍推广节水阀，水龙头若配此阀可节水 50% 左右。

国外对于节水器具的用水量也作了很多规定。表 1.3-3 为中国和美国节水器具用水量标准的比较。

中国和美国部分用水器具用水量标准的比较 表 1.3-3

国家	面盆水嘴(L/s)	洗涤用水嘴(L/s)	淋浴器(L/s)	冲洗阀大便器(L/s)	小便器(L/s)
中国	0.15	0.15~0.20	0.15	0.10	0.10
美国	0.14	0.13	0.19	0.10	0.95

由表 1.3-3 可见，常用的水龙头等器具的标准还是存在一定差异。

我国在"十一五"规划中明确了我国构建节水型社会的目标。其中，城市节水部分把全面推广节水器具作为重点来抓。积极组织开展节水器具和节水产品的推广和普及工作。政府机关、商场宾馆等公共建筑要全面使用节水型器具。新建、改建、扩建的公共和民用建筑，禁止使用国家明令淘汰的用水器具。引导居民尽快淘汰现有住宅中不符合节水标准的生活用水器具。目前市场上节水器具种类繁多，但这些水龙头是否符合国家标准、其在实际工况下的节水性能如何，需要开展深入的研究。

超压出流是指给水配件前的静水压大于流出水头，其流量大于额定流量的现象，两流量的差值为超压出流量，这部分流量未产生正常的使用效益，且其流失又不易被人们察觉和认识，属"隐形"水量浪费。北京建筑大学对 11 栋不同类型建筑的给水系统进行了超压出流实测分析。结果表明，节水龙头的超压出流率大于 55%，节水龙头半开和全开时最大流量为 0.29L/s 和 0.46L/s，按水龙头的额定流量 $q = 0.15$L/s 为标准比较，节水龙头在半开、全开时其流量分别为额定流量的 2 倍和 3 倍，可见并不是仅仅推广节水器具就能节水。目前防止超压出流的方法是设置减压装置，家庭入户管的工作压力限值为 0.15MPa，静水压力应为 0.25MPa，压力大于上述限值时，应采取减压措施。

建筑分质供水，即按不同水质供给不同用途的民用建筑的供水方式。主要包括：(1) 优质饮用水系统，指采用过滤、吸附、消毒等净化装置对自来水或其他原水进行深度处理后，通过循环回流的独立封闭管网系统供应优质水，主要用于居民直接饮用和食用；(2) 一般生活用水系统，主要用于洗漱、洗浴、洗衣等日常生活用水；(3) 杂用水系统，采用再生水（中水或未经深度处理的地表水等），主要用于冲厕、景观、绿化及清洗等杂用水。目前的分质供水更侧重于中水系统与原生活用水系统的分质供应。中水系统是城市水资源循环利用的重要途径，是水资源可持续发展的方向，具有重要意义。分质供水的一个重要分支就是将再生水通过单独的管网（管道）供给用户。近年来，污水再生利用成为城市节水的主要方式，将污水处理后作为工业用水、市政用水、灌溉或补充河道水量，这类实例很多。如日本 1998 年利用污水处理厂处理后的排水共 2.06 亿 m^3，其中 1.35 亿 m^3 来自集中式污水处理厂，0.71 亿 m^3 来自 1475 个大楼或小区的污水，经各自处理后再回用。处理后的水，其中 0.74 亿 m^3 用于冲厕所，0.639 亿 m^3 用于环境水，0.126 亿 m^3

用于工业，0.112 亿 m^3 用于清洗，0.159 亿 m^3 用于灌溉。分质供水就是将这部分变废为宝的水资源有区别地供给用水者。

目前，我国再生水的用途有以下方面：城市、工业、农业、环境娱乐和补充水源水等。根据具体的使用目的和水质要求不同，水源、污水再生利用的设施和技术也不同。再生水用于城市杂用的具体用途有：绿化用水、冲洗车辆用水、浇洒道路用水、厕所冲洗水、建筑施工和消防用水。市政杂用的再生水与人体接触的可能性较大，因此需要进行严格的消毒。再生水用于农业可以采用直接灌溉和排至灌溉渠或自然水体进行间接回用两种方式。农业用水需求量大，水质要求一般也不高，是污水再生利用产业的主要需求者之一。一般经二级处理的城市污水出水水质都能达到或超过农业灌溉用水标准。再生水用于工业包含两方面：工业利用再生的城市污水和工业废水的内部循环。环境娱乐性用水主要为形成娱乐性或观赏性湖泊等。污水再生利用的其他方式还包括地下水回灌和饮用型回用。再生水用于生活饮用水源我国尚无先例，但在国外已有应用，如南非的温得霍克市和美国堪萨斯州的查纽特等，而且由于处理得当都未发生过卫生问题。但是大多数地区对此仍保持保守态度，如美国环保署认为，除非别无水源可用，尽可能不以再生水作为饮用水源。

建筑与小区洗涤用水、空调废水、机房废水等收集后就地处理后用于冲厕、绿化等杂用水，在日本称为中水道，我国统称为建筑中水系统，又称为"小中水系统"。近二十年来，我国北京、深圳等地也设置了大量建筑中水系统。根据自然条件，就近利用海水、河湖水作为部分工业用水（如我国的青岛、大连），也可用于冲厕所（如香港），这些都是分质供水的成功模式。

1.3.3 二次供水管理模式现状

1. 不同地区二次供水管理模式分析

（1）天津市二次供水管理模式分析

天津市的二次供水管理采用管养分离模式，即新建或改造后的二次供水设施，经供水企业验收合格后由供水企业统一接管。供水企业接管后，制定系统的管理制度、服务规范和养护作业技术标准。在此基础上，供水企业再将二次供水设施的运行养护作业外包给具有相应资质和信誉良好的专业二次供水公司，双方通过签订运行养护作业合同，明确各自的职责和考核标准、奖惩办法。二次供水改造工程资金由产权单位、财政和供水企业共同承担，并由天津水司负责统一设计、施工、监理、验收和管理。《天津市供水用水条例》规定将供水设施的产权移交给供水企业，但在实际管理过程中并未涉及产权移交，只是将管理权移交给供水企业。

（2）沈阳市二次供水管理模式分析

沈阳市的二次供水管理模式为双轨制，就是根据二次供水的不同情形，针对二次供水管理薄弱的小区，政府要求公共供水企业承担直接运营管理的责任，同时政府在资金等方面予以支持；对二次供水管理相对较好的区域，仍继续发挥物业管理企业的优势，同时要求公共供水企业加强指导，鼓励、监督物业管理企业规范管理。

（3）哈尔滨市二次供水管理模式分析

哈尔滨市二次供水设施管护由物业供热集团、房产住宅局和自管产权单位等多部门承

担，导致管理混乱，间断供水、水质污染、维修维护不到位时有发生。自 2015 年 11 月 8
日，哈尔滨市人民政府办公厅发布《关于加强道里等五个行政区二次供水设施建设管理工
作的实施方案》（哈政办综〔2015〕45 号）开始，利用 4 年左右时间，对实施范围内的居
民住宅小区老旧二次供水设施进行改造，决定从改造老旧小区二次供水设施入手，加大政
府资金投入力度，采取"政府拿大头、哈供水集团拿小头"的方式，彻底解决百姓吃水难
问题。同时，加强新建小区二次供水设施建设，构建权责明晰、建管一体、专业服务、规
范管理的二次供水设施建设与管理新格局，彻底解决百姓供水"最后一千米"的水质安全
问题。这不只是硬件改造，也将从根本上改变哈尔滨市二次供水管理机制。

（4）上海市二次供水管理模式分析

上海市二次供水管理采用供水企业专业化管理和服务外包相结合的模式。主要优势
有：实现专业化管理，统一接管和运行养护标准，保障二次供水设施正常运行；利用市场
配置有效解决从业人员和养护技术等资源，保持供水企业内部体制相对稳定，有利于降低
二次供水运行成本；基本解决了二次供水历史遗留问题，有效改善了薄弱小区管理差的状
况。实施管养分离的具体内容：供水企业内部设立二次供水管理机构，该机构负责和实施
对二次供水设施运行的全面管理；二次供水设施改造和运行养护采取业务外包的形式，由
供水企业将其委托给具有相应经营资质和服务信誉好的企业实施。

（5）深圳市二次供水管理模式分析

深圳市将一次与二次供水进行全面整合，城市供水由供水企业全面管理负责，实行统
一运营管理模式。新建或经改造后的二次供水设施，经验收合格后，由供水企业统一接管
并自行承担二次供水设施的日常管理、运行养护、更新改造等工作。八层以下的建筑进行
先改造后接管，在对高层住宅二次供水设施管理上，深圳水司研究认为，因涉及消防等原
因不接收，多层住宅中二次供水设施实行的资产无偿划拨和统一集中管理方式不适合在高
层住宅中采用，倾向于向香港、澳门学习，不划转产权，改造接管由业主委托给自来水企
业或物业企业等管理和实施，通过合约明确双方责任，并支付相应费用。

深圳供水企业采用统一运营管理模式，一方面保障了供水工程的施工质量；另一方面
又明确了供水管理责任，有效地避免了相关管理部门互相推诿责任。但是此做法难免会造
成供水企业的管理任务繁重、管理压力相对较大，二次供水设施的产权归属存在法律
争议。

（6）重庆市二次供水管理模式分析

重庆市二次供水行业发展较早，一直采用市场经营加专业化管理模式，即由政府设立
市场准入制度，采用"建管合一、专业化统一经营管理、有限度的市场竞争"模式。这种
模式的优点是：1）建管合一能够保证建设单位在建设前充分考虑建成后运营维护的经济
性、长期性和运行效率，因此建设时会采用质量较好的材料和节能降耗的产品；2）采用
在城市公共供水企业一次供水收费的基础上，按 0.8 元/m³ 收取二次供水设施运营服务
费，并且同城同价，这样解决了维护费用可持续收取的问题，且对于一次供水用户较为公
平；3）二次供水改造和接收管理采用自愿原则，小区业主根据自身需要进行申请，避免
强制改造、强制接管引发居民的负面影响；4）逐渐发展为由公共供水企业承担二次供水
的新建、改造、接收、维护工作，保证了源头水和终端水在供输、管理、经营上保持一
致，保证服务的质量和效率。这种模式具有一定的优势，但同时也存在一些问题，无论新

建还是改造，在接收管理后，产权仍为业主所有，二次供水管理企业纯粹为受托代管性质，与法律的规定不相抵触，原则上大修仍由业主承担。但随着设施老化，组织业主承担大修费用或采用大修基金存在相当大的难度，并且由于收取了二次供水设施运营服务费，大多数业主对维修另收取费用会不理解。

2. 不同类型管理模式对比研究

全国大部分城市设立了有关部门对二次供水进行行政管理，但除少部分城市成立了专门部门承担二次供水日常管理（包括二次供水设施日常运行、养护、维修）工作外，大部分城市由物业公司等单位分散管理。从发展趋势来看，我国的二次供水正在朝着由专门的二次供水部门实施统一管理的方向发展。如武汉市水务集团 1988 年上半年组建了武汉市自来水二次供水公司对全市二次供水进行集中管理，重庆市水务集团 2004 年成立了重庆市二次供水有限公司对全市二次供水实施"代建、代管、代收费"一条龙服务，上海市等城市正在对当前的二次供水管理体制进行改革，拟成立专门部门对二次供水实施统一管理。

我国二次供水行政管理部门主要有：房管部门（如上海市）、供水行政管理部门、专门的二次供水部门、供水企业。日常管理方式主要有：房管部门管理、供水企业或专门的二次供水部门管理、物业公司管理、产权单位自管、居委会代管、房地产开发商临时代管。

（1）二次供水方式的基本类型及其优缺点

1）上给下行供水方式：贮水池（水箱）—水泵—水箱—用户。优点：贮水池和水箱能够贮备一定水量，增强供水的安全可靠性；节省电耗。缺点：水泵、贮水池（水箱）需要定期维护、清洗；水质易受污染；泵房占用较大面积和加大楼顶结构负荷。

2）气压供水方式：贮水池（水箱）—水泵—气压罐—用户。优点：设备可设在建筑物的任何高度上；安装方便，建设周期短；水质不易受污染。缺点：给水压力波动较大；电耗较大；泵房占用较大面积。

3）变频调速供水方式：贮水池（水箱）—调速水泵—用户。优点：不用设高位水箱，安装方便；水质不易受污染。缺点：电耗相对较大；维护费用较高。

4）无负压变频供水方式：是指无负压叠压供水设备直接与供水管网连接，利用管网的余压叠加所需压力，差多少，补多少。优点：无负压为封闭系统，避免了二次污染；充分利用管网的余压，节约能源；节省机房面积，降低基建费用。缺点：无负压加压供水容易使管网水压下降，邻近的用水户可能受到影响，不能确保区域供水安全。

（2）二次供水管理模式对比分析

二次供水管理是全国性的问题，近年来深圳、吉林、天津、沈阳、重庆、宁波、江门等城市先行先试，开创了一些管理模式并取得了一定的经验与教训，值得我们总结借鉴、综合发展与创新。不同类型管理模式基本特征分析见表 1.3-4。

不同类型管理模式对比分析　　　　　　　　　　表 1.3-4

管理模式	代表城市	基本特征	主要优点
统一运营模式	深圳	全面整合一次与二次供水，由供水企业全面负责，统一运营管理供水	1. 管理环节少，管理层级和沟通环节减少；2. 管理规范及要求统一，居民可以获得统一标准的服务

续表

管理模式	代表城市	基本特征	主要优点
一体化运营模式	吉林省	全省统筹,政府扶持,多方筹资,供水企业专业化、一体化管理	1. 管理环节少,管理层级和沟通环节减少;2. 管理规范及要求统一,居民可以获得统一标准的服务;3. 减免税赋,用电按照民用电价收取,降低运行和管理费用
管养分离模式	天津	供水企业先接管,再将养护作业外包给专业公司	1. 管理单位责任明晰;2. 管理规范及要求统一,居民可以获得统一标准的服务;3. 引入专业化运营,提高二次供水效率
双轨制模式	沈阳	供水企业直接管理与物业管理公司并存	1. 不同的状况采取不同的解决办法,可以在现有的条件下花费较小代价解决问题;2. 在较短时间内集中及较快解决二次供水的历史遗留问题
市场化模式	重庆	二次供水与一次供水运营分离;新建或改建的由专业公司管理,专业运营实行有限准入,建管一体化;老旧设施由供水企业改造和管理	1. 以合约方式界定供水企业、专业公司、业主的责任;2. 建管一体化;3. 产权不移交,法律风险低;4. 市场竞争有利于提高效率;5. 服务加价符合市场规律原则,可持续发展
政府主导模式	宁波	政府主导、企业实施、新老一并解决,一次供水和二次供水全部由供水企业管理	1. 政府主导,列为民生工程,仅三年时间(2011—2013)解决了二次供水的历史遗留问题;2. 同城同价,水价单一;3. 公开招标施工单位,质量更有保障
同城同价模式	江门	供水企业主导,全面整合一次与二次供水,由供水企业全面负责,统一运营管理供水	1. 同城同价,水价单一;2. 供水企业前期可以集中一笔不菲的移交费用;3. 在较短时间内集中解决二次供水的遗留问题

1.3.4　二次供水系统存在问题分析

1. 水质方面

目前,各自来水厂的出水水质均达到了国家生活饮用水水质标准。但是经过二次供水系统蓄贮、输送等过程后,水质发生变化,各项水质指标与管网水相比,均有不同程度的下降,特别是在用户反映较多的感官性状和生物性状指标上。综合起来,造成生活饮用水水质下降的原因主要有:(1) 二次供水贮水设施腐蚀结垢和沉积物对水质的污染;(2) 停留时间过长,余氯衰减殆尽导致微生物繁殖对水质的污染;(3) 二次供水贮水设施的材质或内壁材质对水质的污染;(4) 外界原因造成的二次污染;(5) 日常维护管理方面的问题等。此外,二次供水水质保障技术选择相对较少,需要开展相关技术设备研发。

2. 节水节能方面

当前，在城市二次供水成本中，我国大部分二次供水的泵站运行能耗占到了30%～40%，却没有引起社会的广泛关注。在城市建筑节能的法规文件中极少涉及城市二次供水能耗问题，导致很多设计人员对城市二次供水节水节能问题的忽视。如在二次供水设计中未能认真选用供水设备，不能合理设计泵站的节能措施，导致大马拉小车现象的出现。并且没能合理做到准确掌握自来水管网的实际供水压力，不能合理设计给水系统的分区和节能，因此，也就无法充分利用自来水管网压力直接供水，出现比较严重的高能耗、低效率情况，造成城市二次供水运行的能耗增大。

3. 二次供水管理方面

我国二次供水管理混乱，造成二次供水水质、水费价格及用水安全等问题较多。主要原因在于：

（1）无法可依

目前，我国尚无二次供水管理方面的国家法规，有的城市出台了二次供水管理的地方法规，但许多城市还无法可依，致使二次供水设施未经验收即投入使用，工艺设计不合理，不能满足用户的正常用水需求。

（2）责任不清

我国大部分城市的供水企业只服务到二次供水用户前的总水表，日常管理工作由物业公司等单位承担。由于二次供水水质、水压与市政供水管网水质、水压密切相关，因此出现问题时易导致供水企业与二次供水日常管理单位之间互相推诿。另外，由于二次供水日常管理单位基本上只负责泵房内二次供水设施的管理，对泵房外的地下管道及室内管道不负责维修更换，因此二次供水管道漏失率较大，常因漏水问题导致水费纠纷。

（3）日常管理不到位

目前，我国二次供水加收水费偏低且收费不合理，有的城市按住房使用面积收取二次供水水费，这种不合理的收费标准导致二次供水水费收取困难。二次供水管理单位普遍亏损，不能按规定对贮水池（箱）进行清洗消毒及水质化验、设备维护，时常出现水质、水压不达标的现象，居民对此反映强烈。

（4）管理人员专业水平较低

二次供水日常管理单位的管理人员素质较低、管理水平和效率低下、管理成本较高，已不能适应当前高速发展的社会经济形势的需要。

（5）资金来源不明确

二次供水设施的维修、养护、更新、改造所需资金较多，其来源却一直不明确，如果由居民分摊则居民难以接受，加收的水费只能勉强满足运行费用，无额外资金用于更新、改造等。

1.4 建筑室外水体现状调研

1.4.1 建筑室外水系基本情况

1. 概念

建筑室外水环境是城市人居环境的重要组成部分。建筑室外景观水体是指在建筑与小区内部及周边服务于建筑体或小区功能发挥，便于建筑使用人参与，具有明显人为影响特征且有别于市政公共景观的水体，主要包括住宅小区内部景观水、公共建筑景观水、建筑园区内部景观水、宾馆景观水、小区周边景观水等。

依据地表水水域环境功能和保护目标，按功能与高低依次将水域划分为5类，其中第Ⅳ类主要适用于一般工业用水区及人体非直接接触的娱乐用水区，第Ⅴ类主要适用于农业用水区及一般景观要求水域。对应地表水5类水域功能，将地表水环境质量标准基本项目标准值分为5类，不同功能类别分别执行相应类别的标准值。

2. 功能与作用

随着社会不断发展和人们生活条件不断改善，建筑室外景观水体慢慢地融入了人们的生活，其功能和价值越来越受到重视，这些水体对提高人居环境的品质有重要作用。建筑室外景观水体的规划建设大多数情况下会被赋予当地的人文和自然特点，具有浓郁的文化底蕴，成为城市的特色名片，常被喻为城市的一颗明珠。

建筑室外景观水体具有以下功能：

（1）可以减弱城市热岛效应和洪涝灾害。水体具有高热容性、流动性以及河道风的流畅性，对城市热岛效应的减弱具有明显的作用，并且对洪涝灾害具有防洪、蓄洪和泄洪功能，可以减轻城市排水管网和河道行洪的压力。

（2）是城市绿地建设的重要基地。例如河渠两岸、河心沙洲、湖塘周围均为城市绿地建设提供了良好的自然条件和社会条件。

（3）是城市景观多样性的组成部分。城市景观多样性对一个城市的稳定、可持续发展以及人类生存适宜度的提高具有明显的促进作用。建筑室外景观水体及其自然特性明显有别于以水泥钢材为主要原料的街道、楼房、立交桥等人为城市景观，其物质特性、形态特性和功能特性的介入将提高城市景观多样性，为建筑的舒适性、可持续性提供一定的基础。

（4）是城市物种多样性存在的基地。例如许多鸟类、鱼类、植物可以在景观水体生存、繁衍，构成野生生境，体现人类都市与自然的交融。

（5）提升建筑本身的品味和使用价值。建筑室外景观水体是公众文体娱乐、亲近自然的场所，随着人们生活水平的日益提高，对住房的要求已经不仅仅只是满足于居住空间本身，更多的是关注宜居环境，其中水景设计就是其中重要的环节。水景不仅具有观赏性，同时它能够给远离自然的城市居民一种亲近的野趣感，更重要的是水景还可以调节小气候，增加环境中的负氧离子浓度，提升宜居品质。

1.4.2 水质现状分析

1. 水质调研与监测

对建筑室外景观水体水质状况进行调研的水体主要包括居民区、文教区、商业区以及城市公园中的人工湖、人工溪流和喷泉等，共收集了26份有效调查问卷，调查结果主要包括春、夏、秋、冬四季的pH值、COD、DO、TP、TN、NH_3-N等，具体见表1.4-1。以黄河为分界线，黄河以北城市为北方地区，黄河以南城市为南方地区，所收集的26份有效调查问卷中，有12个数据样本属于南方地区，14个数据样本属于北方地区。

表 1.4-1

建筑室外景观水体水质调研数据

项目	pH值				COD				TN				TP				NH_3-N				DO			
	春	夏	秋	冬	春	夏	秋	冬	春	夏	秋	冬	春	夏	秋	冬	春	夏	秋	冬	春	夏	秋	冬
重庆盘溪河公园	7.9	7.7	8.3	8.0	68.7	54.1	55.9	59.9	14.8	11.9	9.2	9.9	1.14	0.87	0.72	0.81	2.96	0.49	1.85	2.94	2.1	3.9	3.8	5.1
重庆百林公园	8.0	8.5	8.8	8.1	45.4	40.9	62.4	72.2	5.0	3.3	3.8	4.4	0.33	0.15	0.17	0.26	—	—	—	—	8.0	13.5	8.6	6.1
重庆九龙湖	7.9	8.5	8.9	8.0	23.1	42.8	50.0	72.7	7.7	6.0	3.2	2.7	0.93	0.63	0.23	0.30	5.60	2.48	0.22	0.37	6.4	12.7	8.4	6.2
重庆大学民主湖	—	—	—	—	—	53.0	—	—	—	—	—	—	—	0.15	—	—	—	0.23	—	—	—	1.9	—	—
南京聚福园小区	7.1	—	—	—	80.0	—	28.1	—	—	—	2.0	—	—	—	0.15	—	—	—	0.78	—	—	—	—	—
南京银城东苑	—	—	7.8	—	—	—	4.7	—	—	—	1.0	—	—	—	0.11	—	2.10	—	0.74	—	—	—	6.4	—
上海中凯城市之光	—	—	—	—	—	—	—	—	—	—	—	—	—	—	—	—	—	—	—	—	—	—	—	—
中国科学院环境研究所	7.8	8.2	—	—	—	30.0	—	—	—	—	—	—	0.10	—	—	0.20	0.10	0.20	0.50	0.40	7.7	3.0	—	—
江苏苏州寒山寺常乐池水质净化	—	7.5	—	—	25.6	25.6	29.8	9.0	0.5	1.3	1.1	1.5	—	0.10	—	—	2.00	—	—	—	—	—	—	—
厦门华侨大学校区白鹭湖	8.1	—	—	—	31.1	—	—	—	—	—	—	—	0.73	0.20	—	—	0.88	—	—	—	5.8	3.3	4.4	6.1
四川大学明远湖	7.0	8.0	9.0	9.0	21.0	23.0	26.0	24.0	1.2	1.4	1.3	1.3	0.02	0.01	0.03	0.03	0.30	0.30	0.30	0.60	5.0	7.2	6.6	5.8
深圳南山商业文化中心	7.7	6.5	6.4	7.8	40.6	37.8	37.1	62.4	7.9	1.5	2.2	2.2	0.23	0.25	0.27	0.24	1.30	1.30	1.40	1.20	10.1	8.7	9.7	8.4
北京故宫筒子河	8.1	8.8	8.2	7.5	15.3	27.4	15.2	51.5	4.9	2.2	2.7	4.9	0.04	0.08	0.08	0.16	0.54	0.34	0.48	0.42	11.5	9.3	10.1	9.2
北京前海公园	8.2	8.2	8.0	7.6	32.8	29.9	16.1	38.0	3.9	2.5	4.2	3.5	0.04	0.06	0.03	0.04	0.57	0.40	0.17	0.18	11.2	8.1	10.0	9.3
北京北护城河	7.8	7.7	7.7	7.6	22.9	19.8	14.5	29.8	5.3	3.2	4.4	3.1	0.07	0.07	0.05	0.03	0.47	0.63	0.49	0.11	11.6	8.0	9.3	7.8
北京西直门转河	7.7	7.7	7.6	7.4	38.8	29.9	9.2	8.1	1.2	3.4	4.0	3.4	0.04	0.05	0.06	0.03	0.18	0.54	0.45	0.28	10.8	6.4	9.1	9.2
北京动物园	7.6	7.5	7.6	7.7	—	30.9	—	34.4	—	—	—	—	0.04	0.07	0.04	0.05	0.50	0.53	0.28	0.50	6.1	6.2	6.0	—
黄河水利职业技术学院水系工程	—	—	—	—	30.7	28.0	31.0	34.4	—	0.8	0.9	1.1	0.16	0.16	0.18	0.19	1.05	0.70	0.73	0.98	—	—	—	5.1
山东城市建设职业学院景观工程	—	—	—	—	—	—	35.0	—	—	3.0	7.0	—	0.00	0.00	0.02	—	—	—	—	—	—	—	—	—
吉林东山片区景观工程	—	6.5	6.4	—	65.0	12.1	13.1	—	1.5	0.6	0.7	0.3	0.08	0.15	0.14	—	0.25	0.50	0.50	—	7.0	8.2	7.8	—
天津市海江景观湖	8.0	9.0	—	8.2	—	50.0	—	52.6	—	1.5	—	—	—	0.07	—	—	—	0.20	—	0.66	—	—	—	—
西华大学校园湖	—	—	—	—	24.0	54.4	57.0	64.5	0.5	1.2	1.3	1.3	0.02	0.04	—	—	0.12	0.35	0.37	0.05	—	—	—	5.0
西安绿地世纪城	—	—	—	—	5.2	—	8.5	3.7	—	—	—	—	0.12	0.24	0.04	0.05	1.74	0.73	1.36	0.03	9.1	7.3	8.2	9.6
西安兴庆湖	8.5	8.5	8.9	8.1	24.0	27.0	23.0	19.0	1.3	1.5	1.3	1.3	0.22	0.27	0.32	0.03	1.10	1.40	1.40	0.61	4.2	5.6	4.6	3.8
西安紫薇花园文化湖	6.9	7.2	7.3	6.8	—	—	—	—	—	—	—	1.1	0.27	—	0.26	—	—	—	—	1.00	—	—	—	—
西安曲江池	—	—	—	—	3.5	4.5	6.1	—	1.1	1.6	1.3	1.0	0.03	0.04	0.02	0.01	0.13	0.18	0.15	0.06	10.3	10.4	10.6	10.8

(1) 建筑室外景观水体水质标准

针对景观水的水源水质要求和污染控制，我国先后颁布了若干与景观水体有关的水质标准（见表 1.4-2）有些已经废止，由新标准代替。

我国颁布的景观水标准

表 1.4-2

编号	名称	颁发部门	实施日期	废止日期
1	《地面水环境质量标准》GB 3838—1988	国家环保总局	1988-06-01	2002-06-01
2	《再生水回用于景观水体的水质标准》CJ/T 95—2000	建设部	2000-06-01	2003-05-01
3	《地表水环境质量标准》GHZB 1—1999	国家环保总局	2000-01-01	2002-06-01
4	《地表水环境质量标准》GB 3838—2002	国家环保总局	2002-06-01	—
5	《城市污水再生利用 景观环境用水水质》GB/T 18921—2002	国家环保总局	2003-05-01	2020-05-01
6	《城市污水再生利用 景观环境用水水质》GB/T 18921—2019	国家环保总局	2020-05-01	

目前，景观水体污染控制实施的是表 1.4-2 中 4、5 两个国家标准。其中，《地表水环境质量标准》GB 3838—2002 中的 Ⅲ、Ⅳ、Ⅴ 类水体考虑了景观娱乐水体水质的考核要求，从标准中可以看到，天然景观水体的水质标准中对 COD、BOD_5、溶解氧以及氮、磷等指标控制极为严格。《城市污水再生利用 景观环境用水水质》GB/T 18921—2019 是目前对于景观水体考核评价的标准，与原先推荐的行业标准《再生水回用于景观水体的水质标准》CJ/T 95—2000 相比较，它对水质标准提出了更高的要求，改善了原标准未将再生水运用于景观用水的具体情形区分对待的局面，同时合理地放宽了消毒途径的要求。该标准分别从感官性状指标、水质常规指标、水中营养盐含量、卫生学指标等方面对再生水回用于景观水体水质指标加以规定，而且增加了与人群健康密切相关的毒理学指标。

综合《地表水环境质量标准》GB 3838—2002 中 Ⅴ 类水体标准和《城市污水再生利用 景观环境用水水质》GB/T 18921—2019 中观赏性景观环境用水对水体的划分（见表 1.4-3），本研究以《地表水环境质量标准》GB 3838—2002 中 Ⅴ 类水体标准作为建筑室外景观水体水质的检测标准。

常规景观水水质标准

表 1.4-3

检测项目	《地表水环境质量标准》GB 3838—2002	《城市污水再生利用 景观环境用水水质》GB/T 18921—2019
pH 值	6～9	6～9
COD	≤40	未做要求
DO	≥2.0	≥1.5
TP	≤0.4	≤0.5
TN	≤2.0	≤15
NH_3-N	≤2.0	≤5.0

（2）pH值

pH值是表征水体质量的一个重要指标，不仅与水中溶解物质的溶解度、化学形态、特性行为和效应有密切关系，而且对水中生物的生命活动有着重要影响。

本次调研中，南方地区和北方地区景观水体均呈弱碱性，且南方地区pH值全年均值高于北方地区，见图1.4-1。其中，南方地区景观水体pH值介于7.7～8.1，全年均值为8.0；北方地区景观水体pH值介于7.6～7.9，全年均值为7.8，南方地区和北方地区景观水体pH值均满足《地表水环境质量标准》GB 3838—2002中V类标准限值（6～9）。

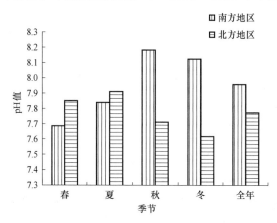

图1.4-1　建筑室外景观水体pH值变化趋势

从图1.4-1中还可以看出，在南方地区，秋冬两季的pH值高于春夏两季，而在北方地区表现出相反趋势，即秋冬两季的pH值低于春夏两季。pH值随季节不同而变化，可能与水温高低有关；同时它还与水体中的理化因子及水生生物的生长状况等有关。

（3）COD

南方地区景观水体COD全年均值高于北方地区，其中南方地区景观水体COD介于36.7～47.6mg/L，全年均值为41.2mg/L，超出《地表水环境质量标准》GB 3838—2002中V类标准限值（≤40mg/L）；北方地区景观水体COD介于22.1～36.4mg/L，全年均值为28.4mg/L，满足《地表水环境质量标准》GB 3838—2002中V类标准限值（≤40mg/L），见图1.4-2。

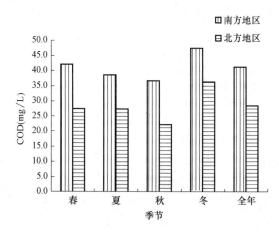

图1.4-2　建筑室外景观水体COD变化趋势

从图 1.4-2 中还可以看出，南方地区和北方地区景观水体，春冬两季的 COD 浓度均高于夏秋两季。COD 浓度的季节性变化规律应该与我国的气候特征有关，夏秋两季的降雨量相对春冬两季要大得多，且夏秋两季的温度相对春冬两季要高得多，在夏秋两季时，景观水体的水源补充量相对充足，且水体更换次数相对频繁。

（4）DO

南方地区景观水体 DO 全年均值低于北方地区，其中南方地区景观水体 DO 介于 5.8～6.4mg/L，全年均值为 6.1mg/L，满足《地表水环境质量标准》GB 3838—2002 中 V 类标准限值（≥2.0mg/L）；北方地区景观水体 DO 介于 7.8～9.2mg/L，全年均值为 8.3mg/L，满足《地表水环境质量标准》GB 3838—2002 中 V 类标准限值（≥2.0mg/L），见图 1.4-3。

从图 1.4-3 中还可以看出，南方地区景观水体夏秋两季的 DO 浓度均高于春冬两季，而北方地区景观水体春季的 DO 浓度高于其他 3 个季节，这说明影响南北方地区景观水体中 DO 含量的因素不同。DO 是水环境中绝大多数生物生存的必要条件，也是藻类繁殖的一个重要条件。水中 DO 含量取决于水体与大气中氧的平衡，并与水温、有机物含量以及藻类的光合作用强度等条件相关。南方地区秋冬两季的 COD 含量高，分解有机污染物需要的耗氧量也高，故导致秋冬两个季

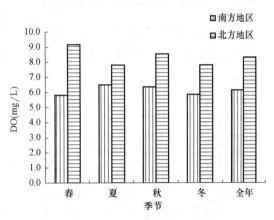

图 1.4-3 建筑室外景观水体 DO 变化趋势

节的 DO 浓度较低。相关研究表明，温度越高，水中 DO 浓度越低，北方地区春季温度低，故 DO 浓度高，而在冬季 DO 浓度不高，这可能与水面结冰导致水体与空气接触面较少有关。

（5）TN

南方地区景观水体 TN 全年均值高于北方地区，其中南方地区景观水体 TN 介于 3.1～5.8mg/L，全年均值为 4.4mg/L，超出《地表水环境质量标准》GB 3838—2002 中 V 类标准限值（≤2.0mg/L）；北方地区景观水体 TN 介于 1.9～3.2mg/L，全年均值为 2.5mg/L，超出《地表水环境质量标准》GB 3838—2002 中 V 类标准限值（≤2.0mg/L），见图 1.4-4。

从图 1.4-4 中还可以看出，南方地区和北方地区景观水体春季的 TN 浓度均高于其他 3 个季节。

（6）NH_3-N

南方地区景观水体 NH_3-N 全年均值高于北方地区，其中南方地区景观水体 NH_3-N 介于 0.83～1.89mg/L，全年均值为 1.21mg/L，满足《地表水环境质量标准》GB 3838—2002 中 V 类标准限值（≤2.0mg/L）；北方地区景观水体 NH_3-N 介于 0.43～0.61mg/L，全年均值为 0.54mg/L，满足《地表水环境质量标准》GB 3838—2002 中 V 类标准限值（≤2.0mg/L），见图 1.4-5。

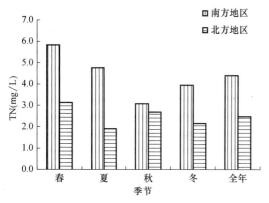

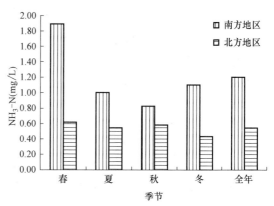

图 1.4-4 建筑室外景观水体 TN 变化趋势 | 图 1.4-5 建筑室外景观水体 NH_3-N 变化趋势

从图 1.4-5 中还可以看出，南方地区景观水体春季的 NH_3-N 浓度高于其他 3 个季节。而北方地区景观水体不同季节的 NH_3-N 浓度变化并不像南方地区那么明显，不同季节的 NH_3-N 浓度变化不大。

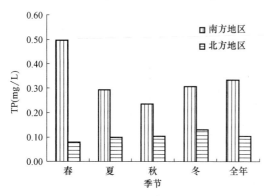

图 1.4-6 建筑室外景观水体 TP 变化趋势

（7）TP

南方地区景观水体 TP 全年均值高于北方地区，其中南方地区景观水体 TP 介于 0.24～0.50mg/L，全年均值为 0.33mg/L，满足《地表水环境质量标准》GB 3838—2002 中V类标准限值（≤0.4mg/L）；北方地区景观水体 TP 介于 0.08～0.13mg/L，全年均值为 0.10mg/L，满足《地表水环境质量标准》GB 3838—2002 中V类标准限值（≤0.4 mg/L），见图 1.4-6。

从图 1.4-6 中还可以看出，南方地区景观水体春季的 TP 浓度高于其他 3 个季节，而北方地区景观水体冬季的 TP 浓度高于其他 3 个季节。

（8）小结

综上可见，我国建筑室外景观水体水质在南北方地区存在差异，南方地区受污染程度要高于北方地区，且南北方地区景观水体均存在不同程度的氮污染。另外，南北方地区景观水体大部分水质指标在夏秋两季较好，在春冬两季较差。

2. 污染原因分析

建筑室外景观水体污染主要原因如下：

（1）周围污染源对其污染。景观水体污染物主要来源于四周小区内居民日常生活所排放的生活污水、生活垃圾、建筑垃圾及其渗滤液、漂浮物和施工尘土等。尤其是生活污水中含有大量的有机污染物及氮、磷等植物营养物，植物营养物进入天然水体后将恶化水体水质，加速水体的富营养化过程，影响水面的利用。

（2）水池防渗处理破坏景观水生态系统。目前大部分人工湖由于考虑到防渗等问题，湖底多为硬质底面。对于需要泥土才能生长的水生植物而言，其种植、生长都会有诸多限制。很多水域由于防渗层铺设质量不过关，造成人工湖水流失过快，或管理过程中补水不及时。水生植物因干涸而生长不良甚至枯死，既没有发挥净水作用又破坏景观效果。

（3）游客人为的破坏。游客的一些行为，也是导致水质恶化的原因之一。比如向水中丢弃垃圾；为了垂钓，向水体撒过多的鱼饵，这些多余的鱼饵也会造成水体的污染，这些行为都会严重地污染景观水体。

（4）设计的不合理。由于在水景设计时考虑不周，人工湖中经常会出现死角，而死角中的水由于缺乏流动，水质往往最容易恶化。各种污染物将会沉积在死角，并慢慢地污染整个人工湖，死角成为人工湖的一个内部污染源，因此，在一个人工湖中如果死角越多，则水质恶化得越快。

（5）地下水的污染。随着工农业的不断发展，越来越多的污染物（如氮、磷、重金属离子等）渗入了地下，污染了地下水。如今我国地下水的污染已相当普遍且严重。而大部分的景观水又是与地下水相通的，因此导致景观水体的变质也是显而易见的。

1.4.3 水量现状分析

1. 水源状况

景观水体补水途径包括湖面降雨、场地雨水、自来水、中水、其他（如地表河湖）等。通过对调研的 14 个景观水体的补水量进行分析（见表 1.4-4），可以看出，在南北方地区的景观水体中，雨水均是景观水体的主要补水途径，雨水补水量可占总补水量的21%～100%。对于无法收集到场地雨水的景观水体，中水或者其他途径的补水是其主要补水水源，如深圳南山商业文化中心有 38% 的补水来自中水，西安紫薇花园文化湖有79% 的补水来自地表水。南北方地区的景观水体补水途径不存在明显差异。

各补水量占总补水量的比值（%）　　　　表 1.4-4

项目	湖面降雨量/总补水量	场地雨水进湖量/总补水量	自来水补水量/总补水量	中水补水量/总补水量	其他补水量/总补水量	合计
东莞生态园	32	68	0	0	0	100
深圳某建筑校区	28	72	0	0	0	100
嘉兴某公寓	9	49	0	0	42	100
上海中凯城市之光	40	60	0	0	0	100
深圳南山商业文化中心	62	0	0	38	0	100
武汉梦泽湖	60	40	0	0	0	100
上海松江某植物园	24	16	0	0	60	100
广州南沙海滨新城住宅小区	14	86	0	0	0	100
重庆某小区	87	0	0	13	0	100
西安紫薇花园文化湖	21	0	0	0	79	100
中国科学院北京怀柔校区	8	92	0	0	0	100
北京近郊某住宅小区	58	0	0	42	0	100
西安曲江池	39	18	0	0	43	100

2. 水量平衡分析

（1）景观水体耗水途径分析

景观水体的耗水量主要包括湖面蒸发量、绿化浇洒用水量、地下渗透量以及其他耗水量（如水生生物栖息地需水量、娱乐需水量等）。通过对调研的 14 个景观水体的耗水量进行分析（见表1.4-5），可以看出，在南北方地区，对于没有绿化浇洒的景观水体，其耗水途径主要为湖面蒸发，湖面蒸发量占总耗水量的比值介于64%～89%，其次为地下渗透量。对于有绿化浇洒的景观水体，其主要耗水量视景观用水量的不同而不同，当绿化浇洒用水量相对较小时，主要耗水途径为湖面蒸发，其次为绿化浇洒用水，如武汉梦泽湖景观水体中绿化浇洒用水量占总耗水量的3%，而湖面蒸发量占总耗水量的97%。当绿化浇洒用水量相对较大时，主要耗水途径为绿化浇洒用水，其次为湖面蒸发和地下渗透，如广州南沙海滨新城住宅小区绿化浇洒用水量占总耗水量的72%，湖面蒸发量占总耗水量的23%。由于湖底防渗漏措施不同和当地地下水位高低的差异，不同景观水体中的地下渗透量占总耗水量的比值变化幅度较大，介于0%～39%。

各耗水量占总耗水量的比值（%）   表1.4-5

项目	湖面蒸发量/总耗水量	绿化浇洒用水量/总耗水量	地下渗透量/总耗水量	其他耗水量/总耗水量	合计
东莞生态园	61	0	39	0	100
深圳某建筑校区	70	0	30	0	100
上海中凯城市之光	64	0	36	0	100
深圳南山商业文化中心	88	0	12	0	100
西安紫薇花园文化湖	89	0	11	0	100
中国科学院北京怀柔校区	66	0	34	0	100
北京近郊某住宅小区	35	56	0	9	100
西安曲江池	67	14	19	0	100
嘉兴某公寓	7	71	22	0	100
武汉梦泽湖	97	3	0	0	100
上海松江某植物园	34	66	0	0	100
广州南沙海滨新城住宅小区	23	72	0	5	100
重庆某小区	29	70	1	0	100

综上可见，南北方地区景观水体的耗水途径并没有明显的差异，其耗水途径主要与是否有绿化浇洒或地下防渗漏措施有关，对于大量采用景观水进行绿化浇洒的景观水体，其主要耗水途径为绿化浇洒用水；对于没有绿化浇洒和池底有防渗漏措施的景观水体而言，湖面蒸发是主要耗水途径，但在有地下渗透的景观水体中，地下渗透是另一主要耗水途径。

（2）景观水体水量季节变化分析

对10个景观水体的月耗水量和月补水量进行了调研分析，结果见表1.4-6～表1.4-15。对于北方地区景观水体，由于冬季气温低，湖面结冰或将水抽光，可不考虑进行水量平衡计算。

北京近郊某住宅小区月耗水量和月补水量统计（m³）   表1.4-6

	项目	3月	4月	5月	6月	7月	8月	9月	10月	合计
耗水量	湖面蒸发量	1957	2887	3584	3300	2873	2297	1967	1840	20705
	绿化浇洒用水量	4200	4200	4200	4200	4200	4200	4200	4200	33600
	地下渗透量	0	0	0	0	0	0	0	0	0
	其他耗水量	616	709	778	750	707	650	617	604	5431
	合计	6773	7796	8562	8250	7780	7147	6784	6644	59736

续表

	项目	3月	4月	5月	6月	7月	8月	9月	10月	合计
补水量	湖面降雨量	407	1274	3274	4701	15606	9299	3881	2240	40682
	场地雨水进湖量	0	0	0	0	0	0	0	0	0
	自来水补水量	0	0	0	0	0	0	0	0	0
	中水补水量	6366	6522	5288	3549	0	0	2903	4404	29032
	其他补水量	0	0	0	0	0	0	0	0	0
	合计	6773	7796	8562	8250	15606	9299	6784	6644	69714
盈亏水量		0	0	0	0	7826	2152	0	0	9978

注：11月—次年2月期间，将湖水抽干。

中国科学院北京怀柔校区月耗水量和月补水量统计（m³）　　　表1.4-7

	项目	3月	4月	5月	6月	7月	8月	9月	10月	合计
耗水量	湖面蒸发量	1577.6	3453.6	3680.2	3666.4	2735.3	2718.7	2370.6	2160.6	22363
	绿化浇洒用水量	0	0	0	0	0	0	0	0	0
	地下渗透量	1432.29	1432.29	1432.29	1432.29	1432.29	1432.29	1432.29	1432.29	11458.32
	其他耗水量	0	0	0	0	0	0	0	0	0
	合计	3009.89	4885.89	5112.49	5098.69	4167.59	4150.99	3802.89	3592.89	33821.32
补水量	湖面降雨量	272.69	463.57	1199.84	2617.82	3381.36	2863.25	1608.87	545.38	12952.78
	场地雨水进湖量	3002.21	5103.83	13209.86	28821.68	37227.94	31523.76	17713.33	6004.52	142607.13
	自来水补水量	0	0	0	0	0	0	0	0	0
	中水补水量	0	0	0	0	0	0	0	0	0
	其他补水量	0	0	0	0	0	0	0	0	0
	合计	3274.90	5567.40	14409.70	31439.50	40609.30	34387.01	19322.20	6549.90	155559.91
盈亏水量		265.01	681.51	9297.21	26340.81	36441.71	30236.02	15519.31	2957.01	121738.59

注：11月—次年2月期间，将湖水抽干。

西安紫薇花园文化湖月耗水量和月补水量统计（m³）　　　表1.4-8

	项目	2月	3月	4月	5月	6月	7月	8月	9月	10月	11月	合计
耗水量	湖面蒸发量	4129	4860	5968	6776	7118	7511	7107	6936	5843	4628	60876
	绿化浇洒用水量	0	0	0	0	0	0	0	0	0	0	0
	地下渗透量	725	804	783	757	792	749	781	812	769	738	7710
	其他耗水量	0	0	0	0	0	0	0	0	0	0	0
	合计	4854	5664	6751	7533	7910	8260	7888	7748	6612	5366	68586
补水量	湖面降雨量	253	659	1141	1470	1470	2560	1952	2409	1572	659	14145
	场地雨水进湖量	0	0	0	0	0	0	0	0	0	0	0
	自来水补水量	0	0	0	0	0	0	0	0	0	0	0
	中水补水量	0	0	0	0	0	0	0	0	0	0	0
	其他补水量	4601	5005	5610	6063	6440	5700	5936	5339	5040	4707	54432
	合计	4854	5664	6751	7533	7910	8260	7888	7748	6612	5366	68586
盈亏水量		0	0	0	0	0	0	0	0	0	0	0

注：12月—次年1月期间，将湖水抽干。

表 1.4-9

西安曲江池月耗水量和月补水量统计 （m³）

	项目	1月	2月	3月	4月	5月	6月	7月	8月	9月	10月	11月	12月	合计
耗水量	湖面蒸发量	12200	19100	36000	35800	50000	59000	50000	33000	29000	20000	16000	13000	373100
	绿化浇洒用水量	2200	2300	5100	4900	5500	10200	11000	11000	10200	6500	3300	2900	75100
	地下渗透量	8900	8400	8900	8600	8900	8600	8900	8900	8600	8900	8600	8900	105100
	其他耗水量	0	0	0	0	0	0	0	0	0	0	0	0	0
	合计	23300	29800	50000	49300	64400	77800	69900	52900	47800	35400	27900	24800	553300
补水量	湖面降雨量	1900	6500	5300	10300	14000	26000	27000	36000	47000	32000	8300	3100	217400
	场地雨水进湖量	840	2900	2400	4600	6300	12000	13000	16000	21000	14000	3800	1400	98240
	自来水补水量	0	0	0	0	0	0	0	0	0	0	0	0	0
	中水补水量	0	0	0	0	0	0	0	0	0	0	0	0	0
	地表水补水量	20560	20400	42300	34400	44100	39800	29900	900	-20200	-10600	15800	20300	237660
	合计	23300	29800	50000	49300	64400	77800	69900	52900	47800	35400	27900	24800	553300
	盈亏水量	0	0	0	0	0	0	0	0	0	0	0	0	0

表 1.4-10

东莞某学校景观湖月耗水量和月补水量统计 （m³）

	项目	1月	2月	3月	4月	5月	6月	7月	8月	9月	10月	11月	12月	合计
耗水量	湖面蒸发量	811.7	677.8	784.9	924.1	1162	1250	1483.3	1390	1235.5	1219.4	986.9	859.9	12785.5
	地下渗透量	688.5	688.5	688.5	688.5	688.5	688.5	688.5	688.5	688.5	688.5	688.5	688.5	8262
	合计	1500.2	1366.3	1473.4	1612.6	1850.5	1938.5	2171.8	2078.5	1924	1907.9	1675.4	1548.4	21047.5
补水量	湖面降雨量	271.6	443.7	601.3	1386.2	1931.6	2431.9	1747.3	1966.1	1334.9	472.5	264.4	197.4	13049.3
	场地雨水进湖量	564.5	922.4	1250	2881.6	4015.5	5055.6	3632.2	4087	2775.1	982.7	432.8	410.3	27009.7
	合计	836.1	1366.1	1851.3	4267.8	5947.1	7487.5	5379.5	6053.1	4110	1455.6	697.2	607.7	40059
	盈亏水量	-664.1	-0.2	377.9	2655.2	4096.6	5549	3207.7	3974.6	2186	-452.3	-978.2	-940.7	19011.5

表 1.4-11

深圳南山商业文化中心月耗水量和月补水量统计（m³）

项目		1月	2月	3月	4月	5月	6月	7月	8月	9月	10月	11月	12月	合计
耗水量	湖面蒸发量	4634	4875	5738	7049	8382	8804	9291	8791	8995	8749	7413	5984	89082
	地下渗透量	963	988	1025	973	955	997	1022	946	978	958	982	978	11765
	合计	5597	5863	6763	8022	9337	9801	10313	9737	9973	9707	8395	6962	100434
补水量	湖面降雨量	990	1452	2211	5742	7854	9768	11187	12144	7854	3267	1221	1122	64812
	中水补水量	4607	4411	4552	2280	1483	33	0	0	2119	6440	7174	5804	38904
	其他补水量	0	0	0	0	0	0	0	0	0	0	0	0	0
	合计	5597	5863	6763	8022	9337	9801	11187	12144	9973	9707	8395	6926	103715
盈亏水量		0	0	0	0	0	0	874	2407	0	0	0	0	3281

表 1.4-12

武汉梦泽湖月耗水量和月补水量统计（m³）

项目		1月	2月	3月	4月	5月	6月	7月	8月	9月	10月	11月	12月	合计
耗水量	湖面蒸发量	22085	25375	33950	46165	59395	61075	78400	76650	57365	44590	32725	26425	564200
	绿化浇洒用水量	1225	1225	1225	1225	1225	1225	1225	1225	1225	1225	1225	1225	14700
	合计	23310	26600	35175	47390	60620	62300	79625	77875	58590	45815	33950	27650	578900
补水量	湖面降雨量	15855	20965	34265	44345	60445	78120	68600	40460	28175	32760	19565	9520	453075
	场地雨水进湖量	10780	14245	23310	30170	41090	53130	46655	27510	19145	22260	13300	6475	308070
	合计	26635	35210	57575	74515	101535	131250	115255	67970	47320	55020	32865	15995	761145
盈亏水量		3325	8610	22400	27125	40915	68950	35630	-9905	-11270	9205	-1085	-11655	182245

表 1.4-13

上海松江某植物园月耗水量和月补水量统计（m³）

项目		1月	2月	3月	4月	5月	6月	7月	8月	9月	10月	11月	12月	合计
耗水量	湖面蒸发量	8100	10600	14800	21100	27600	25200	35200	32400	25600	20000	13700	9800	244100
	绿化浇洒用水量	0	0	32800	3200	45200	41300	71400	63200	77600	67100	76800	0	478600
	合计	8100	10600	47600	24300	72800	66500	106600	95600	103200	87100	90500	9800	722700

续表

	项目	1月	2月	3月	4月	5月	6月	7月	8月	9月	10月	11月	12月	合计
补水量	湖面降雨量	11800	10200	15800	13100	15000	28800	18700	27300	15300	6600	8400	7500	178300
	场地雨水进湖量	7900	6800	10600	8800	10000	19100	12500	18300	10200	4400	5600	5000	119200
	其他补水量	0	0	21200	2400	47800	18800	75400	50000	77700	76100	76500	0	445900
	合计	19700	17000	47600	24300	72800	66500	106600	95600	103200	87100	90500	12500	743400
盈亏水量		11600	6400	0	0	0	0	0	0	0	0	0	2700	20700

表 1.4-14　广州南沙海滨新城住宅小区月耗水量和月补水量统计（m³）

	项目	1月	2月	3月	4月	5月	6月	7月	8月	9月	10月	11月	12月	合计
耗水量	湖面蒸发量	3192	3078	4332	4218	6498	5700	5814	7296	6612	6726	5244	3762	62472
	绿化浇洒用水量	6000	10800	12780	22080	22080	22080	22080	22080	22080	18000	6000	6000	192060
	其他耗水量	460	694	856	1315	1429	1389	1395	1469	1435	1236	562	488	12728
	合计	9652	14572	17968	27613	30007	29169	29289	30845	30127	25962	11806	10250	267260
补水量	湖面降雨量	999	1919	2451	5483	9154	12133	12513	13357	9424	3393	1368	946	73140
	场地雨水进湖量	6045	11608	14827	33169	55376	73399	75696	80798	57008	20527	8275	5725	442453
	合计	7044	13527	17278	38652	64530	85532	88209	94155	66432	23920	9643	6671	515593
盈亏水量		-2608	-1045	-690	11039	34523	56363	58920	63310	36305	-2042	-2163	-3579	248333

表 1.4-15　重庆某小区月耗水量和月补水量统计（m³）

	项目	1月	2月	3月	4月	5月	6月	7月	8月	9月	10月	11月	12月	合计
耗水量	湖面蒸发量	727	997	1321	1990	2305	2991	4188	4343	2586	1418	1139	541	24546
	绿化浇洒用水量	3070	2782	4217	3684	6275	6076	6275	6275	6076	6275	4084	3070	58159
	地下渗透量	71	64	71	69	71	69	71	71	69	71	69	71	837
	合计	3868	3843	5609	5743	8651	9136	10534	10689	8731	7764	5292	3682	83542
补水量	湖面降雨量	719	2613	3542	6132	14953	18405	17469	15149	6363	5965	3648	1680	96638
	中水补水量	3149	1230	2067						2368	1799	1644	2002	14259
	合计	3868	3843	5609	6132	14953	18405	17469	15149	8731	7764	5292	3682	110897
盈亏水量		0	0	0	389	6302	9269	6935	4460	0	0	0	0	27355

北方地区和南方地区的景观水体湖面蒸发量在每个自然年内均呈现先增加后减少的趋势，但南北方地区的湖面月蒸发量最大值出现时间不一致，北方地区在5月和6月出现最大蒸发量，而南方地区在7月和8月出现最大蒸发量。

对于利用景观水进行绿化灌溉和道路浇洒的景观水体，南北方地区均存在两种规律，第一种是每月定额取水，与季节变化没有关系；第二种是按照季节的变化，夏季取水量高于其他季节。

对于有地下渗透量的景观水体，南北方地区均表现出相同的变化趋势，即地下渗透量与季节变化没有关系，每个月的渗透量相差不多。

雨水补水量在南北方地区没有表现出明显差异，雨水补水量均与降雨量的变化呈现相同的变化规律，且都在6—8月份出现最大值。对于采用中水或地表水进行补水的景观水体，中水或地表水补水量与雨水补水量成反比例关系，一般在雨水较为充裕的月份，雨水补水量完全可以满足景观耗水量，不需要中水或地表水进行补水。

（3）总结

1）对建筑室外景观水体基本情况进行了调研，主要包括水景形式、水景规模、补水水源、防渗措施、水处理措施以及物种多样性等。

2）我国南北方地区建筑室外景观水体均存在氮污染，且南方地区的水污染程度比北方地区严重。南北方地区景观水体水质指标存在季节性差异，夏秋季水质较春冬季水质好。

3）南北方地区景观水体的耗水途径并没有明显的差异，对于大量采用景观水进行绿化浇洒的景观水体，其主要耗水途径为绿化浇洒用水；对于没有绿化浇洒和池底有防渗漏措施的景观水体，湖面蒸发是主要耗水途径。在南北方地区的景观水体中，雨水均是景观水体的主要补水途径，雨水补水量可占总补水量的21%～100%。

4）北方地区和南方地区的景观水体湖面蒸发量在每个自然年内均呈现先增加后减少的趋势，但南北方地区的湖面月蒸发量最大值出现时间不一致。雨水补水量在南北方地区没有表现出明显差异，雨水补水量均与降雨量的变化呈现相同的变化规律。

1.4.4 问题分析

1. 水质方面

建筑室外景观水体污染因素有很多，可以分为外源性污染和内源性污染。外源性污染是指由外界活动排入的物质引起的水体污染，如由于管理不善等原因排入的生活污水、工业废水、固体垃圾等；雨水地表径流带入的有机物及氮磷等；大气降尘等所带来的污染物；再生水补充带入的污染物。内源性污染是指水体中不断繁衍的生物体累积而成的污染物，如藻类、微生物的代谢产物和死亡的生物体、腐败的植物茎叶等。由于景观水体处于封闭状态，水体的自净能力和环境容量十分有限，所以控制外源性污染是非常重要的。外源性污染具有积累效应，一旦超过水体的环境容量，水质就将恶化，而且恢复比较困难。在内源性污染和外源性污染的共同作用下，在温度、光照等条件适宜时，水体中的藻类、微生物等大量繁殖，造成水体缺氧，透明度降低，产生异味，甚至造成鱼类死亡。

景观水体污染治理的难点及问题主要在于：（1）在规划设计时对景观水体水质保持问题的认识不足，造成日后采取补救措施困难增加。如水体的形状不合理造成死水区；岸边坡度不合理造成雨水直接流入，一旦建成，不易改变。（2）水体不流动，没有置换。即使初次充水和日常补水均满足国家规定的水质标准，也因污染物和生物体的不断累积而使水体变质，采用中水补水时，水质保持难度更大。（3）水量大，季节性强，水体处理要求的循环周期短。这使处理系统规模大而利用率不高，费效比低，影响投资积极性。

2. 水量平衡方面

建筑室外景观水体的建造是为了人及人造物更好地与环境相融共生，然而分析已建成的较大体量的水体景观项目会发现，这些项目并不完全符合生态、环保、节约水资源和可持续发展的要求。在国内，这方面的应用技术尚不成熟，问题主要集中在景观水体的水质保障及水量的补给平衡这两个方面，而水源补给则是根本的决定因素。

传统的景观水体主要依靠从其周边的天然地表水体引水、开采地下水以及雨水的自然降水进行补充。现代景观水体起初主要依靠自来水补给，少数由天然地表水进行补充。随着社会经济的高速发展，水资源短缺的状况愈发严重，节水已成为当代呼唤的环保主题之一，自来水已经不可能成为景观水体的补充水源。因此，景观水体水源问题是景观水体能否持续运行下去的关键问题。如何平衡人们亲水需求与水资源耗费的矛盾，是水体景观设计、建设过程中需要重点考虑的问题。

目前，人们对水资源的利用还没有系统、全面、深入地研究和挖掘。景观水体项目设计开发过程中，没有对项目周边可用的地表水、地下水、雨水、再生水等可用补充水源进行系统地、完整地分析和比较，采用什么水源对景观水体进行补充也就无法得到一个最优的结论。就目前的研究来看，今后景观水体的补充水源是天然降水和再生水，天然降水尤为合适。天然降水是自然界水循环的总源头，对雨水的收集利用有较大的空间可挖掘，尤其是在降雨较为丰沛的地区，更具有广阔的应用前景。

第 2 章 建筑给水与生活热水水质保障技术

2.1 引言

2.1.1 研究背景与意义

近年来城镇供水系统末端和水龙头水质安全性受到了用户、媒体、行业、社会、管理部门和政府的高度关注。龙头水是用户直接体验和评价水质的第一现场，为了提高二次供水的水质，有必要弥补缺失的水质保障环节，建立城市供水末端水质综合保障系统，形成"从源头到龙头"的城市供水全流程多级屏障水质安全保障体系。

我国二次供水系统的水质安全问题主要体现在水力停留时间较长、消毒剂含量过低、微生物滋生等方面，对二次供水的生物安全性造成严重威胁，亟需研究二次供水系统的余氯衰减规律、微生物生长特性、安全消毒技术等，以充分保障二次供水的安全性。近年来生活热水的微生物污染和安全性问题受到高度重视。建筑生活热水是二次供水系统的重要组成部分，人体通过洗漱、淋浴等方式与生活热水接触，会直接影响人体健康。生活热水的余氯衰减速率明显高于生活给水，具有水力停留时间长、余氯消耗快的特点，易出现微生物超标的现象。在长时间运行的二次供水和生活热水系统中，管道系统都会形成管壁生物膜，造成浊度升高、微生物超标等现象，生活热水系统中还有一些耐热性致病菌，易造成严重的生物安全性隐患，亟需研发和采用安全、高效的消毒技术来控制和保障水质的生物安全性。

针对建筑小区和用户经常出现的水质问题，亟需系统地调研和分析不同地区、不同规模的城市末端供水的水质现状、水质变化规律和主要污染因素等，进行二次供水和生活热水的水质变化特点以及生物安全性和化学安全性研究，提出供水末端重点关注的水质污染控制模式，确定建筑供水系统水质污染控制的主要依据。

2.1.2 国内外研究进展

生物安全性是二次供水系统的首要保障方面，维持一定的消毒剂含量是确保二次供水生物安全性的主要技术措施，必须对二次供水进行消毒剂补充投加以及定期清洗消毒。现阶段比较成熟的消毒方法主要有氯、二氧化氯、臭氧、紫外线等消毒设备，一些新型消毒技术也逐步得到应用和推广。二次供水系统的规范性运行、监控、管理、维护等也逐渐得到落实，定期维护、清洗、消毒等措施也进一步到位。这些都为二次供水系统的稳定运行和水质安全性提供了更充分的保障。

1. 二次污染问题研究进展

消毒是确保水质生物安全性的重要措施之一。市政自来水输送到二次供水系统时，余氯含量已经衰减到很低程度，甚至出现不达标情况，使得用户面临着水质安全风险，一直以来二次供水污染事故与疾病时有发生。近年来二次供水管网的生物污染状况得到了初步研究，主要原因是管网中的病原微生物超标所致。在二次供水管网系统中，微生物的生长状态主要有水中悬浮态和管壁附着态两种形式，管网系统中微生物主要以附着态在管壁上生长，最终形成管壁生物膜。管壁生物膜中附着着大量的球菌、杆菌以及菌胶团，也为致病菌的生长提供了很好的环境。管壁生物膜会因老化和水力条件变化而脱落到水中，造成水中微生物数量和致病菌的增加。

有机物含量是水中细菌生长和管壁生物膜形成的关键因素，尽管二次供水管道中微生物处于贫营养环境，但水中的营养物质含量对细菌生长也会有影响，有机物浓度与生物膜密度具有显著关联。微生物群落结构可影响有机物的降解速率以及微生物生长周期的长度，生物膜微生物群落多样性也会影响生物膜的形成与特征。目前很少有关于建筑二次供水管道系统中有机物浓度对生物膜生长和生物膜微生物群落多样性的影响，也很少关注龙头水系统生物膜的微生物群落多样性。

金属管材存在电化学腐蚀和微生物腐蚀现象，能够导致水质二次污染。二次供水管道在长期运行中会在管壁表面形成生物膜和管垢，使得管网的输送能力降低、能耗增加，脱落的生物膜可使水质受到二次污染，生物膜中的病原微生物会对人体健康产生威胁。因此有必要定期清除管壁生物膜、做好管道防腐处理，以保障供水水质的生物稳定性和化学稳定性。

2. 二次消毒技术研究进展

二次供水系统中的消毒剂含量通常无法满足水质标准要求，需要增加二次消毒设施。目前二次供水的消毒方法主要是次氯酸钠消毒、臭氧消毒、二氧化氯消毒、紫外线消毒、光催化氧化消毒等。考虑到经济和管理等方面的因素，二次供水消毒应优先选择补加消毒剂和物理法消毒。

为了保证二次供水管道系统的水质及生物安全性，可进行二次投加消毒剂。主要的消毒方法包括氯消毒、二氧化氯消毒、氯胺消毒、臭氧消毒等。与化学消毒法相比，物理消毒法具有不产生消毒副产物、消毒效果好、速度快、便于运行维护管理等特点，常用的有紫外线消毒法，近年来发展出一些新的消毒方法，如 TiO_2 光催化消毒法等。

（1）补加消毒剂方式：为了保障二次供水系统的余氯含量，常采用二次投加消毒剂的方式来补充和加强消毒作用。二次消毒常用氯、氯胺和二氧化氯等消毒剂，主要有定浓度投加和定质量投加的消毒剂投加方式。

（2）定期消毒方式：在建筑二次供水系统中，即使水中余氯浓度较高，微生物仍能在管壁生长并形成生物膜，老化的管壁生物膜会脱落到水中，会对人体健康构成直接威胁。因此，二次供水管道系统的定期清洗和消毒是管网运行维护的重要措施，对预防和控制生物膜具有重要作用，有助于减少二次污染。目前，有关二次供水系统只要求水箱等需进行定期清洗，尚未要求对二次供水管道系统进行定期清洗和消毒。

2.1.3 水质保障措施研究进展

很多国家都相当重视二次供水系统的二次污染控制，研发了有效的二次污染控制技术与措施，制定了严格的管理措施和卫生标准。我国有关部门及行业也将二次供水污染控制纳入日程，制定了相关的管理法规，并对二次供水污染机制和控制技术开展了研究。

目前针对二次供水水质污染的防治措施主要有改造二次供水水箱、蓄水池,加强二次供水水箱的管理,定期进行水箱的清洗、消毒等。这些防治措施可以有效改善二次供水水质污染状况,但难以从根本上消除水质污染。

（1）优化二次供水方式

目前一些地区主要的二次供水装置仍采用屋顶水箱、水池-变频水泵等传统模式,无负压供水系统是近年来新发展的二次供水模式,减少了水力停留时间,更有效地保障了二次供水余氯含量和生物安全性,尽可能不设置二次供水水箱和水池,以减少二次污染的可能性。

城市中的高层和超高层建筑必须采用二次加压供水方式才能满足供水需求,常采用的供水方式有高位水箱供水、气压罐供水、变频调速供水、无负压供水等,可以根据实际条件进行择优采用。

（2）改善二次供水贮水设备

采用合理结构形式的二次供水水池和水箱,优化水箱容积设计,依据不同季节用水量变化特点合理采用"一箱多体"等形式,根据用水量变化调整水箱使用格数,以减少水力停留时间。合理设置水箱进水管、出水管、放空管、溢流管、通气管和水箱封盖的位置,避免水流短路,降低污染物进入水箱的风险。

（3）加强二次供水管理措施

建立二次供水管理信息系统,实现对二次供水设施全方位的管理,优化二次供水管理模式,加强二次供水系统在设计、施工和竣工验收过程中的卫生监督工作,以减少二次污染隐患。严格执行《建筑给水排水设计标准》GB 50015—2019 中的水质防护措施,竣工验收时也应严格执行《建筑给水排水及采暖工程施工质量验收规范》GB 50242—2002,以确保水箱出水水质符合《生活饮用水卫生标准》GB 5749—2006 的要求。明确城市各供水单位、二次供水产权单位、专业清洗单位、二次供水行政主管部门和卫生监督管理部门的职责,形成相互制约的管理机制,集中对二次供水设施进行专业化管理,卫生监督管理部门应加强对二次供水单位的监督检查,对水质进行检测评价。

2.2　建筑给水与生活热水系统二次污染控制技术

2.2.1　建筑给水水质污染特性

1. 二次供水污染特性的调研研究

二次供水系统的二次污染是造成水质不合格的重要原因。近年来二次供水污染事件频发,污染物种类呈现多样化趋势,主要是浊度、肉眼可见物、臭味等感官指标,余氯、大肠菌群、细菌总数等生物安全性指标,以及有机物、微量污染物、铁、锰、铝等主要化学安全性指标。通过网上公开的质检机构对不同年度和不同季节的二次供水水质监测报告、发表的文章等资料进行查询和统计,确定出二次供水的感官指标、生物安全性指标和化学安全性指标出现不合格现象的比例,并对某市某大学实验室的二次供水水质进行检测分析,了解二次供水水质污染特性,确定出感官、生物安全性和化学安全性这三类指标的污染特点,为二次供水水质污染控制技术的选择和建立提供指导和参考。

（1）感官指标

对 2006—2015 年期间相关机构和部门在网上公布的我国部分市县及城区二次供水感官指标方面的监测数据进行统计和分析，结果如表 2.2-1 所示。在浊度、色度、臭和味、肉眼可见物等常见感官指标中，尽管不同城市出现不合格指标的种类和比例有所差异，但总体上浊度出现不合格的比例最高，但大多数的浊度超标率都低于 10%，仅有 1 个县城的浊度超标率达到 27% 以上；肉眼可见物的不合格比例也较高，色度及臭和味的不合格比例相对较低。

不同城市二次供水感官指标不合格比例统计分析表   表 2.2-1

不同城市	指标	检测份数	不合格份数	不合格率（%）
2012 年 A 市某区	浊度	41	2	4.88
2012 年 A 市某区	色度	41	0	0.00
2011—2013 年 B 市	浊度	183	0	0.00
2011—2013 年 B 市	色度	183	0	0.00
2011—2013 年 B 市	肉眼可见物	183	0	0.00
2012 年 C 市某县	浊度	256	70	27.34
2012 年 C 市某县	色度	256	0	0.00
2012 年 C 市某县	臭和味	256	0	0.00
2012 年 C 市某县	肉眼可见物	256	6	2.34
2011—2014 年 D 市	浊度	964	6	0.62
2011—2014 年 D 市	色度	922	0	0.00
2011—2014 年 D 市	臭和味	922	0	0.00
2011—2014 年 D 市	肉眼可见物	922	0	0.00
2012—2015 年 E 市	浊度	1566	50	3.19
2012—2015 年 E 市	色度	1566	1	0.06
2012—2015 年 E 市	臭和味	1566	2	0.13
2012—2015 年 E 市	肉眼可见物	1566	11	0.70
2010—2012 年 F 市	浊度	1141	50	4.38
2010—2012 年 F 市	肉眼可见物	1141	4	0.35
2012 年 G 市	浊度	365	15	4.11
2012 年 G 市	色度	365	0	0.00
2012 年 G 市	臭和味	365	0	0.00
2012 年 G 市	肉眼可见物	365	0	0.00
2007—2009 年 H 市	浊度	1010	89	8.81
2007—2009 年 H 市	色度	1010	33	3.27
2011 年 I 市某区	浊度	206	2	0.97
2011 年 I 市某区	色度	206	0	0.00
2011 年 I 市某区	臭和味	206	2	0.97
2011 年 I 市某区	肉眼可见物	206	0	0.00
2006—2009 年 J 市	浊度	326	29	8.90
2006—2009 年 J 市	色度	326	0	0.00
2006—2009 年 J 市	肉眼可见物	326	0	0.00

（2）化学安全性指标

对 2006—2015 年期间相关机构和部门在网上公布的我国部分市县及城区二次供水化学安全性指标方面的监测数据进行统计和分析，结果如表 2.2-2 所示。尽管化学安全性指标出现不合格现象的比例有所不同，但铁、锰和耗氧量出现不合格的比例相对较高，个别城市的不合格比例超过 20%，甚至近 40%。

不同城市二次供水化学安全性指标不合格比例统计分析表　　表 2.2-2

不同城市	指标	检测份数	不合格份数	不合格率（%）
2012 年 A 市某区	铁	41	0	0.00
2012 年 A 市某区	铝	41	0	0.00
2012 年 A 市某区	锌	41	1	2.44
2012 年 A 市某区	锰	41	10	24.39
2012 年 A 市某区	耗氧量	41	16	39.02
2011—2013 年 B 市	铁	183	0	0.00
2011—2013 年 B 市	锰	183	0	0.00
2011—2013 年 B 市	耗氧量	183	0	0.00
2012 年 C 市某县	铁	256	58	22.66
2012 年 C 市某县	锰	256	0	0.00
2012 年 C 市某县	耗氧量	256	16	6.25
2011—2014 年 D 市	铁	920	0	0.00
2011—2014 年 D 市	铝	66	0	0.00
2011—2014 年 D 市	锰	920	0	0.00
2011—2014 年 D 市	耗氧量	923	0	0.00
2012—2015 年 E 市	铁	1566	0	0.00
2012—2015 年 E 市	铝	1566	0	0.00
2012—2015 年 E 市	耗氧量	1566	8	0.51
2010—2012 年 F 市	铁	1141	49	4.29
2010—2012 年 F 市	锰	1141	5	0.44
2010—2012 年 F 市	耗氧量	1141	6	0.53
2012 年 G 市	铁	365	3	0.82
2012 年 G 市	锰	365	0	0.00
2012 年 G 市	耗氧量	365	0	0.00
2007—2009 年 H 市	铁	1010	0	0.00
2007—2009 年 H 市	铝	1010	0	0.00
2007—2009 年 H 市	耗氧量	1010	43	4.26
2011 年 I 市某区	铁	206	1	0.49
2011 年 I 市某区	锰	206	0	0.00
2011 年 I 市某区	耗氧量	206	0	0.00
2006—2009 年 J 市	铁	326	8	2.45
2006—2009 年 J 市	锰	326	4	1.23
2006—2009 年 J 市	耗氧量	326	4	1.23

（3）生物安全性指标

从表 2.2-3 中可知，不同城市二次供水生物安全性指标均出现了不同程度的超标现象，余氯、细菌总数、总大肠菌群的不合格比例均较高，其中余氯的不合格比例更高，不合格比例均明显高于感官指标和化学安全性指标。可见，与感官指标和化学安全性指标相比，二次供水中生物安全性指标出现不合格的比例更高，是更值得关注和保障的指标。

不同城市二次供水生物安全性指标不合格比例统计分析表   表 2.2-3

不同城市	指标	检测份数	不合格份数	不合格率（%）
2012 年 A 市某区	余氯	42	10	23.81
2012 年 A 市某区	细菌总数	42	3	7.14
2012 年 A 市某区	总大肠菌群	42	1	2.38
2011—2013 年 B 市	余氯	183	15	8.20
2011—2013 年 B 市	细菌总数	183	13	7.10
2011—2013 年 B 市	总大肠菌群	183	4	2.19
2012 年 C 市某县	细菌总数	256	91	35.55
2012 年 C 市某县	总大肠菌群	256	67	26.17
2012 年 C 市某县	耐热大肠菌群	256	40	15.63
2011—2014 年 D 市	余氯	964	73	7.57
2011—2014 年 D 市	细菌总数	964	20	2.07
2011—2014 年 D 市	总大肠菌群	964	16	1.66
2012—2015 年 E 市	余氯	1566	486	31.03
2012—2015 年 E 市	细菌总数	1566	81	5.17
2012—2015 年 E 市	总大肠菌群	1566	16	1.02
2010—2012 年 F 市	余氯	1141	240	21.03
2010—2012 年 F 市	细菌总数	1141	38	3.33
2010—2012 年 F 市	总大肠菌群	1141	17	1.49
2012 年 G 市	余氯	334	20	5.99
2012 年 G 市	细菌总数	359	6	1.67
2012 年 G 市	总大肠菌群	359	6	1.67
2007—2009 年 H 市	余氯	1010	42	4.16
2007—2009 年 H 市	细菌总数	1010	43	4.26
2007—2009 年 H 市	总大肠菌群	1010	36	3.56
2011 年 I 市某区	细菌总数	206	5	2.43
2011 年 I 市某区	总大肠菌群	206	11	5.34
2006—2009 年 J 市	余氯	326	89	27.30
2006—2009 年 J 市	细菌总数	326	82	25.15
2006—2009 年 J 市	总大肠菌群	326	61	18.71

2. 二次供水水质污染特性

对某市某大学实验室二次供水中的颗粒污染物、无机污染物、有机污染物的特性进行的检测分析结果表明，尽管浊度远低于 1.0NTU 的饮用水标准限值，但水中仍存在不同粒径和数量的颗粒物，也存在少量铁、铝等无机离子，以及一定含量的有机物；在余氯含量符合标准的条件下，水中的微生物指标基本可以达到饮用水标准的要求，但无法有效抑制管壁微生物的生长。

（1）颗粒污染物特性

从图 2.2-1 中可知，不同季节的浊度和颗粒物指标也会有不同程度的差异。春季的浊度在 0.146~0.312NTU 范围，均值为 0.211NTU，颗粒数在 7~53 个/mL 之间，均值为 26.9 个/mL；夏季的浊度在 0.133~0.206NTU 范围，均值为 0.159NTU，颗粒数在 8~50 个/mL 之间，均值为 22.4 个/mL；秋季的浊度在 0.096~0.129NTU 范围，均值为 0.112NTU，颗粒数在 10~29 个/mL 之间，均值为 16.5 个/mL；冬季的浊度在 0.172~0.234NTU 范围，均值为 0.206NTU，颗粒数在 12~55 个/mL 之间，均值为 31.4 个/mL。可见，一年四季中二次供水中尽管浊度和颗粒数总体相对较低，但仍有一定程度的变化，可能是由于原水、给水厂处理效能、市政管网等在不同季节的差异和特性不同造成的。

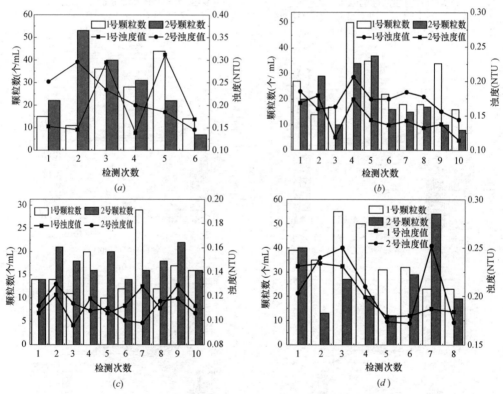

图 2.2-1　不同季节的二次供水浊度和颗粒数检测结果

（a）春季；（b）夏季；（c）秋季；（d）冬季

从图 2.2-2（a）和（b）中可知，在 3—4 月份期间二次供水中颗粒物以 2~8μm 为主，占颗粒数总量的 99.22%，其中 2~3μm、3~4μm、4~5μm、5~6μm、6~8μm 的颗粒物分别占颗粒数总量的 45.75%、19.18%、10.20%、11.50%、12.59%；从图 2.2-2（c）和（d）中可知，在 5—6 月份期间二次供水中颗粒物以 2~8μm 为主，占颗粒数总量的 99.63%，其中 2~3μm、3~4μm、4~5μm、5~6μm、6~8μm 的颗粒物

分别占颗粒数总量的 54.46%、14.79%、9.19%、10.31%、11.03%；从图 2.2-2（e）
和（f）中可知，在 8—9 月份期间二次供水中颗粒物以 2~8μm 为主，占颗粒数总量的
100%，其中 2~3μm、3~4μm、4~5μm、5~6μm、6~8μm 的颗粒物分别占颗粒数总量
的 39.61%、17.76%、8.98%、16.57%、17.16%；从图 2.2-2（g）和（h）中可知，
在 12 月份期间二次供水中颗粒物以 2~8μm 为主，占颗粒数总量的 95.57%，其中 2~

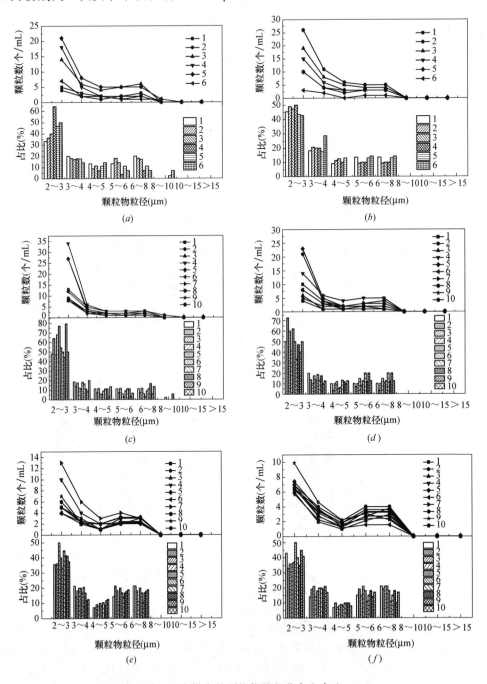

图 2.2-2　二次供水的颗粒物粒径分布和占比（一）

（a）、（b）3—4 月份；（c）、（d）5—6 月份；（e）、（f）8—9 月份

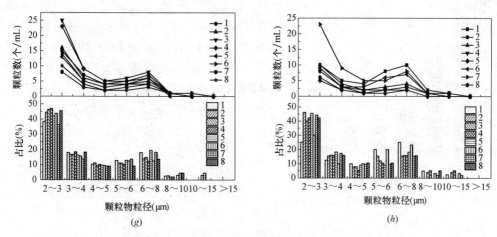

图 2.2-2　二次供水的颗粒物粒径分布和占比（二）

（g）、（h）12 月份

$3\mu m$、$3\sim 4\mu m$、$4\sim 5\mu m$、$5\sim 6\mu m$、$6\sim 8\mu m$ 的颗粒物分别占颗粒数总量的 41.17%、15.89%、9.27%、12.53%、16.71%。可见，四个季节中二次供水的颗粒物均以 $2\sim 8\mu m$ 为主，其中 $2\sim 3\mu m$ 的颗粒物所占比重相对较大，约占颗粒数总量的 40%～50%。此外，不同季节颗粒物粒径分布有所差异，与春季和夏季相比，秋季和冬季的较大颗粒物（$6\sim 8\mu m$、$>8\mu m$）所占的比例更大。

图 2.2-3 为二次供水的纳米粒度颗粒物的强度和数量分布检测结果。从图 2.2-3（a）和（b）中可知，从纳米粒度的强度分布来看，二次供水的颗粒物主要分布在 $0.6\sim 3.0nm$、$175\sim 1056nm$ 以及 $2473\sim 7000nm$ 粒径范围；从纳米粒度的数量分布来看，二次供水的颗粒物主要分布在 $0.6\sim 1.9nm$ 之间，二次供水中纳米级别的颗粒物数量占主导，但与微米级别的颗粒物产生的散射光强度相比，纳米级别的颗粒物要小得多。

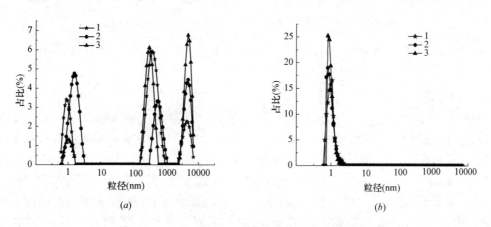

图 2.2-3　二次供水的纳米粒度颗粒物强度和数量分布

（a）强度分布；（b）数量分布

从图 2.2-4 中可知，二次供水中颗粒物以 $2\sim 8\mu m$ 为主，占颗粒数总量的 97.74%，其中 $2\sim 3\mu m$、$3\sim 4\mu m$、$4\sim 5\mu m$、$5\sim 6\mu m$、$6\sim 8\mu m$ 的颗粒物分别占颗粒数总量的

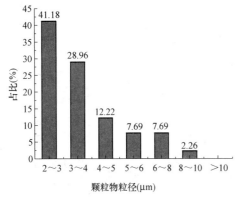

图 2.2-4　二次供水的颗粒物粒径分布特点

41.18%、28.96%、12.22%、7.69%、7.69%，这和颗粒计数的检测结果基本一致。此外，从颗粒物信息的统计分析中可知，颗粒物的圆度系数平均值为 0.66，等效直径平均值为 3.79μm，长径平均值为 4.43μm，短径平均值为 2.76μm，周长平均值为 17.7μm，面积平均值为 13.4μm^2。

（2）无机污染物特性

1）铁含量

从图 2.2-5 中可知，二次供水中铁含量在 0.049～0.186mg/L 之间，均值为 0.111mg/L，符合《生活饮用水卫生标准》GB 5749—2006 的

限值要求（＜0.3mg/L）。从图 2.2-6 中可知，二次供水中铁主要分布在 100kDa～0.45μm 和＞0.45μm 这两个粒径范围，分别占总量的 12.4% 和 85.5%。可见，0.45μm 以上非溶解性铁占的比例较大，并且二次供水的 pH 值多在 7～8 之间，在溶解氧充足的条件下，二次供水中的铁可能主要以 $Fe(OH)_3$ 的形式存在。

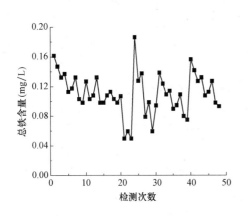

图 2.2-5　二次供水中铁含量特点

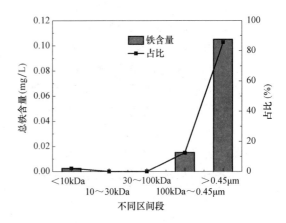

图 2.2-6　二次供水中铁粒径分布特点

2）铝含量

从图 2.2-7 中可知，二次供水中铝含量在 0.037～0.068mg/L 之间，均值为 0.052mg/L，符合《生活饮用水卫生标准》GB 5749—2006 的限值要求（＜0.2mg/L）。从图 2.2-8 中可知，二次供水中铝主要分布在＜1kDa、1～10kDa、10～30kDa、30～100kDa、100kDa～0.45μm、＞0.45μm 这 6 个粒径范围，分别占总量的 10.1%、11.5%、9.7%、14.5%、19.8%、34.4%。可见，大于 0.45μm 的非溶解性铝所占的比例相对较小（34.4%），并且当二次供水的 pH 值在 7～8 之间时，铝可能主要以 $Al(OH)_3$ 的形式存在。

3）锰含量

二次供水中未检出含有锰，锰含量满足《生活饮用水卫生标准》GB 5749—2006 要求的 0.1mg/L 限值。

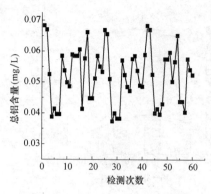

图 2.2-7 二次供水中铝含量特点

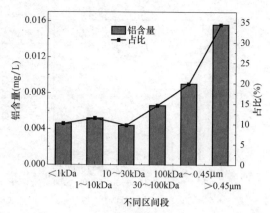

图 2.2-8 二次供水中铝粒径分布特点

（3）有机污染物特性

1）UV_{254} 和 TOC

从图 2.2-9 中可知，二次供水的 UV_{254} 在 $0.009\sim0.016cm^{-1}$ 之间，均值为 $0.0112cm^{-1}$。从图 2.2-10 中可知，二次供水中 TOC 在 $1.758\sim3.286mg/L$ 之间，均值为 $2.417mg/L$，DOC 在 $1.608\sim3.100mg/L$ 之间，均值为 $2.241mg/L$。可见，DOC 约占 TOC 的 92.72%，说明二次供水中有机物以溶解性有机物为主。SUVA 均值为 0.49，表明二次供水的有机物以亲水性有机物为主。

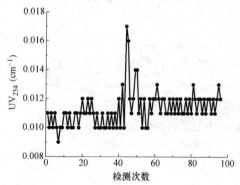

图 2.2-9 二次供水中 UV_{254} 含量特点

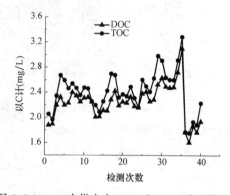

图 2.2-10 二次供水中 TOC 和 DOC 含量特点

2）分子量分布

从图 2.2-11 和图 2.2-12 中可知，二次供水中的溶解性有机物以小分子量有机物为主，在用 UV_{254} 和 DOC 表征的 $<0.45\mu m$ 的溶解性有机物中，分子量 $<1kDa$ 的分别为 53.6% 和 72.6%，分子量为 $1\sim3kDa$、$3\sim10kDa$、$10\sim30kDa$、$30\sim100kDa$、$>100kDa$ 的含量较少，占总 UV_{254} 和 DOC 含量分别为 10.7% 和 5.2%、14.3% 和 6.3%、7.1% 和 5.5%、4.8% 和 3.5% 以及 9.5% 和 6.9%。马峥等人指出，AC 对分子量 $<3kDa$，特别是分子量为 $500\sim1000Da$ 的有机物有较好的去除效果。从图 2.2-11 和图 2.2-12 中可知，二次供水中能够被 AC 高效去除的分子量 $<3kDa$ 的有机物用 UV_{254} 和 DOC 表示分别为 64.3% 和 77.8%；能够被 UF 有效截留的分子量为 $100kDa\sim0.45\mu m$ 的有机物用 UV_{254} 和 DOC 表示分别为 9.5% 和 6.9%。可见，AC 在二次供水有机物去除方面有较好的应用前景。

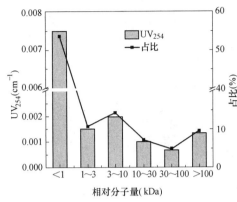

图 2.2-11　二次供水中 UV$_{254}$ 的分子量分布特点

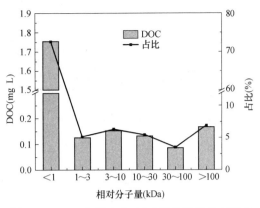

图 2.2-12　二次供水中 DOC 的分子量分布特点

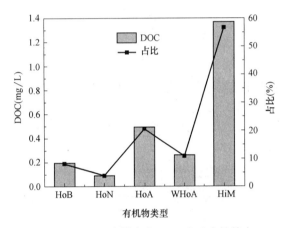

图 2.2-13　二次供水中 DOC 亲疏水性特点

3）亲疏水性

从图 2.2-13 中可知，疏水碱性（HoB）、疏水中性（HoN）、疏水酸性（HoA）、弱疏水酸性（WHoA）和亲水性（HiM）物质分别占有机物总量的 8.16％、3.87％、20.52％、10.80％、56.65％。可见，二次供水中有机物以亲水性物质和疏水性酸为主。

4）多糖

从图 2.2-14 中可知，二次供水多糖含量（以葡萄糖计）变化范围较大，在 0.306～1.224mg/L 之间，均值为 0.673mg/L。从图 2.2-15 中可知，二次供水中多糖在＜3kDa、3～10kDa、10～30kDa、30～100kDa、100kDa～0.45μm、＞0.45μm 这 6 个区间段所占的比例分别为 61.2％、2.6％、9.6％、6.0％、8.8％、11.8％。可见，二次供水中的多糖以小分子量为主。

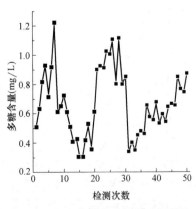

图 2.2-14　二次供水中多糖含量特点

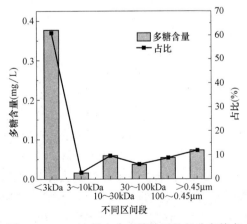

图 2.2-15　二次供水中多糖分子粒径分布特点

5）蛋白质和腐殖质

图 2.2-16 中（a）、（b）、（c）、（d）为二次供水中溶解性有机物在光谱图中的荧光峰范围及其对应的物质种类。可知，在二次供水中主要存在 B 峰-蛋白质、A 峰-紫外区域腐殖质以及 C 峰-可见光区域腐殖质。蛋白质 4 次测量荧光强度均值分别为 89.6 个单位、93.6 个单位、41.1 个单位和 98.7 个单位，紫外区域腐殖质 4 次测量荧光强度均值分别为 86.5 个单位、89.7 个单位、49.9 个单位和 88.6 个单位，可见光区域腐殖质 4 次测量荧光强度均值分别为 35.5 个单位、45.7 个单位、42.3 个单位和 44.8 个单位。可见，蛋白质和紫外区域腐殖质荧光强度均值相差不大，而可见光区域腐殖质荧光强度均值低于紫外区域腐殖质。

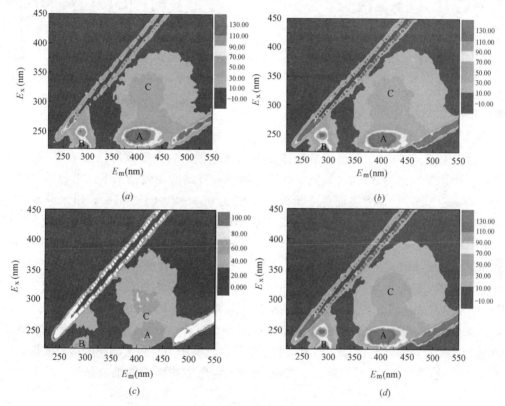

图 2.2-16　二次供水中溶解性有机物三维荧光光谱特点

（a）第 1 次测量结果；（b）第 2 次测量结果；（c）第 3 次测量结果；（d）第 4 次测量结果

（4）生物安全性

1）余氯

从图 2.2-17 中可知，二次供水中余氯含量在 0.05～0.46mg/L 之间，均值为 0.23mg/L，满足《生活饮用水卫生标准》GB 5749—2006 对余氯的限值（0.05mg/L）。余氯对维持饮用水的生物安全性具有重要的作用，当二次供水中余氯含量不合格时，细菌总数、总大肠菌群等指标也会出现不合格现象。

2）细菌总数

从图 2.2-18 中可知，二次供水的细菌总数在 0～3 个/mL 之间，均值为 1.6 个/mL，满足《生活饮用水卫生标准》GB 5749—2006 对细菌总数的限值（100 个/mL）。可见，试验水质的生物安全性较高，一方面原因可能是水中余氯含量较高，具有良好的持续杀菌能力；另一方面原因可能是出厂水水质较好，在管网运输以及二次供水环节引入的二次污染较少。

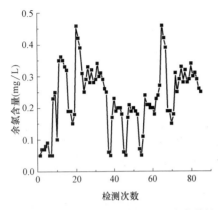

图 2.2-17　二次供水中余氯含量分布特性

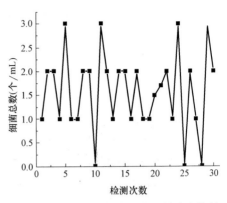

图 2.2-18　二次供水中细菌总数分布特性

3）二次供水管道生物膜的生长特性

图 2.2-19 所示为二次供水管道生物膜中细菌总数、总大肠菌群以及 HPC 的变化趋势。二次供水管道运行 0~40d 期间，管壁生物量一直维持在较低水平，生物膜中细菌总数小于 60CFU/cm^2，总大肠菌群未检出，HPC 为 500~800CFU/cm^2，出水满足《生活饮用水卫生标准》GB 5749—2006 的要求；在运行到 40~60d 期间，管壁生物量变化仍不明显，其中细菌总数、总大肠菌群和 HPC 的平均值分别为 1.1×10^3~4.1×10^3CFU/cm^2、0~70CFU/cm^2 和 1.2×10^3~5.1×10^3CFU/cm^2。可见，管壁生物膜微生物处于适应期，其生长附着需要较长的时间。在运行 70d 后，管壁生物量随时间的延续显著增加。在运行到第 80 天左右时达到最大值，此时细菌总数、总大肠菌群及 HPC 分别为 7.6×10^4CFU/cm^2、1.2×10^3CFU/cm^2 和 7.5×10^5CFU/cm^2。在运行 80d 后，管壁生物量呈现逐渐下降和波动的趋势，可能是由于生物膜的老化以及水流剪切力导致生物膜脱落，使得管壁生物量减少并趋于稳定。在运行到 90~120d 期间，管壁生物膜中的细菌总数、总大肠菌群

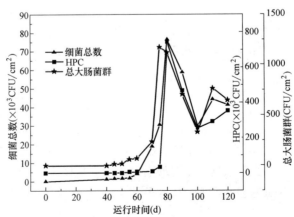

图 2.2-19　二次供水管道生物膜中生物量变化特点

及 HPC 的平均值分别为 $3.0 \times 10^4 \sim 4.4 \times 10^4 CFU/cm^2$、$3.5 \times 10^2 \sim 6.5 \times 10^2 CFU/cm^2$ 和 $2.5 \times 10^5 \sim 3.5 \times 10^5 CFU/cm^2$；此时，管道出水中细菌总数为 $80 \sim 150 CFU/mL$，总大肠菌群检出数量为 $1 \sim 3 CFU/mL$，HPC 为 $800 \sim 1200 CFU/mL$，微生物指标出现超标现象。可见，即使水中余氯浓度在 $0.03 \sim 0.20 mg/L$ 范围，二次供水系统长期运行后管壁也会形成生物膜，生物膜老化、不定期脱落会造成水中微生物指标超标，使得二次供水的生物安全性受到严重威胁。

2.2.2 生活热水水质污染特性

1. 国内生活热水污染特性

（1）常规指标

生活热水水质的常规指标应符合《生活饮用水卫生标准》GB 5749—2006 的规定，在此基础上生活热水水质应检测的常规指标有水温、总硬度（以 $CaCO_3$ 计）、浊度、COD_{Mn}、溶解氧、TOC、氯化物、稳定指数、余氯、二氧化氯、银离子。

水温能影响微生物的生长速度、消毒效率、余氯消耗速率、管材腐蚀速度等。水温不仅直接影响了微生物的代谢活性，还间接影响了细菌再生长的其他影响因素，如消毒剂的扩散、灭菌效果及管道腐蚀率等。《建筑给水排水设计标准》中要求集中热水供应系统终端用水水温限定温度 $\geqslant 45℃$。课题组对某市的 14 个样点 280 份样品进行生活热水检测，所采样的生活热水水温在 $27 \sim 48℃$ 范围内，其中温度在 $24 \sim 40℃$ 范围内的样品占 85.71%，不符合热水温度要求。其他学者对集中生活热水供应系统的调查结果也显示，热水温度通常控制在 $40 \sim 60℃$，宾馆酒店淋浴热水的水温在 $30 \sim 50℃$ 范围。

温度急剧变化是引起管网水的浊度在短时间内突然上升的重要原因。温度变化会引起温度应力，使管网管壁附着的物质大量脱落至水中，在相同时间段内温度变化幅度越大，水的浊度上升幅度越大。浊度较高时易于细菌生长。本课题组的调研水质表明，生活热水的浊度合格率为 92.86%，生活热水的浊度明显高于生活给水的浊度，热水系统使用时间较长时浊度易高于饮用水标准要求。其他学者对桑拿浴室的给水和淋浴热水调研发现，淋浴热水的浊度高于生活给水，生活给水的浊度合格率为 91.7%，淋浴热水的浊度合格率为 83.3%。

水中溶解氧含量与空气分压、水温有密切关系。当水温升高时，水中溶解氧会析出，热水中的过饱和溶解氧随压力变化变成气泡。溶解氧含量高易造成好氧微生物的滋生，但在较低的溶解氧条件下军团菌的生长速率会加快。《建筑给水排水设计手册》中要求溶解氧不宜超过 $5 mg/L$，对全国多个城市的热水系统溶解氧检测结果显示，我国北方地区热水溶解氧含量基本高于 $5 mg/L$，其中北京市热水溶解氧含量在 $6 mg/L$ 左右。

有机物含量与异养菌在一定条件下具有很强的相关性。水中有机碳含量过高可能会加快管道系统中致病菌的扩增，《生活饮用水卫生标准》GB 5749—2006 中对 TOC 的限值为 $5 mg/L$。2014 年对某市的调研发现，生活给水的 TOC 平均值为 $1.56 mg/L$，生活热水的 TOC 平均值为 $1.81 mg/L$，其中生活热水 TOC 最高值达 $3.10 mg/L$。水中氯化物含量过高可能会导致配水系统中管道设备的腐蚀，当热水中氯化物浓度 $\geqslant 200 mg/L$ 时 316 薄壁不锈钢会被腐蚀，当热水中氯化物浓度 $\geqslant 75 mg/L$ 时 304 薄壁不锈钢会被腐蚀。

目前生活给水大多采用氯消毒，水温升高会加快余氯衰减，造成生活热水中余氯含量经常不达标。本课题组在 2014 年对某市的调研显示生活热水余氯合格率为 92.86%。其他学者对某市桑拿浴室调研显示淋浴热水的余氯合格率为 20.8%，对另一城市建筑物热水系统的调研显示热水系统中余氯合格率仅为 65.63%。

（2）微生物指标

其他学者对某市 2 个生活小区共 16 个用户给水和电热水器淋浴用水进行的检测结果表明，管网末梢生活给水中的细菌总数合格率为 100%，淋浴热水细菌总数合格率为 0%，细菌总数的检出范围为 350～920CFU/mL；管网末梢生活给水的总大肠菌群合格率为 97.4%，淋浴热水的总大肠菌群合格率为 0%，总大肠菌群的检出范围为 3.3～47CFU/100mL。对某市部分地区的调研结果显示生活热水和生活给水中细菌总数均合格，但生活热水的细菌总数高于生活给水的细菌总数。某学者对某市主城区不同场所热水系统的调研结果表明，热水的细菌总数合格率为 87.5%。某学者调查了某市 9 个住宅热水水质，其中有 1 个住宅内细菌总数超标。对某市桑拿浴室的调研显示，给水的细菌总数合格率为 83.3%，淋浴热水的细菌总数合格率为 70%。

《生活饮用水卫生标准》GB 5749—2006 未对异养菌有限制要求，异养菌平板计数（HPC）检测的异养型微生物菌谱范围广，当异养菌高于 500CFU/mL 时则可能导致水中总大肠菌群超标，因此生活热水中需检测异养菌。结合世界各国对异养菌限制规定，生活热水中异养菌应≤500CFU/mL。本课题组的调研显示，生活热水的异养菌明显高于生活给水，生活热水中的异养菌平均值为 2470CFU/mL。本课题组的调研证明了当温度升高但不高于 60℃时生活热水水质明显下降，主要表现为微生物明显增多。

2. 有机物污染特性

水中的有机物含量是管网细菌再生长的重要限制因子，我国《生活饮用水卫生标准》GB 5749—2006 中 COD_{Mn} 的限值为 3mg/L。在某宾馆和医院的水质检测中出现了 COD_{Mn} 超标现象，14 个生活热水水样中仅 1 个样品的 COD_{Mn} 值超出限值，为 4.494mg/L，还有 1 个生活热水系统的 COD_{Mn} 值接近 3mg/L，为 2.986mg/L，平均值为 1.830mg/L；14 个生活给水水样中有 2 个样品的 COD_{Mn} 值高于 3mg/L，分别为 3.022mg/L 和 3.290mg/L，平均值为 1.926mg/L。出现这样的现象可能是因为该宾馆和医院建成时间太久，老旧的水管容易腐蚀、结垢，细菌与水中的营养物发生反应，形成了二次污染造成的。

《生活饮用水卫生标准》GB 5749—2006 中并未对 TOC 提出限值要求。生活热水的 TOC 值在 0.914～6.688mg/L 范围内，生活给水的 TOC 值在 0.904～3.104mg/L 范围内。有学者认为可将生活饮用水的 TOC 标准值定为 4mg/L。美国环保署的《消毒剂和消毒副产物规定》中提出饮用水的 TOC<2mg/L，才能确保消毒副产物的量被控制在可接受的水平。参考美国饮用水的 TOC<2mg/L 可控制消毒副产物的量，生活给水中有 2 个 TOC 值高于 2mg/L，平均值为 1.560mg/L，合格率为 85.71%；生活热水中仅有 1 个 TOC 值超出 2mg/L，平均值为 1.808mg/L，比生活给水的平均值约高 15.90%。TOC 大于 2mg/L 的采样点可能存在消毒副产物超标的风险。生活给水的 UV_{254} 平均值为 0.017cm^{-1}，生活热水的 UV_{254} 平均值为 0.019cm^{-1}，比生活给水的平均值约高 11.76%。

在 14 个以生活给水为水源的热水系统中，生活热水与生活给水相比 TOC、DOC、

COD_{Mn} 和 UV_{254} 指标含量都有所增加。分别取平均值,各有机物指标也呈现增加趋势。水中的有机物含量是管网细菌再生长的限制因子,热水系统的有机物含量比给水系统的有机物含量有所升高,这些有机物为热水系统微生物大量繁殖提供了条件,同时对于热水系统中存在的死水区域或长时间不使用的管段容易形成生物膜,危及热水系统水质安全。

3. 微生物污染特性

选择细菌总数和 HPC 作为微生物指标,选择 ATP 作为指示微生物指标。由表 2.2-4 可知,生活用水中细菌总数的限值要求为 100CFU/mL,14 个生活给水系统和 14 个生活热水系统的细菌总数均小于 100CFU/mL,细菌总数合格率为 100%。

生活饮用水水质常规指标及限值 表 2.2-4

指标	限值	指标	限值
细菌总数(CFU/mL)	100	pH 值	不小于 6.5 且不大于 8.5
三氯甲烷(mg/L)	0.06	COD_{Mn}(mg/L)	3.0
浊度(NTU)	1.0	余氯(mg/L)	≥0.05

检测中还发现生活热水中细菌总数明显高于生活给水。对 14 个采样点的生活热水和生活给水的细菌总数取平均值后发现,生活热水的细菌总数(11CFU/mL)略高于生活给水的细菌总数(9CFU/mL)。若含细菌的生活给水补充进入热水系统后,温度在一定范围内升高会导致生化反应活化能降低,细菌生长繁殖速率加快,微生物污染风险增大。同时热水系统中热水流速低、停留时间长也有利于细菌在管壁上附着并在管网中再生长,造成热水系统中细菌总数较多。

HPC 比细菌总数能更好地反映管道中活性微生物的数量,HPC 数量随水中有机物浓度的升高而升高。检测中生活给水的 HPC 平均值为 2.0×10^3CFU/mL,生活热水的 HPC 平均值为 2.2×10^3CFU/mL,反映出生活热水系统存在微生物污染。

采用 ATP 作为二次供水的微生物指标,饮用水 ATP 在 100RLU 以下为合格,大于 100RLU 为不合格。给水系统和热水系统的合格率均为 86%。其中 ATP 大于 100RLU 的 4 个样品同时表现为有机物、HPC 指标高。

军团菌在水中常有出现,温度高时繁殖更快,在热水系统管道中,HPC 在 10^3 水平时爆发军团菌的风险加大,由于条件所限,并未对军团菌进行检测。HPC 在 10^3 水平反映了热水系统存在微生物污染,可能是因为热水循环系统热水停留时间长,温度适宜细菌繁殖等原因,造成了微生物超标风险的加大。为消除安全隐患,首先需要合理设计热水系统,其次对热水供应系统加强维护管理,还应建立有效的消毒和改善水质的方法。

4. 其他理化指标

(1)水温

《城镇给水排水技术规范》GB 50788—2012 中要求建筑生活热水的水温要满足使用要求,主要是集中生活热水供应系统保证终端出水水温不低于 45℃。但由于管道保温及长度分布不同,所以很难保证在供水的最远端即热水系统末端出水水温不低于 45℃。当水温低于 55℃时,不易杀死滋生在热水中的各种细菌。当热水系统的水温在 31~36℃之间时,非常适合军团菌快速生长和长期存活甚至繁殖,军团菌感染的可能性和潜在危险性会大幅度增加。所采样的生活热水的水温在 27~48℃范围内,能够直接供应洗手(脸)盆和淋浴器使用，其中12个系统（占85.71%）的水温在24～40℃范围内，低于45℃。最高、最低和平均水温分别为47.42℃、24.44℃和37.15℃。温度较低的热水系统多为太阳能热水系统，可能是由于3月日照不足或者是太阳能集热器集热效率低造成的。

（2）电导率

生活给水的电导率在0.26～0.65μS/cm之间，平均值为0.343μS/cm。生活热水的电导率在0.33～0.71μS/cm之间，平均值为0.478μS/cm，比生活给水的平均值高39.36%。生活给水的电导率普遍比生活热水的电导率要低，如图2.2-20所示。日本学者研究表明，在水温为20～60℃、电导率为0.50～1.50μS/cm条件下，军团菌更易繁殖生长。本试验水样电导率检测值为0.25～0.71μS/cm，异养菌为10^3CFU/mL，采样点水样中有滋生军团菌的可能。

（3）余氯

管网末梢余氯不得小于0.05mg/L。本试验中生活给水中余氯的含量基本满足要求，如图2.2-21所示。生活给水和生活热水的余氯平均值分别为0.120mg/L和0.102mg/L，生活热水余氯检测值比生活给水余氯检测值降低15.00%。根据以往的研究，制备热水时生活给水经加热设备、管道和回水管后余氯减少，不能保证余氯0.05mg/L的限值要求，14个热水系统中有1个（占7%）出现了此类情况，主要原因是热水循环系统水力停留时间长。

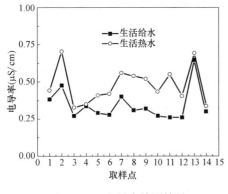

图2.2-20   电导率检测结果

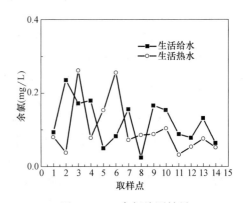

图2.2-21   余氯检测结果

（4）三氯甲烷

常用消毒剂氯与水中的某些有机和无机成分反应可生成三氯甲烷等氯化消毒副产物。氯化消毒副产物的增多使水的致突变活性增强，危害人体健康。饮用水中以三氯甲烷出现频率和浓度最高，图2.2-22为14个采样点的三氯甲烷检测结果。可以看出，14个生活给水系统和14个生活热水系统的三氯甲烷平均值分别为0.013mg/L和0.016mg/L，合格率均为100%。生活热水中三氯甲烷含量比生活给水中三氯甲烷含量高23.08%。水中天然有机物中的腐殖酸和富里酸是三氯甲烷生成的主要前驱物。水中有机物含量增加，可使氯化反应需氯量也相应增加，导致三氯甲烷生成量随之增加。生活热水的有机物含量普遍比生活给水高，因此生活热水中三氯甲烷的检测值比生活给水中的检测值高。造成此结果的原因还可能是因为集中热水供应系统普遍采用密闭管道，生成的消毒副产物无法挥发导致三氯甲烷的量高。

（5）浊度

饮用水水质标准规定的浊度值不得大于 1.0NTU。由图 2.2-23 的浊度检测结果可以看出，生活给水的浊度值均小于 1NTU，最高值、最低值和平均值分别为 0.804NTU、0.017NTU 和 0.167NTU，生活热水浊度的最高值、最低值和平均值分别为 2.140NTU、0.023NTU 和 0.308NTU，生活热水浊度的平均值比生活给浊度的平均值高，平均浊度增加了 0.141NTU，其中一个采样点的生活热水浊度高于 1NTU，生活热水浊度合格率为 92.86%。不合格水样是因取样点的热水系统使用时间较长，淋浴喷头有结垢现象，生活给水经过老化的加热器使出水浊度增大。

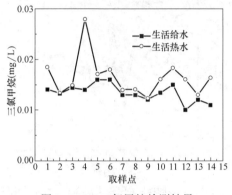

图 2.2-22　三氯甲烷检测结果

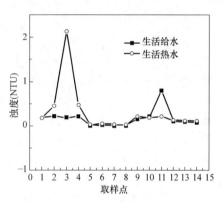

图 2.2-23　浊度检测结果

5. 生活热水水质监测

北京市建筑二次供水（包括生活给水和生活热水）的水质检测项目合格率见表 1.2-12。可知，在采集的 140 件生活热水水样中，各项指标的平均合格率为 95.24%，不合格水样主要表现为 pH 值、COD_{Mn}、浊度和余氯指标不达标。在采集的 140 件生活给水水样中，各项指标的平均合格率为 96.43%，不合格项目为 COD_{Mn} 和余氯。生活给水经加热器成为生活热水时，有机物含量、电导率、三氯甲烷、浊度值均呈现增加趋势，余氯则降低。生活热水中细菌总数和 HPC 平均检测值分别是生活给水的 1.2 倍和 1.1 倍，生活热水的部分检测指标不满足《生活饮用水卫生标准》GB 5749—2006 的要求。

6. 生活热水水质变化特性

（1）有机物含量变化特性

在管壁生物膜的生长期间，通过不断检测生活热水系统进出水水质指标，可以间接地判断管壁生物膜的生长情况。图 2.2-24 反映了生活热水系统内进出水的 UV_{254} 指标变化情况，在系统运行的 0～30d，进出水的 UV_{254} 无明显变化，UV_{254} 均在 0.011～0.013cm^{-1} 之间波动。系统运行 30d 之后，进出水的 UV_{254} 均开始迅速增加，并呈现较大幅度的波动，此时管壁上的微生物不断生长和繁殖，造成进出水 UV_{254} 的变化，但是后期系统出水的 UV_{254} 基本稳定在 0.015cm^{-1} 左右。因此，UV_{254} 的变化情况可间接反映出系统内管壁生物膜中微生物的生长情况。

同样在该系统运行期间，不断检测系统进出水的 COD_{Mn} 指标变化情况，其消耗量试验结果如图 2.2-25 所示。该系统中 COD_{Mn} 的消耗量从系统开始运行至第 25 天时均为负值。这可能是由于此时系统中的微生物刚刚在管壁表面生长和繁殖，生物膜中的细菌等微生物尚处在微生物生长周期中的调整期，进水 COD_{Mn} 浓度较高，不能完全被微生物生长繁殖所利用和代谢，加上此阶段的细菌生长不稳定，新形成的生物膜尚未紧密附着在管壁上导致细菌容易脱落而随着管道系统出水流出系统，使得出水 COD_{Mn} 浓度均高于进水 COD_{Mn} 浓度；同时，管道系统内管壁表面的污染或者有机物的积累同样会造成 COD_{Mn} 的消耗。管道系统运行初期阶段，管壁上几乎没有微生物的生长和繁殖，进水中 COD_{Mn} 能够在管道系统中的管壁表面积累，但是由于水流剪切力的存在，这些积累的 COD_{Mn} 又会随时脱落到热水中，随管道系统的出水排出，因此增大了出水中 COD_{Mn} 的浓度。

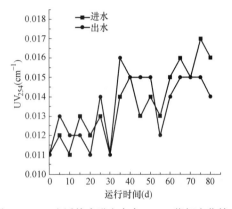

图 2.2-24   生活热水进出水中 UV_{254} 指标变化特点   图 2.2-25   生活热水进出水中 COD_{Mn} 指标变化特点

由于热水系统温度高、水力停留时间长，在热水系统中极易出现微生物和余氯指标不达标的现象，使得生活热水的生物安全性存在很大隐患，因此需要对热水系统投加消毒剂或补充消毒剂。次氯酸钠（NaClO）和二氧化氯（ClO_2）是水处理中常用的补充消毒剂，具有杀菌能力强、接触时间短等特点，但在 NaClO 消毒过程中会产生致癌副产物三氯甲烷，在 ClO_2 消毒过程中会产生亚氯酸盐（ClO_2^-）和氯酸盐（ClO_3^-）等消毒副产物，这些消毒副产物对人体有致突变和致癌变作用，危害人体健康。在终端用户使用生活给水和生活热水时，消毒副产物可通过饮用进入人体，还可在淋浴时被皮肤吸收。以往对三氯甲烷和亚氯酸盐的研究多数集中在对出厂水的关注上，对生活热水的消毒副产物产生影响研究较少，因此研究热水系统中氯化消毒副产物生成和影响因素非常必要。由于生活热水系统多为循环系统，大量热水会在管道系统中长时间循环，水量不足时才有适量的生活给水进行补给，而温度的升高加快了余氯的衰减和三氯甲烷的生成，因此寻找氯消毒剂的最优投加量而不至于使消毒副产物超标，是热水安全消毒课题中的关键。采用静态试验方式，研究不同条件下生活热水消毒剂衰减以及消毒副产物生成的影响，以期为生活热水系统的水质污染控制与保障技术提供支持。

（2）余氯衰减和三氯甲烷生成的影响因素

1）热水水温的影响

某市二次供水的出水检测出的余氯值为 0.1mg/L，将水样按批次分别加热至 40℃、50℃和60℃，得到的余氯衰减曲线如图 2.2-26 所示。可知，当水样分别加热至 40℃、50℃和60℃后的 20h、16h 和 12h 时余氯均降低到 0.05mg/L，此时细菌总数分别为 63CFU/mL、55CFU/mL 和 33CFU/mL，均小于 100CFU/mL，大肠杆菌均未检出，水质符合《生活饮用水卫生标准》GB 5749—2006 的要求。

当水样加热至 40℃、50℃和 60℃时，余氯衰减至 0mg/L 所需时间分别为 48h、36h 和 20h。发现在余氯为（0.03±0.1）mg/L 时，细菌总数为（130±17）CFU/mL，超过了《生活饮用水卫生标准》GB 5749—2006 的要求，可见余氯在（0.03±0.1）mg/L 时生活热水需要进行补氯。

在水力停留时间为 0～48h 且水温为 20℃、40℃、50℃和 60℃时，余氯衰减速率分别为 0.0018mg/(L·h)、0.0021mg/(L·h)、0.0027mg/(L·h) 和 0.0050mg/(L·h)，可以看出，随着水温的升高，余氯的衰减速率逐渐加快，这是因为余氯反应速率随温度升高而加快。罗旖旎等人证明了温度对水中余氯衰减可用阿仑尼乌斯公式表示，即温度和余氯衰减速率成正相关。温度升高使次氯酸易于透过细胞壁，并加快它们与酶的化学反应速度，因此温度的升高使余氯的衰减速率加快。

在初始余氯浓度为 0.1mg/L、水力停留时间为 20h 条件下，热水水温对三氯甲烷生成量的影响如图 2.2-27 所示。可知，在 0～20h 时 20℃、40℃、50℃和 60℃条件下，余氯衰减速率分别为 0.0020mg/(L·h)、0.0025mg/(L·h)、0.0035mg/(L·h) 和 0.0050mg/(L·h)，此时三氯甲烷生成量分别为 6μg/L、10μg/L、13μg/L 和 15μg/L。

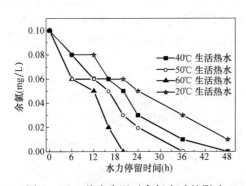

图 2.2-26　热水水温对余氯衰减的影响

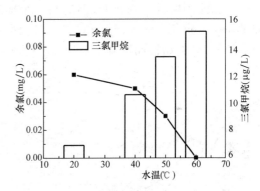

图 2.2-27　热水水温对三氯甲烷生成的影响

可见，随着热水水温的升高，余氯衰减速率逐渐加快，三氯甲烷生成量也呈增加趋势，其原因可能是氯与水中的消毒副产物前体物的反应是吸热反应，三氯甲烷的生成速率会随水温的升高而显著加快。

2）NaClO 初始浓度的影响

考察了在 40℃生活热水中 NaClO（投加量 0.1mg/L、0.2mg/L、0.3mg/L、0.5mg/L、0.8mg/L 和 1.0mg/L）的衰减特性和三氯甲烷的生成规律。由图 2.2-28 可以看出，在水力停留时间为 6h 且 NaClO 初始浓度分别为 0.1mg/L、0.2mg/L、0.3mg/L、0.5mg/L、0.8mg/L 和 1.0mg/L 时，余氯量分别为 0.08mg/L、0.13mg/L、0.17mg/L、0.27mg/L、0.56mg/L 和 0.77mg/L，此时余氯量均满足要求；在水力停留时间为 24h 时，余氯量分别降低为 0.03mg/L、0.04mg/L、0.05mg/L、0.10mg/L、0.43mg/L 和 0.51mg/L，仅 NaClO 投加量为 0.1mg/L 的热水余氯量不合格；在水力停留时间达到 36h 时，余氯量分别已经衰减到 0.0mg/L、0.02mg/L、0.02mg/L、0.10mg/L、0.13mg/L 和 0.33mg/L，NaClO 投加量低于 0.3mg/L 的热水余氯量均已不合格。还可以看出，在

40℃生活热水中分别投加 0.1mg/L、0.2mg/L、0.3mg/L 和 0.5mg/LNaClO 时，余氯量小于 0.05mg/L 时的水力停留时间分别不超过 24h、24h、36h 和 48h，此时热水中的细菌总数分别为 101CFU/mL、86CFU/mL、103CFU/mL 和 95CFU/mL，已经处于超标的临界状态。在 40℃生活热水中投加 0.8mg/L 和 1.0mg/LNaClO 时，在 0～48h 水力停留时间范围内余氯量均可满足 0.05mg/L 的要求。热水系统为循环运行的管道系统，水力停留时间较长，在 40℃生活热水中 NaClO 投加量为 0.2mg/L、0.3mg/L 和 0.5mg/L 时，水力停留时间超过 24h、36h 和 48h 后，可能会出现余氯量不合格和微生物指标超标的现象。

由图 2.2-29 可以看出，水力停留时间为 96h 且 NaClO 初始浓度分别为 0.1mg/L、0.2mg/L、0.3mg/L、0.5mg/L、0.8mg/L 和 1.0mg/L 时，三氯甲烷生成量分别为 27μg/L、34μg/L、46μg/L、62μg/L、64μg/L 和 69μg/L，随着 NaClO 初始投加量增加，三氯甲烷的生成量逐渐增大，这与王晋宇等人的研究结果一致。宁冉指出，氯是参与三氯甲烷生成反应的反应物之一，NaClO 的投加量与三氯甲烷的生成量相关，三氯甲烷的生成量会随加氯量的增加而增大。因此，在确保生活热水中微生物指标合格的前提下，控制 NaClO 的投加量有利于控制三氯甲烷的含量。

《生活饮用水卫生标准》GB 5749—2006 规定三氯甲烷限值为 60μg/L。NaClO 初始投加量为 0.5mg/L、0.8mg/L 和 1.0mg/L 时，三氯甲烷的超标时间分别约为 96h、72h 和 48h，NaClO 初始投加量为 0.1mg/L、0.2mg/L 和 0.3mg/L 时，在 96h 内三氯甲烷均未超标。

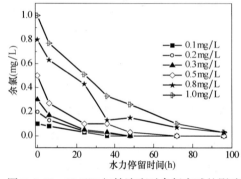

图 2.2-28　NaClO 初始浓度对余氯衰减的影响

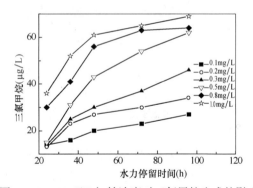

图 2.2-29　NaClO 初始浓度对三氯甲烷生成的影响

3）COD_{Mn} 含量的影响

当水温为 40℃、NaClO 浓度为 0.3mg/L 时，考察了 COD_{Mn} 含量对余氯衰减及三氯甲烷生成的影响，如图 2.2-30 所示。可知，COD_{Mn} 含量由 2.13mg/L 增加至 3.01mg/L 时，0～48h 余氯衰减速率由 0.0063mg/(L·h) 增加至 0.0083mg/(L·h)，增加了 31.75%。可见，有机物浓度与余氯衰减成正比关系。同时，随着 COD_{Mn} 含量的增加，三氯甲烷的生成速率和生成量增加，水力停留时间在 24～96h 时，三氯甲烷生成速率由 0.44mg/(L·h) 增加到 0.56mg/(L·h)，增加了 27.27%。水中天然有机物的种类及浓度是影响三氯甲烷形成的直接因素，因此有机物含量高的水样加氯后生成三氯甲烷多。当 COD_{Mn} 大于 3mg/L 时，COD_{Mn} 指标已不合格，存在三氯甲烷超标风险。

4）pH 值的影响

在水温为 40℃、NaClO 浓度为 0.3mg/L、pH 值分别为 6.1 和 8.5 的条件下，余氯衰减及三氯甲烷生成特性如图 2.2-31 所示。可知，水力停留时间在 0～48h，pH 值由 6.1 增加至 8.5 时，余氯衰减速率分别为 0.0060mg/(L·h) 和 0.0063mg/(L·h)，无明显差异，这与 James 得出的结论相同。Singer 发现当 pH 值在 5～10 范围内变化时，三氯甲烷随着 pH 值的增大而增加。Reckhow 等人提出，氯化过程中产生的三氯甲烷，根本上取决于三氯甲烷官能团-R 基和 pH 值，在碱性条件下，R 催化水解生成更多的三氯甲烷。由图 2.2-31 还可以看出，水力停留时间为 24～96h，pH 值由 6.1 增加至 8.5 时，三氯甲烷生成速率由 0.48mg/(L·h) 增加到 0.60mg/(L·h)，增加了 25.0%，这与上述研究结论一致。

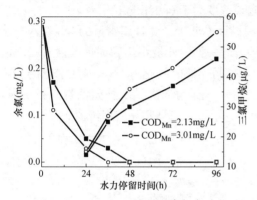
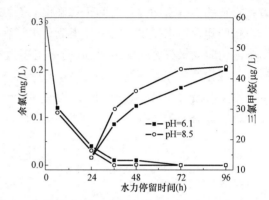

图 2.2-30　COD_{Mn} 含量对余氯衰减及三氯甲烷生成的影响　　　　图 2.2-31　pH 值对余氯衰减及三氯甲烷生成的影响

（3）二氧化氯衰减和亚氯酸盐生成的影响因素

1）ClO_2 浓度的影响

《二次供水设施卫生规范》GB 17051—1997 中规定，二次供水水箱容积设计不得超过 48h 的用水量。本研究选取水力停留时间 48h，考察了不同浓度 ClO_2（投加量 0.1mg/L、0.2mg/L、0.4mg/L、0.8mg/L 和 1.0mg/L）在热水补水（生活给水）中的衰减特性，如图 2.2-32 所示。可以看出，在投加 ClO_2 后出现了快速的衰减过程，当投加量为 0.1mg/L、0.2mg/L、0.4mg/L、0.8mg/L 和 1.0mg/L 的 ClO_2 反应 10min 时，ClO_2 余量分别为 0.05mg/L、0.11mg/L、0.27mg/L、0.35mg/L 和 0.48mg/L，分别衰减了 50%、45%、32.5%、56.25% 和 52%；反应 10min 之后，ClO_2 浓度衰减速度呈现较为缓慢的趋势。

从图 2.2-32 还可以看出，ClO_2 的衰减过程大致分为三个阶段，首先是投加 ClO_2 后 0～10min 的快速衰减阶段，此阶段投加量为 0.1mg/L、0.2mg/L、0.4mg/L、0.8mg/L 和 1.0mg/L 的 ClO_2 衰减速度分别为 0.30mg/(L·h)、0.54mg/(L·h)、0.78mg/(L·h)、2.69mg/(L·h) 和 3.11mg/(L·h)，此阶段 ClO_2 与水中还原性物质发生化学反应以及灭活水中微生物迅速消耗部分 ClO_2，这主要是由于水中还原性物质大量消耗 ClO_2 造成的；其次是投加 ClO_2 后 10min～4h 的中速衰减阶段，各投加量的 ClO_2 衰减速度分别为 0.01mg/(L·h)、0.01mg/(L·h)、0.02mg/(L·h)、0.02mg/(L·h) 和 0.03mg/(L·h)，在中速衰减阶段 ClO_2 衰减速度显著降低；最后是投加 ClO_2 后 4～

48h 的慢速衰减阶段，各投加量的 ClO_2 衰减速度分别为 0.0005mg/(L·h)、0.0005mg/(L·h)、0.0023mg/(L·h)、0.0027mg/(L·h) 和 0.0032mg/(L·h)，ClO_2 浓度降低趋势趋于平稳。在投加 ClO_2 后的 0～10h 内，ClO_2 的衰减速率基本上遵循一级反应动力学方程，如图 2.2-33 所示，其拟合参数如表 2.2-5 所示，投加 ClO_2 后 12h 和 48h 时，各投加量的 ClO_2 剩余浓度分别为 0.01mg/L、0.06mg/L、0.19mg/L、0.24mg/L 和 0.27mg/L，以及 0.01mg/L、0.04mg/L、0.11mg/L、0.17mg/L 和 0.21mg/L，ClO_2 剩余浓度已经处于稳定状态。由于生活给水中要保留适量消毒剂含量才能使生活热水消毒剂指标合格，投加 0.1mg/L ClO_2 在 12h 时的剩余浓度已小于 0.02mg/L，因此补充投加的 ClO_2 浓度可选为 0.2mg/L，根据图 2.2-33 中 ClO_2 浓度的衰减趋势，0.2mg/L 投加量在最长的 48h 水力停留时间仍可确保 ClO_2 剩余浓度大于 0.02mg/L。

按照建筑给水排水有关设计规范，水箱容积设计不低于最高日用水量的 5%，水在水箱中停留时间最少为 1.2h，但最长不应超过 48h。一般设计最小停留时间均大于 2.5h，按小时变化系数 2.4 计算，平均停留时间为 6h，夜间停留时间超过 8h，因此水箱的实际水力停留时间可能会远超过 48h。选取 0.2mg/L ClO_2 作为二次供水补充消毒剂投加量，在水力停留时间为 48h 时 ClO_2 剩余浓度仍为 0.04mg/L，更具实际应用价值。

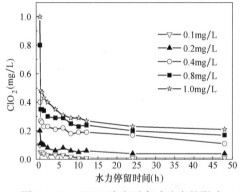

图 2.2-32　ClO_2 浓度对衰减速度的影响

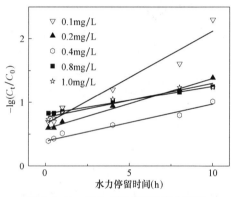

图 2.2-33　ClO_2 衰减速率拟合特性

二次供水系统的补充消毒剂投加量需要同时保障生物安全性和化学安全性。在未投加 ClO_2 消毒剂前，细菌总数为 950CFU/mL，大肠杆菌数为 20CFU/mL。投加 0.2mg/LClO_2 消毒 10min 后，细菌总数为 11CFU/mL，大肠杆菌数为 2CFU/mL；消毒 30min、24h 和 48h 后，细菌总数均小于 3CFU/mL，均未检出大肠杆菌，满足《生活饮用水卫生标准》GB 5749—2006 的要求。可见，0.2mg/L ClO_2 作为二次供水补充消毒剂剂量时，二次供水微生物指标可保证长时间稳达标准。

ClO_2 衰减速率直线拟合参数　　　　　　　　　　　　　　　　　表 2.2-5

初始浓度(mg/L)	直线拟合公式	R^2
0.1	$y = 0.146x + 0.661$	0.939
0.2	$y = 0.079x + 0.584$	0.996
0.4	$y = 0.058x + 0.392$	0.972
0.8	$y = 0.044x + 0.817$	0.994
1.0	$y = 0.054x + 0.765$	0.932

2) 温度的影响

分别采用 8℃ 和 20℃ 来模拟冬季和夏季的热水补水（采用生活给水进行补给）的水温，在 ClO_2 投加量为 0.2mg/L、pH 值为 7.3、COD_{Mn} 为 1.36mg/L 的条件下，ClO_2 衰减和亚氯酸盐生成量的变化如图 2.2-34 所示。由图 2.2-34 可知，当投加 0.2mg/L ClO_2 反应 10min 后，8℃ 和 20℃ 水样的 ClO_2 余量分别为 0.13mg/L 和 0.11mg/L，分别衰减了 35% 和 45%，之后 ClO_2 浓度呈现缓慢下降趋势。水力停留时间为 6h 时 8℃ 和 20℃ 水中 ClO_2 浓度分别为 0.09mg/L 和 0.08mg/L，此时 ClO_2 衰减速度分别为 0.018mg/(L·h) 和 0.02mg/(L·h)。水力停留时间在 6～48h 时 8℃ 和 20℃ 水中的 ClO_2 衰减速度分别为 0.0010mg/(L·h) 和 0.0012mg/(L·h)，可见水温的升高加快了 ClO_2 的衰减速度，这是因为温度对化学反应速率有显著影响，这与常魁等人研究的温度对饮用水中 ClO_2 消毒剂衰减的影响结果一致。

ClO_2 的副产物主要有以下几个来源，包括 ClO_2 的制备过程、ClO_2 自身歧化以及 ClO_2 与其他还原性物质的反应。由图 2.2-34 可以看出，投加 ClO_2 后水中立刻就存在了 0.02mg/L 亚氯酸盐，这是因为采用亚氯酸钠制备 ClO_2 过程中有少量亚氯酸盐进入 ClO_2 溶液中导致的。随着水力停留时间的增加，亚氯酸盐的生成量呈增加趋势。由图 2.2-34 还可以看出，亚氯酸盐生成过程大致分为两个阶段，首先是水力停留时间为 0～12h 的快速增长阶段，这是因为 ClO_2 发生氧化反应导致的；水力停留时间达到 12h 时，8℃ 和 20℃ 水中的亚氯酸盐浓度分别为 0.07mg/L 和 0.16mg/L，亚氯酸盐增长速度分别为 0.004mg/(L·h) 和 0.012mg/(L·h)，由于温度影响化学反应速率，水温升高促进了亚氯酸盐的生成，对亚氯酸盐初期生成速度有明显的影响；其次是水力停留时间为 12～48h 的缓慢增长阶段，在水力停留时间为 48h 时，8℃ 和 20℃ 水中的亚氯酸盐浓度分别为 0.09mg/L 和 0.18mg/L，亚氯酸盐生成速度均为 0.0006mg/(L·h)，可见水温对亚氯酸盐后期生成程度和速度的影响均无显著差异。从以上结果可以看出，与冬季管道水温（8℃）相比，夏季管道水温（20℃）二次供水系统中的 ClO_2 衰减更快，产生的亚氯酸盐量更多。

将水加热至 33℃、44℃、55℃ 和 66℃ 来模拟生活热水，在 ClO_2 投加量为 0.2mg/L、pH 值为 7.3、COD_{Mn} 为 1.36mg/L 的条件下，ClO_2 衰减和亚氯酸盐生成量如图 2.2-35 所示。由图 2.2-35 可以看出，水力停留时间为 12h 时，33℃ 和 66℃ 水中的 ClO_2 剩余浓度分别为 0.08mg/L 和 0.04mg/L，水温为 33℃ 和 66℃ 条件下，ClO_2 衰减速度分别为 0.010mg/(L·h) 和 0.013mg/(L·h)。可见温度的升高加快了 ClO_2 的衰减速度。由于生活热水采用的是循环系统，大量热水会在管道系统中长时间循环，水力停留时间达 72h 时，热水温度为 55℃ 和 66℃ 条件下 ClO_2 浓度均小于 0.02mg/L。水力停留时间为 12h 时，33℃ 和 66℃ 水中的亚氯酸盐浓度分别为 0.09mg/L 和 0.15mg/L，随着加热温度的升高，亚氯酸盐浓度显著增大，这是因为在加热的条件下，ClO_2 会产生更多的亚氯酸盐。可见，在生活热水系统中，不适合投加过多的 ClO_2 消毒剂，热水水温不但加快了 ClO_2 的衰减速度，同时也使亚氯酸盐生成量显著增加。

将 20℃ 的生活给水加热到 44℃ 作为生活热水，在 ClO_2 投加量为 0.2mg/L、pH 值为 7.3、COD_{Mn} 为 1.36mg/L 的条件下，ClO_2 衰减如图 2.2-36 所示。可以看出，生活给水在水力停留时间 4h 和 8h 再加热 6h 后，ClO_2 虽然迅速衰减但含量仍大于 0.02mg/L，符合《生活饮用水卫生标准》GB 5749—2006 的要求。水力停留时间 12h 再加热 6h 后 ClO_2 余量仅为 0.01mg/L，已经不能达标。这表明在二次供水管网中，生活给水水力停留时间或者加热时间过长，均可导致生活热水中的 ClO_2 余量不达标。

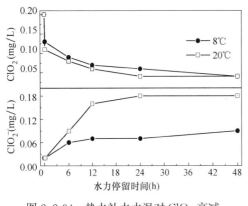

图 2.2-34　热水补水水温对 ClO_2 衰减和亚氯酸盐生成的影响

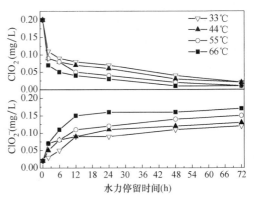

图 2.2-35　加热温度对 ClO_2 衰减和亚氯酸盐生成的影响

消毒副产物的含量在很大程度上取决于具体的消毒和水质条件，pH 值、温度、消毒反应时间等因素均能对消毒副产物生成量有显著的影响，这些因素也可能影响生活热水消毒副产物的生成量。

在 pH 值为 7.3、COD_{Mn} 为 1.36mg/L、不同热水补水温度的条件下，生活给水加热成生活热水的亚氯酸盐生成量变化如图 2.2-37 所示。在水温为 8℃且水力停留时间为 4h、8h 和 12h 时，亚氯酸盐生成量分别为 0.06mg/L、0.07mg/L 和 0.07mg/L。在水温为 20℃且水力停留时间为 4h、8h 和 12h 时，亚氯酸盐生成量分别为 0.05mg/L、0.11mg/L 和 0.16mg/L。可见，在未加热的生活给水中，亚氯酸盐的生成量随着水力停留时间的增加而增加。在加热过程中，生活给水在加热的前 2h 内都会出现亚氯酸盐含量快速上升的现象，这是因为 ClO_2 在热能的作用下会加速生成亚氯酸盐。同时由图 2.2-37 可以看出，水温为 20℃、水力停留时间为 4h 的生活给水以及水温为 8℃、水力停留时间为 8h 的生活给水加热 4h 后，均出现了亚氯酸盐含量降低的现象，这可能是由于亚氯酸盐、氯酸盐和 ClO_2 三者互相转换而导致亚氯酸盐含量降低。

在水力停留时间为 4h、8h 和 12h 的条件下，8℃的生活给水加热至 44℃，6h 后亚氯酸盐分别由 0.06mg/L、0.07mg/L 和 0.07mg/L 增加到 0.14mg/L、0.16mg/L 和 0.17mg/L，增加了 0.08mg/L、0.09mg/L 和 0.10mg/L；而 20℃的生活给水加热至 44℃，6h 后亚氯酸盐分别由 0.05mg/L、0.11mg/L 和 0.16mg/L 增加到 0.14mg/L、0.18mg/L 和 0.18mg/L，增加了 0.09mg/L、0.07mg/L 和 0.02mg/L。可见，加热幅度越大，产生的消毒副产物越多，因此冬季的生活给水加热成生活热水亚氯酸盐含量更易超标，这是因为在相同加热条件下的反应速率较低和 ClO_2 剩余量较高造成的。

3）有机物的影响

采用 COD_{Mn} 来表征生活热水的有机物污染程度，在 ClO_2 投加量为 0.2mg/L、pH 值为 7.3、不同 COD_{Mn} 投加量条件下，ClO_2 衰减和亚氯酸盐生成量的变化特性如图 2.2-38 所示。由图 2.2-38 可知，水力停留时间为 6h 时，COD_{Mn} 为 1.36mg/L 和

3.57mg/L 时的 ClO_2 剩余含量分别为 0.08mg/L 和 0.05mg/L；水力停留时间为 48h 时，相应的 ClO_2 剩余含量分别为 0.04mg/L 和 0.02mg/L。此外，水力停留时间在 0～6h 期间，COD_{Mn} 为 1.36mg/L 和 3.57mg/L 时，ClO_2 衰减速度分别为 0.020mg/(L·h) 和 0.025mg/(L·h)，而水力停留时间在 6～48h 期间，ClO_2 衰减速度均为 0.001mg/(L·h)。可见，COD_{Mn} 含量对 ClO_2 后期衰减速度的影响无显著差异。

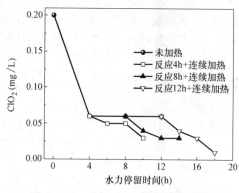

图 2.2-36 加热对 ClO_2 衰减的影响

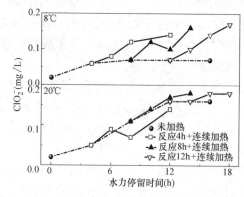

图 2.2-37 补水水温及加热对亚氯酸盐生产的影响

在不同的水力停留时间条件下，COD_{Mn} 含量高的水中亚氯酸盐生成量明显要多。水力停留时间为 6h 时，COD_{Mn} 为 1.36mg/L 和 3.57mg/L 的水中亚氯酸盐浓度分别为 0.09mg/L 和 0.25mg/L，水力停留时间为 48h 时，亚氯酸盐浓度分别为 0.18mg/L 和 0.25mg/L，可见 COD_{Mn} 含量的升高促进了亚氯酸盐的生成，这与陈露和何涛等人的研究结果一致。此外，水力停留时间在 0～12h，COD_{Mn} 为 1.36mg/L 和 3.57mg/L 时，亚氯酸盐生成速度分别为 0.012mg/(L·h) 和 0.019mg/(L·h)，COD_{Mn} 含量增加了 2.21mg/L，亚氯酸盐生成速度增加了

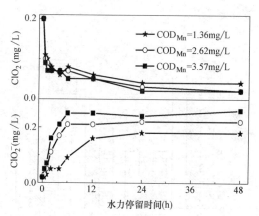

图 2.2-38 COD_{Mn} 含量对 ClO_2 衰减和亚氯酸盐生成的影响

0.007mg/(L·h)。而水力停留时间在 12～48h，COD_{Mn} 为 1.36mg/L 和 3.57mg/L 时，亚氯酸盐生成速度分别为 0.0005mg/(L·h) 和 0.0003mg/(L·h)，可见，COD_{Mn} 含量的升高促进了亚氯酸盐前期的增长速度，而对亚氯酸盐后期的增长速度无显著影响。

4）pH 值的影响

pH 值不会对二次供水中的 ClO_2 含量产生显著影响。常魁考察了 pH 值对供水管网中 ClO_2 衰减的影响，表明在供水管网中 pH 值对 ClO_2 衰减的影响无明显差异。在生活给水中，ClO_2 投加量为 0.2mg/L、水温为 20℃、COD_{Mn} 为 1.36mg/L 的条件下，pH 值对 ClO_2 衰减的影响如图 2.2-39 所示。可以看出，在 0～12h 水力停留时间内，pH 值为 6.1、7.3 和 8.5 时，ClO_2 的衰减速度分别为 0.0125mg/(L·h)、0.0117mg/(L·h) 和 0.0117mg/(L·h)，平均衰减速度为 0.0120mg/(L·h)，可见在上述 pH 值范围内，pH

值对 ClO_2 衰减的影响不明显，这与其他学者的研究结论一致。

pH 值是影响亚氯酸盐生成的因素之一，在生活给水水温为 20℃、COD_{Mn} 为 1.36mg/L、不同 pH 值条件下，亚氯酸盐生成量的影响如图 2.2-39 所示。可以看出，水力停留时间为 4h 且 pH 值为 6.1、7.3 和 8.5 时，亚氯酸盐浓度分别为 0.04mg/L、0.05mg/L 和 0.08mg/L；水力停留时间为 12h 时，相同 pH 值条件下的亚氯酸盐浓度分别为 0.12mg/L、0.16mg/L 和 0.21mg/L。可见，pH 值的提高促进了亚氯酸盐的生成，这和陈露与何涛研究的 pH 值对二次供水中亚氯酸盐生成影响的结论一致。可见，在水力停留时间相同时，pH 值越高亚氯酸盐生成量越多，这是因为 ClO_2 与 OH^- 发生歧化反应生成亚氯酸盐导致的。

图 2.2-40 所示为 pH 值以及加热对亚氯酸盐生成的影响。可以看出，pH 值为 6.1 和 8.5、水力停留时间为 4h 的生活给水加热 6h 后，亚氯酸盐浓度分别由 0.04mg/L 和 0.08mg/L 增加到 0.15mg/L 和 0.22mg/L，分别增加了 0.11mg/L 和 0.14mg/L。pH 值为 6.1 和 8.5、水力停留时间为 12h 的生活给水加热 6h 后，亚氯酸盐浓度分别由 0.12mg/L 和 0.17mg/L 增加到 0.21mg/L 和 0.28mg/L，分别增加了 0.09mg/L 和 0.11mg/L。可以看出，在相同的停留时间下，pH 值越高，热水中的亚氯酸盐含量增长越明显。与水力停留时间长的生活给水相比较，停留时间短的生活给水加热后产生的亚氯酸盐量更多。

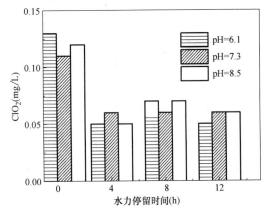

图 2.2-39   pH 值对 ClO_2 衰减的影响

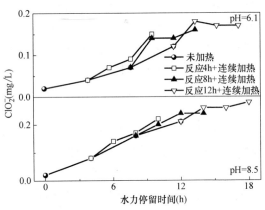

图 2.2-40   pH 值以及加热对亚氯酸盐生成的影响

2.2.3　建筑给水和生活热水水质污染保障技术

1. 建筑给水的水质保障技术

（1）物化保障技术

1）超滤和活性炭技术除污染效能

从二次供水的水质污染特性的研究中可知，二次供水水质保障应该主要针对的是感官指标和生物安全性指标，同时辅助考虑化学安全性指标，全面保障和提高二次供水的安全性。超滤（UF）和颗粒活性炭（GAC）是饮用水中应用广泛、成熟的物理净化技术，具有操作管理简便、运行维护方便等特点。UF 对浊度、颗粒物、微生物等具有极佳的截留效果，可以有效解决二次供水的感官指标和生物安全性指标等问题。GAC 对溶解性有机物、色度、臭味、消毒副产物等具有良好的去除效果，特别是对中小分子的有机物具有更佳的去除效果。根据二次供水的主要水质污染问题，采用 UF 和 GAC 作为二次供水系统的水质保障技术，研究了 UF 和 GAC 各自对二次供水中主要污染物的去除效能和水质保障作用。

① UF 除污染效能

a. 颗粒物去除效果

从图 2.2-41 和图 2.2-42 中可以看出，UF 进水的浊度在 $0.083 \sim 0.158$ NTU 之间，均值为 0.114 NTU，出水的浊度在 $0.034 \sim 0.046$ NTU 之间，均值为 0.039 NTU，平均去除率为 65.8%；UF 进水的颗粒物在 $10 \sim 20$ 个/mL 之间，均值为 13.9 个/mL，出水的颗粒物在 $1 \sim 3$ 个/mL 之间，均值为 1.9 个/mL，平均去除率为 86.3%。可见，UF 能够有效去除浊度和颗粒物，进一步提高了二次供水的水质，并且不论进水的浊度和颗粒物如何波动，出水的浊度和颗粒物始终保持稳定。

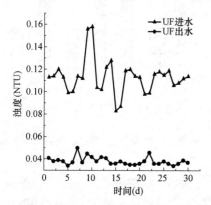

图 2.2-41 UF 的浊度去除效果

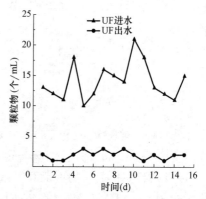

图 2.2-42 UF 的颗粒物去除效果

b. 微生物保障效果

a）余氯消减作用

从图 2.2-43 中可以看出，UF 进水的余氯在 $0.05 \sim 0.25$ mg/L 之间，均值为 0.106 mg/L，出水的余氯在 $0.04 \sim 0.19$ mg/L 之间，均值为 0.081 mg/L，平均消减率为 23.6%。可见，UF 对余氯的影响程度较小，使出水保持相对较高的余氯浓度，可以有效避免余氯过低的情况，一般不需要采取补加消毒剂措施。

b）细菌总数去除效果

从图 2.2-44 中可以看出，UF 进水的细菌总数在 $1 \sim 3$ CFU/mL 之间，均值为 1.7 CFU/mL，出水的细菌总数在 $0 \sim 1$ CFU/mL 之间，均值为 0.3 CFU/mL，平均去除率达 82.4%。从上述结果看出，理论上 UF 可全部截留包括病毒、细菌、原生动物、藻类等在内的各种微生物，最大限度地保障出水的生物安全性，出水中含有的极少数细菌总数可能是因为取样和检测过程中的误差和污染等因素造成的。可见，UF 通过其机械截留作用能够高效截留病原微生物，并且对余氯的消减作用较小，是保障二次供水生物安全性指标的有效措施。

c. 有机污染物去除效果

a）UV_{254} 和 DOC 去除效果

从图 2.2-45 和图 2.2-46 中可以看出，UF 进水的 UV_{254} 在 $0.009\sim0.011cm^{-1}$ 之间，均值为 $0.0102cm^{-1}$，出水的 UV_{254} 在 $0.009\sim0.011cm^{-1}$ 之间，均值为 $0.0096cm^{-1}$，平均去除率为 5.9%，并且运行 $1\sim8d$ 期间 UF 对 UV_{254} 基本没有去除效果，运行 8d 之后 UF 对 UV_{254} 去除效果增加，去除率基本稳定在 9% 左右；UF 进水的 DOC 在 $2.010\sim2.424mg/L$ 之间，均值为 2.228mg/L，出水的 DOC 在 $1.915\sim2.329mg/L$ 之间，均值为 2.128mg/L，平均去除率为 4.5%，并且随着运行时间的延长，UF 对 DOC 的去除率基本呈增加趋势。

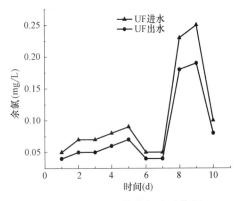

图 2.2-43   UF 的余氯消减作用

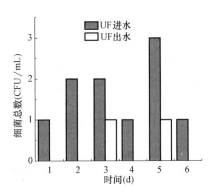

图 2.2-44   UF 的细菌总数去除效果

可见，UF 对 UV_{254} 和 DOC 去除效果不佳，主要是因为二次供水中分子量大于 100kDa 的溶解性有机物含量很少，而超滤膜能有效地截留分子量大于 100kDa 的溶解性有机物，对更小分子量的有机物不能有效截留，使得 UV_{254} 和 DOC 的去除效果较差。随着 UF 运行时间的增加，UV_{254} 和 DOC 的去除率也增加，主要原因可能是随着运行时间的延长，在超滤膜表面形成致密的滤饼层，从而增加了对 UV_{254} 和 DOC 的截留去除效果。

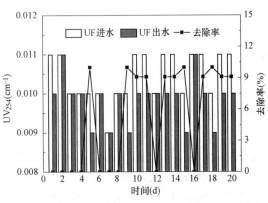

图 2.2-45   UF 的 UV_{254} 去除效果

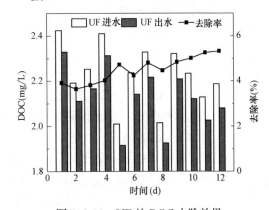

图 2.2-46   UF 的 DOC 去除效果

b）多糖去除效果

从图 2.2-47 中可以看出，UF 进水的多糖含量在 $0.510\sim1.224mg/L$ 之间，均值为 0.786mg/L，出水的多糖含量在 $0.338\sim0.622mg/L$ 之间，均值为 0.541mg/L，平均去除率为 31.2%，并且随着运行时间的延长，UF 对多糖的去除率也呈增加趋势。从图 2.2-15 中可知，二次供水中多糖形态分布范围较宽，大粒径段的多糖也占据一定比例，其中粒径＞0.45μm 的多糖占总量的 11.8%，100kDa～0.45μm 粒径范围的占 8.8%。UF 通过机械筛分作用对大分子多糖具有一定的去除效果，并且随着运行时间的延长，超滤膜表面会形成致密的滤饼层，进一步增加对多糖的截留去除效果。

c) 蛋白质和腐殖质去除效果

从图 2.2-48 中可以看出，二次供水中主要存在 B 峰-蛋白质、A 峰-紫外区域腐殖质以及 C 峰-可见光区域腐殖

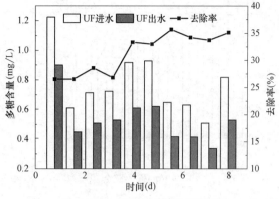

图 2.2-47 UF 的多糖去除效果

质。UF 进水和出水的蛋白质荧光强度均值分别为 89.6 个单位和 63.2 个单位，平均消减率为 29.5%；UF 进水和出水的紫外区域和可见光区域腐殖质荧光强度均值分别为 86.5 个单位和 35.5 个单位以及 65.9 个单位和 35.3 个单位，平均消减率分别为 23.8% 和 0.6%。可见，UF 可去除部分蛋白质和紫外区域腐殖质，但对可见光区域腐殖质没有明显的去除效果，这与 Saravia 等人的研究结果类似，说明大分子蛋白质和腐殖质可以被超滤膜截留。

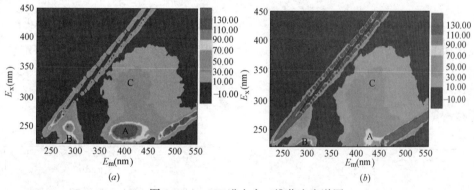

图 2.2-48 UF 进出水三维荧光光谱图
(a) UF 进水；(b) UF 出水

d. 金属污染物去除效果

从图 2.2-49 和图 2.2-50 中可以看出，UF 进水的铁含量在 0.098～0.161mg/L 之间，均值为 0.127mg/L，出水的铁含量在 0.005～0.024mg/L 之间，均值为 0.013mg/L，平均去除率为 89.8%；UF 进水的铝含量在 0.039～0.068mg/L 之间，均值为 0.051mg/L，出水的铝含量在 0.027～0.049mg/L 之间，均值为 0.036mg/L，平均去除率为 29.4%，并且随着运行时间的延长，UF 对铁和铝的去除率基本呈增加趋势。

从铁和铝的粒径分布可知，0.45μm 以上非溶解性铁和铝分别占 85.5% 和 34.4%，100kDa～0.45μm 之间溶解性铁和铝分别占 12.4% 和 19.8%。可见，UF 对非溶解性铁和铝以及溶解性铁和铝都有一定的去除作用。随着运行时间的延长，UF 对铁和铝的去除率基本呈增加趋势，原因可能是随着运行时间的延长，在超滤膜表面形成致密的滤饼层，从而增加了对铁和铝的截留去除效果。

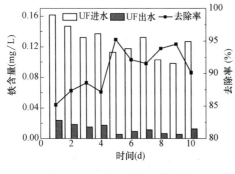

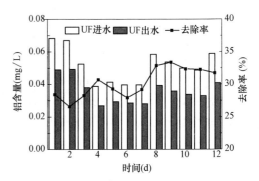

图 2.2-49　UF 的铁去除效果　　　　　　　　图 2.2-50　UF 的铝去除效果

② GAC 除污染效能

a. 颗粒物去除效果

从图 2.2-51 中可以看出，GAC 进水的浊度在 0.076～0.123NTU 之间，均值为 0.098NTU，出水的浊度在 0.097～0.181NTU 之间，均值为 0.138NTU，平均增加率为 40.8%。从图 2.2-52 中可以看出，GAC 进水的颗粒物在 11～29 个/mL 之间，均值为 15.8 个/mL，出水的颗粒物在 33～133 个/mL 之间，均值为 80.1 个/mL，平均增加率为 407.0%。

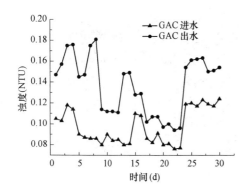

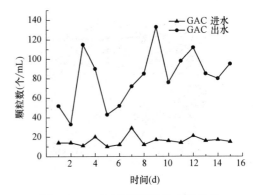

图 2.2-51　GAC 的浊度去除效果　　　　　　图 2.2-52　GAC 的颗粒物去除效果

从浊度和颗粒物的去除情况看，GAC 出现了较明显的颗粒泄漏问题，尽管浊度未超标，但出水的品质大幅度降低，颗粒物和微生物污染的风险增加，这可能是因为 GAC 中存在碎炭颗粒造成的。

从图 2.2-53 中可以看出，GAC 进水和出水颗粒物均以 2～8μm 粒径为主，分别占颗粒总数的 100% 和 99.5%，大于 8μm 粒径的极少；但 GAC 出水的颗粒总数和粒径分布发生了明显变化，其中颗粒总数如前所述增加了 407.0%，而 2～3μm 颗粒均值由 6.3 个/mL 增加到 47.4 个/mL，分别占颗粒总数的 39.9% 和 59.2%；3～5μm 颗粒由 4.5 个/mL 增加到 22.1 个/mL，分别占颗粒总数的 28.5% 和 27.6%；5～8μm 颗颗由 5.0 个/mL 增加到 10.2 个/mL，分别占颗粒总数的 31.6% 和 12.7%；＞8μm 颗粒由 0 个/mL 增加到 0.4 个/mL，分别占颗粒总数的 0.0% 和 0.5%。GAC 出水各粒径段颗粒数都有所增加，其中 2～3μm、3～5μm 和 5～8μm 分别增加了 652.4%、391.1% 和 104%，可能是由于碎炭颗粒泄漏造成的。可见，采用 GAC 过滤易造成出水浊度和颗粒物增加。

b. 微生物保障效果

a）余氯消减作用

从图 2.2-54 中可以看出，GAC 进水的余氯含量在 $0.16 \sim 0.34 \mathrm{mg/L}$ 之间，均值为 $0.253 \mathrm{mg/L}$，出水的余氯含量在 $0 \sim 0.04 \mathrm{mg/L}$ 之间，均值为 $0.016 \mathrm{mg/L}$，平均消减率达 93.7%。GAC 去除余氯是吸附与化学反应共同作用的结果，从余氯的消减作用看，GAC 对余氯的消减作用非常大，出水的余氯含量远低于 $0.05 \mathrm{mg/L}$，无法保障二次供水的生物安全性，需要采取补充投加消毒剂的措施。

b）细菌总数去除效果

从图 2.2-55 中可以看出，GAC 进水的细菌总数在 $0 \sim 3 \mathrm{CFU/mL}$ 之间，均值为 $1.3 \mathrm{CFU/mL}$，出水的细菌总数在 $20 \sim 92 \mathrm{CFU/mL}$ 之间，均值为 $42.7 \mathrm{CFU/mL}$。可见，GAC 出水出现细菌总数大幅度增加的现象，主要是由于 GAC 可与氯发生物理化学反应，大幅度消减了余氯，同时 GAC 有利于微生物的附着和生存，部分细菌会从炭粒上脱落或附着在微小碎炭粒上随水流出，而且 GAC 出水浊度和颗粒物增加，使得 GAC 出水中的细菌总数增加。

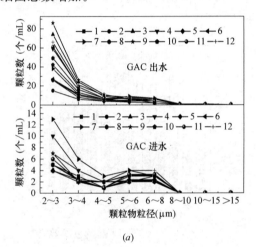

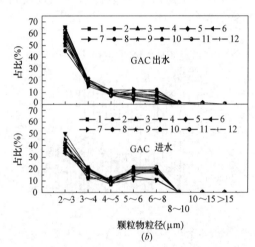

(a)　　　　　　　　　　　　　　　　*(b)*

图 2.2-53　GAC 进出水颗粒物粒径分布

（*a*）颗粒数；（*b*）占比

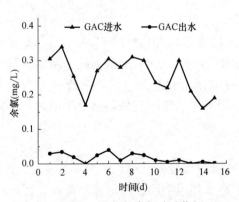

图 2.2-54　GAC 的余氯消减作用

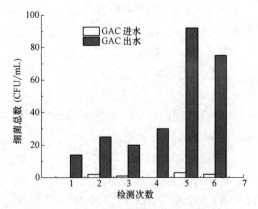

图 2.2-55　GAC 的细菌总数去除效果

c. 有机污染物去除效果

a）UV₂₅₄ 和 DOC 去除效果

从图 2.2-56 中可以看出，GAC 进水的 UV_{254} 在 $0.010\sim0.012cm^{-1}$ 之间，均值为 $0.0107cm^{-1}$，出水的 UV_{254} 在 $0.002\sim0.005cm^{-1}$ 之间，均值为 $0.0038cm^{-1}$，平均去除率为 64.5%。从图 2.2-57 中可以看出，GAC 进水的 DOC 在 $1.878\sim2.398mg/L$ 之间，均值为 $2.216mg/L$，出水的 DOC 在 $1.010\sim1.658mg/L$ 之间，均值为 $1.407mg/L$，平均去除率为 36.5%，并且随着运行时间的延长，GAC 对 UV_{254} 和 DOC 的去除率都呈降低趋势。

可见，GAC 对 UV_{254} 和 DOC 去除效果较好，主要是因为 GAC 对分子量<3kDa，特别是分子量为 $500\sim1000Da$ 的有机物去除效果较好。从图 2.2-11 和图 2.2-12 中可以看出，二次供水中分子量<3kDa 的 UV_{254} 和 DOC 含量分别占 64.3% 和 77.8%，<1kDa 的 UV_{254} 和 DOC 含量分别占 53.6% 和 72.6%。可见，能被 GAC 高效去除的有机物所占比例较高，使得 GAC 对 UV_{254} 和 DOC 的去除效果较好。GAC 对 UV_{254} 的去除率都高于 DOC，表明 GAC 对芳香族类溶解性有机物有更好的去除效果。随着 GAC 运行时间的增加，GAC 表面的吸附位点逐渐减少，吸附容量逐渐趋于饱和，导致对 UV_{254} 和 DOC 的去除效果变差。

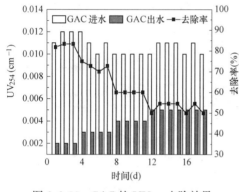

图 2.2-56　GAC 的 UV_{254} 去除效果

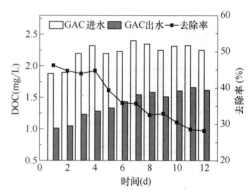

图 2.2-57　GAC 的 DOC 的去除效果

b）多糖去除效果

从图 2.2-58 中可以看出，GAC 进水的多糖含量在 $0.306\sim0.612mg/L$ 之间，均值为 $0.451mg/L$，出水的多糖含量在 $0.051\sim0.260mg/L$ 之间，均值为 $0.142mg/L$，平均去除率为 68.5%。可见，GAC 对多糖的去除率较高，这可能是因为二次供水中多糖以中小分子量为主。从图 2.2-15 中可知，分子量<3kDa 的多糖约占总量的 61.2%，GAC 对这部分多糖具有较好的吸附去除效果。随着运行时间的延长，GAC 对多糖的去除效果基本呈下降趋势，这与 GAC 对 UV_{254} 和 DOC 的去除效果变化趋势一致，主要是因为随着 GAC 运行时间的增加，活性炭表面的吸附位点逐渐减少，吸附容量逐渐趋于饱和，导致对有机物的去除效果变差。

c）蛋白质和腐殖质去除效果

从图 2.2-59 中可以看出，GAC 进水和出水的蛋白质荧光强度均值分别为 93.6 个单位和 46.8 个单位，平均消减率达 50.0%；GAC 进水和出水的紫外区域和可见光区域腐殖质荧光强度均值分别为 89.7 个单位和 45.7 个单位以及 28.4 个单位和 18.6 个单位，平

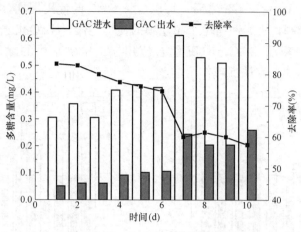

图 2.2-58 GAC 的多糖去除效果

均消减率分别为 68.3％和 59.3％。可见，GAC 能有效地去除蛋白质和所有腐殖质。

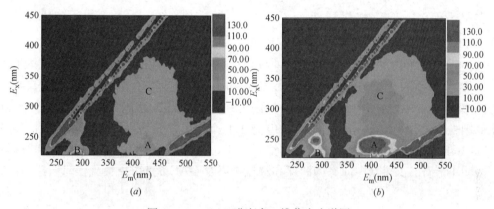

图 2.2-59 GAC 进出水三维荧光光谱图
（a）GAC 进水；（b）GAC 出水

d. 金属污染物去除效果

从图 2.2-60 中可以看出，GAC 进水的铁含量在 0.098～0.132mg/L 之间，均值为 0.107mg/L，出水的铁含量在 0.088～0.117mg/L 之间，均值为 0.096mg/L，平均去除率为 10.3％。从图 2.2-61 中可以看出，GAC 进水的铝含量在 0.041～0.066mg/L 之间，均值为 0.054mg/L，出水的铝含量在 0.032～0.044mg/L 之间，均值为 0.038mg/L，平均去除率为 29.6％。

可见，GAC 通过吸附或截留作用对二次供水中的铁和铝具有一定的去除作用，可能与二次供水中的非溶解性铝含量较低，而溶解性铝含量较高有关，分别约占 34.4％和 65.6％。

2）GAC 与 UF 组合应用除污染效能

GAC 与 UF 组合应用可以优势互补，对有机和无机污染物都具有较好的去除效果，可以极大地提高饮用水出水水质。GAC 与 UF 组合应用，各工艺优势的发挥与运行条件直接相关，但二者的组合顺序也需要考虑。若 GAC 作为 UF 的预处理工艺，可以减缓超滤膜污染，延长超滤膜的使用时间，但会增加 GAC 的负荷，可能会影响 GAC 对有机物的吸附能力。若将 GAC 置于 UF 之后，可以延长 GAC 的使用周期，但超滤膜的有机污染可能得不到有效控制，极大地缩短了超滤膜的使用寿命，GAC 出水也存在生物安全性问题。本部分重点考察了 GAC 与 UF 组合应用在二次供水中的除污染效能，研究了 GAC-UF 在二次供水中的水质保障作用。

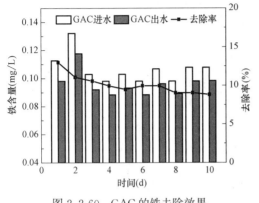

图 2.2-60　GAC 的铁去除效果

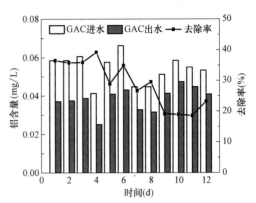

图 2.2-61　GAC 的铝去除效果

① 颗粒物去除效果

从图 2.2-62 和图 2.2-63 中可以看出，GAC-UF 进水的浊度在 0.076～0.123NTU 之间，均值为 0.096NTU，出水的浊度在 0.032～0.042NTU 之间，均值为 0.037NTU，平均去除率为 61.5%；GAC-UF 进水的颗粒数在 10～21 个/mL 之间，均值为 15.5 个/mL，出水的颗粒数在 1～3 个/mL 之间，均值为 1.6 个/mL，平均去除率为 89.7%。可知，GAC 过滤出现浊度增加和颗粒物泄漏的情况，GAC-UF 对浊度和颗粒物有很好的截留效果，表明 UF 对二次供水中原有的浊度和颗粒物以及 GAC 泄漏的颗粒物都具有很好的去除效果。

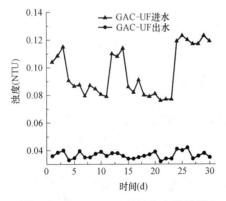

图 2.2-62　GAC-UF 的浊度去除效果

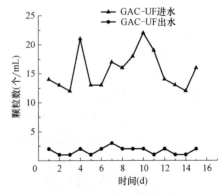

图 2.2-63　GAC-UF 的颗粒物去除效果

② 微生物保障效果

a. 余氯消减作用

从图 2.2-64 中可以看出，GAC-UF 进水的余氯含量在 0.06～0.24mg/L 之间，均值为 0.130mg/L，出水的余氯含量在 0～0.01mg/L 之间，均值为 0.001mg/L，平均消减率为 99.2%。可见，GAC-UF 出水的余氯含量远低于 0.05mg/L，无法保障二次供水的生物安全性，需要采取补充投加消毒剂的措施。

b. 细菌总数去除效果

从图 2.2-65 中可以看出，GAC-UF 进水的细菌总数在 1～2CFU/mL 之间，均值为 1.5CFU/mL，出水的细菌总数在 0～1CFU/mL 之间，均值为 0.5CFU/mL，平均去除率为 66.7%。由图 2.2-55 可知，GAC 出水细菌总数呈增加趋势，而 GAC-UF 对细菌总数具有较好的去除效果，可见 UF 能高效截留细菌等微生物，最大限度地保障出水的生物安全性。

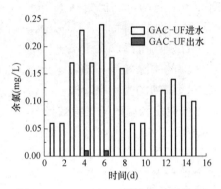

图 2.2-64 GAC-UF 的余氯消减作用

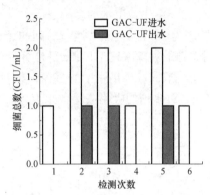

图 2.2-65 GAC-UF 的细菌总数去除效果

③ 有机污染物去除效果

a. UV_{254} 和 DOC 去除效果

从图 2.2-66 和图 2.2-67 中可以看出，GAC-UF 进水的 UV_{254} 在 0.011～0.013cm^{-1} 之间，均值为 0.0118cm^{-1}，出水的 UV_{254} 在 0.002～0.006cm^{-1} 之间，均值为 0.0041cm^{-1}，平均去除率为 65.3%；GAC-UF 进水的 DOC 在 1.888～2.408mg/L 之间，均值为 2.226mg/L，出水的 DOC 在 1.014～1.661mg/L 之间，均值为 1.403mg/L，平均去除率为 37.0%。

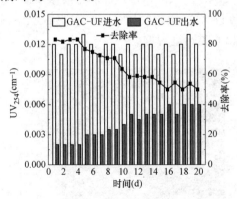

图 2.2-66 GAC-UF 的 UV_{254} 去除效果

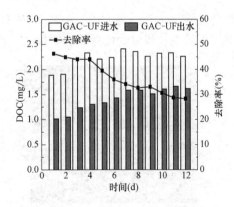

图 2.2-67 GAC-UF 的 DOC 去除效果

GAC-UF 对 UV_{254} 和 DOC 的去除效果比 UF 分别提高了 59.4 个百分点和 32.5 个百分点，比 GAC 分别提高了 0.8 个百分点和 0.5 个百分点。可见，UF 对 GAC 出水的 UV_{254} 和 DOC 基本没有进一步的去除效果，可能是因为分子量＞100kDa 的 UV_{254}

（9.5%）和 DOC（6.9%）含量较少，使得 GAC-UF 的去除效果没有明显提高。随着运行时间的延长，GAC-UF 对 UV_{254} 和 DOC 的去除率变化规律与 GAC 和 UF-GAC 的基本一致，都是随着运行时间的延长，去除率呈下降趋势，主要原因是 GAC 在有机物的去除过程中起主要作用，随着运行时间的延长，GAC 表面的吸附位点逐渐减少，吸附容量逐渐趋于饱和，导致对有机物的去除效果变差。

b. 多糖去除效果

从图 2.2-68 中可以看出，GAC-UF 进水的多糖含量在 $0.340\sim0.680$mg/L 之间，均值为 0.494mg/L，出水的多糖含量在 $0.035\sim0.220$mg/L 之间，均值为 0.115mg/L，平均去除率为 76.7%，随着运行时间的延长，GAC-UF 对多糖的去除率呈下降趋势。GAC-UF 对多糖的去除率比 UF 和 GAC 分别提高了 45.5 个百分点和 8.2 个百分点，可见，UF 能进一步去除 GAC 出水中的多糖，组合应用能改善多糖的去除效果。随着运行时间的延长，GAC 对多糖的吸附去除效果变差，导致 GAC-UF 对多糖的去除率降低。

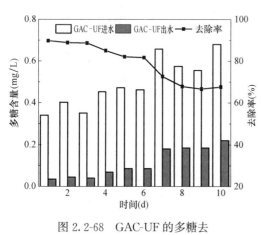

图 2.2-68　GAC-UF 的多糖去除效果

c. 蛋白质和腐殖质去除效果

从图 2.2-69 中可以看出，GAC-UF 进水和出水的蛋白质荧光强度均值分别为 98.7 个单位和 48.8 个单位，平均消减率为 50.6%；GAC-UF 进水和出水的紫外区域和可见光区域腐殖质荧光强度均值分别为 88.6 个单位和 44.8 个单位以及 27.9 个单位和 18.1 个单位，平均消减率分别为 68.5% 和 59.6%。GAC-UF 对蛋白质、紫外区域腐殖质和可见光区域腐殖质的去除率与 GAC 相比，仅提高了 0.6 个百分点、0.2 个百分点和 0.3 个百分点。可见，UF 对 GAC 出水的蛋白质和腐殖质基本没有进一步的去除作用，这与上述 GAC-UF 对 UV_{254} 和 DOC 的去除规律一致，表明 GAC 有效去除了可被 UF 截留的蛋白质和腐殖质，可减轻超滤膜污染程度。

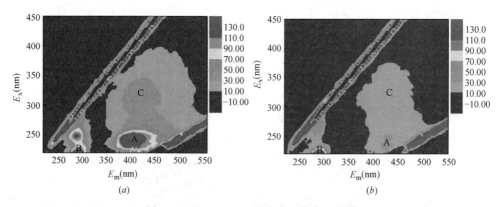

图 2.2-69　GAC-UF 进出水三维荧光光谱

（*a*）GAC-UF 进水；（*b*）GAC-UF 出水

④ 金属污染物去除效果

从图 2.2-70 和图 2.2-71 中可以看出，GAC-UF 进水的铁含量在 0.093～0.156mg/L 之间，均值为 0.122mg/L，出水的铁含量在 0.005～0.014mg/L 之间，均值为 0.008mg/L，平均去除率为 93.4%；GAC-UF 进水的铝含量在 0.040～0.065mg/L 之间，均值为 0.053mg/L，出水的铝含量在 0.015～0.023mg/L 之间，均值为 0.019mg/L，平均去除率为 64.2%，随着运行时间的延长，GAC-UF 对铁的去除率呈增加趋势。

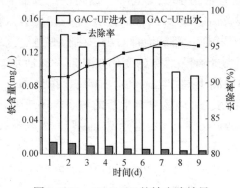

图 2.2-70　GAC-UF 的铁去除效果

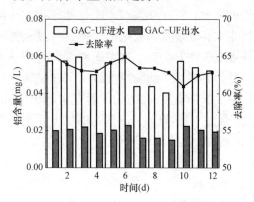

图 2.2-71　GAC-UF 的铝去除效果

可见，GAC-UF 对铁和铝的去除率比 UF 分别提高了 3.6 个百分点和 34.8 个百分点，比 GAC 分别提高了 83.1 个百分点和 34.6 个百分点，说明 UF 可有效去除 GAC 出水中的铁和铝，GAC-UF 能进一步改善铁和铝的去除效果，更充分地发挥 GAC 和 UF 的除污染功能。随着运行时间的延长，超滤膜表面形成的滤饼层增加了对铁的截留去除效果，从而使 GAC-UF 对铁的去除率增加。此外，GAC-UF 对铁和铝的去除率比 UF-GAC 分别提高了 0.1 个百分点和 6.5 个百分点，可见两种组合应用对铁的去除率相差不大，主要是因为组合应用对铁的去除主要依靠 UF，对铝的去除前者稍高于后者，主要是因为吸附了铝的 GAC 被 UF 截留，从而增加了 GAC-UF 对铝的去除效果。

（2）二次补氯的水质保障特性

1）生物膜再生长规律

二次供水管道系统为城市供水系统的末端，管道水中的余氯含量相对较低，加之部分建筑二次供水管道的水力停留时间较长，有时甚至已不能达到《生活饮用水卫生标准》GB 5749－2006 规定的 0.05mg/L 的最低限值。有研究表明，即使在有余氯存在（＜0.05mg/L）或余氯达标（≥0.05mg/L）的情况下，生物膜仍可以在供水管道内壁上生长。因此，保证足够的余氯含量通常被认为是保证水的生物安全性的重要方法。因此，进一步了解二次加氯消毒对生物膜细菌再生长及其菌群多样性的影响具有重大意义，可以帮助供水单位寻求更有效的控制策略，进而提高龙头水的质量和生物安全性。在本实验室条件下，研究了有机物浓度及二次加氯消毒对生物膜细菌再生长及其菌群多样性的影响。以生物膜细菌和出水细菌为灭活对象，考察了不同二次加氯剂量的持续消毒效果，为建筑二次供水安全消毒研究提供了理论支持。

① 二次加氯对生物膜及水中细菌再生长的控制作用

将生物膜挂片放在具有一定余氯含量的自来水中，模拟二次供水系统进行二次加氯后管壁生物膜细菌总数的灭活特性和再生长规律的研究。管道中试验用水的余氯含量分别为 0.1mg/L 和 0.2mg/L，余氯含量约为生物膜培养时期用水的 10 倍。已培养至稳定期的生物膜在放入管道之前的细菌总数分别为 2.1×10^4 CFU/cm^2 与 1.25×10^4 CFU/cm^2。

a. 加氯量对生物膜及水中细菌再生长的控制作用

生物膜挂片放入模拟管道系统（B1 管道、B2 管道、B3 管道、B4 管道）2min 后对生物膜进行取样，发现生物膜细菌总数出现了明显下降，其中 B1 管道为 10CFU/cm^2、B2 管道为 50CFU/cm^2、B3 管道为 5CFU/cm^2、B4 管道为 15CFU/cm^2。这说明二次加氯可以非常有效地杀灭管壁生物膜中的微生物，生物膜细菌总数灭活率达到 99%，可有效保证水质生物安全性。这一现象与 Fass 等人的研究相似，即氯消毒对细菌生长有显著灭活效果，能够减少细菌数量约 99%。试验过程中生物膜细菌总数的变化如图 2.2-72 所示。

二次加氯后的 2h 内，管壁生物膜中几乎都检测不到细菌。在高 COD$_{Mn}$ 浓度条件下（B1 管道、B2 管道），二次加氯 4h 后即出现了生物膜细菌恢复再生长的现象，B1 管道中的细菌总数从 10CFU/cm^2 增加到 2.5×10^3 CFU/cm^2，B2 管道中的细菌总数从 50 CFU/cm^2 增加到 5×10^3 CFU/cm^2。此时 B1 管道与 B2 管道中余氯含量分别为 0.08mg/L 与 0.03mg/L。B1 管道和 B2 管道中的余氯含量分别降至 0.01mg/L 与 0.02mg/L 时再生长的生物膜细菌总数达到最大值，分别为 1.7×10^4 CFU/cm^2 和 2.9×10^4 CFU/cm^2，相对应的二次加氯后时间分别为 12h 和 10h（见图 2.2-72）。在 B1 管道和 B2 管道生物膜细菌总数分别达到最大值之后，B1 管道和 B2 管道中的生物膜细菌总数出现了缓慢下降的趋势。二次加氯 22h 后，高 COD$_{Mn}$ 浓度条件下的生物膜细菌出现了第二个再生长稳定期。生物膜短时间内再次达到稳定生长期的原因，可能是水中有机营养物浓度及已灭活细菌物质能够为未灭活细菌提供其生长所需的营养物质，且水中余氯含量已降至 0.05mg/L 以下，不足以抑制未灭活细菌的再生长。此时对应的 B1 管道与 B2 管道的生物膜细菌总数分别为 2.4×10^4 CFU/cm^2 和 3.4×10^4 CFU/cm^2，此时 B1 管道与 B2 管道的余氯含量均已降至零。B1 管道与 B2 管道第二个稳定生长期的生物膜细菌总数与 Codony 的研究中生物膜细菌总数为同一数量级，说明此时生物膜已恢复正常生长。

对比低 COD$_{Mn}$ 浓度条件与高 COD$_{Mn}$ 浓度条件的结果可发现，2 种条件下的生物膜细菌再生长具有相类似的规律。低 COD$_{Mn}$ 浓度条件下的模拟管道系统（B3 管道、B4 管道）进行二次加氯 6h 后检测到了生物膜细菌总数的明显增长，此时 B3 管道与 B4 管道中的余氯含量均已降低至 0.05mg/L 以下，此时试验用水的余氯含量已不符合水质标准的要求。B3 管道与 B4 管道中的生物膜细菌在同一时间达到各自的第一个稳定生长期，细菌总数分别为 1.02×10^4 CFU/cm^2 和 1.21×10^4 CFU/cm^2。在二次加氯 24h 后，B3 管道和 B4 管道中的生物膜细菌总数达到第二个稳定生长期，细菌总数分别为 1.1×10^4 CFU/cm^2 与 1.4×10^4 CFU/cm^2。

在不同有机物浓度条件下，各管道中生物膜细菌总数在低余氯含量（0.1mg/L）条件下达到第一个再生长稳定期的时间均比在高余氯含量（0.2mg/L）条件下达到该值所需的时间短，说明余氯含量低时细菌再生长时间更早，再生长速率更高。这可能是因为有氯存在的缘故，在水中营养物质含量较低的条件下，余氯是抑制细菌生长的主要因素。Butterfield 等人的研究表明，余氯含量与生物膜细菌生长呈负相关关系。本试验所得结论与其研究结论相一致。

二次加氯对管壁生物膜细菌具有杀灭作用，灭活的生物膜细菌会脱落至水中，从而增加水中的细菌总数，降低龙头水水质的生物安全性。图 2.2-73 所示为水中细菌总数的变化情况。二次加氯后 2h 内，水中均未检测到细菌总数；二次加氯后 4h 时，水中均有细菌生长，分别为 B1 管道 4CFU/mL、B2 管道 4CFU/mL、B3 管道 3CFU/mL、B4 管道 8CFU/mL，但仍符合《生活饮用水卫生标准》GB 5749—2006 规定的限值。4 个管道在二次加氯后 24h 内的出水细菌总数均未超出规定限值，细菌总数最大值分别为 B1 管道 41CFU/mL、B2 管道 59CFU/mL、B3 管道 17CFU/mL、B4 管道 22CFU/mL；各管道水中细菌总数均随二次消毒时间的增加而增大。B1 管道与 B2 管道水中细菌总数比 B3 管道与 B4 管道增长得更快，且 B3 管道和 B4 管道水中细菌总数几乎始终低于 B1 管道和 B2 管道，说明 COD_{Mn} 对水中细菌的生长有促进作用。对比二次加氯后各时间段的水中细菌总数可以发现，B2 管道的数值始终最大，B3 管道的数值始终最小，B2 管道的数值为 B3 管道数值的 2～3 倍，这说明余氯对水中细菌的生长具有一定的抑制作用。二次加氯 8h 后，B1 管道与 B2 管道水中细菌总数的差值明显高于 B3 管道与 B4 管道水中细菌总数的差值。二次加氯后 18～24h 时，B3 管道与 B4 管道水中细菌总数几乎相同，这说明在低 COD_{Mn} 浓度条件中，不同余氯含量对水中细菌的抑制作用无明显差别。

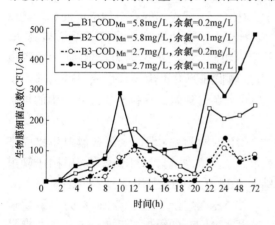
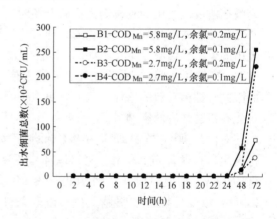

图 2.2-72　二次加氯后生物膜细菌总数变化规律　　图 2.2-73　二次加氯后水中细菌总数变化规律

　　二次加氯后 48h 时，4 个管道水中细菌总数均有大幅度增加，且均已超过 100 CFU/mL 的限值，分别达到 B1 管道 1.1×10^3 CFU/mL、B2 管道 5.6×10^3 CFU/mL、B3 管道 1.03×10^3 CFU/mL、B4 管道 1.3×10^3 CFU/mL。二次加氯后 72h 时，B2 管道水中细菌总数已接近其生物膜恢复稳定生长时的细菌总数，B4 管道水中细菌总数甚至已经超过了其生物膜恢复稳定生长时的最大细菌总数，表明低 COD_{Mn} 浓度条件下水中细菌比生物膜细菌更容易利用水中的有机物。周律等人研究发现，由于生物膜存在一定的厚度和密度，使得生物膜细菌对有机物的利用受到一定传质阻力的影响，因而生物膜细菌对水中有机营养物质的利用较慢。

　　b. 有机物含量对生物膜细菌再生长的控制作用

　　消毒后生物膜细菌的再生长主要是因为水环境为其提供了充足的有机营养物质以及对其生长起抑制作用的剩余余氯含量不足。B3 管道和 B4 管道中的生物膜细菌总数明显低于 B1 管道和 B2 管道中的生物膜细菌总数。将 B1 管道与 B3 管道相对比可以发现，每一个取样时间的 B1 管道生物膜细菌总数几乎都高出 B3 管道中该值的一倍之多，B1 管道生物膜细菌在二次加氯后 4h 时出现大幅度增长，而 B3 管道生物膜细菌在二次加氯后 6h 时才出现显著生长，且其数量几乎仅为同时期 B1 管道相应细菌总数的 1/4。将 B2 管道与 B4 管道相对比可以发现，各取样时间时，两个管道中生物膜细菌总数的差值比 B1 管道与 B3 管道中两者的差值更大，几乎都高出两倍，B2 管道生物膜细菌同样在二次加氯后 4h 时出现大幅度增长，而 B4 管道生物膜细菌在二次加氯后 6h 时才出现明显生长，且其数量同样几乎仅为同时期 B2 管道相应细菌总数的 1/4。每个管道中生物膜细菌总数第二次达到稳定生长期时的数值均比其第一次稳定生长时的数值高，相应的比值分别为 B1 管道 1.40、B2 管道 1.18、B3 管道 1.08、B4 管道 1.16。本结果与 Wasche 等人的研究结果相近。

4 个管道中的生物膜细菌总数在二次加氯后 22h 时均出现显著增加，并且均持续增加直至试验结束。此时 B1 管道、B2 管道与 B4 管道生物膜细菌总数均已超过生物膜挂片放入管道前的生物膜细菌总数，B3 管道生物膜细菌总数也已接近生物膜挂片放入管道前的生物膜细菌总数。这一时期，各管道中的余氯含量均近乎为零。因此，这一时期限制生物膜细菌再生长的唯一因素只有各管道中的有机物质浓度，即 COD_{Mn} 浓度。在此时期，生物膜细菌可以利用的有机物为试验开始时向各管道中一次性添加的有机物浓度的剩余量以及之前死亡的部分细菌细胞物质。通过检测可以看出，二次加氯 16h 后，B3 管道与 B4 管道中的生物膜细菌再生长不如 B1 管道与 B2 管道中明显。这可能是因为开始时向 B3 管道与 B4 管道中加入的有机物比较少，已不足以为生物膜细菌的再生长提供充足的营养，从而限制了细菌总数的增加。因此，可以说明生物膜细菌在建筑二次供水管道系统中的再生长受有机物浓度的影响。

对比 B1 管道与 B2 管道中生物膜细菌再生长的规律可以发现，余氯含量对生物膜细菌再生长有显著抑制作用，尤其是对其细菌总数最大值的影响。对比 B3 管道与 B4 管道（低 COD_{Mn} 浓度环境）也可以得到相似的结果，但并不如在 B1 管道与 B2 管道（高 COD_{Mn} 浓度环境）中明显。在本试验条件下，当余氯含量高于 0.05mg/L 时（不超过 0.2mg/L），有机物浓度（不超过 6mg/L 时）对生物膜细菌的再生长几乎没有影响，但是当余氯含量衰减至 0.05mg/L 以下时，有机物浓度（不超过 6mg/L 时）便成为生物膜细菌再生长的限制因素。

c. 余氯对有机物消耗的影响

余氯能够影响生物膜细菌对有机物的消耗，进而影响生物膜细菌的再生长（见图 2.2-74）。对腐殖酸进行氯化能够破坏其碳化合物的芳香环，生成典型的低分子量、易生物降解的卤乙酸、二羧酸和 α-氯代丙酸。该过程有利于生物膜细菌对有机物质的利用，从而促进细菌的生长。如图 2.2-75 所示，COD_{Mn} 消耗量曲线的趋势与生物膜细菌再生长曲线（见图 2.2-72）的趋势相类似，但两者之间仍有一些区别。由图 2.2-72 可以看出，B2 管道的生物膜细菌总数在二次加氯后 2~12h 期间高于 B1 管道，而这个时期 B2 管道中 COD_{Mn} 的消耗量却始终低于 B1 管道中 COD_{Mn} 的消耗量。这一问题同样也出现在 B3 管道与 B4 管道中，B4 管道的生物膜细菌总数在二次加氯后 4~14h 期间高于 B1 管道，而同时期 B4 管道中 COD_{Mn} 的消耗量却低于 B3 管道中 COD_{Mn} 的消耗量。此现象可以说明，余氯含量较高的管道中（不超过 0.2mg/L），生物膜细菌并不是唯一的有机物消耗者。因而高余氯环境中（二次加氯剂量为 0.2mg/L）的有机物消耗量高于低余氯环境中（二次加氯剂量为 0.1mg/L）的有机物消耗量。但是，余氯对有机物质只起到分解作用，而不是将其转化为自身组成物质，因此有机物的最终消耗者仍是生物膜细菌。从图 2.2-75 中可以发现，B1 管道与 B3 管道中 COD_{Mn} 的消耗量仅在其余氯含量较高时高于 B2 管道与B4 管道，随着余氯含量的衰减，B2 管道与 B4 管道中的 COD_{Mn} 消耗量随着二次加氯时间的延长逐渐超过了 B1 管道与 B3 管道，并保持此趋势直至试验结束。上述分析结果可以说明，余氯对生物膜细菌再生长的抑制作用优于其对有机物质的分解作用。

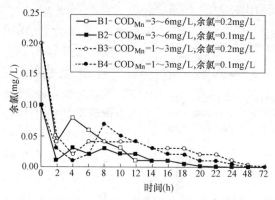

图 2.2-74　二次加氯后的余氯衰减规律

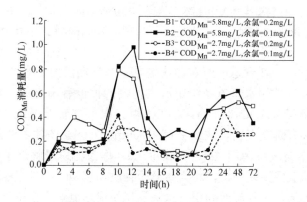

图 2.2-75　COD_{Mn} 消耗量变化规律

② 二次加氯对生物膜菌群特征的控制作用

a. 对生物膜菌群结构的控制作用

二次加氯消毒前后，门水平下的菌群类别几乎没有变化，但是主要菌门所占的比例有明显改变。二次加氯后各管道中的最优势菌门均为变形菌门（Proteobacteria）（主要包含2 个菌纲，即 α 变形菌（α-proteobacteria）和 β 变形菌（β-proteobacteria）），在 B1～B4管道中分别占所检出序列的 98.27%、96.8%、96.98% 和 97.61%（见图 2.2-76，此图仅列出相对丰度超过 1% 的菌门，图中 4 种优势菌门共占所检出序列的 99.68% 以上，B1～B4 管道分别检出序列 32532 条、43375 条、25702 条和 27671 条）。不论有机物浓度高低（COD_{Mn} 浓度不超过 6mg/L），二次加氯后变形菌门（Proteobacteria）的比例均表现出了明显的增加。但是，4 个管道中 α 变形菌（α-proteobacteria）与 β 变形菌（β-proteobacteria）的比例却有很大的转变。α 变形菌（α-proteobacteria）为 B1 管道、B2 管道与 B4 管道中的第一优势菌纲，分别占所检出序列的 96.84%、96.41% 与 96.72%，而它在 B3 管道中为第二优势菌纲，仅占所检出序列的 40.5%。左丹等人曾研究发现，利用次氯酸钠对长时间运行的建筑二次供水管道进行消毒后，在管壁内鉴定出了 2 种 α 变形菌（α-proteobacteria）和 1 种 β 变形菌（β-proteobacteria）。有研究表明，α 变形菌（α-proteobacteria）在实际饮用水管道系统的微生物群落中所占比例最大。β 变形菌（β-proteobacteria）为 B3 管道中的第一优势菌纲，占所检出序列的 55.87%，而它在其他 3 个管道中都只占极少的比例（均不到所检出序列的 0.5%）。

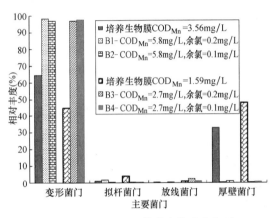

图 2.2-76   B1～B4 管道生物膜中主要
菌门的相对丰度

试验还发现厚壁菌门（Firmicutes）在二次加氯消毒前占有很高的比例，但二次加氯消毒后几乎未检测到其存在，尤其是在低有机物浓度及高余氯含量氯化消毒后的生物膜中。Sun 等人研究发现地表水中厚壁菌门（Firmicutes）的数量多于地下水中该菌门的数量，同时他们还发现，COD_{Mn} 浓度与厚壁菌门（Firmicutes）数量呈相关关系。拟杆菌门（Bacteroidetes）与放线菌门（Actinobacteria）在所有样品中均占很小的比例。放线菌门（Actinobacteria）在 B3 管道与 B4 管道中分别只检测到 2.35% 与

1.16%，其在 B1 管道与 B2 管道中所占的比例更少，分别仅为 0 和 0.37%。关于放线菌门（Actinobacteria）在饮用水管道系统中所占比例的报道有高有低，本试验中所检测出的结果显示，放线菌门（Actinobacteria）在模拟二次供水管道系统用水闲时的条件下，所占比例属于偏低。有研究表明，放线菌门（Actinobacteria）对多种污染物质有生物降解作用。Shen 等人曾将放线菌门（Actinobacteria）作为淀粉水解微生物应用于 FISH 技术以分析水样。腐殖酸同淀粉一样，均为高分子物质，需要先经过生物降解作用将其转化为单体后才能被异养菌作为碳源所利用。这一发现能很好地解释本试验中生物膜细菌再生长的部分现象。在图 2.2-76 中，尽管 B3 管道中余氯含量高于 B4 管道，但 B3 管道中生物膜细菌在再生长过程中有部分时期的生长速率超过了 B4 管道，这可能是因为 B3 管道生物膜中所含放线菌门（Actinobacteria）的比例高于 B4 管道。

在属水平下，本试验分别在 B1～B4 管道中检测出了 44 种、148 种、48 种和 132 种细菌菌属，各管道生物膜中仅有极少数 DNA 序列为未培养菌属，分别为 0.03%、0.35%、0.21% 及 0.22%。本研究主要检测出 11 种菌属，约占各生物膜样品总检测序列的 95.6% 以上（见表 2.2-6）。

在不同有机物浓度和不同余氯含量的管道中，生物膜菌属种类有明显区别。在高 COD_{Mn} 浓度条件下（不超过 6mg/L），B1 管道中的生物膜优势菌属为新鞘脂菌属（Novosphingobium），占可识别菌属的 84.89%；B2 管道中的生物膜优势菌属为芽单胞菌属（Blastomonas），占可识别菌属的 95.06%。同时，本研究还发现，在低 COD_{Mn} 浓度条件

B1～B4 管道生物膜中主要菌属比例（%）　　　　　　表 2.2-6

属	Class	B1 管道	B2 管道	B3 管道	B4 管道
芽单胞菌属（Blastomonas）	α变形菌（α-proteobacteria）	6.72	95.06	0.04	0.02
柄杆菌属（Caulobacter）	α变形菌（α-proteobacteria）	—	0.01	35.27	—
甲基杆菌属（Methylobacterium）	α变形菌（α-proteobacteria）	—	0.02	0.01	90.64
新鞘脂菌属（Novosphingobium）	α变形菌（α-proteobacteria）	84.89	0.28	0.91	5.8
根瘤菌属（Rhizobium）	α变形菌（α-proteobacteria）	—	0.03	3.68	0.01
鞘脂菌属（Sphingobium）	α变形菌（α-proteobacteria）	2.81	0.03	—	—
鞘氨醇盒菌属（Sphingopyxis）	α变形菌（α-proteobacteria）	2.12	—	—	—
微囊藻毒素降解菌属（Paucibacter）	β变形菌（β-proteobacteria）	—	—	55.04	0.01
假单胞菌属（Pseudomonas）	γ变形菌（γ-proteobacteria）	1.37	0.03	0.26	0.03
红球菌属（Rhodococcus）	放线菌（Actinobacteria）	—	0.14	0.01	1.07
小石球菌属（Lapillicoccus）	放线菌（Actinobacteria）	—	—	1.09	—

注："—"表示未检出。

下（不超过 3mg/L）的生物膜优势菌属分别为微囊藻毒素降解菌属（Paucibacter）和甲基杆菌属（Methylobacterium），各占 55.04% 和 90.64%。鞘脂菌属（Sphingobium）仅在 B1 管道与 B2 管道生物膜中可检测到，微囊藻毒素降解菌属（Paucibacter）仅在 B3 管道与 B4 管道生物膜中可检测到。假单孢菌属（Pseudomonas）更易在较高余氯含量环境中（不超过 0.2mg/L）生长，该菌属为世界卫生组织公布的机会致病菌之一。Vaz-Moreira 等人研究发现，芽单胞菌属（Blastomonas）为消毒后水中的常见菌属。芽单胞菌属（Blastomonas）与甲基杆菌属（Methylobacterium）都具有细菌共聚能力。细菌共聚可加快芽单胞菌属（Blastomonas）的生长速率。这一研究发现能很好地解释本试验中 B2 管道生物膜具有较高的再生长速率与细菌总数的现象（见图 2.2-76）。另一方面，有研究证明，新鞘脂菌属（Novosphingobium）可降解挥发性混合物，如乙酸苯乙酯。柄杆菌属（Caulobacter）可利用五氯苯酚、对羟基苯甲酸丁酯、苯酚或苯甲酸盐作为单一碳源供其自身生长。微囊藻毒素降解菌属（Paucibacter）属于伯克氏菌目（Burkholderiales）。国外一些研究者曾在实验室采用的回转式反应器中发现过与微囊藻毒素降解菌属（Paucibacter）相类似的微生物。

b. 对生物膜菌群多样性的控制作用

本研究应用 Venn 图表示对检测序列进行相似度 97% 的类聚结果，以反映不同时期各管道中生物膜菌群多样性的差异（见图 2.2-77）。B1～B4 管道生物膜中的菌种 OTUs 数量在反应 72h 时分别为 595 个、1084 个、599 个及 574 个。B1 管道与 B2 管道生物膜有 97 个相同 OTUs，B3 管道与 B4 管道生物膜有 85 个相同 OTUs。说明高 COD$_{Mn}$ 浓度环境中拥有更多的 OTUs，即生物膜菌群种类更多。B1 管道与 B3 管道生物膜有 60 个相同 OTUs，B2 管道与 B4 管道生物膜有 106 个相同 OTUs。说明低余氯含量环境中拥有更多的 OTUs，即生物膜菌群种类更多。测序结果显示，在 B1 管道与 B2 管道生物膜中检测到的 63 个 OTUs 在 B3 管道与 B4 管道生物膜中均未检出，在 B3 管道与 B4 管道生物膜中检测到的 16 个 OTUs 在 B1 管道与 B2 管道生物膜中均未检出，在 B1 管道与 B3 管道生物膜中检测到的 29 个 OTUs 在 B2 管道与 B4 管道生物膜中均未检出，在 B2 管道与 B4 管生物膜中检测到的 34 个 OTUs 在 B1 管道与 B3 管道生物膜中均未检出。说明在所有检测出的生物膜细菌中，有 63 种仅能适应高 COD_{Mn} 浓度环境（3～6mg/L），有 16 种仅能适应低 COD_{Mn} 浓度环境（0～3mg/L），有 29 种仅能在高余氯含量环境（不超过 0.2mg/L）中生长，有 34 种仅能在低余氯含量环境（0～0.1mg/L）中生长。

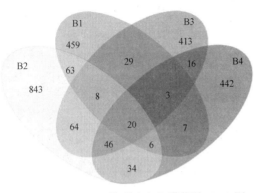

图 2.2-77　B1～B4 管道中生物膜菌群 Venn 图

分析各管道生物膜样品的 Alpha 多样性（见表 2.2-7），进一步对比分析 4 个管道环境中生物膜的菌群多样性。如表 2.2-7 所示，试验中 B1～B4 管道的 Shannon 指数分别为 1.3426、1.8179、1.0192 和 1.6204，说明 B2 管道的菌群多样性高于 B1 管道，B4 管道的菌群多样性高于 B3 管道。B1 管道与 B3 管道的菌群多样性相近，B2 管道与 B4 管道的菌群多样性相近，这说明有机物浓度对生物膜菌群多样性没有明显的影响。B2 管道与 B4 管道生物膜的 Chao 指数和 ACE 指数都分别高于 B1 管道与 B3 管道的相应值，出现这一结果的原因可能是 B2 管道与 B4 管道的进水中余氯含量较低，对生物膜细菌的抑制作用较小。B2 管道生物膜的 Chao 指数和 ACE 指数都分别高于 B4 管道，可能是因为 B2 管道进水中 COD_{Mn} 浓度较高，能够为细菌的生长提供充足的营养。

B1～B4 管道生物膜样品 Alpha 多样性　　表 2.2-7

样品名称	Alpha 多样性			
	Chao	ACE	Shannon	Simpson
B1	1909.5690	3450.8633	1.3426	0.6070
B2	2984.8898	5082.3991	1.8179	0.4260
B3	1966.1857	4251.0039	1.0192	0.7061
B4	2155.9811	4881.7728	1.6204	0.3852

2）生物膜动态再生长规律研究

建筑二次供水管道系统为城市供水系统的末端，自来水自水厂到达用户前要途经长距离的输水管线，水在市政管网中已停留数小时甚至是数日。此时水中余氯已经出现大幅度降低，残留的细菌可能已生长繁殖，同时，水在长距离市政管网中也可能会受到二次污染，从而影响水质。部分水厂针对这个问题采取了加大投氯量的方法，以控制长距离市政管网中细菌的再生长。但是，由于管网中仍存在少量的有机物，大量的余氯与有机物长时间接触，会生成高浓度消毒副产物，降低龙头水水质及生物安全性。如何准确投加氯消毒剂和控制水中余氯量是二次消毒仍需解决的问题。

通过模拟动态建筑二次供水管道系统，以实验室模拟培养的管道生物膜为研究对象，考察不同有机物浓度及二次加氯剂量的连续进水对管道生物膜细菌和水中脱落生物膜细菌的灭活效果，分析了生物膜细菌的菌群特征，为建筑二次供水二次安全消毒技术研究提供技术支持。

① 二次加氯对生物膜及水中细菌再生长的控制作用

试验用水余氯含量分别为 0.1mg/L 和 0.2mg/L，约为生物膜培养时期用水的 10 倍。

a. 二次加氯量对生物膜及水中细菌再生长的控制作用

1 号管道系统（R1 管道）与 2 号管道系统（R2 管道）中所用管壁生物膜相同，生物膜挂片放入 R1 管道与 R2 管道前，生物膜细菌总数为 2.4×10^4 CFU/cm^2；3 号管道系统（R3 管道）与 4 号管道系统（R4 管道）中所用管壁生物膜相同，生物膜挂片放入 R3 管道与 R4 管道前，生物膜细菌总数为 1.5×10^4 CFU/cm^2。持续二次加氯 5min 后对 R1～R4 管道的生物膜进行取样，检测生物膜细菌总数。如图 2.2-78 所示，二次加氯消毒 5min 时各生物膜细菌就已有明显灭活效果。R1～R4 管道中生物膜细菌总数分别降至 5×10^3 CFU/cm^2、1×10^4 CFU/cm^2、2×10^2 CFU/cm^2 和 2.4×10^2 CFU/cm^2，灭活率分别为 79.2%、58.3%、98.7% 和 98.4%。R2 管道中二次加氯量为 R1 管道中的 1/2，故在 0～5min 期间，R1 管道的灭活速率大于 R2 管道的灭活速率。0～5min 期间，R3 管道与 R4 管道生物膜细菌灭活速率几乎相同，说明在较低有机物浓度（COD$_{Mn}$＜3mg/L）条件下，二次加氯浓度对生物膜细菌灭活速率无明显影响。

二次加氯前的 R1～R4 管道出水细菌总数分别为 90CFU/mL、50CFU/mL、80CFU/mL 和 30CFU/mL。如图 2.2-79 所示，持续二次加氯 5min 后，R1～R4 管道出水细菌总数均显著增加，最高分别达到约 1×10^3 CFU/mL、8×10^2 CFU/mL、8×10^2 CFU/mL 和 5×10^2 CFU/mL，已大幅度超过《生活饮用水卫生标准》GB 5749—2006 规定的 100CFU/mL 限值。可以看出，经过持续二次加氯消毒后，R1 管道的生物膜脱落量最多，R1 管道与 R3 管道的生物膜脱落量分别比 R2 管道与 R4 管道高约 2×10^2 CFU/mL 和 3×10^2 CFU/mL，说明余氯含量对生物膜脱落程度的影响显著，较高的二次加氯量可以造成更大程度的生物膜脱落。在持续二次加氯 2h 后，R1 管道与 R3 管道的生物膜脱落现象开始有所减弱，脱落的生物膜数量开始呈下降趋势。在持续二次加氯后，R2 管道与 R4 管道生物膜脱落过程的持续时间更长，分别在 4h 和 8h 后才出现下降趋势。在持续二次加氯 10h 后，R1～R4 管道的出水细菌总数重新降至生活饮用水标准的限值以下，水质重新达标。此后直至 72h，R1～R4 管道出水细菌总数均符合标准规定的限值，且低于二次加氯前 R1～R4 管道出水细菌总数，最低分别为 72h 时检测到的 R1 管道 2CFU/mL、R2 管道 1CFU/mL、R3 管道 1CFU/mL、R4 管道 1CFU/mL。高有机物含量下生长的生物膜与低有机物含量下生长的生物膜相比，更易脱落。这可能与其生物膜密度较小有关，高有机物含量条件下生长的生物膜密度较小，生物膜较为松散，加氯后较易受到影响而脱落至水中。同时，此结果说明持续二次加氯消毒对出水细菌的再生长有抑制作用。对建筑二次供水管道进行二次加氯消毒虽然会导致管道出水短时间内的细菌总数超标，但最终对水中细菌的再生长是有抑制作用的。

b. 有机物浓度对生物膜再生长的控制作用

持续二次加氯 2h 时，二次加氯消毒对 R1 管道与 R2 管道中生物膜细菌仍有明显的灭活效果，但灭活速率与 0～5min 期间相比有所下降，相应的生物膜细菌总数分别降至 2.2×10^2 CFU/cm^2 和 7×10^2 CFU/cm^2，而 R3 管道与 R4 管道中生物膜细菌总数几乎无变化。这可能是因为开始试验时 R1 管道与 R2 管道中生物膜细菌总数较高，且培养该组生物膜时水中 COD$_{Mn}$ 浓度较高，使得生物膜密度较低，生物膜中细菌较为松散，因此二次加氯消毒对其有明显作用的时间较长。R3 管道与 R4 管道中所用生物膜为低 COD_{Mn} 浓度环境中所培养的，其生物膜密度较高，生物膜细菌结构较为密实，故二次加氯消毒在 5min～2h 期间对其无明显灭活效果。持续二次加氯 6h 后，R2 管道中生物膜细菌出现了再生长现象，此现象持续至 10h 后开始得到抑制。在 8～10h 期间，R1 管道中生物膜细菌也出现了再生长现象，但与 R2 管道相比较为不明显。R3 管道和 R4 管道中生物膜细菌总数始终处于较低水平。持续二次加氯 72h 后，各管道中生物膜细菌均出现了再生长现象，但 R1 管道与 R2 管道中生物膜细菌总数明显高于 R3 管道与 R4 管道，其中 R1 管道生物膜细菌总数约为 R3 管道的 2.4 倍，R2 管道生物膜细菌总数约为 R4 管道的 4 倍。此结果说明有机物浓度是影响生物膜细菌再生长的主要因素。

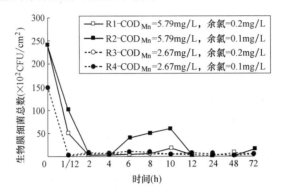

图 2.2-78　二次加氯对生物膜细菌总数的灭活效果

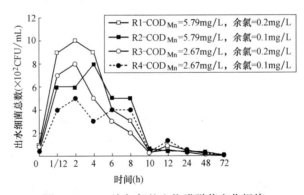

图 2.2-79　二次加氯的生物膜脱落变化规律

分别对比 R1 管道与 R3 管道、R2 管道与 R4 管道出水细菌总数的变化情况可以发现，持续二次加氯 2～4h 时，R1 管道出水细菌总数的降低速率明显小于 R3 管道，R2 管道出水细菌总数甚至有所增加。此结果可能是因为 R1 管道与 R2 管道进水中含有足够供细菌再生长的有机物，使得脱落下来的生物膜细菌出现了再生长现象。

c. 余氯对有机物消耗的影响

各管道系统采用连续流模式运行，R1 管道与 R3 管道进水二次加氯剂量为 0.2mg/L，R2 管道与 R4 管道进水二次加氯剂量为 0.1mg/L。每次取样时检测进水余氯含量，以保证各管道系统进水二次加氯剂量的准确有效。

图 2.2-80 所示为各管道系统出水中余氯含量。可以看出，持续二次加氯 5min 时，出

水余氯含量就有大幅度下降。不同二次加氯剂量的管道系统出水余氯含量比较接近，R1管道与R3管道出水余氯含量分别高于R2管道与R4管道的相应值。此时各管道系统出水余氯含量均已不满足标准规定的0.05mg/L限值。持续二次加氯2h时，只有R1管道出水余氯含量继续降低，其他3个管道系统出水余氯含量均有所回升，其中R3管道与R4管道均回升了近一倍。这可能是因为R1管道中持续二次加氯剂量较高，且试验开始时其生物膜细菌总数较高，故余氯对其作用时间较长。R3管道中持续二次加氯剂量较高，且二次加氯开始前其生物膜细菌总数较低，持续二次加氯5min时细菌就几乎都被灭活，故R3管道出水中余氯含量回升幅度最大。R1管道出水余氯含量在持续二次加氯4h时开始升高，并与其他3个管道系统出水余氯含量相接近。这与生物膜细菌的变化规律相一致。持续二次加氯4h时，4个管道系统中的生物膜细菌几乎都得到了有效的杀灭和抑制。二次加氯8h后，各管道系统出水余氯含量均有下降趋势。此时各管道系统中生物膜细菌也呈现出了再生长的趋势，出水细菌总数也都较高。持续二次加氯48h后，各管道系统出水余氯含量均相对稳定，此时生物膜细菌和出水细菌也都得到了稳定的抑制。

持续二次加氯初始阶段，各管道系统中生物膜细菌均被大量灭活，此阶段细菌对进水COD_{Mn}几乎无消耗。而由图2.2-81可知，持续二次加氯的前2h内，各管道系统出水COD_{Mn}浓度均有所降低，且R2管道出水COD_{Mn}浓度甚至为负值。此阶段对进水COD_{Mn}的消耗可能是水中余氯所引起的。Butterfield等人的研究表明，余氯对有机物具有分解作用。由于R2管道进水中COD_{Mn}浓度较高，二次加氯剂量较低，因此水中余氯对有机物的分解较少，部分有机物可能会吸附在生物膜表面，随着管道系统的运行，水流剪切力将吸附了有机物的生物膜一同冲入出水中，使得出水COD_{Mn}浓度高于进水COD_{Mn}浓度，即使得COD_{Mn}消耗量出现了负值。R1管道中余氯对有机物的分解作用最为明显，持续二次加氯至10h时，生物膜及水中细菌均无明显再生长，但COD_{Mn}消耗量却始终很高。R2管道中COD_{Mn}消耗量在6~12h期间相对较为稳定，此时生物膜细菌出现了短暂的再生长现象，水中余氯主要用于抑制生物膜细菌的再生长，因而对有机物的分解作用较为不明显。持续二次加氯24h后，各管道系统中生物膜细菌和水中细菌均已得到了有效的抑制，此时余氯主要用于分解进水中的有机物，故各管道系统中COD_{Mn}的消耗量较高。

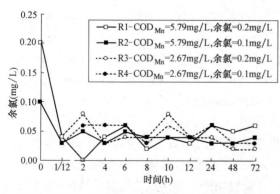

图2.2-80 不同管道中余氯含量的变化规律

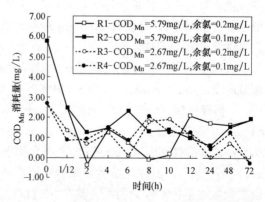

图2.2-81 不同管道中COD_{Mn}消耗量的变化规律

　　② 二次加氯对生物膜菌群特征的控制作用

　　水中的余氯对生物膜细菌的生长起到抑制作用。不同细菌对余氯的耐受程度不同，因而余氯对生物膜细菌的菌群结构也会起到一定的影响作用。

　　a. 对生物膜菌群结构的控制作用

　　试验运行稳定后，对各管道系统中生物膜及出水中的脱落生物膜进行宏基因组及 16S rDNA 测序，结果如图 2.2.82～图 2.2-84 所示。

　　在门水平下，各生物膜中的优势菌门主要有变形菌门（Proteobacteria）、厚壁菌门（Firmicutes）、酸杆菌门（Acidobacteria）、拟杆菌门（Bacteroidetes）、浮霉菌门（Planctomycetes）、硝化螺旋菌门（Nitrospirae）、疣微菌门（Verrucomicrobia）及放线菌门（Actinobacteria）。其中，R1 管道、R3 管道与 R4 管道生物膜中的第一优势菌门均为变形菌门（Proteobacteria），R2 管道生物膜中的第一优势菌门为厚壁菌门（Firmicutes），但与第二优势菌门变形菌门（Proteobacteria）所占的比例相差不多。变形菌门（Proteobacteria）在 R1 管道与 R3 管道生物膜中所占的比例分别高于其在 R2 管道与 R4 管道生物膜中的相应值，差值记为 V1，厚壁菌门（Firmicutes）在 R1 管道与 R3 管道生物膜中所占的比例分别低于其在 R2 管道与 R4 管道生物膜中的相应值，差值记为 V2，V1 与 V2 近乎相同。同样地，疣微菌门（Verrucomicrobia）在 R1 管道与 R3 管道生物膜中所占的比例分别高于其在 R2 管道与 R4 管道生物膜中的相应值，且差值达到一倍之多。拟杆菌门（Bacteroidetes）在 R1 管道与 R2 管道生物膜中所占的比例低于其在 R3 管道与 R4 管道生物膜中的相应值近一倍。酸杆菌门（Acidobacteria）、浮霉菌门（Planctomycetes）、硝化螺旋菌门（Nitrospirae）和放线菌门（Actinobacteria）在各管道系统生物膜中所占比例无明显区别。

　　持续二次加氯 72h 时，在门水平下检测各管道系统出水口处的脱落生物膜优势菌种。出水脱落生物膜中主要优势菌门的种类与生物膜挂片中的优势菌门相同。各管道系统出水脱落生物膜中的变形菌门（Proteobacteria）均比相应生物膜挂片中的数量大幅度增加。这可能是因为出水中余氯的含量极少，且仍有部分有机物存在可供微生物生长。这说明变形菌门（Proteobacteria）生长所需条件较低，少量有机物即可供其生长且生长速率较快。此外，拟杆菌门（Bacteroidetes）在 R1 管道与 R2 管道脱落生物膜中也出现了少量的增加，浮霉菌门（Planctomycetes）在 R2 管道与 R4 管道脱落生物膜中的数量有所增加。此结果说明高有机物含量条件下，脱落生物膜中的拟杆菌门（Bacteroidetes）可恢复生长，低余氯含量对浮霉菌门（Planctomycetes）活性的抑制作用较弱。其他优势菌门的再生长在本试验设置的 4 种条件下均得到了较明显的抑制。

　　在属水平下，4 种生长环境中的生物膜优势菌属主要有鞘脂菌属（*Sphingobium*）、鞘氨醇盒菌属（*Sphingopyxis*）、根瘤菌属（*Rhizobium*）、新鞘脂菌属（*Novosphingobium*）、柄杆菌属（*Caulobacter*）、芽单胞菌属（*Blastomonas*）、甲基杆菌属（*Methylobacterium*）、芽单胞菌属（*Gemmatimonas*）、硝化螺菌属（*Nitrospira*）、芽孢杆菌属（*Bacillus*）。芽孢杆菌属（*Bacillus*）是各管道管壁生物膜中的绝对优势菌属，其相对丰度在 15.55%～30%，其他优势菌属相对丰度均在 5% 以下。芽孢杆菌属（*Bacillus*）的相对丰度受余氯含量影响较为明显，其在 R2 管道与 R4 管道中的相对丰度分别高于其在 R1 管道与 R3 管道中的相应值约 1/3。鞘脂菌属（*Sphingobium*）的相对丰度也受余氯含量影响，

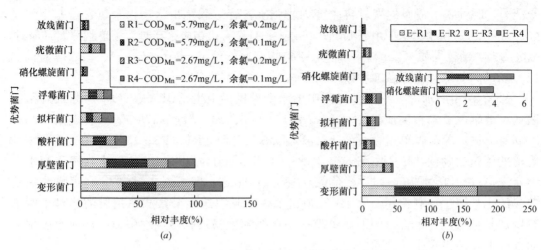

图 2.2-82 各管道系统中主要菌门的相对丰度
(a) 生物膜中优势菌门; (b) 出水中优势菌门

但不是很明显。甲基杆菌属 (*Methylobacterium*) 在高余氯含量下的相对丰度显著高于其在低余氯含量下的相应值,且在 COD_{Mn} 浓度较高时,相对丰度的差值更大。这可能是因为余氯对有机物有分解作用,可将有机物分解为更利于甲基杆菌属 (*Methylobacterium*) 利用的小分子有机物,从而促进其生长。其他优势菌属在本试验的 4 种管道系统中表现出的差异性较小。

在各管道系统出水累积脱落生物膜中,芽孢杆菌属 (*Bacillus*)、硝化螺菌属 (*Nitrospira*)、芽单胞菌属 (*Gemmatimonas*)、甲基杆菌属 (*Methylobacterium*) 及根瘤菌属 (*Rhizobium*) 的再生长都得到了较好的抑制,而芽单胞菌属 (*Blastomonas*)、柄杆菌属 (*Caulobacter*)、新鞘脂菌属 (*Novosphingobium*)、鞘氨醇盒菌属 (*Sphingopyxis*) 及鞘脂菌属 (*Sphingobium*) 均出现了不同程度的再生长现象,其中鞘脂菌属 (*Sphingobium*) 的再生长最为明显。这说明前 5 个菌属的生长速率较慢,被余氯灭活后不易恢复生

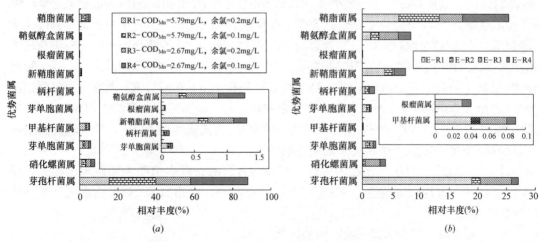

图 2.2-83 各管道系统中主要菌属的相对丰度
(a) 生物膜中优势菌属; (b) 出水中优势菌属

长能力，而后 5 个菌属的恢复再生能力较强。各管道系统出水中，余氯含量基本不足 0.05mg/L。这说明当水中余氯低于 0.05mg/L 且有有机物质存在时，芽单胞菌属（*Blastomonas*）、柄杆菌属（*Caulobacter*）、新鞘脂菌属（*Novosphingobium*）、鞘氨醇盒菌属（*Sphingopyxis*）及鞘脂菌属（*Sphingobium*）便可以生长。

图 2.2-84 所示为本研究中检测出的 4 个被世界卫生组织（WTO）列为致病菌的菌属，分别是不动杆菌属（*Acinetobacter*）、军团菌属（*Legionella*）、黄杆菌属（*Flavobacterium*）以及假单胞菌属（*Pseudomonas*），其中 R1、R2、R3、R4 分别为 4 种管道的管壁生物膜，E-R1、E-R2、E-R3、E-R4 分别为出水中的脱落生物膜。当水中 COD$_{Mn}$ 浓度不超过 6mg/L 时，余氯含量为 0.1mg/L 即可对上述 4 个致病菌致病菌菌属的生长产生抑制作用。除 R1 管道出水生物膜中这 4 个致病菌菌属的相对丰度稍有增加外，其他 3 个管道中的 4 个致病菌菌属随生物膜脱落至水中后，相对丰度都大幅度降低，即无再生长现象。

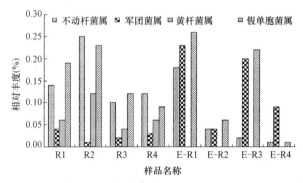

图 2.2-84　各管道系统中致病菌的相对丰度

b. 对生物膜菌群多样性的控制作用

分析各管道的管壁生物膜及出水脱落生物膜样品的 Alpha 多样性（见表 2.2-8），对比分析不同环境中生物膜的菌群多样性。如表 2.2-8 所示，试验中 R1～R4 管道的 Shannon 指数分别 4.58、4.80、4.36 和 4.98，即 R2 管道与 R4 管道的 Shannon 指数分别高于 R1 管道与 R3 管道，说明 R2 管道的菌群多样性高于 R1 管道，R4 管道的菌群多样性高于 R3 管道。R1 管道与 R3 管道、R2 管道与 R4 管道的 Shannon 指数分别相近，表明有机物浓度对生物膜菌群多样性没有明显的影响。这一结果与前述的试验结果相一致。R2 管道与 R4 管道生物膜的 Chao 指数和 ACE 指数都分别高于 R1 管道与 R3 管道的相应值，可能是因为 R2 管道与 R4 管道进水中余氯含量较低，对生物膜细菌的抑制作用较小。R2 管道生物膜的 Chao 指数高于 R4 管道，可能是因为 R2 管道进水中 COD$_{Mn}$ 浓度较高且余氯含量较低，能够为细菌的生长提供较适宜的环境。

各管道系统出水脱落生物膜的多样性规律与各自的管壁生物膜多样性规律相似，即 R2 管道与 R4 管道出水脱落生物膜的多样性分别高于 R1 管道与 R3 管道出水脱落生物膜的生物多样性。

（3）AOT 消毒技术的消毒及除污染效能

1）AOT 消毒技术的消毒效能

① 二次供水的水质变化特性

R1～R4 管道管壁及出水脱落生物膜样品 Alpha 多样性　　表 2.2-8

样品名称	Alpha 多样性			
	Chao	ACE	Shannon	Simpson
R1	895.51	922.49	4.58	0.05
R2	938.56	936.29	4.80	0.03
R3	915.16	918.12	4.36	0.06
R4	921.75	946.75	4.98	0.05
E-R1	1136.32	1196.81	4.89	0.03
E-R2	1036.33	1043.51	4.78	0.03
E-R3	1044.26	1059.53	5.09	0.02
E-R4	1025.19	1023.79	4.74	0.03

　　市政供水在二次供水过程中由于水力停留时间的增加，会导致水质变差。市政供水在通过供水管网过程中，由于受到管网腐蚀、生物膜生长等影响，水质已经逐渐变差，常见管网出水水质浑浊、余氯含量降低、微生物繁殖、色度高等现象。在进入二次供水设施后，由于缺乏清洁及维护，水箱内壁微生物繁殖、水箱容积设计不合理导致水箱内水滞留等状况时有发生，水质会继续恶化，威胁用户用水安全。因此，本部分内容主要考察水力停留时间对水中有机物、余氯含量及微生物生长的影响。

　　a. 有机物变化特点

　　《二次供水设施卫生规范》GB 17051—1997 中规定，二次供水水箱容积设计不得超过用户 48h 的用水量。试验取 10L 市政供水置于水箱中，水箱经过清洁消毒后使用，盖上水箱盖以保证无外源污染物。通过增加放置时间来模拟不同水力停留时间的二次供水。在 0～48h 内检测 UV_{254}、DOC 的变化，考察水力停留时间对水中有机物的影响。得到结果如图 2.2-85～图 2.2-87 所示。

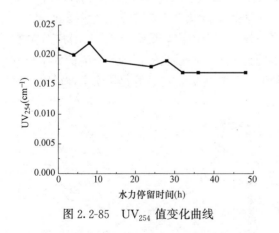
图 2.2-85　UV_{254} 值变化曲线

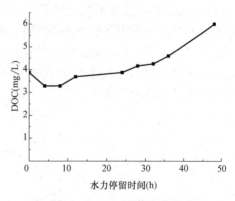
图 2.2-86　DOC 值变化曲线

　　图 2.2-85 所示为水力停留时间 0～48h 内 UV_{254} 值的变化情况。可以看出，UV_{254} 值呈持续降低的趋势，但在水力停留时间 0～48h 内数值降低程度较小，水力停留时间为 48h 时由初始的 $0.021cm^{-1}$ 降低为 $0.017cm^{-1}$，仅降低了 19.0%。UV_{254} 值反映的是水中含共轭双键或苯环的腐殖质类大分子有机物的含量。随着水力停留时间的增加，UV_{254}

值逐渐减小，这可能是由于水中余氯具有氧化作用，部分大分子有机物逐渐被氧化成了小分子有机物，因此 UV$_{254}$ 值逐渐降低。

图 2.2-86 所示为水力停留时间 0～48h 内 DOC 值的变化情况。可以看出，DOC 值呈现先降低后升高的趋势；在水力停留时间 0～8h 内，DOC 值持续降低，由初始的 3.809mg/L 逐渐降低至 3.244mg/L；在水力停留时间 8～12h 内，DOC 值呈现持续增长趋势，但增长速率较慢，并且 DOC 值仍低于初始值；在水力停留时间 24～48h 内，DOC 值继续增长并高于初始值，在 48h 时 DOC 值达到 5.964mg/L，增长了 56.6%。

图 2.2-87 所示为水力停留时间 0～48h 内 SUVA 值的变化情况。SUVA 值可以反映水中有机物亲疏水性的特性。水中 SUVA 值越高，代表水中大分子、疏水性有机物比例越大，而亲水性有机物比例越小；反之，则代表水中疏水性有机物比例越小，而亲水性有机物比例越大。从图 2.2-87 中可以看出，在水力停留时间 0～48h 内，水中 SUVA 值先增长后降低。SUVA 初始值为 0.546L/(mg·m)；在水力停留时间 0～8h 内，SUVA 值持续增长，在 8h 时增长到 0.672L/(mg·m)；在水力停留时间 8～48h 内，SUVA 值开始转为持续降低，SUVA 值与水力停留时间呈现良好的线性相关性，在 48h 时降低至 0.284L/(mg·m)。SUVA 值的变化曲线反映了水中部分不溶解有机物被氧化成溶解的疏水性大分子有机物，导致 SUVA 值逐渐增加；随后疏水性大分子有机物被氧化成亲水性小分子有机物，导致 SUVA 值渐渐降低。结合 UV$_{254}$ 和 DOC 值的变化曲线可以看出，随着水力停留时间的增加，水中的溶解性小分子有机物比例逐渐增加，水质逐渐恶化。

b. 余氯衰减及微生物增长特性

a）余氯衰减特性

取 10L 市政供水置于清洁水箱中，当余氯耗尽后，投加次氯酸钠进行补充消毒，模拟二次供水余氯衰减，得到结果如图 2.2-88 所示。可以看出，初始余氯含量为 0.25mg/L 时，水力停留时间超过 36h 后余氯含量＜0.05mg/L；在水力停留时间为 48h 时，余氯含量为 0mg/L。余氯含量在 0.13～0.25mg/L 范围内，余氯衰减速率较快；余氯含量在 0～0.13mg/L 范围内，余氯衰减速率有所降低，可见余氯衰减速率随余氯含量降低而减小，这与唐峰的给水管网中余氯消耗特性研究结果一致。可以看出，要维持 48h 内水箱中二次供水余氯含量大于 0.05mg/L 仍需要补投更多的消毒剂，但过高的消毒剂量会造成用户龙头水的气味过大等感官不适，也可能会出现消毒副产物生成量过高等化学安全性风险，因此采用物理消毒技术是非常必要的。

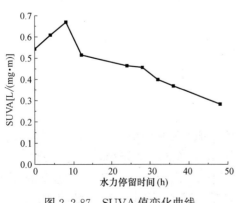

图 2.2-87 SUVA 值变化曲线

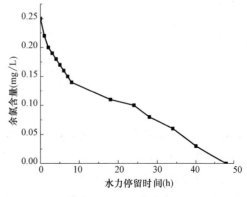

图 2.2-88 余氯衰减曲线

b）微生物增长特性

图 2.2-89 和图 2.2-90 所示分别为二次供水余氯含量为 0mg/L 后，细菌总数与总大肠菌群数的增长曲线。从图 2.2-89 中可以看出，在余氯含量为 0mg/L 后的 0～12h 内，细菌总数增长较为缓慢，这与谈勇的研究结果有所不同，可能是由于本试验中所用水箱是经过清洁消毒后使用，并且有水箱盖接近密封，与空气中微生物接触较少，因此在余氯耗尽后 12h 内微生物难以大量繁殖。在 11h 时细菌总数达到 160CFU/mL，超过 100CFU/mL，不满足《生活饮用水卫生标准》GB 5749—2006 的规定；在余氯含量为 0mg/L 后的 12～24h 内，细菌总数增长速率逐渐加快，在 24h 时细菌总数已多达 2×10^5CFU/mL。图 2.2-90 中总大肠菌群数增长曲线与细菌总数相类似，在余氯含量为 0mg/L 后的 0～12h 内增长较缓慢，随后的 12～24h 内增长速率则逐渐加快，在 24h 时总大肠菌群数达到 1×10^3CFU/mL。

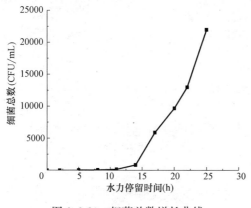

图 2.2-89　细菌总数增长曲线

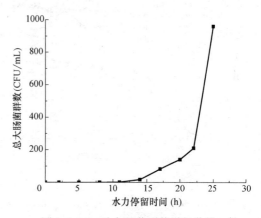

图 2.2-90　总大肠菌群数增长曲线

可以看出，当市政管网出水余氯含量较低时，进入二次供水水箱后饮用水的生物安全性会逐渐降低，在余氯耗尽后 11h 内微生物就会超过饮用水水质标准要求。而实际二次供水过程中，由于水箱清洁不及时和外源污染物进入，水箱内壁常有生物膜繁殖，余氯衰减速率会加快，微生物繁殖速率也会大幅度提高，饮用水生物安全性难以保障。因此，采用有效的消毒措施是必要的。

② AOT 消毒技术的消毒效能

试验用水取自某大学实验室的市政供水，放置 48h 以上以模拟微污染二次供水水质，保证余氯含量消耗至 0mg/L 且出现不同程度的微生物生长，细菌总数为 5700～13000CFU/mL、总大肠菌群数为 56～390CFU/mL。UV/TiO_2 消毒试验采用动态运行方式，通过增加消毒周期来延长消毒时间。试验流量分别采用 $0.1m^3/h$、$0.2m^3/h$、$0.3m^3/h$、$0.4m^3/h$ 和 $0.5m^3/h$，对应的消毒时间分别为 10.8s、5.4s、3.6s、2.7s 和 2.16s。在完成每个消毒周期后，取样检测水中的细菌总数与总大肠菌群数，然后再进行下一个消毒周期的试验。UV 消毒试验采用与 UV/TiO_2 消毒试验相同的试验方式和运行参数，进行平行对比。

a. 流量对消毒效果的影响

a）细菌总数灭活效果

图 2.2-91（a）为不同流量下 UV/TiO$_2$ 消毒的细菌总数灭活效果。可知，在 0.1m^3/h 流量时，1～4 个消毒周期的细菌总数灭活量呈现良好的线性关系，4～8 个消毒周期的细菌总数灭活量增加趋势均明显变缓，8～12 个消毒周期的细菌总数灭活量已基本处于稳定状态，达到了 3.5lg 左右。在 0.2～0.5m^3/h 流量时，细菌总数灭活量呈现持续增加的趋势，而且流量越大细菌总数灭活量增加趋势越缓慢，与 0.1m^3/h 流量的变化趋势有较明显差异；1～4 个消毒周期的细菌总数灭活量增加趋势较缓，只有 0.2m^3/h 流量的细菌总数灭活量与 0.1m^3/h 流量的类似；4～8 个消毒周期的细菌总数灭活量均呈现更缓的增加趋势，8～12 个消毒周期的细菌总数灭活量均基本处于稳定状态，但 0.2m^3/h 流量的细菌总数灭活量与 0.1m^3/h 流量的基本相同。

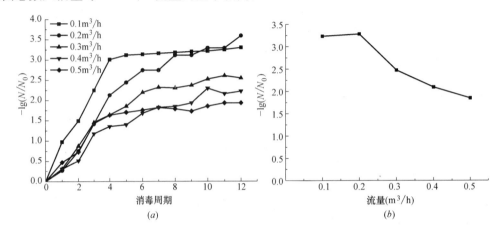

图 2.2-91　流量对 UV/TiO$_2$ 灭活细菌总数的影响
（a）不同流量下 UV/TiO$_2$ 的细菌总数灭活效果；（b）平均灭活量与流量的相关性

从总体来看，随着流量的增加，细菌总数灭活量不断降低；随着消毒周期的增加，细菌总数灭活量不断提高。在 0.1～0.2m^3/h 流量时，增加消毒周期可以达到相同的灭活量，而 0.3～0.5m^3/h 流量时的细菌总数灭活量则只能达到 1.9～2.6lg 范围，持续增加消毒周期也无法继续提高细菌总数灭活量。可见，保证必要的消毒时间是非常必要的，0.1～0.2m^3/h 流量的消毒时间为 5.4～10.8s，尽管每个消毒周期的消毒时间不同，但只要增加消毒周期就可以使细菌总数灭活量达到相同程度；而 0.3～0.5m^3/h 流量的消毒时间为 2.16～3.6s，持续增加消毒周期也无法继续提高细菌总数灭活量。

由于各流量下 8～12 个消毒周期时 UV/TiO$_2$ 消毒的细菌总数灭活量基本稳定，计算 8～12 个消毒周期的细菌总数灭活量平均值，可以得到图 2.2-91（b）的灭活量平均值与流量相关性图。可知，0.1～0.2m^3/h 流量下细菌总数灭活量平均值几乎相同，但 0.3～0.5m^3/h 流量下的 8～12 个消毒周期时细菌总数灭活量平均值随着流量的增加而降低，与 0.1～0.2m^3/h 流量下的灭活量平均值相差较大。可见，UV/TiO$_2$ 消毒器高效灭活细菌总数的临界接触时间在 5s 左右，这与 UV/TiO$_2$ 消毒器的形式和 UV/TiO$_2$ 灭活微生物的机理有关，可能是由于管道消毒器产生的羟基自由基（·OH）都在管壁附近，需要必要的扩散时间，同时微生物灭活也需要必要的 CT 值。由于 UV/TiO$_2$ 消毒基于光催化产生的·OH，增加·OH 浓度会提高消毒效率。随着光激发时间的增长，·OH 浓度会逐渐增加。单次消毒时间越长，产生的·OH浓度越高，催化氧化消毒时间也越长，使得微生物的消毒效果越好。

图2.2-92（a）为不同流量下UV消毒的细菌总数灭活效果。可知，在0.1～0.5m³/h流量时，1～6个消毒周期内细菌总数灭活量呈现良好的线性关系；6～12个消毒周期后，细菌总数灭活量的增加趋势均明显变缓，基本处于稳定状态。对比于0.2～0.5m³/h，0.1m³/h流量时的细菌总数灭活效果明显较好，出水的细菌总数灭活量在3.0～3.3lg范围，而0.2～0.5m³/h流量时，出水的细菌总数灭活量在2.0～2.7lg范围。

从总体来看，随着流量的增加，细菌总数灭活量不断降低；随着消毒周期的增加，细菌总数灭活量不断提高。由于各流量下6～12个消毒周期时UV消毒的细菌总数灭活量基本稳定，计算6～12个消毒周期的细菌总数灭活量平均值，可以得到图2.2-92（b）的灭活量平均值与流量相关性图。可以看出，随着流量的增加，细菌总数灭活量平均值呈降低趋势，但数值相差较小，0.1m³/h流量与0.5m³/h流量下的细菌总数灭活量平均值相差0.7lg。

对比两种消毒效果可以发现，流量对UV/TiO₂消毒的细菌总数灭活量影响更大。不同流量下UV/TiO₂消毒的细菌总数灭活量曲线差异较大，灭活量增加速率有明显差异；而UV消毒的细菌总数灭活量曲线较为接近，灭活量增加速率差异较小。在12个消毒周期后，UV/TiO₂消毒的细菌总数灭活量最高值与最低值分别为3.6lg与1.9lg，相差1.7lg；UV消毒的细菌总数灭活量最高值与最低值分别为3.2lg与2.2lg，相差1.0lg。通过对比还可以看出，UV/TiO₂消毒的细菌总数灭活量增加速率更高，灭活量达到稳定时需要的消毒周期更短。这可能与两种消毒的消毒机理不同有关。UV/TiO₂消毒通过紫外线照射可以直接灭活微生物，还通过光催化氧化产生·OH，更有效地灭活微生物，而UV消毒仅靠紫外线照射来灭活微生物，使得两种消毒微生物灭活效果有明显差异。

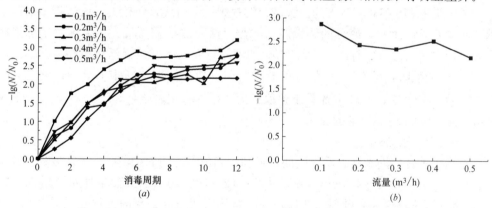

图2.2-92　流量对UV灭活细菌总数的影响
（a）不同流量下UV的细菌总数灭活效果；（b）平均灭活量与流量的相关性

b）总大肠菌群数灭活效果

图2.2-93和图2.2-94分别为不同流量下UV/TiO₂消毒和UV消毒的总大肠菌群数灭活量。由图2.2-93可知，在0.1～0.2m³/h流量下，总大肠菌群数灭活量呈现先快速增长后稳定的趋势；在0.3m³h～0.5m³/h流量下，1～12个消毒周期的总大肠菌群数灭活量呈现持续增加趋势，其中0.3m³/h与0.5m³/h流量下总大肠菌群数灭活量增长趋势较为接近；0.1～0.5m³/h流量下出水的总大肠菌群数灭活量在1.7～2.9lg范围。从总体

来看，随着流量的增加，总大肠菌群数灭活量不断降低；随着消毒周期的增加，总大肠菌群数灭活量不断提高。与细菌总数灭活量曲线不同的是，不同流量下总大肠菌群数灭活量增长规律差异较大。

由图 2.2-94 可知，在 $0.1 \sim 0.5 \mathrm{m}^3/\mathrm{h}$ 流量下，$1 \sim 3$ 个消毒周期的总大肠菌群数灭活量增加趋势较快；$3 \sim 12$ 个消毒周期的总大肠菌群数灭活量呈缓慢持续增长；出水的总大肠菌群数灭活量在 $1.1 \sim 2.0 \mathrm{lg}$ 范围。$0.1 \sim 0.5 \mathrm{m}^3/\mathrm{h}$ 流量下的总大肠菌群数灭活量增长规律类似，但 $0.1 \mathrm{m}^3/\mathrm{h}$ 流量下的总大肠菌群数灭活量明显高于其他流量下的总大肠菌群数灭活量。从总体来看，随着流量的增加，总大肠菌群数灭活量不断降低；随着消毒周期的增加，总大肠菌群数灭活量不断提高。

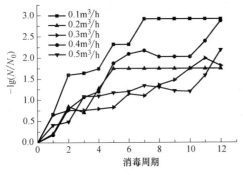

图 2.2-93　流量对 UV/TiO₂ 灭活总
大肠菌群数的影响

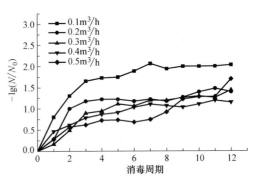

图 2.2-94　流量对 UV 灭活总
大肠菌群数的影响

对比两种消毒效果可以发现，流量对 UV/TiO₂ 消毒的总大肠菌群数灭活量影响更大。不同流量下 UV/TiO₂ 消毒的总大肠菌群数灭活量曲线差异较大，灭活量增加速率与数值有明显差异；而 UV 消毒的总大肠菌群数灭活量曲线较为接近，灭活量增加规律较为相似。通过对比还可以看出，UV/TiO₂ 消毒的总大肠菌群数灭活量更高。在不同流量下 12 个消毒周期时，UV/TiO₂ 消毒的总大肠菌群数灭活量均高于 UV 消毒的总大肠菌群数灭活量，其中在 $0.4 \mathrm{m}^3/\mathrm{h}$ 流量下差值最大，相差 $1.5 \mathrm{lg}$。

b. 消毒时间对消毒效果的影响

a）细菌总数灭活效果

通过增加消毒周期来延长消毒时间，得到不同消毒时间的细菌总数灭活效果及其拟合曲线，如图 2.2-95 和图 2.2-96 所示。由图 2.2-95 可知，随着消毒时间的增加，UV/TiO₂ 消毒的细菌总数灭活量不断增加，细菌总数灭活量与消毒时间的相关系数为 0.91。在 $0 \sim 50 \mathrm{s}$ 消毒时间内，细菌总数灭活量呈较快增长趋势；在 $50 \sim 70 \mathrm{s}$ 消毒时间内，细菌总数灭活量增长趋势较缓，细菌总数灭活量均大于 $3.0 \mathrm{lg}$；在 $60 \sim 140 \mathrm{s}$ 消毒时间内，细菌总数灭活量稳定在 $3.2 \sim 3.3 \mathrm{lg}$ 左右。UV/TiO₂ 消毒器出水的细菌总数为 $10 \sim 96 \mathrm{CFU}/\mathrm{mL}$，均满足《生活饮用水卫生标准》GB 5749—2006 的规定。

由图 2.2-96 可知，随着消毒时间的增加，UV 消毒的细菌总数灭活量不断增加，细菌总数灭活量与消毒时间的相关系数为 0.85，与 UV/TiO₂ 消毒效果相比，相关性较差。在 $0 \sim 30 \mathrm{s}$ 消毒时间内，细菌总数灭活量呈较快增长趋势；在 $30 \sim 60 \mathrm{s}$ 消毒时间内，细菌总数灭活量增长趋势较缓，细菌总数灭活量均大于 $2.0 \mathrm{lg}$；在 $60 \sim 140 \mathrm{s}$ 消毒时间内，细菌总数灭活量稳定在 2.9lg 左右；在 144s 最大消毒时间时，细菌总数灭活量达到 3.2lg。UV 消毒器出水的细菌总数均大于 100CFU/mL，不满足《生活饮用水卫生标准》GB 5749—2006 的规定。

对比图 2.2-95 和图 2.2-96 可知，UV/TiO_2 消毒的细菌总数灭活量达到稳定状态所需的消毒时间较长，但其消毒效果较好。在 50～70s 消毒时间内，UV/TiO_2 消毒的细菌总数灭活量已经达到 3.0lg 以上，而在 0～140s 消毒时间内，UV 消毒的细菌总数灭活量均低于 3.0lg，仅在消毒时间大于 140s 时达到了 3.0lg 以上。这种消毒效果的差异正是由于 UV 消毒与 UV/TiO_2 消毒灭活微生物机理的不同。UV 灭活微生物主要是因为微生物的核酸吸收高能量的紫外辐射产生光化学损害，阻止了 DNA 的复制与蛋白质的合成，从而使微生物死亡。而 UV/TiO_2 消毒中，·OH 通过对胞内 DNA 及细胞膜直接破坏，从而杀灭微生物并使之分解。

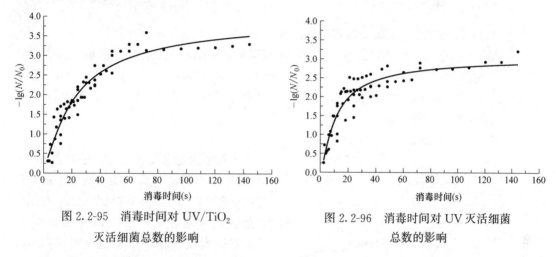

图 2.2-95　消毒时间对 UV/TiO_2 灭活细菌总数的影响　　　图 2.2-96　消毒时间对 UV 灭活细菌总数的影响

b）总大肠菌群数灭活效果

UV/TiO_2 消毒的总大肠菌群数灭活效果及其拟合曲线如图 2.2-97 所示。与细菌总数灭活量类似，随着消毒时间的增加，总大肠菌群数灭活量不断增加，总大肠菌群数灭活量与消毒时间的相关系数为 0.71。在 0～40s 消毒时间内，总大肠菌群数灭活量呈较快增长趋势；在 40～80s 消毒时间内，总大肠菌群数灭活量增长趋势较缓；在 80～144s 消毒时间内，总大肠菌群数灭活量呈稳定状态，总大肠菌群数灭活量达到 2.9lg。与细菌总数消毒效果相比，总大肠菌群数灭活量与消毒时间的相关性较差。

图 2.2-98 为 UV 消毒的总大肠菌群数灭活效果及其拟合曲线。总大肠菌群数灭活量随消毒时间的增加呈现持续增长的趋势，总大肠菌群数灭活量与消毒时间的相关系数为 0.71。在 0～40s 消毒时间内，总大肠菌群数灭活量呈略快增长趋势；在 40～144s 消毒时间内，总大肠菌群数灭活量增长趋势缓慢，基本呈稳定状态。

对比图 2.2-97 和图 2.2-98 可以看出，两种消毒的总大肠菌群数灭活量和消毒时间的相关程度类似。UV/TiO_2 消毒的总大肠菌群数灭活量较高，总大肠菌群数灭活量增加速率更快。UV 消毒的总大肠菌群数灭活量最大值为 2.0lg，而在 60～144s 消毒时间内，UV/TiO_2 消毒的总大肠菌群数灭活量均高于 2.0lg，其中总大肠菌群数灭活量最大达到 2.9lg。

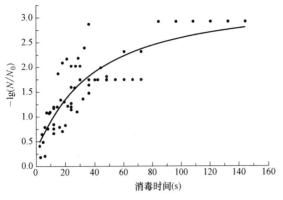

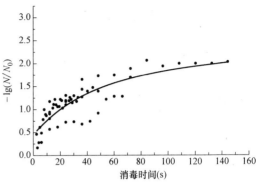

图 2.2-97   消毒时间对 UV/TiO$_2$ 灭活总
大肠菌群数的影响

图 2.2-98   消毒时间对 UV 灭活总
大肠菌群数的影响

③ AOT 消毒技术对余氯衰减特性的影响

分别采用静态试验与动态试验研究了两种消毒方式对水中余氯含量的影响。其中，静态试验采用紫外灯功率为 10W，磁力搅拌速率为 1000r/min，水样为 1L，投加 0.1gTiO$_2$，采用单独 UV 光照射作对照试验；动态循环试验采用流量 0.1m^3/h，同样采用 UV 动态循环试验作对照。

a. 余氯衰减机制

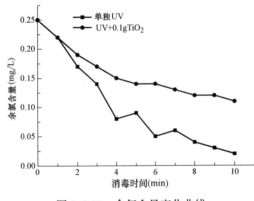

图 2.2-99   余氯含量变化曲线

在初始余氯含量为 0.25mg/L 条件下，取水样 1L 做静态烧杯试验，研究单独 UV 光照射和 UV 光照射下投加 0.1gTiO$_2$ 时对余氯含量的影响，结果如图 2.2-99 所示。可以看出，在消毒时间为 0～10min 内，余氯含量均大幅度降低。单独 UV 光照射时，余氯含量随着消毒时间的增加呈线性降低趋势，在消毒时间为 10min 时余氯含量降低至 0.02mg/L；余氯含量与消毒时间的相关系数为 0.89，对曲线进行拟合可以得到关系式 $y=0.22-0.023x$，其中 y 为余氯含量（mg/L），x 为消毒时间（min）。UV 光照射下投加 0.1g TiO$_2$ 时，余氯含量降低速率明显小于单独 UV 光照射时，在消毒时间为 10min 时，余氯含量仅降低至 0.11mg/L，是单独 UV 光照射时的 5.5 倍；余氯含量与消毒时间的相关系数为 0.87，对曲线进行拟合可以得到关系式 $y=0.22-0.013x$，其中 y 为余氯含量（mg/L），x 为消毒时间（min）。对比可以发现，单独 UV 照射时对余氯含量影响更大。这可能是由于两种消毒方式机制不同导致的。

b. 管道中余氯衰减特性

动态试验条件下模拟二次供水管道中消毒时水中余氯含量变化情况。在初始余氯含量为 0.25mg/L、流量为 0.1m^3/h 条件下，分别采用 UV/TiO$_2$ 和 UV 对二次供水进行消毒，余氯衰减曲线如图 2.2-100（*a*）所示。可以看出，余氯衰减曲线与消毒周期均有很好的相关性。两种消毒的余氯衰减速率有显著差异，UV 消毒时余氯衰减速率明显高于 UV/TiO_2 消毒。在 12 个消毒周期后，UV 消毒的余氯含量已降低至 0.07mg/L，而 UV/TiO_2 消毒的余氯含量仅降低至 0.14mg/L。与 UV 消毒相比，UV/TiO_2 消毒对水中余氯含量的影响明显较小。

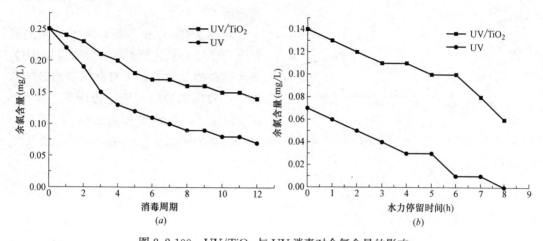

图 2.2-100 UV/TiO_2 与 UV 消毒对余氯含量的影响
(a) 余氯含量随消毒周期的变化；(b) 余氯含量随水力停留时间的变化

图 2.2-100 (b) 为图 2.2-100 (a) 的 UV/TiO_2 消毒与 UV 消毒完成后的余氯衰减曲线。可以看出，余氯衰减趋势类似，在 8h 内余氯含量均降低了 0.07~0.08mg/L。这与图 2.2-100 (a) 的余氯衰减曲线有显著差异，其余氯含量需要约 20h 才降低 0.07~0.08mg/L，余氯衰减速率加快了近 2 倍。可知，UV/TiO_2 消毒与 UV 消毒后，余氯的衰减速率发生了显著变化。这与张永吉、张一清等人的研究结果相一致，表明紫外光照射和光催化产生的·OH 易使水中的有机物性质发生改变，进而影响余氯衰减特性。

④ AOT 消毒系统的设置

在实际二次供水系统中，水箱的水力停留时间最长，可将 UV/TiO_2 消毒器安装在水箱出口处或管道上，采用单次消毒或循环消毒方式对二次供水进行微生物灭活。由于二次供水的用水量变化幅度大，需要考虑不同流量下（即不同消毒时间）的消毒效果。图 2.2-101 所示为不同流量下进行单次 UV/TiO_2 消毒时能将细菌总数灭活至达标（即 ≤100CFU/mL）的二次供水中细菌总数最大值。

由图 2.2-101 可知，随着流量的增加，能将水中细菌总数灭活至达标的细菌总数最大值逐渐降低，流量与细菌总数最大值呈现良好的相关性。可以看出，0.1m³/h 流量时的单次 UV/TiO_2 消毒可灭活达标的细菌总数最大值约为 950CFU/mL，0.5m³/h 流量时的单次 UV/TiO_2 消毒可灭活达标的细菌总数最大值约为 200CFU/mL。

2）AOT 消毒技术的除污染效能

① 有机物去除的反应机制

采用静态烧杯试验考察 UV/TiO_2 光催化氧化对水中 UV_{254}、DOC 的去除效能。试验用水为 0~48h 范围水力停留时间的二次供水，每次取水 1L。研究内容包括 TiO_2 纳米颗粒与 UV 光照射结合、单独 UV 光照射以及单独投加 TiO_2 纳米颗粒的试验条件下对有

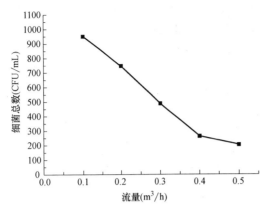

图 2.2-101   UV/TiO$_2$ 消毒的细菌总数最大值

机物的去除效能，以及 TiO$_2$ 投加浓度对 UV/TiO$_2$ 光催化氧化去除水中有机物效能的影响。

a. UV/TiO$_2$ 光催化氧化的有机物去除效能

对比了 TiO$_2$ 纳米颗粒与 UV 光照射结合、单独 UV 光照射以及单独投加 TiO$_2$ 纳米颗粒的试验条件下对有机物的去除效能。试验用水初始 UV$_{254}$ 范围为 $0.058\sim0.068\mathrm{cm}^{-1}$，DOC 范围为 $3.0\sim4.7\mathrm{mg/L}$。试验结果如图 2.2-102～图 2.2-104 所示。

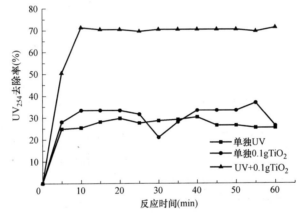

图 2.2-102   单独 UV、单独 0.1gTiO$_2$、UV+0.1gTiO$_2$ 对 UV$_{254}$ 的去除效能

图 2.2-102 所示为 3 种条件下对水中 UV$_{254}$ 的去除效能。可以看出，3 种条件下 UV$_{254}$ 均有一定的去除效果，并且随着反应时间的增加，UV$_{254}$ 的去除率呈不断增加的趋势。UV 光照射下投加 0.1gTiO$_2$ 时 UV$_{254}$ 的去除率在反应时间为 0～10min 内呈线性增长，反应时间为 10min 时 UV$_{254}$ 的去除率达到 71.3％；在反应时间为 10～60min 内 UV$_{254}$ 的去除率基本呈稳定状态，保持在 69.5％～71.3％范围内。单独 UV 光照射与单独投加 0.1gTiO$_2$ 时水中 UV$_{254}$ 的去除率趋势相类似，在反应时间为 0～5min 内去除率快速增加，在反应时间为 5～60min 内呈缓慢增长趋势。其中，单独投加 0.1g TiO$_2$ 时 UV$_{254}$ 的去除率较高，反应时间为 5min 时 UV$_{254}$ 的去除率为 28.0％，反应时间为 10min 时 UV$_{254}$ 的去除率达到 33.3％；而单独 UV 光照射时，反应时间为 5min 时 UV$_{254}$ 的去除率为 24.9％，反应时间为 10min 时 UV$_{254}$ 的去除率仅为 25.4％。

3 种条件下 UV$_{254}$ 去除率的差异可能是反应机理不同所导致的。单独投加 TiO$_2$ 纳米颗粒对水中的有机物去除靠其对有机物的吸附作用，在试验条件下 10min 达到吸附平衡。TiO$_2$ 吸附有机物的方式主要有四种，分别为通过氢键的化学吸附、通过 Ti-O 键的化学吸附、通过缩合反应的吸附和静电吸引。TiO$_2$ 吸附达到饱和状态即达到了最大吸附能力。单独投加 TiO$_2$ 纳米颗粒试验中，达到饱和状态时 UV$_{254}$ 的去除率达到 33.3％；在反应时间为 25～35min 内 UV$_{254}$ 的去除率出现波动，去除率有所降低，但随后即可恢复，这可能是由于磁力搅拌速率较高，水中波动较大，使部分有机物脱附导致 UV_{254} 的去除率降低，但这并不能改变 TiO_2 最大吸附能力，因此随后可以恢复到吸附平衡状态。

单独 UV 光照射则是利用的 UV 光的氧化作用，由图 2.2-102 可以得知，在反应时间为 15～60min 内 UV_{254} 的去除率基本保持不变。这可能是由于 UV 光对有机物的氧化能力有限，并不能将有机物完全氧化成 CO_2、H_2O 等无机物，而是将能被氧化的大分子有机物氧化成了不能被继续氧化的小分子有机物。

UV/TiO_2 光催化氧化技术结合了 UV 光氧化、TiO_2 纳米颗粒吸附以及光催化氧化三种形式的有机物去除效能，其中最主要的是光催化氧化产生的强化剂·OH 对水中有机物的氧化作用，可以将大分子有机物氧化成小分子有机物，甚至完全氧化成 CO_2、H_2O 和无机酸。因此，TiO_2 纳米颗粒与 UV 光照射结合时 UV_{254} 的去除率明显高于单独 UV 光照射和单独投加 TiO_2 纳米颗粒时的去除率。

图 2.2-103 所示为 3 种条件下对水中 DOC 的去除效能。可以看出，3 种条件下 DOC 均有一定的去除效果。其中，UV 光照射下投加 $0.1gTiO_2$ 情况下的 DOC 去除率最高。UV 光照射下投加 $0.1gTiO_2$ 时，在反应时间为 0～10min 内 DOC 的去除率迅速增加，在反应时间为 10min 时 DOC 的去除率达到了 33.6%；在反应时间为 10～60min 内 DOC 的去除率呈现缓慢且持续的增长，在反应时间为 60min 时 DOC 的去除率达到了 41.5%。单独 UV 光照射时，在反应时间为 0～5min 内 DOC 的去除率快速增长，反应时间为 5min 时 DOC 的去除率达到了 29.9%；在反应时间为 5～60min 内 DOC 的去除率基本呈稳定状态。单独投加 $0.1gTiO_2$ 时，DOC 的去除率总体呈现增长趋势，但增长过程较不稳定，在反应时间为 10～30min 内 DOC 的去除率曲线呈现上下波动；在反应时间为 0～45min 内，DOC 的去除率低于单独 UV 光照射时的去除率，而在反应时间为 45～60min 内，DOC 的去除率高于单独 UV 光照射时的去除率；在反应时间为 60min 时，DOC 的去除率达到了 29.5%。

图 2.2-104 所示为 3 种条件下 SUVA 值的变化趋势。可以看出，UV 光照射下投加 $0.1gTiO_2$ 时水中 SUVA 值变化幅度较大，可以有效降低水中 SUVA 值；在反应时间为 0～10min 内 SUVA 值迅速降低，反应时间为 10min 时 SUVA 值由 1.86L/(mg·m) 降到 0.80L/(mg·m)；在反应时间为 10～60min 内 SUVA 值基本保持稳定状态。单独 UV 光照射和单独投加 $0.1gTiO_2$ 时，SUVA 值基本保持不变。这说明 UV/TiO_2 光催化氧化水中有机物改变了水中有机物的性质，氧化作用使部分疏水性大分子有机物转变成亲水性小分子有机物；而单独 UV 光氧化与单独 TiO_2 吸附对水中亲疏水性有机物比例影响不大。

$b.$ TiO_2 投加浓度对有机物去除效能的影响

为了比较投加高浓度与低浓度 TiO_2 时 UV/TiO_2 反应对水中有机物去除效能的影响，进行了投加 0.5g、$5gTiO_2$ 纳米颗粒（即 TiO_2 浓度为 0.5g/L、5g/L）的光催化氧化试验。试验用水初始 UV_{254} 范围为 0.01～0.026cm^{-1}，DOC 范围为 3.7～4.56mg/L，结果如图 2.2-105～图 2.2-107 所示。

图 2.2-105 所示是投加 0.5g、$5gTiO_2$ 时 UV_{254} 的去除率。可以看出，投加 $0.5gTiO_2$ 时 UV_{254} 的去除率呈持续增长趋势；在反应时间为 0～40min 内 UV_{254} 的去除率呈线性增长，在 40min 时已经达到 50.9%；在反应时间为 40～120min 内 UV_{254} 的去

除率有所降低，在 39.6%～47.1% 之间波动；在反应时间为 120～180min 内 UV_{254} 的去除率又持续升高，在 180min 时达到 64.2%。投加 $5gTiO_2$ 时 UV_{254} 的去除率呈现先增长后降低的趋势；在反应时间为 20～80min 内 UV_{254} 的去除率不断增长，在 80min 时达到最大值 41.9%；在反应时间为 80～180min 内 UV_{254} 的去除率呈持续降低状态，在 180min 时降低至 0。可以看出，投加 $5gTiO_2$ 时，UV_{254} 的去除率明显较低，去除率曲线随反应时间变化有较大波动，这是由于 TiO_2 投加量过多时造成浓度过高，导致水中透光率降低从而引发光散射，阻碍了光催化氧化反应的发生。

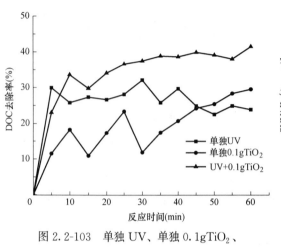

图 2.2-103　单独 UV、单独 $0.1gTiO_2$、
$UV+0.1gTiO_2$ 对 DOC 的去除效能

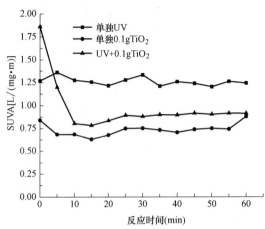

图 2.2-104　单独 UV、单独 $0.1gTiO_2$、
$UV+0.1gTiO_2$ 对 SUVA 的去除效能

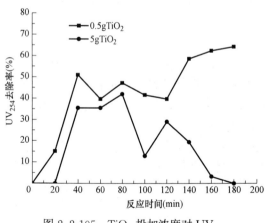

图 2.2-105　TiO_2 投加浓度对 UV_{254}
去除效能的影响

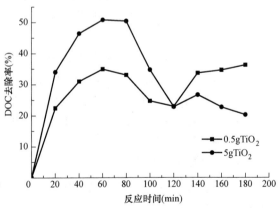

图 2.2-106　TiO_2 投加浓度对 DOC
去除效能的影响

图 2.2-106 所示是投加 0.5g、$5gTiO_2$ 时 DOC 的去除率。可以看出，投加 $0.5gTiO_2$ 时 DOC 的去除率总体上呈现持续增长趋势；在反应时间为 0～60min 内 DOC 的去除率基本上呈线性增长，在 60min 时达到 34.9%；在反应时间为 60～120min 内 DOC 的去除率有所降低，这可能是由于随着光催化氧化反应的进行，吸附在 TiO_2 表面的大分子有机物被氧化成了小分子的溶解性有机物，导致水中 DOC 浓度升高，去除率降低；在反应时间为 120～180min 内 DOC 的去除率恢复增长趋势，在 180min 时达到 36.3%。投加 $5gTiO_2$

时 DOC 的去除率曲线呈现先增长后降低的趋势；在反应时间为 0～60min 内 DOC 的去除率持续增长，在 60min 时达到了 50.8%；在反应时间为 60～180min 内 DOC 的去除率持续降低，在 180min 时降低至 20.3%。这可能是由于投加 5gTiO₂ 时其浓度较高，对水中有机物吸附能力较强，但光散射现象严重，光催化氧化能力较弱，在反应时间为 0～60min 内，TiO₂ 的吸附作用占据主导。

图 2.2-107 所示是投加 0.5g、5gTiO₂ 时 SUVA 值的变化趋势。可以看出，投加 5gTiO₂ 时 SUVA 值随反应时间呈现上下波动，数值变化不大；投加 0.5gTiO₂ 时 SUVA 值随反应时间呈持续降低趋势，在 180min 时降低了 0.2L/(mg·m)。这表明投加 0.5gTiO₂ 时，水中大分子疏水性有机物被氧化成小分子有机物的作用更强。

② 二次供水的有机物变化特点

进行了 UV/TiO₂ 动态循环试验，考察了 UV/TiO₂ 光催化氧化技术对二次供水中有机物的去除效能，采用单独 UV 动态循环试验进行平行对比。单独 UV 动态循环试验采用与 UV/TiO₂ 动态循环试验相同的运行方式与运行参数。试验用水为水力停留时间为 48h 的模拟二次供水，UV_{254} 值为 $0.012～0.015cm^{-1}$，DOC 值为 $2.507～3.595mg/L$。采用的流量为 $0.1m^3/h$、$0.2m^3/h$、$0.3m^3/h$ 和 $0.4m^3/h$，对应的单次反应周期的反应时间分别为 10.8s、5.4s、3.6s 和 2.7s。在每个反应周期完成后，取样检测水中 UV_{254} 与 DOC。

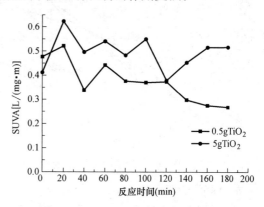

图 2.2-107 TiO₂ 投加浓度对 SUVA 去除效能的影响

a. UV_{254} 的变化特点

动态循环试验下 UV/TiO₂ 反应与 UV 反应时 UV_{254} 的变化情况分别如图 2.2-108、图 2.2-109 所示。从图 2.2-108 中可以看出，UV/TiO₂ 反应条件下，随着反应周期的增加水中 UV_{254} 呈增长趋势。$0.1～0.3m^3/h$ 流量时，UV_{254} 随着反应周期的增加基本呈线性增长；在 0～8 个反应周期内 UV_{254} 增长率差异较显著；在 8～12 个反应周期内 UV_{254} 增长率较为接近；在 12 个反应周期时，3 种流量下 UV_{254} 增长率达到了 53.3%～70%。$0.4m^3/h$ 流量时，UV_{254} 随着反应周期的增加也呈线性增长趋势，但 UV_{254} 增长率明显低于 $0.1～0.3m^3/h$ 流量时的增长率，在 12 个反应周期时 UV_{254} 增长率仅为 25%。从总体来看，$0.2m^3/h$ 流量时 UV_{254} 增长率明显更高。

从图 2.2-109 中可以看出，与 UV/TiO₂ 反应相类似，UV 反应条件下 UV_{254} 随着反应周期的增加呈现持续增长趋势。$0.1～0.2m^3/h$ 流量时，在 0～2 个反应周期内 UV_{254} 增长率为 0，在 2～12 个反应周期内 UV_{254} 增长率快速增长；在 12 个反应周期时 UV_{254} 增长率达到了 57.1%～66.7%。$0.3～0.4m^3/h$ 流量时，UV_{254} 增长趋势较慢，UV_{254} 增长率与 $0.1～0.2m^3/h$ 流量时的增长率有显著差异；在 12 个反应周期时 UV_{254} 增长率仅为 28.6%～33.3%，明显低于 $0.1～0.2m^3/h$ 流量时的增长率。

比较 UV/TiO₂ 反应与 UV 反应时的 UV_{254} 增长率曲线可以看出，在试验流量范围内

UV/TiO₂ 反应时 UV₂₅₄ 增长率更高。这可能与两种反应机制不同有关。但 UV_{254} 随反应周期增加而增长与静态烧杯试验得到的结果不符。这可能是由于动态循环试验条件下，反应时间过短（12 个反应周期时反应时间在 28～144s 范围），TiO₂ 吸附作用较弱；并且由于水处于流动状态，不利于水中的有机物与光催化生成的 ·OH 接触，氧化作用也有所削弱，使得水中的大分子或非溶解性有机物未氧化完全，而更多的是生成了小分子有机物，导致水中的 UV_{254} 呈现不断增长的趋势。

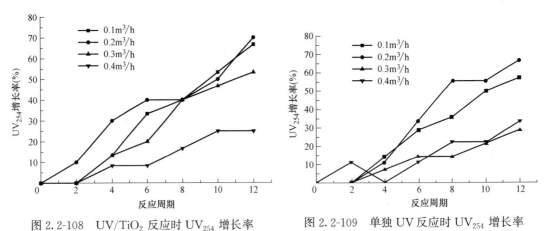

图 2.2-108　UV/TiO₂ 反应时 UV₂₅₄ 增长率　　　图 2.2-109　单独 UV 反应时 UV₂₅₄ 增长率

　　b. DOC 的变化特点

动态循环试验下 UV/TiO₂ 反应与 UV 反应时 DOC 的变化情况分别如图 2.2-110、图 2.2-111 所示。从图 2.2-110 中可以看出，UV/TiO₂ 反应条件下，随着反应周期的增加水中的 DOC 均呈增长趋势。其中 0.2m³/h 流量时，DOC 增长率明显高于其他流量时的增长率，在 12 个反应周期时达到了 39.6%。0.1m³/h 流量时，DOC 增长率略低于 0.2m³/h 流量时的增长率。0.3m³/h、0.4m³/h 流量时，DOC 增长率增长趋势较为接近，在 12 个反应周期时 DOC 增长率分别为 7.7%、1.4%。

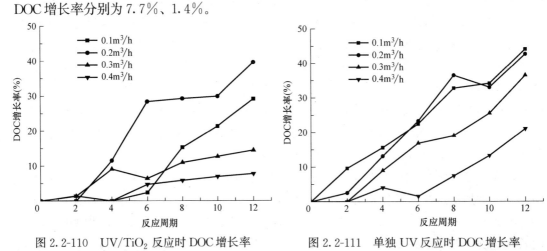

图 2.2-110　UV/TiO₂ 反应时 DOC 增长率　　　图 2.2-111　单独 UV 反应时 DOC 增长率

　　从图 2.2-111 中可以看出，UV 反应条件下，随着反应周期的增加水中的 DOC 均呈增长趋势。随着流量的增加，DOC 增长率逐渐降低。0.1～0.2m³/h 流量时，在 0～8 个反应周期内 DOC 增长率快速增长，DOC 增长率与反应周期呈良好的线性关系；在 8～10

个周期内 DOC 增长率增长缓慢；在 $10\sim12$ 个周期内 DOC 增长率又恢复快速增长趋势；在 12 个反应周期时 DOC 增长率分别达到了 44.0% 和 42.6%。$0.3m^3/h$ 和 $0.4m^3/h$ 流量内 DOC 增长率曲线相类似，均在 $6\sim12$ 个反应周期内呈线性增长趋势，但数值间有显著差异。

与 UV_{254} 增长率相类似，试验结果表明动态循环试验中 DOC 随反应周期增加而增长，这同样与静态烧杯试验得到的结果不符。

c. SUVA 的变化特点

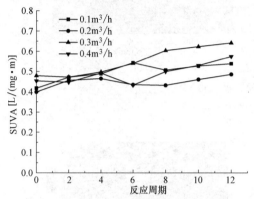 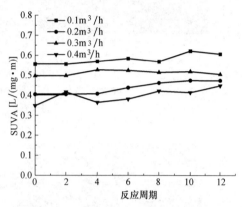

图 2.2-112 UV/TiO_2 反应时 SUVA 值变化　　图 2.2-113 单独 UV 反应时 SUVA 值变化

动态循环试验下 UV/TiO_2 反应与 UV 反应时 SUVA 值的变化情况分别如图 2.2-112、图 2.2-113 所示。可以看出，2 种反应条件下，随着反应周期的增加水中的 SUVA 值呈现持续增长趋势。但 UV/TiO_2 反应时 SUVA 值增长幅度更大，在 12 个反应周期时 SUVA 值增长率在 $21.8\%\sim43.3\%$ 范围内，而 UV 反应时 SUVA 值增长率在 $9\%\sim28\%$ 范围内。SUVA 值增长反映出随着反应周期的增加，水中疏水性的大分子有机物所占的比例逐渐增加，这也进一步说明了在反应过程中，水中一些非溶解性有机物被氧化成了溶解性的大分子有机物。

d. 有机物荧光特性的变化特点

UV/TiO_2 光催化氧化反应与 UV 光照射会造成有机物的分子特性发生变化，利用三维荧光光谱可以有效地表征有机物特征分子的变化，A 峰和 C 峰分别为紫外区域和可见光区域腐殖质类荧光峰，与腐殖质结构中的羧基和羰基有关。B 峰和 T 峰均为蛋白质类荧光峰，B 峰与类络氨酸物质有关，T 峰与类色氨酸物质有关。$0.1m^3/h$ 流量下两种反应器原水与处理后水样的有机物三维荧光光谱图和有机物荧光强度值分别如图 2.2-114、图 2.2-115 和表 2.2-9 所示。

从图 2.2-114 中可以看出，UV/TiO_2 反应前原水中存在以 A 峰和 C 峰为代表的腐殖酸类物质、以 B 峰和 T 峰为代表的蛋白质类物质。其中 B 峰的荧光强度值高于 A 峰、C 峰、T 峰，说明原水中的有机物以类络氨酸物质为主。UV/TiO_2 反应后 B 峰荧光强度变化程度较小，A 峰、C 峰和 T 峰的荧光强度均有大幅度增加，其中反应前 A 峰、C 峰和 T_1 峰、T_2 峰荧光强度分别为 80.7、48.9 和 15.1、41.7，反应后分别为 195.1、68.1 和 24.0、50.9，分别增加了 141.8%、39.3% 和 58.9%、22.1%。这可能是由于 UV/TiO_2 反应将悬浮腐殖质类物质氧化成了小分子腐殖酸类物质，同时由于氧化作用，微生物细胞

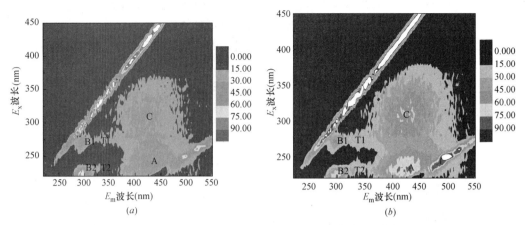

图 2.2-114 UV/TiO₂ 反应前后水中 DOM 荧光光谱

（a）原水；（b）处理后水样

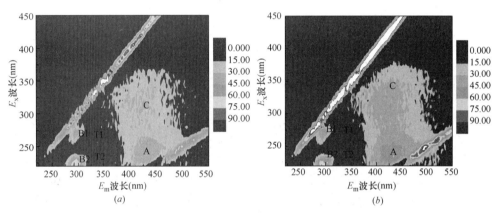

图 2.2-115 UV 反应前后水中 DOM 荧光光谱

（a）原水；（b）处理后水样

破碎，溶出蛋白质类物质，使各峰荧光强度增加。这也进一步证明了 DOC 经过 UV/TiO₂ 反应后升高是由于反应过程中大分子物质被氧化成小分子有机物所致。

从图 2.2-115 中可以看出，UV 反应前原水中存在以 A 峰和 C 峰为代表的腐殖酸类物质、以 B 峰为代表的蛋白质类物质。UV 反应后 A 峰荧光强度有大幅度增加，反应前 A 峰荧光强度为 70.3，反应后为 109.4，增加了 55.6％。而 B 峰、T 峰荧光强度并无明显变化，表明 UV 反应对水中蛋白质类物质含量影响较小。

反应前后水中 DOM 荧光特性表征   表 2.2-9

0.1m³/h		UV/TiO₂		UV	
		原水	处理后水样	原水	处理后水样
A 峰	E_x/E_m	250/498	250/498	250/498	250/498
	强度	80.7	195.1	70.3	109.4
C 峰	E_x/E_m	320/426	315/422	315/420	315/426
	强度	48.9	68.1	40.2	49.5

续表

0.1m³/h		UV/TiO$_2$		UV	
		原水	处理后水样	原水	处理后水样
T$_1$峰	E_x/E_m	275/340	275/340	275/340	275/340
	强度	15.1	24.0	6.1	5.7
T$_2$峰	E_x/E_m	225/378	225/372	225/372	225/376
	强度	41.7	50.9	24.4	23.3
B$_1$峰	E_x/E_m	275/340	275/340	275/340	275/340
	强度	1.4	0.1	3.4	2.7
B$_2$峰	E_x/E_m	225/312	225/310	225/310	225/310
	强度	50.4	63.2	42.5	42.1

③ AOT 与活性炭联用的除污染效能

由于动态循环试验中对有机物去除效果较差，故在 UV/TiO$_2$ 反应器后增加活性炭滤柱，以进一步去除水中有机物。活性炭滤柱采用粒径为 1.5mm 的煤质颗粒活性炭，滤柱直径为 10cm，滤层总厚度 70cm，承托层厚度 15cm，分别在滤层深度为 10cm、30cm、50cm 和 70cm 处进行取样，即取样口 Ⅰ、Ⅱ、Ⅲ 和 Ⅳ。UV/TiO$_2$ 反应采用流量为 0.1m³/h，循环 12 个反应周期，出水作为活性炭滤柱进水，结果如图 2.2-116～图 2.2-118 所示。

从图 2.2-116 中可以看出，UV$_{254}$ 的初始值为 0.036cm^{-1}，取样口 Ⅰ 的出水 UV$_{254}$ 值大幅度降低，降低到了 0.011cm^{-1}，UV$_{254}$ 的去除率高达 69.4%；取样口 Ⅱ 的出水 UV$_{254}$ 值为 0.008cm^{-1}，与取样口 Ⅰ 相比降低了 27.3%；取样口 Ⅲ 的出水 UV$_{254}$ 值为 0.007cm^{-1}，与取样口 Ⅱ 相比降低了 12.5%；取样口 Ⅳ 的出水 UV$_{254}$ 值为 0.006cm^{-1}，与取样口 Ⅲ 相比降低了 14.3%。可见，随着滤层深度的增加，UV$_{254}$ 的去除率逐渐趋于稳定。可以看出，大部分有机物吸附去除主要发生在上层 10cm 深度的滤层内，10～70cm 深度的滤层对有机物的去除效能较差。这是由于活性炭吸附仅对小分子的 UV$_{254}$ 有去除效果，但由于 UV/TiO$_2$ 反应氧化大分子有机物不完全，水中仍存在部分大分子的 UV$_{254}$。因此在小分子的 UV$_{254}$ 吸附完全后，即使增加滤层深度也无法继续去除水中的 UV$_{254}$。

从图 2.2-117 中可以看出，DOC 的变化曲线与 UV$_{254}$ 的变化曲线相类似，取样口 Ⅰ 的出水 DOC 值大幅度降低，取样口 Ⅱ、Ⅲ 和 Ⅳ 的出水 DOC 值降低幅度较小，但总体来看 DOC 去除率呈持续增长趋势。DOC 的初始值为 7.485mg/L，取样口 Ⅰ 的出水 DOC 值为 3.735mg/L，降低了 50.1%；取样口 Ⅱ、Ⅲ 和 Ⅳ 的出水 DOC 值分别为 2.834mg/L、2.468mg/L 和 1.712mg/L，去除率分别为 62.1%、67.0% 和 77.1%。可以看出，活性炭滤层在 70cm 深度时对 DOC 的去除效果随滤层深度增加而提高。

从图 2.2-118 中可以看出，随着滤层深度的增加，SUVA 值呈现先降低再稳定后上升的趋势。原水中 SUVA 值为 0.48L/(mg·m)，取样口 Ⅰ 的出水 SUVA 值降低为 0.29L/(mg·m)，取样口 Ⅱ、Ⅲ 的出水 SUVA 值则稳定在 0.28L/(mg·m) 水平，取样口 Ⅳ 的出水 SUVA 值又增加为 0.35L/(mg·m)。由于 SUVA 值反映的是水中亲疏水性有机物比例，SUVA 值越高，代表水中大分子、疏水性有机物比例越大，而亲水性有机物比例越小。可以得知的是，在滤层深度为 10cm 时，有机物吸附以疏水性有机物为主，滤层深度为 50～70cm 时，有机物吸附以亲水性有机物为主。

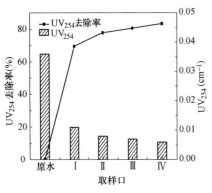

图 2.2-116 UV/TiO$_2$＋活性炭滤柱对 UV$_{254}$ 的去除效能

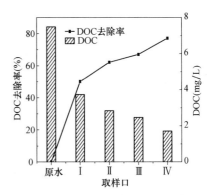

图 2.2-117 UV/TiO$_2$＋活性炭滤柱对 DOC 的去除效能

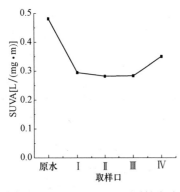

图 2.2-118 UV/TiO$_2$＋活性炭滤柱对 SUVA 的去除效能

2. 生活热水的水质保障

（1）氯和二氧化氯安全消毒技术

生活热水系统由于其温度的升高，引起消毒剂衰减速率加快，多数情况下消毒剂余量不合格，停留时间长引起消毒副产物和微生物超标等问题，亟需采用高效、经济、安全的生活热水消毒技术，以保障生活热水水质的化学安全性和生物安全性。本试验采用 NaClO 和 ClO$_2$ 消毒剂对生活热水进行消毒。均以大肠杆菌、HPC 和细菌总数为灭活对象，考察两种氯化消毒剂的持续消毒效果，为生活热水系统安全消毒提供理论支持。

1）氯和二氧化氯对微生物的消毒效能

生活热水水温为 40℃、0.2mg/L 的 NaClO 和 ClO$_2$ 在 0～30min 时的消毒效能如图 2.2-119 所示。消毒前生活热水中细菌总数为 1.30×10^2CFU/mL，HPC 为 1.43×10^3CFU/mL，大肠杆菌为 40CFU/100mL。

由图 2.2-119（a）可知，0.2mg/L 的 NaClO 和 ClO$_2$ 灭活细菌总数达到 2.11lg 所需时间分别为 15min 和 5min，NaClO 和 ClO$_2$ 对灭活生活热水中细菌总数有显著作用。与 NaClO 相比，ClO$_2$ 具有投加量少和用时少的优点，其原因可能是两种药剂对微生物的灭活机理不同。张晓煜发现，ClO$_2$ 溶于水后，在水中的扩散速度与渗透能力均比 NaClO 快，在低浓度时更为明显。ClO$_2$ 的强氧化分解能力促使氨基酸链断裂和破坏蛋白质的合成，从而导致微生物死亡，它的灭活作用是其强氧化作用，这种氧化作用比氯化至少强 2.5 倍。

引起 HPC 繁殖和再生长的主要原因是管道中存在着能促进 HPC 生长的有机物，尽管经过消毒处理后大部分 HPC 被灭活，但残留的 HPC 可在管网中进行自我修复，特别是进入热水系统之后，温度的升高会导致生化反应活化能降低，HPC 生长繁殖速率加快，

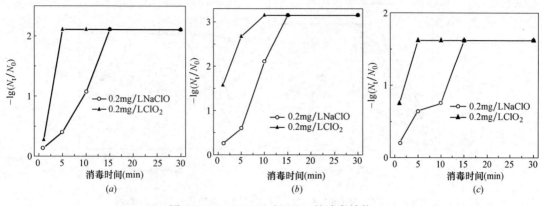

图 2.2-119 NaClO 和 ClO$_2$ 的消毒效能

（*a*）细菌总数；（*b*）HPC；（*c*）大肠杆菌

生物性风险增大。由图 2.2-119（*b*）可知，0.2mg/L 的 NaClO 和 ClO$_2$ 在 15min 时灭活 HPC 均达到了 3.15lg。NaClO 和 ClO$_2$ 对 HPC 的灭活效果与灭活细菌总数规律相似，消毒剂浓度一定时，消毒时间越长效果越好。

Volk 和 LeChevallier 研究发现，当水温超过 15℃时，大肠杆菌爆发的几率显著增加。生活热水要求 100mL 水样中不得检出大肠杆菌。由图 2.2-119（*c*）可以看出，随着消毒时间的增加，对大肠杆菌的灭活率逐渐提高，0.2mg/L 的 NaClO 和 ClO$_2$ 灭活大肠杆菌达到 1.60lg 所需时间分别为 15min 和 5min。0.2mg/L 的 NaClO 和 ClO$_2$ 灭活热水中大肠杆菌均可达到很好的灭活效果。

2）氯和二氧化氯消毒的影响因素

① NaClO 和 ClO$_2$ 浓度的影响

对比了不同浓度的 NaClO 和 ClO$_2$ 对生活热水消毒效能的差别，考察了浓度对 NaClO 和 ClO$_2$ 消毒效果的影响。消毒前生活热水中细菌总数为 1.03×10^3 CFU/mL，HPC 为 2×10^4 CFU/mL，大肠杆菌为 4.0×10^2 CFU/100mL。NaClO 和 ClO$_2$ 浓度分别为 0.1mg/L、0.2mg/L、0.3mg/L 和 0.5mg/L 以及 0.1mg/L、0.2mg/L 和 0.3mg/L，生活热水温度为 40℃时的消毒效果如图 2.2-120～图 2.2-122 所示。

由图 2.2-120 可以看出，0.3mg/L 的 NaClO 和 ClO$_2$ 灭活细菌总数达到 3.01lg 所需时间分别为 10min 和 1min。NaClO 和 ClO$_2$ 均对细菌总数有很好的灭活效果，且消毒剂浓度越高、消毒时间越长，效果越好，0.2mg/L 的 ClO$_2$ 在 10min 时灭活细菌总数 3.01lg。

由图 2.2-121 可以看出，NaClO 消毒 30min 时，0.3mg/L 和 0.5mg/L 浓度下对 HPC 的灭活率分别为 4.03lg 和 4.30lg。0.2mg/L 的 ClO$_2$ 灭活 HPC30min 时灭活率为 4.30lg。

由图 2.2-122（*a*）可以看出，消毒剂的剂量越大、作用时间越长，对大肠杆菌的灭活效果越好。0.2mg/L 和 0.3mg/L 的 NaClO 灭活大肠杆菌达到 3.60lg 所需时间分别为 30min 和 15min。由图 2.2-122（*b*）可知，随着消毒 CT 值的增加大肠杆菌灭活率增加。

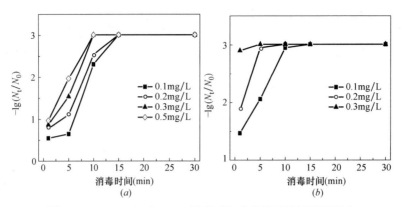

图 2.2-120　NaClO 和 ClO$_2$ 浓度对细菌总数灭活效果的影响

（a）NaClO；（b）ClO$_2$

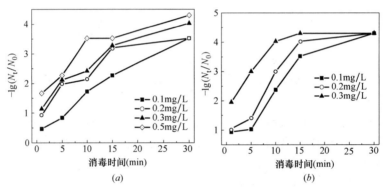

图 2.2-121　NaClO 和 ClO$_2$ 浓度对 HPC 灭活效果的影响

（a）NaClO；（b）ClO$_2$

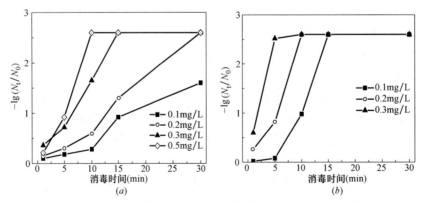

图 2.2-122　NaClO 和 ClO$_2$ 浓度对大肠杆菌灭活效果的影响

（a）NaClO；（b）ClO$_2$

　　一般情况下，药剂对微生物的灭活效果受药剂种类、投加浓度（C）、接触时间（T）的影响，为此本部分进一步分析了 CT 值对 NaClO 和 ClO$_2$ 灭活微生物的影响，如表 2.2-10、图 2.2-123～图 2.2-125 所示。

由图 2.2-123 可知，采用 NaClO 消毒时 CT 值为 $3\sim5$mg·min/L，以及采用 ClO_2 消毒时 CT 值为 $1.5\sim3$mg·min/L，对细菌总数的灭活均可达到 3.01lg。采用 NaClO 或 ClO_2 单独消毒时，在 10min 内消毒剂的 CT 值与细菌总数的灭活效果存在很好的相关性，本试验部分为单因素预测，建立了 NaClO 灭活细菌总数时的预测方程：$-\lg(N_t/N_0)_{细菌总数}=0.55CT+1.81$，相关系数 $R^2=0.75$；ClO_2 灭活细菌总数时的预测方程：$-\lg(N_t/N_0)_{细菌总数}=0.42CT+3.13$，相关系数 $R^2=0.44$。随着生活热水的微生物浓度、接触时间以及热水温度的不同，预测方程需要稍微调整。

由图 2.2-124 可知，当采用 NaClO 消毒时 CT 值达到 $10\sim15$mg·min/L，对 HPC 的灭活即可达到 4.30lg。当采用 ClO_2 消毒时 CT 值达到 $3\sim10$mg·min/L，对 HPC 的灭活即可达到 4.30lg。采用 NaClO 或 ClO_2 单独消毒时，在 30min 内消毒剂的 CT 值与 HPC 的灭活效果存在很好的相关性，建立了 NaClO 灭活 HPC 时的预测方程：$-\lg(N_t/N_0)_{HPC}=0.25CT+1.60$，相关系数 $R^2=0.70$；ClO_2 灭活 HPC 时的预测方程：$-\lg(N_t/N_0)_{HPC}=0.42CT+1.89$，相关系数 $R^2=0.59$。

由图 2.2-125 可知，采用 NaClO 消毒时 CT 值达到 $5\sim15$mg·min/L，以及采用 ClO_2 消毒时 CT 值达到 $2\sim4.5$mg·min/L，均可对大肠杆菌达到 3.60lg 的灭活。采用 NaClO 或 ClO_2 单独消毒时，在 15min 内消毒剂的 CT 值与大肠杆菌的灭活效果存在很好的相关性，建立了 NaClO 灭活大肠杆菌时的预测方程：$-\lg(N_t/N_0)_{大肠杆菌}=0.51CT+0.67$，相关系数 $R^2=0.87$；ClO_2 灭活大肠杆菌时的预测方程：$-\lg(N_t/N_0)_{大肠杆菌}=0.78CT+1.21$，相关系数 $R^2=0.65$。

NaClO 和 ClO_2 消毒时的 CT 值（mg·min/L） 　　　　表 2.2-10

时间(min)	NaClO 投加量(mg/L)				ClO_2 投加量(mg/L)		
	0.1	0.2	0.3	0.5	0.1	0.2	0.3
1	0.1	0.2	0.3	0.5	0.1	0.2	0.3
5	0.5	1.0	1.5	2.5	0.5	1.0	1.5
10	1.0	2.0	3.0	5.0	1.0	2.0	3.0
15	1.5	3.0	4.5	7.5	1.5	3.0	4.5
30	3.0	6.0	9.0	15.0	3.0	6.0	9.0

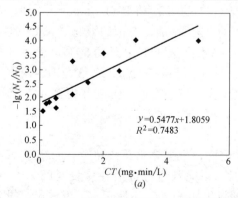
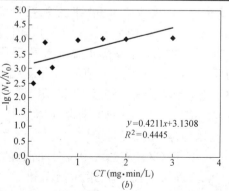

图 2.2-123　CT 值对灭活细菌总数的影响

(a) NaClO；(b) ClO_2

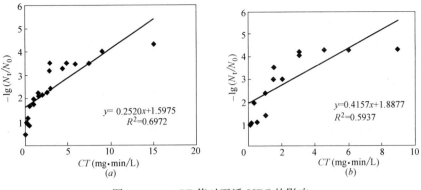

图 2.2-124　CT 值对灭活 HPC 的影响

（a）NaClO；（b）ClO_2

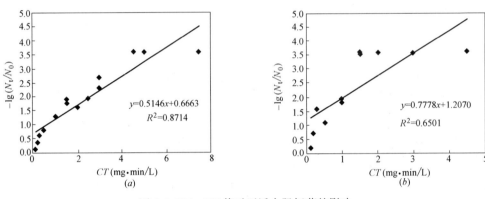

图 2.2-125　CT 值对灭活大肠杆菌的影响

（a）NaClO；（b）ClO_2

② 温度的影响

对比了 NaClO 和 ClO_2 对生活给水和生活热水消毒效能的差别，考察了水温对 NaClO 和 ClO_2 消毒 CT 值的影响，如图 2.2-126 所示。

由图 2.2-126（a）可知，随着温度的升高，NaClO 消毒的 CT 值下降。当水温从 20℃上升到 50℃，灭活 3.60lg 大肠杆菌所需 NaClO 的 CT 值从 9mg·min/L 降低到 3mg·min/L，灭活 3.01lg 细菌总数所需 NaClO 的 CT 值从 4.5mg·min/L 降低到 mg·min/L。由图 2.2-126（b）可知，温度对 ClO_2 消毒 CT 值的影响与 NaClO 类似，ClO_2 对微生物的灭活率随水温的上升而升高，当水温从 20℃上升到 50℃，灭活 3.60lg 大肠杆菌所需 ClO_2 的 CT 值从 4.5mg·min/L 降至 1.5mg·min/L。这是因为温度升高加快了化学反应速度，使消毒剂与微生物更快反应，另一方面，温度升高至 60℃的同时即可灭活部分微生物（热力消毒）。

③ 水力停留时间的影响

NaClO 和 ClO_2 在热水中短时间消毒效果较好，根据热水系统特点，考察了 NaClO 和 ClO_2 消毒持续性。使用 NaClO 和 ClO_2 时，不同剂量消毒剂在接触时间为 30min、24h、48h 和 72h 时，对大肠杆菌的灭活持续性效果如表 2.2-11 所示。可以看出，投加不同剂量的 NaClO 和 ClO_2，30min 时大肠杆菌的灭活率均可达到 100%。投加 0.2mg/L 的

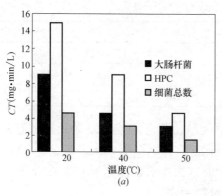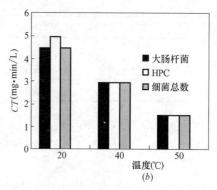

图 2.2-126 温度对 CT 值的影响

(a) NaClO；(b) ClO_2

NaClO，24h 后水样中有大肠杆菌被检测出来，72h 时大肠杆菌数达到了 260 CFU/100mL，投加 0.1mg/L 的 ClO_2，48h 后水样中有大肠杆菌被检测出来，72h 时大肠杆菌数达到了 72CFU/100mL；这可能是因为靠自身修复存活的大肠杆菌产生了一定的抗药性。可见，0.1～0.2mg/L NaClO 的投加量不能抑制水中大肠杆菌的再生长。

NaClO 和 ClO_2 对大肠杆菌的灭活持续性效果（CFU/100mL） 表 2.2-11

消毒剂	投加量	30min	24h	48h	72h
NaClO	0.1mg/L	未检出	10	90	—
	0.2mg/L	未检出	1	30	260
	0.3mg/L	未检出	未检出	3	40
	0.5mg/L	未检出	未检出	未检出	5
ClO_2	0.1mg/L	未检出	未检出	6	72
	0.2mg/L	未检出	未检出	未检出	9
	0.3mg/L	未检出	未检出	未检出	未检出

使用 NaClO 和 ClO_2 时，不同投加量在接触时间为 30min、24h、48h 和 72h 时的细菌总数灭活效果如表 2.2-12 所示。可以看出，投加不同剂量的 NaClO 和 ClO_2，30min 时细菌总数的灭活率均可达到 100%。投加 0.2mg/L 的 NaClO，24h 后水样中有细菌被检测出来，72h 时细菌总数已＞100CFU/mL；投加 0.1mg/L 的 ClO_2，48h 后水样中细菌总数已超标。可见，0.1～0.5mg/L NaClO 的投加量在大于 72h 后已经不能满足《生活饮用水卫生标准》GB 5749—2006 的要求。在 72h 时，投加 0.2mg/L ClO_2 的水样中剩余 ClO_2 量为 0.01mg/L，此时细菌总数超标。

NaClO 和 ClO_2 对细菌总数的灭活持续性效果（CFU/mL） 表 2.2-12

消毒剂	投加量	30min	24h	48h	72h
NaClO	0.1mg/L	未检出	57	＞100	＞100
	0.2mg/L	未检出	12	＞100	＞100
	0.3mg/L	未检出	4	57	＞100
	0.5mg/L	未检出	1	21	＞100

续表

消毒剂	投加量	30min	24h	48h	72h
ClO₂	0.1mg/L	未检出	30	>100	>100
	0.2mg/L	未检出	未检出	21	>100
	0.3mg/L	未检出	未检出	7	89

综上所述，NaClO 和 ClO₂ 对 40℃热水中大肠杆菌、HPC 和细菌总数均有较好的灭活效果。10～30min 内 NaClO 灭活微生物效果显著。ClO₂ 灭活大肠杆菌、HPC 和细菌总数时，5～15min 内灭活效果显著。且 CT 值越大，灭活效果越好。在同等浓度下与 NaClO 相比，ClO₂ 的消毒效果更优，消毒持续性更强。

3）消毒副产物生成特性

随着温度的升高，余氯和二氧化氯衰减速率增加，三氯甲烷和亚氯酸盐含量增加，考察了 NaClO 和 ClO₂ 在热水消毒中消毒副产物生成的情况。热水水温为 40℃、不同浓度 NaClO 消毒时消毒副产物三氯甲烷生成情况如图 2.2-127 所示。可知，随着停留时间和 NaClO 浓度的增加，三氯甲烷呈增加趋势。在停留时间为 72h 时，0.1mg/L、0.2mg/L、0.3mg/L 和 0.5mg/L NaClO 投加量下三氯甲烷分别为 0.0230mg/L、0.030mg/L、0.046mg/L 和 0.063mg/L。《生活饮用水卫生标准》GB 5749—2006 中规定饮用水中三氯甲烷不得大于 0.06mg/L。由此可见，在 40℃热水中投加≥0.5mg/L 的 NaClO 会导致消毒副产物指标超标。

图 2.2-128 为 40℃热水中不同浓度 ClO₂ 消毒时消毒副产物亚氯酸盐生成情况。可知，ClO₂ 浓度的增加，加快了亚氯酸盐的生成。在停留时间为 72h 时，0.1mg/L、0.2mg/L 和 0.3mg/L ClO₂ 投加量下亚氯酸盐分别为 0.16mg/L、0.18mg/L 和 0.24mg/L。《生活饮用水卫生标准》GB 5749—2006 中规定亚氯酸盐含量不得大于 0.7mg/L。以上三种浓度的 ClO₂ 投加量均未造成亚氯酸盐的超标。由此可见，与 NaClO 相比，ClO₂ 消毒的物理安全性更优。

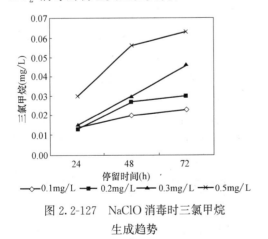

图 2.2-127　NaClO 消毒时三氯甲烷生成趋势

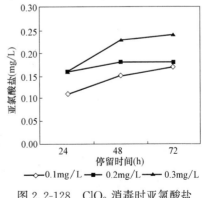

图 2.2-128　ClO₂ 消毒时亚氯酸盐生成趋势

（2）银离子安全消毒技术

NaClO 和 ClO₂ 消毒虽然具有消毒能力强、接触时间短等优点，但由于热水系统中温度较高，加快了氯消毒剂的衰减速率，因此用于建筑热水系统的消毒不理想。银离子消毒装置已经被证明能够有效地杀灭热水系统的军团菌和细菌总数。本试验对银离子应用于热水消毒的生物安全性进行研究，以大肠杆菌、HPC 和细菌总数为灭活对象，考察银离子消毒剂的消毒效能以及银离子消毒的影响因素，为热水系统安全消毒提供理论支持。

1）银离子对微生物的消毒效能

生活热水水温为 40℃，在循环泵的作用下含 0.051mg/L 的银离子在 0～120min 时的消毒效能如图 2.2-129 所示。消毒前生活热水中细菌总数为 $1.45×10^2$CFU/mL，HPC 为 $1.31×10^3$CFU/mL，大肠杆菌为 20CFU/100mL。

由图 2.2-129 可知，在 0～30min 内，随着循环泵的运行，银离子设备激发的银离子与热水混合，此时银离子浓度在 0.045～0.055mg/L 范围内。由图 2.2-129（a）可知，随着消毒时间的增加，银离子对细菌总数的灭活效果逐渐增加；消毒 20min 时细菌总数为 $1.17×10^2$CFU/mL，灭活率为 19.31%（灭活率＝$N_t/N_0×100%$）；消毒 30min 后银离子混合均匀（0.051mg/L），此时细菌总数为 72CFU/mL，小于 100CFU/mL，灭活率为 50.34%；消毒 80min 和 120min 时，灭活率分别达到 88.28% 和 97.93%。可见，银离子对细菌总数有很好的消毒效果，0.051mg/L 的银离子对细菌总数为 $1.45×10^2$CFU/mL 的生活热水进行消毒 30min 时即可满足《生活饮用水卫生标准》GB 5749—2006 的要求。

由图 2.2-129 可以看出，银离子对细菌总数、HPC 和大肠杆菌的灭活规律近似。在 0～120min 内，随着消毒时间的增加，银离子对 HPC 和大肠杆菌的灭活效果逐渐增强。消毒 30min 时 HPC 和大肠杆菌分别为 $5×10^2$CFU/mL 和 15CFU/100mL，灭活率分别为 61.83% 和 25%。我国《生活饮用水卫生标准》GB 5749—2006 中没有对 HPC 明确规定限值，但美国环保署规定的 HPC 限值为 500CFU/mL。本试验在银离子消毒 30min 以后，水中的异养菌指标即符合了美国环保署的限值要求；在消毒 80min 时，大肠杆菌灭活率达到 100%，满足《生活饮用水卫生标准》GB 5749—2006 的要求。

其他学者的研究结果也与本研究类似，侯悦发现银离子的最小有效剂量为 0.005mg/L；沈晨采用 0.07mg/L 银离子对 35℃生活热水持续消毒 80min 后，细菌总数由 $1.3×10^2$CFU/mL 降至 50CFU/mL，在消毒 120～180min 期间，HPC 的平均灭活率达 85.71%；Stawon 和 Liu 发现，0.08mg/L 银离子消毒 30min 可杀灭霍乱弧菌，0.1mg/L 银离子消毒 30min 可将痢疾杆菌和伤寒杆菌完全杀灭。可见，银离子具有良好的广谱杀菌能力，0.05mg/L 的银离子应用于热水循环系统上对灭活细菌总数、HPC 和大肠杆菌均有显著作用。

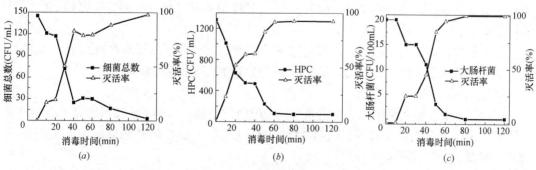

图 2.2-129　银离子的消毒效能

（a）细菌总数；（b）HPC；（c）大肠杆菌

2）银离子消毒的影响因素

① 银离子浓度的影响

对比了不同浓度的银离子对生活热水消毒效能的差别，考察了浓度对银离子消毒效果的影响。消毒前生活热水中细菌总数为 1.25×10^3 CFU/mL，HPC 为 2.11×10^4 CFU/mL，大肠杆菌为 4.0×10^2 CFU/100mL，银离子浓度分别为 0.05mg/L、0.08mg/L 和 0.10mg/L，生活热水温度为 40℃时的消毒效果如图 2.2-130 所示。

由图 2.2-130（a）可知，0.05mg/L、0.08mg/L 和 0.10mg/L 的银离子消毒 30min 时，生活热水的细菌总数灭活率分别为 60.0％、74.4％和 87.28％；消毒 60min 时，细菌总数分别为 68CFU/mL、50CFU/mL 和 50CFU/mL，均小于 100CFU/mL，灭活率分别为 94.56％、96.0％和 96.0％；消毒 180min 时，细菌总数分别为 50CFU/mL、30CFU/mL 和 25CFU/mL，灭活率分别为 96.0％、97.6％和 98.0％。从上述结果可以看出，银离子消毒 60min 后，细菌总数指标已经达到了我国《生活饮用水卫生标准》GB 5749—2006 的规定；消毒 30min 时的细菌总数灭活率已经较高，起到了显著的消毒效果。

在消毒 0～60min 时，随着银离子浓度的增加，细菌总数的灭活率呈现显著提高的趋势。消毒 30min 时，银离子由 0.05mg/L 增加到 0.10mg/L 后，细菌总数灭活率由 60.00％提高到 87.28％，提高了 27.28 个百分点。可见，增加银离子浓度可缩短消毒时间。在消毒 60～120min 时，银离子对细菌总数的灭活率无明显差异。

由图 2.2-130（b）可知，0.05mg/L、0.08mg/L 和 0.10mg/L 的银离子消毒 30min 时，HPC 灭活率分别为 66.66％、70.62％和 73.93％；消毒 60min 后，系统内 HPC 均小于 1000CFU/mL，灭活率分别为 95.78％、96.21％和 97.16％；消毒 180min 时，HPC 灭活率分别为 99.57％、99.64％和 99.68％。可见，消毒 60min 后的 HPC 灭活率已经较高，起到了显著的消毒效果。

与灭活细菌总数相同的是，在消毒 0～60min 时，随着银离子浓度的增加，银离子对 HPC 的灭活率有显著提高。消毒 30min 时，银离子由 0.05mg/L 增加到 0.10mg/L 后，HPC 灭活率由 60.66％提高到 70.93％，提高了 10.27 个百分点。在消毒 60～120min 时，银离子对 HPC 的灭活率无明显差异。

由图 2.2-130（c）可知，消毒 180min 时，大肠杆菌数可达到我国《生活饮用水卫生标准》GB 5749—2006 的要求。与灭活细菌总数和 HPC 不同的是，在消毒 0～120min 时，随着银离子浓度的增加，银离子对大肠杆菌的灭活率有显著提高。消毒 30min 时，银离子由 0.05mg/L 增加到 0.10mg/L 后，大肠杆菌灭活率由 70.00％提高到 79.75％，提高了 9.75 个百分点。

综上所述，消毒时间相同时，随着银离子浓度的增加，银离子对细菌总数、HPC 以及大肠杆菌的灭活率增加。同时，随着银离子浓度增加消毒时间缩短。

② 温度的影响

对比了银离子对生活给水和生活热水消毒效能的差别，考察了水温对银离子消毒效果的影响。银离子含量为 0.05mg/L、生活给水温度为 20℃、生活热水温度为 40℃时的消毒效果如图 2.2-131 所示。

从银离子灭活细菌总数和 HPC 的对比试验结果可以看出，生活给水和生活热水的银离子对细菌总数和 HPC 的灭活规律近似。消毒时间在 0～40min 范围时，银离子对细菌

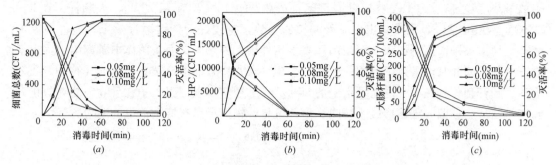

图 2.2-130　银离子浓度对消毒效果的影响

(a) 细菌总数；(b) HPC；(c) 大肠杆菌

总数和 HPC 的灭活率迅速上升，之后灭活率呈现逐渐缓慢增加的趋势。消毒时间为 10min 时，生活给水的细菌总数和 HPC 灭活率均为 0%，而生活热水的细菌总数和 HPC 灭活率分别为 10.4% 和 12.32%，这可能是因为加热会对细菌有一定的杀灭作用造成的。

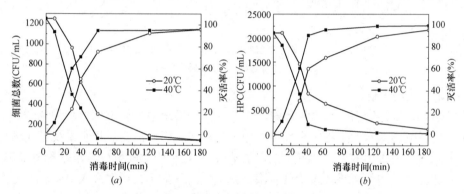

图 2.2-131　温度对银离子消毒效果的影响

(a) 细菌总数；(b) HPC

消毒时间为 40min 时，温度提高 20℃，细菌总数灭活率由 50.25% 增加到 70.62%，提高了 20.37 个百分点。温度对细菌总数的灭活速度有很大影响，水温升高可能更有利于细菌的杀灭。常涛的研究表明，银离子消毒剂受温度影响较大，随着温度的升高，灭活微生物作用不断增强。可见，随着水温的升高，银离子消毒效果也呈增加的趋势。

消毒时间为 120min 后，生活给水和生活热水的细菌总数均小于 100CFU/mL。消毒时间在 120~180min 范围时，生活给水和生活热水的细菌总数均持续低于 100CFU/mL，可见银离子对生活给水和生活热水系统中的细菌总数灭活效果具有极好的持续作用。

③ 水力停留时间的影响

研究银离子消毒效果的持续性，考察了水力停留时间对银离子消毒效果的影响。银离子含量为 0.10mg/L、生活热水温度为 40℃时的消毒效果如图 2.2-132 所示。

由图 2.2-132 可以看出，在 0~3h 内，随着水力停留时间的增加，细菌总数和大肠杆菌逐渐减少，灭活率不断增加。在水力停留时间为 24h、48h 和 72h 时，银离子浓度分别为 0.08mg/L、0.06mg/L 和 0.05mg/L，此时细菌总数分别为 60CFU/mL、89CFU/mL 和 76CFU/mL，均未超过 100CFU/mL，大肠杆菌均为 0。水力停留时间达到 120h 和 240h 时，银离子浓度稳定在 0.04mg/L，此时细菌总数在 99～150CFU/mL 之间，大肠杆菌在 3～5CFU/100mL 之间，仍没有出现显著增长的趋势，有较好的持续消毒效果。这种现象可能是因为银离子作用于细菌上，当菌体失去活性后，银离子又会从菌体中游离出来，重复进行杀菌，因此其消毒效果持久。张文钲发现，当水中含有 0.05mg/L 银离子时可 100% 灭活大肠杆菌，且在 90d 内无繁衍出的新菌丛。邹智慧发现，银离子在 72h 内能够防止大肠埃希菌、肠球菌等细菌形成生物膜。由此可见，银离子具有持续消毒的能力。

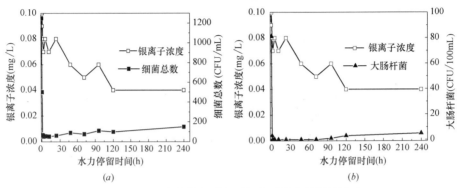

图 2.2-132　水力停留时间对银离子消毒效果的影响

(a) 细菌总数；(b) 大肠杆菌

（3）紫外线消毒技术

由于热水系统温度高、水力停留时间长，在热水系统中极易出现微生物和余氯不达标的现象，使得生活热水的生物安全性存在很大的隐患，因此需要对热水系统补充消毒。我国大部分水厂目前采用的是氯消毒工艺，氯消毒不仅会产生危害人体健康的消毒副产物，而且对一些原生动物的灭活效果十分有限。紫外线消毒由于其环保及人身安全等方面的优点引起了人们的重视，紫外线消毒具有广谱性，对多种病原菌都有较好的消毒效果，且紫外线消毒没有二次污染，运行安全可靠，安装维修简单，投资及运行维修费用低，近年来被广泛地在国外水厂应用。紫外线对微生物的灭活是紫外线生物安全性的研究基础，国外对这方面研究较多，但是在紫外线对生活热水微生物的灭活效果方面研究较少。本部分研究紫外线对生活热水微生物的消毒效能。生活热水的管道内部及加热器内壁易生长生物膜，生活热水中含有的消毒剂能使生物膜脱落，造成生活热水中微生物含量增高，因此本部分研究紫外线对生活热水生物膜和水中细菌的灭活效果，以及紫外线消毒后生活热水中细菌的再生长特性。

1）紫外线消毒对生物膜细菌灭活效果

① 生物膜细菌灭活效果

紫外线消毒对生活热水生物膜细菌的灭活效果如图 2.2-133 所示，紫外灯功率为 10W。消毒试验前生物膜上的细菌总数、总大肠菌群和异养菌分别为 8.92×10^5CFU/cm^2、9.15×10^2CFU/cm^2 和 1.43×10^5CFU/cm^2，完全灭活时的灭活量分别为 5.95lg、2.96lg 和 5.16lg。

由图 2.2-133 可以看出，紫外线消毒的作用快，在较短时间内即可产生显著的灭活效果。在消毒 0～1min 时紫外线消毒对细菌总数、总大肠菌群和异养菌的灭活量增加最快，在消毒 1min 时生物膜中细菌总数、总大肠菌群和异养菌的灭活量分别为 1.21lg、1.49lg

和 0.25lg；在消毒 1～60min 时灭活量明显减缓，在消毒 60min 时生物膜中细菌总数、总大肠菌群和异养菌的灭活量分别为 3.10lg、2.96lg 和 1.68lg，其中总大肠菌群在消毒 25min 时即已被完全灭活；在消毒 60～120min 时生物膜中细菌总数和异养菌灭活量均趋于稳定。

由图 2.2-133 可见，在短时间内延长消毒时间可以有效提高消毒效率，兰效宁的研究表明，紫外线消毒效果受到水质的紫外线透射率影响，当试验用水的紫外线透射率较高时，延长消毒时间可以有效提高灭活效率。孙文俊的研究表明，流量和透光率是影响紫外线对微生物灭活效果的两个重要因素，紫外线对微生物的灭活量随流量的降低而增加，随透光率的降低而减少。正常的生活热水透光率在 90% 以上，在这种情况下，在一定的范围内延长消毒时间能有效增强微

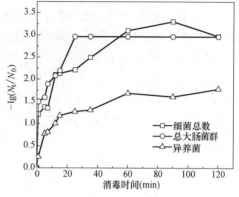

图 2.2-133　紫外线消毒对生物膜细菌的灭活效果

生物的灭活效果。在消毒 60min 后，随着紫外线照射时间的延长，细菌灭活量基本不变，此时细菌总数和异养菌的灭活量分别稳定在 3.12lg 和 1.69lg 左右，出现拖尾现象。出现拖尾现象的原因有很多争论，比如说水力学因素、试验误差、微生物聚集体对紫外线的抗性等，但目前没有足够有力的证据来验证这些假设。大多数学者认为水中含有一部分与颗粒物相结合的微生物，在紫外线消毒中这部分微生物受到颗粒物保护没有受到紫外线照射，使其在较高紫外线剂量下仍可以存活。

由图 2.2-133 还可以看出，紫外线对生物膜中总大肠菌群的灭活效果最好，对异养菌的灭活效果最差。在消毒 1min 时紫外线对总大肠菌群的灭活效果最好，为 1.49lg，在消毒 1～15min 时总大肠菌群灭活效果增加幅度最大，在消毒 25min 时生物膜中的总大肠菌群就已被完全灭活。在消毒 1min 时紫外线对异养菌的灭活效果最差，为 0.25lg，比细菌总数和总大肠菌群的灭活量少了近 5 倍；在消毒 1～60min 时异养菌灭活量增加幅度最小，在消毒 60min 时紫外线的异养菌灭活量为 1.69lg，比同时间的细菌总数灭活量低了 1.41lg，可见，在相同的消毒时间下，紫外线消毒对总大肠菌群的灭活效果最好，对异养菌的灭活效果最差。在张卿和孙文俊的研究中也发现，紫外线消毒时总大肠菌群比细菌总数更易被灭活，这主要是因为细菌总数和异养菌包括很多种类的细菌，不同种类的细菌对紫外线的敏感性不同，对紫外线敏感性高的细菌容易被灭活，对紫外线敏感性低的细菌可以继续存活。天津开发区净水厂三期工程紫外线消毒系统的检测数据表明，经紫外线消毒后异养菌仍有一定数值的检出，紫外线消毒对细菌总数的灭活效果比对异养菌的灭活效果好。

② 有机物的去除作用

紫外线对生活热水进行消毒时，在紫外光的作用下，水中进行一系列复杂的化学反应，从而使消毒前后水质发生相应的变化。紫外线对生物膜进行消毒时水中的 UV_{254} 和 DOC 变化情况如图 2.2-134 所示。可以看出，紫外线消毒可以去除水中的 UV_{254} 和 DOC。在 0～120min 消毒时间内，紫外线对 UV_{254} 的去除率基本分为三部分，在消毒

0～15min 时水中 UV_{254} 去除率均在 0～13% 范围内，去除率较低；在消毒 15～25min 时水中 UV_{254} 去除率小幅度增加，在消毒 25～60min 时水中 UV_{254} 去除率均在 30%～39% 范围内；在消毒 60～90min 时水中 UV_{254} 去除率大幅度增加，在消毒 90～120min 时水中 UV_{254} 平均去除率为 76.09%。在消毒 1min 时 DOC 去除率为 8.31%，在消毒 1～35min 时 DOC 去除率缓慢增加，在消毒 35～120min 时 DOC 去除率达到稳定，平均去除率为 22.72%。由图 2.2-134 可知，紫外线消毒对 UV_{254} 去除率较高，对 DOC 去除率较低，可见紫外线消毒主要去除水中的腐殖质类大分子有机物及含 C＝C 双键和 C＝O 双键的芳香族化合物。

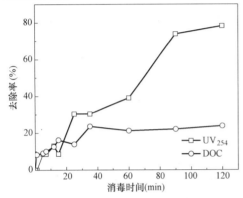

图 2.2-134　紫外线消毒对有机物的去除效果

在紫外线的照射下水中会发生光化学氧化反应，水中的 O_2、H_2O 等在紫外线的照射下产生非常活跃的羟基自由基，羟基自由基被认为是引发有机物氧化降解的重要物质，其氧化电极电位明显高于臭氧、氯、二氧化氯等一些常用的强氧化剂，具有很强的氧化能力。之后羟基自由基再诱发产生一系列的自由基链反应，几乎无选择性地直接攻击水中的各种有机物，将一些有机物降解为 CO_2、H_2O 和其他矿物盐，从而使水中的 UV_{254} 和 DOC 降低，且在这个过程中不产生任何有毒有害的物质。因此，紫外线对水中有机物有一定的去除作用。

2）紫外线消毒对水中细菌灭活效果

① 水中细菌灭活效果

紫外线消毒对生活热水中细菌的灭活效果如图 2.2-135 所示，紫外灯功率为 10W。消毒试验前生活热水中的细菌总数、总大肠菌群和异养菌分别为 7.40×10^4 CFU/mL、2.89×10^4 CFU/mL 和 1.65×10^4 CFU/mL，完全灭活时的灭活量分别为 4.89lg、4.46lg 和 4.22lg。

由图 2.2-135 可以看出，在消毒 0～1min 时生活热水细菌灭活量增加较快，在消毒 1min 时紫外线消毒对生活热水中细菌总数、总大肠菌群和异养菌的灭活量分别为 2.53lg、2.51lg 和 2.69lg；在消毒 1～30min 时灭活量明显减缓。在消毒 7min 时细菌总数、总大肠菌群和异养菌的灭活量分别为 3.86lg、4.46lg 和 3.43lg，总大肠菌群被完全灭活；在消毒 30min 时细菌总数和异养菌的灭活量分别为 4.87lg 和 3.92lg，细菌总数被完全灭活。由此可以看出，紫外线消毒对生活热水中的总大肠菌群灭活效果最好，对异养菌的灭活效果相对最差。

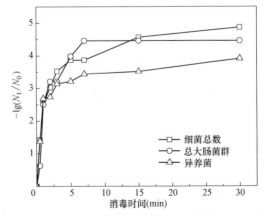

图 2.2-135　紫外线消毒对水中细菌的灭活效果

对比图 2.2-133 和图 2.2-135 可以看出，紫外线消毒对水中细菌的灭活速度比生物膜细菌的快，且灭活效果比生物膜细菌好。这是因为生物膜中细菌较密集且厚实，位于最里端的细菌不易被灭活，而生活热水中的细菌比较疏散，易被紫外线照射而被灭活。

② 水中细菌再生长特性

紫外线消毒属于物理消毒技术，消毒时在水不受污染的条件下可以持续保持无菌状态，但当出水离开紫外线消毒器后，水中细菌会发生光复活和暗复活。有些细菌在可见光的照射下会修复损伤分子，称之为光复活。有些细菌在无光条件下也可以进行自身修复，即为暗复活。目前的研究表明：光复活是大部分细菌修复的主要途径，也是主要的控制目标。

光复活效应是在光复活酶的作用下，新生成的光化产物嘧啶二聚体进行逆转解聚从而形成单体，使细菌 DNA 恢复复制能力；或用未损伤的核苷酸取代，使 DNA 恢复正常的结构和功能。当微生物被紫外线照射后会在 DNA 中形成多种光化产物，其中最重要的是嘧啶二聚体，它位于同一条 DNA 相邻的两个嘧啶分子之间，可以阻碍 DNA 的转录和复制。嘧啶二聚体会在许多微生物的光复活修复机制中进行解聚。在微生物光复活的过程中会形成一种保护自身细胞、防止被太阳中的紫外线损伤的机制，这种机制是在光复活酶（PRE）的作用下依靠直射光将紫外线诱发而成的嘧啶二聚体分解。光复活过程可分为两步，第一步是光复活酶与嘧啶二聚体进行结合形成光复活酶-二聚体的复合物，这一步可以在无光的条件下进行；第二步是释放光复活酶和修复 DNA。光复活实际上就是二聚体解聚变成单体和释放光复活酶，反应在 1ms 之内即可完成。光复活及暗复活影响紫外线消毒的长期效率，从而可能影响生活热水的安全性，因此本试验研究了紫外线消毒后微生物光复活规律。

紫外线消毒后生活热水细菌再生长规律如图 2.2-136 所示，水样 I 未经紫外线消毒，为对照组；水样 II 经紫外线消毒 30min，水力停留时间为 72h，其余条件相同。消毒前水样 I 和水样 II 的细菌浓度相同，水温为 45℃，紫外灯功率为 10W。

由图 2.2-136 可以看出，在试验期间，对照组水样I中细菌也在繁殖增长，在 0～4h 内水样I中的细菌增长缓慢；在 4～12h 内细菌快速生长，细菌总数、总大肠菌群和异养菌的数量由 1.35×10^5 CFU/mL、8.7×10^4 CFU/mL 和 1.43×10^5 CFU/mL 增长至 2.38×10^6 CFU/mL、1.30×10^6 CFU/mL 和 3.68×10^6 CFU/mL；在 12～72h 内水样I中的细菌数量达到饱和，细菌数量基本保持不变。

由图 2.2-136（a）可以看出，经紫外线照射 30min 后水样 II 中的细菌总数由 4.29×10^4 CFU/mL 减少至 53CFU/mL，停止紫外线消毒后细菌开始生长。在 0～8h 内水样 II 中细菌总数增长缓慢，由 53CFU/mL 增长至 119CFU/mL，在此时间段细菌代谢系统需要适应新的环境，细菌代谢活跃，大量合成再生长繁殖所需要的酶、辅酶及其他代谢中间产物；在 8～24h 内水中细菌快速生长，且其增长趋势与指数函数类似，在 12h 时水中细菌总数恢复到消毒前水平，在此阶段细菌快速分裂、酶系活跃、代谢旺盛，形态和生理特性比较稳定，细菌数目呈几何级数增长；在 24～72h 内水样 II 中细菌总数再生长繁殖数量达到稳定，在此阶段细菌死亡数量与再生长繁殖数量达到平衡，死亡细菌菌体为细菌的再生长繁殖提供营养物质。从以上分析可以看出，紫外线消毒方式下细菌总数再生长经历了适应期、对数增长期和稳定期。

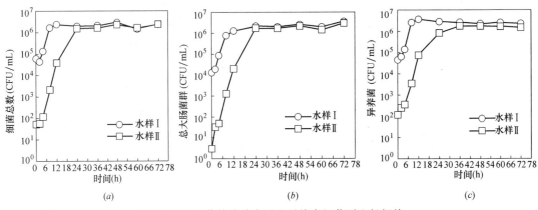

图 2.2-136　紫外线消毒后生活热水细菌再生长规律
(a) 细菌总数；(b) 总大肠菌群；(c) 异养菌

由图 2.2-136 还可以看出，经紫外线消毒后生活热水中的细菌总数、总大肠菌群和异养菌的再生长规律基本相似。总大肠菌群和异养菌再生长同样经历了适应期、对数增长期和稳定期。在 24h 时水中的细菌总数、总大肠菌群和异养菌数量分别为 1.52×10^6 CFU/mL、1.74×10^6 CFU/mL 和 8.40×10^5 CFU/mL，与对照组水样细菌数量基本相同。

③ 紫外线消毒时间对细菌再生长的影响

不同紫外线消毒时间对细菌再生长的影响如图 2.2-137 所示，水样 I 未经紫外线消毒，为对照组；水样 II 经紫外线消毒 30min；水样 III 经紫外线消毒 2h，其余条件相同。水力停留时间为 72h，消毒前三个水样的细菌浓度相同。

由图 2.2-137 可以看出，水样 II 中的 3 种细菌在 0～8h 内数量基本不变，此时水中细菌处于适应阶段，细菌一般不分裂，代谢活跃，大量合成细胞分裂所需的酶类、ATP 及其他细胞成分；在 8～24h 内水中细菌处于对数增长阶段；在 24～72h 内水中细菌基本稳定，此时水中细菌总数、总大肠菌群和异养菌的数目与对照组基本相同。

由图 2.2-137 还可以看出，延长紫外线消毒时间后水中初始细菌浓度明显降低，在 0～8h 内水样 III 中的细菌总数、总大肠菌群和异养菌处于适应阶段，水中 3 种细菌的数量明显低于水样 II。在 8h 后水样 III 中的 3 种细菌快速生长，在 8～36h 内水中细菌处于对数增长阶段，且此阶段水样 III 中的 3 种细菌数量均小于水样 II 中的细菌数量；在 36～72h 内水样 III 中的 3 种细菌均处于稳定期，细菌再生长繁殖数量达到平衡。对比水样 II 和水样 III 的细菌再生长曲线可以看出，紫外线消毒时间从 30min 延长至 2h 后可减少生活热水中细菌数量，延迟细菌达到稳定的时间，延缓水中细菌的再生长。杨波的研究表明，提高紫外线剂量可以控制水中细菌的再生长，当紫外线剂量增大到一定程度时，水中细菌会丧失再生长能力。张永吉的研究表明，在较高的紫外线剂量和强度下的总大肠菌群复活能力比低剂量、低强度的紫外线差。紫外线的剂量和强度会影响微生物的活性，在较高的剂量和强度下微生物的活性下降较快，对微生物的损伤较严重，停止紫外线消毒后其活性恢复能力较慢，而在较低紫外线剂量和强度下微生物的活性仍较高，微生物恢复能力较快。但在实际应用中提高紫外线剂量会增加紫外灯管数量及消毒反应器体积，从而大量增加了成本，因此单独紫外线消毒不能满足生活热水消毒的需求，需要探寻复合消毒方法。

④ 紫外线消毒后水力停留时间对水中有机物的影响

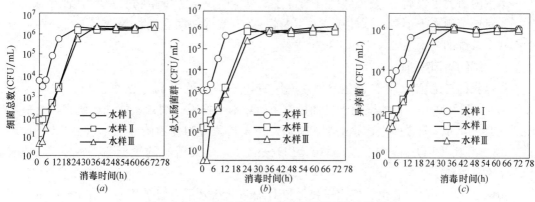

图 2.2-137　紫外线消毒时间对细菌再生长的影响
(a)细菌总数；(b)总大肠菌群；(c)异养菌

　　紫外线消毒后水力停留时间对水中 UV_{254} 的影响如图 2.2-138 所示。水经紫外线照射后会发生光化学氧化反应，将水中一些有机物降解为 CO_2、H_2O 和其他矿物盐。由图 2.2-138 可以看出，水样 Ⅱ 经紫外线消毒后水中的 UV_{254} 由 $0.017cm^{-1}$ 降低为 $0.012cm^{-1}$，去除率为 29.4%，而后在 72h 的水力停留时间内水中的 UV_{254} 基本不变。水样 Ⅲ 经紫外线消毒后水中的 UV_{254} 由 $0.017cm^{-1}$ 降低为 $0.008cm^{-1}$，去除率为 52.9%，在之后的 72h 水力停留时间内水中的 UV_{254} 同样保持稳定。可知，水中的 UV_{254} 经紫外线消毒后在 72h 内基本保持不变，水力停留时间对生活热水中的有机物无明显影响。

　　(4)银离子/紫外线联合消毒技术

　　生活热水的温度适合一些病原微生物生长，使得生活热水水质存在严重的安全性问题。且生活热水供水系统水力停留时间长，有助于细菌的再生长。紫外线消毒虽然有消毒能力强、作用快速等优点，但消毒无持续性，因此单独用于二次供水热水系统的消毒不理想。银离子在所有的重金属中具有最好的杀菌效果。银离子是一种无色、无味、无刺激、无污染的绿色消毒剂，当银离子进入细胞内部使细菌失去活性后，部分银离子会从细菌中游离出来继续与其他细

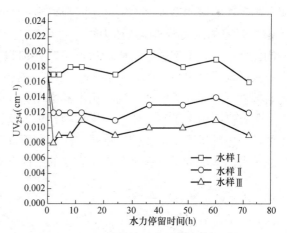

图 2.2-138　紫外线消毒后水力停留时间
对水中有机物的影响

菌接触，重复进行灭活作用，因此其消毒效果具有持续性。潘立博的研究表明，硝酸银对细菌和真菌均有较强的抑制作用。银离子能高效灭活多种病原微生物，但不同细菌对银离子的抵抗力各不相同。美国环保署对银离子的限值是 $0.1mg/L$，而我国《生活饮用水卫生标准》GB 5749—2006 中银离子限值是 $0.05mg/L$，在实际生活热水系统中投加的银离子消毒剂浓度不应超过 $0.05mg/L$，因此仍需要开展大量工作，研究银离子消毒技术在生活热水消毒中的可行性和适用性。

本试验研究了银离子/紫外线联合消毒技术对生活热水管壁生物膜及水中细菌的灭活作用，对比了银离子消毒、紫外线消毒以及银离子/紫外线联合消毒的细菌灭活特性，为生活热水系统的安全消毒技术提供技术支持。

1）银离子消毒效能

根据我国《生活饮用水卫生标准》GB 5749—2006 的银离子浓度限值，试验采用 0.02mg/L 和 0.05mg/L 的银离子投加量对生活热水生物膜的消毒效能进行研究，结果如图 2.2-139 所示。消毒前生物膜上细菌总数、总大肠菌群和异养菌分别为 2.4×10^5 CFU/cm^2、2.3×10^4 CFU/cm^2 和 5.9×10^6 CFU/cm^2，完全灭活时的灭活量分别为 5.38lg、4.36lg 和 6.77lg。

由图 2.2-139 可以看出，银离子投加量对细菌灭活效果有显著影响，在 0～60min 消毒时间内，高投加量银离子的细菌灭活效果始终好于低投加量。在消毒 30～60min 时 0.05mg/L 银离子的细菌总数、总大肠菌群和异养菌灭活量平均达 2.95lg、3.11lg 和 1.89lg，比 0.02mg/L 银离子的分别高出 0.69lg、1.89lg 和 0.43lg。

由图 2.2-139 还可以看出，0.02mg/L 和 0.05mg/L 银离子的总大肠菌群灭活效果变化幅度更大，相差 2.13lg，比细菌总数和异养菌的 0.57lg 和 0.52lg 大了约 4 倍；随着消毒时间的增加，总大肠菌群灭活量的增长趋势明显更缓慢，在消毒 60min 后其灭活量仍有明显的增长趋势，说明总大肠菌群需要更长的消毒时间才能达到较稳定的灭活量。上述结果表明，生活热水中的总大肠菌群对银离子有一定的耐受性，使得低投加量银离子的总大肠菌群灭活效果相对较低，这可能是因为总大肠菌群对温度变化有更强的适应性，或者是水温变化造成了大肠菌群的优势菌属发生了变化，出现了对银离子耐热性更好的大肠菌属。李宗军的研究发现生长温度不同会影响总大肠菌群的压力抗性和细胞膜脂肪酸组成，在 45℃培养的总大肠菌群的压力抗性比 20℃的高，且生长温度越高，细胞膜中饱和脂肪酸的比例增加，不饱和脂肪酸的比例下降，细胞膜越不易被破坏，因此在 45℃培养的总大肠菌群耐受性比 20℃培养的高。王书杰的研究表明，银离子消毒剂受温度影响较大，随着温度的升高，灭活微生物作用不断增强。李雨婷对比银离子的消毒效果时发现，随着水温的升高，银离子消毒效果呈增加的趋势。这说明生活热水中的总大肠菌群较难灭活，生活热水中的银离子消毒作用更强，因此在消毒时间较短的条件下，为提高生活热水中总大肠菌群的灭活效果，在保证水质安全的条件下保持较高的银离子浓度是必要的。

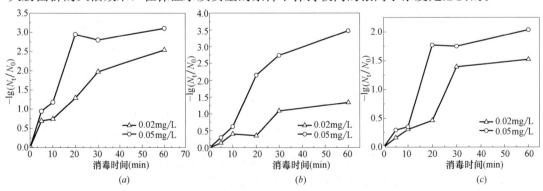

图 2.2-139 银离子投加量对生物膜细菌灭活效果的影响

（a）细菌总数；（b）总大肠菌群；（c）异养菌

由图 2.2-139 的细菌总数、总大肠菌群和异养菌灭活效果变化趋势可以看出，在消毒 0～10min 时，细菌灭活量均在较低的 0.2～1.2lg 范围；0.05mg/L 银离子消毒 10min 后，细菌灭活量开始显著增加，消毒 20min 后灭活量出现较平缓增长的趋势；而 0.02mg/L 银离子消毒 20min 后灭活量才开始显著增加，消毒 30min 后灭活量才出现较平缓增长的趋势；可见较低投加量银离子需要更长的消毒时间，保证足够的消毒时间和 CT 值是非常必要的。

将银离子消毒剂投加于生活热水系统中会造成生活热水管壁生物膜脱落，因此本次银离子消毒试验同时取生物膜和水样进行细菌检测，图 2.2-140 即为 0.02mg/L 和 0.05mg/L 银离子消毒生物膜细菌时水中剩余的细菌数量。可以看出，投加银离子消毒剂后生物膜会脱落，水中会有脱落的生物膜碎片，经银离子消毒后水中仍会有少量的细菌，但高投加量银离子对水中细菌的灭活效果始终优于低投加量。在 0～60min 的消毒时间内，0.02mg/L 和 0.05mg/L 银离子的水中细菌总数均小于 100CFU/mL，满足《生活饮用水卫生标准》GB 5749—2006 对细菌总数的要求，且 0.05mg/L 银离子的水中剩余的细菌总数小于 0.02mg/L 银离子的。由图 2.2-140（b）可以看出，在消毒 30min 后，0.05mg/L 银离子的水中总大肠菌群被完全灭活，0.02mg/L 银离子的水中仍可以检测出总大肠菌群，在消毒 60min 时，0.02mg/L 银离子的水中总大肠菌群为 4CFU/mL，《生活饮用水卫生标准》GB 5749—2006 中要求总大肠菌群在 100mL 水中不得检出，可见 0.05mg/L 银离子在消毒 30min 时水中总大肠菌群可达到标准要求，0.02mg/L 银离子在消毒 60min 时仍未达到标准要求。

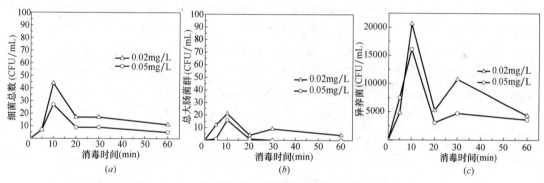

图 2.2-140 银离子投加量对水中细菌灭活效果的影响
（a）细菌总数；（b）总大肠菌群；（c）异养菌

由图 2.2-140（c）可以看出，在 0～60min 的消毒时间内，0.02mg/L 和 0.05mg/L 银离子的水中异养菌数均很高，在消毒 60min 时，0.02mg/L 和 0.05mg/L 银离子的水中异养菌分别为 4320CFU/mL 和 3590CFU/mL。我国水质标准中未对异养菌作规定，但相对于传统的营养琼脂培养基，R_2A 培养基更能够反映出管道系统中实际的营养条件，有研究发现，在从属滋养菌的培养条件下检测出的异养菌数目较多，因此异养菌数量通常会比细菌总数多 10～100 倍，在自来水中有时检测的会多达 1000 倍。当水中异养菌数量高于 100CFU/mL 时就有产生军团菌的风险，当高于 500CFU/mL 时则可能导致水中总大肠菌群超标，美国安全饮用水法案规定水中异养菌不能超过 500CFU/mL，参考美国规定的限值，本试验中异养菌检测值远远高于 500CFU/mL，因此在实际应用中为保障生活用水的水质安全，且在满足《生活饮用水卫生标准》GB 5749—2006 的银离子浓度限值的条件下，应进行联合消毒。

2）银离子消毒对水质的影响

① 银离子消毒的生物膜脱落现象

投加银离子消毒剂后，生物膜会脱落到水中，造成水中浊度的升高，因此可以用浊度来表征银离子消毒剂对生物膜附着特性的影响。0.02mg/L 和 0.05mg/L 银离子消毒时水中的浊度变化如图 2.2-141 所示。可以看出，在消毒 0~5min 时 0.02mg/L 银离子的水中浊度迅速增加，在消毒 5min 时浊度由 0.109NTU 增加至 0.837NTU，表明有大量生物膜脱落；在消毒 5~60min 期间浊度增加趋势明显减缓，在消毒 60min 时水中浊度为 1.69NTU。0.05mg/L 银离子的水中浊度在消毒 0~10min 时迅速增加，由 0.141NTU 增加至 2.26NTU，比同时间 0.02mg/L 银离子的高出 1.274NTU；在消毒 10~60min 期间浊度增加趋势减缓，在消毒 60min 时 0.05mg/L 银离子的水中浊度为 3.01NTU，比 0.02mg/L 银离子的高出 1.32NTU。可见，银离子投加量对生物膜结构破坏以及生物膜脱落有很大影响，0.05mg/L 银离子对生物膜的破坏程度远远高于 0.02mg/L 银离子，且银离子消毒对生物膜的破坏主要出现在消毒前期。

② 银离子消毒的有机物去除作用

投加银离子消毒剂对水中 UV_{254} 的影响如图 2.2-142 所示。可以看出，银离子对水中 UV_{254} 有去除效果，0.05mg/L 银离子对水中 UV_{254} 的去除速率高于 0.02mg/L 银离子。在消毒 5min 时，0.05mg/L 和 0.02mg/L 银离子对 UV_{254} 的去除率分别为 11.1% 和 66.7%；在消毒 5~10min 内，0.02mg/L 银离子对水中 UV_{254} 的去除率迅速增加，在消毒 10min 时 0.05mg/L 和 0.02mg/L 银离子对 UV_{254} 的去除率分别为 66.7% 和 77.8%；在消毒 10~60min 期间 0.05mg/L 和 0.02mg/L 银离子对水中 UV_{254} 去除率的增加趋势均明显减缓。由上可以看出，提高银离子投加量能加快对水中 UV_{254} 的去除率。由图 2.2-142 还可以看出，当消毒时间足够长时，0.02mg/L 和 0.05mg/L 银离子对水中 UV_{254} 的去除率基本相同，这可能是因为原水中 UV_{254} 本身含量较低，较低的银离子投加量即可达到较好的去除效果。

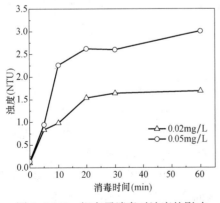

图 2.2-141　银离子消毒对浊度的影响

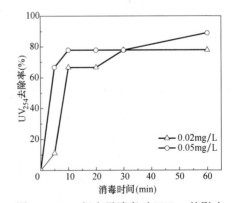

图 2.2-142　银离子消毒对 UV_{254} 的影响

③ 银离子消毒的细菌再生长特性

图 2.2-143 为不同银离子投加量消毒时生活热水生物膜细菌的再生长情况。消毒前生物膜上细菌总数、总大肠菌群和异养菌分别为 $2.7 \times 10^5 CFU/cm^2$、$3.3 \times 10^4 CFU/cm^2$ 和

$5.8×10^6CFU/cm^2$，完全灭活时的灭活量分别为5.43lg、4.52lg和6.76lg。由图2.2-143可以看出，在0~12h持续消毒期间，细菌灭活量均呈现持续增加趋势，并且0.05mg/L银离子的细菌灭活效果始终好于0.02mg/L银离子；持续消毒时间达到12h时，0.02mg/L和0.05mg/L银离子的细菌灭活量均达到了最高水平，细菌总数和总大肠菌群均完全灭活，异养菌灭活量分别为2.92lg和3.03lg。在随后的12~48h持续消毒期间，细菌的灭活量基本处于平稳或稍有下降的趋势，可见银离子有很好的持续消毒效果。研究发现，银离子在生活热水中的衰减速率很低，0.10mg/L银离子在40℃热水中持续消毒72h时浓度衰减为0.05mg/L，在120h后稳定在0.04mg/L。持续消毒72h时0.02mg/L银离子的细菌总数、总大肠菌群和异养菌的灭活量分别为0.27lg、0.22lg和1.38lg，细菌灭活量呈现较显著降低趋势，而0.05mg/L银离子的灭活量分别为3.83lg、4.52lg和3.34lg，仍可保持较好的细菌灭活效果，可见高投加量银离子持续消毒效果更佳。Nawaz研究表明，只有在较低银离子投加量下微生物会出现再生长现象，0.08mg/L以上银离子投加量下可实现对铜绿假单胞菌和总大肠菌群的长期抑制。

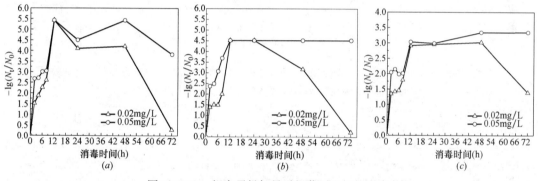

图2.2-143 银离子投加量对细菌再生长的影响
(a) 细菌总数；(b) 总大肠菌群；(c) 异养菌

从上述结果可以看出，银离子对生活热水生物膜细菌的持续消毒作用12h时才达到稳定，但银离子在生活热水中的衰减速率很低，可长时间维持持续消毒作用，并且在消毒时间足够长的条件下，不同银离子浓度可以达到相近的微生物灭活效果，基本不受银离子浓度影响。生活热水系统具有水力停留时间长的特点，有助于低投加量银离子达到较高投加量的灭活效果，充分发挥银离子的持续消毒作用，可以有效保障生活热水系统的生物安全性。

3）银离子/紫外线联合消毒效能

① 生物膜细菌灭活效果

图2.2-144是紫外线消毒、银离子消毒和银离子/紫外线联合消毒对生活热水生物膜细菌的灭活效果。消毒试验前生物膜上细菌总数、总大肠菌群和异养菌分别为$7.50×10^4CFU/cm^2$、$1.06×10^4CFU/cm^2$和$1.12×10^6CFU/cm^2$，完全灭活时的灭活量分别为4.88lg、4.03lg和6.05lg。紫外线消毒的紫外灯功率为10W；银离子消毒的银离子投加量为0.02mg/L；联合消毒的紫外灯功率为10W，照射时间为1min，银离子投加量为0.02mg/L。投加消毒剂后生物膜会脱落，水中会有脱落的生物膜碎片，因此试验时同时取生物膜和水样进行细菌检测，消毒试验前水中没有细菌。

由图 2.2-144 可以看出，在消毒 0～5min 时紫外线消毒的灭活量增加较快，均在 1.9～2.5lg 范围；在消毒 5～60min 时灭活量明显减缓，在消毒 60min 时紫外线的细菌总数、总大肠菌群和异养菌灭活量分别达到 3.43lg、2.88lg 和 2.83lg。可见，紫外线消毒的作用快速，在较短时间内即可产生显著的灭活效果。在消毒 0～5min 时 0.02mg/L 银离子的细菌灭活量不高，但在 5～30min 消毒时间内银离子的灭活量变化幅度最大，在消毒 30～60min 时灭活量则呈现平缓增加的趋势，此时细菌总数、总大肠菌群和异养菌灭活量平均达 2.20lg、1.26lg 和 1.48lg。

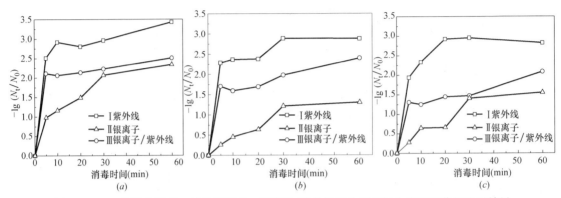

图 2.2-144   紫外线消毒、银离子消毒、银离子/紫外线联合消毒对生物膜细菌的灭活效果
(a) 细菌总数；(b) 总大肠菌群；(c) 异养菌

在实际生活热水系统中，紫外线消毒装置一般安装在固定位置，对生活热水的消毒时间较短，因此在银离子/紫外线联合消毒中采用的紫外线照射时间较短（消毒时间为 1min）。在消毒 0～5min 时银离子/紫外线联合消毒的细菌灭活量增加较快，在 5～60min 时灭活量增加明显减缓，在 60min 时细菌总数、总大肠菌群和异养菌的灭活量分别为 2.51lg、2.40lg 和 2.09lg，比银离子消毒灭活量分别高出 0.17lg、1.09lg 和 0.53lg。可见，即使增加了短时间的紫外线消毒，银离子/紫外线联合消毒的总大肠菌群灭活效果就比银离子消毒有了显著提高，细菌总数和异养菌灭活效果比银离子消毒提高幅度较小，因此银离子/紫外线联合消毒能有效弥补银离子消毒对总大肠菌群灭活效能相对较差的问题，具有很好的消毒效果。

图 2.2-145 为 3 种方式消毒时水中剩余的细菌数量。可以看出，紫外线消毒时水中剩余的 3 种细菌数目最少，可能是因为紫外线消毒时脱落至水中的生物膜较少造成的。银离子对水中细菌的灭活效果相对最差，可能是由于银离子消毒时脱落到水中的生物膜数量很多造成的。银离子/紫外线联合消毒时脱落到水中的生物膜数量多于银离子消毒，但水中检测到的细菌数目少于银离子消毒。可见，相比于银离子消毒，银离子/紫外线联合消毒对控制水中细菌具有很好的效果。银离子/紫外线联合消毒时生物膜的脱落程度和挂片生物膜残留量应与银离子消毒相似，而与紫外线消毒差距较大。银离子/紫外线联合消毒和银离子消毒造成了大量的生物膜脱落到水中，消毒后存留在挂片上的生物膜细菌灭活量可能较低，因而这 2 种方式进行消毒时细菌总数和异养菌的消毒效果相近。

② 水中细菌灭活效果

图 2.2-146 是紫外线消毒、银离子消毒和银离子/紫外线联合消毒对生活热水中细菌

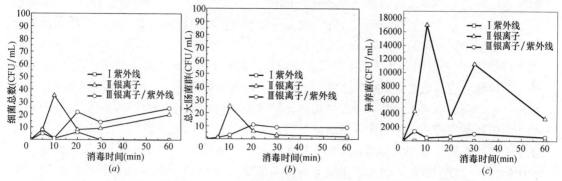

图 2.2-145 紫外线消毒、银离子消毒、银离子/紫外线联合消毒对水中脱落生物膜细菌的灭活效果
(a) 细菌总数；(b) 总大肠菌群；(c) 异养菌

的灭活效果。消毒试验前生活热水中的细菌总数、总大肠菌群和异养菌分别为 5.17×10^4 CFU/mL、4.10×10^4 CFU/mL 和 8.00×10^4 CFU/mL，完全灭活时的灭活量分别为 4.71lg、4.61lg 和 4.90lg。紫外线消毒时紫外灯功率为 5W，消毒时间为 1min；银离子消毒时银离子投加量为 0.02mg/L；联合消毒时紫外灯功率为 5W，消毒时间为 1min，银离子投加量为 0.02mg/L。

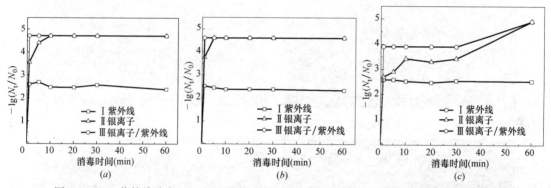

图 2.2-146 紫外线消毒、银离子消毒、银离子/紫外线联合消毒对水中细菌的灭活效果
(a) 细菌总数；(b) 总大肠菌群；(c) 异养菌

对比图 2.2-144 和图 2.2-146 可以看出，3 种消毒方式对生活热水中细菌的灭活效果远高于对生物膜细菌的灭活效果。由图 2.2-146 可以看出，5W 的紫外线消毒 1min 时细菌总数、总大肠菌群和异养菌的灭活量分别为 2.60lg、2.52lg 和 2.58lg。银离子对生活热水中细菌有很好的灭活效果，消毒 0~1min 时 0.02mg/L 银离子的细菌灭活量增加较快，在消毒 1min 时细菌总数、总大肠菌群和异养菌的灭活量分别为 3.57lg、3.77lg 和 2.70lg，在消毒 5min 时总大肠菌群被完全灭活，消毒 10min 时细菌总数被完全灭活，消毒 60min 时异养菌被完全灭活。银离子/紫外线联合消毒对水中细菌的灭活效果最好，在消毒 1min 时细菌总数和总大肠菌群即被完全灭活，异养菌的灭活量为 3.90lg。可见，银离子/紫外线联合消毒对生活热水中细菌有很好的消毒效果，能在短时间内有效灭活生活热水中的细菌，保障生活热水的微生物安全。

4）银离子/紫外线联合消毒的生物膜表面形态特征

为了进一步考察银离子/紫外线联合消毒的灭活性能，取消毒前后的生物膜进行生物膜形态检测。生物膜表面形态会对微生物的附着过程和营养物质的传递过程产生重要影响。消毒剂可使生物膜结构受到破坏，改变生物膜表面的官能团种类，影响生物膜的表面形态，使生物膜出现脱落现象。图 2.2-147 所示为消毒前和紫外线消毒、银离子消毒、银离子/紫外线联合消毒后挂片的生物膜表面形态。可以看出，消毒前的生物膜由较厚实和致密的块状结构组成，块状结构表面圆滑饱满。经紫外线消毒后，生物膜萎缩变成小块状结构，生物膜表面粗糙，结构较乱但仍然比较密实，只有局部出现孔洞，可见紫外线对生物膜的破坏程度较小，生物膜脱落现象不明显。银离子消毒后造成了较显著的生物膜脱落现象，挂片表面已有部分裸露，生物膜呈离散的小块状结构，并出现较多丝网状结构，尽管生物膜已经较为疏松，但表面仍较平滑，萎缩现象不明显。银离子/紫外线联合消毒对生物膜结构的破坏程度最大，造成更严重的生物膜脱落现象，挂片表面已大量裸露，生物膜呈显著离散的小块状结构，出现部分网状结构，生物膜更为疏松，但块状表面更显平滑、边缘更明晰，生物膜深层也出现了萎缩现象。

图 2.2-147　消毒前后生物膜表面形态
(*a*) 消毒前；(*b*) 紫外线消毒；(*c*) 银离子消毒；(*d*) 银离子/紫外线联合消毒

从生物膜表观形态来看，紫外线消毒更多地是对生物膜表面的微生物灭活，没有对生物膜深层产生显著的破坏，生物膜仍然呈现较为完整的形态。银离子消毒对生物膜的深层产生了显著破坏，生物膜整体出现了明显的裂痕和脱落现象。银离子/紫外线联合消毒时，紫外线可照射到生物膜深层，则对生物膜整体造成了更大程度的破坏，生物膜脱落程度更大。紫外线消毒是直接破坏微生物的 DNA，阻止蛋白质合成而使细菌不能繁殖，对微生物细胞膜基本没有破坏，这可能是紫外线消毒生物膜不易脱落的原因，而银离子消毒可破坏微生物的屏障结构，易造成生物膜脱落。可见，银离子/紫外线联合消毒对管壁生物膜的破坏和去除最有效。

生物膜脱落会造成水中浊度的增加，可以通过水的浊度变化看出来，图 2.2-148 为 3 种消毒方式的水中浊度变化情况。可以看出，在消毒 0～5min 时紫外线消毒、银离子消毒和银离子/紫外线联合消毒的水中浊度均迅速增加，在 5min 时浊度分别由 0.102NTU、0.120NTU 和 0.105NTU 增加至 0.514NTU、0.955NTU 和 1.57NTU，表明有大量生物膜脱落；在消毒 5～60min 期间浊度增加趋势明显减缓，消毒 60min 时浊度分别达到 0.836NTU、1.84NTU 和 1.97NTU，与消毒 5min 时的浊度相比增加幅度很小。可见紫外线消毒、银离子消毒和银离子/紫外线联合消毒对生物膜结构的破坏以及生物膜的脱落主要出现在消毒的前 5min 内，其中紫外线消毒的生物膜脱落程度最小，银离子/紫外线联合消毒的生物膜脱落程度相对最大，这些浊度变化程度与生物膜表面形态变化程度的结果是一致的。

5）银离子/紫外线联合消毒的生物膜细菌菌群特征

对消毒前后生物膜细菌菌群进行了 16s rDNA 测序分析，测序结果如图 2.2-149 所示。可以看出，消毒前生物膜中的变形菌门（Proteobacteria）、厚壁菌门（Firmicutes）、酸杆菌门（Acidobacteria）和浮霉菌门（Planctomycetes）所占比例较高，分别为 30.73%、28.66%、14.28% 和 11.78%，而芽单胞菌门（Gemmatimonadetes）、拟杆菌门（Bacteroidetes）、绿弯菌门（Chloroflexi）、装甲菌门（Armatimonadetes）、

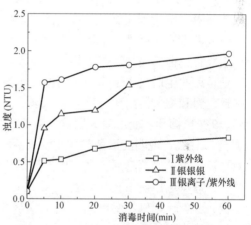

图 2.2-148　消毒对生物膜脱落的影响

硝化螺旋菌门（Nitrospirae）和疣微菌门（Verrucomicrobia）所占比例较低，分别为 3.06%、2.78%、2.25%、2.2%、1.44% 和 1.34%，其余各种菌门所占的比例均小于 1.0%，可见变形菌门和厚壁菌门为主要优势菌门。王帅等人研究了在相同条件下二次供水生物膜的微生物种群，研究发现二次供水系统的生物膜中厚壁菌门、变形菌门和拟杆菌门所占比例较大，分别为 43.25%、21.60% 和 18.19%，古菌门、放线菌门、浮霉菌门和泉古菌门所占比例较小。与二次供水生物膜的微生物种群进行对比可知，生活热水生物膜中变形菌门数量要多 9.13 个百分点，酸杆菌门、芽单胞菌门、绿弯菌门、装甲菌门、硝化螺旋菌门和疣微菌门的数量也较多，二次供水中几乎没有；生活热水中古菌门和泉古菌门含量极少，二次供水中所占比例较高，为 6.84% 和 1.10%；生活热水中拟杆菌门数量较少，比二次供水中低 15.41 个百分点。

生活热水生物膜中的变形菌门主要为 α 变形菌、β 变形菌、γ 变形菌和 δ 变形菌，在变形菌门中所占比例分别为 13.4%、7.26%、5.39% 和 4.54%；α 变形菌和 β 变形菌可利用自身胞外酶，将大分子有机污染物降解为水溶性低分子的氨基酸、单糖和无机酸等；

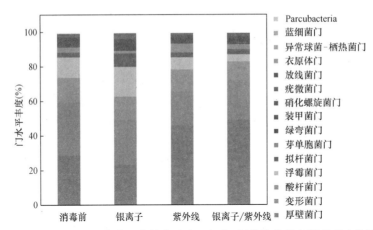

图 2.2-149   消毒前及银离子消毒、紫外线消毒、银离子/紫外线联合消毒后生物膜菌种组成

γ 变形菌主要为大肠杆菌、沙氏门菌等病原菌。厚壁菌门是一类会导致肥胖的肠道菌，影响人体健康。硝化螺旋菌门中的硝化螺旋菌属于亚硝酸盐氧化菌（NOB），具有脱氮功能，可改善水质。可见，生活热水管壁生物膜中具有多种菌类，其中的病原菌可对人体健康产生威胁，但其他种属微生物也存在致病风险，尤其是对敏感人群。

消毒后的生活热水生物膜细菌种群比例发生了较大程度变化。银离子消毒后生物膜中的厚壁菌门和变形菌门所占比例分别减少至 23.26% 和 26.11%，其中变形菌门中的 α 变形菌、β 变形菌和 δ 变形菌分别减少至 10.45%、5.99% 和 4.01%，而 γ 变形菌由 5.39% 增加至 5.49%，说明变形菌门中主要灭活的是 α 变形菌和 β 变形菌，γ 变形菌的灭活程度相对较低。紫外线消毒后生物膜中的变形菌门和浮霉菌门所占比例分别减少至 19.57% 和 7.01%，厚壁菌门所占比例增加至 45.91%，成为优势菌门。紫外线消毒中 α 变形菌、β 变形菌、γ 变形菌和 δ 变形菌分别减少至 8.76%、4.01%、4.33% 和 2.37%，说明紫外线灭活 γ 变形菌的效果相对更好一些。银离子/紫外线联合消毒后生物膜中的变形菌门、浮霉菌门和酸杆菌门所占比例分别减少至 22.97%、4.15% 和 10.65%，厚壁菌门所占比例增加至 49.16%，成为优势菌门。银离子/紫外线联合消毒后 α 变形菌、β 变形菌、γ 变形菌和 δ 变形菌分别减少至 9.35%、5.73%、4.45% 和 3.34%，γ 变形菌比例也相对有所降低。

从上述生活热水微生物种群的检测结果可以看出，生活热水生物膜中的微生物种群具有生物多样性，存在一定数量的病原微生物；消毒可以在不同程度上灭活多种微生物，但对病原微生物的灭活程度有所差异；银离子消毒对病原菌的灭活程度相对较低，紫外线消毒和银离子/紫外线联合消毒对病原菌的灭活程度相对较高。

（5）氯/紫外线联合消毒技术

水中一些带芽孢的细菌和原生动物对消毒剂有很强的抵抗能力，即使在较高消毒剂投加量下，其灭活效果仍较差。国外通常采用联合消毒的方式对这些难以灭活的微生物进行消毒，且都取得了较好的灭活效果。目前国内常用的饮用水消毒方式以氯消毒为主，氯消毒具有建设及运行成本低、操作方便和消毒效果好等优点。但是氯消毒会产生三卤甲烷、卤乙酸等消毒副产物，并且对一些抗氯性的原生动物如隐孢子虫、贾第鞭毛虫等的灭活效果较差，因此用于饮用水消毒的氯取代工艺的研究日渐增多。紫外线消毒因具有灭菌广谱、消毒副产物少、操作简单等特点而逐渐受到人们的关注，欧洲及北美的许多国家将紫外线消毒列为用水终端消毒的首选方法，尤其是发现在自来水中存在隐孢子虫和贾第鞭毛虫以后，美国已经将紫外线消毒作为自来水消毒的最佳手段写入了供水法规中，但紫外线消毒没有持续消毒能力。氯/紫外线联合消毒一方面可以弥补氯消毒无法有效灭活隐孢子虫、贾第鞭毛虫等原生动物的劣势，解决紫外线消毒无持续消毒作用的问题；另一方面还可以减少氯的投加量，降低水中的消毒副产物，保障了水质的安全性。

目前在氯/紫外线联合消毒对生活热水微生物的灭活效果方面研究较少，因此本试验主要研究了氯/紫外线联合消毒技术对生活热水管壁生物膜及水中细菌的灭活作用，对比氯消毒、紫外线消毒以及氯/紫外线联合消毒的细菌灭活特性，为生活热水系统的安全消毒技术提供技术支持。

1）氯/紫外线联合消毒效能

① 水中细菌灭活效果

图 2.2-150 是紫外线消毒、氯消毒和氯/紫外线联合消毒对生活热水中细菌的灭活效果。消毒试验前细菌总数、总大肠菌群和异养菌分别为 $8.80 \times 10^4 \mathrm{CFU/mL}$、$8.00 \times 10^4 \mathrm{CFU/mL}$ 和 $1.20 \times 10^5 \mathrm{CFU/mL}$，完全灭活时的灭活量分别为 4.94lg、4.90lg 和 5.08lg。紫外线消毒时紫外灯功率为 5W，消毒时间为 1min；氯消毒时的次氯酸钠投加量为 0.27mg/L；联合消毒时紫外线消毒时间为 1min，次氯酸钠投加量为 0.27mg/L。

由图 2.2-150 中紫外线消毒 1min 时水中细菌灭活效果曲线可以看出，紫外线消毒的作用快速，在消毒 0～1min 时细菌灭活量增加较快，在消毒 1min 时细菌总数、总大肠菌群和异养菌的灭活量分别为 1.91lg、2.07lg 和 1.88lg。

由图 2.2-150 可以看出，在消毒 0～10min 时 0.27mg/L 氯消毒的细菌灭活效果较差，在消毒 10min 时细菌总数、总大肠菌群和异养菌的灭活量仅为 0.49lg、0.75lg 和 0.19lg。在消毒 10～30min 时细菌灭活量快速增加，灭活效果变化幅度最大，在消毒 30～60min 时细菌的灭活量增加速度明显变缓，在消毒 60min 时细菌总数、总大肠菌群和异养菌的灭活量分别为 3.30lg、3.33lg 和 3.12lg。

氯/紫外线联合消毒对生活热水中细菌的灭活效果最好，由图 2.2-150 可知，在消毒 0～1min 时氯/紫外线联合消毒的细菌灭活量增加最快，在消毒 1min 时细菌总数、总大肠菌群和异养菌的灭活量分别为 2.30lg、2.56lg 和 2.28lg，比紫外线消毒 1min 时的灭活量分别高出 0.39lg、0.49lg 和 0.40lg，比氯消毒 1min 时的灭活量分别高出 2.20lg、2.51lg 和 2.24lg；在消毒 1～60min 时灭活量增加速度明显减缓，在消毒 60min 时细菌总数、总大肠菌群和异养菌的灭活量分别为 3.30lg、3.56lg 和 3.23lg，比氯消毒 60min 时的灭活量分别高出 0.14lg、0.23lg 和 0.11lg。可见，当消毒时间足够长时，氯消毒对生活热水中细菌的灭活效果与氯/紫外线联合消毒相同。在生活热水消毒中，氯/紫外线联合消毒能有效弥补氯消毒作用较慢的弱点，在较短的时间内达到较高的微生物灭活量，具有良好的消毒效果。

张永吉的研究表明，紫外线和氯联合消毒能高效灭活枯草芽孢杆菌，并且随着紫外线剂量及氯投加量的增加，协同作用增强。杨川对比紫外线/氯联合消毒和氯消毒发现，紫外线/氯联合消毒可有效降低氯的投加量，减少消毒副产物生成量，保证了水质的安全性。

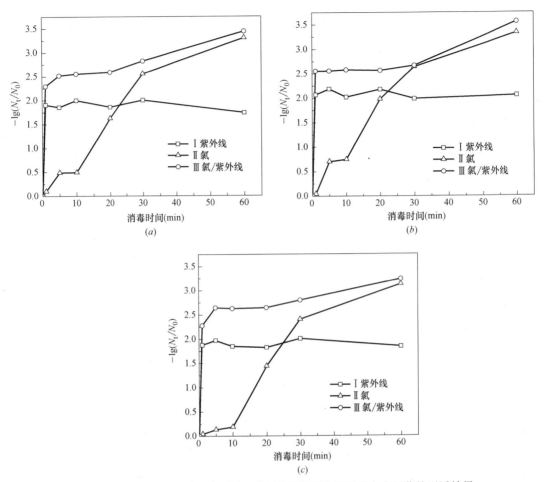

图 2.2-150　紫外线消毒、氯消毒、氯/紫外线联合消毒对水中细菌的灭活效果

(a) 细菌总数；(b) 总大肠菌群；(c) 异养菌

但在灭活率相同的条件下，紫外线剂量与氯投加量的关系符合二次三项式类型，随着紫外线剂量的增加，氯投加量减少的速度变小。赖日明的研究表明，氯/紫外线联合消毒工艺的投氯量比单独氯消毒工艺至少要节省 6% 以上。可见，氯/紫外线联合消毒对饮用水有很好的消毒效果，且工艺成熟，应用于生活热水消毒中是可行的。

② 生物膜细菌灭活效果

图 2.2-151 是氯/紫外线联合消毒对生活热水生物膜细菌的灭活效果，紫外灯功率为 10W，照射时间为 1min，次氯酸钠投加量为 0.25mg/L。消毒试验前生物膜上细菌总数、总大肠菌群和异养菌分别为 $4.20 \times 10^3 \mathrm{CFU/cm^2}$、$6.98 \times 10^2 \mathrm{CFU/cm^2}$ 和 $1.26 \times 10^6 \mathrm{CFU/}$

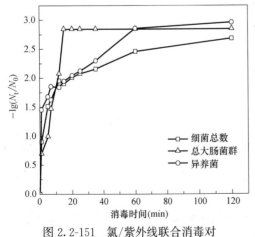

图 2.2-151　氯/紫外线联合消毒对
生物膜细菌的灭活效果

cm^2，完全灭活时的灭活量分别为 3.63lg、2.84lg 和 6.10lg。

由图 2.2-151 可以看出，在消毒 0～5min 时氯/紫外线联合消毒的细菌总数灭活效果增加较快，在消毒 5min 时细菌总数的灭活量为 1.51lg；在消毒 5～120min 时灭活量增加速度明显减缓，在消毒 20min 时细菌总数的灭活量达到 2lg 以上，在消毒 120min 时细菌总数的灭活量为 2.68lg。

Volk 和 LeChevallier 的研究发现，当水温超过 15℃时，总大肠菌群爆发的概率显著增加。生活热水要求 100mL 水中不得检测出总大肠菌群。由图 2.2-151 可以看出，氯/紫外线联合消毒对总大肠菌群的消毒作用最快，在消毒 0～15min 时氯/紫外线的总大肠菌群灭活量增加最快，在消毒 1min 时总大肠菌群的灭活量为 0.70lg，在消毒 12min 时总大肠菌群的灭活量即达到 2lg 以上，在消毒 15min 时总大肠菌群被完全灭活。

引起管网中异养菌繁殖和再生长的主要原因是管道中存在着能促进异养菌生长的有机物，尽管经过消毒处理后大部分异养菌被灭活，但残留的异养菌可在管网中进行自我修复，当含有异养菌的生活给水进入热水系统之后，在一定范围内温度的升高会导致生化反应活化能降低，异养菌生长繁殖速率加快，微生物污染风险增大。由图 2.2-151 可知，在消毒 0～1min 时异养菌灭活量快速增加，在消毒 1min 时异养菌灭活量为 1.45lg；在消毒 1～60min 时异养菌灭活量增加速度变缓，在消毒 60min 时异养菌灭活量为 2.86lg；在消毒 60～120min 时异养菌灭活量增加速度明显减缓，在消毒 120min 时异养菌灭活量为 2.96lg，离完全灭活差 3.14lg。可见，生活热水生物膜中的异养菌较难灭活，应加大紫外线剂量或次氯酸钠浓度以保证生活热水微生物安全。

③ 细菌再生长特性

图 2.2-152 (a) 为氯/紫外线联合消毒的生活热水生物膜细菌再生长情况，紫外灯功率为 10W，照射时间为 1min，次氯酸钠浓度为 0.34mg/L。消毒前生物膜上细菌总数、总大肠菌群和异养菌分别为 $2.24 \times 10^4 CFU/cm^2$、$6.62 \times 10^4 CFU/cm^2$ 和 $9.56 \times 10^5 CFU/cm^2$，完全灭活时的灭活量分别为 4.35lg、4.82lg 和 5.98lg。

由图 2.2-152 (a) 可以看出，在 2～6h 持续消毒期间细菌总数和总大肠菌群均被完全灭活，灭活量分别为 4.35lg 和 4.82lg，在 12h 时异养菌灭活量达到了最高水平，为 3.13lg。在 0～12h 持续消毒期间，生活热水生物膜中细菌总数、总大肠菌群和异养菌的含量均较低，细菌受消毒剂抑制没有再生长。在随后的 12～48h 持续消毒期间，细菌增长速率呈现指数增长趋势，在 48～72h 时细菌数量达到稳定，细菌死亡数量与再生长繁殖数量达到平衡。可见，氯/紫外线联合消毒对生活热水生物膜细菌的持续消毒时间为 12h，持续消毒效果好于紫外线消毒。

图 2.2-152 (b) 为消毒后水中余氯的衰减情况，其中曲线 I 是氯/紫外线联合消毒后水中余氯衰减情况，曲线 II 是氯消毒后水中余氯衰减情况，两种消毒方式投加的氯消毒剂浓度相同，水温为 45℃。由图 2.2-152 (b) 可以看出，紫外线照射会明显加快余氯的衰减速度。在紫外线消毒 1min 后，氯/紫外线联合消毒的余氯由进水的 0.34mg/L 衰减至 0.07mg/L，而氯消毒的余氯衰减至 0.27mg/L。在消毒 7h 时，氯/紫外线联合消毒的余氯已经衰减为 0mg/L，此时氯消毒的余氯为 0.07mg/L，在消毒 12h 时氯消毒的余氯才衰减为 0.01mg/L。从图 2.2-152 可以看出，当氯/紫外线联合消毒 6h、余氯衰减至 0.01mg/L 时挂片上就开始出现细菌总数和总大肠菌群，但此时挂片上细菌数量较少；消

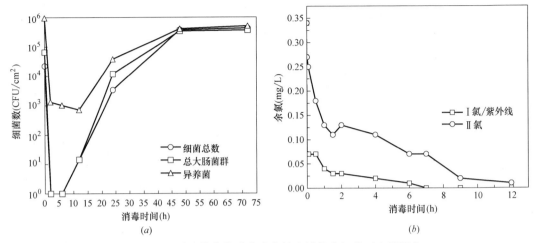

图 2.2-152　氯/紫外线联合消毒的生活热水细菌再生长研究
（a）生物膜细菌再生长情况；（b）余氯衰减曲线

毒 12h、水中余氯为 0mg/L 时挂片上细菌开始快速生长繁殖。张永吉的研究表明，高紫外线剂量会明显加快氯的衰减速度。可见，紫外线照射会加快余氯的衰减速度，氯/紫外线联合消毒的持续消毒能力低于氯消毒。

　　2）氯/紫外线联合消毒的生物膜表面形态特征

　　为了进一步考察氯/紫外线联合消毒的灭活性能，取消毒后的生物膜进行生物膜形态检测。图 2.2-153 所示为氯消毒和氯/紫外线联合消毒后挂片的生物膜表面形态。可以看出，氯消毒造成了较显著的生物膜脱落现象，挂片表面已有部分裸露，生物膜呈离散的小块状结构，并出现部分丝网状结构，尽管生物膜已经较为疏松，但表面仍较平滑，萎缩现象不明显。氯/紫外线联合消毒对生物膜结构的破坏程度更大，生物膜脱落现象更明显，挂片表面大面积裸露，生物膜呈显著离散的小块状结构。

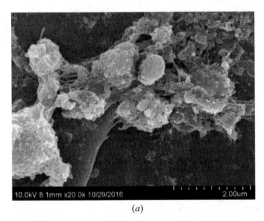
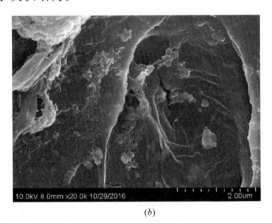

图 2.2-153　消毒后生物膜表面形态
（a）氯消毒；（b）氯/紫外线联合消毒

　　从生物膜的表面形态来看，氯消毒对生物膜的深层产生了显著破坏，生物膜整体出现了明显的裂痕和脱落现象。次氯酸钠在水中可水解成次氯酸（HOCl），氯消毒时起消毒作用的主要是 HOCl 分子，HOCl 是一种弱酸，是很小的中性分子，能与带负电的细菌结合，穿透细胞壁进入细胞内部，破坏细胞体内酶的活性，从而使细菌死亡，因此氯消毒易造成生物膜脱落。氯/紫外线联合消毒时，紫外线可以照射到生物膜深层，联合氯消毒可以对生物膜整体造成更大程度的破坏，生物膜脱落程度更大。可见，氯/紫外线联合消毒能使管壁生物膜大量脱落，有效去除生活热水管壁生物膜。

3）氯/紫外线联合消毒的生物膜细菌菌群特征

对氯消毒和氯/紫外线联合消毒的生物膜细菌菌群进行了 16s rDNA 测序分析，测序结果如图 2.2-154 所示。消毒前生物膜中的变形菌门（Proteobacteria）、厚壁菌门（Firmicutes）、酸杆菌门（Acidobacteria）和浮霉菌门（Planctomycetes）所占比例较高，分别为 30.73%、28.66%、14.28% 和 11.78%，而芽单胞菌门（Gemmatimonadetes）、拟杆菌门（Bacteroidetes）、绿弯菌门（Chloroflexi）、装甲菌门（Armatimonadetes）、硝化螺旋菌门（Nitrospirae）和疣微菌门（Verrucomicrobia）所占比例较少，分别为 3.06%、2.78%、2.25%、2.2%、1.44% 和 1.34%，其余各种群所占的比例均小于 1.0%。

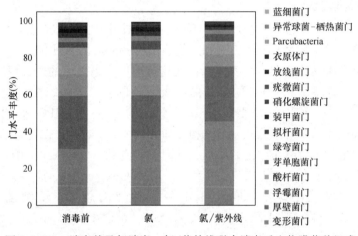

图 2.2-154 消毒前及氯消毒、氯/紫外线联合消毒后生物膜菌种组成

消毒后生活热水生物膜细菌种群比例发生了较大程度变化。由图 2.2-154 可知，氯消毒主要造成生物膜上的厚壁菌门、酸杆菌门脱落，所占比例分别减少至 21.72% 和 7.24%。变形菌门和浮霉菌门所占比例提高，分别增加至 37.92% 和 17.54%，变形菌门中主要为 α 变形菌、β 变形菌、γ 变形菌和 δ 变形菌，消毒前 α 变形菌、β 变形菌、γ 变形菌和 δ 变形菌所占比例分别为 13.4%、7.26%、5.39% 和 4.54%，氯消毒后 α 变形菌、β 变形菌、γ 变形菌和 δ 变形菌所占比例发生变化，分别变为 8.94%、3.51%、22.71% 和 2.63%，说明氯消毒时变形菌门中主要灭活的是 α 变形菌、β 变形菌和 δ 变形菌，γ 变形菌的灭活程度相对较低，致使 γ 变形菌所占比例增加。氯/紫外线联合消毒主要造成生物膜上的酸杆菌门、浮霉菌门脱落，所占比例分别减少至 6.83% 和 6.68%，厚壁菌门和变形菌门所占比例都增加，分别增加至 29.76% 和 45.51%。氯/紫外线联合消毒中 α 变形菌、β 变形菌、γ 变形菌和 δ 变形菌的比例分别变为 6.53%、2.8%、33.64% 和 2.42%，γ 变形菌灭活效果也较差。

从上述生活热水微生物种群的检测结果可以看出，氯消毒和氯/紫外线联合消毒可以在不同程度上灭活多种微生物，但对病原菌的灭活程度较差。这可能是因为培养生物膜的生活热水含有少量余氯，且γ变形菌所代表的大肠杆菌、沙氏门菌、铜绿假单胞菌等病原菌本身就有较强抗性，致使氯消毒对病原菌灭活程度较差。氯/紫外线联合消毒时紫外线消毒时间较短，较低的紫外线剂量不足以灭活病原菌，且紫外线消毒会加快余氯衰减，这可能导致本试验的氯/紫外线联合消毒对病原菌的灭活效果低于氯消毒。

2.3　建筑给水系统优化与水质保障技术

2.3.1　建筑给水管道系统的水质变化特性

1. 不锈钢管的生物稳定性

本部分主要研究了不锈钢管道在市政供水中生物膜的生长情况、生物膜菌群特征以及探讨不锈钢管道在市政供水系统中的生物稳定性。

（1）管壁生物膜特征

试验采用自来水模拟管道系统，采用不锈钢管材挂片模拟管道管壁，对供水中管壁生物膜的生长特征、生物膜对水质的影响和生物膜菌群特征进行了研究。

图2.3-1为不锈钢管壁上生物膜微生物在建筑内供水条件下的生长情况。由图2.3-1可知，细菌总数、铁细菌和HPC的生长曲线大致相同。管道系统在运行0～60d期间，管壁生物膜上生物量水平较低，细菌总数、铁细菌和HPC平均数量分别为$1.7 \times 10^2 CFU/cm^2$、$1.1 \times 10^2 CFU/cm^2$和$2.4 \times 10^2 CFU/cm^2$。在运行60～80d期间，管壁生物膜上微生物数量有小幅度的增加，此时细菌总数、铁细菌和HPC的数量分别为$5.7 \times 10^3 CFU/cm^2$、$6.3 \times 10^2 CFU/cm^2$和$1.0 \times 10^4 CFU/cm^2$。运行80d后，管壁生物量呈对数增长趋势，在运行100～110d左右时细菌总数、铁细菌及HPC达到$1.0 \times 10^5 CFU/cm^2$、$1.8 \times 10^4 CFU/cm^2$、$1.7 \times 10^5 CFU/cm^2$的最大值。在运行110～150d期间，老化的生物膜开始脱落，管壁生物量呈现迅速下降并趋于稳定的趋势。

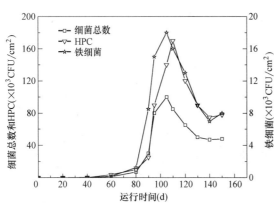

图2.3-1　不锈钢管壁上生物膜中生物量变化特点

管道材质对生物膜形成速率也有很大影响，PVC管材更易形成生物膜，在运行80d左右时生物量就已达到最大值，且HPC的数量远远大于不锈钢复合管。说明不锈钢管在市政供水中运行的情况下，卫生性能优于PVC管材，但长期运行的不锈钢管仍会形成明显的管壁生物膜，在运行120d时出水的细菌总数、铁细菌和HPC分别为80～300CFU/mL、50～110CFU/mL和700～1300CFU/mL，微生物指标不满足《生活饮用水卫生标准》GB 5749—2006的限值要求。可见，长期运行的不锈钢管也会形成明显的管壁生物膜，对输配水的生物安全性产生威胁。

（2）生物膜对浊度的影响

图 2.3-2 为不锈钢管道在建筑内供水条件下进出水浊度的变化情况。由图 2.3-2 可知，管道系统在运行过程中，进水浊度比较稳定，维持在 0.384～0.732NTU，而出水浊度变化较大。在运行 0～80d 期间，管道系统的出水浊度呈现缓慢增加趋势，出水浊度均值为 0.634NTU；在运行 80～120d 期间，出水浊度增加速率变快，在运行 120d 时出水浊度达到 1.367NTU 的最高值，这主要是由于老化生物膜的脱落导致出水浊度急剧增加；在运行 120～150d 期间，出水浊度较为稳定，均值为

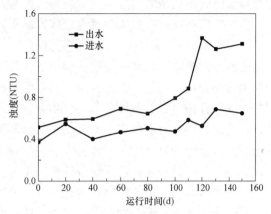

图 2.3-2 不锈钢管道系统进出水浊度变化

1.314NTU，浊度指标超过了《生活饮用水卫生标准》GB 5749—2006 的限值。可见，长期运行的不锈钢管也会造成输配水的水质出现浊度超标现象。

（3）生物膜对 TOC 的影响

图 2.3-3 为不锈钢管道在建筑内供水条件下进出水 TOC 的变化情况。由图 2.3-3 可知，在运行 0～60d 期间，出水 TOC 含量一直大于进水 TOC 含量，说明市政供水中 TOC 的消耗量为负值，这可能是由于不锈钢管壁表面的细菌刚开始生长，不能在管壁表面形成稳定的生物膜，在水的流动下生物膜和新生细菌较易脱落到水中，因此出现了出水 TOC 含量大于进水 TOC 含量的现象；在运行 60～150d 期间，进水 TOC 含量大于出水 TOC 含量，且进出水 TOC 差值呈先增大后趋于稳定的趋势，主要是由于生物膜中微生物的生长繁殖消耗了水中的 TOC，导致出水 TOC 含量低于进水 TOC 含量。

（4）生物膜菌群特征

采用宏基因组 16s 测序方法分析了管道系统内生长成熟的生物膜中菌群多样性，样本的覆盖率为 0.96，香农-威纳指数（Shannon Wiener index）为 5.27，辛普森多样性指数（Simpson index）为 0.02，表明生物膜细菌具有多样性的特点。图 2.3-4 为生物膜细菌群落在门水平上的物种分布情况。可见，变形菌门（Proteobacteria）所占比例最大，相对丰度为 64.83%；其次为浮霉菌门（Planctomycetes）、疣微菌门（Verrucomicrobia）、拟杆菌门（Bacteroidetes）、广古菌

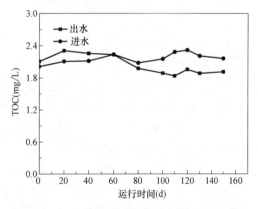

图 2.3-3 不锈钢管道系统进出水 TOC 变化

门（Euryarchaeota）、厚壁菌门（Firmicutes）、酸杆菌门（Acidobacteria）和放线菌门（Actinobacteria），所占比例分别为 12.68%、4.56%、3.97%、3.75%、3.45%、1.79% 和 1.71%，其余菌门比例均小于 1%。相同水质条件下 PVC 材质管壁生物膜微生物种群中厚壁菌门（Firmicutes）所占比例最大，相对丰度为 43.25%，其次为变形菌门（Proteobacteria）和拟杆菌门（Bacteroidetes），所占比例分别为 21.60% 和 18.19%。通过对

比可以看出，不锈钢管壁生物膜中变形菌门数量要多 43.23 个百分点，浮霉菌门、疣微菌门、广古菌门和酸杆菌门的数量也较多；而不锈钢管壁中厚壁菌门和拟杆菌门数量较少，比 PVC 材质管壁分别低 41.46 个百分点和 14.22 个百分点。

变形菌门是市政供水管道生物膜中的优势菌门。其不仅包含易造成金属腐蚀的铁细菌和硫酸盐还原菌，还包含大肠杆菌、假单胞菌和沙氏门菌等致病菌。厚壁菌门中的枯草芽孢杆菌和拟杆菌门中的黄杆菌都是腐生菌，其产生的黏性物质与铁细菌一同累积在管壁表面，可造成金属管道腐蚀。变形菌门、厚壁菌门和放线菌门中都包含的锰氧化细菌能加速管道的点蚀。此外，上述菌门都包含一些耐氯菌，如军团菌、分枝杆菌和金黄葡萄球菌，不仅具有一定的致病性，还会促进管壁微生物的生长，加剧金属管道的腐蚀。上述结果表明，建筑供水管道生物膜中存在较多导致管壁腐蚀的菌种、致病菌和耐氯菌等，对饮用水的生物安全性和化学安全性产生一定的威胁，因此有必要控制管道生物膜的大量生成，确保建筑供水管道的安全运行。

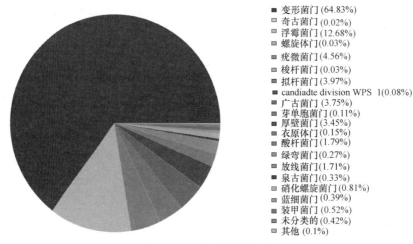

图 2.3-4　生物膜菌种分布图

（5）微生物腐蚀特性

试验将不锈钢管材制成的工作电极放入细菌含量为 47CFU/mL 的有菌水和不含细菌的无菌水条件下连续运行，对市政供水中微生物对不锈钢管道的腐蚀特性进行了研究。

1）腐蚀电位变化

图 2.3-5 为余氯含量达标的市政供水中，测得含有细菌和不含细菌不锈钢管道的动电位极化曲线，并拟合得到的腐蚀电位随运行时间的变化情况。初始有菌水和无菌水的腐蚀电位分别为 $-163mV$ 和 $-154mV$。在运行 10d 时，有菌水的腐蚀电位为 $-175mV$，腐蚀电位略微有所增加；在运行 10～20d 期间，有菌水的腐蚀电位变化为 $-234mV$，和 10d 的腐蚀电位相比，腐蚀电位负移 0.059V，说明腐蚀的倾向性在逐渐变大；在运行 30d 时，由于细菌的生长繁殖在管壁表面形成了钝化膜，这层钝化膜隔绝了材料与水和空气的接触，从而导致腐蚀电位出现正移，腐蚀电位为 $-212mV$，腐蚀倾向变小；在运行 30～40d 期间，由于钝化膜的脱落，使材料基体重新裸露在水中，导致腐蚀电位显著降低，腐蚀倾向性急剧变大；在运行 50～60d 期间，有菌水腐蚀电位达到较稳定的趋势，腐蚀加剧倾向变小，此时腐蚀电位均值为 $-298mV$，比初始腐蚀电位降低了 79%，而无菌水的腐蚀电

位变化幅度不大，基本维持在−145～−201mV，均值为−169mV，显著高于有菌水的腐蚀电位。由图2.3-5可以看出，有菌水的腐蚀电位总体呈现明显的降低趋势，无菌水仅有略微的降低趋势。有菌水腐蚀电位降低速率明显高于无菌水，说明水中细菌的存在导致腐蚀的倾向性变大。

2) 腐蚀电流密度变化

图2.3-6为市政供水中含有细菌和不含细菌条件下，采用切线外推法拟合得到的不锈钢管道腐蚀电流密度随运行时间的变化情况。腐蚀电流密度反映了金属钝化膜的脱落速度，腐蚀电流密度越大，说明腐蚀速率越快。在腐蚀初期有菌水和无菌水的腐蚀电流密度分别为$0.1356\mu A/cm^2$和$0.1174\mu A/cm^2$，有菌水和无菌水中的不锈钢管壁的腐蚀速度差别不大。由图2.3-6可知，有菌水的腐蚀电流密度呈急剧增加趋势，而无菌水

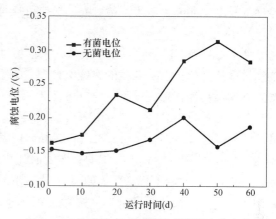

图2.3-5　有菌和无菌环境中的腐蚀电位变化

却有略微降低趋势。有菌水的腐蚀电流密度明显高于无菌水，说明水中细菌导致腐蚀速率增加。在运行10～40d期间，有菌水的腐蚀电流密度显著增加，均值为$0.2252\mu A/cm^2$，运行50～60d期间有菌水的腐蚀速率达到最大值，腐蚀电流密度均值为$0.3085\mu A/cm^2$；而无菌水的腐蚀速率在运行期间缓慢降低，腐蚀电流密度均值为$0.103\mu A/cm^2$，明显低于有菌水的腐蚀电流密度。可见，无论是腐蚀电位还是腐蚀电流密度，两者都表明微生物的存在会加快不锈钢管材的腐蚀速率。

可以看出，微生物对于管道的腐蚀是一个较缓慢的过程，在腐蚀初期由于微生物生长缓慢，并没有稳定地附着在管材表面，生物膜也未形成，所以有菌水和无菌水相差不大。随着运行时间的延长，有菌水的微生物代谢产物破坏了管材钝化膜，造成管材的抗蚀性降低，加速阴极去极化过程，腐蚀向管材的内部深入，形成点蚀。为了控制微生物对管道的腐蚀，杀灭和抑制管壁微生物的生长至关重要。

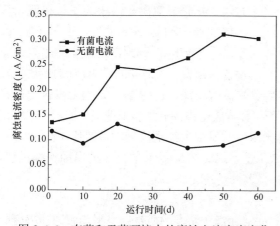

图2.3-6　有菌和无菌环境中的腐蚀电流密度变化

2. 不锈钢管的化学稳定性

当水中存在一些盐类的正负离子时（如Cl^-和Ca^{2+}），会对输送水质的化学稳定性产生影响，从而造成供水水质的污染。当水中含有氯离子时，介质中的氯离子能够吸附在金属表面，使管壁表面钝化膜发生破坏，使得金属表面形成了腐蚀电池，从而导致不锈钢管壁的点蚀；当水中碳酸钙浓度较大时，会在管壁表面出现碳酸钙沉淀，产生结垢现象，为水中铁细菌和硫酸盐还原菌的生长创造条件，从而导致不锈钢管壁的腐蚀，

使供水水质的安全无法保障。本部分主要研究了市政自来水管道中氯离子浓度与钙离子浓度对不锈钢管道的腐蚀特性，探讨不锈钢管道在自来水供水输水系统中的化学稳定性。

（1）氯离子腐蚀特性

为了考察供水中氯离子浓度对不锈钢管的腐蚀特性，通过电化学方法、腐蚀质量差和管壁形貌变化研究了氯离子浓度对不锈钢管腐蚀速率的影响。

1）腐蚀电位

图 2.3-7 为不锈钢管材在市政自来水中投加 150mg/L、200mg/L 和 250mg/L 氯离子的腐蚀电位变化特点。金属的腐蚀电位越负，金属材料的腐蚀倾向性越大。由图 2.3-7 可知，在腐蚀初期，150mg/L、200mg/L 和 250mg/L 氯离子的腐蚀电位相差不大，分别为 $-152mV$、$-158mV$ 和 $-162mV$。随着腐蚀时间的增加，腐蚀电位均出现了一定的起伏变化，在腐蚀 60h 时，150mg/L 和 200mg/L 氯离子的腐蚀电位均有所增加，腐蚀电位分别为 $-146mV$ 和 $-154mV$，说明金属表面钝化膜阻碍了氯离子对管壁的腐蚀，导致腐蚀倾向变小；而 250mg/L 氯离子的腐蚀电位则略微有所降低，腐蚀电位为 $-171mV$，可能是由于氯离子富集在管壁表面，降低了钝化膜的离子电阻，使钝化膜对管壁的保护性变差，导致腐蚀倾向性变大；在腐蚀 60~480h 期间，250mg/L 氯离子的腐蚀电位呈现急剧降低的趋势，150mg/L 和 200mg/L 氯离子的腐蚀电位波动幅度较小，150mg/L、200mg/L 和 250mg/L 氯离子的平均腐蚀电位分别为 $-174mV$、$-195mV$ 和 $-233mV$。从整体看，在整个腐蚀过程中 250mg/L 氯离子的管壁腐蚀倾向性最大，150mg/L 氯离子的管壁腐蚀倾向性最小，说明随着氯离子浓度的增加，管壁的耐腐蚀性能逐渐降低。

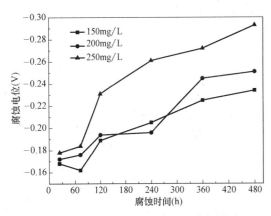

图 2.3-7　氯离子浓度对腐蚀电位的影响

2）腐蚀电流密度

图 2.3-8 为不锈钢管道在不同氯离子浓度的自来水中的腐蚀电流密度变化情况。可以看出，在腐蚀 24h 时，不锈钢管道在 150mg/L、200mg/L 和 250mg/L 氯离子水中的腐蚀电流密度依次为 $0.0051\mu A/cm^2$、$0.0054\mu A/cm^2$ 和 $0.0052\mu A/cm^2$，不锈钢管壁的腐蚀速率基本相同；在腐蚀 120h 时，250mg/L 氯离子水中的腐蚀电流密度的增加速率明显高于 150mg/L 和 200mg/L，可判断出 250mg/L 氯离子的腐蚀速率最快。随着腐蚀时间的增加，3 组的腐蚀速率均有所减慢，这是因为钝化膜的自我修复导致耐蚀性增加；在腐蚀 360h 时，腐蚀速率又开始递增，这主要是由于氯离子使钝化膜破裂，深入管壁内部的氯离子进一步加剧了对管壁的腐蚀。在整个腐蚀过程中，250mg/L 氯离子水中的腐蚀电流密度的均值要比 150mg/L 和 200mg/L 分别高 $0.0054\mu A/cm^2$ 和 $0.0052\mu A/cm^2$，说明 250mg/L 氯离子的腐蚀速率最快，氯离子浓度和腐蚀速率呈正相关。

3）腐蚀质量变化特点

不锈钢管在 150mg/L、200mg/L 和 250mg/L 氯离子水中的质量差与平均腐蚀速率变化如表 2.3-1 所示。在腐蚀 72h 时，3 组的腐蚀速率分别为 0.049mm/a、0.052mm/a 和

0.058mm/a，腐蚀速率相差不大；在腐蚀168～240h 期间，腐蚀速率呈显著增加的趋势，且增长速率越来越大，在腐蚀240h 时依次达到 0.062mm/a、0.067mm/a 和 0.076mm/a；在腐蚀240～480h 期间，腐蚀速率增加有所减缓，在腐蚀480h 时达到最大的腐蚀速率，分别为 0.069mm/a、0.076mm/a 和 0.081mm/a。在整个腐蚀周期中，250mg/L 氯离子的平均腐蚀速率与 150mg/L 和 200mg/L 差值平均值分别为 0.011mm/a 和 0.007mm/a，200mg/L 和 150mg/L 氯离子的平均腐蚀速率差值平均

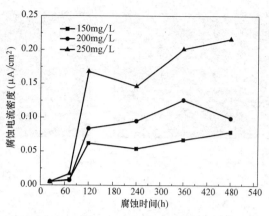

图 2.3-8 氯离子浓度对腐蚀电流密度的影响

值约为 0.004mm/a，可见，250mg/L 氯离子水中不锈钢管的平均腐蚀速率最快，明显高于 150mg/L 和 200mg/L 的平均腐蚀速率。说明氯离子能显著加速不锈钢管的腐蚀，氯离子浓度越大，管壁腐蚀越严重。

不锈钢管壁在不同氯离子浓度水中的质量差与腐蚀速率 表 2.3-1

腐蚀时间(h)	150mg/L		200mg/L		250mg/L	
	质量差(mg)	腐蚀速率(mm/a)	质量差(mg)	腐蚀速率(mm/a)	质量差(mg)	腐蚀速率(mm/a)
72	3.8	0.049	4.1	0.052	4.5	0.058
168	9.9	0.054	10.9	0.059	12.5	0.067
240	16.2	0.062	17.6	0.067	19.8	0.076
360	25.4	0.065	26.7	0.068	28.9	0.074
480	36.2	0.069	39.5	0.076	42.3	0.081

4）管道形貌变化

图 2.3-9 为 150mg/L、200mg/L 和 250mg/L 氯离子对不锈钢管壁表面腐蚀 60d 的管道形貌变化情况。氯离子会富集在不锈钢管壁的表面，导致钝化膜溶解，使不锈钢管的耐蚀性降低，在管壁表面形成点蚀。当管壁表面形成点蚀后，随着腐蚀时间的增加，蚀孔主要向深度发展。在 150mg/L 氯离子条件下，不锈钢管壁表面只有一小部分出现腐蚀坑，随着氯离子浓度增大，腐蚀面积也逐渐增大，在 250mg/L 氯离子条件下，并不仅局限于对管壁表面的腐蚀，氯离子破坏钝化膜后一步步深入管壁的内部，造成管壁内部出现孔洞。可以看出，氯离子会显著破坏不锈钢管，使管壁表面产生蚀坑，氯离子浓度越大，管壁表面腐蚀越严重。

（2）钙离子结垢特性

水中碳酸钙浓度为 200mg/L、300mg/L 和 400mg/L 条件下连续运行 120d 后不锈钢管壁表面均形成了一层较为稳定的结垢，管壁表面结垢的能谱（EDS）分析结果如表 2.3-2 所示。

由表 2.3-2 可知，在不同碳酸钙浓度下所形成的结垢中元素类型基本相同，垢层中含

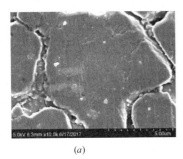 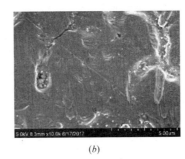 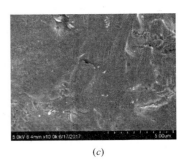

(a)　　　　　　　　　　　(b)　　　　　　　　　　　(c)

图 2.3-9　氯离子浓度对管壁形貌腐蚀的影响

(a) 250mg/L; (b) 200mg/L; (c) 150mg/L

量最高的 Ca 和 O 元素之和均超过 70%，Fe 和 C 元素含量居三、四位，Na、Mg、Cl、Cr 和 Ni 含量较少，可初步判断该垢层主要由碳酸钙组成。通过对比 3 组中各元素含量可知，随着碳酸钙浓度的增加，管壁结垢中钙原子含量也相应增加，垢层的形成不仅会导致管道输水能力下降，还会为铁细菌和硫酸盐还原菌的生长创造条件，进一步导致管壁的腐蚀，因此有必要控制水中碳酸钙的含量，保障供水水质的化学稳定性。

管壁结垢各元素含量百分比（%）　　　　　　　　　　　表 2.3-2

浓度(mg/L)	C	O	Ca	Fe	Na	Mg	Cl	Cr	Ni
400	3.48	51.08	42.83	2.22	0.12	0.27	—	—	—
300	5.43	42.94	37.01	10.20	0.09	0.41	0.98	2.94	—
200	6.27	36.34	33.68	16.71	0.18	0.26	0.63	3.14	2.27

2.3.2　建筑给水系统的余氯衰减特性

1. 二次供水余氯自然衰减的影响因素

国内外的研究表明，进水余氯含量 C_0、水温、有机物含量和 pH 值是导致水中余氯衰减的重要影响因素。当前余氯在水中衰减研究主要集中在市政管网水中，对于以二次供水水质为研究对象，考察二次供水的进水余氯含量 C_0、水温、有机物含量和 pH 值对二次供水中余氯衰减的影响较少，因此开展进水余氯含量 C_0、水温、有机物含量和 pH 值对二次供水余氯衰减的影响研究具有重要的实际和应用价值。对于水中余氯衰减规律的研究，国内外大多数学者以简单的一级动力学模型为基础进行拟合分析，因此，本研究也以一级动力学模型对数据进行拟合分析。

（1）有机物含量对余氯衰减的影响

1）余氯衰减系数与有机物含量的关系

有机物对余氯的衰减产生影响，一方面是由于有些有机物可以与水中的余氯发生反应而消耗氯，另一方面是由于有机物能够促进水中细菌的生长而消耗氯。余氯与水中有机物的反应可以用以下的化学方程式 $Cl_2 + X \rightarrow$ 产物来表示。

2）有机物含量对余氯衰减规律的影响

根据试验方法，水样 TOC 含量为 3.948mg/L、2.703mg/L、1.454mg/L 以及 0.983mg/L，进行余氯衰减试验，将所得的试验数据应用一级动力学模型进行拟合，所得的衰减曲线如图 2.3-10 所示，余氯衰减速率及拟合曲线的相关系数如表 2.3-3 所示。

由图 2.3-10 可知，随着水样中有机物含量的增加，余氯的衰减速率也增加，在检测的 7.5h 内，余氯的总消耗量由 TOC＝0.983mg/L 时的 0.10mg/L 升高到 TOC＝3.948mg/L 时的 0.15mg/L，说明有机物含量对二次供水余氯衰减系数有显著影响。

将余氯衰减系数 k_1 与 TOC 含量作线性拟合，结果如图 2.3-11 所示。可知，二次供水余氯衰减系数 k_1 随 TOC 含量升高而增大，且二者之间存

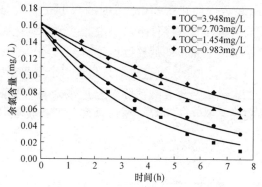

图 2.3-10　不同有机物含量下二次供水余氯衰减拟合曲线
（T＝25℃，pH＝7.9）

在显著的正相关性。余氯衰减系数 k_1 与 TOC 含量的关系可以用线性模型来表示。

不同有机物含量下二次供水余氯衰减动力学拟合结果　　　　表 2.3-3

TOC 含量（mg/L）	余氯衰减系数 k_1（h^{-1}）	相关系数 R^2
0.983	0.11296	0.9825
1.454	0.14678	0.9922
2.703	0.21886	0.9970
3.948	0.28887	0.9888

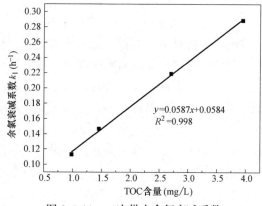

图 2.3-11　二次供水余氯衰减系数
k_1 与 TOC 含量的关系
（T＝25℃，pH＝7.9）

（2）进水余氯含量对余氯衰减的影响

1）进水余氯含量对余氯衰减规律的影响

用次氯酸钠调节水样的余氯含量分别为 0.21mg/L、0.15mg/L、0.12mg/L 以及 0.08mg/L 后进行余氯衰减试验，对所得的测量值进行一级动力学模型拟合，得到如图 2.3-12 所示的关系。可知，进水余氯含量为 0.21mg/L 的水样，余氯衰减系数 k 为 0.16236h^{-1}，R^2 为 0.996；进水余氯含量为 0.15mg/L 的水样，余氯衰减系数 k 为 0.18826h^{-1}，R^2 为 0.984；进水余氯含量为 0.12mg/L 的水样，余氯衰

减系数 k 为 0.19891h^{-1}，R^2 为 0.978；进水余氯含量为 0.08mg/L 的水样，余氯衰减系数 k 为 0.23347h^{-1}，R^2 为 0.973。余氯的衰减速率与进水余氯含量成反比，且进水余氯含量越高，拟合曲线的相关系数越高，说明余氯含量较高时余氯的衰减规律更接近一级动力学模型。Fang 等人对出厂水的研究指出，余氯含量较低时简单易反应的化合物与氯反应占主导地位，余氯的衰减速率较大；余氯含量较高时，快速和非常慢速的反应同时发生，延缓了余氯整体的衰减，使得总体余氯衰减速率减慢。由图 2.3-12 还可以看出，随

着进水余氯含量的升高，在 7.5h 内相应余氯的消耗量也在增大，由 0.08mg/L 时的 0.07mg/L 增加到 0.21mg/L 时的 0.15mg/L。这是因为余氯含量越高，其氧化能力越强，在相同的水样水质条件下，水中能被余氯氧化而与其发生反应的有机物就越多，导致高余氯含量条件下余氯的消耗量也越高。

2）二次供水余氯衰减系数与进水余氯含量的关系

二次供水余氯衰减系数 k 与进水余氯含量的关系如图 2.3-13 所示。可知，二次供水余氯衰减系数 k 与 $1/C_0$ 存在良好的线性关系（$R^2 = 0.975$）。因此，余氯衰减系数 k 与 $1/C_0$ 的关系可用式 $k = 0.00886 \times \dfrac{1}{C_0} + 0.12429$ 来表示。

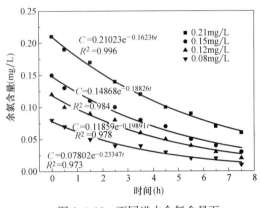

图 2.3-12　不同进水余氯含量下
二次供水余氯衰减拟合曲线
（TOC＝2.43mg/L，T＝25℃，pH＝7.8）

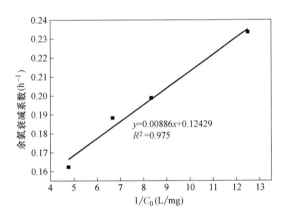

图 2.3-13　二次供水余氯衰减系数与 $1/C_0$ 的关系
（TOC＝2.43mg/L，T＝25℃，pH＝7.8）

余氯可以与水中的有机物发生反应。在传统的一级模型中，假设余氯的衰减与水中有机物的含量无关，但许多学者的研究表明，有机物的含量对余氯的衰减速率具有显著的影响。因此，将水中与余氯发生反应的反应物引进模型中。若已知反应物的组成、含量和反应速率等，则可以建立余氯衰减的动力学模型。然而，在实际管网水中，与余氯发生反应的物质组成及相应的反应机理难以掌握，因此，一个可行的方法是引入等价化合物的概念，重新建立一个综合化学反应式。为寻求有机物与余氯含量之间的关系，假设与余氯反应的有机物为水中的一部分，以 α 计（假设为常量），则可表示为式 $Cl_2 + \alpha X \rightarrow$ 产物 $Cl_2 + \alpha X \rightarrow$ 产物。

对于特定的水样来说，其中的有机物含量是一定的。可知，一级反应速率常数 k_1 与余氯含量成反比，即余氯含量越高，余氯衰减的一级反应速率常数越小。

由试验所得数据进行的一级动力学模型拟合，所得的结论（余氯衰减速率与进水余氯含量成反比）与上述理论推导相一致，说明二次供水余氯衰减速率与进水余氯含量成反比，即进水余氯含量越高，余氯的衰减速率越慢。

（3）水温对余氯衰减的影响

1）水温对余氯衰减的影响

二次供水系统虽然存在于小区以及住宅内部，但是依然会受到季节因素的影响，一年中水温变化幅度较大。管网中的余氯一方面与水中存在的微生物作用起消毒作用，在低温水中，细菌的生长繁殖较慢，新陈代谢也较少，那么消毒所需余氯量也相应较少，而随着水温的升高，细菌的生长繁殖速度加快，增加了代谢产物，则相应消毒所需的余氯量增加；另一方面余氯与水中的有机物等物质发生化学反应，反应温度的升高会加快反应速度，从而使余氯的消耗加快。不论是消毒作用还是化学反应，氯的衰减速率都与水温有关。

水温升高，在消毒中起主要作用的次氯酸更容易穿过细菌的细胞壁，并加快它们与酶的反应速率。有研究表明，在加氯量相同的情况下，水温越高杀菌速率越快，20～25℃时杀灭一定量的大肠杆菌所需要的时间仅为0～5℃时的1/3。水温对消毒效果的影响可通过杀灭同样含量的大肠杆菌所需要的余氯量来进行分析，研究表明，在pH＝7.0时杀灭20～25℃水中一定含量的大肠杆菌，需要的余氯量为0.04mg/L，而杀灭2～5℃水中相同含量的大肠杆菌，需要的余氯量为0.03mg/L。

在影响化学反应的因素中，温度对化学反应速率的影响是最为明显的，温度的高低对动力学方程式中的反应速率常数 k 值大小起着决定性的作用。k 值与反应温度之间的函数关系可用阿伦尼乌斯（Arrhenius）方程 $k = A\exp\left[-\dfrac{E}{RT}\right]$ 来表示。

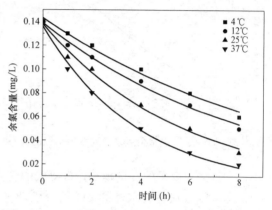

图 2.3-14　不同水温下二次供水余氯衰减拟合曲线

2）不同水温下余氯衰减变化规律

根据试验方法，将各水样分别放至4℃、12℃、25℃、37℃的恒温培养箱或冰箱中进行余氯衰减试验，将所得的测量值进行一级动力学模型拟合，拟合曲线如图 2.3-14 所示，拟合后余氯衰减系数及相关系数如表 2.3-4 所示。

不同水温下二次供水余氯衰减动力学拟合结果　　　　　　　　　　表 2.3-4

水温（℃）	余氯衰减系数 k_1（h^{-1}）	相关系数 R^2
4	0.09857	0.9857
12	0.11859	0.9903
25	0.17620	0.9911
37	0.25712	0.9935

由图 2.3-14 可知，随着水温的升高，8h 内余氯的消耗量也相应增大，总消耗量从4℃时的0.08mg/L增加到37℃时的0.12mg/L。可知，水温越高二次供水余氯衰减系数越大，且拟合曲线的相关系数 R^2 越大，说明对较高温度的水，简单一级动力学模型的拟合效果更好。水温升高使得余氯和水中的有机物以及其他无机物的活性提高，加快了余氯与水中有机物和无机物的反应速率，同时，余氯自身的分解速率也随着水温的升高而增大，从而使余氯在相同的时间内，水温越高余氯消耗越快。因此，余氯的安全停留时间随着水温的升高而缩短，在实际中水温因季节的不同而不同，一般夏季水温较高，余氯衰减较快，二次供水的停留时间应控制在较短的时间才能保证余氯的合格。

依据阿伦尼乌斯方程的形式，根据上述试验得到水温与余氯衰减速率（k_b）的关系曲线，如图2.3-15所示。曲线的$R^2=0.993$，拟合度良好，阿伦尼乌斯方程形式可以表示水温对二次供水余氯衰减速率的影响，由此得到余氯量为0.14mg/L时，不同水温下二次供水余氯衰减速率的经验公式为：

$$k_b = 1201.29\exp\left[-\frac{21803.13}{8.314(\theta+273)}\right]$$

根据上式可得到不同水温下二次供水的余氯衰减速率。

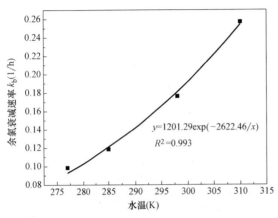

$y=1201.29\exp(-2622.46/x)$
$R^2=0.993$

图2.3-15 二次供水余氯衰减速率与水温的关系

（4）pH值对余氯衰减的影响

水的pH值对氯消毒效果有很大的影响，因为氯与水反应后，生成次氯酸根离子（OCl^-）和次氯酸（$HOCl$），其中起主要消毒作用的为$HOCl$，消毒效果是OCl^-的40～80倍，加氯过程中生成多少次氯酸是评价加氯消毒效果好坏的主要指标，然而，次氯酸是一种弱电解质，在水中存在着电离平衡。水中次氯酸根离子和次氯酸的比例取决于pH值，pH值越大，次氯酸根离子的含量越大，次氯酸的含量越小；pH值越小，次氯酸根离子的含量越小，次氯酸的含量越大。

根据试验方法，将水样的pH值分别调节至6.5、7.5和8.5后进行余氯衰减试验，各个pH值条件下余氯衰减拟合曲线如图2.3-16所示。图2.3-16可知，相同余氯含量的3个水样在pH值分别为6.5、7.5和8.5时，余氯衰减情况几乎一致，说明二次供水余氯衰减和pH值相关性不显著。

综上所述，二次供水余氯衰减过程能比较准确地运用一级动力学模型来模拟，其衰减系数和有机物含量、进水余氯含量C_0以及水温有关。二次供水余氯衰减系数k_b值与TOC含量成正线性相关，可用$k_b=a\text{TOC}+b$的形式来表达；与进水余氯含量C_0成反比函数；与水温成指数关系，可用阿伦尼乌斯方程形式来表示。

2. 二次供水余氯衰减规律模拟

（1）余氯衰减机理及衰减系数概化模型

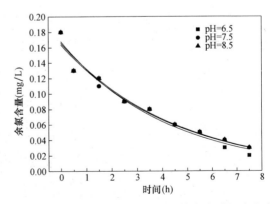

图2.3-16 不同pH值下二次供水余氯衰减拟合曲线

由二次供水余氯衰减单因素分析结果可知，有机物含量、进水余氯含量、水温等反应条件对余氯的衰减有着重要的影响作用。因此，在某一固定的衰减条件下，二次供水余氯衰减速率可表示为：

$$\frac{dC}{dt}=\left(\frac{dC}{dt}\right)_{有机物含量}+\left(\frac{dC}{dt}\right)_{进水余氯含量}+\left(\frac{dC}{dt}\right)_{水温}=(k_{有机物含量}+k_{进水余氯含量}+k_{水温})C$$

设有机物含量 TOC、进水余氯含量 C_0 和水温 T 对于该固定反应条件下余氯衰减系数的校正系数分别为 θ_{TOC}、θ_{C_0}、θ_T，则二次供水余氯衰减系数 k_b 变为：

$$k_b=\theta_{TOC}\times\theta_{C_0}\times\theta_T\times(k_{有机物含量}+k_{进水余氯含量}+k_{水温})$$

要建立二次供水余氯衰减系数的预测模型，就必须先建立基准条件下的衰减系数模型以及各个反应条件下的校正系数模型。

（2）二次供水余氯衰减系数预测模型

1）基准衰减系数

选取对于有机物含量影响余氯衰减的研究条件，即温度 $T=25℃$、pH$=7.9$、$C_0=0.16mg/L$ 的条件下余氯的衰减系数为基准衰减系数，则 $k_{基准}$ 可以表示为：

$$k_{基准}=0.0587\times TOC+0.0584$$

2）反应条件校正系数

C_{0i} 条件下的校正系数可以表示为：

$$\theta_{C_{0i}}=0.04931\times\frac{1}{C_0}+0.69179$$

$\theta_{C_{0i}}$ 可以表示为 $\theta_{T_i}=1.77415\exp\left(-\dfrac{119.1622}{8.314T}\right)$

综上所述，二次供水余氯在有机物含量 TOC、进水余氯含量 C_0 和水温 T 三个影响因素条件下，得出二次供水余氯衰减系数的预测模型如下：

$$k_b=\theta_{TOC}\times\theta_{C_0}\times\theta_T\times(k_{有机物含量}+k_{进水余氯含量}+k_{水温})$$
$$=1.77415\times e^{-\frac{119.1622}{8.314T}}\times\left(0.04931\times\frac{1}{C_0}+0.69179\right)\times(0.0587\times TOC+0.0584)$$

（3）二次供水余氯衰减系数预测模型

取二次供水在不同的条件下进行余氯衰减试验，将实测值与所建立的二次供水余氯衰减系数模型预测值进行比较，结果如图 2.3-17 所示，黑色实线为斜率=1 且经过原点的理想直线，虚线为实测值与预测值之间的线性拟合直线。可知，实测值和模型预测值之间的相关系数为 0.9589，残差平方和为 0.0004。该模型的预测值和实测值之间的拟合直线斜率为 0.9226，接近于 1，可以判定为运用该模型具有比较好的预测结果，使用此模型预测出来的余氯衰减曲线与实测余氯含量偏差不大。

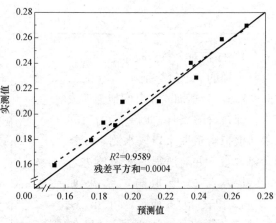

图 2.3-17　二次供水余氯衰减系数
实测值与模型预测值对比

3. 管道中余氯衰减的影响因素

国内外的研究表明，生物膜处余氯衰减的快慢对水质变质程度具有显著的影响，影响生物膜处余氯衰减速率的显著因素主要有以下几个方面：进水余氯含量、pH 值、流速、管材、管径以及铺设年代等。本试验采用模拟管道重点考察了进水余氯含量和 pH 值对二次供水管道内余氯衰减的影响，采用一级动力学模型进行数据拟合。

（1）进水余氯含量对余氯衰减系数的影响

将水样的余氯含量分别调节为 0.24mg/L、0.17mg/L 和 0.12mg/L 后，将水样注入管道内，以一定的时间间隔从管道取水口取出水样，测定各水样的余氯含量，对所得的试验数据进行拟合，结果如图 2.3-18 和表 2.3-5 所示。

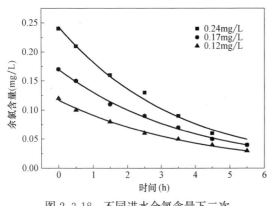

图 2.3-18   不同进水余氯含量下二次
供水管道内余氯衰减特性

可知，进水余氯含量为 0.24mg/L、0.17mg/L 和 0.12mg/L 的条件下，余氯衰减系数分别为 $0.28946h^{-1}$、$0.26339h^{-1}$ 和 $0.24958h^{-1}$。结果表明，二次供水的余氯衰减速率随着进水余氯含量的升高而加快，余氯衰减系数增大，这与不含生物膜的二次供水余氯衰减规律完全相反。这是因为在模拟管道内，进水余氯含量越高时，水与挂片之间的余氯含量差越大，使得余氯向挂片扩散的驱动力越大，因此，余氯含量越高，余氯传输速度越快，余氯衰减的速率也越大。

不同进水余氯含量下二次供水管道内余氯衰减动力学拟合结果   表 2.3-5

余氯含量(mg/L)	余氯衰减系数 k_1(h^{-1})	相关系数 R^2
0.24	0.28946	0.9897
0.17	0.26339	0.9971
0.12	0.24958	0.9940

（2）pH 值对余氯衰减系数的影响

将水样的 pH 值分别调节为 6.5、7.5 和 8.5，分别加入 3 个模拟管道系统中，保持静态条件，以一定的时间间隔从模拟管道取水口取水测定水样的余氯含量，并对所得的测量值进行一级动力学模型拟合，结果如图 2.3-19 和表 2.3-6 所示。可知，模拟管道内余氯的衰减速率随着 pH 值的减小而增大，低 pH 值条件加速了管壁处余氯的衰减。这一结果与二次供水中余氯衰减基本不受 pH 值影响

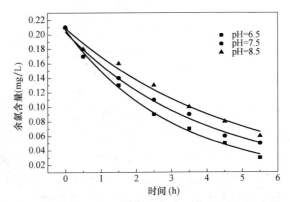

图 2.3-19   不同 pH 值下二次供水管道内余氯衰减特性

的结论不一致，这是由于在二次供水中能与余氯发生反应的细菌等微生物含量很低，而在

模拟管道中管壁生物膜中大量的微生物可以与余氯发生反应，低 pH 值条件下，余氯中起主要消毒作用的 HOCl 占主要部分，余氯的消毒效果更好，从而使得管道中余氯在低 pH 值条件下衰减系数越大。

不同 pH 值下二次供水管道内余氯衰减动力学拟合结果   表 2.3-6

pH 值	余氯衰减系数 k_1(h^{-1})	相关系数 R^2
6.5	0.32471	0.9956
7.5	0.25384	0.9885
8.5	0.20955	0.9868

2.3.3 建筑给水管道系统的水力条件对余氯及水质的影响

二次供水在管道系统中停留时，会发生一系列的物理、化学、电化学和微生物学的作用，导致水受到二次污染，水质变差甚至超过国家标准。管网的材质在某种程度上能够影响水中的各种反应，但是管道内水流冲刷管壁产生的剪切力、停留时间等水力运行参数也是影响管道系统内水质的重要因素，因此，二次供水管网的运行参数对水质的影响研究也是必要的。在实际的二次供水系统中，自来水存在于管道内和贮水装置中，而且具有流动性，管道系统中的余氯除了与水中的物质发生反应外，还与管道系统的管壁及管壁上存在的生物膜等发生反应，因此，研究在管道运行的动态条件下余氯的衰减规律及影响因素可以更好地表征实际管道系统中的余氯衰减情况。

1. 水力停留时间与流速特点

建筑小区的生活用水存在用水高峰时段，在此时段内，水量较大，二次供水系统高效运行，从建筑入户管的进水经过水泵迅速提升供给至用水终端，此时，二次供水在管道系统内的流速较大、水力停留时间较短，水质较好。而在用水低峰时段，建筑的用水量很小，此时二次供水系统的工作效率较低，二次供水在管道系统内的流速较小、水力停留时间较长，水质在管道系统内变差，包括余氯含量降低、细菌生长繁殖等。

二次供水管道系统的水力停留时间及流速与用水量相关。用水量较大时，水力停留时间较短、流速较大；用水量较小时，水力停留时间较长、流速较小。因此，二次供水管道系统内饮用水的水力停留时间与流速具有一定的规律性，在一天的 24h 中，用水高峰时段即早、中、晚时段，二次供水在管道系统内的水力停留时间短、流速大，而在用水低峰时段，主要集中在 0：00—6：00，二次供水在管道系统内的水力停留时间长、流速小。

2. 水力条件对水质的影响

（1）模拟管道运行参数

模拟管道运行时，水流对管壁产生剪切力，剪切力的大小与转速的关系为：

$$\tau_0 = \sqrt{\frac{\beta^2}{16}\left[2R_1 + \frac{R_2^2 - R_1^2}{\ln R_1 - \ln R_2} \cdot \frac{1}{R_1}\right]^2 + \left(\frac{2\mu\omega}{1 - R_1^2/R_2^2}\right)^2}$$

令模拟管道转子的半径 $R_1 = 0.0675$ 和外部圆筒的半径 $R_2 = 0.0725$，根据不同的运行工况取值转速 ω 和黏滞系数 μ，得出剪切力与转速间的关系。模拟管道的容积 $V = 900$ mL，若取水力停留时间为 2h，可得进水流量为 7.5mL/min。同理可得水力停留时间为 4h、6h 和 8h 的进水流量。代入剪切力与管道内平均流速的关系式，将所得的剪切力大小代入式中可得模拟管道在转速为 300r/min 条件下模拟管道平均流速为 0.44m/s。

《建筑给水排水设计标准》GB 50015—2019 中规定，$DN \geqslant 80mm$ 的管道，最大设计流速为 1.8m/s；$DN = 50 \sim 70mm$ 的管道，最大设计流速为 1.5m/s；$DN = 25 \sim 40mm$ 的管道，最大设计流速为 1.2m/s；$DN = 15 \sim 20mm$ 的管道，最大设计流速为 1.0m/s。最高日最高时的流速即为设计流速，但其在全年中出现的概率仅约为 0.01%，其他时段的流速均小于设计流速，特别是在用水低峰时段，甚至会出现流速为零的时段。

（2）流速对二次供水水质的影响

调节进水流量使水样在模拟管道中的水力停留时间为 2h，环境温度为（20±2）℃，分别控制电机的转速为 300r/min、450r/min、600r/min、750r/min、900r/min、1200r/min（相对应的剪切力为 0.477Pa、0.715Pa、0.954Pa、1.192Pa、1.431Pa、1.908Pa，相对应的管道平均流速为 0.44m/s、0.54m/s、0.62m/s、0.69m/s、0.76m/s、0.88m/s），试验周期均为 15d，模拟管道在各转速条件下连续经过 15d 的培养后用试验水样进行试验，培养时模拟管道的进水均为二次供水。

本研究中需要检测的水样水质指标选取浊度、TOC、pH 值、余氯、NH_3-N 和管壁生物膜细菌总数。放水 5min 后进行，水质指标：浊度为 0.473NTU，TOC 为 2.932mg/L，余氯为 0.23mg/L，NH_3-N 为 0.283mg/L，pH 值为 7.9。

进水为二次供水，试验过程中保持原水水质稳定，待出水水质稳定后检测出水的各项水质指标及载片上生物膜细菌总数，采用动态运行的方式经过 15d 的培养后的结果如表 2.3-7 所示。温度为（20±2）℃，水力停留时间为 2h，平均流速为 0.44m/s、0.54m/s、0.62m/s、0.69m/s、0.76m/s、0.88m/s，流速的变化对水质的影响如表 2.3-7 所示。

不同流速下的管道出水水质指标及生物膜细菌总数   表 2.3-7

流速 (m/s)	浊度 (NTU)	TOC (mg/L)	pH 值	NH_3-N (mg/L)	余氯 (mg/L)	生物膜细菌总数 (CFU/cm²)
0.44	0.451	2.346	7.9	0.266	0.13	450
0.54	0.594	2.167	7.9	0.208	0.11	780
0.62	0.653	2.033	7.8	0.163	0.08	1050
0.69	0.796	1.873	7.8	0.127	0.06	1310
0.76	1.032	1.839	7.9	0.143	0.05	620
0.88	1.458	1.656	7.9	0.159	0.03	239

可知，浊度随着流速的增大而增大，当流速达到 0.76m/s 时，出水的浊度超标；TOC 随着流速的增大而减小；pH 值随着流速的增大变化不明显；余氯随着流速的增大而减小；NH_3-N 随着流速的增大先减小后增大，在流速为 0.69m/s 时达到最小；管壁生物膜细菌总数随着流速的增大先增大后迅速减小，流速为 0.69m/s 时管壁上细菌总数最多。

从《生活饮用水卫生标准》GB 5749—2006 的规定来看，当饮用水在管道内的水力停留时间为 2h，流速从 0.44m/s 增加到 0.69m/s 时的出水水质均符合标准规定。流速对各项水质指标均有较为显著的影响，随着流速从 0.44m/s 增加到 0.69m/s，出水中的 TOC、余氯和 NH_3-N 的值不断减小，而浊度不断升高，并且流速由 0.44m/s 增加到 0.69m/s

时，管壁生物膜中的细菌总数不断增加。这是因为水流的流速增大后，管壁生物膜中的细菌可以得到更多的氨氮等营养物质，细菌的繁殖速度加快，导致大量的细菌消耗余氯，使得余氯迅速衰减。当流速从 0.69m/s 继续增加到 0.88m/s 时，管壁生物膜中的细菌总数迅速减少，NH_3-N 含量有所升高，TOC 和余氯的值继续降低，浊度升高。高的流速条件下，强烈的水流剪切力破坏了生物膜的生长，将生物膜从管壁上不断冲刷下来，致使浊度升高，细菌总数减少，NH_3-N 的消耗量降低，而水流的强烈扰动作用，加速了余氯的分解，使得余氯值减小。

试验结果说明，二次供水管道内水流的平均流速越大，水的有机污染程度越低；在模拟管道内，当转速超过 750r/min 时，管壁上生长的生物膜中的微生物量非常少，这说明在实际二次供水管道中，当流速超过 0.69m/s 时，管壁生物膜生长受到抑制。当管道内水流平均流速小于 0.69m/s 时，随着流速的增大，管道内壁上的生物膜中的细菌得到更多的营养物质，细菌总数不断增多，若流速继续增大直到超过某一临界值时，管壁上生长的生物膜会在水流对管壁的强烈剪切力作用下被破坏，细菌在水流的冲刷作用下随水流流走，导致二次供水水质变差。

当建筑小区的二次供水管道内的自来水流速很小时，自来水在管道内的水力停留时间很长，此时，管道内壁上附着的微生物开始繁殖，生物膜总量开始增加。当小区的用水量从很小突然增大至用水高峰时，例如工作日的早晨，管道内水流的平均流速突然增大，超过了临界值，致使前一段时间在管道内壁上生长的生物膜在水流的冲刷作用下随水流流出，极大的影响自来水的水质，甚至会出现黄水等现象。

（3）水力停留时间对二次供水水质的影响

在动态模拟系统中，在温度为 20℃、水流流速为 0.62m/s 条件下，研究水力停留时间分别为 1h、2h、4h、6h、8h 和 10h 对二次供水水质的影响。试验周期为 15d，即模拟管道分别在上述条件下培养 15d 后用水样，试验过程中保持模拟管道运行，水质指标如下：浊度为 0.384NTU、TOC 为 2.755mg/L、余氯为 0.22mg/L、NH_3-N 为 0.271mg/L，pH 值为 7.8。出水口水质稳定后，检测出水的水质指标，得到的水质指标及管壁生物膜细菌总数随水力停留时间的变化数据如表 2.3-8 所示。

不同水力停留时间下的出水水质指标及生物膜细菌总数　　表 2.3-8

水力停留时间 (h)	浊度(NTU)	TOC(mg/L)	pH 值	NH_3-N(mg/L)	余氯(mg/L)	生物膜细菌总数 (CFU/cm^2)
1	0.491	2.435	7.8	0.253	0.16	470
2	0.628	2.308	7.9	0.249	0.11	1300
4	0.893	2.239	7.9	0.227	0.07	3700
6	1.132	2.037	8.0	0.195	0.05	6600
8	1.796	1.935	8.1	0.173	0.03	$1.3×10^4$
10	2.255	1.846	8.3	0.168	0	$1.7×10^4$

可知，二次供水的浊度随着水力停留时间的增大而明显升高，当水力停留时间为 6h 时，浊度超过饮用水卫生标准；TOC 含量随着水力停留时间的增大而减小；pH 值随着水力停留时间的增大变化幅度不大，略有升高，从 7.8 增加到了 8.3；出水中的余氯和

NH₃-N 含量随着水力停留时间的增大而逐渐减小，在水力停留时间达到 6h 后，水中的余氯低于《生活饮用水卫生标准》GB 5749—2006 中的规定；管壁生物膜中的细菌总数随着水力停留时间的增大持续增加。

水力停留时间达到 6h 后，出水的浊度和余氯均超标，管壁生物膜中的细菌大量繁殖，出水水质严重变差。水力停留时间的变化对二次供水水质的影响很大，其中浊度、余氯和细菌总数随水力停留时间的变化较为显著。随着二次供水在管道中停留时间的延长，水中的有机物和氨氮不断减少，浊度不断升高，余氯不断降低，水质越来越得不到保障，而且随着水力停留时间的延长，管壁上生长的生物膜中的细菌总数急剧增加，水力停留时间为 6h 的细菌总数是水力停留时间为 1h 的细菌总数的 14 倍。因此，二次供水管道系统内饮用水的停留时间长短显著影响水中的细菌，时间越长，水中的有机物、氨氮等营养物质被细菌等微生物的消耗量也就越多，同时余氯含量降低，细菌的繁殖得不到抑制，致使细菌在管道内壁上大量繁殖，同时也产生大量的代谢产物，导致 pH 值和浊度升高。

建筑小区内用水量较少时，二次供水在管道系统内停留时间长，流速低，造成管壁生物膜中细菌大量繁殖，加速余氯消耗；当用水量突然增大或阀门骤开和骤停时，流速突然增大产生的强烈剪切力可能会将管道内壁上已经生成的生物膜等物质冲刷下来，随水流流出，严重影响出水的水质安全。

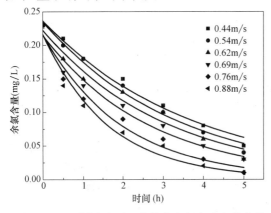

图 2.3-20   不同流速下二次供水余氯衰减变化曲线

3. 水力条件对余氯衰减的影响

（1）流速对余氯衰减的影响

模拟管道在不同的流速条件下培养 15d 后，各管道内壁上都生长着一定量的生物膜，考察不同流速对余氯衰减的影响。以试验水样分别从各管道进水口进水，待出水口水质稳定后停止进水，使管道运行一定时间后从出水口取样检测水中的余氯含量，对数据进行拟合的结果如图 2.3-20 所示，拟合后余氯衰减系数和相关系数如表 2.3-9 所示。

不同流速下二次供水余氯衰减动力学拟合结果   表 2.3-9

流速（m/s）	余氯衰减系数 k_1（h⁻¹）	相关系数 R^2
0.44	0.26605	0.9847
0.54	0.29565	0.9856
0.62	0.31872	0.9627
0.69	0.36884	0.9664
0.76	0.50146	0.9666
0.88	0.60845	0.9670

可知，随着流速的增大，二次供水余氯衰减速率增大。产生这种结果的原因主要是水流平均流速增加，余氯向内壁的传质速率增大，引起余氯衰减速率的增大；流速增大对管壁上生长的生物膜的剪切作用增强，导致附着在管壁上的生物膜、细菌代谢产物以及沉积物脱落，造成水的浊度升高，能够与水中余氯反应的物质及细菌的接触面积增大，加快了

水中余氯的衰减速率。童祯恭等人的研究表明，在管道内壁表面有一层几乎不流动的薄水层，当流速增大时，水层会变得更薄，使得通过该水层水流中的氧的扩散补给容易，促进管道的锈蚀。管道的锈蚀程度增加，加大了管材对余氯的消耗。因此，余氯衰减系数随着水流流速的增大而增大，成正相关关系。

（2）水力停留时间对余氯衰减的影响

水流流速为 0.62m/s，水力停留时间分别为 1h、2h、4h、6h、8h、10h 的条件下，模拟管道经过 15d 的培养，生长着不同程度的生物膜，这些生物膜中的物质和细菌能与水中的余氯发生反应从而消耗余氯，因此，考察不同水力停留时间条件下形成的生物膜对余氯衰减的影响具有一定的必要性。

将水样分别从不同水力停留时间条件下培养的模拟管道的进水口进水，待出水口水质稳定后，关闭进水口和出水口，然后以一定时间间隔从取水口取水，测定出水余氯，并对所得的试验数据进行一级动力学模型拟合，拟合曲线及拟合曲线的相关参数如图 2.3-21 和表 2.3-10 所示。可知，经过不同水力停留时间培养后的模拟管道，随着水力停留时间的增大，在相同时间内消耗的余氯越多，余氯的衰减速率越大，水力停留时间为 10h 时的余氯衰减系数几乎是水力停留时间为 1h 时余氯衰减系数的 2.6 倍。在较短水力停留时间条件下培养的模拟管道，出水余氯相对较高，即管壁生物膜中的细菌是在余氯相对较高的水环境下生长的，耐氯性相对较强，数量相对较少；而在较长水力停留时间下培养的模拟管道，出水余氯相对较低，水力停留时间超过 6h 后，出水的余氯低于 0.05mg/L，在相对较长水力停留时间条件下，管壁生物膜所处的环境为低余氯的环境，细菌的耐氯性相对较差，数量相对较多。因此，在进入相同余氯含量的水样后，水力停留时间相对较短的管道中由于细菌具有一定的耐氯性，消耗余氯相对较慢；而水力停留时间相对较长的管道中由于细菌的耐氯性较差，导致余氯与细菌发生反应的速率快，余氯的消耗速率也越快。

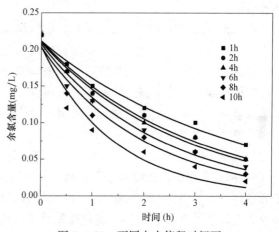

图 2.3-21 不同水力停留时间下
二次供水余氯衰减变化曲线

不同水力停留时间下二次供水余氯衰减动力学拟合结果 表 2.3-10

水力停留时间(h)	余氯衰减系数 k_1(h^{-1})	相关系数 R^2
1	0.27792	0.9783
2	0.35066	0.9819
4	0.36916	0.9697
6	0.43792	0.9714
8	0.50078	0.9428
10	0.71433	0.9367

因此，管道内二次供水经过长时间的水力停留后，特别是在管道系统的末端，余氯相对较低，管壁生物膜对余氯的衰减起着促进作用。在用水量相对较小的时段，管道内二次供水的水力停留时间相对较长，余氯相对较低，此时，管壁生物膜中细菌大量繁殖。当用水量增大时，新鲜水替换了管道内停留的自来水，余氯相对较高，此时，余氯与之前生长的生物膜中的细菌发生反应，余氯消耗的速率在一段时间内加快，直至达到新的平衡，灭活的细菌脱落及其他代谢产物随水流流出，增大了水的浊度，影响出水的水质。

2.3.4　建筑给水系统的余氯保障技术

1. 高层与超高层供水方式特点及水箱水质变化特点

城镇市政管网供水压力都是以满足普通建筑供水来设定其供水厂供水压力的，对于城市中的高层和超高层建筑，必须采用二次加压供水方式才能满足建筑物的供水需求。国内多层和高层建筑常采用的供水方式有设高位水箱的供水方式、气压罐给水方式、变频调速供水方式、无负压供水方式等。

《建筑给水排水设计标准》GB 50015—2019 第 3.4.6 条规定："建筑高度不超过 100m 的建筑的生活给水系统，宜采用垂直分区并联供水或分区减压的供水方式；建筑高度超过 100m 的建筑，宜采用垂直串联供水方式。"一般超高层公共建筑采用的是垂直串联分区供水系统。

高层和超高层建筑的二次供水方式中，基本上都有水箱等贮水装置，使得二次供水在二次供水系统内的停留时间显著增加，特别是在用水低峰时段，自来水在管道和水箱内的水力停留时间很长，自来水与管道、水箱等输配水设施会长时间接触，可能会造成管壁、水箱内壁等的一些物质释出和积累，出现铁、锰含量升高、余氯含量降低、微生物滋生、细菌数超标、高锰酸盐指数增加、管道腐蚀或结垢等现象，严重影响二次供水的水质。

水箱中二次供水的余氯、浊度、pH 值、TDS、TOC、COD_{Mn} 和细菌总数随水力停留时间的变化情况如表 2.3-11 所示。可知，随着水力停留时间的延长，余氯、TOC 和 COD_{Mn} 都有所降低，浊度和细菌总数不断升高，pH 值和 TDS 基本没有变化。在现有的水质条件下，水力停留时间超过 4h 时余氯含量已经降到 0.05mg/L 以下。可以看出，当余氯含量低于 0.05mg/L 后，细菌开始繁殖，而且细菌总数随余氯含量的减少而不断增多，且有超标的风险。

为了解决建筑小区二次供水系统存在的水力停留时间长，易出现水质恶化的问题，本研究提出两种方案来保证建筑内二次供水的水质安全：①建立建筑给水管道循环系统；②二次供水系统内进行二次补氯。

水力停留时间对水箱二次供水水质的影响　　　　　　　　　表 2.3-11

时间(h)	余氯(mg/L)	浊度 (NTU)	pH 值	TDS(mg/L)	TOC(mg/L)	COD_{Mn} (mg/L)	细菌总数(CFU/mL)
0	0.10	0.132	7.9	0.39	2.608	1.032	未检出
2	0.07	0.172	7.9	0.40	2.140	0.886	未检出
4	0.05	0.184	7.9	0.40	1.662	0.723	7
6	0.04	0.193	7.9	0.40	1.500	0.707	39

时间(h)	余氯(mg/L)	浊度(NTU)	pH 值	TDS(mg/L)	TOC(mg/L)	COD_{Mn}(mg/L)	细菌总数(CFU/mL)
8	0.03	0.205	7.9	0.40	1.620	0.672	94
10	0.03	0.238	7.9	0.40	1.656	0.668	165
12	0.02	0.250	7.9	0.41	1.651	0.647	323

注：表中数据均为三次平行试验测定结果的平均值。

2. 二次供水系统的二次补氯特性

高层与超高层建筑生活给水管道系统图如图 2.3-22 所示，中间设置转输水箱的转输供水系统。《建筑给水排水设计标准》GB 50015—2019 第 3.8.5 条规定，生活给水用中途转输水箱转输调节容积宜取 5～10min 转输水泵的流量。转输水箱的主要作用是作为上区加压水泵的吸水井，为 3～5min 上区提升水泵水量，还有就是作为下区转输水泵的调节容积，保证水泵启动次数不大于 6 次/h，为 5～10min 转输水泵水量；转输水箱还需考虑本区用水的调节容积，一般按最高日最大时供水量的 50% 设计，两部分叠加计算为供水系统中间转输水箱的容积。因此，在最高日最高时用水量条件下，转输水箱中生活用水停留时间不小于 30min；如住宅小时变化系数 $k_h \geqslant 2.0$，最高日平均时用水量条件下，转输水箱的停留时间大于 1h；如日变化系数 $k_d \geqslant 2.0$，平均日平均时用水量条件下，转输水箱的停留时间大于 2h。

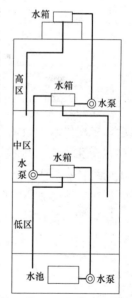

转输水箱增加了二次供水在整个输配水系统中的水力停留时间。转输水箱容积是按转输水泵 5～10min 流量确定的，转输水泵流量是按照最高日最高时进行设计的，但最高日最高时的用水量在全年中出现的概率非常小，仅约为 0.01%，其他时段用水量所占比例则高得多，例如低于平均日平均时用水量的时段在全年用水中出现的概率约为 50%。可见在绝大多数时间内，二次供水在转输水箱中的水力停留时间会更长，造成余氯在输配水管道和转输水箱中衰减情况更加严重。对于水力停留时间过长的二次供水系统，应考虑在余氯过低管段或转输水箱处设置补氯点。

（1）二次补氯对余氯衰减的影响

在水温为 25℃ 条件下，先让水中的余氯自然衰减到一定的含量，分别在余氯大于和小于 0.05mg/L 时进行二次补氯，研究余氯衰减特性，应用一级动力学模型进行拟合，二次补氯前后试验数据及衰减系数如表 2.3-12 所示。

图 2.3-22　高层与超高层建筑生活给水管道系统图

对比原水样和二次补氯后水中余氯的衰减速率可以看出，当余氯含量高于 0.05mg/L 时进行二次补氯，补氯后的余氯衰减速率比补氯前的余氯衰减速率低，这一结果与钟丹、郝艳萍的研究一致。从表 2.3-12 中序号 1、3 的试验结果可以看出，二次补氯时余氯含量越小，二次补氯后余氯的衰减速率降低的幅度越大，由序号 2、3、4 的试验结果可以看出，二次补氯后余氯含量越高，余氯衰减速率降低的幅度越大。当余氯含量低于 0.05mg/L 时进行二次补氯，补氯后余氯的衰减速率比补氯前的衰减速率高。当水中的余氯含量高于 0.05mg/L

时，水中微生物的生长繁殖受到了抑制，细菌总量较少，二次补氯后，水中的微生物对余氯的消耗较少；由前述研究结果可知，初始余氯含量和余氯的衰减系数成负相关关系，二次补氯后使得水中的余氯含量增加，余氯含量越高的水样，余氯的衰减系数越低；在二次补氯前，水中的有机物一部分被微生物吸收所利用，一部分与余氯已经完成反应，剩下的有机物含量较低，补氯后能与余氯发生反应的有机物与余氯反应的速率降低。因此，上述两个方面的作用引起二次补氯后余氯的衰减速率降低。然而当余氯含量衰减至 0.05mg/L 以下时进行二次补氯，余氯的衰减速率则有所升高，这是由于余氯衰减至 0.05mg/L 以下时，水中的微生物不能得到有效抑制，微生物开始大量繁殖，会产生代谢产物；二次补氯后，余氯与水中的微生物及代谢产物发生反应，导致余氯的衰减速率相较于补氯前升高。因此，在实际二次供水系统中补氯时应在二次供水余氯含量高于 0.05mg/L 时进行补氯，投氯量虽然越高越好，但要结合经济因素以及高含量余氯对身体健康的影响，适当提高投氯量，这样可以使二次补氯后余氯的衰减速率降低的幅度更大。

二次补氯试验结果及衰减系数 表 2.3-12

序号	初始余氯含量（mg/L）	二次补氯时余氯含量（mg/L）	二次补氯后余氯含量（mg/L）	k_b(h^{-1}) 二次补氯前	二次补氯后
1	0.21	0.08	0.21	0.24931	0.24473
2	0.21	0.05	0.25	0.22644	0.20596
3	0.21	0.05	0.21	0.22644	0.21032
4	0.21	0.05	0.16	0.22644	0.21779
5	0.21	0.02	0.21	0.22013	0.23978

（2）二次补氯后余氯的衰减特性

余氯的衰减速率受到初始余氯含量、TOC 含量和水温的影响，因此，在进行二次补氯后，二次供水的余氯衰减速率同样受到补氯量、TOC 含量和水温的影响，而且它们之间存在交互作用。本部分对补氯后的补氯量、TOC 含量和水温对余氯衰减的交互作用进行了研究，利用 Box-Behnken Design 中心组合试验原理，设计 3 个影响因素交互作用试验，每个影响因素取 3 个水平，共进行 17 次析因试验，依据响应面分析法得到三维曲面图，试验的参数设计如表 2.3-13 所示。

余氯衰减试验参数设计表 表 2.3-13

	影响因素	低水平	高水平
A	补氯量(mg/L)	0.1	0.2
B	水温(℃)	10	30
C	TOC 含量(mg/L)	1.15	2.2

根据 Design Expert 试验设计软件中的 Box-Behnken Design 中心组合试验结果进行方差和回归分析，对试验获得的 k_b 响应值进行回归，建立二次回归模型，并通过手动优化得到模型的二次回归方程为：

$$k_b=0.28-0.079A+0.058B+0.034C-0.037AC+0.021BC+0.038A^2+0.027B^2$$

表 2.3-14 为方差分析，可知，失拟项不显著，而模型的 P 值<0.0001，表明模型与试验数据高度显著；同时复相关系数 R 的平方 R^2 为 97.22%，校正后的 R_{Adj}^2 为 95.06%，这表明该模型拟合度良好，试验误差小，利用该模型对数据进行拟合是合适的，可以用此模型对余氯的衰减进行分析和预测。在所取的因素水平范围内，各因素对结果的影响排序为水温>补氯量>TOC 含量；3 个影响因素中，补氯量 A 与水温 B 之间的交互作用不显著，而补氯量 A 和水温 B 与 TOC 含量 C 之间的交互作用比较显著，由 BC 和 AC 交互项所作的响应面图见图 2.3-23。

由图 2.3-23 可以看出，补氯量和 TOC 含量以及水温和 TOC 含量的响应面等高线分布比较均匀，TOC 含量对 k_b 的影响成正相关关系，补氯量和水温对 k_b 的影响曲面较卷曲，说明补氯量与水温对 k_b 的影响并非简单的线性关系，这与之前的单因素分析相一致。

水温对余氯衰减的影响最为显著，在补氯时，要充分考虑季节温度对余氯衰减的影响。夏季的水温高，余氯衰减速率快，同时用水量较大，自来水在二次供水系统中的停留时间相对较短；而冬季的水温低，余氯衰减速率慢，但用水量较小，自来水在二次供水系统中的停留时间相对较长。因此，系统在进行补氯时，需要综合考虑季节因素即水温与补氯量对余氯衰减的综合影响。

方差分析　　　　　　　　　　　　　　　表 2.3-14

变异来源	平方和 S_s	自由度 d_f	均方 M_s	F 值	P 值	显著性
模型	0.067	7	9.597×10^{-3}	45.01	<0.0001	显著
A	0.028	1	0.028	131.50	<0.0001	
B	0.015	1	0.015	70.66	<0.0001	
C	0.010	1	0.010	47.93	<0.0001	
AC	5.963×10^{-3}	1	5.963×10^{-3}	27.97	0.0005	
BC	2.036×10^{-3}	1	2.036×10^{-3}	9.55	0.0129	
A^2	6.000×10^{-3}	1	6.123×10^{-3}	28.72	0.0005	
B^2	3.045×10^{-3}	1	3.045×10^{-3}	14.28	0.0044	
残差	1.919×10^{-4}	9	2.132×10^{-5}			
失拟项	1.919×10^{-4}	5	3.838×10^{-4}			
纯误差	0.000	4	0.000			
总变异	0.069	16				

（3）转输供水系统补氯点设置

补氯后转输供水系统内的余氯衰减规律可用一级动力学模型进行计算和设计；若存在多个转输水箱，则需要根据补氯量大小及衰减速率计算出二次供水末端最不利点的余氯量能否达到标准，是否需要在上级转输水箱设置补氯点或提高上级补氯点的补氯量。补氯前后二次供水系统中余氯含量示意图如图 2.3-24 所示，市政供水的进水余氯含量为 C_0，经过一定楼层和转输水箱后，余氯降低到接近或达到 0.05mg/L 时的 n 层转输水箱进行补氯，补氯量为 C_1；在随后的转输供水过程中，余氯的衰减和补充都是依据这种规律。

对于高层或超高层建筑，若转输水箱进水余氯含量比较低，以至于二次供水在水箱和后续输配水管道中停留至末端用户出水时余氯不合格，则应在转输水箱处设置补氯点；补

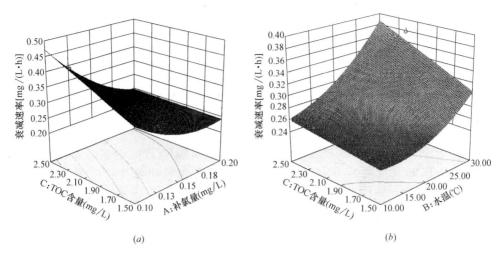

(a) ⠀⠀⠀⠀⠀⠀⠀⠀⠀⠀⠀⠀⠀⠀⠀⠀⠀⠀ (b)

图 2.3-23　补氯量、水温与 TOC 含量对 k_b 的交互影响

(a) 补氯量与 TOC 含量对 k_b 的交互影响；(b) 水温与 TOC 含量对 k_b 的交互影响

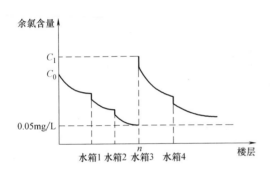

图 2.3-24　转输供水系统补氯前后余氯含量示意图

氯后二次供水系统中的余氯衰减速率受补氯量、水温以及 TOC 含量等因素的影响，补氯量可根据这些因素来确定，补氯后余氯的衰减速率可依据前述公式进行计算和设计，确保供水末端的出水余氯量合格。因此在对二次供水的转输供水方式进行设计时，有必要根据水质、转输水箱数量和水力停留时间等参数对余氯的衰减程度进行更充分地计算，确定和优化转输供水过程中的补氯点和补氯量，对于新建高层建筑提供更优化的补氯点设计方案，对于已有建筑提供更合理的补氯量数据。

3. 二次供水系统的水力条件优化

为了解决建筑小区二次供水系统存在的水力停留时间长，易出现水质恶化的问题，本研究提出一种用于二次供水水质保障的建筑给水管道循环系统，以缩短自来水在建筑小区的二次供水管道内的水力停留时间，并对长时间停留在建筑小区的二次供水管道中的自来水进行重新消毒和回用，有效解决存在的自来水二次污染问题。建筑给水管道循环系统的示意图如图 2.3-25 所示。

建筑内二次供水系统的给水立管末端增设阀门及回流管，将给水立管的末端和二次供水系统的始端相连接，通过回流控制器和水泵，强制二次供水系统内的饮用水进行循环。研究结果表明，管道内饮用水的水力停留时间超过 2~4h 时，余氯会衰减至 0.05mg/L 以下，因此，二次供水水质保障的建筑给水管道循环系统的水力停留时间控制在 2~4h，当水力停留时间超过 2~4h 时，二次供水系统末端连接的回水管路开启，将停留在管道系统内的饮用水回流至二次供水系统的贮水池或水箱处与新鲜的二次供水相混合，重新进入二次供水系统中。在给水管道循环系统的回水管路上，可以增设消毒装置，如紫外线/二氧化钛消毒器，在循环系统开启循环的同时，紫外线/二氧化钛消毒器也开启，对回流的饮用水进行消毒灭菌，提高饮用水的水质安全性。

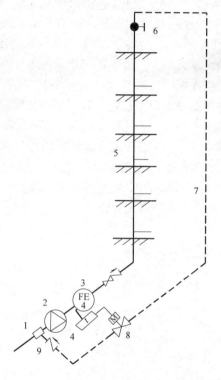

图 2.3-25　二次供水水质保障建筑给水管道循环系统
1—贮水池；2—提升或贮水装置；3—流量计量或检测装置；4—回流控制器；
5—建筑给水立管；6—阀门；7—回流管；8—电磁阀；9—逆止阀

　　通过在建筑的给水立管末端设置回流管路系统，形成了建筑内部的循环供水单元，可以及时地将管道系统内停留的水进行更新，减少自来水在管道系统内部的停留时间，缩短余氯与管道内壁的接触时间，减少余氯的消耗，从而能起到保障余氯合格、水质达标的作用。

2.4　建筑给水与生活热水系统生物安全性

2.4.1　建筑给水系统生物安全性

　　1. 二次供水管道生物膜形成及其菌群特征
　　二次供水管道系统中的生物膜会影响龙头出水的水质，生物膜的形成和脱落受有机物浓度及利用率的影响。目前已有的研究主要集中在有机物对市政供水管道生物膜形成的影响方面，有机物对建筑二次供水管道生物膜形成的影响研究较少。管壁生物膜的菌群多样性受有机物浓度影响的研究更少。因此有必要研究有机物浓度对生物膜细菌生长及其微生物菌群多样性的影响。本部分利用模拟建筑二次供水管道系统，研究了有机物浓度对生物膜细菌生长规律以及生物膜菌群多样性和变化过程的影响，旨在明确有机物对二次供水管道管壁生物膜生长及生物安全性的作用，并为二次供水管道系统的运行维护提供技术支持。

（1）有机物含量变化特性

2套模拟管道系统（R1管道和R2管道）均采用建筑二次供水连续进水，R1管道进水的 COD_{Mn} 含量平均值为 3.56mg/L，R2管道进水的 COD_{Mn} 含量平均值为 1.59mg/L，进水中余氯含量均为 0.01～0.03mg/L、水温平均值为（20±2）℃。

COD_{Mn} 含量的变化特性如图 2.4-1 所示。在运行 1～38d 期间，R1 管道的 COD_{Mn} 消耗量均为负值，R2 管道至第 50 天均为负值。这可能是由于此时管道系统中的细菌刚开始生长，生物膜细菌尚处于生长周期中的调整期，进水中 COD_{Mn} 含量过高，不能完全被已生长细菌所利用，加之此时期的细菌较不稳定，新形成的生物膜或新生细菌易脱落而随出水流出模拟管道，出现了出水 COD_{Mn} 含量高于进水 COD_{Mn} 含量的现象。管壁表面的污染物或有机物积累也会造成 COD_{Mn} 的消耗。管道系统运行初期，管壁上几乎没有形成生物膜（运行至第 20 天时，R1 管道和 R2 管道中生物膜细菌总数分别为 34CFU/cm^2 和 23CFU/cm^2），进水中的 COD_{Mn} 能够在管壁表面积累，但由于水流剪切力的作用，这些积累的 COD_{Mn} 又会脱落至水中，因而增大了出水 COD_{Mn} 含量。对数据进行相关性分析，得到 R1 管道—$R=0.764$，$p<0.001$，R2 管道—$R=0.748$、$p<0.001$，这表明生物膜细菌生长与 COD_{Mn} 消耗成显著正相关关系。

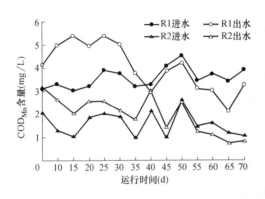

图 2.4-1　COD_{Mn} 含量变化特性

（2）生物膜细菌的生长特性

在管道系统运行至第 15 天后，R1 管道的 COD_{Mn} 消耗量（C_C）开始升高，此时细菌进入对数生长期（见图 2.4-2，第 25～34 天）。R1 管道的第一个稳定生长期为第 35～36 天，这一时期的生物膜细菌总数为 1.1×10^4CFU/cm^2，此后 C_C 开始上升至 0 以上。第 36 天之后，R1 管道中有一小部分管壁生物膜脱落，表示生物膜细菌生长进入了衰亡期，这一时期持续了约 26d（第 36～62 天），几乎占 R1 管道生物膜细菌生长周期的一半。这是因为在衰亡期仍连续向 R1 管道中提供高有机物含量的配水，为其中的少量存活细菌提供了充足的有机营养供其生长、繁殖。第 37 天与第 62 天的细菌总数的差值即为这一阶段生物膜中死亡细菌与新生细菌的差值。同时，这一阶段进水中余氯含量不足也是导致生物膜细菌持续生长的原因之一。随着模拟管道的持续运行，R1 管道中的生物膜细菌进入了新的生长周期，并且在运行至第 65 天时达到了第二个稳定生长期，生物膜细菌总数为 2.1×10^4CFU/cm^2。

R2 管道的生物膜细菌总数在第 30 天时第一次达到最大值，其值为 3×10^3CFU/cm^2。几乎为 R1 管道中生物膜细菌总数第一次达到最大值时的 1/3。在这之后，R2 管道中的生物膜细菌总数很快便出现了下降的趋势，细菌总数降至最小值 6×10^2CFU/cm^2。此后，R2 管道中的生物膜细菌总数明显低于 R1 管道中的生物膜细菌总数。这可能是因为 R1 管道中进水 COD_{Mn} 含量较高，并且 R1 管道中的 COD_{Mn} 消耗量明显高于 R2 管道中的相应值。R2 管道中的生物膜细菌总数在第 65 天时第二次达到 1.25×10^4CFU/cm^2 的最大值，约为 R1 管道的一半。

R1 管道和 R2 管道中的生物膜细菌生长周期分别约为 35d 和 20d。R1 管道中生物膜细菌总数第一次达到最大值的时间比 R2 管道约长 5d，生物膜细菌总数约多出 $8 \times 10^2 CFU/cm^2$。R1 管道和 R2 管道生物膜细菌总数再次达到最大值的时间分别为第一次达到最大值之后的 30d 和 35d。上述数据可以说明，在建筑二次供水管道系统中，COD_{Mn} 浓度对生物膜细菌生长具有显著影响。在较高 COD_{Mn} 浓度条件下，生物膜细菌总数达到最大值的时间较短且数值较大。两个管道系统中的生物膜细菌总数第二次达到最大值时的数值都较第一次有大幅度增加，R1 管道和 R2 管道分别增加了 90% 和 317%。当生物膜细菌总数第一次达到稳定生长期时，测得 R1 管道和 R2 管道的生物膜密度分别为 $5.2kg/m^3$ 和 $9.9kg/m^3$。R1 管道和 R2 管道的最大平均生物膜密度分别在第 68 天和第 65 天测得，相应的数值分别为 $10.1kg/m^3$ 和 $15.8kg/m^3$。此生物膜密度结果与 Wasche 的研究结果相类似。细菌的不断生长与繁殖引起生物膜的分离和脱落，从而使得生物膜被逐渐压实，密度逐渐增加。本试验中，在较低 COD_{Mn} 浓度条件下（R2 管道）生长的生物膜的生长周期短于在较高 COD_{Mn} 浓度条件下（R1 管道）生长的生物膜的生长周期，因此 R2 管道中的生物膜易于脱落，未脱落的生物膜即进入新的生长周期。最终，这些生长脱落过程的循环和低 COD_{Mn} 浓度的连续进水就会产生出较高的生物膜密度。较高的生物膜密度为细菌的生长提供了相对稳固和安全的环境，但却不利于生物膜内部细菌对外部有机物的利用。

与各管道管壁生物膜细菌总数相比，各管道出水细菌总数较少，R2 管道出水均符合水质标准规定的限值。如图 2.4-3 所示，在第 50 天时 R1 管道出水的细菌总数开始出现超标现象，此时 R1 管道生物膜中细菌总数高达 $4 \times 10^2 CFU/cm^2$，且生物膜细菌正处于第一个生长周期的衰亡期，生物膜细菌总数逐渐减少，出水细菌总数有所增加。当 R1 管道生物膜细菌进入第二个生长周期后，出水的细菌总数减少，第 65 天时出水细菌总数符合饮用水水质标准的限值，为 91CFU/mL。这个结果说明，在生长周期过程中管壁生物膜会出现部分脱落，造成二次供水的细菌总数增加，对水质生物安全性产生直接影响。

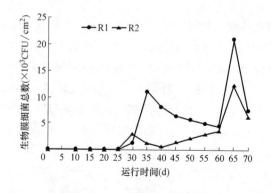

图 2.4-2 生物膜细菌的生长特性

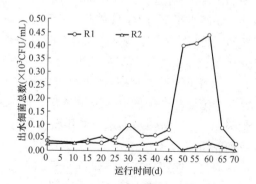

图 2.4-3 出水细菌的生长特性

2. 二次供水管道生物膜微生物群落特征

分别在 R1 管道与 R2 管道培养至第 35 天和第 65 天时对生物膜进行取样，同时对管道系统整个运行期间的脱落生物膜（E-R1、E-R2）进行取样，对上述 3 种样品进行宏基因组及 16s rDNA 测序。

（1）微生物菌群组成及变化特征

在门水平下，R1 管道与 R2 管道生物膜中所占比例位列前 8 位的细菌包括：变形菌门（Proteobacteria）、厚壁菌门（Firmicutes）、酸杆菌门（Acidobacteria）、拟杆菌门（Bacteroidetes）、浮霉菌门（Planctomycetes）、硝化螺旋菌门（Nitrospirae）、疣微菌门（Verrucomicrobia）、放线菌门（Actinobacteria），这 8 类细菌占本试验生物膜中全部细菌的 91% 以上。如图 2.4-4（a）所示，在门水平下，变形菌门和厚壁菌门在 R1 管道与 R2 管道生物膜中均为优势菌门，在各个检测样品中其所占比例分别大于 91% 和 54%。变形菌在 R1 管道与 R2 管道中所占比例分别为：第 35 天时，80.27% 与 53.97%；第 65 天时，64.45% 与 44.75%；在脱落生物膜中，45.68% 与 32.43%。厚壁菌门在 R1 管道与 R2 管道中所占比例分别为：第 35 天时，14.41% 与 37.28%；第 65 天时，32.74% 与 47.95%；在脱落生物膜中，9.17% 与 33.91%。在同一时期的检测样品中，R1 管道中变形菌门所占的比例均明显高于 R2 管道中其所占的比例。Liu 等人研究发现，变形菌门是供水管网系统中最主要的优势菌门，其生长受有机物的影响。变形菌门可利用其自身的酶物质分解大分子有机物，生成低分子水溶性氨基酸等，从而起到对有机物的去除作用。厚壁菌门在地表水中的数量高于其在地下水中的数量，同时它可在厌氧环境中生长，利用 NO_3-N 进行反硝化作用。本试验所得到的结论与上述研究结论相似。通过试验研究发现：变形菌门和厚壁菌门与 COD_{Mn} 浓度成正比。酸杆菌门、浮霉菌门、硝化螺旋菌门、疣微菌和放线菌门的数量在脱落生物膜中有显著的增加。放线菌门与硝化作用有关；有研究表明，当余氯含量为 1.6～2.18mg/L 时，放线菌门可以良好生长。由于本试验进水所含氮素极少，不适于放线菌门生长，致使这两类细菌易于脱落。此外，还有研究表明酸杆菌门是可以降解多种有机物的细菌。因此，酸杆菌门也可以通过降解脱落生物膜中其他死亡细菌的细胞物质来供其自身的生长繁殖。拟杆菌门的数量仅在 R1 管道脱落生物膜中出现增长（进水 COD_{Mn} 浓度为 3～5mg/L），其数量在进水 COD_{Mn} 浓度低于 3mg/L 时几乎无变化。如 Regueiro 等人所报道的那样，该结果可能是有机物浓度所导致的差异。本研究中的高有机物浓度可以促进拟杆菌门的生长。

在属水平下对 R1 管道与 R2 管道中生物膜的微生物结构演变进行了分析（见图 2.4-4（b），仅列出所占比例＞1% 的菌属）。假单胞菌属（Pseudomonas）、芽孢杆菌属（Bacillus）、贪铜菌属（Cupriavidus）、丛毛单胞菌属（Comamonas）及根瘤菌属（Rhizobium）在 R1 管道与 R2 管道生物膜中均呈现出良好的长势。但是，当管壁生物膜脱落后，这几个菌属的数量也都出现了急剧下降。相比之下，类似牙球菌属（Blastocatella）、鞘脂菌属（Sphingobium）、嗜甲基菌属（Methylophilus）、浮霉状菌属（Planctomyces）及柯克斯体属（Aquicella）在 R1 管道与 R2 管道管壁生物膜中生长缓慢甚至停止生长，而在脱落生物膜中却始终保持明显的生长趋势。除此之外，R1 管道与 R2 管道中管壁生物膜与脱落生物膜中的各菌属比例呈现出了明显的差异。R1 管道与 R2 管道管壁生物膜中占主要优势的两个菌属相同，分别为假单胞菌属（在 R1 管道与 R2 管道中所占比例分别为 52.2% 与 29.49%）和芽孢杆菌属（在 R1 管道与 R2 管道中所占比例分别为 12.1% 与 31.63%）。根瘤菌属在 R1 管道管壁生物膜中排第三位，所占比例为 5.68%，而贪铜菌属在 R2 管道管壁生物膜中排第三位，所占比例为 7.20%。管壁生物膜脱落后，R1 管道与 R2 管道中的主要优势菌属均变为类似牙球菌属（在 R1 管道与 R2 管道中所占比例分别为 22.57％与 12.19％）、芽孢杆菌属（在 R1 管道与 R2 管道中所占比例分别为 7.66％与 28.68％）及鞘脂菌属（在 R1 管道与 R2 管道中所占比例分别为 7.22％与 3.97％）。有研究表明，假单胞菌属会参与营养物循环，例如反硝化作用。由于二次供水龙头出水中所含氮化物极少（＜0.02mg/L），因此随着管道系统运行时间的增加，假单胞菌属的数量逐渐降低。芽孢杆菌属为革兰氏阳性细菌，属于厚壁菌门。在较差环境下，芽孢杆菌属可产生大量内孢子以供其自身生存。这可能是芽孢杆菌属拥有较高生长能力的原因。根瘤菌属是一种生长缓慢的菌属，可以促进结节状植物对金属的吸收。试验中 R2 管道的有机物含量低于 R1 管道，并且可能不易于细菌利用。Louie 等人研究发现，贪铜菌属对顽固化合物及药物、杀虫剂等异型生物质均有很强的生物降解能力。本试验中得到的结果可以被该发现所解释，即贪铜菌属在营养物质不易被利用的环境中也能很好的生长。

类似牙球菌属（*Blastocatella*）为严格好氧异养型菌属，这一属性可能是其在有氧脱落生物膜中易于生长而在缺氧管壁生物膜中不易生长的原因。鞘脂菌属曾被报道是邻苯二甲酸二丁酯（DBP）降解菌属。

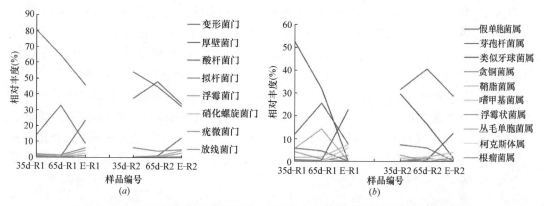

图 2.4-4　不同有机物浓度环境下生物膜微生物菌群在门及属水平下的变化
（a）门水平下；（b）属水平下

结果相一致，即变形菌门（Proteobacteria）在 R1 管道与 R2 管道生物膜中均为第一优势菌门。生物膜中属于变形菌门（Proteobacteria）的菌属具有多样性可能也是使得变形菌门（Proteobacteria）成为第一优势菌门的原因之一。由于各个菌属的特性不同，当它们组合在一起时便可以适应多变的生存环境。

还检测出 4 种被世界卫生组织列为机会致病菌的菌属，如图 2.4-5 所示。假单胞菌属在高 COD_{Mn} 浓度条件下（R1 管道）所占比例高于 50％，并且不易脱落（R1 管道脱落生物膜中假单胞菌属所占比例仅为 0.25％）。同时，R2 管道生物膜中的假单胞菌属所占比例大约为 R1 管道生物膜中的一半，但是其在 R2 管道脱落生物膜中的比例却是 R1 管道脱落生物膜中的几倍之多。上述结

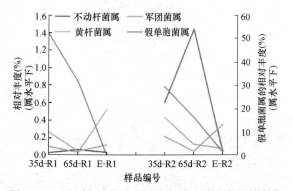

图 2.4-5　不同有机物浓度下生物膜中致病菌属的变化

果表明，假单胞菌属的生长与其活性和有机物浓度成正比。除此之外，检测出的致病菌还有 *Acinetobacter*（不动杆菌属）、*Legionella*（军团菌属）、*Flavobacterium*（黄杆菌属）。其中，军团菌属能够在脱落生物膜中继续保持生长状态。

（2）生物膜菌群多样性特征

本研究进行了检测序列类聚，将 97% 相似性的序列类聚成为 OTUs，以反映不同时期 R1 管道与 R2 管道生物膜菌群多样性的差异（见图 2.4-6）。R1 管道生物膜中的菌种数量在管道系统运行至第 35 天、第 65 天和脱落生物膜中分别为 4470 个、4305 个以及 4324 个。与 R1 管道中生物膜相比，R2 管道中生物膜在管道系统运行至第 35 天和第 65 天时的菌种数量分别为 4254 个与 4348 个，在其脱落生物膜中为 4431 个。试验期间 R1 管道生物膜与 R2 管道生物膜的共有丰度分别为 447 个与 773 个。测序结果显示，R2 管道生物膜中所检测出的 326 个菌种在 R1 管道生物膜中并未检出，这其中有 29 个菌种属于变形菌门（Proteobacteria），41 个菌种属于厚壁菌门（Firmicutes），可以看出 R2 管道生物膜菌群多样性高于 R1 管道生物膜。导致这一结果的原因可能是与高 COD_{Mn} 浓度环境相比，低 COD_{Mn} 浓度条件下变形菌门（Proteobacteria）、厚壁菌门（Firmicutes）与拟杆菌门（Bacteroidetes）所占的数量及比例变化较小。变形菌门（Proteobacteria）、厚壁菌门（Firmicutes）及拟杆菌门（Bacteroidetes）是微污染水中的主要菌门。在 6 个测序样品中，R2 管道生物膜中厚壁菌门（Firmicutes）与拟杆菌门（Bacteroidetes）的比例均高于它们在 R1 管道生物膜中所占的比例，且它们在 R2 管道中所占的比例随着取样时间的增长而逐渐增加。而变形菌门（Proteobacteria）在各管道系统中所占的比例却随着厚壁菌门（Firmicutes）与拟杆菌门（Bacteroidetes）比例的增加而减少。因此，这 3 个优势菌门在 R2 管道生物膜中的总比例高于其在 R1 管道中的总比例，即 R2 管道生物膜的菌群多样性高于 R1 管道生物膜。

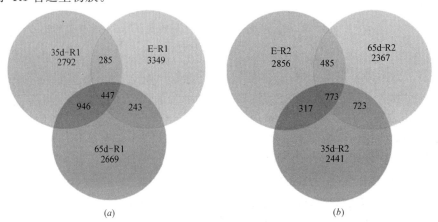

图 2.4-6 R1 管道与 R2 管道中生物膜菌群 Venn 图
（*a*）R1 管道生物膜菌群丰度对比；（*b*）R2 管道生物膜菌群丰度对比

分析各生物膜样品的 Alpha 多样性（见表 2.4-1），进一步对比分析 2 个管道系统中生物膜的菌群多样性。

如表 2.4-1 可知，R1 管道管壁生物膜的 Chao 指数和 ACE 指数都呈上升趋势，生物膜脱落后才出现下降。R2 管道管壁生物膜的 Chao 指数和 ACE 指数都呈下降趋势，生物膜脱落后降至更低。出现这种现象的原因可能是 R1 管道进水有机物浓度较高，能够为细菌的生长提供充足的营养，且生物膜细菌数量多，出水中有机物浓度较低，不足以供给脱落生物膜中的细菌生长。R2 管道进水有机物浓度较低，随着管道系统运行时间的增加，已不足以供生物膜细菌生长，因此 Chao 指数与 ACE 指数均呈下降趋势。R1 管道与 R2 管道管壁生物膜的 Shannon 指数均比各自的脱落生物膜低，表明脱落生物膜中细菌菌群的多样性更高。各时间段 R2 管道的 Simpson 指数均低于 R1 管道的相应值，说明 R2 管道管壁生物膜具有更高的菌群多样性。

R1、R2 管道生物膜样品 Alpha 多样性   表 2.4-1

样品名称	Alpha 多样性			
	Chao	ACE	Shannon	Simpson
35d-R1	12002.9551	21839.9026	5.1604	0.0737
35d-R2	13215.5633	25887.1264	5.3942	0.0599
65d-R1	12770.4111	22365.2095	5.0923	0.0567
65d-R2	13194.7515	23252.0524	5.3718	0.0485
E-R1	11898.1373	19453.5959	5.5313	0.0401
E-R2	12037.5609	20549.6031	5.8607	0.0274

一个生态系统的菌种丰富程度能够影响该生态系统保持自身稳定和平衡的能力，菌种丰富的生态系统可以很好地抵抗外部环境的干扰。因此，R2 管道管壁生物膜丰富的菌群多样性可能是使其拥有较高共有丰度的原因。

2.4.2 生活热水系统生物生长特性与安全性

生活热水管道系统中存在大量的微生物，据统计有 72% 的微生物位于生活热水管道系统的管壁内表面，26% 的微生物在生活热水中，2% 的微生物在热水水箱的沉淀物中。管壁生物膜被认为是微生物参与各类生命活动及反应的载体，虽然管壁生物膜中的微生物主要由水中微生物构成，但是管壁生物膜中存在潜在的致病菌，例如铜绿假单胞菌和嗜肺军团杆菌等，一旦进入生活热水中会影响生活热水的生物安全性。

现阶段国内建筑给水排水设计规范中刚开始要求对生活热水进行二次消毒，但由于生活热水系统中温度较高，普遍存在余氯过低甚至为零，因此生物安全性无法得到保障，比如 2011—2012 年期间美国有 66% 的饮用水相关传染病疫情是由军团菌引起的，2014 年在欧盟成员国和挪威报告了 6941 例军团菌感染病例，其中 8% 为死亡病例。目前，生活热水系统中尚未对管材的生物安全性进行研究，急需确定生活热水管壁生物膜生长特性以及微生物群落种类及多样性，有效控制管壁生物膜的生长，以保障生活热水的生物安全性。

1. 生物膜生长特征

在培养管壁生物膜的试验过程中，细菌总数、总大肠菌群和 HPC 的生长特性如图 2.4-7 所示。PPR、PVC 和 SS 管壁上细菌总数和总大肠菌群的生长周期约为 60d，HPC 的生长周期约为 40d。生物膜在管壁上附着生长的前 10d 内，3 种管壁上的细菌总数均有所增加，但是 PVC 上的细菌总数在第 40 天时达到最大值 $7.3 \times 10^4 CFU/cm^2$，然后开始迅速脱落，到第 60 天时细菌总数下降为 $9.6 \times 10^3 CFU/cm^2$；而 PPR 和 SS 管壁上细菌总数缓慢增加，均在第40天时达到较高数量的 $1.2 \times 10^4 CFU/cm^2$ 和 $9.3 \times 10^3 CFU/cm^2$；可见，在生活热水中，相对于PPR和PVC管材，SS管材表面附着的生物量较少，这与给水系统中不同管材表面生物量的检测结果类似。

SS管壁表面总大肠菌群数量在10d后开始增长迅速，达到 $1.3 \times 10^3 CFU/cm^2$，之后数量开始下降并稳定在 $7.0 \times 10^2 CFU/cm^2$ 左右；PVC管壁表面总大肠菌群数量持续增长，到第40天左右达到最大值 $1.7 \times 10^3 CFU/cm^2$，之后开始降低；相比之下，PPR管壁表面总大肠菌群数量在较低水平下保持持续增长或降低，在第40天左右数量达到 $5.6 \times 10^2 CFU/cm^2$。

在生物膜生长的第40天，3种管壁上的HPC数量都缓慢增长或减少并经历了一个周期，在第50~60天期间出现数量急剧上升并达到最大值现象，此时SS、PVC和PPR管壁上的HPC数量分别为 $2.5 \times 10^5 CFU/cm^2$、$7.6 \times 10^5 CFU/cm^2$ 和 $5.4 \times 10^5 CFU/cm^2$，但是PVC管壁上的HPC始终最多。Pedersen等人研究发现在游离氯含量为0.1mg/L时，4个月的时间足以使SS和PVC管壁上的生物膜数量发展达到所谓的"稳定状态"，而生活热水由于温度较高导致余氯衰减较快，常常达不到0.1mg/L，所以SS、PVC和PPR管壁上的生物膜能更快形成并达到稳定状态。

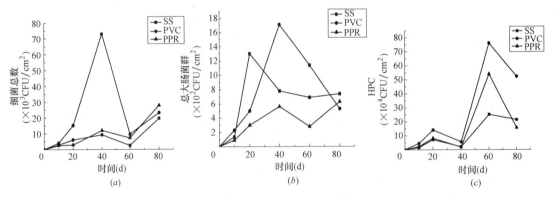

图 2.4-7 热水管道管壁生物膜中生物量变化特点
(a) 细菌总数；(b) 总大肠菌群；(c) HPC

2. 生物膜菌群特征

图 2.4-8 从门的水平上分析了热水管道系统内不同管材管壁上微生物群落结构的变化过程。其中变形菌门（Proteobacteria）、厚壁菌门（Firmicutes）为生物膜脱落前两种数量较多的门类，变形菌门细菌在PPR、PVC和SS管壁上所占比例分别为63.26%、66.34%和56.51%。可以看出，变形菌门细菌是生活热水管道管壁生物膜中的主要种类，同时变形菌门也是饮用水管道管壁生物膜中的主要门类。在生物膜细菌脱落后，疣微菌门（Verrucomicrobia）在3种管材的管壁生物膜中比例明显增加。疣微菌门是广泛存在于水生和土壤环境中的一个细菌门类。异常球菌-栖热菌门（Deinococcus-Thermus）也是3种管材管壁生物膜中比例较大的细菌门类，包含一些嗜热菌，能高度抵抗环境危害，温度较高的生活热水造成了这类细菌大量繁殖。生物膜脱落前异常球菌-栖热菌门在PPR、PVC和SS管材中的比例分别为5.88%、5.21%和5.00%，而在饮用水管道表面中该细菌门类数量较少。Zacheus等人发现，在相同的条件下PVC、PE和不锈钢表面上的生物膜组成

非常相似。Percival 等人发现，在饮用水系统中不锈钢管壁生物膜中的主要细菌为假单胞菌属、不动杆菌属和微球菌等，但是饮用水系统是一个持续变化的环境，特别是浮游菌群落、营养物质和水的流态的变化，这些都会影响管道表面生物膜中细菌群落中的优势菌群。

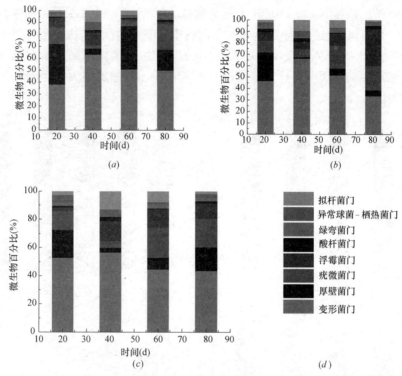

图 2.4-8　不同材质管道表面生物量（门水平下）
(*a*) PPR；(*b*) PVC；(*c*) SS；(*d*) 图例

图例：
拟杆菌门
异常球菌－栖热菌门
绿弯菌门
酸杆菌门
浮霉菌门
疣微菌门
厚壁菌门
变形菌门

脱落的生物膜中变形菌门所占的比例仍然较大，为 61.46%，与变形菌门在 3 种管材上所占的比例相近，所以认为变形菌门易于附着和脱落。

图 2.4-9 从属的水平上分析了 PPR、PVC 和 SS 材质管壁上微生物的生长和繁殖过程中群落结构的变化特性。其中，鞘脂单胞菌属、*Spartobacteria _ genera _ incertae _ sedis*、出芽菌属、鞘脂菌属、新鞘氨醇菌、*Terrimicrobium* 的种属细菌在 PPR、PVC 和 SS 材质管壁上所占的比例较大，其中鞘脂单胞菌属、*Spartobacteria _ genera _ incertae _ sedis*、出芽菌属、鞘脂菌属和新鞘氨醇菌都是淡水环境和饮用水系统中的常见菌属。当生物膜脱落时，这些属的细菌数都急剧减少，PPR 材质管壁上，紫杆菌属、*Spartobacteria _ genera _ incertae _ sedis*、出芽菌属、鞘脂菌属、新鞘氨醇菌属和的数量分别从脱落前的 13.99%、13.88%、9.98%、37.04%、29.85% 和 28.62% 减少为 0.22%、1.09%、0.65%、1.97%、1.71% 和 10.13%；对于 PVC 材质管壁，分别从脱落前的 21.82%、14.30%、10.01%、40.73%、23.95% 和 39.56% 减少为 0、4.16%、1.46%、7.26%、2.96% 和 28.30%；对于 SS 材质管壁，分别从脱落前的 12.73%、26.41%、3.28%、24.16%、28.30% 和 25.00% 减少为 0.24%、13.40%、1.53%、7.18%、1.79% 和 21.77%。相比之下，亚栖热菌属、红杆菌属、生丝微菌属在 3 种材质

管壁上所占比例较小，虽然会随着生物膜的脱落而减少但是数量较为稳定，变化范围不大。

　　PPR、PVC 和 SS 管壁生物膜脱落前后其优势菌属略有不同，生物膜脱落前新鞘氨醇菌为共同的优势菌属；PPR 管壁上的假单胞菌属、鞘脂菌属同为优势菌属；PVC 管壁上的鞘脂单胞菌属、*Terrimicrobium* 同为优势菌属；SS 管壁上的 *Terrimicrobium*、鞘脂单胞菌属同为优势菌属。当生物膜脱落时，不同材质管壁中的优势菌属发生改变，*Terrimicrobium* 和 *Spartobacteria_genera_incertae_sedis* 为共同优势菌属，所占比例较高，但 PPR 管壁上鞘脂单胞菌属同为优势菌属，PVC 管壁上出芽菌属同为优势菌属，SS 管壁上鞘脂菌属同为优势菌属。

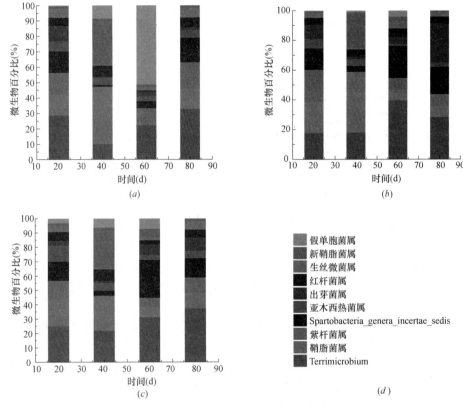

图 2.4-9　不同材质管道表面生物量（属水平下）
(*a*) PPR；(*b*) PVC；(*c*) SS；(*d*) 图例

　　新鞘氨醇菌、鞘脂单胞菌属和鞘脂菌属都属于变形菌门，可以产生丰富的胞外多糖，对生活环境限制较少，能够抵抗余氯，能够在寡营养环境中生长并形成生物膜中的优势菌群。亚栖热菌属属于异常球菌-栖热菌门，是一种嗜热菌，常常还原硝酸盐到亚硝酸盐，在 3 种材质管壁的生物膜中大量存在，生活热水中也较为常见。生丝微菌属属于变形菌门，是一种革兰氏阴性菌，具有固氮和反硝化的能力，在脱落的生物膜中鞘脂菌属脱落的数量较多，但是在脱落的生物膜中所占比例较小，说明脱落细菌的种类较多。

　　图 2.4-10 所示为管道表面生物膜中军团菌和假单胞菌致病菌的变化情况。假单胞菌是一种致病菌群，可产生胞外多糖，提供具有"稳定效应"的生物膜，在较恶劣的环境中

能进行正常生命活动。生物膜脱落前假单胞菌在 PPR 管壁上比例最高达 51.29％，生物膜脱落后锐减到 0.19％；假单胞菌在 PVC 和 SS 管壁上仅分别占 4.19％和 7.48％，生物膜脱落后减少到 0.08％和 0.28％，可见假单胞菌会在管壁上大量繁殖并会随着生物膜脱落到生活热水中。

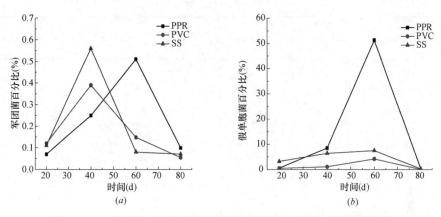

图 2.4-10　管道表面生物膜中军团菌和假单胞菌致病菌的变化特点
（a）军团菌；（b）假单胞菌

在 3 种材质管壁中都检测到了致病菌军团菌，但军团菌比例略有差异，其中 PVC 管壁上的军团菌比例大于 SS 和 PPR 管壁，而且 PVC 管壁上的军团菌脱落的比例也较高。虽然生物膜脱落后军团菌的比例有所减少，但是军团菌具有一直在增加的趋势，所以需要控制热水中和管壁生物膜形成趋势，防止生物膜中细菌的快速增长。

3. 生物膜微生物的多样性

分别对运行第 20 天、第 40 天、第 60 天和第 80 天时 3 种管材的管壁生物膜进行了微生物群落分析，得到的 97％相似水平下的 OTUs、Shannon、Simpson 等指数，如图 2.4-11 和表 2.4-2 所示。通常 Shannon 指数对物种丰富度更敏感，Simpson 指数对物种均匀度更为敏感；Shannon 值越大，说明微生物群落多样性越高，而 Simpson 值越大，说明微生物群落多样性越低。可知，在运行 20d、40d、60d 和 80d 时，微生物群落多样性

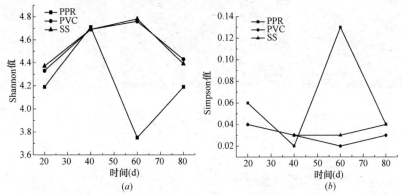

图 2.4-11　生物膜中细菌 Shannon 和 Simpson 指标变化
（a）Shannon；（b）Simpson

较高的管材分别是 SS、PPR、SS 和 PVC，其 Shannon 值分别为 4.37、4.70、4.78 和
4.43，可以看出管壁生物膜的多样性是持续变化的，在生物膜生长阶段的第 20 天和第 40
天，SS 管壁生物膜中的细菌属类较多，在生物膜脱落阶段，PPR 和 PVC 管壁生物膜中
的细菌属类较多。可见，管材对脱落生物膜中的细菌种类有一定的影响。

生物膜中生物种类多样性指标　　　　　　　表 2.4-2

样品名称	序列数	操作分类单元数	Shannon	ACE	Chaol	覆盖率	Simpson
20d-PPR	53351	904	4.19	1055.88	1026.56	1	0.06
20d-PVC	53743	878	4.33	1058.25	1013.92	1	0.04
20d-SS	55954	868	4.37	1118.12	1074.14	1	0.04
40d-PPR	34970	954	4.70	1043.23	1031.00	1	0.02
40d-PVC	35469	893	4.69	1171.13	1154.04	0.99	0.03
40d-SS	34449	1026	4.69	1129.01	1098.85	0.99	0.03
60d-PPR	30439	2669	3.75	22614.84	10681.18	0.93	0.13
60d-PVC	30175	2182	4.76	41243.01	16475.12	0.94	0.02
60d-SS	29707	2229	4.78	30140.63	12938.89	0.94	0.02
80d-PPR	53883	784	4.19	1015.97	972.70	1	0.04
80d-PVC	56732	865	4.43	1042.32	1012.66	1	0.03
80d-SS	66251	930	4.39	1145.65	1112.29	1	0.04

4. 生物膜表观特征

从扫描电镜结果（见图 2.4-12）可以看出，3 种管材表面都呈现致密的块状结构以及
其表面清晰可见的杆状结构，但是 PVC 表面生物膜更为厚实，这可能与 PVC 表面生长较
多的生物量有关系。通过扫描电镜观察到的生物膜形态与生物膜生长条件有关，并随着管
壁生物膜的主要微生物种群、有机物种类、pH 值和温度等因素变化。

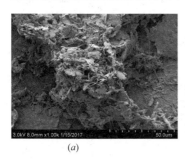  

(a)　　　　　　　　　　　(b)　　　　　　　　　　　(c)

图 2.4-12　管壁生物膜的扫描电镜图像（50.0μm）
(a) PPR；(b) PVC；(c) SS

2.4.3　生活热水系统微生物再生长特性

1. 氯消毒后的生物膜微生物再生长特性

二次供水系统处于城市供水系统的末端，水中余氯已衰减至很低含量，生活热水在加

热过程中余氯可能完全消耗掉，有研究表明，在余氯高于 0.05mg/L 条件下仍可以在管壁生长生物膜。在对管道冲击消毒后管壁生物膜中的微生物会重新生长繁殖，为了明确冲击消毒对微生物恢复特性的影响，研究了氯冲击消毒后管壁生物膜微生物的再生长特性。

（1）细菌总数的再生长特性

图 2.4-13（a）所示为 3mg/L 氯冲击消毒 120min 后管壁生物膜中细菌总数的再生长特性。可以看出，氯冲击消毒后生物膜中细菌总数降为 34CFU/cm^2，与对照组相比消毒后的细菌总数下降了 3 个数量级，说明氯冲击消毒能有效灭活细菌总数。在氯冲击消毒后 0～30d 期间，生物膜细菌总数处于缓慢的增长水平，在第 30 天时细菌总数仅为 920CFU/cm^2；在 30～100d 期间，细菌总数呈显著增长趋势，在第 40 天时达到了 2.6×10^{3}CFU/cm^2，在第 100 天时达到了 3.4×10^{4}CFU/cm^2，才几乎达到对照组的细菌总数水平，这说明氯冲击消毒后细菌总数的恢复速度较慢。

（2）总大肠菌群的再生长特性

图 2.4-13（b）所示为 3mg/L 氯冲击消毒 120min 后管壁生物膜中总大肠菌群的再生长特性。可以看出，氯冲击消毒后总大肠菌群大幅度减少，仅为 8CFU/cm^2，与消毒前的 2.4×10^{3}CFU/cm^2 相比，几乎达到了完全灭活的程度。随着氯冲击消毒后管道系统运行时间的延长，总大肠菌群呈现持续增加的趋势，在第 80 天时总大肠菌群达到了 1.8×10^{3}CFU/cm^2，在 90～100d 期间总大肠菌群达到了 2.3×10^{3}CFU/cm^2 稳定状态，已恢复到消毒前总大肠菌群的水平。

（3）HPC 的再生长特性

图 2.4-13（c）所示为 3mg/L 氯冲击消毒 120min 后管壁生物膜中 HPC 的再生长特性。可以看出，氯冲击消毒后，生物膜中 HPC 下降了 4 个数量级，HPC 仅为 131CFU/cm^2，说明氯冲击消毒对 HPC 达到了高度灭活效果。在氯冲击消毒后 0～40d 期间，管壁生物膜中 HPC 处于缓慢生长的趋势，在第 40 天时 HPC 数量仅为 5.6×10^{2}CFU/cm^2；在 50～100 天期间，HPC 呈显著增长的趋势，第 90 天时 HPC 数量已达 3.3×10^{4}CFU/cm^2，第 100 天时 HPC 数量甚至超过了消毒前的水平。这表明与细菌总数和总大肠菌群再生长特性相比，HPC 的再生长能力更强。

根据氯冲击消毒后生物膜微生物的再生长情况可以看出，氯冲击消毒对生物膜微生物有显著的灭活效果，随着消毒后运行时间的延长，生物膜中总大肠菌群、细菌总数和 HPC 的再生长呈类似的增长趋势，在 90～100d 时均能恢复到原有的水平。

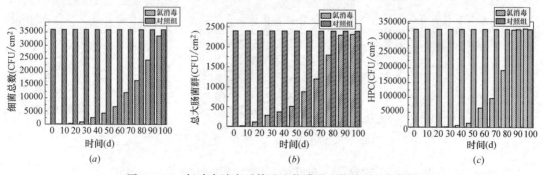

图 2.4-13　氯冲击消毒后管壁生物膜微生物的再生长特性
（a）细菌总数；（b）总大肠菌群；（c）HPC

2. 二氧化氯消毒后的生物膜微生物再生长特性

与相同条件下的氯冲击消毒相比，二氧化氯冲击消毒对管壁生物膜中微生物的灭活效果更好，生物膜表面结构破坏更明显，为了明确二氧化氯消毒对生物膜微生物恢复特性的影响，对比研究了二氧化氯冲击消毒后管壁生物膜微生物的再生长特性。

（1）细菌总数的再生长特性

图 2.4-14（a）所示为 3mg/L 二氧化氯冲击消毒 120min 后管壁生物膜中细菌总数的再生长特性。可以看出，二氧化氯冲击消毒后管壁生物膜的细菌总数仅为 28CFU/cm^2，比对照组低了 3 个数量级；在冲击消毒后 0～30d 期间，生物膜中细菌总数呈缓慢增长趋势，说明二氧化氯对细菌总数的灭活效果显著；在第 30 天时细菌总数仅为 780CFU/cm^2；在冲击消毒后 30～100d 期间，细菌总数则呈显著增长趋势，在第 100 天时已达 3.1×10^4 CFU/cm^2，但没有完全达到消毒前的水平。与氯冲击消毒相比，二氧化氯冲击消毒后细菌总数的再生长速度较缓慢，这说明二氧化氯消毒后对细菌总数的再生长控制较好，能够在一定程度上延长生物膜生长的时间。

（2）总大肠菌群的再生长特性

图 2.4-14（b）所示为 3mg/L 二氧化氯冲击消毒 120min 后管壁生物膜中总大肠菌群的再生长特性。可以看出，在二氧化氯冲击消毒后的第 0 天，生物膜中总大肠菌群为 5CFU/cm^2，二氧化氯冲击消毒使管壁生物膜表面脱落严重，生物膜中总大肠菌群几乎达到了完全灭活的效果。在二氧化氯冲击消毒后的第 10 天时，生物膜中总大肠菌群出现了增长现象，数量为 16CFU/cm^2，但仍比消毒前的对照组低两个数量级；在二氧化氯冲击消毒后 20～100d 期间，总大肠菌群呈现显著增长趋势，在第 100 天时达到了 2.2×10^3 CFU/cm^2；与氯冲击消毒相比，二氧化氯冲击消毒后总大肠菌群再生长较慢，说明二氧化氯冲击消毒对生活热水管壁生物膜中总大肠菌群的控制作用较好，能够减缓总大肠菌群的再生长速度。

（3）HPC 的再生长特性

图 2.4-14（c）所示为 3mg/L 二氧化氯冲击消毒 120min 后管壁生物膜中 HPC 的再生长特性。可以看出，二氧化氯冲击消毒对 HPC 有显著灭活效果，HPC 仅为 124CFU/cm^2，比对照组降低了 3 个数量级，与细菌总数和总大肠菌群的灭活效果类似。在冲击消毒后 0～40d 期间，HPC 呈缓慢增长趋势；在冲击消毒后第 40 天时 HPC 为 4.7×10^3 CFU/cm^2；

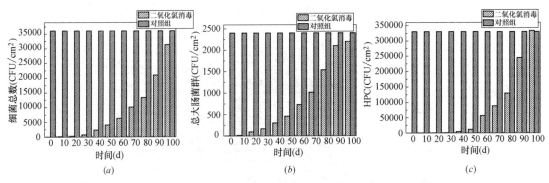

图 2.4-14 二氧化氯冲击消毒后管壁生物膜微生物的再生长特性

（a）细菌总数；（b）总大肠菌群；（c）HPC

在冲击消毒后 50～100d 期间，HPC 呈较显著的增长趋势，在第 50 天时 HPC 为 $1.2\times10^4\,CFU/cm^2$，在第 100 天时达到了 $3.3\times10^5\,CFU/cm^2$，已经恢复到了消毒前的水平。而氯冲击消毒后在第 90 天时 HPC 就恢复到了消毒前的水平，可见二氧化氯更好地抑制了 HPC 的再生长速度。

根据二氧化氯冲击消毒后生物膜微生物的再生长情况可以看出，冲击消毒后随着管道系统运行时间的延长，管壁微生物均呈现出先缓慢增长再显著增长的趋势。与氯冲击消毒的微生物再生长特性相比，二氧化氯可更好地抑制生物膜中微生物的再生长速度。

2.5 建筑给水安全消毒技术

2.5.1 氯冲击消毒对管壁生物膜的控制作用

二次供水系统属于贫营养环境，但管壁仍有大量微生物附着和繁殖，微生物能利用水中的有机物维持自身的生长繁殖，多以生物膜的形式附着管壁生长，并随着水质、水量和流速的变化不断演替更迭。生物膜脱落后可造成水中微生物超标、浊度和色度升高，甚至会产生一定的异味。

本研究分别采用 1mg/L、3mg/L 和 5mg/L 次氯酸钠对管壁微生物进行了冲击消毒效能研究，研究了氯冲击消毒对管壁生物膜中细菌总数、铁细菌和 HPC 的灭活效果，对生物膜菌群构成以及生物膜表面特征进行了表征。

1. 细菌总数的灭活效果

采用氯对不锈钢管壁生物膜进行冲击消毒，细菌总数的灭活率如图 2.5-1（a）所示。可见，1mg/L 氯的细菌总数灭活效果明显低于 3mg/L 和 5mg/L 氯的灭活水平，主要是因为氯浓度较低并且消耗速度过快。在消毒 0～30min 期间，5mg/L 氯的细菌总数灭活速率远远大于 1mg/L 和 3mg/L 氯的灭活速率，消毒 30min 时细菌总数灭活率达到 1.44lg，分别是 1mg/L 和 3mg/L 的 12 倍和 3.5 倍。在消毒 60min 时，5mg/L 氯的细菌总数灭活率已达到 2.64lg，灭活效果达到了 99% 以上，而 1mg/L 和 3mg/L 氯的灭活效果较差，分别仅为 0.19lg 和 0.65lg。在消毒 60～120min 期间，3mg/L 氯的细菌总数灭活率显著增加，消毒 120min 时的灭活率达到 3.11lg，细菌总数已完全灭活；在消毒 120～150min 期间，3mg/L 和 5mg/L 氯的消毒效果基本相同，细菌总数灭活率分别为 3.18lg 和 3.19lg，而 1mg/L 氯的细菌总数灭活率一直处于较低水平。可以看出，细菌总数的灭活率与氯浓度和消毒时间明显相关。氯浓度越大、冲击消毒时间越长，细菌总数的灭活率越高。

2. 铁细菌的灭活效果

图 2.5-1（b）为氯对不锈钢管壁生物膜进行冲击消毒时水中铁细菌的灭活率。可以看出，铁细菌的灭活效果和细菌总数相似，随着消毒时间的增加，铁细菌灭活速率不断提升。1mg/L 氯的铁细菌灭活效果明显低于 3mg/L 和 5mg/L 氯的灭活水平。在消毒 0～60min 期间，1mg/L 和 3mg/L 氯的铁细菌灭活率增长缓慢，而 5mg/L 氯的铁细菌灭活率显著增加，消毒 60min 时灭活率已达到 2.81lg，分别比 1mg/L 和 3mg/L 氯的高 2.57lg 和 2.06lg，说明在短时间冲击消毒条件下，高浓度氯对铁细菌的灭活效果更佳。在消毒 60～120min 期间，1mg/L、3mg/L 和 5mg/L 氯的铁细菌灭活率均有所增加，但 3mg/L

氯的铁细菌灭活率增加幅度明显更大，消毒 120min 时，3mg/L 与 5mg/L 氯的铁细菌灭活率很相似，均可达到 99％以上，而 1mg/L 氯的灭活效果仍较差。在消毒 120～180min 期间，3mg/L 和 5mg/L 氯的铁细菌灭活率均无明显增加趋势，说明消毒 120min 时铁细菌的灭活率已达到稳定状态，而 1mg/L 氯的铁细菌灭活率一直呈缓慢增加趋势，消毒 180min 时灭活率仍明显低于 3mg/L 和 5mg/L 的水平。可见，保持一定的消毒剂浓度和消毒时间是确保不锈钢管壁生物膜冲击消毒效果的重要条件。

3. HPC 的灭活效果

采用不同氯浓度对不锈钢管壁生物膜中 HPC 进行冲击消毒的灭活效能如图 2.5-1（c）所示。可以看出，随着氯浓度的增加，HPC 灭活率不断增加。在消毒 0～60min 期间，3 种氯浓度的 HPC 灭活率均呈上升趋势，5mg/L 氯的 HPC 灭活率增加幅度明显高于 1mg/L 和 3mg/L 氯的水平，消毒 60min 时的 HPC 灭活率达 3.44lg，比 1mg/L 和 3mg/L 氯的分别高 3.24lg 和 2.39lg，说明短时间冲击消毒时增加消毒剂浓度是重要手段。在消毒 60～120min 期间，1mg/L 和 3mg/L 氯的 HPC 灭活效果明显改善，消毒 120min 时 3mg/L 氯的 HPC 灭活率达到 3.34lg，与 5mg/L 氯的灭活率几乎相同，说明 3mg/L 氯冲击消毒 120min 也可达到 5mg/L 氯的消毒效果。在消毒 120～180min 期间，1mg/L 氯的 HPC 灭活率仅为 1.32lg，灭活效果仍较差，而 3mg/L 和 5mg/L 氯的 HPC 灭活率已达到稳定状态。可知，在一定冲击消毒时间内，3～5mg/L 氯对不锈钢管壁生物膜中 HPC 均可达到极好的灭活效果。

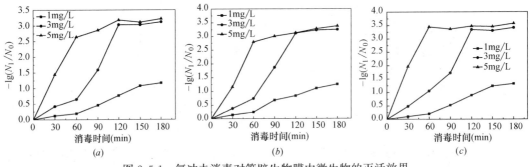

图 2.5-1　氯冲击消毒对管壁生物膜中微生物的灭活效果
（a）细菌总数；（b）铁细菌；（c）HPC

从上述氯冲击消毒结果可以看出，氯浓度对管壁生物膜的灭活效能有很大影响，较低浓度的氯需要更长的消毒时间才能达到相同的消毒效果，高浓度氯则在很短的消毒时间就可完全灭活管壁生物膜的微生物。考虑到高浓度氯的安全性等问题，采用适宜浓度的氯并延长冲击消毒时间也有利于杀灭微生物，因此采用 5mg/L 氯进行 60min 冲击消毒在实际应用中有更好的适用性。

4. 生物膜菌群特征

图 2.5-2 所示为 5mg/L 氯消毒 60min 时的不锈钢管壁生物膜的生物菌群特征，可以看出，氯消毒前后门水平下的细菌种类几乎没有变化，但是管壁生物膜中微生物菌群比例发生了较大的变化。氯冲击消毒后生物膜中最优势的菌门为变形菌门，所占的比例减少至 46.23％。在消毒前 α 变形菌、β 变形菌、γ 变形菌和 δ 变形菌所占的比例分别为 35.97％、18.90％、7.90％和 1.92％，消毒后 α 变形菌和 β 变形菌所占的比例分别降低

到 17.3％和 13.24％，而 γ 变形菌和 δ 变形菌所占的比例分别增加到 13.16％和 2.75％，这表明氯冲击消毒主要灭活的是 α 变形菌和 β 变形菌，对奈氏球菌和伯克氏菌等病原菌有很好的灭活效果。

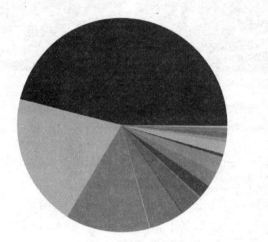

- ■ 变形菌门(46.23%)
- □ Ignavibacteriae(0.07%)
- □ 广古菌门(20.05%)
- ■ Synergistetes(0.07%)
- ■ 浮霉菌门(12.91%)
- □ 螺旋体门(0.08%)
- ■ 厚壁菌门(5.3%)
- ■ 芽单胞菌门(0.21%)
- ■ 拟杆菌门(3.25%)
- □ Candidatus Saccharibacteria(0.25%)
- ■ 硝化螺旋菌门(2.07%)
- □ 衣原体门(0.39%)
- □ 蓝细菌门(1.95%)
- ■ 绿弯菌门(0.49%)
- ■ 未分类(1.94%)
- ■ 疣微菌门(0.49%)
- □ 泉古菌门(1.83%)
- □ 奇古菌门(0.56%)
- ■ 酸杆菌门(0.9%)
- □ 放线菌门(0.69%)
- □ 其他(0.28%)

图 2.5-2　氯冲击消毒后微生物菌种分布图

氯消毒后广古菌门成为仅次于变形菌门的优势菌门，比例增加至 20.05％，广古菌门包含了许多种类的古菌，能在恶劣的环境中良好的生存，这是其在氯冲击消毒下形成优势菌门的原因。浮霉菌门和厚壁菌门较消毒前所占的比例略微有所增加，分别增至 12.91％和 5.30％；厚壁菌门能产生芽孢，对高浓度氯具有较强的抗性，硝化螺旋菌门和泉古菌门也分别增至 2.07％和 1.83％。消毒后疣微菌门、酸杆菌门和放线菌门所占的比例均有所减少，都不到 1％。表明氯冲击消毒后疣微菌门、酸杆菌门和放线菌门可达到基本灭活的程度。上述结果表明，氯冲击消毒可灭活一定数量的病原菌和腐蚀菌，显著提高了饮用水的生物安全性。

5. 生物膜表面特征

对消毒前后的生物膜形态进行了检测，以进一步研究氯冲击消毒的效果。图 2.5-3 所示为 5mg/L 氯冲击消毒前后的生物膜表面形态变化。可以看出，生长成熟的生物膜具有一定的厚度，表面凹凸不平，结构密实且呈块状，并有结垢现象，为微生物的附着生长创造了条件。进行氯冲击消毒后，生物膜的厚度和块状大小均出现了较为明显的变化。氯消毒 30min 时的生物膜出现了萎缩现象，并发生部分脱落，只有少部分管壁表面裸露，对生物膜的破坏程度较小，生物膜表面结构仍比较密实。氯消毒 60min 时，有更多的生物膜脱落，管壁大部分裸露，生物膜表面变得松散凌乱。可见，氯冲击消毒显著破坏了管壁生物膜形态，生物膜出现了大幅度剥离和脱落，是非常有效的管壁生物膜控制手段。

2.5.2　氯和氯胺冲击消毒对管道微生物灭活的影响因素

1. 冲击消毒 CT 值的影响

（1）CT 值对细菌总数灭活效果的影响

图 2.5-4（a）、（b）分别是氯和氯胺冲击消毒的 CT 值对生物膜中细菌总数灭活效果的影响。可以看出，细菌总数的灭活效果与氯或氯胺的浓度以及 CT 值有关。由

图 2.5-3　氯冲击消毒前后生物膜表面特征

(*a*) 生长成熟的生物膜；(*b*) 消毒 30min；(*c*) 消毒 60min

图 2.5-4 (*a*) 可知，在 1.0mg/L 氯、100mg·min/L CT 值时，细菌总数的灭活率很低，仅为 0.03lg；随着消毒时间的增加，CT 值分别增加到 200mg·min/L、300mg·min/L 和 400mg·min/L 时，灭活率分别增加到 0.13lg、0.72lg 和 1.11lg，表明细菌总数灭活效果仍处于较低水平。当氯浓度增加到 2.0mg/L，CT 值分别为 100mg·min/L、200mg·min/L、300mg·min/L 和 400mg·min/L 时，细菌总数灭活率分别为 0.86lg、0.93lg、1.73lg 和 1.74lg，可见随着消毒时间的增加，细菌总数灭活率呈现出先增大后趋于稳定的趋势。当氯浓度为 3.0mg/L，CT 值为 100mg·min/L、200mg·min/L、300mg·min/L 和 400mg·min/L 时，细菌总数灭活率均可达到 2.00lg。可见，采用高浓度氯进行冲击消毒时，在较短消毒时间内细菌总数即可达到完全灭活的程度。由图 2.5-4 (*b*) 可知，1.0mg/L 氯胺的生物膜细菌总数灭活效果不明显；随着消毒时间的增加，灭活效果仍然没有明显变化，对细菌总数的灭活效果维持在 0.14lg 左右。当氯胺浓度为 2.0mg/L 时，随着消毒时间的增加，对生物膜细菌总数的灭活效果增大；当氯胺浓度为 3.0mg/L 时，CT 值大于 300mg·min/L 时，灭活效果趋于稳定，氯胺对生物膜中细菌总数的灭活效果稳定在 2.00lg，细菌总数灭活率也达到了 99.9% 以上。

对比图 2.5-4 (*a*) 和 (*b*) 可知，在较低氯和氯胺浓度下，随着冲击消毒时间的增加，氯消毒效果会明显增大，而氯胺消毒效果与冲击消毒时间的相关性不明显，氯消毒效

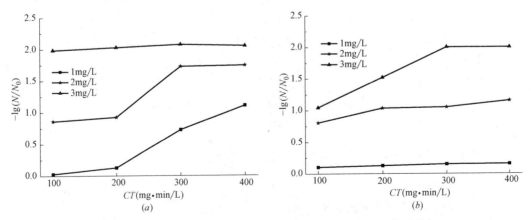

图 2.5-4　CT 值对氯和氯胺灭活生物膜中细菌总数效果的影响

(*a*) 氯冲击消毒；(*b*) 氯胺冲击消毒

果优于氯胺；当氯和氯胺浓度提高到 3.0mg/L 时，氯消毒在较短时间内细菌总数即可达到完全灭活，而氯胺消毒则需要更长的时间。从整体来看，氯对生物膜细菌总数的灭活效果优于氯胺的灭活效果。本研究结果表明，生物膜中细菌总数的灭活效果与 CT 值和消毒剂浓度均有关，提高氯和氯胺的浓度更有利于生物膜中细菌总数的灭活，而有的研究认为，细菌总数的消毒效果仅取决于 CT 值，相同 CT 值的情况下，灭活效果无明显差异。两者具有一定的差异性。

（2）CT 值对总大肠菌群灭活效果的影响

由图 2.5-5（a）可知，在 1.0mg/L 氯及 100mg·min/L 和 400mg·min/L CT 值时，生物膜中总大肠菌群灭活效果仅为 0.26lg 和 0.64lg，灭活效果不佳；在 2.0mg/L 和 3.0mg/L 氯及 400mg·min/L CT 值时，生物膜中总大肠菌群的灭活率提高到 0.74lg 和 1.38lg，灭活效果有不同程度改善。由图 2.5-5（b）可知，在 1.0mg/L 氯胺及 100mg·min/L 和 400mg·min/L CT 值时，总大肠菌群的灭活率分别为 0.19lg 和 0.23lg，灭活效果没有明显改善；在 2.0mg/L 和 3.0mg/L 氯胺及 400mg·min/L CT 值时，总大肠菌群灭活效果为 0.97lg 和 1.28lg，灭活效果有明显提高。

对比图 2.5-5（a）和（b）可以看出，氯和氯胺对生物膜中总大肠菌群的灭活效果与细菌总数的灭活效果具有相似的规律，灭活效果不仅取决于 CT 值，同时与氯和氯胺的浓度有关；随着氯和氯胺浓度的提高，生物膜中的细菌总数和总大肠菌群的灭活率均呈增大趋势，3.0mg/L 氯或氯胺的细菌总数和总大肠菌群的灭活效果均明显优于 1.0mg/L 和 2.0mg/L 氯或氯胺的灭活效果，氯胺的灭活效果均略低于氯的灭活效果；原因可能是微生物菌群有生物膜保护作用，造成了消毒剂灭活作用和灭活率明显降低。

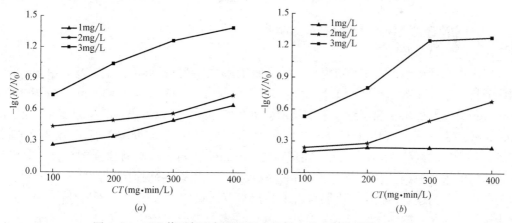

图 2.5-5 CT 值对氯和氯胺灭活生物膜中总大肠菌群效果的影响
（a）氯冲击消毒；（b）氯胺冲击消毒

（3）CT 值对 HPC 灭活效果的影响

图 2.5-6（a）、（b）所示分别为 CT 值对氯和氯胺灭活生物膜中 HPC 效果的影响。可以看出，在 1.0mg/L 氯或氯胺、100mg·min/L CT 值时，氯和氯胺的 HPC 灭活率仅分别为 0.11lg 和 0.58lg；随着消毒时间的增加，氯和氯胺的灭活效果均呈现缓慢增大的趋势，但总体消毒效果都不佳。2.0～3.0mg/L 氯消毒的 HPC 灭活效果显著改善，100mg·min/L CT 值时就可达到良好的消毒效果，随着 CT 值的增加 HPC 灭活率的变

化程度很小。3.0mg/L氯胺消毒的HPC灭活效果明显好于1.0～2.0mg/L氯胺，当CT值达到300～400mg·min/L时，氯胺的HPC灭活率才趋于稳定。当氯或氯胺浓度为3.0mg/L、CT值为400mg·min/L时，氯和氯胺的HPC灭活效果分别达到2.37lg和2.19lg，对HPC均有很好的灭活效果。可以看出，高浓度氯或氯胺对生物膜中HPC的灭活效果更佳；随着CT值的增加HPC灭活率总体上呈增大的趋势。

根据不同浓度氯或氯胺和不同CT值对生物膜中细菌总数、总大肠菌群和HPC的灭活效果可以看出，在3.0mg/L氯和氯胺、300～400mg·min/L CT值时，生物膜中细菌总数、总大肠菌群和HPC均有很好的灭活效果，冲击消毒效果最佳。

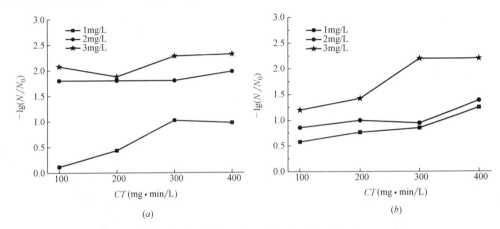

图2.5-6 CT值对氯和氯胺灭活生物膜中HPC效果的影响

(a) 氯冲击消毒；(b) 氯胺冲击消毒

2. 冲击消毒对生物膜菌群特征的影响

(1) 生物膜菌群特征

二次供水管道生物膜成熟稳定后，对管壁生物膜的细菌菌群进行了宏基因组16sDNA测序分析，结果如图2.5-7(a)所示。该样本的覆盖率为0.95，Shannon指数为4.07，Simpson指数为0.08，表明管壁生物膜中群落多样性高。可以看出，其中厚壁菌门(Firmicutes)、变形菌门(Proteobacteria)和拟杆菌门(Bacteroidetes)所占比例分别为43.25%、21.60%和18.19%。厚壁菌门(Firmicutes)对环境具有较强的抗性，是形成优势菌门的重要原因。变形菌门(Proteobacteria)包括许多病原菌，如总大肠菌群、沙门氏菌等，与前述生物膜中总大肠菌群的检出具有一致性。拟杆菌门(Bacteroidetes)是化能有机营养菌，能够代谢碳水化合物，降解许多复杂有机物。古菌门(Thaumarchaeota)、放线菌门(Actinobacteria)、浮霉菌门(Planctomycetes)、泉古菌门(Crenarchaeota)所占的比例较小，分别为6.84%、5.30%、1.17%、1.10%，其余各菌群所占的比例均小于1.0%。浮霉菌能够将NO_2^-氧化成NH_4^+来获得能量，是水处理工艺系统中具有重要作用的菌种。在小于1.0%的种群中存在一种硝化螺旋菌门(Nitrospirae)，属于亚硝酸盐氧化菌(NOB)，也具有脱氮功能。

上述结果表明，二次供水系统中存在大量具有抗氯性的菌种，如厚壁菌门(Firmicutes)、变形菌门(Proteobacteria)和拟杆菌门(Bacteroidetes)，三者占总生物膜菌群的83.04%，其中变形菌门(Proteobacteria)包含许多病原微生物会对供水生物安全性产生一定的威胁；同时仍可存在一定的硝化和反硝化作用，对水中的 NH_4^+、NO_3^-、NO_2^- 含量转化产生一定影响，也会带来饮用水化学安全性的潜在风险。

(2) 冲击消毒对生物膜菌群特征的影响

在 3.0mg/L 氯或氯胺、300mg·min/L CT 值时，氯和氯胺冲击消毒后管壁生物膜的生物菌群特征如图 2.5-7 (b) 和 (c) 所示，通过生物膜微生物菌群对比可以看出，冲击消毒前后的生物膜中微生物菌群发生了较明显的变化。氯或氯胺冲击消毒前，厚壁菌门 (Firmicutes) 所占的比例最大，为优势菌门，而氯或氯胺冲击消毒后，其所占的比例均不到 1%。表明在高浓度氯和氯胺消毒条件下，厚壁菌门 (Firmicutes) 基本达到了全部灭活程度。氯或氯胺冲击消毒前，变形菌门 (Proteobacteria) 在微生物菌群中所占比例仅次于厚壁菌门 (Firmicutes)；氯或氯胺冲击消毒后，变形菌门 (Proteobacteria) 在生物菌群中所占比例分别达到 58.26% 和 44.57%，成为优势菌群。浮霉菌门 (Planctomycetes) 成为仅次于变形菌门 (Proteobacteria) 的优势菌门；拟杆菌门 (Bacteroidetes) 在氯和氯胺冲击消毒前后，在微生物菌群中的比例始终保持在前列，表明其具有较强的抗性。

高浓度氯和氯胺消毒对微生物的灭活具有差异性，氯胺冲击消毒后生物膜中微生物剩余量大于氯冲击消毒。在氯和氯胺冲击消毒后变形菌门成为生物膜菌群的优势菌门，表明变形菌门对高浓度消毒剂具有更强的抗性，而且氯冲击消毒对变形菌门的灭活能力大于氯胺。

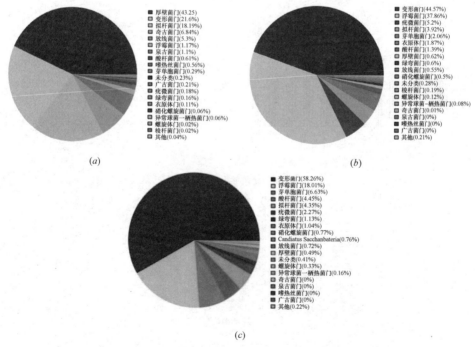

图 2.5-7 氯和氯胺冲击消毒前后的微生物菌群变化特性

(a) 冲击消毒前；(b) 氯冲击消毒后；(c) 氯胺冲击消毒后

3. 冲击消毒对生物膜微生物恢复的影响

为了明确冲击消毒对二次供水管道中微生物恢复特性的影响，研究了氯和氯胺冲击消毒后二次供水管道生物膜中细菌总数、总大肠菌群以及 HPC 的恢复情况，其中氯或氯胺浓度为 3.0mg/L，CT 值为 300～400mg·min/L，对照组为未加消毒剂的平行试验。

（1）细菌总数的恢复特性

图 2.5-8（a）所示为氯和氯胺冲击消毒后管壁生物膜中细菌总数的恢复特性。可以看出，进行氯和氯胺冲击消毒后（第 0 天），管壁生物膜中细菌总数分别为 $2.60 \times 10^2 \text{CFU/cm}^2$ 和 $5.00 \times 10^2 \text{CFU/cm}^2$，与对照组的细菌总数 $2.30 \times 10^4 \text{CFU/cm}^2$ 相比，管壁生物膜中细菌总数分别降低了 2 个数量级。可见，氯和氯胺均可显著灭活管壁生物膜中的细菌总数，而且氯冲击消毒的灭活效果略好于氯胺冲击消毒。

冲击消毒后管道系统运行第 10 天时，对照组、氯和氯胺冲击消毒的生物膜中细菌总数分别为 $2.02 \times 10^4 \text{CFU/cm}^2$、$3.60 \times 10^2 \text{CFU/cm}^2$ 和 $9.30 \times 10^2 \text{CFU/cm}^2$，冲击消毒后第 30 天时的细菌总数分别为 $2.32 \times 10^4 \text{CFU/cm}^2$、$1.23 \times 10^3 \text{CFU/cm}^2$ 和 $4.60 \times 10^3 \text{CFU/cm}^2$，冲击消毒后第 55 天时的细菌总数分别为 $2.12 \times 10^4 \text{CFU/cm}^2$、$7.10 \times 10^3 \text{CFU/cm}^2$ 和 $1.25 \times 10^4 \text{CFU/cm}^2$，冲击消毒后第 80 天时的细菌总数分别为 $1.71 \times 10^4 \text{CFU/cm}^2$ 和 $1.91 \times 10^5 \text{CFU/cm}^2$，已达到对照组的细菌总数 $1.95 \times 10^4 \text{CFU/cm}^2$ 水平。可以看出，氯和氯胺冲击消毒后，管壁生物膜中细菌总数随着运行时间呈现缓慢增加趋势，氯胺冲击消毒的细菌总数恢复程度要好于氯冲击消毒，冲击消毒后第 80 天时可以认为生物膜细菌总数恢复到原有水平。

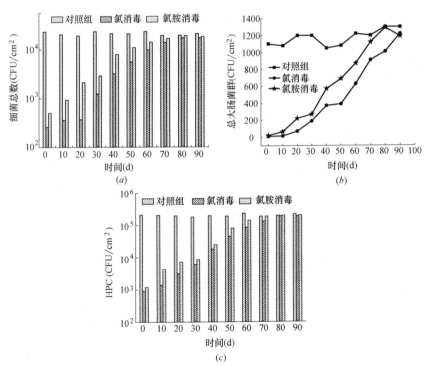

图 2.5-8　氯和氯胺冲击消毒后生物膜中微生物恢复特性
（a）细菌总数；（b）总大肠菌群；（c）HPC

（2）总大肠菌群的恢复特性

在长期运行的二次供水管道中，管壁生物膜中会繁殖出一定量的总大肠菌群，对饮用水的水质安全构成威胁，在二次供水中对总大肠菌群的控制是十分必要的。图 2.5-8（b）所示为氯和氯胺冲击消毒后管壁生物膜中总大肠菌群的恢复特性。氯和氯胺冲击消毒后，管壁生物膜中总大肠菌群分别为 10CFU/cm^2 和 20CFU/cm^2，与对照组的 1100CFU/cm^2 相比，总大肠菌群灭活效果显著，灭活率分别达到 99.1% 和 98.1%，可见氯冲击消毒的总大肠菌群灭活效果更佳。冲击消毒后第 30 天时的对照组、氯和氯胺冲击消毒后的总大肠菌群分别为 1200CFU/cm^2、168CFU/cm^2 和 220CFU/cm^2，冲击消毒后第 60 天时的总大肠菌群分别为 1220CFU/cm^2、730CFU/cm^2 和 87CFU/cm^2，冲击消毒后第 70 天时的总大肠菌群分别为 1210CFU/cm^2、960CFU/cm^2 和 1230CFU/cm^2，此时氯胺冲击消毒的生物膜总大肠菌群已经达到了对照组水平；冲击消毒后第 85 天时的总大肠菌群分别为 1100CFU/cm^2 和 1210CFU/cm^2，已与对照组无明显差别，基本恢复到冲击消毒前管壁生物膜中总大肠菌群水平。

（3）HPC 的恢复特性

图 2.5-8（c）所示为氯和氯胺冲击消毒后管壁生物膜中 HPC 的恢复特性。氯和氯胺冲击消毒后（第 0 天），管壁生物膜中 HPC 分别为 9.00×10^2CFU/cm^2 和 1.20×10^3CFU/cm^2，与对照组的 HPC 2.10×10^5CFU/cm^2 相比分别下降了 3 个和 2 个数量级，表明氯和氯胺冲击消毒可快速杀灭管壁生物膜中的 HPC，与氯和氯胺冲击消毒对管壁生物膜细菌总数的灭活效果具有一致性。但是氯胺冲击消毒后生物膜中 HPC 高于氯冲击消毒，这可能是因为氯胺的消毒作用略弱于氯造成的。冲击消毒后第 10 天时的对照组、氯和氯胺冲击消毒后的 HPC 分别为 2.05×10^5CFU/cm^2、1.41×10^3CFU/cm^2 和 4.30×10^4CFU/cm^2，冲击消毒后第 35 天时的 HPC 分别为 2.10×10^5CFU/cm^2、8.5×10^3CFU/cm^2 和 1.12×10^4CFU/cm^2，冲击消毒后第 75 天时的 HPC 分别为 1.90×10^5CFU/cm^2、1.90×10^5CFU/cm^2 和 2.12×10^5CFU/cm^2，生物膜 HPC 已经恢复到原有水平。可以看出，氯胺冲击消毒后的生物膜 HPC 恢复速度更快。

根据氯和氯胺冲击消毒对生物膜中细菌总数、总大肠菌群和 HPC 的恢复特性可以看出，冲击消毒后，生物膜微生物明显下降，随着供水管道运行时间的延长，生物膜中细菌总数、总大肠菌群和 HPC 均呈缓慢增加趋势，表现出相似的恢复生长规律，这可能是因为二次供水管道系统中的饮用水水质处于贫营养条件，而且水中余氯含量较高，导致生物膜中微生物生长受到抑制，生物膜恢复缓慢，但均在冲击消毒后的第 75~85 天期间得以恢复。

4. 冲击消毒对生物膜结构的影响

（1）生物膜表面结构

图 2.5-9 所示为 3.0mg/L 氯或氯胺、300~400mg·min/L CT 值时，冲击消毒前后生物膜 SEM 照片（放大 10000 倍）。可以看出，冲击消毒前生物膜为厚实且致密的块状结构，管壁表面有结垢现象，为生物膜的附着生长提供了条件。氯冲击消毒后生物膜的块状结构变小，部分生物膜脱落，管壁表面大部分面积裸露。氯胺冲击消毒后生物膜结构仍较密实，只有一小部分管壁表面裸露，生物膜块状结构变小。可见，氯冲击消毒对生物膜的破坏程度更大。

（2）生物膜三维结构

图 2.5-10 所示为生物膜扫描电镜图通过软件处理所得的生物膜三维结构图，可以更

直观地表示出生物膜垂直管壁方向的结构，其中底层、中层和上层部分依次表示从管壁表面至生物膜表面的纵向厚度分布情况。可以看出，冲击消毒前的生物膜更厚、表面更粗糙；氯冲击消毒后生物膜的中层和上层部分面积分别减少了 53.3% 和 32.7%，表明生物膜显著变薄、表面粗糙程度明显减小；氯胺冲击消毒后生物膜的上层部分面积减少了 21.1%，中层部分面积增加了 7.4%，表明生物膜变薄、表面粗糙程度减小。氯冲击消毒后生物膜的中层和上层部分面积分别比氯胺冲击消毒的减少了 25.8% 和 26.9%，说明氯冲击消毒对生物膜更具破坏作用。氯和氯胺冲击消毒均明显地破坏了生物膜结构，造成生物膜明显脱落，生物膜得到了非常有效的削减和控制。

(a)　　　　　　　　　　　　(b)　　　　　　　　　　　　(c)

图 2.5-9　氯和氯胺冲击消毒前后生物膜表面特征
(a) 消毒前；(b) 氯消毒；(c) 氯胺消毒

(a)　　　　　　　　　　　　(b)　　　　　　　　　　　　(c)

图 2.5-10　氯和氯胺冲击消毒前后管壁生物膜结构示意图
(a) 消毒前；(b) 氯消毒；(c) 氯胺消毒

2.5.3　冲击消毒副产物生成特性

我国《生活饮用水卫生标准》GB 5749—2006 规定了三卤甲烷消毒副产物的限值为 $60\mu g/L$，对其他卤代烃也作了相应的规定。目前，氯消毒广泛应用于给水处理工艺中，但会生成三卤甲烷等氯化消毒副产物，采用氯胺消毒能明显降低消毒副产物的生成量。水中多种有机物都是氯化消毒副产物的主要前体物，前体物的结构复杂和物理化学性质多样，需对不同特性的有机物进行分类研究。

本研究考察了建筑二次供水中消毒副产物三卤甲烷的生成潜能，以及不同浓度氯和氯胺对消毒副产物生成量的影响，以期为建筑二次供水的氯和氯胺安全消毒提供依据。

1. 亲疏水性有机物生成消毒副产物的特性

（1）进水亲水性有机物的分布特征

建筑二次供水的 DOC 为 2.874mg/L，将水中有机物分离为疏水碱性（HoB）、疏水中性（HoN）、疏水酸性（HoA）、弱疏水酸性（WHoA）和亲水性（HiM）5 个部分，结果如图 2.5-11 所示，HoB、HoN、HoA、WHoA 和 HiM 的 DOC 值分别为 0.422mg/L、0.196mg/L、1.042mg/L、0.137mg/L 和 1.077mg/L，其中 HoA 和 HiM 所占的比例最大，分别占总 DOC 的 36.26% 和 37.47%，可知建筑二次供水中的有机物以腐殖酸、富里酸和氨基酸等为主。

（2）亲疏水有机物消毒副产物生成潜能的特性

图 2.5-12 反映了不同亲疏水性有机物生成三卤甲烷的潜能，可以看出，HiM 生成三卤甲烷的潜能最大，生成潜能为 12.46μg/L，占总三卤甲烷生成潜能的 32.99%，是主要的三卤甲烷前体物；HoA 和 HoB 的三卤甲烷生成潜能分别为 8.94μg/L 和 6.03μg/L，占总三卤甲烷生成潜能的 23.64% 和 15.94%；WHoA 和 HoN 生成三卤甲烷的潜能最低，分别为 5.57μg/L 和 4.80μg/L，占总三卤甲烷生成潜能的 14.74% 和 12.70%。

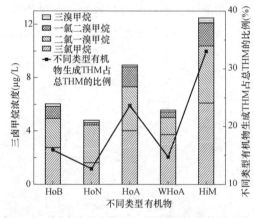
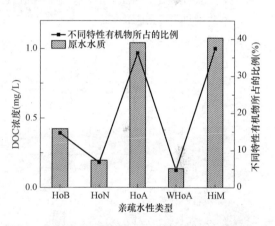

图 2.5-11 建筑二次供水的亲疏水性有机物类型分布   图 2.5-12 不同类型有机物生成三卤甲烷的潜能

从图 2.5-12 中可以看出，不同亲疏水性有机物均有不同程度的三卤甲烷生成潜能，不同亲疏水性有机物生成总三卤甲烷的潜能为 37.82μg/L，其中三氯甲烷和二氯一溴甲烷的生成潜能分别为 18.21μg/L 和 13.91μg/L，分别占总三卤甲烷生成潜能的 48.15% 和 36.77%，生成的三卤甲烷中以三氯甲烷和二氯一溴甲烷为主。

HiM 的三卤甲烷生成潜能以三氯甲烷和一溴二氯甲烷为主，其三氯甲烷和一溴二氯甲烷的生成潜能分别为 6.10μg/L 和 4.29μg/L，分别占 HiM 生成三卤甲烷潜能的 48.88% 和 34.37%，占总三卤甲烷生成潜能的 16.13% 和 11.34%。HiM 生成二溴一氯甲烷和三溴甲烷的潜能分别为 1.72μg/L 和 0.36μg/L，分别占亲水性有机物生成三卤甲烷潜能的 13.82% 和 2.92%，占总三卤甲烷生成潜能的 4.56% 和 0.96%，生成二溴一氯甲烷和三溴甲烷较少。

HoA 和 HoB 的三卤甲烷生成潜能分别为 8.94μg/L 和 6.03μg/L，以三氯甲烷为主，其三氯甲烷生成潜能分别为 4.01μg/L 和 2.75μg/L，分别占总三卤甲烷生成潜能的

10.61% 和 7.27%。而 HoA 和 HoB 生成二氯一溴甲烷的潜能分别为 3.31μg/L 和 2.20μg/L，分别占总三卤甲烷生成潜能的 8.75% 和 5.81%。此外，HoA 和 HoB 生成二溴一氯甲烷和三溴甲烷的量较少。

HoN 和 WHoA 的三卤甲烷生成潜能分别为 4.80μg/L 和 5.57μg/L，其生成潜能仍以三氯甲烷和二氯一溴甲烷为主，一氯二溴甲烷和三溴甲烷生成量较少，均小于 1μg/L。HoN 生成三氯甲烷和二氯一溴甲烷的潜能分别为 1.62μg/L 和 2.82μg/L，分别占 HoN 生成三卤甲烷潜能的 33.75% 和 58.76%，分别占总三卤甲烷生成潜能的 4.28% 和 7.46%。WHoA 生成三氯甲烷和二氯一溴甲烷的潜能分别为 3.73μg/L 和 1.29μg/L，分别占 WHoA 生成三卤甲烷潜能的 66.88% 和 23.20%，分别占总三卤甲烷生成潜能的 9.86% 和 3.42%。可以看出，HoN 的三卤甲烷生成潜能中以二氯一溴甲烷为主，其次为三氯甲烷；WHoA 的三卤甲烷生成潜能中以三氯甲烷为主，其次为二溴一氯甲烷。

根据水中不同类型有机物 HoB、HoN、HoA、WHoA 和 HiM 的三卤甲烷生成潜能研究发现，三卤甲烷的生成潜能以三氯甲烷和二氯一溴甲烷的生成为主。三氯甲烷和二氯一溴甲烷的前体物主要来自于 HiM，其次为 HoA 和 HoB。

（3）氯和氯胺冲击消毒对亲疏水有机物生成消毒副产物的控制效果

分别投加 0.5mg/L、1.0mg/L 和 1.5mg/L 氯和氯胺，反应 24h 后检测三卤甲烷的生成量，研究氯和氯胺对 HoB、HoN、HoA、WHoA 和 HiM 生成三卤甲烷的控制效果，如图 2.5-13 所示。

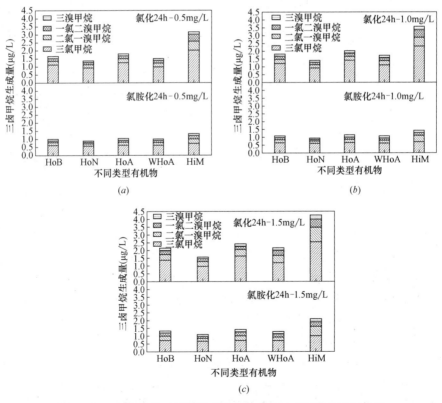

图 2.5-13　氯和氯胺对不同类型有机物生成三卤甲烷的控制效果

（a）0.5mg/L 氯和氯胺；（b）1.0mg/L 氯和氯胺；（c）1.5mg/L 氯和氯胺

可以看出，随着氯和氯胺浓度的增加，氯和氯胺冲击消毒时不同亲疏水性有机物的三卤甲烷生成量均有不同程度增加。在 1.0mg/L 氯冲击消毒时，反应 24h 时的三卤甲烷总生成量为 7.42μg/L，与 0.5mg/L 氯冲击消毒相比，三卤甲烷生成量增加了 17.1%；在 1.0mg/L 氯胺冲击消毒时，反应 24h 时的三卤甲烷总生成量为 2.53μg/L，与 0.5mg/L 氯胺冲击消毒相比，三卤甲烷生成量增加了 18.8%。从 1.0mg/L 氯和氯胺冲击消毒对三卤甲烷生成量的控制效果来看，氯胺冲击消毒对三卤甲烷生成量的控制效果达到 65.7%。在 1.5mg/L 氯冲击消毒时，反应 24h 时的三卤甲烷总生成量为 9.39μg/L，与 0.5mg/L 和 1.0mg/L 氯冲击消毒相比，三卤甲烷生成量分别增加了 48.1% 和 26.7%；在 1.5mg/L 氯胺冲击消毒时，反应 24h 时的三卤甲烷总生成量为 4.12μg/L，与 0.5mg/L 和 1.0mg/L 氯胺冲击消毒相比，三卤甲烷生成量分别增加了 93.4% 和 62.8%。与 1.5mg/L 氯冲击消毒相比，氯胺冲击消毒对三卤甲烷的控制效果为 57.1%。因此，在低浓度情况下氯胺对不同类型有机物生成三卤甲烷的控制效果更好，随着氯胺浓度的增大，不同类型有机物的三卤甲烷生成量快速增加，三卤甲烷生成的控制效果有所降低。

由图 2.5-13 可以看出，氯和氯胺冲击消毒时，不同类型有机物的三卤甲烷生成量有所不同。在 0.5mg/L 氯冲击消毒时，反应 24h 时的三卤甲烷总生成量为 6.34μg/L，其中三氯甲烷、二氯一溴甲烷、一氯二溴甲烷和三溴甲烷的生成量分别为 4.16μg/L、1.03μg/L、0.82μg/L 和 0.33μg/L，以三氯甲烷生成量为主，占总生成量的 65.6%；0.5mg/L 氯胺冲击消毒时，反应 24h 时的三卤甲烷总生成量为 2.13μg/L，其中三氯甲烷、二氯一溴甲烷、一氯二溴甲烷和三溴甲烷的生成量分别为 0.99μg/L、0.53μg/L、0.38μg/L 和 0.24μg/L，生成量均小于 1μg/L；氯胺冲击消毒的三卤甲烷总生成量比氯冲击消毒的减少了 66.4%。根据不同类型有机物分析，氯和氯胺冲击消毒后 HiM 的三卤甲烷生成量最大，氯冲击消毒后 HiM 的三卤甲烷总生成量为 3.16μg/L，其中三氯甲烷、二氯一溴甲烷、一氯二溴甲烷和三溴甲烷的生成量分别为 2.03/μg/L、0.55/μg/L、0.44/μg/L 和 0.14μg/L；氯胺冲击消毒后 HiM 的三卤甲烷总生成量为 1.34μg/L，其中三氯甲烷、二氯一溴甲烷、一氯二溴甲烷和三溴甲烷的生成量分别为 0.73/μg/L、0.27/μg/L、0.22/μg/L 和 0.11μg/L；氯和氯胺冲击消毒均以三氯甲烷生成量为主，但两者三卤甲烷生成量有较大区别，氯胺能有效控制 HiM 的三卤甲烷生成，对三氯甲烷生成的控制效果最好，控制效果达 64.1%，对二氯一溴甲烷、一氯二溴甲烷和三溴甲烷生成的控制效果分别达 50.9%、50.0% 和 21.4%；氯胺对 HoB、HoN、HoA 和 WHoA 主要是控制三氯甲烷的生成。综上所述，氯胺对 HiM 主要是控制三氯甲烷、二氯一溴甲烷和一氯二溴甲烷的生成，对 HoB、HoN、HoA 和 WHoA 主要是控制三氯甲烷的生成。

随着氯和氯胺浓度的增大，不同类型有机物的三卤甲烷生成量均有不同程度的增加，但仍以 HiM 生成三卤甲烷为主，其次为 HoA。图 2.5-13 (a) 和 (b) 中三氯甲烷、二氯一溴甲烷、一氯二溴甲烷和三溴甲烷所占的比例与图 2.5-13 (c) 中各组分所占的比例大体一致。

综上所述，根据水中不同类型亲疏水性有机物，氯和氯胺冲击消毒的三卤甲烷生成特性也有差异。由于水中亲水性有机物所占比例不同，氯和氯胺消毒的三卤甲烷生成特性也会有差异。

2. 不同分子量有机物的消毒副产物生成特性

（1）不同分子量有机物分布特征

建筑二次供水的 DOC 为 2.874mg/L，将水中的有机物分为 <1kDa、1～3kDa、3～10kDa、10～30kDa、30～100kDa 和 >100kDa 六个部分，其 DOC 值分别为 1.726mg/L、0.523mg/L、0.189mg/L、0.127mg/L、0.081mg/L 和 0.228mg/L，如图 2.5-14 所示。其中 >100kDa、30～100kDa、10～30kDa 和 3～10kDa 所占的比例较小，共占总 DOC 的 21.75%，<3kDa 的有机物占总 DOC 的 78.25%，表明水中的有机物以小分子量为主。

（2）不同分子量有机物消毒副产物生成潜能的特性

图 2.5-15 反映了不同分子量有机物生成三卤甲烷的潜能，可以看出，分子量 <1kDa 有机物的三卤甲烷生成潜能最大，达到 24.36μg/L，占总三卤甲烷生成潜能的 65.42%，是主要的三卤甲烷前体物；其次是分子量为 1～3kDa 的有机物，其三卤甲烷生成潜能为 3.87μg/L，占总三卤甲烷生成潜能的 9.8%；分子量为 3～10kDa、10～30kDa、30～100kDa 和 >100kDa 有机物的三卤甲烷生成潜能较小，其中 >3kDa 有机物的三卤甲烷生成潜能为 9.23μg/L，占总三卤甲烷生成潜能的 24.78%。

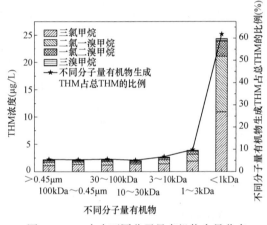

图 2.5-14　水中不同分子量有机物含量分布

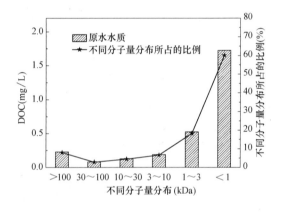

图 2.5-15　不同分子量有机物生成 THM 的潜能

从图 2.5-15 中可以看出，有机物的总三卤甲烷生成潜能为 37.23μg/L，其中三氯甲烷和二氯一溴甲烷的生成潜能分别为 18.21μg/L 和 13.50μg/L，分别占总三卤甲烷生成潜能的 48.89% 和 36.26%，两者生成量相对较多；一氯二溴甲烷和三溴甲烷的生成潜能分别为 4.56μg/L 和 0.96μg/L，分别占总三卤甲烷生成潜能的 12.26% 和 2.59%，两者生成量相对较少。

分子量 <1kDa 有机物的三卤甲烷生成潜能以三氯甲烷和一溴二氯甲烷为主，分别为 10.96μg/L 和 10.16μg/L，占分子量 <1kDa 有机物的三卤甲烷生成潜能的 45.00% 和 41.71%，分别占总三卤甲烷生成潜能的 29.44% 和 27.29%；其次是二溴一氯甲烷，生成潜能为 2.81μg/L，占分子量 <1kDa 有机物的三卤甲烷生成潜能的 11.53%，占总三卤甲烷生成潜能的 7.54%；三溴甲烷生成潜能较小，仅为 0.43μg/L，占分子量 <1kDa 有机物的三卤甲烷生成潜能的 1.75%，占总三卤甲烷生成潜能的 1.15%。

分子量为 1～3kDa、3～10kDa、10～30kDa、30～100kDa 和 >100kDa 有机物的三卤

甲烷生成潜能均以三氯甲烷为主，生成潜能分别为 $1.32\mu g/L$、$1.22\mu g/L$、$1.38\mu g/L$、$1.40\mu g/L$ 和 $1.92\mu g/L$，分别占总三卤甲烷生成潜能的 3.55%、3.28%、3.72%、3.76% 和 5.15%；其中分子量为 $1\sim3kDa$ 有机物的二氯一溴甲烷生成潜能为 $1.25\mu g/L$，占总三卤甲烷生成潜能的 5.15%，其余各组分的二氯一溴甲烷生成潜能均小于 $1\mu g/L$，各组分的一氯二溴甲烷和三溴甲烷生成量均小于 $1\mu g/L$。

(3) 氯和氯胺对不同分子量有机物生成消毒副产物的控制效果

氯和氯胺对 $<1kDa$、$1\sim3kDa$、$3\sim10kDa$、$10\sim30kDa$、$30\sim100kDa$ 和 $>100kDa$ 有机物生成三卤甲烷的控制效果如图 2.5-16 所示。可以看出，氯和氯胺冲击消毒时不同分子量有机物的三卤甲烷生成量有所不同，如图 2.5-16（a）所示，$0.5mg/L$ 氯冲击消毒时的三卤甲烷总生成量为 $7.68\mu g/L$，其中三氯甲烷、二氯一溴甲烷、一氯二溴甲烷和三溴甲烷的生成量分别为 $4.27\mu g/L$、$1.56\mu g/L$、$1.19\mu g/L$ 和 $0.66\mu g/L$，以三氯甲烷生成量为主，占总生成量的 44.4%；$0.5mg/L$ 氯胺冲击消毒时的三卤甲烷总生成量为 $6.01\mu g/L$，其中三氯甲烷、二氯一溴甲烷、一氯二溴甲烷和三溴甲烷的生成量分别为 $3.65\mu g/L$、$1.04\mu g/L$、$0.75\mu g/L$ 和 $0.57\mu g/L$，三氯甲烷生成量占三卤甲烷总生成量的 60.1%；氯胺冲击消毒后三卤甲烷总生成量比氯冲击消毒减少了 21.7%。根据不同分子量有机物分析，氯冲击消毒后，$<1kDa$ 有机物的三卤甲烷总生成量为 $2.54\mu g/L$，其中三氯甲烷、二氯一溴甲烷、一氯二溴甲烷和三溴甲烷的生成量分别为 $1.16\mu g/L$、$0.69\mu g/L$、$0.47\mu g/L$ 和 $0.21\mu g/L$；氯胺冲击消毒后，$<1kDa$ 有机物的三卤甲烷总生成量为 $1.49\mu g/L$，其中

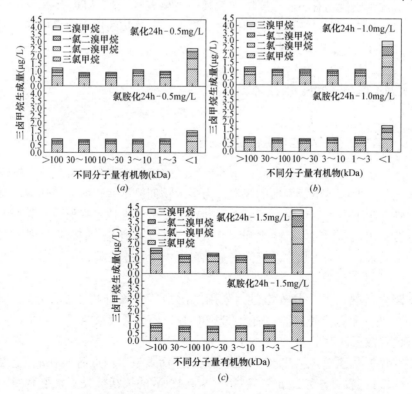

图 2.5-16　氯和氯胺对不同分子量有机物生成三卤甲烷的控制效果

（a）$0.5mg/L$ 氯和氯胺；（b）$1.0mg/L$ 氯和氯胺；（c）$1.5mg/L$ 氯和氯胺

三氯甲烷、二氯一溴甲烷、一氯二溴甲烷和三溴甲烷的生成量分别为 $0.77\mu g/L$、$0.36\mu g/L$、$0.24\mu g/L$ 和 $0.12\mu g/L$，生成量均小于 $1\mu g/L$；与氯冲击消毒相比，氯胺冲击消毒对 $<1kDa$ 有机物生成三氯甲烷、二氯一溴甲烷、一氯二溴甲烷和三溴甲烷的控制效果分别为 33.6%、47.8%、48.9% 和 75.0%。氯胺冲击消毒对各种三卤甲烷的生成均有明显的控制作用，但对 $1\sim3kDa$、$3\sim10kDa$、$10\sim30kDa$、$30\sim100kDa$ 和 $>100kDa$ 有机物的控制效果不明显。

由图 2.5-16（b）和（c）可以看出，随着氯和氯胺浓度的增加，冲击消毒后，不同分子量有机物的三卤甲烷生成量均有不同程度的增加，其中 $<1kDa$ 有机物三卤甲烷生成量的增加幅度最大。$1.0mg/L$ 氯冲击消毒时的三卤甲烷总生成量为 $8.41\mu g/L$，与 $0.5mg/L$ 氯冲击消毒相比，三卤甲烷生成量增加了 9.6%；$1.0mg/L$ 氯胺冲击消毒时的三卤甲烷总生成量为 $6.49\mu g/L$，与 $0.5mg/L$ 氯胺冲击消毒相比，三卤甲烷生成量增加了 7.8%。从 $1.0mg/L$ 氯或氯胺冲击消毒对三卤甲烷的控制效果来看，氯胺对三卤甲烷生成的控制效果达到 22.8%。$1.5mg/L$ 氯冲击消毒时的三卤甲烷总生成量为 $11.22\mu g/L$，与 $0.5mg/L$ 和 $1.0mg/L$ 氯冲击消毒相比，三卤甲烷生成量分别增加了 46.1% 和 33.4%；$1.5mg/L$ 氯胺冲击消毒时的三卤甲烷总生成量为 $8.07\mu g/L$，与 $0.5mg/L$ 和 $1.0mg/L$ 氯胺冲击消毒相比，三卤甲烷生成量分别增加了 34.2% 和 24.5%，氯胺对三卤甲烷生成的控制效果为 28.1%。

综上所述，从氯和氯胺冲击消毒控制三卤甲烷生成的研究发现，随着氯和氯胺浓度的增加，三卤甲烷生成量均有不同程度增加，其中主要表现在 $<1kDa$ 有机物的三卤甲烷生成。从氯和氯胺冲击消毒对三卤甲烷的控制效果来看，氯胺的控制效果更好，主要是控制了 $<1kDa$ 有机物的三卤甲烷生成。

2.6 生活热水安全消毒技术

2.6.1 氯冲击消毒的灭活效能与生物膜控制作用

生活热水系统中热水的水温较高、水力停留时间较长、消毒剂衰减速率较快，在多数情况下余氯已经不能满足国家标准的规定，为微生物创造了适宜的生长环境，对生活热水的生物安全性产生了很大的威胁，亟需采用高效的安全消毒技术来保障生活热水的生物安全性。本部分采用氯消毒对生活热水和管壁生物膜进行了消毒效能研究，考察了二次加氯和氯冲击消毒效果，为生活热水系统的安全消毒提供了技术支持。

1. 水中微生物灭活效果

为了保障生活热水的生物安全性，采用二次加氯方式补投 $0.1mg/L$、$0.3mg/L$ 和 $0.5mg/L$ 氯，研究了总大肠菌群、细菌总数和 HPC 的灭活效果。

（1）细菌总数灭活效果

图 2.6-1（a）为氯对生活热水中细菌总数的灭活效果，消毒前水中细菌总数为 $2.7\times10^4 CFU/mL$。可以看出，$0.1mg/L$ 氯对水中细菌总数的灭活效果不是很显著，明显低于 $0.3mg/L$ 和 $0.5mg/L$ 氯的效果，在消毒 $30min$ 时灭活率仅为 $2.21g$。生活热水的水温较高，氯的衰减速率加快，余氯浓度迅速下降，水中微生物达不到很好的灭活效果。在消毒

0～15min 期间，0.3mg/L 氯的细菌总数灭活率呈显著增加的趋势，在消毒 15min 时达到了 2.8lg，达到了几乎完全灭活的程度；在消毒 15～30min 期间，0.3mg/L 氯的细菌总数灭活率稳定地保持在几乎完全灭活的水平。在消毒 0～10min 期间，0.5mg/L 氯的细菌总数灭活率已达 2.9lg；在消毒 10～30min 期间，细菌总数灭活率呈缓慢增加的趋势，一直保持在几乎完全灭活的水平。结果表明，0.3mg/L 氯消毒 15min 或 0.5mg/L 氯消毒 10min 的条件下，细菌总数即可达到几乎完全灭活的程度，并可持续稳定地保持完全灭活的水平。

（2）总大肠菌群灭活效果

图 2.6-1（b）为氯对生活热水中总大肠菌群的灭活效果，消毒前水中总大肠菌群为 3.2×10^3CFU/mL。可以看出，随着氯浓度的增加和消毒时间的延长，水中总大肠菌群的灭活率不断升高。在消毒 0～10min 期间，0.5mg/L 氯的总大肠菌群灭活率要高于 0.1mg/L 和 0.3mg/L 氯的效果，在消毒 10min 时灭活率为 1.8lg，达到了几乎完全灭活的效果，比 0.1mg/L 和 0.3mg/L 氯的灭活率平均高出了 1.5lg 和 1.0lg；在消毒 10～30min 期间，0.5mg/L 氯的总大肠菌群灭活率呈缓慢增加的趋势，表明此时间段的总大肠菌群已经达到了完全灭活的程度。在消毒 0～15min 期间，0.1mg/L 和 0.3mg/L 氯的总大肠菌群灭活率呈显著增加的趋势，在消毒 15min 时分别达到了 1.3lg 和 1.7lg；在消毒 15～30min 期间，总大肠菌群灭活率没有显著的增加。可见，0.5mg/L 氯在消毒 10min 时对总大肠菌群达到了完全灭活的效果，0.3mg/L 氯在消毒 15min 时对总大肠菌群也达到了几乎完全灭活的效果，0.1mg/L 氯对总大肠菌群的灭活效果不是很理想。

（3）HPC 灭活效果

图 2.6-1（c）为氯对生活热水中 HPC 的灭活效果，消毒前水中 HPC 为 1.2×10^5CFU/mL。可以看出，随着氯浓度的增加和消毒时间的延长，HPC 灭活率呈显著增加的趋势，与细菌总数和总大肠菌群的类似。0.1mg/L 氯的 HPC 灭活效果明显低于 0.3mg/L 和 0.5mg/L 氯的效果，在消毒 30min 时 HPC 灭活率仅为 2.8lg。在消毒 0～10min 期间，0.3mg/L 和 0.5mg/L 氯的 HPC 灭活率增加较快，在消毒 10min 时 HPC 灭活率分别达到了 3.3lg 和 3.5lg，均达到了几乎完全灭活的效果；在消毒 10～30min 期间，0.3mg/L 和 0.5mg/L 氯的 HPC 灭活率则呈缓慢增加的趋势。与细菌总数和总大肠菌群相比，相同氯浓度条

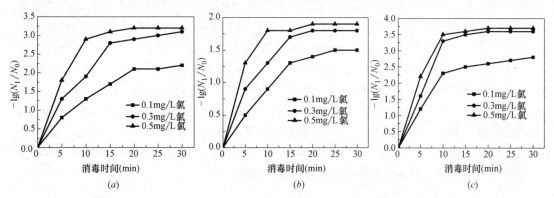

图 2.6-1 氯消毒对生活热水中微生物灭活效果

（a）细菌总数；（b）总大肠菌群；（c）HPC

件下的 HPC 达到完全灭活所需要的消毒时间最短，0.3mg/L 和 0.5mg/L 氯消毒 10min 时均能达到完全灭活的效果，说明氯对 HPC 的灭活效果更迅速。

2. 管壁生物膜微生物灭活效果

生活热水水温约 40℃条件下，分别采用 1.5mg/L、3mg/L 和 5mg/L 氯进行冲击消毒，考察了氯冲击消毒对生活热水管壁生物膜中细菌总数、总大肠菌群和 HPC 的灭活效果。

(1) 细菌总数灭活效果

图 2.6-2 (a) 为不同浓度的氯进行冲击消毒时生物膜中细菌总数的灭活效果，消毒前管壁生物膜中细菌总数为 $3.6 \times 10^4 CFU/cm^2$。可以看出，与总大肠菌群的灭活效果相似，随着氯浓度的增加，细菌总数灭活率不断提高，但 1.5mg/L 氯的灭活效果总体上明显低于 3mg/L 和 5mg/L 氯的效果。在消毒 30min 时，5mg/L 氯对细菌总数的灭活率为 1.3lg，比 1.5mg/L 和 3mg/L 氯的灭活率约高了 1.1lg 和 0.7lg，说明在短时间消毒条件下高浓度的氯灭活效果要远高于低浓度的氯；在消毒 30～120min 期间，三种浓度的氯对细菌总数的灭活率均呈显著增加的趋势，其中 3mg/L 氯的增长速率最大，在消毒 120min 时，1.5mg/L 氯的灭活效果不是很显著，灭活率仅增加到了 1.7lg，而 3mg/L 和 5mg/L 氯的灭活率均达到了 2.8lg，接近完全灭活的效果；在消毒 120～150min 期间，1.5mg/L 氯的灭活率仅增加了 0.2lg，不能达到很好的灭活效果，3mg/L 和 5mg/L 氯的灭活率没有显著增加的趋势。与总大肠菌群灭活效果相似，在长时间消毒条件下，继续增加消毒剂投加量对消毒效果已经没有明显影响，仅是消毒速率提高了，而且 3mg/L 和 5mg/L 氯均在约 120min 后达到了稳定的接近完全灭活状态。

(2) 总大肠菌群灭活效果

图 2.6-2 (b) 为不同浓度的氯进行冲击消毒时生物膜中总大肠菌群的灭活效果，消毒前管壁生物膜中总大肠菌群为 $2.4 \times 10^3 CFU/cm^2$。可以看出，随着氯浓度的增加，总大肠菌群灭活率不断提高，但 1.5mg/L 氯的灭活效果总体上明显低于 3mg/L 和 5mg/L 氯的效果，一方面是因为消毒剂投加浓度较低，另一方面可能是由于消毒过程中消毒剂浓度不断降低造成的。在消毒 30min 时，5mg/L 氯的消毒效果远远高于 1.5mg/L 和 3mg/L 氯的效果，平均高出了约 0.6lg 和 0.7lg，说明在短时间消毒条件下高浓度的消毒剂消毒效果显著；在消毒 30～60min 期间，氯对总大肠菌群的灭活率呈显著增加的趋势，和 1.5mg/L 和 3mg/L 的氯比较，5mg/L 氯的灭活效果仍处于较高的水平；在消毒 60～90min 期间，3mg/L 氯对总大肠菌群的灭活速率显著增加，在消毒 90min 时，3mg/L 和 5mg/L 氯的灭活效果相同，但仍高于 1.5mg/L 氯的效果；在消毒 90～150min 期间，3mg/L 和 5mg/L 氯对总大肠菌群的灭活效果几乎相同，在消毒 120min 时，灭活率均已经达到了 1.7lg 和 1.8lg 的稳定状态，说明在长时间消毒条件下，继续增加消毒剂投加量对消毒效果已经没有明显影响，仅是消毒速率提高了，而且均在约 120min 后达到了稳定的接近完全灭活状态。从上述结果可以看出，保持一定的消毒剂浓度是确保高效消毒的必要条件，提高消毒剂浓度可以加快微生物灭活速率。

(3) HPC 灭活效果

图 2.6-2 (c) 为不同浓度的氯进行冲击消毒时生物膜中 HPC 的灭活效果，消毒前管壁生物膜中 HPC 为 $3.3 \times 10^5 CFU/cm^2$。可以看出，与总大肠菌群和细菌总数相比，不

同浓度的氯消毒剂随着消毒时间的延长对 HPC 灭活率的增长速率趋势更显著，1.5mg/L 氯对 HPC 的灭活率明显低于 3mg/L 和 5mg/L 的氯。在消毒 $0 \sim 90$ min 期间，氯对 HPC 的灭活率显著增长，5mg/L 氯的灭活率和 3mg/L 氯的差异逐渐减小，而 1.5mg/L 氯比 3mg/L 和 5mg/L 氯的灭活率平均低了 0.5lg 和 0.3lg；在消毒 $90 \sim 120$ min 期间，3mg/L 氯对 HPC 的灭活速率加快，在 120min 时与 5mg/L 氯的灭活率几乎接近，均达到了约 3.7lg 的稳定状态，对 HPC 几乎完全灭活，而 1.5mg/L 氯的灭活率约为 2.3lg；在消毒 $120 \sim 150$ min 期间，HPC 的灭活率呈缓慢增长的趋势，说明 3mg/L 和 5mg/L 氯在消毒 120min 后均能对 HPC 达到完全灭活的效果。从上述结果可以看出，在达到一定的消毒剂浓度后，提高消毒剂浓度也仅加快了 HPC 的灭活速率。

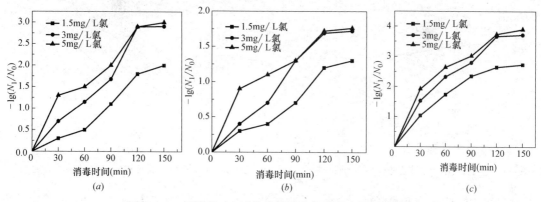

图 2.6-2 氯消毒对生活热水管壁生物膜微生物灭活效果
(a) 细菌总数；(b) 总大肠菌群；(c) HPC

（4）余氯衰减特性

在氯消毒过程中由于温度较高，随着消毒时间的延长，水中余氯浓度不断衰减。图 2.6-3 为不同浓度氯在对管壁生物膜进行冲击消毒过程中的衰减情况，可以看出，在氯投加浓度为 $1.5 \sim 5$ mg/L 条件下，随着消毒时间的延长，氯浓度均呈持续下降的趋势，各投加浓度的衰减速率基本相同。由以上研究结果可知，1.5mg/L 氯对总大肠菌群、细菌总数和 HPC 的灭活效果不是很显著，氯初始浓度为 1.5mg/L 消毒 150min 时，余氯下降到了 0.78mg/L，消毒能力显著减弱，此时总大肠菌群、细菌总数和 HPC 的灭活效果仍不佳；3mg/L 和 5mg/L 氯在消毒 $120 \sim 150$ min 期间对总大肠菌群、细菌总数和 HPC 均达到了几乎完全灭活的效果，120min 时余氯分别降为 2.41mg/L 和 4.57mg/L，仍具有很强的灭活效果。结果表明，虽然在冲击消毒过程中余氯会随消毒时间的延长逐渐衰减，但是在高浓度氯消毒剂条件下，消毒后期仍充分保障了对管壁生物膜的灭活能力并达到了显著的灭活效果。

（5）浊度变化特性

图 2.6-4 为管壁生物膜进行氯冲击消毒过程中水的浊度变化趋势。在进行管壁生物膜的氯冲击消毒过程中，生物膜的脱落会使水的浊度上升，所以可以采用水的浊度来表征消毒剂对生物膜附着的影响。可以看出，随着消毒时间的延长，浊度不断升高，说明在消毒过程中生物膜会不断脱落。在消毒 $0 \sim 30$ min 期间，5mg/L 氯消毒后水的浊度显著增加，消毒 30min 时达到了 0.8NTU，比 1.5mg/L 和 3mg/L 氯消毒后的浊度分别高出了 0.3

NTU 和 0.5NTU，满足《生活饮用水卫生标准》GB 5749—2006 的规定；在 5mg/L 氯进行消毒 60min 后，浊度已高于 1.0NTU；在消毒 60～120min 期间，浊度呈急剧增加的趋势，在消毒 120min 时，5mg/L 氯消毒后的浊度达到了约 2.3NTU，比 1.5mg/L、3mg/L 氯消毒后的浊度分别高出了约 0.3 NTU 和 1.0NTU；在 5mg/L 氯消毒 120～150min 期间，浊度呈稳定的趋势，1.5mg/L 和 3mg/L 氯消毒时浊度呈缓慢增加的趋势。可见，氯冲击消毒对生物膜的脱落有很大的影响，随着消毒剂浓度的增加和消毒时间的延长，生物膜的脱落不断增加，致使水的浊度不断上升。

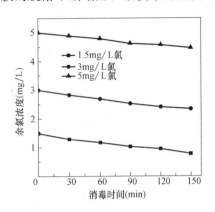

图 2.6-3　氯冲击消毒过程中余氯衰减特性

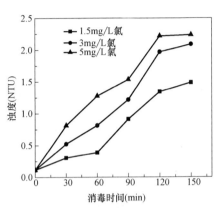

图 2.6-4　氯冲击消毒过程中水的浊度变化特性

（6）生物膜菌群变化特征

由氯冲击消毒对管壁生物膜中总大肠菌群、细菌总数和 HPC 的灭活效果可知，在达到一定的氯浓度后，提高氯浓度也仅加快了微生物的灭活速率。在消毒 120min 后，3mg/L 和 5mg/L 氯对总大肠菌群、细菌总数和 HPC 的灭活均几乎达到了完全灭活的效果，故选取 3mg/L 的氯对管壁生物膜微生物进行冲击消毒 120min，对生物膜微生物进行了宏基因组 16s 测序分析，对比研究了消毒前后生物膜微生物优势菌群的变化。

图 2.6-5 为 3mg/L 氯冲击消毒前后的管壁生物膜菌群变化特性。可知，氯冲击消毒后生物膜中微生物优势菌门发生了变化，广古菌门变为了优势菌门，所占的比例为 36.63%，与消毒前相比，广古菌门所占的比例增加了 32.34 个百分点，说明广古菌门对高浓度氯具有较强的耐性；异常球菌－栖热菌门、变形菌门和厚壁菌门所占的比例分别变为了 17.14%、15.91% 和 14.72%，异常球菌－栖热菌门所占的比例降低了 31.16 个百分点，可能是由于栖热菌门具有较厚的细胞壁和稳定的结构，在氯冲击消毒后仍为优势菌门，说明其对氯具有一定的抵抗性；变形菌门所占的比例下降了 4.05 个百分点，厚壁菌门所占的比例上升了 7.29 个百分点，和二次供水中氯冲击消毒厚壁菌门所占比例减小有很大的差别，说明在生活热水中厚壁菌门对氯的抗性比二次供水的要强。疣微菌门和浮霉菌门所占的比例分别变为 3.32% 和 3.78%，分别降低了 3.78 个百分点和 3.54 个百分点，其他菌门所占的比例不足 1%。从结果可以看出，氯冲击消毒对生活热水管壁生物膜中异常球菌－栖热菌门、变形菌门、疣微菌门和浮霉菌门有一定的灭活效果。

（7）生物膜表观变化特征

图 2.6-6 为 3mg/L 氯对生活热水管壁生物膜消毒前后的 SEM 照片（放大倍数为 2000 倍）。管壁生物膜表面形态对微生物的附着和营养物质的传递有着重要的影响，消毒剂冲

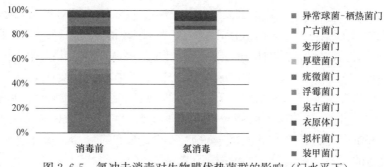

图 2.6-5 氯冲击消毒对生物膜优势菌群的影响（门水平下）

击能够破坏生物膜表面的结构，使生物膜出现部分脱落的现象，由图可以看出，氯冲击消毒前，管壁生物膜表面粗糙，可以看到紧实稳固的块状结构，表面密实紧凑，呈现出凹凸不平的形态。这些块状结构为细菌产生的胞外多糖等物质，其形成的相对致密的网状结构为微生物的附着和营养物质的传递提供了有利条件，易于微生物的附着和生长。氯冲击消毒后，管壁生物膜表面紧实的结构变得更为疏松，块状变小且有少部分脱落甚至呈裸露现象，表面结构严重萎缩，空隙变多变大，形成粘结在一起的网状结构。从生物膜表观形态来看，氯冲击消毒对生物膜的深层破坏显著，整体出现了脱落现象。可以看出，氯冲击消毒对生活热水管壁生物膜有一定的破坏作用，使生物膜表面结构发生了变化且部分脱落，在一定程度上能够控制生物膜。

图 2.6-6 氯冲击消毒前后生物膜表面变化

（a）氯冲击消毒前；（b）氯冲击消毒后

2.6.2 二氧化氯冲击消毒的灭活效能与生物膜控制作用

为了保证生活热水的生物安全性，除了补加氯消毒生活热水中微生物和氯冲击消毒管壁生物膜微生物外，由于二氧化氯消毒高效性、接触时间短和建筑生活热水定期消毒的方便性，考虑采用固体二氧化氯配制溶液进行投加消毒研究。用二氧化氯消毒剂对生活热水和管壁生物膜进行消毒研究，以总大肠菌群、细菌总数和 HPC 为灭活对象，考察二氧化氯短时间消毒的效果和持续消毒效果，为生活热水系统的微生物安全消毒技术提供支持。

1. 水中微生物灭活效果

（1）细菌总数灭活效果

图 2.6-7（a）为不同浓度的二氧化氯对生活热水中细菌总数的灭活效果，消毒前水

中细菌总数为 $2.7×10^4$ CFU/mL。可以看出，0.1mg/L 二氧化氯对细菌总数的灭活没有达到很好的效果，在消毒 30min 时灭活率仅为 2.3lg。在消毒 0～10min 期间，0.3mg/L 和 0.5mg/L 二氧化氯对细菌总数的灭活率显著增加，在消毒 10min 时分别达到了 2.8lg 和 3.1lg，在消毒 15min 时 0.3mg/L 二氧化氯的灭活率也达到了 3.1lg，达到了几乎完全灭活的水平；在消毒 15～30min 期间，灭活率均保持在完全灭活的水平。和氯消毒相比，在消毒 0～15min 期间，同浓度同时间条件下二氧化氯对细菌总数的灭活率明显高于氯，在消毒 15～30min 期间灭活率相差不大，说明一定浓度下的氯和二氧化氯对细菌总数均能达到完全灭活的效果，只是消毒过程中灭活速率不同。

（2）总大肠菌群灭活效果

图 2.6-7（b）为不同浓度的二氧化氯对生活热水中总大肠菌群的灭活效果，消毒前水中总大肠菌群为 $3.2×10^3$ CFU/mL。可以看出，0.1mg/L 二氧化氯对总大肠菌群的灭活效果不是很显著，在消毒 30min 时灭活率仅为 1.6lg。0.3mg/L 和 0.5mg/L 二氧化氯对总大肠菌群的灭活率增长趋势相同，在消毒 0～10min 期间，灭活速率较快，在消毒 10min 时灭活率分别达到了 1.7lg 和 1.8lg，均接近完全灭活的状态；在消毒 10～30min 期间，灭活率均呈缓慢增加的趋势，保持在几乎完全灭活的状态。研究结果表明，和氯消毒相比，在 0.3mg/L 和 0.5mg/L 的消毒条件下，二氧化氯对总大肠菌群达到完全灭活所需的时间更短，说明在短时间消毒条件下，同浓度的二氧化氯比氯的消毒效果更显著。

（3）HPC 灭活效果

图 2.6-7（c）为不同浓度的二氧化氯对生活热水中 HPC 的灭活效果，消毒前水中 HPC 为 $1.2×10^5$ CFU/mL。可以看出，与总大肠菌群、细菌总数相比，二氧化氯对 HPC 的灭活率明显较高，高浓度消毒剂下短时间内即可达到完全灭活的效果。在消毒 0～10min 期间，0.1mg/L 二氧化氯对 HPC 的灭活率增加速度明显，在消毒 10min 时的灭活率为 2.6lg；在消毒 10～30min 期间，灭活率呈缓慢增加的趋势，在消毒 30min 时灭活效果不显著，仅为 3.1lg。在消毒 0～5min 期间，0.3mg/L 和 0.5mg/L 二氧化氯对 HPC 的灭活率显著增加，在消毒 5min 时分别达到了 2.6lg 和 3.3lg，此时 0.5mg/L 二氧化氯已经接近完全灭活的状态；在消毒 5～10min 期间，HPC 灭活率缓慢增加，在消毒 10min 时 0.3mg/L 和 0.5mg/L 二氧化氯对 HPC 的灭活率分别达到了 3.5lg 和 3.6lg 的几乎完全灭活的状态。和氯相比，在短时间内二氧化氯对 HPC 的灭活率更显著，在消毒 15～30min 期间，0.3mg/L 和 0.5mg/L 氯或二氧化氯对 HPC 的灭活率均能达到很好的效果。

2. 管壁生物膜微生物灭活效果

分别采用 1.5mg/L、3mg/L 和 5mg/L 的二氧化氯进行冲击消毒，考察了生活热水管壁生物膜中总大肠菌群、细菌总数和 HPC 的灭活效果。

（1）细菌总数灭活效果

图 2.6-8（a）为不同浓度的二氧化氯进行冲击消毒时生物膜中细菌总数的灭活效果，消毒前管壁生物膜中细菌总数为 $3.6×10^4$ CFU/cm^2。可以看出，与总大肠菌群相比，二氧化氯对细菌总数的灭活增长速率更显著，1.5mg/L 二氧化氯的灭活效果总体上明显低于 3mg/L 和 5mg/L 的水平。在消毒 0～90min 期间，1.5mg/L 二氧化氯对细菌总数的灭活率逐渐增长，在消毒 90min 时灭活率为 1.7lg，灭活效果不佳；在消毒 90～150min 期间，灭活率呈缓慢增长的趋势，在消毒 150min 时仍达不到很好的灭活效果。在消毒 0～

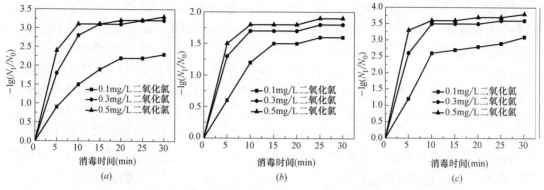

图 2.6-7　二氧化氯消毒对生活热水中微生物灭活效果

（a）细菌总数；（b）总大肠菌群；（c）HPC

120min 期间，3mg/L 和 5mg/L 二氧化氯对细菌总数灭活率的差异逐渐减小，在消毒 120min 时灭活率分别达到了 2.7lg 和 2.8lg，仅相差 0.1lg，在消毒 120min 后均达到了稳定的接近完全灭活状态。通过对比可以看出，3～5mg/L 消毒剂在 0～90min 消毒期间，二氧化氯消毒效果总体上优于氯，平均高出了 0.3lg，而在消毒 120min 后，总体灭活率相差不大，细菌总数均达到了几乎完全灭活的程度。可见，采用高浓度消毒剂进行冲击消毒时，氯和二氧化氯的细菌总数灭活率也没有显著差异，都可达到极佳的消毒效果。

（2）总大肠菌群灭活效果

图 2.6-8（b）为不同浓度的二氧化氯进行冲击消毒时生物膜中总大肠菌群的灭活效果，消毒前管壁生物膜中总大肠菌群为 $2.4 \times 10^3 CFU/cm^2$。可以看出，与氯的灭活效果趋势相似，随着消毒剂投加量的增加，二氧化氯对总大肠菌群的灭活率不断提高，但 1.5mg/L 二氧化氯的灭活效果总体上明显低于 3mg/L 和 5mg/L 的水平。1.5mg/L 二氧化氯在消毒 0～90min 期间，灭活率增长缓慢，在消毒 90min 时仅达到了 0.7lg；在消毒 90～120min 期间灭活率显著增加，灭活率增加了 0.7lg，但对总大肠菌群没有达到很好的灭活效果。在消毒 0～60min 期间，5mg/L 比 3mg/L 二氧化氯对总大肠菌群的灭活率平均高出了 0.3lg；在消毒 60～120min 期间，5mg/L 和 3mg/L 二氧化氯对总大肠菌群的灭活率差值越来越小，在消毒 120min 时仅相差不到 0.2lg；在消毒 120～150min 期间，灭活率均达到了约 1.7lg 和 1.8lg 的稳定状态，均接近完全灭活的效果。和氯消毒剂的灭活效果趋势相同，在二氧化氯投加量达到 3mg/L 后，继续增加消毒剂投加量对消毒效果已经没有明显影响，仅是消毒速率提高了，而且均在约 120min 后达到了稳定的接近完全灭活状态。通过对比可知，在 1.5mg/L 低浓度消毒条件下，二氧化氯消毒效果总体上优于氯，平均高出了 0.2lg，这可能是由于二氧化氯对生物膜的渗透能力强于氯，在低浓度条件下会导致微生物更快地灭活。在 3～5mg/L 高浓度消毒条件下，不同消毒剂对生物膜的渗透能力差异已经显现不出来，使得总体灭活率相差不大。因此，采用高浓度消毒剂进行冲击消毒时，氯和二氧化氯对总大肠菌群的消毒效果没有显著差异，都可达到极佳的消毒效果。

（3）HPC 灭活效果

图 2.6-8（c）为不同浓度的二氧化氯进行冲击消毒时生物膜中 HPC 的灭活效果，消毒前管壁生物膜中 HPC 为 $3.3 \times 10^5 CFU/cm^2$。可以看出，与总大肠菌群、细菌总数的

灭活效果一样，随着二氧化氯投加量的增加，HPC 的灭活率不断升高。在消毒 $0\sim90min$ 期间，$1.5mg/L$、$3mg/L$ 和 $5mg/L$ 二氧化氯对 HPC 灭活显著，在消毒 90min 时 HPC 灭活率分别达到了 3.0lg、3.5lg 和 3.6lg，此时 $1.5mg/L$ 二氧化氯对 HPC 没有达到很好的灭活效果，$3mg/L$ 和 $5mg/L$ 二氧化氯均已经达到了几乎完全灭活的效果；在消毒 $90\sim150min$ 期间，$1.5mg/L$、$3mg/L$ 和 $5mg/L$ 二氧化氯对 HPC 的灭活率呈缓慢增加的趋势，在消毒 150min 时，$1.5mg/L$ 二氧化氯的灭活率为 3.2lg，仍没有达到极佳的灭活效果，$3mg/L$ 和 $5mg/L$ 二氧化氯仍保持在几乎完全灭活的状态。从上述结果可以看出，在达到一定的消毒剂浓度后，提高消毒剂浓度也仅加快了 HPC 的灭活速率。通过对比可知，在 $1.5mg/L$ 低浓度冲击消毒条件下，二氧化氯的 HPC 灭活率比氯的平均高出了约 0.5lg。$3\sim5mg/L$ 高浓度二氧化氯的 HPC 灭活率尽管还高于氯，但随着消毒时间的延长均能达到几乎完全灭活的效果。可见，高浓度氯或二氧化氯消毒时，HPC 的灭活效果均能达到极佳的水平。

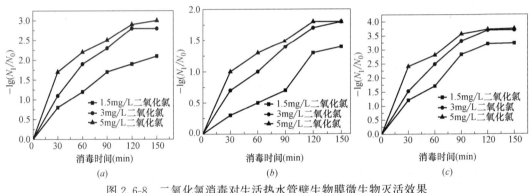

图 2.6-8　二氧化氯消毒对生活热水管壁生物膜微生物灭活效果

(*a*) 细菌总数；(*b*) 总大肠菌群；(*c*) HPC

（4）二氧化氯衰减特性

图 2.6-9 为二氧化氯冲击消毒过程中的衰减特性，可以看出，二氧化氯和氯的衰减速率也非常接近。与初始浓度 $3mg/L$、$5mg/L$ 的二氧化氯相比，$1.5mg/L$ 的衰减速率最快，在消毒 150min 时二氧化氯的浓度降为 $0.87mg/L$，此时对生物膜中总大肠菌群、细菌总数和 HPC 已经达不到很好的消毒效果，初始浓度 $3mg/L$ 和 $5mg/L$ 的二氧化氯分别降为 $2.47mg/L$ 和 $4.61mg/L$，此时仍具有很强的灭活能力，对生物膜中总大肠菌群、细菌总数和 HPC 保持了完全灭活的状态。结果表明，在高浓度二氧化氯消毒剂条件下，消毒后期也充分保障了对管壁生物膜的灭活能力并达到了极佳的灭活效果。与氯在冲击消毒过程中的衰减相比，初始浓度为 $1.5mg/L$、$3mg/L$ 和 $5mg/L$，冲击消毒 150min 时二氧化氯浓度比余氯平均高出了约 $0.09mg/L$、$0.13mg/L$ 和 $0.15mg/L$，说明在同种条件下二氧化氯的衰减速率比氯的要慢。

（5）浊度变化特性

图 2.6-10 为二氧化氯在冲击消毒过程中水的浊度变化情况。可以看出，与氯冲击消毒相似，随着消毒剂浓度的增加和消毒时间的延长，水的浊度不断增加。可知，在消毒 $0\sim120min$ 期间，$5mg/L$ 二氧化氯消毒时水的浊度呈显著增加的趋势，在消毒 120min 时浊度达到了 2.3NTU；在消毒 $120\sim150min$ 期间，水的浊度呈缓慢增加的趋势，在消

150min 时浊度达到了约 2.4NTU。在消毒 0～90min 期间，1.5mg/L 和 3mg/L 二氧化氯消毒后水的浊度比 5mg/L 的增加趋势平缓，在消毒 90min 时浊度分别为 0.7NTU 和 1.1NTU；在消毒 90～120min 期间，1.5mg/L 和 3mg/L 二氧化氯消毒后水的浊度比 5mg/L 的增加趋势更显著，在消毒 120min 时水的浊度分别达到了 1.4NTU 和 2.1NTU；在消毒 120～150min 期间，浊度均呈缓慢增加的趋势。可见，不同浓度的二氧化氯冲击消毒对生物膜表面结构的影响程度不同，在消毒时间为 120min 时，5mg/L 和 3mg/L 二氧化氯会造成水的浊度大幅度上升，说明此条件下对生物膜表面结构的破坏达到了一定的效果。

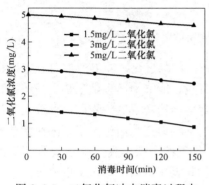

图 2.6-9 二氧化氯冲击消毒过程中二氧化氯衰减特性

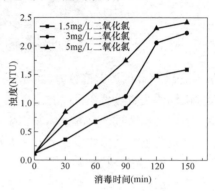

图 2.6-10 二氧化氯冲击消毒过程中水的浊度变化特性

（6）生物膜菌群变化特征

从 1.5mg/L、3mg/L 和 5mg/L 二氧化氯对总大肠菌群、细菌总数和 HPC 的灭活效果可以看出，在消毒 120min 时，3mg/L 和 5mg/L 的灭活率已经达到了几乎完全灭活的效果。故选取 3mg/L 二氧化氯冲击消毒 120min 前后对生物膜微生物进行的宏基因组 16s 测序分析对比研究了消毒前后生物膜微生物优势菌群的变化。

由图 2.6-11 可以看出，3mg/L 二氧化氯冲击消毒 120min 后生物膜的优势菌群发生了很大的变化，优势菌群的种类明显减少。和氯消毒后相似，广古菌门所占的比例为 34.44%，比消毒前增加了 30.15 个百分点，成为了消毒后生物膜中比例最高的优势菌门，说明广古菌门对二氧化氯有很好的抵抗性；异常球菌—栖热菌门所占的比例为 31.27%，比消毒前下降了 17 个百分点；厚壁菌门和泉古菌门所占的比例分别为 10.63% 和 8.32%，与消毒前相比所占比例分别增加了 3.21 个百分点和 7.75 个百分点，说明厚壁菌门和泉古菌门对高浓度二氧化氯有一定的抗性。变形菌门所占的比例为 14.27%，比消毒前下降了 5.69 个百分点，变形菌门包括大肠杆菌、α 变形菌和 β 变形菌等致病菌，消毒后变形菌门所占的比例下降说明二氧化氯冲击消毒对致病菌有一定的灭活作用。二氧化氯冲击消毒后，疣微菌门、浮霉菌门、衣原体门、拟杆菌门和装甲菌门所占的比例都不足 1%。与氯冲击消毒相比，二氧化氯冲击消毒对生物膜优势菌群的灭活效果更明显，二氧化氯消毒后，生物膜中很多优势菌群所占的比例不到 1%，使生物膜中微生物优势菌群的种类大大减少，含有致病菌和病原菌的变形菌门等比例的下降说明二氧化氯冲击消毒对生物膜有一定的控制作用。

（7）生物膜表观变化特征

图 2.6-12 为 3mg/L 二氧化氯对生活热水管壁生物膜消毒前后的生物膜表面变化特

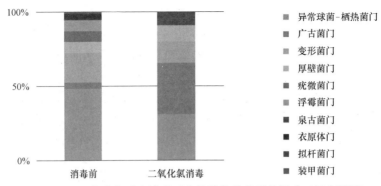

图例（从上到下）：
- 异常球菌-栖热菌门
- 广古菌门
- 变形菌门
- 厚壁菌门
- 疣微菌门
- 浮霉菌门
- 泉古菌门
- 衣原体门
- 拟杆菌门
- 装甲菌门

横坐标：消毒前　二氧化氯消毒

图 2.6-11   二氧化氯冲击消毒对生物膜优势菌群的影响（门水平下）

性，SEM 照片的放大倍数为 2000 倍。与氯冲击消毒相比，二氧化氯冲击消毒对管壁生物膜的破坏作用更显著，可以看出，在二氧化氯冲击消毒后，能够给适宜微生物生长的生物膜的稳定结构造成严重的破坏和影响，生物膜表面稳定的结构变得更为松散，部分脱落且结构严重萎缩，空隙变多变大，表面形成粘结在一起的网状形态，消毒前稳固的块状结构变为呈离散的小块状结构。与氯冲击消毒相比，二氧化氯冲击消毒后，生物膜脱落更严重，表面结构更细碎，空隙更大，说明二氧化氯对生物膜表面结构破坏作用更显著。

(a)   (b)

图 2.6-12   二氧化氯冲击消毒前后生物膜表面变化
(a) 二氧化氯冲击消毒前；(b) 二氧化氯冲击消毒后

2.6.3   热冲击消毒的灭活效能与生物膜控制作用

热力消毒是生活热水系统经常采用的定期消毒方法，可以有效灭活各种微生物。Amara 等人发现，70℃ 的热水能达到很高的细菌灭活率，可将生活热水中的军团菌全部灭活。周昭彦等人发现，热力消毒能快速灭活军团菌，且消毒后 2 个月内水中和管壁生物膜内均未检出嗜肺军团杆菌。由于热力消毒的热水温度可达 70℃，存在较大的安全隐患，因此不宜长时间应用。

1. 水中微生物灭活效果

分别采用 60℃、70℃ 和 80℃ 的热水进行热冲击消毒。热冲击消毒前生活热水中的细菌总数、总大肠菌群和 HPC 分别为 1.25×10^4 CFU/mL、6.43×10^2 CFU/mL 和 2.92×10^4 CFU/mL。图 2.6-13 为热冲击消毒对生活热水中细菌总数、总大肠菌群和 HPC 的灭活率。

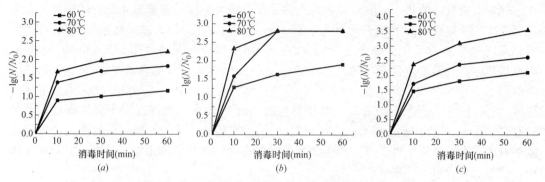

图 2.6-13　热冲击消毒对生活热水中微生物灭活效果
(a) 细菌总数；(b) 总大肠菌群；(c) HPC

在消毒 0~10min 期间，60℃、70℃和 80℃热冲击对微生物的灭活率均迅速增加，其中 80℃热冲击对细菌总数、总大肠菌群和 HPC 的灭活率增加最为迅速。在消毒时间达到 10min 以后，60℃、70℃和 80℃热冲击对细菌总数和 HPC 的灭活率的增加趋势逐渐平缓，但 70℃热冲击对总大肠菌群的灭活率仍增加迅速，并在消毒 30min 时实现 2.81lg 的完全灭活，而 80℃热冲击对总大肠菌群的灭活率同样在消毒 30min 时完全灭活，而此时 60℃热冲击对应的灭活率仅为 1.63lg。在消毒 60min 时，80℃热冲击对细菌总数、总大肠菌群和 HPC 的灭活率分别达到 2.22lg、2.81lg 和 3.56lg，几乎实现了完全灭活，而 60℃热冲击对细菌总数、总大肠菌群和 HPC 的灭活率仅分别达到 1.17lg、1.91lg 和 2.11lg，可见热冲击消毒时热水的温度对微生物灭活效果有很大的影响，随着热水温度的增加，热水中微生物的灭活率不断提高，其中 80℃热冲击消毒 10min 时的细菌总数、总大肠菌群和 HPC 灭活率分别比 60℃ 及 70℃的提高了 0.77lg、1.05lg 和 0.92lg 以及 0.29lg、0.75lg 和 0.66lg，可见提高热水的温度可以显著改善消毒效果。80℃热冲击消毒 10min 时，各项微生物指标的灭活率均接近完全灭活程度，但是 60℃和 70℃热冲击消毒的细菌总数和 HPC 灭活率较低。可见，高温对总大肠菌群有很好的灭菌效果，70℃及以上热冲击消毒时可将热水中的总大肠菌群全部灭活。

2. 管壁生物膜微生物灭活效果

采用 60℃、70℃和 80℃的热水对管壁生物膜进行热冲击消毒，图 2.6-14 为热冲击消毒对生活热水管壁生物膜中细菌总数、总大肠菌群和 HPC 的灭活率。

在消毒 0~10min 期间，80℃热冲击的细菌总数、总大肠菌群和 HPC 灭活率迅速增加，其中总大肠菌群灭活率在消毒 10min 时就达到 2.89lg 的完全灭活程度，总大肠菌群和 HPC 接近完全灭活；与 80℃热冲击的相比，60℃和 70℃热冲击的微生物灭活率增加幅度较小。在消毒时间达到 10min 以后，80℃热冲击的细菌总数、总大肠菌群和 HPC 灭活率的增加趋势均呈现平稳状态，但 60℃和 70℃热冲击仅有 HPC 灭活率的增加趋势趋于平稳，细菌总数和总大肠菌群的灭活率还在持续增加。在消毒 10~60min 期间，80℃热冲击的细菌总数和 HPC 在消毒 10min 时的灭活率分别为 1.86lg 和 3.35lg，几乎实现了完全灭活，在消毒 60min 时灭活率仅分别提高 0.35lg 和 0.47lg，可见 10min 的消毒时间就可以达到极佳的稳定消毒效果；60℃和 70℃热冲击的总大肠菌群灭活率则处于持续增加状态，在消毒 60min 时才达到 2.89lg 的完全灭活程度，而细菌总数和 HPC 的灭活率则远低于 80℃热冲击的灭活率，说明热水温度在 60~70℃时，仍有大量微生物存活。

热冲击消毒时的热水温度对微生物灭活效果有很大影响，随着热水温度的增加，微生物灭活率不断提高，其中 80℃ 热冲击消毒 10min 时的细菌总数、总大肠菌群和 HPC 灭活率分别比 60℃ 及 70℃ 的提高了 1.59lg、1.88lg 和 2.33lg 以及 1.41lg、1.48lg 和 1.98lg，可见提高热水的温度可显著改善消毒效果。80℃ 热水可使总大肠菌群在消毒 10min 时间内达到 2.89lg 的完全灭活，而 60℃ 和 70℃ 热水则需要 60min 消毒时间才能达到完全灭活程度。80℃ 热冲击消毒 10min 时，各项微生物指标的灭活率均接近完全灭活程度，但是60℃ 和 70℃ 热冲击消毒的细菌总数和 HPC 的灭活率较低。可见，较高温度的热冲击消毒能够显著减少生活热水管道水中和生物膜上的微生物，说明热冲击消毒具有较好的灭菌作用，这与已有研究的结果类似。

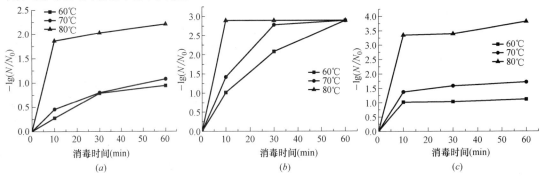

图 2.6-14 热冲击消毒对生活热水管壁生物膜微生物灭活效果
(a) 细菌总数；(b) 总大肠菌群；(c) HPC

3. 浊度变化特性

热冲击消毒时，管壁表面微生物被灭活，无法继续附着在管壁表面，导致生物膜脱落到水中，造成水的浊度升高。60℃、70℃ 和 80℃ 热冲击消毒生物膜时其水的浊度变化如图 2.6-15 所示。可以看出，在消毒 0～10min 期间，60℃、70℃ 和 80℃ 热冲击消毒水的浊度均迅速增加，在消毒 10min 时分别由 0.498NTU、0.515NTU 和 0.532NTU 增加至1.445NTU、2.650NTU 和 2.925NTU，表明有大量的生物膜从管壁上脱落至水中。在消毒 10～60min 期间，浊度的增加趋势明显减缓，在消毒 60min 时水的浊度分别达到1.895NTU、3.155NTU 和 3.585NTU。80℃ 热冲击消毒水的浊度大于 60℃ 和 70℃ 热冲击消毒水的浊度，可见热冲击消毒时的温度对生物膜结构的破坏以及脱落有较大的影响。

与银离子冲击消毒时水的浊度变化相比，80℃ 热冲击消毒导致生物膜脱落的量最大，浊度达到了 3.585NTU；70℃ 热冲击消毒导致生物膜脱落的量大于 0.10mg/L 银离子冲击消毒脱落的生物膜量，浊度分别为 3.155NTU 和 2.965NTU；60℃ 热冲击消毒导致生物膜脱落的量小于 0.05mg/L 银离子冲击消毒脱落的生物膜量，可见 70℃ 和 80℃ 热冲击消毒对生物膜的破坏作用较强，导致管壁上大量的生物膜脱落到水中。

热冲击消毒后，水中 DOC 值的变化情况如图 2.6-16 所示。在消毒刚开始时，60℃、70℃和 80℃ 热冲击消毒水中 DOC 值均迅速增加，在消毒 10min 时分别由 0.523mg/L、0.496mg/L和 0.530mg/L 增加至 1.482mg/L、2.150mg/L 和 2.542mg/L，管壁表面有大量的生物膜从管壁上脱落至水中。消毒 10min 后，DOC 值开始降低，在消毒 60min 时水中 DOC 值分别达到0.780mg/L、0.905mg/L 和 0.654mg/L。由上可知，热冲击消毒灭活管壁上脱落的微生物，破坏细菌的结构，导致水中 DOC 值降低，水中微生物数量减少。

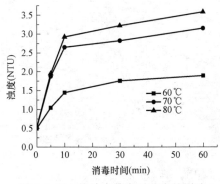

图 2.6-15　热冲击消毒对浊度的影响

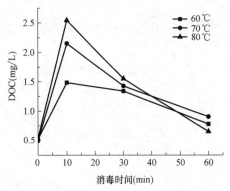

图 2.6-16　热冲击消毒对 DOC 的影响

2.6.4　银离子冲击消毒的灭活效能与生物膜控制作用

银离子消毒是一种有效的生活热水消毒方法，已经得到了一些应用。Pathak 等人的研究结果表明，0.04mg/L 银离子在 40℃ 条件下消毒 30min 即可使总大肠菌群的灭活率达到 100%。沈晨等人用 0.05mg/L 银离子对生活热水进行消毒时，细菌总数和异养菌的灭活率分别达到 97.86% 和 85.71%。日本、美国等国家已经将银离子消毒技术应用于实际工程，通过保持一定的银离子含量来抑制热水中微生物生长。我国《生活饮用水卫生标准》GB 5749—2006 中规定银离子含量应符合 0.05mg/L 的限值。

1. 水中微生物灭活效果

采用银离子浓度分别为 0.05mg/L、0.10mg/L 和 0.20mg/L 对生活热水进行消毒，银离子对生活热水中微生物的灭活效果如图 2.6-17 所示。银离子冲击消毒前生活热水中的细菌总数、总大肠菌群和 HPC 分别为 2.25×10^4 CFU/mL、1.20×10^3 CFU/mL 和 4.22×10^4 CFU/mL。

在银离子冲击消毒时间为 0～10min 期间，0.05mg/L、0.10mg/L 和 0.20mg/L 银离子对微生物的灭活率均迅速增加，其中 0.20mg/L 银离子对细菌总数、总大肠菌群和 HPC 的灭活率增加最为迅速。在消毒时间达到 10min 以后，0.05mg/L、0.10mg/L 和 0.20mg/L 银离子对细菌总数、总大肠菌群和 HPC 的灭活率持续增加；在消毒时间达到 30min 以后，不同浓度银离子对应的总大肠菌群的灭活率增加仍然较快，但对应的细菌总数和 HPC 的灭活率增加速度减缓。可见，银离子冲击消毒时银离子浓度对微生物灭活效果有很大的影响，随着银离子浓度的增加，生活热水中微生物的灭活率不断提高，其中 0.20mg/L 银离子冲击消毒 10min 时的细菌总数、总大肠菌群和 HPC 灭活率分别比 0.05mg/L 及 0.10mg/L 的提高了 1.13lg、1.37lg 和 1.08lg 以及 0.29lg、0.96lg 和 0.65lg，可见提高银离子浓度可以显著改善消毒效果。

2. 管壁生物膜微生物灭活效果

采用 0.05mg/L、0.10mg/L 和 0.20mg/L 的银离子在 42℃ 生活热水中进行消毒，图 2.6-18 为银离子冲击消毒时的细菌总数、总大肠菌群和 HPC 灭活效果。在消毒 0～10min 期间，0.05mg/L、0.10mg/L 和 0.20mg/L 银离子冲击消毒的细菌总数、总大肠菌群和 HPC 的灭活率均呈持续增加的趋势，银离子浓度越高，微生物灭活速率越高；在

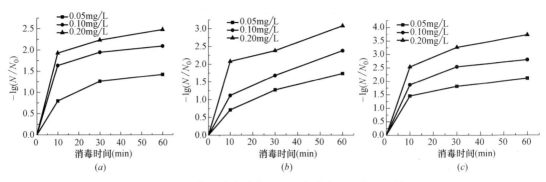

图 2.6-17　银离子冲击消毒对生活热水中微生物灭活效果

(a) 细菌总数；(b) 总大肠菌群；(c) HPC

消毒 10～60min 期间，0.20mg/L 银离子的细菌总数和 HPC 的灭活率增加趋势趋于平稳状态，但总大肠菌群的灭活率仍保持较快增长势态；0.10mg/L 银离子的细菌总数和总大肠菌群灭活率持续增加，细菌总数灭活率与 0.20mg/L 银离子的数值很接近；0.05mg/L 银离子的微生物灭活率也呈现不断增长的趋势，但增长速率一直比较缓慢，消毒时间达到 10min 时的细菌总数和总大肠菌群灭活率仅为 0.02lg 和 0.05lg，可见在银离子浓度满足《生活饮用水卫生标准》GB 5749—2006 限值时，其对管壁生物膜微生物的灭活效能不佳。

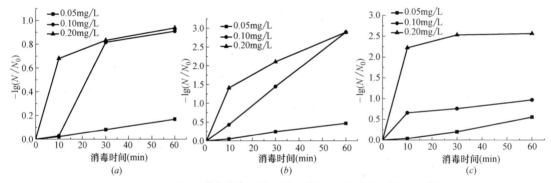

图 2.6-18　银离子冲击消毒对生活热水管壁生物膜微生物灭活效果

(a) 细菌总数；(b) 总大肠菌群；(c) HPC

　　由图 2.6-18 可以看出，银离子浓度对微生物灭活效果有很大影响，随着银离子浓度的增加，微生物灭活率不断提高，其中消毒 60min 时 0.20mg/L 银离子冲击消毒的细菌总数、总大肠菌群和 HPC 灭活率比 0.05mg/L 及 0.10mg/L 的灭活率分别提高了 0.77lg、2.43lg 和 2.01lg 以及 0.03lg、0.00lg 和 1.59lg，可见提高银离子浓度可以显著提高消毒效果。由图 2.6-18 可知，0.20mg/L 与 0.10mg/L 银离子均可使总大肠菌群在消毒 60min 时间内达到 2.89lg 的完全灭活程度，而 0.05mg/L 银离子对总大肠菌群的灭活程度较低，灭活率缓慢增加，灭活效果不佳。可见，保证足够的消毒时间和 CT 值是非常必要的。

　　3. 浊度变化特性

　　在进行银离子对管壁消毒时，取一定体积的水样进行浊度和 DOC 浓度的检测，来反映银离子冲击消毒对生物膜脱落情况的影响以及消毒对水中有机物的去除情况。投加银离子消毒剂后，管壁表面微生物被灭活，生物膜无法继续附着在管壁表面，导致生物膜脱落到水中，造成水的浊度升高。0.05mg/L、0.10mg/L 和 0.20mg/L 银离子冲击消毒管壁生物膜时其水的浊度变化如图 2.6-19 所示。可以看出，在消毒 0～10min 期间，0.05mg/L、0.10mg/L 和 0.20mg/L 银离子冲击消毒热水的浊度均迅速增加，在消毒10min 时分别由 0.575NTU、0.534NTU 和 0.625NTU 增加至 1.575NTU、2.075NTU和 2.745NTU，表明有大量的生物膜从管壁上脱落至水中。在消毒 10～60min 期间，浊度的增加趋势明显减缓，在消毒 60min 时水的浊度分别达到 2.182NTU、2.965NTU 和3.250NTU。0.20mg/L 银离子消毒后水的浊度在任何时候均大于 0.05mg/L 和 0.10mg/L 银离子消毒后的水，可见银离子浓度对生物膜结构的破坏以及脱落有较大的影响，0.20mg/L 银离子对生物膜的破坏程度大于 0.05mg/L 和 0.10mg/L 银离子，且银离子消毒对生物膜的破坏和脱落过程主要集中在消毒前期。

投加银离子消毒剂后，水中 DOC 值的变化情况如图 2.6-20 所示。由图可知，在刚开始投加银离子时，0.05mg/L、0.10mg/L 和 0.20mg/L 银离子水中 DOC 值均迅速增加，在消毒 10min 时分别由 0.471mg/L、0.549mg/L 和 0.525mg/L 增加至 1.585mg/L、1.850mg/L 和 2.134mg/L，管壁表面有大量的生物膜从管壁上脱落至水中。消毒 10min后，DOC 值开始降低，在消毒 60min 时，水中 DOC 值分别达到 0.684mg/L、0.625mg/L 和 0.714mg/L。由上可知，银离子灭活管壁上脱落的微生物，破坏细菌的结构，导致水中 DOC 值降低，水中微生物数量减少。

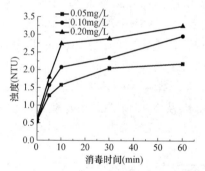

图 2.6-19　银离子冲击消毒对浊度的影响

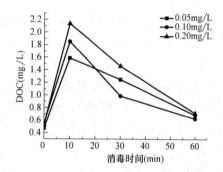

图 2.6-20　银离子冲击消毒对 DOC 的影响

2.6.5　复合冲击消毒的灭活效能与生物膜控制作用

本部分研究了银离子－热复合冲击消毒效果，在热冲击消毒的高温热水中投加一定含量的银离子，对生活热水管道的热水和管壁生物膜微生物进行冲击消毒效能研究，考察生物膜中的微生物种群特性，为生活热水系统的安全消毒方法提供技术支持。

1. 微生物灭活效果

采用 0.05mg/L、0.10mg/L 和 0.20mg/L 的银离子和 60℃ 热水进行复合冲击消毒，图 2.6-21 为银离子-热复合冲击消毒（60℃）的细菌总数、总大肠菌群和 HPC 灭活率。在消毒 0～10min 期间，银离子-热复合消毒的细菌总数、总大肠菌群和 HPC 的灭活率增加，银离子浓度越高，微生物灭活率增加越快；在消毒时间达到 10min 以后，HPC 的灭活率增加趋势呈现平稳状态，但是细菌总数和总大肠菌群的灭活率仍然持续增加。

银离子-热复合冲击消毒的微生物灭活率仍受银离子浓度影响，随着银离子浓度的增加，微生物灭活率不断提高。0.20mg/L 银离子-热复合冲击消毒 60min 时，细菌总数和 HPC 的灭活率分别比 0.05mg/L 及 0.10mg/L 的提高了 0.44lg 和 0.35lg 以及 1.30lg 和 0.94lg，可见提高银离子浓度可以改善消毒效果。可知，0.20mg/L 银离子可以使总大肠菌群在消毒 30min 时间内达到 2.89lg 的完全灭活，而 0.05mg/L 及 0.10mg/L 银离子则需要 60min 消毒时间才能达到完全灭活。

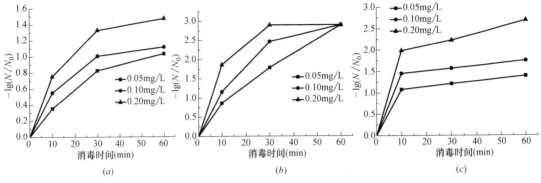

图 2.6-21 银离子-热复合冲击消毒（60℃）的微生物灭活效果
(*a*) 细菌总数；(*b*) 总大肠菌群；(*c*) HPC

采用 0.05mg/L、0.10mg/L 和 0.20mg/L 的银离子和 70℃热水进行复合冲击消毒，图 2.6-22 为银离子-热复合冲击消毒（70℃）的细菌总数、总大肠菌群和 HPC 灭活率。在消毒 0～10min 期间，银离子-热复合消毒的细菌总数、总大肠菌群和 HPC 的灭活率均迅速增加，银离子浓度越高，微生物灭活率增加越快；在消毒时间达到 10min 以后，微生物灭活率的增加趋势呈现平稳状态。在消毒 10min 时，0.05mg/L、0.10mg/L 和 0.20mg/L 银离子-热复合冲击消毒的细菌总数、总大肠菌群和 HPC 灭活率分别达到 0.66lg、1.22lg 和 1.59lg，1.31lg、1.51lg 和 2.89lg 以及 1.81lg、2.00lg 和 2.39lg，可见 10min 的消毒时间就可达到较好的消毒效果。

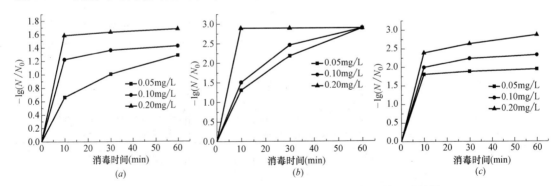

图 2.6-22 银离子-热复合冲击消毒（70℃）的微生物灭活效果
(*a*) 细菌总数；(*b*) 总大肠菌群；(*c*) HPC

60℃热冲击与 0.10mg/L 银离子复合消毒 60min 时，细菌总数、总大肠菌群和 HPC 的灭活率分别为 1.12lg、2.89lg 和 1.75lg，消毒效果均要好于单独的 70℃热冲击消毒。而 60℃热冲击与 0.05mg/L 银离子复合消毒 60min 时，虽然细菌总数、总大肠菌群和 HPC 的灭活率分别为 1.03lg、2.89lg 和 1.39lg，但管壁生物膜消毒效果均已达到《生活饮用水卫生标准》GB 5749—2006 的要求。由于 70℃ 水温已超过人体承受能力,极易发生烫伤事故,且热损耗量大,而 60℃ 热冲击与 0.05mg/L 银离子复合消毒 60min 时也具有很好的消毒效果,较低的热水温度可避免高温烫伤的隐患,同时 0.05mg/L 银离子浓度符合《生活饮用水卫生标准》GB 5749—2006 的限值,不影响生活热水的化学安全性,对管壁微生物具有良好的消毒效果,故可以考虑使用 60℃ 热冲击与 0.05mg/L 银离子复合消毒方式对生活热水管道系统进行定期的冲击消毒。

2. 生物膜菌群特征

对冲击消毒前、0.05mg/L 银离子冲击消毒 60min、60℃ 热冲击消毒 60min 以及 60℃ 热冲击与 0.05mg/L 银离子复合消毒 60min 后的生物膜菌群进行宏基因组 16s rDNA 测序分析,结果如图 2.6-23 和图 2.6-24 所示。

从门水平可以看出(见图 2.6-23),消毒前的生物膜中变形菌门所占比例最高为 60.11%,为此生物群落中的优势门类。厚壁菌门、拟杆菌门、浮霉菌门和异常球菌-栖热菌门所占比例较高,分别为 12.01%、8.16%、7.26% 和 5.45%;绿弯菌门、酸杆菌门、衣原体门、广古菌门和疣微菌门所占比例较低,分别为 2.23%、1.72%、1.15%、0.99% 和 0.92%。变形菌门是饮用水管壁生物膜中的主要门类,也是生活热水管壁生物膜中的主要门类,其中包含一些致病菌属比如军团菌和假单胞菌;异常球菌-栖热菌门也是数量较多的门类,包含一些嗜热菌,对环境有很强的适应性。

消毒后生物膜菌群的菌门比例发生了较大程度变化,如图 2.6-23 所示。银离子冲击消毒后,变形菌门和厚壁菌门的比例分别减少至 55.35% 和 8.41%,浮霉菌门的比例增加至 9.96%,其他菌门的比例没有较大变化。热冲击消毒后,变形菌门和厚壁菌门的比例分别减少至 51.88% 和 10.83%,拟杆菌门和浮霉菌门的比例分别增加至 10.15% 和 10.97%,其他菌门的比例没有较大变化。银离子-热复合冲击消毒后,浮霉菌门和异常球菌-栖热菌门的比例分别增加至 10.23% 和 11.67%,厚壁菌门和含有致病菌属如军团菌和假单胞菌的变形菌门的比例分别减少至 6.81% 和 51.09%。

可以看出,银离子冲击消毒、热冲击消毒和复合冲击消毒后变形菌门和厚壁菌门的比例明显减少,浮霉菌门和异常球菌-栖热菌门的比例增加,但优势菌门未改变。

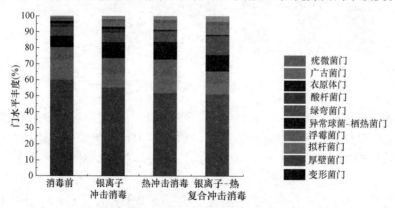

图 2.6-23 消毒前后生物膜菌群组成(门水平下)

从属水平可以看出(见图 2.6-24),消毒前的生物膜中新鞘氨醇菌比例最高为 18.51%,为优势菌属;*Terrimicrobium* 和鞘脂菌属所占比例较高,分别为 13.21% 和

10.90%；别尔纳普氏菌属、亚栖热菌属、甲基营养菌属、*Spartobacteria _ genera _ in-certae _ sedis* 和腐螺旋菌属所占比例较低，分别为 7.70%、7.69%、6.36%、5.86% 和 5.54%，其余各类菌属的比例均小于 5%，这些菌属大多数是淡水环境和饮用水系统中常见的菌属。新鞘氨醇菌属于变形菌门类，能够在寡营养环境中生长，是给水管道系统管壁生物膜中的优势菌属。亚栖热菌属属于异常球菌-栖热菌门类，是一种嗜热菌，可将硝酸盐还原为亚硝酸盐，在生活热水的管壁生物膜中广泛存在。同时，在管壁生物膜中还检测到了假单胞菌和军团菌等致病菌的存在。

消毒后生物膜菌群的菌属比例也发生了较大程度变化，如图 2.6-24 所示。银离子冲击消毒后，新鞘氨醇菌、*Terrimicrobium* 和鞘脂菌属的比例分别减少至 16.21%、12.89% 和 9.52%，亚栖热菌属和芽生杆菌属的比例分别由 7.69% 和 3.09% 增加至 11.24% 和 16.81%，其他菌属的比例没有发生较大变化。热冲击消毒后，新鞘氨醇菌、*Spartobacteria _ genera _ incertae _ sedis* 和腐螺旋菌属的比例分别减少至 15.12%、0.69% 和 0.35%，芽生杆菌属的比例由 3.09% 增加至 17.39%，变化最为明显。银离子-热复合冲击消毒后，新鞘氨醇菌和别尔纳普氏菌属的比例分别由 18.51% 和 7.70% 减少至 7.75% 和 2.33%，亚栖热菌属和芽生杆菌属的比例增加至 17.96% 和 19.26%。可以看出，消毒过程对新鞘氨醇菌和 *Terrimicrobium* 的灭活效果相对更明显，对亚栖热菌属和芽生杆菌属的灭活效果相对较差，消毒后的优势菌属变为芽生杆菌属、亚栖热菌属和鞘脂菌属，表明这 3 个菌属的抗消毒能力相对较强。银离子冲击消毒、热冲击消毒和复合冲击消毒后致病菌假单胞和军团菌比例均有所下降。

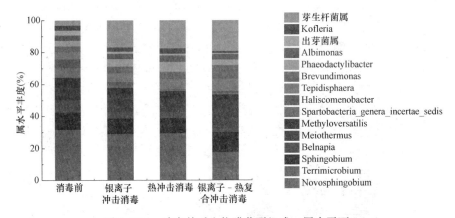

图 2.6-24　消毒前后生物膜菌群组成（属水平下）

假单胞菌是一种致病菌，可以形成具有"稳定效应"的生物膜，会大量附着在管壁并随着生物膜的脱落进入到生活热水中。消毒前假单胞菌在生物膜中的比例为 1.05%，银离子冲击消毒、热冲击消毒和复合冲击消毒后，假单胞菌的比例分别减少至 0.88%、0.72% 和 0.61%，如图 2.6-25 所示，说明消毒过程对假单胞菌有较好的灭活效果，其中复合冲击消毒效果最显著。在生物膜中检测到的军团菌比例为 0.21%，银离子冲击消毒、热冲击消毒和复合冲击消毒后，军团菌的比例分别减少至 0.11%、0.07% 和 0.06%（见图 2.6-25），说明消毒过程对军团菌有明显的灭活效果，其中热冲击消毒和复合冲击消毒的军团菌灭活程度相近，均明显好于银离子冲击消毒。

可见，经过银离子冲击消毒、热冲击消毒和复合冲击消毒后生活热水管壁微生物中的病原微生物比例均显著降低。

3. 生物膜表观形态特征

管壁出现微生物积累时，会形成斑片状表面结构的生物膜。图 2.6-26 为消毒前后生物膜表面结构（50.0μm）。可以看出，消毒前的生物膜结构致密，呈丝状和杆状结构的微生物不明显。银离子冲击消毒后，生物膜表面变得松散，出现一定程度的萎缩，生物膜中出现较多空隙，可看到明显的丝状和杆状结构的微生物。热冲击消毒后，生物膜变得更为松散，甚至可以看到管壁表面，出现更多丝状和杆状结构的微生物。银离子-热复合冲击消毒后，生

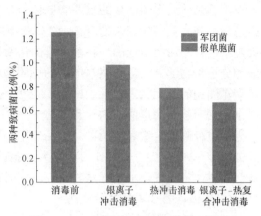

图 2.6-25　生物膜中两种致病菌比例变化

物膜萎缩程度更严重，管壁大量裸露，也出现大量丝状和杆状结构的微生物。从生物膜的表观形态来看，热冲击消毒和银离子冲击消毒都对生物膜产生了显著破坏，但两种消毒方法造成生物膜破坏的表观形态不同，热冲击消毒后生物膜的萎缩程度比银离子冲击消毒后的更显著。银离子-热复合冲击消毒造成的生物膜破坏程度更显著，生物膜严重萎缩，可见，银离子-热复合冲击消毒对管壁生物膜的破坏程度最大。

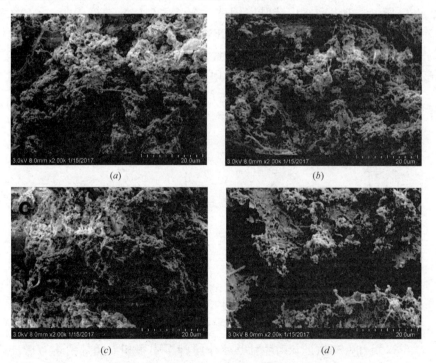

图 2.6-26　消毒前后生物膜表面结构（50.0μm）

(a) 消毒前；(b) 银离子冲击消毒后；

(c) 热冲击消毒后；(d) 银离子-热复合冲击消毒后

2.6.6　生活热水系统的军团菌灭活

军团菌是引起军团菌病的重要病原体，目前已知军团菌有 58 个种、3 个亚群、70 多个血清型，与人类疾病相关的有 24 种，是引起军团菌肺炎的主要病原菌。90％的军团菌肺炎是由嗜肺军团菌引起的。目前，军团菌常用的检测方法主要包括细菌培养法、免疫学方法和分子生物学方法。天然水体中的军团菌种类丰富，快速检测方法只能定性检测水中 LP1 型军团菌的有无状态，无法检测 LP2-14 型军团菌，无法满足定量检测需求；本研究选择细菌培养法作为军团菌的检测方法。

为了更准确地定量表征消毒对生活热水中以及管壁生物膜中的军团菌灭活效果，本研究选择嗜肺军团菌（ATCC33152）作为试验菌种，并将大肠杆菌（CICC10899）和细菌总数作为对比指标进行了消毒试验研究，同时每种试验条件都进行了平行试验。

1. 二次消毒的军团菌灭活特性

（1）二次加氯消毒的军团菌灭活效果

一般情况下，生活热水管道系统经过长时间运行后，都会存在一定量的管壁生物膜，热水中的微生物量要远低于生物膜中的微生物量。在日常稳定运行状态下，保持生活热水中的消毒剂余量可以较有效地杀灭和抑制热水中的微生物，对于控制生活热水管道系统的水质生物安全性是非常重要的，尽管对管壁生物膜生长和微生物的杀灭和控制作用可能会较弱。

本研究采用二次加氯消毒对生活热水中的嗜肺军团菌和大肠杆菌进行了灭活试验，结果如图 2.6-27 所示。消毒前水中嗜肺军团菌（ATCC33152）浓度为 1.3×10^2 CFU/mL，大肠杆菌（CICC10899）浓度为 1.73×10^2 CFU/mL；依据前述研究得到的二次加氯最佳投加量范围以及二次供水系统的余氯含量合理范围，同时结合饮用水国标的限制要求以及用户对龙头出水中氯气味道的关注程度，选用二次加氯消毒剂投加量为 0.1mg/L。

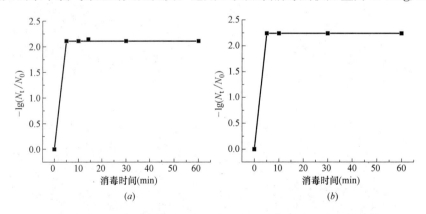

图 2.6-27　二次加氯对生活热水中嗜肺军团菌和大肠杆菌的灭活效果（日常稳定运行）

（a）嗜肺军团菌；（b）大肠杆菌

由图 2.6-27 可知，二次加氯对生活热水中嗜肺军团菌和大肠杆菌均有极佳的灭活效果。在 0.1mg/L 氯消毒 5min 时，水中嗜肺军团菌和大肠杆菌的灭活率分别达到了 2.11lg 和 2.24lg，均达到了完全灭活程度。在消毒 10～60min 期间，嗜肺军团菌和大肠杆菌的灭活率均保持稳定的完全灭活程度。

可以看到，当生活热水中嗜肺军团菌和大肠杆菌浓度较低时，二次加氯量很少就能够在很短的时间内（5min）快速、高效地杀灭嗜肺军团菌和大肠杆菌，有效解决病原微生物污染问题，充分保障了生活热水的生物安全性。

（2）银离子消毒的病原菌灭活效果

由于生活热水在热水管道系统中的水力停留时间较长，使得热水中的余氯含量会持续降低，在热水管道系统中会出现余氯明显降低的现象，极易造成余氯含量不达标、微生物出现再生长等的生物安全性问题。银离子消毒剂具有衰减速度慢、消毒作用稳定等特点，是生活热水系统保持生物安全性的重要消毒剂之一。本试验研究了二次投加银离子消毒剂对病原微生物的灭活效果。

采用银离子消毒剂对生活热水中的嗜肺军团菌和大肠杆菌进行了灭活试验研究。图 2.6-28 为银离子对生活热水中嗜肺军团菌和大肠杆菌的灭活效果，消毒前水中嗜肺军团菌（ATCC33152）浓度为 1.3×10^2 CFU/mL，大肠杆菌（CICC10899）浓度为 1.73×10^2 CFU/mL；依据前述研究得到的银离子最佳投加量以及饮用水国标的限制要求，选用 0.05mg/L 投加量的银离子。

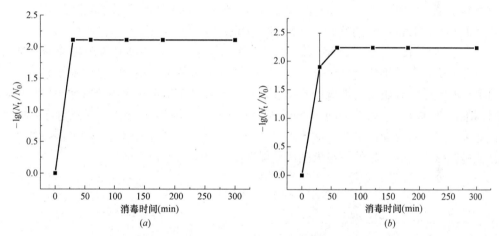

图 2.6-28　银离子对生活热水中嗜肺军团和大肠杆菌的灭活效果（日常稳定运行）
（a）嗜肺军团菌；（b）大肠杆菌

由图 2.6-28 可知，0.05mg/L 银离子对水中嗜肺军团菌和大肠杆菌均有极佳的灭活效果。可以看到，投加 0.05mg/L 银离子、消毒时间达到 30min 时，水中嗜肺军团菌的灭活率即可达到 2.11lg 的完全灭活程度；此时大肠杆菌的灭活率为 1.90lg，也接近完全灭活程度，仅相差 0.34lg。在消毒时间达到 60min 时，大肠杆菌也实现了完全灭活。可知，银离子对生活热水中较低浓度的嗜肺军团菌和大肠杆菌均有极佳的杀灭作用。

与二次加氯消毒的灭活效果相比，银离子对嗜肺军团菌和大肠杆菌的灭活速率较慢，但适当延长消毒时间仍可达到极好的消毒效果；生活热水的水力停留时间较长，能够保证银离子与嗜肺军团菌等病原微生物的必要接触时间；并且银离子在热水中几乎不衰减，这为银离子消毒在生活热水中的应用提供了有利条件。可见，在生活热水中补充投加适当浓度的银离子同样能够有效解决嗜肺军团菌污染问题。

（3）氯-银离子复合消毒的病原菌灭活效果

考虑到生活热水的水力停留时间长、水温高等特点，采用二次加氯消毒存在余氯衰减速度快的问题，无法保证整个热水管道系统的生物安全性，而银离子消毒需要较长的消毒接触时间，无法保证银离子在整个热水管道系统中都有足够的消毒接触时间。结合氯消毒和银离子消毒各自的特点，采用氯-银离子复合消毒方式对生活热水进行安全消毒，充分利用氯消毒和银离子消毒各自的特点进行优势互补，可以更有效地杀灭整个热水管道系统中的微生物。由于生活热水系统的补给水都是市政自来水或者二次供水，其中都会含有一定量的余氯，因此在进行加热后继续补充投加银离子消毒剂就可以形成氯-银离子复合消毒方式，也可以采用二次加氯与银离子投加相结合的方式。

本试验研究了同时二次加氯与银离子消毒剂的复合消毒方式对病原微生物的灭活效果。采用的二次加氯量为 0.1mg/L、银离子消毒剂投加量为 0.05mg/L，对水中低浓度的嗜肺军团菌和大肠杆菌进行灭活试验研究。图 2.6-29 为氯-银离子复合消毒对生活热水中嗜肺军团菌和大肠杆菌的灭活效果，消毒前水中嗜肺军团菌（ATCC33152）浓度为 1.3×10^2CFU/mL，大肠杆菌（CICC10899）浓度为 1.73×10^2CFU/mL。

由图 2.6-29 可知，氯-银离子复合消毒能够有效杀灭水中的嗜肺军团菌和大肠杆菌，并且对嗜肺军团菌的灭活效果好于大肠杆菌。复合消毒 5min 时，水中嗜肺军团菌的灭活率即达到了 2.11lg 的完全灭活程度；此时，大肠杆菌的灭活率为 1.90lg，与完全灭活相差 0.34lg；当复合消毒时间达到 60min 时，大肠杆菌也达到了完全灭活的程度。

从上述结果可以看出，尽管氯-银离子复合消毒对嗜肺军团菌和大肠杆菌的灭活效果与单一的加氯消毒效果相近，但复合消毒方式弥补了氯消毒和银离子消毒的缺陷，能够兼具氯消毒的高效性和银离子消毒的持续性，解决了余氯在生活热水中衰减速率较快、难以长时间维持 0.05mg/L 以上的问题，既可以快速杀灭生活热水的嗜肺军团菌等病原微生物，又可以在更长时间内维持生活热水中的消毒剂余量，更有效地避免和抑制嗜肺军团菌和其他病原微生物的再生长，最大限度地保证生活热水的生物安全性。

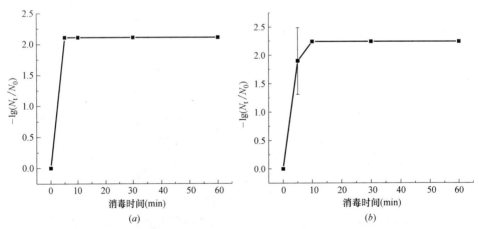

图 2.6-29　氯-银离子复合消毒对生活热水中嗜肺军团菌和大肠杆菌的灭活效果（日常稳定运行）
(a) 嗜肺军团菌；(b) 大肠杆菌

2. 氯消毒的嗜肺军团菌灭活特性

生活热水管道系统经过长期运行后管壁都会附着和繁殖一定量的微生物，形成管壁生物膜。一般情况下，生活热水中的微生物量会远低于生物膜中的微生物量。在突发污染、停水后再通水、水中含有大量气泡等非正常运行状态下，会造成热水中微生物浓度大幅度增加，或者由于管壁生物膜发生大量脱落造成水中微生物浓度显著增加等现象，此时需要对生活热水和热水管道系统采取清洗消毒或换水等措施。根据生活热水的微生物污染程度，可以采用持续补加消毒剂的二次消毒方式或者采用投加高浓度消毒剂的冲击消毒方式对生活热水系统中的微生物进行杀灭。本部分主要研究了二次消毒和冲击消毒方式对受到严重微生物污染的生活热水系统进行病原微生物杀灭的效果。

（1）二次加氯消毒对热水中病原菌灭活效果

根据前述二次加氯消毒的细菌总数、总大肠菌群和 HPC 灭活规律和最佳效果的研究结果，选取最优的 0.3mg/L 二次加氯量对生活热水中的嗜肺军团菌和大肠杆菌进行了灭活效果研究。图 2.6-30 为二次加氯对生活热水中嗜肺军团菌和大肠杆菌的灭活效果。消毒前水中嗜肺军团菌（ATCC33152）浓度为 2.69×10^4 CFU/mL，大肠杆菌（CICC 10899）浓度为 6.01×10^4 CFU/mL，以模拟生活热水发生微生物突发污染的水质状况。

由图 2.6-30（a）可知，0.3mg/L 氯对水中嗜肺军团菌有很好的灭活效果。在 0.3mg/L 氯消毒 5min 时，水中嗜肺军团菌的灭活率就已经达到了 4.43lg 的完全灭活程度。可以看到，生活热水中的悬浮态嗜肺军团菌可以被快速地完全杀灭，达到完全灭活所需要的消毒时间很短，说明常规的 0.3mg/L 二次加氯量既可极好地灭活生活热水中的高浓度嗜肺军团菌，也可以对突发污染状况下含有高浓度嗜肺军团菌的热水进行快速消毒，又可以对正常运行情况下含有低浓度嗜肺军团菌的生活热水水质进行有效控制。正常条件下生活热水中的嗜肺军团菌浓度很低，所以二次加氯能有效控制水中嗜肺军团菌的含量。可见，二次加氯是有效控制水中嗜肺军团菌含量的有效方法和措施。

由图 2.6-30（b）可知，0.3mg/L 氯对水中大肠杆菌的灭活效果不佳。0.3mg/L 氯消毒 60min 时，水中大肠杆菌的灭活率仅为 0.53lg。这可能是由于水中大肠杆菌的浓度过高，远高于 0.3mg/L 氯的杀菌能力。

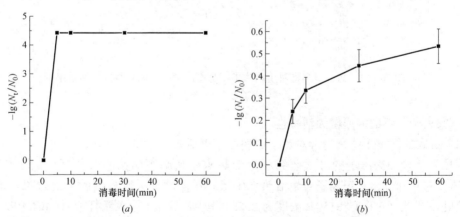

图 2.6-30 二次加氯对生活热水中嗜肺军团菌和大肠杆菌的灭活效果（严重微生物污染）
(a) 嗜肺军团菌；(b) 大肠杆菌

（2）氯冲击消毒对生物膜中病原菌灭活效果

根据前述加氯冲击消毒对细菌总数、总大肠菌群和 HPC 灭活规律和最佳效果的研究结果，选取最优的 3mg/L 氯冲击消毒对生物膜中嗜肺军团菌和细菌总数进行了灭活效果研究。图 2.6-31 为氯冲击消毒对生物膜中嗜肺军团菌和细菌总数的灭活效果，消毒前管壁生物膜中嗜肺军团菌（ATCC33152）浓度为 $1.21\times10^4\,CFU/cm^2$，细菌总数为 $3.12\times10^4\,CFU/cm^2$。

由图 2.6-31 为（a）可知，在 3mg/L 氯冲击消毒条件下，随着消毒时间的延长，嗜肺军团菌的灭活率不断上升。在冲击消毒 30min 时，3mg/L 氯对嗜肺军团菌的灭活效果不是很好，灭活率仅为 0.11lg；在冲击消毒 30～90min 期间，氯对嗜肺军团菌的灭活率呈缓慢增加的趋势，在冲击消毒 90min 时灭活率仅为 1.14lg；在冲击消毒 90～120min 期间，氯对嗜肺军团菌的灭活率呈显著增长的趋势，在冲击消毒 120min 时，嗜肺军团菌的灭活率达到了 4.1lg 的完全灭活效果。可以看到，无论水中还是生物膜中的嗜肺军团菌都可以通过加氯消毒进行非常有效地灭活，但充分的消毒时间十分必要。

由图 2.6-31（b）可知，3mg/L 氯冲击消毒对生物膜中细菌总数的灭活趋势与嗜肺军团菌基本相同，随着冲击消毒时间的延长，细菌总数灭活率不断上升。冲击消毒 30min 时，灭活率仅为 0.08lg；冲击消毒 60min 时，细菌总数灭活率升高至 0.17lg；冲击消毒 120min 时，细菌总数灭活率达到 0.19lg，距离完全灭活仍存在一定的差距。细菌总数包含多种微生物，对氯具有较强抗性的细菌不易被灭活，导致氯冲击消毒对细菌总数的灭活率低于嗜肺军团菌。

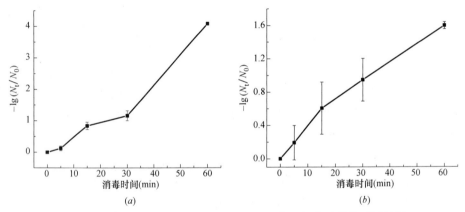

图 2.6-31　氯冲击消毒对生物膜中嗜肺军团菌和细菌总数的灭活效果
（a）嗜肺军团菌；（b）细菌总数

3. 银离子消毒的病原菌灭活特性

（1）二次加银离子持续消毒对热水中病原菌灭活效果

采用二次投加银离子的方式研究了生活热水中嗜肺军团菌和大肠杆菌的灭活效果。图 2.6-32 为 0.05mg/L 银离子对生活热水中嗜肺军团菌和大肠杆菌的灭活效果，消毒前水中嗜肺军团菌（ATCC33152）浓度为 $2.39\times10^4\,CFU/mL$，大肠杆菌（CICC10899）浓度为 $4.67\times10^4\,CFU/mL$。

在消毒 0～60min 期间，银离子对嗜肺军团菌的灭活率逐渐增大，灭活率在 0.007～0.05lg 之间。在消毒 60min 时，嗜肺军团菌灭活率达到了 0.05lg，随着消毒时间的继续延长，嗜肺军团菌的灭活率继续提高，说明银离子对嗜肺军团菌的消毒效果仍在继续。银离子消毒作用机理是银离子能与菌体中酶蛋白的巯基迅速结合，使得一些酶蛋白丧失活性，从而达到杀菌的目的。当菌体被银离子杀死后，有相当一部分银离子可从死亡菌体上游离出来，再与其他细菌接触继续灭活其他细菌，所以银离子杀菌效果较为持久。因此，随着消毒时间的延长，银离子对水中嗜肺军团菌的灭活率会逐渐提高。

银离子对大肠杆菌的灭活率远高于嗜肺军团菌，在消毒 30min 时，大肠杆菌灭活率达到了 1.15lg，比相同消毒时间的嗜肺军团菌灭活率高出 1.11lg；消毒 60min 时的大肠杆菌灭活率已达到了 1.30lg。可见，银离子对生活热水中的大肠杆菌具有更好的灭活效果。

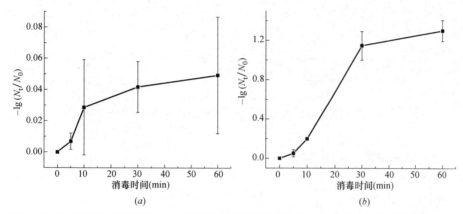

图 2.6-32　银离子对生活热水中嗜肺军团菌和大肠杆菌的灭活效果（严重微生物污染）

(*a*) 嗜肺军团菌；(*b*) 大肠杆菌

（2）银离子冲击消毒对生物膜中病原菌灭活效果

采用银离子对生物膜中的嗜肺军团菌和细菌总数进行了冲击消毒研究。图 2.6-33 为 0.2mg/L 银离子冲击消毒对生物膜中嗜肺军团菌和细菌总数的灭活效果，消毒前生物膜中嗜肺军团菌（ATCC33152）浓度为 3.70×10^4 CFU/cm^2，细菌总数为 2.93×10^4 CFU/cm^2。

在冲击消毒 0～10min 期间，银离子对嗜肺军团菌的灭活率迅速提高，冲击消毒 10min 时的嗜肺军团菌灭活率为 0.13lg，具有较好的灭活效果；冲击消毒 10～120min 期间，嗜肺军团菌灭活率的提高速度变缓，冲击消毒 120min 时的嗜肺军团菌灭活率仅达到 0.21lg。这可能是因为刚开始冲击消毒时，较高的银离子浓度对生物膜表面的嗜肺军团菌具有很好的灭活作用，但是由于管壁附着的生物膜较为致密，银离子较难接触到生物膜深处，导致银离子消毒对表面生物膜较为有效，而对生物膜内部的嗜肺军团菌的灭活率较差。因此，有必要对生活热水管道管壁生物膜进行定期消毒和灭活，避免形成致密生物膜。

银离子对生物膜中细菌总数的灭活效果与嗜肺军团菌的灭活情况类似，在冲击消毒 30min 时，细菌总数灭活率为 0.08lg；在冲击消毒 60min 时，细菌总数灭活率已达到 0.17lg；在冲击消毒 60～120min 期间，细菌总数灭活率的上升趋势明显减缓，冲击消毒 120min 时的细菌总数灭活率达到 0.19lg，略低于相同消毒时间的嗜肺军团菌灭活率。可见，银离子对生物膜中嗜肺军团菌和细菌总数的灭活效果都不佳，有必要延长冲击消毒时间或提高银离子投加浓度。

从上述结果可以看出，采用 0.2mg/L 银离子对生活热水系统进行冲击消毒时，在冲击消毒 120min 期间仍无法有效灭活生物膜中的嗜肺军团菌和细菌总数。继续延长冲击消毒时间可以在一定程度上提高嗜肺军团菌和细菌总数的灭活效果，但从总体效果来看，一方面是无法进行长时间的银离子冲击消毒，另一方面是长时间投加高浓度银离子可能会造

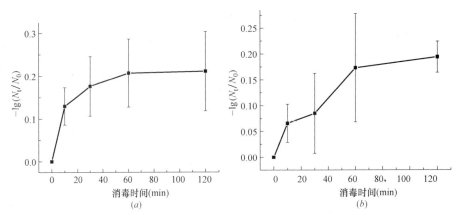

图 2.6-33   银离子冲击消毒对生物膜中嗜肺军团菌和细菌总数的灭活效果

(a) 嗜肺军团菌；(b) 细菌总数

成水质二次污染和银离子超标问题。

2.7 优质供水净化技术

近年来，饮用水水源水质不断恶化、污染物种类越来越多，《生活饮用水卫生标准》GB 5749—2006 也已全面实施，常规给水处理工艺经常不能满足饮用水水质标准，自来水厂普遍面临着处理工艺升级改造的问题，迫切需要采用深度处理工艺。建筑小区的供水水质也有提升水质的迫切需求，在市政给水系统的终端建立优质饮用水净化工艺的应用工程也呈快速增长趋势。

本研究以自来水厂出厂水和二次供水为试验进水，利用纳滤设备，采用浓水回流的方式，在产水率 90% 的条件下，研究了纳滤对浊度、COD_{Mn}、碱度、硬度、氯化物和硫酸盐的截留效果，以及产水率、离子强度和离子种类等条件对纳滤膜运行稳定性的影响，分析了膜污染变化特性，考察了化学清洗对纳滤膜的膜通量恢复效果。

2.7.1 纳滤的除污染效能

1. 浊度去除效能

纳滤的浊度去除效果如图 2.7-1 所示。可以看出，进水的平均浊度为 0.17NTU，纳滤出水的平均浊度为 0.07NTU，表明纳滤具有极佳的浊度去除效果，纳滤出水浊度几乎不受影响，远低于《生活饮用水卫生标准》GB 5749—2006 的限值要求。

2. 有机物去除效能

在操作压力 0.4~0.8MPa、浓水流量 20~40L/min、产水率 90% 的条件下，纳滤的 COD_{Mn} 去除效果如图 2.7-2 所示。可以看出，进水的 COD_{Mn} 平均含量为 1.50mg/L，纳滤出水的 COD_{Mn} 平均含量为 0.50mg/L，COD_{Mn} 平均去除率达 66.34%。可见，纳滤具有较好的有机物去除效果，纳滤出水的 COD_{Mn} 含量均低于 1.0mg/L。但是纳滤的有机物去除效果会受到进水有机物含量的影响，这主要是由于所用纳滤膜截留分子量为 200Da，几乎可以完全截留分子量大于 200Da 的有机物，对分子量小于 200Da 的有机物截留效果不佳，但纳滤膜具有电荷效能和吸附作用，对小分子有机物也会有一定的截留效果。

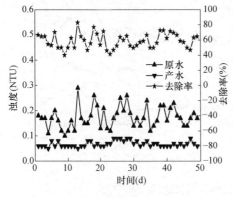

图 2.7-1 纳滤的浊度去除效果

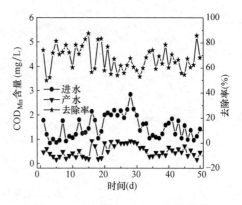

图 2.7-2 纳滤的 COD_{Mn} 去除效果

3. 碱度和硬度去除效能

碱度和硬度是评价饮用水水质的指标之一。在操作压力 0.4~0.8MPa、浓水流量 20~40L/min、产水率 90% 的条件下，纳滤的碱度和硬度去除效果如图 2.7-3 所示。进水的平均碱度和硬度分别为 58.97mg/L 和 82.38mg/L，纳滤出水的平均碱度和硬度分别为 3.94mg/L 和 2.48mg/L，平均去除率分别达 93.32% 和 96.99%，表明纳滤具有优良的碱度和硬度截留效果，这主要是由于纳滤膜的表面带有负电荷，截留污染物过程中存在电荷效应和道南效应，对于小于纳滤膜截留分子量的无机离子也有一定的截留效果。

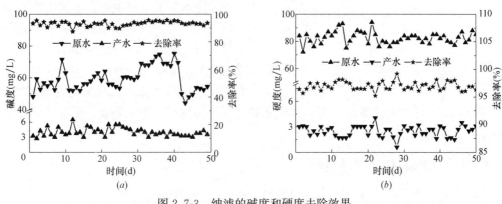

图 2.7-3 纳滤的碱度和硬度去除效果
(a) 碱度去除效果；(b) 硬度去除效果

4. 氯化物和硫酸盐去除效能

氯化物和硫酸盐是生活饮用水水质的重要指标。在操作压力 0.4~0.8MPa、浓水流量 20~40L/min、产水率 90% 的条件下，纳滤的氯化物和硫酸盐去除效果如图 2.7-4 所示。可以看出，纳滤进水及出水的氯化物和硫酸盐平均含量分别为 16.00mg/L 和 22.65mg/L 以及 0.53mg/L 和 0.48mg/L，平均去除率分别达 96.69% 和 97.88%，表明纳滤具有很好的氯化物和硫酸盐去除效果，并且纳滤的硫酸盐去除率高于氯化物，这主要是由于所用纳滤膜表面带有负电荷，对 Cl^- 和 SO_4^{2-} 产生排斥作用，阻碍离子到达膜表面透过纳滤膜，对带电粒子具有较好的截留效果，同时由于 SO_4^{2-} 是两价负电荷，更易被纳滤膜截留，因此纳滤膜对 SO_4^{2-} 的截留率较高。

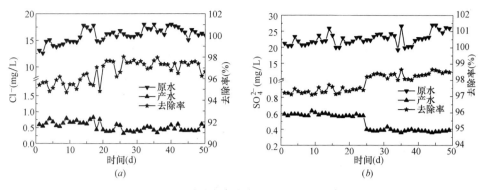

图 2.7-4　纳滤的氯化物和硫酸盐去除效果

（a）氯化物去除效果；（b）硫酸盐去除效果

　　不同氯化物浓度下纳滤的 Cl^- 去除效果如图 2.7-5 所示。随着纳滤进水的 Cl^- 浓度提高，纳滤出水的 Cl^- 含量也逐渐增加，当纳滤进水的 Cl^- 浓度分别为 18.1mg/L、36.4mg/L、

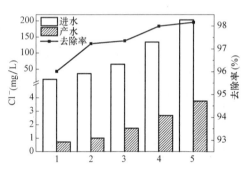

图 2.7-5　不同氯化物浓度下纳滤的 Cl^- 去除效果

65.4mg/L、134.5mg/L 和 203.5mg/L 时，纳滤出水的 Cl^- 浓度分别为 0.72mg/L、1.01mg/L、1.73mg/L、2.68mg/L 和 3.74mg/L，纳滤的 Cl^- 去除率逐渐增加，分别达 96.03%、97.23%、97.34%、97.99% 和 98.16%。这是因为纳滤进水的 Cl^- 浓度越高，纳滤膜表面浓差极化现象越严重，使得更多的 Cl^- 克服排斥阻力透过纳滤膜，导致纳滤出水的 Cl^- 含量增加。由于纳滤进水的 Cl^- 浓度增长速率大于出水，因此 Cl^- 去除率是逐渐增大的。

这表明当纳滤进水中 Cl^- 浓度升高时，纳滤膜仍有很高的 Cl^- 去除效能，可有效应对饮用水突发污染现象。

2.7.2　纳滤的溶解性有机物去除特性

　　采用纳滤静态试验装置考察了纳滤膜对有机物的去除特性。

　　1. 常规有机物去除效能

　　在操作压力 0.42MPa、产水率（出水与浓水比值）80%～90% 的条件下，纳滤对常规有机物的去除效果如图 2.7-6 所示。可以看出，纳滤进水的 UV_{254}、COD_{Mn} 和 DOC 平均值分别为 $0.013cm^{-1}$、1.837mg/L 和 2.224mg/L，UV_{254}、COD_{Mn} 和 DOC 的平均去除率分别为 72.5%、58.93% 和 61.17%，表明纳滤膜对各类有机物均有很好的去除效果，这主要是由于纳滤膜对大于截留分子量的有机物几乎能全部去除，小于其截留分子量的有机物也有一定的去除效果，与有机物的粒径、离子电荷和膜的亲疏水性等有关。从图 2.7-6 可以明显看出，纳滤出水的 UV_{254}、COD_{Mn} 和 DOC 平均值分别为 $0.004cm^{-1}$、0.754mg/L 和 0.864mg/L，大幅度提高了生活饮用水的化学安全性。

　　2. 亲疏水性有机物去除效能

　　纳滤对亲疏水性有机物的去除效果如图 2.7-7 所示。可以看出，纳滤进水的 TOC 含量为 2.01mg/L,其中疏水性有机物、亲水性有机物和中性有机物含量分别为 1.072mg/L、0.849mg/L 和 0.089mg/L,所占比例分别为 53.33%、42.24% 和 4.43%。纳滤出水的各类有机物含量均有所下降,但下降幅度不同,纳滤出水的 TOC 为 0.848mg/L,去除率为 57.81%,其中疏水性有机物、中性有机物、亲水性有机物浓度分别为 0.359mg/L、0.027mg/L 和 0.462mg/L,去除率分别为 66.51%、69.66% 和 45.58%,表明纳滤对中性有机物和疏水性有机物截留效果较好,对亲水性有机物截留效果较差。

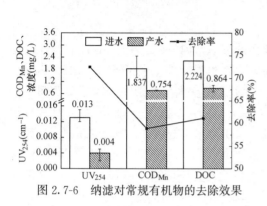
图 2.7-6 纳滤对常规有机物的去除效果

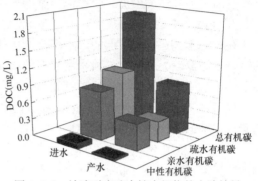
图 2.7-7 纳滤对亲疏水性有机物的去除效果

3. 有机物荧光特性去除效能

对纳滤进出水的有机物荧光特性进行了检测分析,纳滤对腐殖酸、蛋白质等不同种类有机物的去除效果如图 2.7-8 所示。可以看出,进水的三维荧光光谱(EEM)主要存在以 A 峰、C 峰和 T1 峰为主要吸收峰的腐殖酸类有机物和蛋白质类有机物,经过纳滤膜截留后,出水中 A 峰、C 峰和 T1 峰荧光物质强度均有明显降低,但是出水中 T1 峰荧光物质强度最大,A 峰和 C 峰荧光强度基本消失。这表明纳滤膜能高效截留水中的溶解性有机物,对腐殖酸类物质截留效果最佳,对 T1 峰代表的蛋白质类物质截留效果次之。

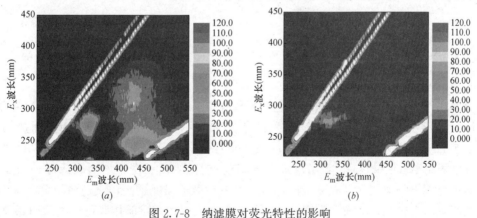
图 2.7-8 纳滤膜对荧光特性的影响
(a) 进水;(b) 出水

2.7.3 膜污染及影响因素

1. 纳滤运行稳定性

纳滤工艺运行过程中的主要问题是膜污染,在操作压力 0.5MPa、浓水流量 30L/min 工况下,采用纳滤动态试验装置,通过分析纳滤工艺运行过程中膜通量的变化,考察了纳滤工艺的运行稳定性。为消除水温的影响，对膜通量进行了校正，如图 2.7-9 所示。可以看出，随着纳滤工艺产水量的增加，膜通量逐渐降低，当产水量累加到 $100m^3$ 时，膜通量由初始的 $36.37L/(m^2 \cdot h)$ 降低至 $32.36L/(m^2 \cdot h)$，总体表现为纳滤工艺运行初期膜通量衰减较慢。随着纳滤工艺运行时间的增长，膜通量衰减速率呈增加趋势。这主要是由于纳滤工艺运行初期，膜表面较光滑，在错流过滤的情况下，污染物不易聚集在膜表面堵塞膜孔，但是随着纳滤工艺运行时间的增长，膜表面吸附的污染物逐渐增多，堵塞膜孔，导致膜通量下降速率增加，膜污染速率增大。

2. 产水率对膜污染的影响

在纳滤工艺运行中较低的产水率会产生较多的废水，但是产水率较高可能会对纳滤膜的运行效能有较大影响。试验采用静态纳滤装置，在水温 22℃、操作压力 0.42MPa 的条件下，产水率对纳滤膜通量的影响如图 2.7-10 所示。在产水率分别为 50%、70% 和 90% 的工况下，纳滤膜连续运行 180min 后，膜比通量分别降至 0.954、0.923 和 0.913，表明随着产水率的增加，膜通量衰减加剧。这主要是由于产水率的增加会加剧浓差极化层的形成，导致膜表面渗透压增加，过膜压力降低，膜通量下降。从图 2.7-10 还可以看出，在纳滤装置运行前 40min 膜通量下降速率较快，之后膜通量下降速率减慢，最后基本稳定。因此在实际工程中，降低单根膜柱的产水率，可以有效缓解膜污染。

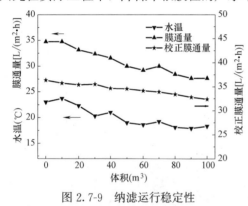

图 2.7-9   纳滤运行稳定性   图 2.7-10   产水率对膜通量的影响

3. 阳离子对膜污染的影响

分别添加适量 $NaCl$ 和 $CaCl_2$ 使得电导率为 $600\mu S/cm$，采用纳滤静态试验装置，在操作压力 0.42MPa、产水率 80%～90% 的条件下，离子强度及离子种类对膜通量的影响如图 2.7-11 所示。可以看出，离子强度及离子种类对膜通量影响效果不同，不添加无机盐和分别添加 $NaCl$ 和 $CaCl_2$ 调节溶液电导率至 $600\mu S/cm$ 工况下，纳滤运行 180min 后，膜比通量分别下降至 0.94、0.91 和 0.89。这表明离子强度越高，膜通量下降速率越快，并且阳离子价态越高，膜通量下降速率越快。这主要是由于试验用膜为负电荷纳滤膜，离子强度增加，导致了膜表面负电荷降低，膜孔间斥力降低，膜孔收缩，孔径减小，引起膜通量降低。同时 Ca^{2+} 易在膜表面发生吸附聚集，堵塞膜孔，加剧浓差极化现象，造成膜污染加剧，导致膜通量降低。

2.7.4   化学清洗效果

纳滤膜对污染物具有很好的截留效果，同时不可避免地会造成膜污染，因此需采用适当的化学药剂及清洗方式，对受污染纳滤膜进行化学清洗，使膜通量尽量恢复到初始水平。

根据纳滤工艺的运行特点，纳滤膜进行化学清洗时一般采用低流量输入清洗液—循环—浸泡—高流量水泵循环—冲洗的化学清洗方式。低流量输入清洗液是启动装置反洗模式，采用水泵将化学清洗液输入膜组件内，压力低至不明显产生渗透水，最大限度地减轻污垢进一步沉积在膜表面；循环是将原水全部置换成化学循环液，并将清洗液回流至清洗水箱保证清洗液温度恒定；浸泡即停止清洗泵的运行，将膜元件全部浸泡至清洗液内；高流量水泵循环即浸泡结束后开启高流量水泵，对膜组件进行冲洗，从而冲洗掉浸泡下来的污染物；冲洗即将污染物冲洗干净后用预处理合格的水冲洗系统内的清洗液，直至进出水 pH 值稳定。

根据纳滤工艺运行过程中的膜污染问题，分别采用 1.0％柠檬酸、0.1％NaOH、1.0％柠檬酸＋0.1％NaOH 和 0.1％NaOH＋1.0％柠檬酸 4 种方式对纳滤膜进行化学清洗，考察了不同化学药剂对膜通量的恢复效果，结果如图 2.7-12 所示。可以看出，不同种类化学药剂对膜污染具有不同的清洗效果，采用柠檬酸或 NaOH 单一药剂时清洗效果较差，膜通量恢复率较低，恢复率分别为 60.00％和 73.68％。采用柠檬酸和 NaOH 先后浸泡清洗时清洗效果较好，膜通量恢复率分别达 97.00％和 98.85％。可见，采用酸碱药剂先后清洗具有较好的清洗效果，可使膜通量基本恢复到初始水平。这主要是由于不同化学药剂对不同污染物清洗效果具有差异，因此可以根据不同的污染类型采用不同的清洗药剂及清洗方式。

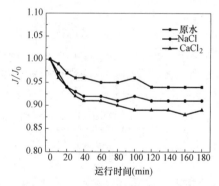

图 2.7-11　阳离子对膜通量的影响

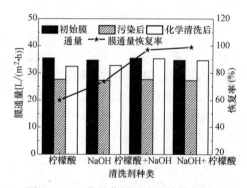

图 2.7-12　化学药剂对清洗效果的影响

2.7.5　优质饮用水净化技术应用

某市现有 2 套优质饮用水工艺相继投产运行，一套是纳滤组合工艺，另一套是超滤-纳滤双膜工艺。本部分以该市优质饮用水工程为研究对象，考察了 2 套优质饮用水工艺的运行效能及运行稳定性，为纳滤技术在我国水厂中的应用提供技术支持。

1. 纳滤组合工艺应用

根据当地水质的特点，在小区管网改造过程中建立小区优质饮用水工程，该工程以市政管网水为进水，经过活性炭吸附后进入纳滤膜装置，纳滤工艺采用 3 级过滤运行方式，采用变频恒压供水系统，为居民提供优质饮用水。

（1）浊度去除效果

纳滤组合工艺的浊度去除效果如图 2.7-13 所示。可以看出，进水平均浊度为

0.38NTU，工艺出水平均浊度为 0.10NTU，平均去除率为 66.06％，出水浊度远小于《生活饮用水卫生标准》GB 5749—2006 的限值要求，表明该工艺具有很好的浊度去除效果。

（2）有机物去除效果

该工程长期运行过程中的有机物去除效果如图 2.7-14 所示。进水 COD_{Mn} 平均含量为 2.05mg/L，工艺出水 COD_{Mn} 平均含量为 0.40mg/L，平均去除率为 78.96％。表明该工艺可有效降低有机物含量。

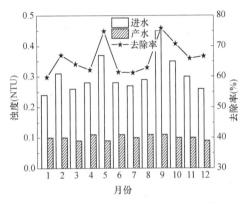

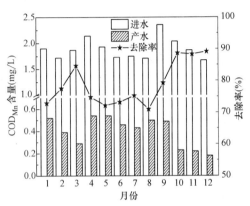

图 2.7-13　纳滤组合工艺的浊度去除效果　　　　图 2.7-14　纳滤组合工艺的有机物去除效果

（3）无机离子去除效果

纳滤组合工艺的无机离子去除效果如表 2.7-1 所示。进水中总硬度、氯化物、硫酸盐和硝酸盐氮平均含量分别为 272.7mg/L、148.9mg/L、186.0mg/L 和 1.78mg/L，均满足饮用水要求，但是含量相对较高，个别指标不能满足直饮水的要求，我国现行行业标准《饮用净水水质标准》CJ 94—2005 规定氯化物和硫酸盐不大于 100mg/L。工艺出水中总硬度、氯化物、硫酸盐和硝酸盐氮平均含量分别为 7.04mg/L、16.54mg/L、2.84mg/L 和 0.48mg/L，平均去除率分别为 97.33％、88.84％、98.47％和 72.84％，含量远小于《饮用净水水质标准》CJ 94—2005 的限值要求。

纳滤组合工艺的无机离子去除效果　　　　　　　　表 2.7-1

项目	进水（自来水）(mg/L)	工艺出水(mg/L)	去除率(%)
总硬度	224~344	5.4~8.3	96.39~98.60
氯化物	137.2~155.3	11.3~19.2	87.41~92.58
硫酸盐	161.5~218.4	2.0~3.9	97.94~98.95
硝酸盐氮	1.13~2.60	0.30~0.70	65.00~87.33

2. 超滤-纳滤双膜工艺应用

某市以地下水为原水，建设了优质饮用水工程，以超滤-纳滤双膜工艺为核心单元，地下水经过活性炭—超滤—纳滤处理工艺，纳滤单元采用 2 级过滤方式，纳滤出水与部分超滤产水混合后通过新建的直饮水管网输送到居民小区。

（1）浊度去除效果

超滤-纳滤双膜工艺的浊度去除效果如图 2.7-15 所示。进水平均浊度为 0.98NTU，工艺出水平均浊度为 0.13NTU，平均去除率为 72.06%，表明长期运行过程中该工艺具有很好的浊度去除效果。

（2）有机物去除效果

该工程长期运行过程中的有机物去除效果如图 2.7-16 所示。进水的 COD_{Mn} 平均含量为 0.88mg/L，工艺出水的 COD_{Mn} 平均含量为 0.30mg/L，平均去除率为 57.04%，有机物含量处于较低水平，表明超滤-纳滤双膜工艺可以有效降低饮用水中有机物含量。但有机物去除率相对较低，这主要是由于地下水中有机物含量很低，使得纳滤膜的有机物去除效果也降低。

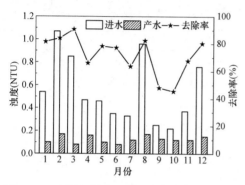

图 2.7-15　超滤-纳滤双膜工艺的浊度去除效果　　图 2.7-16　超滤-纳滤双膜工艺的有机物去除效果

（3）无机离子去除效果

超滤-纳滤双膜工艺的无机离子去除效果如表 2.7-2 所示。进水中总硬度、氯化物、硫酸盐和硝酸盐氮平均含量分别为 240.1mg/L、16.1mg/L、53.2mg/L 和 1.45mg/L，工艺出水中总硬度、氯化物、硫酸盐和硝酸盐氮平均含量分别为 53.68mg/L、4.02mg/L、10.45mg/L 和 0.32mg/L，平均去除率分别为 77.44%、75.00%、80.23% 和 74.61%，含量远小于《饮用净水水质标准》CJ 94—2005 的限值要求，表明该工艺可有效降低饮用水的无机离子含量。

超滤-纳滤双膜工艺的无机离子去除效果　　　　　　　表 2.7-2

项目	进水（mg/L）	工艺出水（mg/L）	去除率（%）
总硬度	207～308	48.0～64.5	74.10～81.02
氯化物	14.2～18.5	3.51～4.53	71.51～77.06
硫酸盐	44.1～61.3	9.6～11.8	74.10～81.02
硝酸盐氮	0.8～1.2	0.20～0.27	69.25～75.20

2.8　管道直饮水系统

党的十九大以来，我国社会主要矛盾已经转化为人民日益增长的美好生活需要和不平衡不充分的发展之间的矛盾。自来水输配水管网及二次供水设施中水质难以得到保障，各种水质污染时有发生，严重影响了人们的身体健康。随着人们生活水平的提高，人们对管道直饮水的需求日益突出，各项大型活动场馆、重要公共建筑、高档住宅小区、酒店等都有管道直饮水系统的设置。从工程建设的角度讲，管道直饮水系统是为人们提供优质饮用水的主要方式。现将管道直饮水系统的设计及水质保障措施等内容介绍如下：

2.8.1 管道直饮水水量

最高日直饮水定额根据建筑性质和地区条件不同综合确定，如表 2.8-1 所示。对于综合体建筑，应根据设置直饮水系统的建筑性质分别确定直饮水水量和总处理水量。

最高日直饮水用水定额 q_d 表 2.8-1

用水场所	单位	最高日直饮水用水定额
住宅楼、公寓	L/(人·日)	2.0～2.5
办公楼	L/(人·班)	1.0～2.0
教学楼	L/(人·日)	1.0～2.0
旅 馆	L/(床·日)	2.0～3.0
医 院	L/(床·日)	2.0～3.0
体育场馆	L/(观众·场)	0.2
会展中心(博物馆、展览馆)	L/(人·日)	0.4
航站楼、火车站、客运站	L/(人·日)	0.2～0.4

注：1. 本表中定额仅为饮用水量；
    2. 经济发达地区的居民住宅楼可提高至 4～5L/(人·日)；
    3. 最高日直饮水用水定额亦可根据用户要求确定；
    4. 表中数据引自《建筑与小区管道直饮水系统技术规程》CJJ/T 110—2017。

2.8.2 管道直饮水水质

管道直饮水系统原水水质应符合现行国家标准《生活饮用水卫生标准》GB 5749—2006 的相关规定；管道直饮水系统用户端水质应符合国家现行行业标准《饮用净水水质标准》CJ 94—2005 的相关规定，如表 2.8-2 和表 2.8-3 所示。

饮用净水水质指标及限值 表 2.8-2

项目		限值
感官性状指标	色度(铂钴色度单位)	≤5
	浑浊度(散射浑浊度单位)(NTU)	≤0.3
	臭和味	无异臭异味
	肉眼可见物	无
一般化学指标	pH 值	6.5～8.5(当采用反渗透工艺时 6.0～8.5)
	总硬度(以 $CaCO_3$ 计)(mg/L)	≤200
	铁(mg/L)	≤0.20
	锰(mg/L)	≤0.05
	铜(mg/L)	≤1.0
	锌(mg/L)	≤1.0
	铝(mg/L)	≤0.05
	阴离子合成洗涤剂(mg/L)	≤0.20
	硫酸盐(mg/L)	≤100

续表

项目		限值
一般化学指标	氯化物(mg/L)	≤100
	溶解性总固体(mg/L)	≤300
	总有机碳(TOC)(mg/L)	≤1.0
	耗氧量(COD$_{Mn}$,以O$_2$计)(mg/L)	≤2.0
毒理指标	氟化物(mg/L)	≤1.0
	硝酸盐(以N计)(mg/L)	≤10
	砷(mg/L)	≤0.01
	硒(mg/L)	≤0.01
	汞(mg/L)	≤0.001
	镉(mg/L)	≤0.003
	铬(六价)(mg/L)	≤0.05
	铅(mg/L)	≤0.01
	银(采用载银活性炭时测定)(mg/L)	≤0.05
	三氯甲烷(mg/L)	≤0.03
	四氯化碳(mg/L)	≤0.002
	亚氯酸盐(采用ClO$_2$消毒时测定)(mg/L)	≤0.70
	氯酸盐(采用复合ClO$_2$消毒时测定)(mg/L)	≤0.70
	溴酸盐(采用O$_3$消毒时测定)(mg/L)	≤0.01
	甲醛(采用O$_3$消毒时测定)(mg/L)	≤0.9
微生物指标	菌落总数(CFU/mL)	≤50
	异养菌数*(CFU/mL)	≤100
	总大肠菌群(MPN/100mL或CFU/100mL)	不得检出
	耐热大肠菌群(MPN/100mL或CFU/100mL)	不得检出
	大肠埃希氏菌(MPN/100mL或CFU/100mL)	不得检出

注：1. * 为试行标准；

2. 总有机碳（TOC）与耗氧量（COD$_{Mn}$，以O$_2$计）两项指标可选测一项；

3. 当水样检出总大肠菌群时，应进一步检测大肠埃希氏菌或耐热大肠菌群；若水样未检出总大肠菌群，则不必检验大肠埃希氏菌或耐热大肠菌群。

消毒剂余量要求   表 2.8-3

消毒剂指标	管网末梢水中余量
游离性余氯(mg/L)	≥0.01
臭氧(采用O$_3$消毒时测定)(mg/L)	≥0.01
二氧化氯(采用ClO$_2$消毒时测定)(mg/L)	≥0.01

注：表中数据引自《饮用净水水质标准》CJ 94—2005。

管道直饮水系统需要具备同程式循环管网，并配备消毒措施，宜进行水质在线监测，确保出水水质安全。为保证直饮水水质，在管路设计上需按照《建筑与小区管道直饮水系统技术规程》CJJ/T 110—2017 的要求采取一些措施，例如：不循环支管长度不宜大于

6m；三个及以上水嘴串联供水时宜采用局部环路双向供水；管道不应靠近热源敷设等。

2.8.3 管道直饮水水压要求

管道直饮水系统对于不同类型建筑及不同功能区域的水嘴压力要求略有差别。住宅各分区最低饮水嘴处的静水压力不宜大于 0.35MPa；办公楼各分区最低饮水嘴处的静水压力不宜大于 0.40MPa；其他类型建筑的分区静水压力控制值可根据建筑性质、高度、供水范围等因素，参考住宅、办公楼的分区压力要求确定。

2.8.4 管道直饮水供应系统选用原则

不同类型建筑应根据其体量、使用性质、楼栋分布等多种要求综合考虑系统形式的选择，选择类型可参照表 2.8-4。

直饮水供应系统建议选型表　　　　　　　　　　　　　　　表 2.8-4

按直饮水管网循环控制分类	全日循环直饮水供应系统	基本形式
	定时循环直饮水供应系统	
按直饮水管网布置图式分类	下供上回式直饮水供应系统	
	上供下回式直饮水供应系统	
按小区直饮水供应系统建筑高度分类	多层建筑直饮水供应系统	组合形式
	多、高层建筑直饮水供应系统	
按直饮水供应系统供水方式分类	加压式直饮水供应系统	
	重力式直饮水供应系统	
按直饮水供水系统分区方式分类	净水机房集中设置的直饮水供应系统	
	净水机房分散设置的直饮水供应系统	

为了保证管网内水质，管道直饮水系统应设置循环管，供、回水管网应设计为同程式。管道直饮水重力式供水系统建议采用定时循环，并设置循环水泵；管道直饮水加压式供水系统（供水泵兼作循环水泵）可采用定时循环，也可采用全日循环，并设置循环流量控制装置。建筑小区内各建筑循环管可接至小区循环管上，此时应采取安装流量平衡阀等限流或保证同阻的措施。

为保证循环效果，建议建筑物内高、低区供水管网的回水分别回流至净水机房；因受条件限制，回水管需连接至同一循环回水干管时，高区回水管上应设置减压稳压阀，使高、低区回水管的压力平衡，以保证系统正常循环。

小区管道直饮水系统回水可回流至净水箱或原水箱，单栋建筑可回流至净水箱。回流到净水箱时，应加强消毒，或设置精密过滤器与消毒。净水机房内循环回水管末端的压力控制应考虑下列因素：应控制回水管的出水压力；根据工程情况，可设置调压装置（即减压阀）；进入净水箱时，还应满足消毒装置和过滤器的工作压力。

直饮水在供、回水管网中的停留时间不应超过 12h。定时循环系统可采用时间控制器控制循环水泵在系统用水量少时运行，每天至少循环 2 次。

2.8.5 管道直饮水处理工艺

（1）确定水处理工艺时应该注意的问题

1）确定工艺流程前，应进行原水水质的收集和校对，原水水质分析资料是确定直饮水制备工艺流程的一项重要资料。应视原水水质情况和用户对水质的要求，考虑到水质安全性和对人体健康的潜在危险，应有针对性地选择工艺流程，以满足直饮水卫生安全的要求。

2）不同水源经常规处理工艺的水厂出水水质又不相同，所以居住小区和建筑管道直饮水处理工艺流程的选择，一定要根据原水的水质情况来确定。不同的处理技术有不同的水质适用条件，而且造价、能耗、水的利用率、运行管理的要求等亦不相同。

3）选择合理工艺，经济高效地去除不同污染物是工艺选择的目的。处理后的管道直饮水水质除符合《饮用净水水质标准》CJ 94—2005 外，还需满足健康的要求，既去除水中的有害物质，亦应保留对人体有益的成分和微量元素。

（2）管道直饮水系统因水量小、水质要求高，通常使用膜分离法。目前膜处理技术分类如下：

1）微滤（MF）

微滤膜的结构为筛网型，孔径范围在 $0.1\sim1\mu m$，因而微滤过程满足筛分机理，可去除 $0.1\sim10\mu m$ 的物质及尺寸大小相近的其他杂质，如悬浮物（浑浊度）、细菌、藻类等。操作压力一般小于 0.3MPa，典型操作压力为 $0.01\sim0.2$MPa。

2）超滤（UF）

超滤膜介于微滤膜与纳滤膜之间，且三者之间无明显的分界线。一般来说，超滤膜的截留分子量在 $500\sim1000000$Da，而相应的孔径在 $0.01\sim0.1\mu m$ 之间，这时的渗透压很小，可以忽略。因而超滤膜的操作压力较小，一般为 $0.2\sim0.4$MPa，主要用于截留去除水中的悬浮物、胶体、微粒、细菌和病毒等大分子物质。因此超滤过程除了物理筛分作用以外，还应考虑这些物质与膜材料之间的相互作用所产生的物化影响。

3）纳滤（NF）

纳滤膜是 20 世纪 80 年代末发展起来的新型膜技术。通常，纳滤的特性包括以下六个方面：

① 介于反渗透与超滤之间；

② 孔径在 1nm 左右，一般为 $1\sim2$nm；

③ 截留分子量在 $200\sim1000$Da；

④ 膜材料可采用多种材质，如醋酸纤维素、醋酸－三醋酸纤维素、磺化聚砜、磺化聚醚砜、芳香聚酰胺复合材料和无机材料等；

⑤ 一般膜表面带负电；

⑥ 对氯化钠的截留率小于 90%。

2.8.6　管道直饮水计量

应根据建筑性质细分直饮水系统计量，有条件的情况下宜采用分级计量作为检漏的重要手段。当计量水表数量较多且位置分散时，宜优先采用远传型直饮水专用水表。

因管道直饮水系统设有循环回水管，总计量水表应在供水管和回水管上分别设置，计量值取两者的差值。

2.8.7　管材及附配件选用

（1）管材

管材是直饮水系统的重要组成部分之一，对水质卫生、系统安全运行起着重要的作用。在工程设计中应选用优质、耐腐蚀、抑制细菌繁殖、连接牢固可靠的管材。

1）管材选用应符合现行国家标准的规定。管道、管件的工作压力不得大于产品标准标称的允许工作压力。

2）管材应选用不锈钢管、铜管等符合食品级卫生要求的优质管材。

3）系统中宜采用与管道同种材质的管件。

4）选用不锈钢管时，应注意所选型号耐水中氯离子浓度的能力，以免造成腐蚀，条件许可时，材质宜采用 0Cr17Ni12Mo2（316）或 00Cr17Ni14Mo2（316L）。

5）当采用反渗透工艺时，因出水 pH 值可能小于 6，会对铜管造成腐蚀，所以反渗透工艺不建议使用铜管。另外，从直饮水管道系统考虑，管网和管道中的水流要求有较高流速，则铜管内流速应限制在允许范围之内。

6）无论是不锈钢管还是铜管，均应达到现行国家标准《生活饮用水输配水设备及防护材料的安全性评价标准》GB/T 17219—1998 的要求。

（2）附配件

管道直饮水系统的附配件包括：直饮水专用水嘴、直饮水表、自动排气阀、流量平衡阀、限流阀、持压阀、空气呼吸器、减压阀、截止阀、闸阀等。材质宜与管道材质一致，并应达到现行国家标准《生活饮用水输配水设备及防护材料的安全性评价标准》GB/T 17219—1998 的要求。

1）直饮水专用水嘴

材质为不锈钢，额定流量宜为 0.04～0.06L/s，工作压力不小于 0.03MPa，规格为 $DN10$。

直饮水专用水嘴根据操作形式分为普通型、拨动型及监测型（进口产品）三类产品。

2）直饮水表

材质为不锈钢，计量精度等级按最小流量和分界流量分为 C、D 两个等级，水平安装为 D 级、非水平安装不低于 C 级标准，内部带有防止回流装置，并应符合国家现行标准《饮用净水水表》CJ/T 241—2007 的规定。规格为 $DN8$～$DN40$，可采用普通、远传或 IC 卡直饮水表。

3）自动排气阀

对于设有直饮水表的工程，为保证计量准确，应在系统及各分区最高点设置自动排气阀，排气阀处应有滤菌、防尘装置，避免直饮水遭受污染。

4）流量控制阀

也称作流量平衡阀，常在暖通专业的供暖和空调系统中使用，目的是保证系统各环路循环，消除因系统管网不合理导致的循环短路现象。暖通专业的系统均为闭式系统，利用流量控制阀前、后压差和阀门开度控制流量，该阀是针对闭式系统开发的。管道直饮水系统属于开式、闭式交替运行的系统，用水时为开式、不用水时为闭式，使用流量控制阀必须根据其种类和工作原理，通过在其前、后增加其他阀门实现控制循环流量的目的。

2.9　管材检测与优化

2.9.1　国内外研究现状

随着经济和社会的发展，人们对健康问题的重视程度不断提高，对于生活饮用水，已不再仅仅满足于供水水量、水压保证使用，而是对提升供水水质的需求越来越迫切，尤其是近年来管材制造过程中的问题被频繁曝光，这也越来越多地引发业内人士的思考。

众所周知，供水的设备、材料由于直接与水接触，必然对水质产生影响，而这种影响的大小取决于其析出物到底是什么，其性质如何，到底有多少量，目前就国内外开展的研究无法回答这些问题，而这也正是研究这些问题的出发点。

从管材使用情况来看，受经济社会因素影响，自新中国成立以来曾长期以钢管作为主要的供水管材，为了防止锈蚀，管材又逐步从普通钢管过渡到镀锌钢管，20 世纪 90 年代末期，考虑到过量的锌摄入带给人民健康的负面影响，国家明令禁止镀锌钢管直接运用于生活饮用水输送，而同为金属管材的铜管和不锈钢管由于材料价格的问题，在使用中受到经济条件的制约，塑料管被大范围地运用，伴随而来的是，塑料管由于其物理性能的局限性而造成的漏水等相关工程问题的大量出现，为提升管材物理性能，各种复合管材也不断涌现。对于这些门类的管材，从不了解到逐步了解和接受，直到现在用于二次供水的管材种类依然众多，新型管材层出不穷，连接方法多种多样。除了管材的物理性能对使用所造成的影响外，近年来越来越多的塑料制品在生产、加工环节中的黑幕不断被曝光，而对供水水质的日益关注，更使得对管材特别是塑料管材的安全性也越来越感到忧虑。

借鉴其他国家在管材使用方面的经验，以美国为例，给水管材的质量是由一系列严格的质量标准、质量测试以及独立的认证来保证的，各种标准体系和认证各司其职，并相互补充，并且整个生产过程都处于科学严格的质量管控。我国关于管材及配件的安全性检测规范主要有《生活饮用水输配水设备及防护材料的安全性评价标准》GB/T 17219—1998 以及《卫生部涉及饮用水卫生安全产品检验规定》（卫法监发〔2001〕254 号）。《生活饮用水输配水设备及防护材料的安全性评价标准》GB/T 17219—1998 是国内目前检测管材及配件的统一标准，并且在许多的相关研究中都有广泛的运用。

首先对国内管材的使用状况进行了调研，二次供水干管常常采用衬塑钢管，管径以 $DN40\sim DN70$ 为主，支管在 $DN20\sim DN32$。对于住宅项目户内管道一般在 $DN25$ 以下，往往在住户装修的过程中，结合平面布置和使用的要求，被调整和改造，市场中采用最多的是 PPR 管，公共项目还会采用衬塑钢管、PE 管等管道，一些档次比较高的还会选用 CPVC 管、不锈钢管或者铜管作为管材。

对大、中、小型的家装市场进行了市场调研，并对所能够购买到的给水管材进行了价格上的比较。家装市场中，PPR 管一枝独秀，占据着绝大部分的市场份额，分析其原因也是其安装简便，为大众所接受，但其价格差距也特别悬殊，这也从一个侧面印证了管材市场生产的混乱状况。其中差异最大的是，相同管径进口原料品牌的 PPR 管价格是网络销售 PPR 管价格的 10 倍。

对国内外管材对水质影响的相关研究进行了了解，国内针对水质的影响研究基本从管材入手，很少结合余氯浓度与管材的相互作用对水质影响进行研究，其中阮利红研究了二氧化氯、氯胺、臭氧和氯（以次氯酸钠替代）4 种不同消毒剂分别与 PE 管、PVC-U 管、焊接钢管、球墨铸铁管相互作用对水质的影响，发现在 0～24h 的浸泡时间中，随着时间的延长，水样中有机物含量减少。李波用动态模拟装置研究了铜管、不锈钢管、镀锌钢管、PPR 管对水质的影响，发现水质的各项指标的变化具有相关性，其中余氯与管材的相互影响最显著。

国外于 1980 年提出了一种基于稳态水力模型的水质模型；1986 年，Clark 等人提出了一个能够在时变条件下模拟水质变化的模型；1988 年，Grayman 等人提出了一个类似的水质模型。这期间的大部分模型都是采用"延时模拟"（EPS）法。由于这些模型没有考虑流速变化造成的惯性影响，因此，应称准动态模型。

A. O. Al-Jasser 等人研究了不同塑料管材管道的使用时间对管壁余氯衰减的影响，研究发现对于 PVC、PE 等管，管壁余氯衰减系数与使用时间成反比，这与金属管相反。

国外对塑料管对水质的影响研究的比较广泛，其中对 PE、PEX、PVC、CPVC 的研究较多。相比国内，国外对于管材与余氯浓度对水质的相关性研究更成熟，但仍然是侧重于塑料管材，并说明管材对水质的影响较大。

综上所述，对国内外的相关研究加以总结，都是按如下思路开展的：国内外的相关研究都是针对单一管材的影响研究，其研究方法都是侧重于对某些参数的影响研究，研究中所采用的水样均为人工配制水样的实验室研究，有一部分是针对生物膜形成的研究，研究均采用静态研究方式，有也一部分是针对疾控中心等的检测结果进行比对。

通过比较分析后，认为在相同的试验环境和条件下，对不同的管材进行对比试验，更有助于对各种管材的性能加以全面、直接地分析。对于管材管件的检测均采用静态方法对管材管件分别检测，然后与标准中的数值进行比对。这种分别进行的检测结果没有考虑连接方式、安装操作规范、管材断面材质等带来的影响。而是将对水质产生影响的几个方面割裂开来，对部分结果加以分别考察，没有考虑到实际对水质的综合作用效果。从而导致根据国标方法检测合格的管材管件在实际使用过程中的水质与检测的水质结果可能相差较大。采用配制水样的方法给连续长时间的检测带来困难，而针对各种管材不同的析出物，采用同一种人工配制水样是否会对个别物质析出产生有利或不利的影响，同时，尽管二次供水管材及设备会对水质产生影响，但是由于带来的影响极微量，而饮用水本身也会含有一些有机物及金属物质，从而使检测结果的准确度受到诸多的干扰。在检测的过程中，对相关人员只是根据国标方法进行检测，对相关的化学分析质量控制手段不了解或者使用不全面不当的时候，就会对结果产生质的偏差。所以检测过程的质量控制至关重要。

如上所述资料调研帮助对预想的研究方法和研究内容加以更深入地思考，帮助在研究开展之初就对整体的研究有更清晰、更全面地认识。

通过分析和总结静态试验、半动态试验以及动态试验的研究成果，可以发现不同管材在使用过程中，余氯浓度随管材浸泡时间延长而递减，但是各种管材之间还是存在差异，换言之，对于保持水中的余氯浓度，各种不同管材所形成的环境作用是不相同的。

2.9.2　管材对水质的影响

出厂水经过市政管网、小区集中水表后，经过二次加压，通过小区内的管网输送至用户的用水洁具（末端），由于二次供水管道与市政供水管道相比较管径小、流速低、局部支管相对停留时间更长，因而水与管材接触面积大、接触时间长，因此不难理解，供水管材会对供水水质产生影响。管材及管件的卫生性能、稳定性，都会对二次供水水质产生直接的影响。

不同类型的管材由于自身特性的不同，对水质产生的影响也不同。通常按管道的材料特性分为金属管道、塑料管道和复合管道。以金属管道中长时间占据市场主导地位的镀锌钢管为例，镀锌钢管在使用一段时间后会产生锈蚀，对水质有明显的污染作用，尤其是在静止状态下，水被污染的情况是最严重的，某市疾控中心曾在 30 个监测点在不同时间采样与出厂水进行比较，水样监测结果显示，水样中铁指标合格率为 23.33%、锌指标合格率为 46.67%、浊度合格率为 26.67%、色度合格率为 73.33%；相同情况下，以塑料管道为管材的管网中，上述指标超标的情况就降低了。通过试验发现，塑料管道生产工艺中的稳定剂等的添加、粘接剂的使用，对水质产生的影响也有其特殊性，重点表现在有机物的析出问题上。而复合管道对水质的影响可以归结为其内衬材料以及连接方式对水质产生的影响。

另一方面，衡量供水管材对水质产生影响大小的因素，首先就是要分析管材管径大小对水质产生影响大小的规律。管材析出物对水质产生影响的大小，可以用相关物质的浓度来进行比较，同时比表面积大时，相同容积的水，吸收析出物质的面积就更大，换言之，受材料特性影响也就越大，故而在试验中为了突出不同材料对水质影响的真实情况，需要选择尽可能小的管道作为研究对象。而且在实际工程中，小管径的管道常用于支管末梢，也就是平时所说的户内管道，水在这部分管道中停留时间长，停留时间因素对水质产生的影响也很大。

管材对水质所产生的影响是否有毒有害，就需要回答，管材对水质产生影响的析出物质都是什么，浓度大小是多少，是否达到了毒害物质的标准，这也需要对不同管材析出物质做出定性定量的分析。再根据研究结果有针对性地提出如何防止这些作用，如何更合理、全面地评价这些管材。

2.9.3 管材研究方法

通过对现有的国标检测方法加以总结，得出目前对给水管材检测的方法，如图 2.9-1 所示，可以说目前对给水管材的评价不外乎可用于给水管材和不可用于给水管材两种，对管材的本身的各项性能指标，特别是对供水水质的影响，缺乏评价的指标与系统方法，而通过研究能够完善对管材的评价方法，特别是对供水水质产生影响为指标的指标体系，需要科学、严谨的试验作为前提和保证。

对前述调研工作的成果加以总结，目前国内外管材方面研究的现状是：

（1）对单一管材的影响研究；

（2）对某些参数的影响研究；

（3）人工配制水实验室研究；

（4）对生物膜形成的研究；

（5）均为静态研究；

（6）疾控中心等泛泛的检测结果比对。

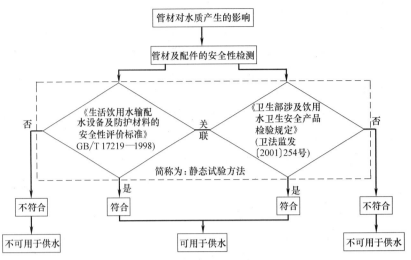

图 2.9-1　管材检测方法总结

针对这些问题,在开展的试验中必须有针对性地解决如下几个问题:

(1) 缺少相同试验条件多种管材的比对研究;

(2) 缺少实际自来水的研究;

(3) 缺少模拟实际的连续动态试验研究。

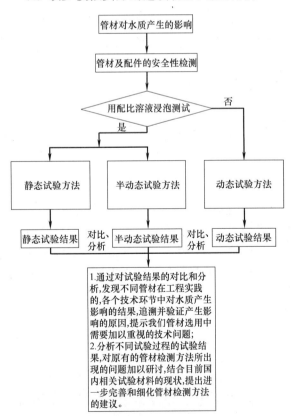

图 2.9-2　研究采用的试验和评价方法

图 2.9-2 概括性地说明了我们所开展试验的整体思路。将整体的试验分为静态试验、半动态试验和动态试验 3 个部分,对确定的试验样品同时开展上述 3 种试验。

静态试验,针对不同管材完全遵循国标的检测方法步骤和试验内容,但延长其检测的周期;半动态试验,仍然是遵循国标的检测方法步骤,不同的是每天取样并冲洗,连续观测更长的时间,通过测试来观察管材在更长的测试周期里对水质的影响;动态试验,是在搭建的试验平台的基础上,每天冲洗,同时根据试验的检测结果,确定取样的周期,连续长期模拟管道在正常使用的过程中,管材析出物以及内部微生物指标的变化。综合上述 3 种试验的结果,得出不同管材对水质产生影响情况的全面分析,进而从供水安全的角度出发,提出管材选用和评价的方法,对工程实践中的管材选用问题给予指导。

2.9.4 管材检测方法

1. 静态检测方法和检测指标

配制 pH 值为 8、硬度为 100mg/L、有效氯为 2mg/L 的浸泡水方法如下：取 25mL 碳酸氢钠的缓冲液、25mL 钙硬度贮备液以及所需的氯贮备液，用纯水稀释至 1L。按此比例配制实际所需要的浸泡水。

浸泡条件：受试产品接触浸泡水的表面积与浸泡水的容积之比应不小于在实际使用条件下的最大比例。对于输配水管道应使用该类产品中直径最小的。用浸泡水充满受试水管或水箱，不留空隙，两端用包有聚四氟乙烯薄膜的干净软木塞或橡皮塞塞紧，在（25±5）℃避光的条件下浸泡（24±1）h。对于机械部件，如不能在部件内进行浸泡试验时，可将部件放在玻璃容器中浸泡，条件同上。另取相同容积的玻璃容器，加满试验用浸泡水，在相同条件下放置（24±1）h，作空白对照。

浸泡水的收集和保存：浸泡一段时间后，立即将浸泡水放入预先洗净的样品瓶内。一般收集至分析的间隔时间尽可能缩短。某些项目需尽快测定。有些项目需加入适当的保存剂。需加入保存剂的水样，一般应先把保存剂加入瓶中，或直接低温保存。详细方法见表 2.9-1。

试验的检测指标　　　　　　　　　　　表 2.9-1

项　目	卫　生　要　求
色度	增加量≤5 度
浑浊度	增加量≤0.2NTU
臭和味	浸泡后水无异臭、异味
肉眼可见物	浸泡后水不产生任何肉眼可见的碎片杂物等
pH 值	改变量≤0.5
溶解性总固体	增加量≤10mg/L
耗氧量	增加量≤1mg/L（以 O_2 计）
砷	增加量≤0.005mg/L
镉	增加量≤0.0005mg/L
铬	增加量≤0.005mg/L
铝	增加量≤0.02mg/L
铅	增加量≤0.001mg/L
汞	增加量≤0.0002mg/L
三氯甲烷	增加量≤0.006mg/L
挥发酚类	增加量≤0.002mg/L
铁	增加量≤0.06mg/L

续表

项　目	卫　生　要　求
锰	增加量≤0.02mg/L
铜	增加量≤0.2mg/L
锌	增加量≤0.2mg/L
钡	增加量≤0.05mg/L
镍	增加量≤0.002mg/L
锑	增加量≤0.0005mg/L
四氯化碳	增加量≤0.0002mg/L
邻苯二甲酸酯类	增加量≤0.01mg/L
银	增加量≤0.005mg/L
锡	增加量≤0.002mg/L
氯乙烯	材料中含量≤1.0mg/kg
苯乙烯	增加量≤0.1mg/L
环氧氯丙烷	增加量≤0.002mg/L
甲醛	增加量≤0.05mg/L
丙烯腈	材料中含量≤11mg/kg
总 a 放射性	不得增加(不超过测量偏差的 3 个标准差)

　　将检测指标汇总并进行如下分类:

　　常规指标:色度、浊度、pH 值、COD_{Mn}、UV_{254}、余氯、TOC;

　　有机物:GC-MS;

　　金属:ICP(电感耦合等离子发射光谱)、SEM(扫描电镜)、EDS(能谱仪)、XRD(X 射线衍射仪);

　　微生物:管材内壁及管内水的菌种、菌量定期测定。

　　另外,试验汇总了生活饮用水输配水设备浸泡试验增测检验项目,如表 2.9-2 所示。聚合物的污染物析出通常采用间接和直接的方法研究,间接方法包括测量总有机碳(TOC)浓度、余氯、pH 值、UV_{254}、色度、浊度、消毒剂含量等,而直接方法涉及水中有机和无机化合物的色谱和光谱检测。值得注意的是,间接和直接方法的指标是相互关联的,都表明了聚合物管材的污染物析出情况。Löschner 等人发现气相色谱-质谱直接法(GC-MS)不能检测到所有可析出有机物,而 TOC 作为间接指标可以弥补缺陷。Heim 等人研究了从 HDPE 管材和 CPVC 管材中浸出的有机化合物,试验结果显示 HDPE 管材和 CPVC 管材浸泡液中的 TOC 均有所增加,消毒剂残留减少,因此认为消毒剂消耗可能是由于与聚合物中有机物的相互作用。所以本课题研究过程中也是重点采用间接方法即 TOC 和余氯的检测指标为主进行检测。

检测指标分项总结表　　　　　　　表 2.9-2

材料类别	材质名称	铁	锰	铜	锌	钡	镍	锑	四氯化碳	锡	聚合物单体和添加剂	总有机碳	总α放射性、总β放射性	GC-MS鉴定	ICP鉴定	其他
金属	不锈钢、铜、镀锌钢材、铸铁等	○	○	○	○		○								○	根据具体条件和需要确定
塑料	聚乙烯、聚丙烯、聚苯乙烯、聚碳酸酯、聚酰胺、聚氯乙烯、工程塑料等					○		○	○	○	○	○		类别	○	
橡胶	硅橡胶等								○		○			○	○	
复合材料	玻璃钢、铝塑复合管等								○		○	○		○	○	
硅酸盐类	陶瓷、水泥等	○	○	○	○								○			
新材料		○	○	○	○	○	○	○	○	○	○	○	○	○	○	

2. 半动态试验方法

半动态试验的试验方法：浸泡水配制、浸泡方法以及浸泡水的收集和保存与静态试验相同，对比样的做法相同，不同在于模拟实际，浸泡液每停留 24h 进行检测，冲水 30min，继续浸泡进入下一个周期。

3. 动态试验方法

完全模拟实际，以自来水浸泡，定时冲洗后取样，试验装置自动运行。

2.9.5　数据质量保证

为了避免试验结果出现偏差，在整个试验开展的过程中，始终强调质量控制，从人员、方法、仪器和试剂四个方面出发，严格按照 CMA 认证试验室对应的检测流程及要求，从最初的人员培训、每个试验项目制定操作规程、试验及数据的双人录入等多个方面入手，严把质量关，试验过程中采取质控样、加标回收率、不确认度分析、质控曲线、平行样、样品空白等方式不断对试验结果进行检查，保证试验结果的正确性。

以 TOC 为例，饮用水中 TOC 的浓度低，从前面的检测结果也可以看出 TOC 数值波动较大，有必要探讨 TOC 测定过程中的不确定度。但是鲜有专门探讨有关饮用水中 TOC 的不确定度。

TOC 分析仪开始在国内大规模使用，但是一切的化学分析测量结果因为各种原因都有偏差，具有不确定度，并且测量结果的可使用性与其不确定度的大小有密切联系。所以在得出测量结果时，必须同时给出不确度说明，这样的试验数据才是完整的有意义的。

目前国内外对 TOC 检测中的不确定度来源分析集中在以下两个方面：第一个是重复性测定带入的不确定度；第二个是质量带入的不确定度。其中对质量带入的不确定度研究较为成熟，质量带入的不确定度中最重要的两个分量是线性拟合方程计算质量方面和配置标准溶液方面带入的不确定度。

但对样品及标准溶液的储存条件提及的不多，在研究过程中认为储存条件也可能会对样品及标准溶液产生影响从而带入不确定度。

通过对试验各个环节中的分析,以及平行样检测的方法保证试验结果的正确性,并通过逐一对各项指标确定不确定度的方式,保证试验结果的正确性。

2.9.6　管材的污染物析出特性

通过分析和总结静态试验以及动态试验的研究成果,可以发现不同管材在使用过程中,余氯浓度随管材浸泡时间延长而递减,但是各种管材之间还是存在差异,换言之,对于保持水中的余氯浓度,各种不同管材所形成的环境作用是不相同的。

1. 静态试验结果

(1) 不同管材中余氯浓度与浸泡时间的关系

氯是一种强氧化剂,不但会与管材中的有机物和无机物反应还能和水中的生物反应,造成水中余氯的衰减。本研究选用的管材为新管材,管壁上生物对余氯的影响可以忽略不计。但是氯在水中可以作为电子参与金属腐蚀,因此一般情况下金属管的余氯衰减速度比塑料管快。水中的有机物、无机物除了自来水本身具有的,还可能从管材中析出,塑料管最为明显。

如图 2.9-3 所示,可明显看出,铜管中水样的余氯衰减速度最快,其次是衬塑钢管、CPVC 管、PPR 管、不锈钢管、PE 管。铜管中的余氯接近直线下降,在金属管材中,不锈钢管能良好地保持余氯的浓度,CPVC 管是塑料管材中保持余氯浓度效果最差的,PE管是六种管材中保持余氯浓度效果最好的。

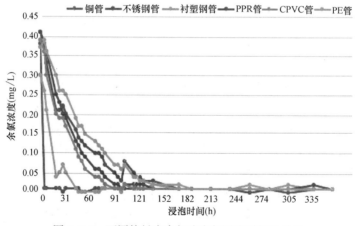

图 2.9-3　不同管材中余氯浓度与浸泡时间的关系

(2) 不同管材中有机物析出

试验运行 70d 时,停留时间的影响可见,各管材中水样的 TOC 浓度上升速度由高到低排序依次是 CPVC 管、衬塑钢管、PE 管、PPR 管、不锈钢管、铜管。

当所有管材还未开始浸泡时,所测出的 TOC 浓度大致相同。随后,CPVC 管大幅度波动上升,大约浸泡 182h 时 TOC 浓度达到国标规定的限值。与 CPVC 管相比,其他管材的 TOC 浓度缓缓上升。铜管、不锈钢管、衬塑钢管、PPR 管、PE 管从开始到浸泡 48h 时 TOC 浓度的波动趋势基本一致。如图 2.9-4 所示,从 48h 开始,衬塑钢管开始大幅度波动上升,到 141h 波动幅度降低,但趋势明显上升;从 81h 开始,铜管、不锈钢管、

PPR 管、PE 管开始波动上升，其中 PE 管上升速度最快，其次是不锈钢管，铜管上升速度最慢，而 PPR 管的波动幅度较大，但上升趋势不明显。

由于 CPVC 管中所测的 TOC 浓度比其他管材高许多，为了方便观察其他管材 TOC 浓度的趋势，除去 CPVC 管的数据，绘制出一张无 CPVC 管的折线图，如图 2.9-5 所示。

根据各管材 TOC 浓度预测趋势线的斜率，各管材中水样的 TOC 浓度上升速度由高到低排序依次是 CPVC 管、衬塑钢管、PE 管、PPR 管、不锈钢管、铜管。其中，铜管中水样的 TOC 浓度呈下降趋势。

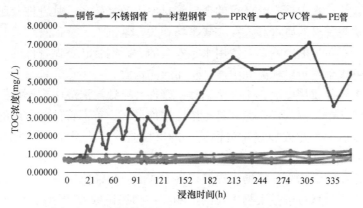

图 2.9-4　不同管材中 TOC 浓度与浸泡时间的关系

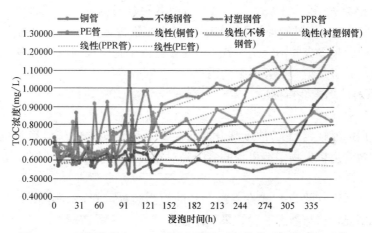

图 2.9-5　不同管材中 TOC 浓度与浸泡时间的关系（除 CPVC 管）

2. 动态试验结果

（1）塑料管道

通过设计模拟实际建筑给水末端管路系统的动态试验装置，以 TOC 浓度为考察指标，根据 PPR 管、CPVC 管、PE 管、衬塑钢管对自来水中有机物的影响来分析其水质安全性。

每种管材的动态管路及连接系统的第一个 24h 停留时间出水的 TOC 浓度增量和静态浸泡试验结果相比较，PPR 管、PE 管变化不大，但是 CPVC 管和衬塑钢管增加显著。动态试验运行 45～75d 时，各管路停留 24h 出水 TOC 浓度达到基本稳定。

动态试验装置运行 75d 时，TOC 浓度会随停留时间延长而增加，CPVC 管增加最为显著，停留 153h 时，其 TOC 浓度最高超过 7mg/L。装置运行一年时，停留 24d 即 360h 时，各种管材连接系统的出水 TOC 浓度增量最高的 CPVC 管为 0.2745mg/L，对水质有机物的影响甚微，此时管材及连接系统均达到了稳定。

本研究设计的动态试验装置能够全面、客观、真实地反映该管材在使用过程中对饮用水水质的影响，既包含管材，又包含管件及连接方法。试验发现，CPVC 管和衬塑钢管的连接方式的确明显影响了水质状况。因此建议对这两种管材的连接方式进一步优化。

（2）金属管道

铜管作为建筑给水中被广泛认可的金属管材使用越来越多，其管件及连接对饮用水中金属离子的影响与管材的质量和连接方式密切相关。紫铜管、紫铜管件及其焊接对饮用水中的金属指标没有明显的影响，对饮用水是安全的。紫铜管和黄铜管件的焊接连接会进一步增大黄铜管件中金属析出种类和浓度，从而影响水质。

市售的黄铜管件质量堪忧，不合格的黄铜管件会导致浸泡液中金属指标浓度增大，如铝、铜、锰、镍、铅、镉、锌，尤其是铅浓度增加显著。黄铜管件对水质的影响机制有必要做进一步深入研究。建议加强对黄铜管件的市场监管，从而保证居民用水安全。建议《生活饮用水输配水设备及防护材料的安全性评价标准》GB/T 17219—1998 中除了考虑管材和管件对水质的影响之外，增加焊接连接方式的影响评价。

为了考察不同管材对于微生物生长的影响。在动态试验装置运行 3、8、14 个月的时候，分别取不同管材的进出水水样和管段样品进行生物的培养提取分离，进行数量和 PCR 的鉴定。结果表明，运行 3、8、14 个月时各种管材内壁分离培养微生物 12、30 和 50 种。到 14 个月时，管材的种类和内壁形成的微生物数量没有明显的相关性，相同种类的管材的微生物数量级也并不完全一致，可见影响微生物生长的原因众多，运行一年左右时间段中，管材并不是绝对主要的影响因素。

3. 各类管材的标志性指标

（1）塑料管材

通过试验研究发现，TOC 浓度变化是评价塑料管道对水质产生影响的标志性指标，这也印证了塑料管道析出物中有机物的多少是对给水水质产生影响的核心要素。

（2）金属管材

由铜管和不锈钢管的动态试验装置 ICP 的检测结果可知，不锈钢管出水合格，铜管有铜、锌超标情况，这与静态试验结果不符合。

扫描电镜结果也进一步证明了铜管内壁附着物中有锌的存在，而黄铜管件内表面附着物中锌的含量则更高，推测铜管出水中锌的含量高与黄铜管件直接相关。

（3）复合管材

根据动态试验结果分析复合管材对水质产生的影响，除了像塑料管材一样有 TOC 浓度的变化（如同塑料管材的情况），同时通过 ICP 的检测结果发现，锌和铅的影响也不容忽视。

4. 管材对水质影响的综合评价

（1）管材对水质的影响

由于二次供水中小管径、户内段比表面积相对大，水在管道中的停留时间长，管材对水质产生的影响最大。而近年来新型管材层出不穷，不同管材对水质所产生的影响必须通过全面的试验来确定，在不同的试验条件下（静态、半静态）连续观测其析出物的性质、浓度随时间变化而产生的变化。

（2）管材连接方式对水质的影响

通过对静态、半动态及动态试验结果的分析，发现不同的试验条件下，相同管材所得出的试验结果大不相同，通过对上述试验方法的比较，发现不同管材的连接方式会对水质产生不同的影响，而有些影响是不容忽视的。

5. 管材测试方法

《生活饮用水输配水设备及防护材料的安全性评价标准》GB/T 17219—1998 是国内目前检测管材及配件的统一标准，并且在许多的相关研究中都有广泛的运用。针对规范使用过程中存在的一些问题，如评价指标、浸泡液的配制参数、标准内容补充、方法改进和适用性等方面有学者做了一些研究。本研究结合具体采用《生活饮用水输配水设备及防护材料的安全性评价标准》GB/T 17219—1998 评价管材过程中碰到的具体问题，如空白对照试验的试验要求及浸泡液余氯浓度对检测结果的影响两个方面做了相应的试验研究，为管材检测规范的进一步优化提供依据。

（1）管材检测过程中采用的密封塞会导致浸泡液的 TOC 浓度增大，需要在空白试验中加以考虑。

（2）浸泡液的初始余氯浓度不同，浸泡试验的 TOC 浓度增量不同，相比规范规定的余氯浓度 2mg/L 而言，管材在实际使用中通过水的正常余氯浓度更加符合实际，且符合最不利的试验条件，建议初始浸泡液的余氯浓度设定为 0.5mg/L。

（3）采用试验结果推荐的初始余氯浓度 0.5mg/L，同时考虑空白试验应采用与管材检测一致的密封塞的影响，得到的试验结果和按照现行规范进行检测的试验结果相比，TOC 浓度增量可降低 22%～30%。

（4）要重视密封材料和密封方式对检测结果的影响。

（5）为保证试验数据的正确性，我们在试验的过程中，选择国标规定的 3 种内标物苊、菲、口保留时间区间内对应的 3 种物质甲苯、间二甲苯、邻苯二甲酸二（2-乙基己）酯为研究对象。确定 3 种物质加入量为 6μg/mL、2μg/mL、4μg/mL，内标物浓度合理情况下的加入量为 1.6μg/mL、2μg/mL、8μg/mL，内标物浓度偏高时的加入量为 8μg/mL、10μg/mL、40μg/mL；计算内标物浓度相当和内标物浓度偏高情况下的扩展不确定度占含量的百分比。内标物含量相当时，用苊回收率计算甲苯、间二甲苯的不确定度占含量的百分比为 4.87、1.93，用菲回收率计算为 7.27、3.69。内标物浓度较高时，用苊回收率计算甲苯、间二甲苯的不确定度占含量的百分比为 4.69、7.91，用菲回收率计算为 7.53、2.06。因此，综上可知不确定度占含量的百分比为 2.06～7.91。由扩展不确定度占含量的百分比可知，内标物浓度偏高与内标物浓度相当情况比较不确定度相差不大，所以内标物含量对有机物检测影响较小；而用苊回收率和用菲回收率分别定量的不确定度相差较大，用菲回收率计算大概是用苊回收率计算的 1.5～2.4 倍。因此，在饮用水有机物的定量检测中，应该选择临近内标物浓度进行定量计算。

（6）通过前述研究可以看出，由于对水质产生影响中，不仅仅是管材本身对水质产生影响，管道的连接方式甚至是二次供水系统中与水直接接触的附件、阀门均会对水质产生影响（有时大于管材本身所带来的影响），因此只对国标方式进行检测，可以说是没有考虑到连接方式带给供水系统的影响，此种检测方式在使用中有一定的弊端，至少在对管材进行评价时是不全面的。

结合我国供水管材所处的实际环境、生产制造等流程中所发现的层出不穷的现实问题，为了满足人们对供水安全日益提高的要求，建议加大检测指标的范围，尤其是针对管道内可能析出的能够在人体富集的有毒有害物质的检测，必须提到议事日程上来，这样才能够在对管道进行评价中获得更为明确、严格的底线。另一方面，必须引入不确定度的概念，直接对检测结果加以纠偏，对个别耸人听闻物质的检出量进行纠正，防止出现检测过程中多环节带来的误差累计给人民群众带来的恐慌。

综上所述，建议在新的国标检测方法中，不论是指标；还是针对方法到检测质量的保证，都需要对一些细节做更深入、细致的规定，以保证检测结果的客观、全面和公正性。这是管材和设备选用中，以二次供水水质安全性为出发点来进行评价的最核心也是最基本的问题。

2.10　二次供水管理信息系统

2.10.1　系统概况

随着我国城市化进程的加速，二次供水在城市建设中的作用日益明显，二次供水的用户比例不断增大。近年来，各地对二次供水的重视程度和力度不断加强，纷纷出台了相应的标准或规定。但是，从近年对全国主要城市的调研中发现，二次供水在工程建设、运行维护与监管过程中存在各式各样的复杂问题，主要是二次供水信息平台尚未建立或功能不健全，缺乏统一的标准和规定，缺乏有效的运维管理，造成了水质污染、水资源浪费和能耗增加，严重威胁着居民的身体健康，城市建筑供水的水质污染控制与安全保障亟待提高。

二次供水管理信息系统是对高层建筑供水设施进行数据采集、远程监控以及运维管理的智能辅助系统。天津结合自身城市供水现状和特点，构建了二次供水管理信息系统——天津市二次供水水质保障与管理信息平台，如图 2.10-1 所示。

该平台由下位信息采集系统、网络通信系统和上位监控调度系统三个子系统组成，可实时感知二次供水系统的运行状态，采用可视化的方式有机整合运行管理职能，将互联网＋、大数据、云计算等新技术与二次供水系统高效融合，形成"二次供水物联网"，并将海量供水信息进行及时分析与处理，辅助决策建议，构建"智能感知、智能仿真、智能诊断、智能预警、智能调度、智能处置、智能控制、智能服务、智能评价"为一体的功能体系，以更加精细和动态的方式支撑和提升二次供水的规划设计、设备研发、工程施工、运行维护的全过程智慧管理，推动二次供水管理的智慧化进程，保障供水安全稳定。

2.10.2　设计原则

二次供水管理信息系统可对二次供水设施进行远程监视和控制，通过水质、压力、流量的数据传送及阀门开关的自动控制，降低故障率和提高对系统的反应时间，实现对二次供水设施全方位的管理，提高了整体服务水平，达到了城市供水的信息化、现代化、智慧化。

图 2.10-1 天津市二次供水水质保障与管理信息平台

1. 规范性

二次供水管理信息系统的设计方案应遵照国家、行业和地方相关规范标准，根据系统的总体结构和支撑平台的基本要求，并考虑二次供水具体情况，完成如下标准化工作：

(1) 建立统一、规范的系统大数据库；

(2) 遵循行业通用的界面设计风格和系统交互模式并与使用者进行沟通；

(3) 建立数据存档、校准、维护、应用、更新等操作流程规范。

2. 实用性

系统的建设是以日常管理和实用为核心的，大量的业务数据以及其他信息不断在网上传输，并服务于客户。符合监控管理的业务要求、操作简单、易于使用、提高效率是系统建设的根本目标，也是系统设计的基本出发点。实用性原则规定本系统应具有灵活的业务操作功能，优化的系统结构和完善的数据库系统，强大完善灵活的查询与统计功能，友好的用户界面等。

3. 可扩展性

计算机管理系统就是要实现信息及资源的共享，完成不同厂商间的硬件和软件的互连。在一个复杂的网络系统里，必然有多个厂商的硬件及软件，为了确保网络系统具有互操作性，应建立一个开放式的、遵循工业标准的网络系统。系统采用在支撑平台的基础上挂接实现各种业务功能子系统的模式，这个模式本身具有高度的灵活性和可扩展性，能够为后续系统扩展和功能完善增加组件设置接口，使得数据更新简便、系统升级容易，保证系统的可持续发展和强大的生命力。

4. 安全性

网络安全和管理是影响整个系统运行的重要环节，既要保证信息资源的充分共享，又要保证系统的安全保护和数据隔离。系统应遵循安全性原则，设置较为严密的访问级别控制机制、数据加密、电子身份验证等措施，并通过定期自动、手工等方式进行数据备份，在保证系统用户权限合法性的同时，保证数据的准确、不易破坏和泄密。系统建设中应充分考虑分级联网及与外网衔接中的应用操作与信息访问安全问题。

2.10.3　平台架构

天津市二次供水水质保障与管理信息平台主要由下位信息采集系统、网络通信系统和上位监控调度系统三个子系统组成。该系统结构如图 2.10-2 所示。

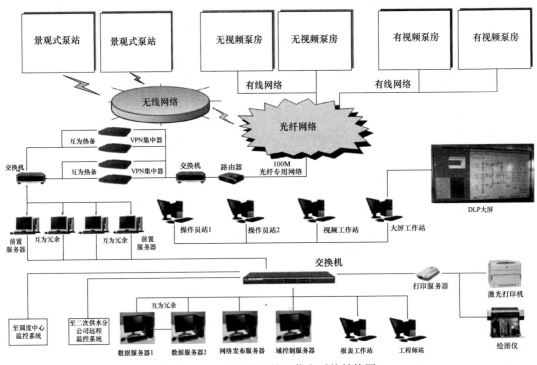

图 2.10-2　二次供水管理信息系统结构图

1. 下位信息采集系统

下位信息采集系统以 1 处二次供水泵房为单位设置，称之为监控子站（终端）。由数据信息采集系统和视频信息采集监控系统两部分组成，包括 PLC、摄像头、硬盘录像机、路由器、DTU、UPS、信号传感器等。各监测子站可根据二次供水运行管理部门的要求采集如下信息：压力、流量、水质（余氯、浊度、pH 值等）、水箱液位、变频泵频率、阀门启闭状态、供电和用电状态、水泵状态、环境状态（温度、湿度、噪声、照明、有毒有害气体等）、报警信号、积水和排水状态、语音对讲、监控视频、人脸识别等。

2. 网络通信系统

网络通信分为有线和无线两种方式。为了实现安全、稳定的数据同步传输，推荐选择光纤专线连接。在二次供水监控中心选用高速光纤接入服务器，此服务器设置固定 IP，与下位各个监控子站通过 ISP 协议通信，建立 VPN 网络，搭建监控子站与监控中心的

VPN专网。

根据二次供水泵房的建设和分布特点，配套设施不完善以及二次供水改造项目不具备有线网络安装条件或安装开通时间延迟的，可通过无线网络解决数据通信问题。

3. 上位监控调度系统

上位监控调度系统主要由前置机、操作员站、安防系统服务站、大屏工作站、报表工作站、工程师站、两台数据服务器、网络发布服务器、域控制服务器、交换机及打印机、LED大屏、硬件防火墙等组成。前置机、各工作站、各服务器都通过非屏蔽双绞线连接到交换机上，组成上位系统以太网络，对各个监控子站的设备运行数据、环境监测数据、水质监测数据、安防视频图像、人员权限、巡检考勤等进行实时的监测、分析，出现信息异常及时采取有效管控措施，保障二次供水系统的安全、稳定运行。

2.10.4　系统软件

1. 组态软件

天津市二次供水水质保障与管理信息平台系统采用的组态软件版本为InTouch 10.0。该版本软件相比早期的版本有了质的飞跃。可以创建新项目，对早期版本开发的InTouch项目进行升级和修改，能从下位硬件设备（如PLC）中采集数据；点数（tags）或称为标记名：点数应为60000（60k）；授权方式：InTouch软件授权为加密狗及License文件；授权应为永久授权。

2. 组态界面

二次供水组态软件的监控界面包括：报警汇总、子站工艺图查询、子站一览表、实时工艺监控、历史趋势查询、数据库查询、通信状态及权限登录设置等，如图2.10-3所示。

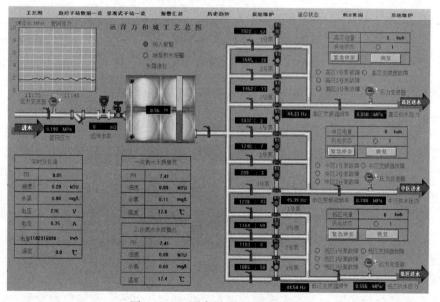

图2.10-3　泵房子站工艺监控界面

3. 数据库

二次供水 SCADA 系统数据库可进行实时数据查询、历史数据查询、日报表查询和导出、月报表查询和导出、报警信息管理以及系统界面管理。

通过 web 或手机客户端登录数据库，数据库会生成各个设备的历史数据报表、综合运行数据报表，并分为日报、月报，报表格式可按照用户要求定制，可以进行预览、打印和导出为 Excel 文档形式或者文本形式，同时还可以查询子站的相关资料。也可通过拼音和区域查询，及时找到子站界面，观察子站实时的数据和曲线。以趋势曲线图的方式显示选中设备的多个参数的瞬时和历史数据，如图 2.10-4 所示。

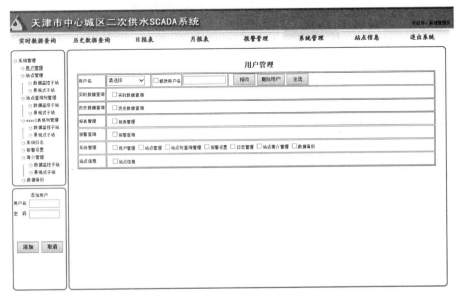

图 2.10-4　数据库实时数据查询界面

2.10.5　系统功能

1. 运行监控

二次供水信息管理系统实现了对二次供水泵站必要的水质、水压、水量等关键参数以及实时影像的实时显示与控制功能，如图 2.10-5 所示。通过监控界面，可以监控二次供水设施的实时运行数据。监测数据包括余氯、浊度、pH 值、市政进水压力、供水压力、供水流量、水泵运行频率和时间、用电量、故障报警等运行数据，如监测信号出现异常，则报警闪烁，调度员可以及时发现问题，通过系统的控制菜单实现对远程设备的启停等开关状态进行控制，及时上报处理。

系统设有门禁及视频安防系统。门禁系统采用集成化、智能化的一卡通管理系统，整合了门禁、考勤、巡查、系统、访客、可视对讲等相关应用系统，如图 2.10-6 所示。可实现非授权人员的闯入报警和声音威慑。视频系统可实现泵房的实时影像监控，通过高清摄像头观察和记录泵房内的实时影像，及时发现和记录可疑人员、设备跑水漏水故障，记录巡检人员检修救险情况，并可实现远程视频通话和操作指导。实时影像保存 30d。

2. 数据分析

二次供水设施的海量运行数据形成了管理信息系统大数据库，可通过云计算平台将

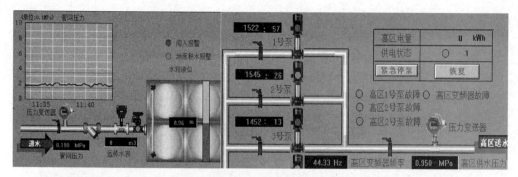

图 2.10-5 实时数据监控界面

图 2.10-6 实时视频监控界面

压力、流量、水质等实时数据与历史数据进行比对分析和预测评估，如图 2.10-7 所示，可发现"小异动"出现的节点，并及时、有针对性地采取相应的应急处理，提高运行管理效率，将故障影响的范围、时间和程度降到最低，降低设备运行维护的成本，减少或避免给用户和供水企业自身造成经济损失，保障了城市供水安全稳定。通过大数据分析可以总结出不同区域、不同季节、不同时间段的供水特点和规律，预测未来变化趋势，为政策制定、城市规划、标准编制、科研创新、方案设计、运行管理提供有力的基础数据支撑。

　　3. 调度指挥

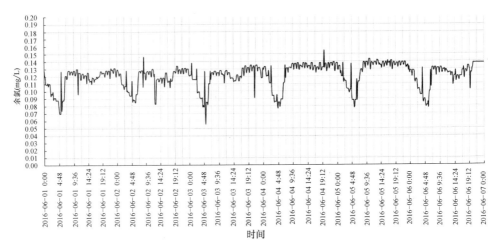

图 2.10-7   某小区水箱贮水中余氯变化曲线

天津市二次供水水质保障与管理信息平台配备了应急救险中心和物资供应中心（见图 2.10-8），拥有一支专业的巡检维护队伍，融合了手机客户端 GPS 实时定位功能，主要负责子站的巡查、回访和应急处置，消除影响供水安全的各类隐患。

图 2.10-8   应急救险保障体系

按照区域和街道划分责任范围，将每一套二次供水设施进行编号，实施网格化管理，制定巡检路线，并对巡检人员进行实时定位追踪。一旦某处二次供水设施出现故障或接到用户报修热线，管理系统将第一时间将故障信息和检修建议以客户端通知的形式发送至距离最近的巡检维护人员，及时修复，实现智慧化运行维护。

信息系统包含红、橙、黄、蓝 4 个等级的应急救险预案，可根据各类事件的突发性、重要性、影响程度及范围等因素启动相应救险机制，并实现水务、公安、卫生、环保、气象、交通、地质等部门的协调联动、信息共享，做到"突发事件快速响应，紧急出动及时修复"，切实保障二次供水的安全稳定。

4. 热线服务

天津市二次供水智慧管控系统设置了供水服务热线平台，支持电话、网站、微信、微博等多种受理方式，如图 2.10-9 所示，实现了 7d×24h 全天候值守，高效便捷。热线服务平台的功能主要包括咨询解答、故障报修、任务传派、过程督办、结果审核、用户回访等。对每起热线的要求是：信息准确详实，快速高效响应。当客服中心接到受理服务时，会按照报修内容分类办理并限定办结时间，同时对已办结的受理信息进行回访反馈。

图 2.10-9　热线服务平台受理方式

2.10.6　管理范围

如图 2.10-10 所示，截至 2017 年 12 月底，天津市二次供水水质保障与管理信息平台共计监管二次供水设施近 1000 处，覆盖二次供水用户逾 42 万户，服务人口 120 多万人，取得了良好的示范和应用效果，在高层建筑二次供水设施的运行维护、应急救险和安全保障等方面发挥了重要作用，对提高二次供水管理水平，保障城镇供水"最后一百米"的安全、优质供水具有积极意义，推动了天津智慧水务发展的进程。

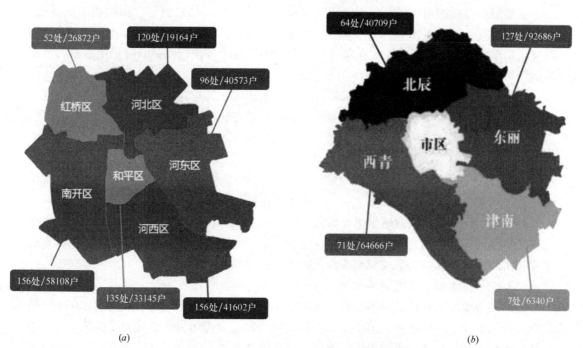

(a)　　　　　　　　　　　　　　　　(b)

图 2.10-10　天津市内六区及环城四区监控规模
（a）市内六区监控规模；（b）环城四区监控规模

第 3 章　建筑水系统节水节能关键技术

3.1　引言

建筑节水节能已经成为整个社会节水节能的关键环节。建筑水系统节水节能以开源节流为切入点，从供水系统及供水终端制定节流策略，按照户内用水制定开源策略，统筹相关节水技术。为提升建筑水系统节水节能技术水平，本章针对节水节能产品质量差、品种少、不配套，节水技术关联性不强，节水技术缺乏，未形成节水技术优化与集成应用等问题，开发基于水质安全的节水节能关键技术，形成适用于建筑物内部的节水成套技术，全面提高供水终端水质保障能力及节水效果。具体内容包括：用水器具与供水系统的节水特性评价、基于终端用水舒适度的节水技术、二次供水系统节能特性比选、适用于住宅户内的节水成套技术及绿色建筑节水系统设计。

（1）用水器具与供水系统的节水特性评价

针对节水产品样式多、节水原理差异大、质量良莠不齐、供水系统压力波动大、系统能耗高等方面问题，进行以下内容研究：

开展用水器具的用水定额研究，研究水嘴（水龙头）器具出流量、单次用水供水量、单次使用时间、不同工作压力等因素与用水效果的关系，确定水温调节和流量限制功能的淋浴器用水定额；在保证卫生要求条件下，研究便器最小冲洗用水量，制定用水器具节水节能的技术评价方法。

开展用水器具与供水系统的节水特性评价技术研究，针对建筑供水系统中不同特性用水器具导致的建筑供水系统压力变化而引起的用水量变化问题进行研究，制定用水器具设置与供水系统方式选择的优选方法，建立用水器具与供水系统特性的节水性能评价技术。

（2）基于终端用水舒适度的节水技术

针对目前建筑内不同人群的用水需求差异、用水感受差的问题，建立用水舒适度概念，作为用水合理性的评判依据之一，形成基于不同用水舒适度的节水评价指标。

结合建筑水系统现状调研结果，研究建筑内用水终端的用水舒适度与用水量、出水压力、出水温度等因素的关系；研究结合供水系统、用水器具、用水舒适度等多方面因素的节水技术的评价指标，为形成建筑节水关键技术提供相应的参考。

（3）二次供水系统节能特性比选

针对在建筑给水系统设计中多种二次供水系统形式并存、各系统节能性能存在差异的问题，开展不同二次供水方式节能差异性能研究，制定合理的供水系统方式优选方案，为后期建筑给水排水行业中供水系统的合理选择提供依据。对现有二次供水方式的系统特性与能耗进行分析和研究，包括变频水泵直接加压供水，水泵、气压罐供水，顶部水箱（或水塔）重力供水，水箱与水泵联合供水，局部并联、局部串联等供水方式。研究不同用水规律的建筑中合理的供水系统方式，保证供水安全的前提下，最大程度降低建筑供水系统的能耗。

（4）适用于住宅户内的节水成套技术

针对建筑与小区中水收集回用系统不能满足节水要求的问题，开展适用于住宅户内的优质杂排水（灰水）节水成套技术研究，研发户内优质杂排水节水成套设备，研究成套设备对灰水的处理效果和水质安全性，评价成套设备的运行稳定性，研究处理后的户内优质杂排水供马桶冲洗的节水效率。

（5）绿色建筑节水系统设计

随着城市建筑的不断发展和建筑设施的不断完善，建筑生活用水约占城市总用水量的60％以上。解决建筑生活用水的节水问题，是推进我国节水工作的重要组成部分。建筑节水标准行为人模式是利用实际用水量和用水基线的比值，判断建筑的节水效果；通过建筑用水分项计量，检测水量数据，掌握建筑用水特点。加强建筑节水管理，制定节水用水标准、节水产品全过程管理措施、节水用水激励政策及奖励办法等。

通过以上内容的研究，基本形成涵盖建筑水系统从末端（用水器具）、中间传输（管网系统）到起端（供水泵）的全过程控制技术体系，包含户内非传统水源利用技术及绿色建筑相关设计管理措施。研究结果表明，通过将以上技术集成利用后建筑综合节水率达到16％，节水效果显著。

3.2　用水器具与供水系统的节水特性评价

3.2.1　建筑户内配水管布置方式的对比试验测试与研究

环状配管阻力损失理论计算采用哈代-克罗斯法管网平差原理，计算步骤如下：（1）确定管道的初始流量；（2）计算沿程和局部阻力损失；（3）确定环校正流量；（4）通过多次迭代计算直至环校正流量为零时得到的阻力损失即为环状配管的阻力损失计算值。

理论计算并实测了双承弯管件的局部阻力损失值，相对于管道的沿程阻力损失较小，得出通过双承弯实现管道链状、环状布置可行。

通过比较三种配管方式阻力损失实测值、洁具出水余氯和溶解氧变化趋势以及整个系统水质更新时间得出环状配管在节水节能的同时也能保障配水管内的水质与给水干管水质相一致，因此，从节水节能的角度考虑，环状连接最优，链状连接阻力损失较大，适用于节水器具数量少且布置比较紧凑的卫生间。

本测试得出了环状配管在减小户内配水管滞水方面有明显的优势，但要综合确定在实际工程中应用是否可行，还需开展环状、链状配管管道内微生物生长、生物膜形成规律与出水水质相关性、经济技术比较分析等系列研究。

1. 现有的建筑户内配水管布置方式

现阶段我国户内配水管大部分采用三通串联暗装的敷设形式，此种管道布置方式最大的优点是节省管材、管件，施工安装方便，但是也存在一定的安全隐患，由于它是隐蔽工程，所有卫生器具均串联连接，一旦给水支管出现爆裂、漏损等问题后所有卫生器具均要停止使用，并且有可能导致房间内"水漫金山"，暗埋管的重新翻修给业主带来的损失不仅是影响了正常的生活使用，更重要的是全新装修就可能毁于一旦，带来最直接的经济损失，生活舒适度更是无从谈起。再加上现在市面上的给水管材层出不穷，质量良莠不齐，如果选用的给水管材存在质量问题，将加大此类隐患。

也有部分户型采用分水器并联供水的敷设方式，此种管道布置多数采用管中管的布置方式，分水器后支管进行检修或更换管道时，只需抽出检修的支管即可，其他洁具使用不受影响，也不破坏装修面层；各个洁具使用过程中出水均匀，洁具相互之间无压力波动影响。但是，此种安装方式使用的安装材料数量较多，安装也比较复杂，也会增加很多施工工作量。

以上两种户内管道敷设方式各有优劣，在设计过程中需根据具体的工程情况，酌情选择较为合理的布置方式，但这两种布置方式均存在一定的支管滞水区域，如图 3.2-1 中三通至用水点处的支管以及分水器之后的支管均为配水支管隐性的滞水区，当各个用水点长期不使用时，会造成龙头水出水水质变差，当然支管长度越长，对水质影响就越严重。尤其是在供水末端，余氯衰减至几乎为零的情况下，极易滋生微生物。

现阶段，我国户内配水管大部分采用三通串联的敷设形式，如图 3.2-1（a）所示，该形式节省管材、管件，施工安装方便，但是洁具单支管存在滞水现象，尤其是给水支管在吊顶内敷设时，洁具的配水支管长度达到 2～3m（见图 3.2-1（b）），增加了因滞水而引起的水质污染的风险。让配水支管的水流动起来，降低单支管滞水时间，形成链状连接，如图 3.2-1（c）所示，该方式最大的优点是当配水管末端的洁具出流时，整个配水

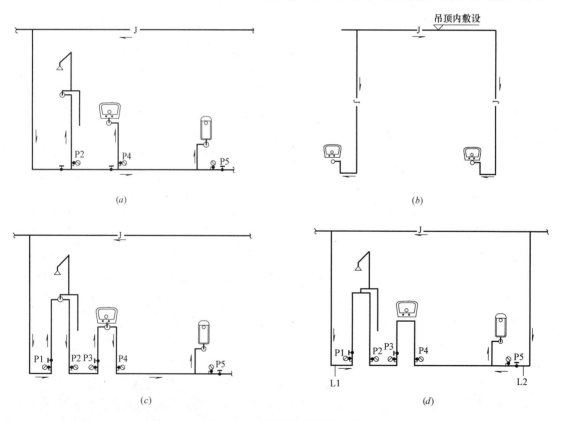

图 3.2-1　户内配水管连接方式

（a）串联；（b）串联吊顶内敷设；（c）链状；（d）环状

管中的水质更新一次，缺点是施工较复杂，增加了管材、管件等。环状连接如图 3.2-1 (d) 所示，任一洁具出流，配水管内双向供水，整个配水管中的水质更新一次，该布置方式在任一洁具使用时都能保障整个配水管的水力更新，也就是减小了配水管内的水力停留时间。三种配管方式各有利弊，环状和链状配管均不同程度地减小了配水管内的滞水区，但是各自的阻力损失值尚不明确，环状布置时理论计算也无依据可寻，这两种连接方式与串联相比对出水水质的影响尚不明确。

2. 户内配水管布置方式对水质影响的相关性研究现状

如果将建筑物内的配水管网比作人体流动的血管，则户内配水管就好比毛细血管，要保障最后一公里供水管网的供水水质，户内配水管对水质造成的影响也不容忽视，尽可能降低或消除户内配水管对供水水质的影响也是保障最后一公里供水管网出水水质至关重要的一步。目前，停留时间对供水管网水质的影响已得到了深入研究，水质保障措施对于大的配水管网也较为完善，但是针对最末端的户内水龙头出水水质的监测极少。

国外相关研究表明，户内末端配水管水质的影响因素包括室内温度、管道布置方式、停留时间、管材材质和管径等。Karin Lautenschlager 等人分别对瑞士 10 户不同区域的家用水龙头停留 12h 后的出水水质进行了检测，分析认为，被检测的 10 户水龙头出水中细菌总数均比各自配水干管中增高一个数量级，12h 内建筑户内配水管中细菌总数平均每小时的增长速率达 22%；另外，在建筑户内配水支管中微生物迅速滋生是普遍现象，当微生物数量增长到一定规模后管壁将形成生物膜，很难去除，导致建筑户内配水管网的生物隐患增加。由此可见，建筑户内配水管引起的水质污染，将会使水厂处理工艺、二次供水消毒设施等一系列保障饮用水水质的措施功亏一篑。

净水二次污染的防范在提高硬件设备的同时更要加强"软件"方面的设计、运行管理等工作，其中包括：采用高品质、无毒、无腐蚀的供水管材和贮水设备，并采用管道循环，以解决管道"死水"问题。而国内起步较晚，未形成成套的、系统的解决方案，研究表明，目前国内也在逐步完善二次供水水质保障措施，本课题就从配水管布置方式的角度展开水质保障措施的研究。

为了降低或避免建筑户内配水管道的水质污染，应采取相应的措施加以防范，如减小水力停留时间、选择优质的给水管材、选择合理的管道布置方式等，其中减小建筑户内配水管道的水力停留时间，是降低或消除建筑户内配水管道对供水水质影响至关重要的措施之一。

本研究针对串联、链状、环状配管方式，通过模拟系统实测、分析，提出了环状配管阻力损失的理论计算方法；实测了相同工况下三种配管方式的阻力损失值；对比了三种配管方式洁具出流余氯、溶解氧的变化规律及配水管内水质更新一次的时间。测试结果表明环状配管阻力损失最小，串联次之，链状阻力损失最大；环状、链状配管洁具出流余氯和溶解氧均比串联高；配水管内水质全部更新一次所需时间环状最短，链状最长；从节能、节水、保障水质的角度考虑，户内环状配管为最优，链状配管适用于洁具少且布置紧凑的卫生间。

3. 配水管环状布置阻力损失理论计算方法

户内配水管环状布置水头损失计算引用了城市环状供水管网计算时常用的哈代-克罗斯管网平差法，环状配管阻力损失值理论计算步骤如下：

（1）初步分配环管各管段流量

首先选取环管中额定流量最大的两个洁具同时使用时的额定流量叠加值作为环管计算的初始总流量，按顺、逆时针方向均分流量，其中顺时针流量为正，逆时针流量为负，根据初始流量、经济流速暂定环管管径。

（2）沿程阻力损失计算

1）依据公式 $i=105c_h^{-1.85}d_j^{-4.87}q_g^{1.85}$ 计算单位长度管道水头损失（m/m），也可查阅《建筑给水排水设计手册》（第三版）附表 B~J 不同管材的相关图表；

2）量取顺、逆时针管道实际长度；

3）依据公式 $h_i=i \cdot L$ 分别计算顺、逆时针管道的沿程阻力损失。

（3）局部阻力损失计算

顺、逆时针管道的局部阻力损失，宜按管道的连接方式，采用管（配）件当量长度法计算。当管道的管（配）件当量长度资料不足时，可按管网的沿程阻力损失百分数取值。

（4）摩阻系数 s 计算

由于在大型输配水环管平差计算中沿程阻力损失比局部阻力损失大得多，摩阻系数计算公式仅与沿程阻力有关，但因建筑户内配水管道系统较小，其摩阻系数应该与沿程阻力损失和局部阻力损失同时有关，通过查阅国外相关资料确定户内环状配管摩阻系数计算采用如下公式：

$$s=\frac{\Delta h_L+\Delta h_E}{q^2} \tag{3.2-1}$$

式中 s——摩阻系数，$m \cdot s^2/L^2$；

Δh_L——管道沿程阻力损失，m；

Δh_E——管道局部阻力损失，m；

q——管道流量，L/s。

（5）校正流量计算

$$\Delta q=-\sum \Delta h_i/(1.852 \cdot \sum_{i=1}^{n} s_i \cdot q_i^{0.852}) \tag{3.2-2}$$

式中 Δq——校正流量，L/s；

Δh_i——水头损失；（管段的水头损失代数和，顺时针为正，逆时针为负），m；

s、q 意义同前。

（6）采用公式进行迭代计算，直至 $\Delta q=0$ 停止迭代，此时顺、逆时针水头损失代数和为 0 且该水头损失值即为管道的水头损失。

（7）若迭代计算 $\Delta q \neq 0$ 且陷入无限循环，则将初始设定管径放大一号再按步骤（2）~（6）进行计算。

【例 3.2-1】

已知：某办公楼男卫生间设有 2 个小便器、2 个洗手盆、1 个蹲便器（冲洗水箱浮球阀）和 1 个拖布池，布置示意图及管道长度如图 3.2-2 所示，当卫生间内配水管为环状布置时，求解管道的水头损失值。

【解】

① 拖布盆和蹲便器同时使用时计算额定流量分别是 0.3L/s 和 0.1L/s，环管的总流

量以 0.4L/s 计，确定 L_1 和 L_4 的总流量 $q_{总}=0.3+0.1=0.4$L/s，定义管路 L_1 为正，L_4 为逆，以负数计，即 $q_1=0.2$L/s，$q_4=-0.2$L/s，$q_2=q_1-0.3=-0.1$L/s，$q_3=q_4=-0.2$L/s，预选择 $DN25$ 的薄壁不锈钢管，具体计算选值详见表 3.2-2。

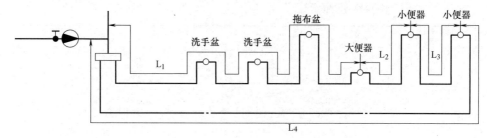

图 3.2-2　男卫生间配水管环状连接示意图

② 根据初步分配流量及管径确定管道单位长度水头损失，并根据实际管道长度计算各管道沿程阻力损失，详见表 3.2-2 中第 6、9 列；通过当量长度法计算（见表 3.2-1）局部阻力损失，详见表 3.2-2 中第 8、10 列。

男卫生间局部阻力损失计算表　　　　　　　　　　　表 3.2-1

项目	单个阀件的当量长度	个数	L_1	个数	L_2	个数	L_3	个数	L_4
90°标准弯头	0.9	15	13.5	4	3.6	4	3.6	3	2.7
洁具接口	0.3	3	0.9	1	0.3	1	0.3	1	0.3
总和			14.4		3.9		3.9		3.0

③ 根据公式（3.2-1）计算摩阻系数及其与流量 q 的乘积。

④ 根据公式（3.2-2）计算校正流量，针对第一个迭代项计算可得：

$$\Delta q=-\sum \Delta h_i /(1.852 \cdot \sum_{i=1}^{n} s_i \cdot q_i^{0.852})=-\frac{0.1984}{1.852 \times 1.306}=-0.0820\text{L/s}$$

⑤ 下一个迭代计算各管道流量等于初次分配的估算流量与校正流量的代数和，例如管段 L_1 第二个迭代计算的流量 $q_{1,2}=q_{1,1}+(-0.0820)=0.118$L/s。

⑥ 如表 3.2-2 所示，迭代计算 12 次之后，$\Delta q=0.000$L/s，流量分配均匀，停止迭代，即最不利点拖布盆出流，顺、逆时针阻力损失数值均为 0.1122m。

管径为 $DN25$ 环管水力计算表　　　　　　　　　　　表 3.2-2

序号	L编号	管道直径 DN (m)	流量 q (L/s)	流速 v (m/s)	坡降 i	管道长度 L (m)	局部折算补偿长度	沿程阻力损失 h_L(m)	摩阻系数 s (m·s²/L²)	$s \cdot q^{0.852}$ (m·s/L)	校正流量 Δq (L/s)
1	1	0.026	0.200	0.389	0.0105	5.400	14.400	0.2069	5.173	1.313	
	2	0.026	−0.100	−0.194	0.0029	−1.800	3.900	0.0061	0.609	0.086	
	3	0.026	−0.200	−0.389	0.0105	−1.800	3.900	0.0219	0.549	0.139	
	4	0.026	−0.200	−0.389	0.0105	−6.500	3.000	−0.0366	−0.914	−0.232	
								0.1984		1.306	−0.0820

续表

序号	L编号	管道直径 DN (m)	流量 q (L/s)	流速 v (m/s)	坡降 i	管道长度 L (m)	局部折算补偿长度	沿程阻力损失 h_L(m)	摩阻系数 s (m·s²/L²)	$s \cdot q^{0.852}$ (m·s/L)	校正流量 Δq (L/s)
2	1	0.026	0.118	0.229	0.0039	5.400	14.400	0.0779	5.600	0.906	
	2	0.026	−0.182	−0.354	0.0088	−1.800	3.900	0.0184	0.556	0.130	
	3	0.026	−0.282	−0.548	0.0197	−1.800	3.900	0.0415	0.521	0.177	
	4	0.026	−0.282	−0.548	0.0197	−6.500	3.000	−0.0691	−0.869	−0.295	
								0.0687		0.919	−0.0404
3	1	0.026	0.078	0.151	0.0018	5.400	14.400	0.0359	5.963	0.675	
	2	0.026	−0.222	−0.432	0.0127	−1.800	3.900	0.0267	0.540	0.150	
	3	0.026	−0.322	−0.627	0.0253	−1.800	3.900	0.0531	0.511	0.195	
	4	0.026	−0.322	−0.627	0.0253	−6.500	3.000	−0.0885	−0.851	−0.325	
								0.0272		0.695	−0.0211
4	1	0.026	0.056	0.110	0.0010	5.400	14.400	0.0199	6.254	0.540	
	2	0.026	−0.244	−0.473	0.0150	−1.800	3.900	0.0316	0.533	0.160	
	3	0.026	−0.344	−0.668	0.0284	−1.800	3.900	0.0597	0.506	0.204	
	4	0.026	−0.344	−0.668	0.0284	−6.500	3.000	−0.0995	−0.843	−0.339	
								0.0117		0.564	−0.0112
5	1	0.026	0.045	0.088	0.0007	5.400	14.400	0.0132	6.466	0.462	
	2	0.026	−0.255	−0.495	0.0164	−1.800	3.900	0.0343	0.529	0.165	
	3	0.026	−0.355	−0.690	0.0302	−1.800	3.900	0.0634	0.503	0.208	
	4	0.026	−0.355	−0.690	0.0302	−6.500	3.000	−0.1056	−0.839	−0.347	
								0.0053		0.489	−0.0059
6	1	0.026	0.039	0.076	0.0005	5.400	14.400	0.0102	6.602	0.419	
	2	0.026	−0.261	−0.507	0.0171	−1.800	3.900	0.0358	0.527	0.168	
	3	0.026	−0.361	−0.701	0.0311	−1.800	3.900	0.0653	0.502	0.211	
	4	0.026	−0.361	−0.701	0.0311	−6.500	3.000	−0.1089	−0.837	−0.351	
								0.0025		0.447	−0.0030
7	1	0.026	0.036	0.071	0.0004	5.400	14.400	0.0088	6.682	0.397	
	2	0.026	−0.264	−0.513	0.0174	−1.800	3.900	0.0366	0.526	0.169	
	3	0.026	−0.364	−0.707	0.0316	−1.800	3.900	0.0663	0.502	0.212	
	4	0.026	−0.364	−0.707	0.0316	−6.500	3.000	−0.1106	−0.836	−0.353	
								0.0012		0.424	−0.0015
8	1	0.026	0.035	0.068	0.0004	5.400	14.400	0.0082	6.724	0.385	
	2	0.026	−0.265	−0.515	0.0176	−1.800	3.900	0.0370	0.526	0.170	
	3	0.026	−0.365	−0.710	0.0318	−1.800	3.900	0.0669	0.501	0.213	
	4	0.026	−0.365	−0.710	0.0318	−6.500	3.000	−0.1114	−0.836	−0.354	
								0.0006		0.413	−0.0007

续表

序号	L编号	管道直径 DN (m)	流量 q (L/s)	流速 v (m/s)	坡降 i	管道长度 L (m)	局部折算补偿长度	沿程阻力损失 h_L (m)	摩阻系数 s (m·s²/L²)	$s \cdot q^{0.852}$ (m·s/L)	校正流量 Δq (L/s)
9	1	0.026	0.034	0.066	0.0004	5.400	14.400	0.0078	6.746	0.379	
	2	0.026	−0.266	−0.517	0.0177	−1.800	3.900	0.0372	0.526	0.170	
	3	0.026	−0.366	−0.711	0.0320	−1.800	3.900	0.0671	0.501	0.213	
	4	0.026	−0.366	−0.711	0.0320	−6.500	3.000	−0.1118	−0.835	−0.355	
								0.0003		0.407	−0.0004
10	1	0.026	0.034	0.066	0.0004	5.400	14.400	0.0077	6.757	0.376	
	2	0.026	−0.266	−0.518	0.0177	−1.800	3.900	0.0373	0.526	0.170	
	3	0.026	−0.366	−0.712	0.0320	−1.800	3.900	0.0672	0.501	0.213	
	4	0.026	−0.366	−0.712	0.0320	−6.500	3.000	−0.1120	−0.835	−0.355	
								0.0001		0.404	−0.0002
11	1	0.026	0.034	0.065	0.0004	5.400	14.400	0.0076	6.762	0.375	
	2	0.026	−0.266	−0.518	0.0178	−1.800	3.900	0.0373	0.526	0.170	
	3	0.026	−0.366	−0.712	0.0320	−1.800	3.900	0.0673	0.501	0.213	
	4	0.026	−0.366	−0.712	0.0320	−6.500	3.000	−0.1121	−0.835	−0.355	
								0.0001		0.403	−0.0001
12	1	0.026	0.033	0.065	0.0004	5.400	14.400	0.0076	6.765	0.374	
	2	0.026	−0.267	−0.518	0.0178	−1.800	3.900	0.0373	0.526	0.170	
	3	0.026	−0.367	−0.712	0.0321	−1.800	3.900	0.0673	0.501	0.213	
	4	0.026	−0.367	−0.712	0.0321	−6.500	3.000	−0.1122	−0.835	−0.355	
								0.0000		0.402	−0.0000

（8）双承弯理论计算

双承弯（见图 3.2-3）是可以实现建筑户内配水管道链状、环状连接的重要阀件，1 接口与用水点洁具连接，2、3 接口分别与给水管连接，此阀件会增加管道系统中的局部阻力损失。局部阻力系数 ξ 取 1.2（管件企业供值），管道流速以 0.8L/s 计，计算得出单个双承弯局部阻力损失理论计算值为 0.039m。

4. 串联、链状、环状建筑户内配水管阻力损失测试

在北京某公司的卫生间及淋浴间内搭建了测试系统，局部安装如图 3.2-4 所示。完成链状、环状管道布置的双承弯管件由管件企业提供。该系统通过阀门控制可依次转换为串联、链状、环状布置，

图 3.2-3　双承弯管件实物图

 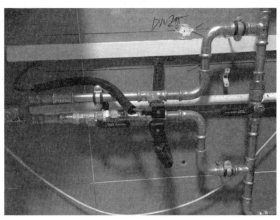

(a)　　　　　　　　　　　　　　　(b)

图 3.2-4　环状连接施工安装图
(a) 淋浴器双承弯连接；(b) 洗手盆双承弯连接

并设置 5 个压力探测点，连接至控制柜，传输压力信号。

（1）三种布管方式下的阻力损失测试

管道入口压力分别调至 0.15MPa、0.2MPa、0.3MPa 进行如下工况测试：

1）串联工况：蹲便器放水，待压力稳定后，测蹲便器出流流量并读取压力探测点 1、5 的压力值；

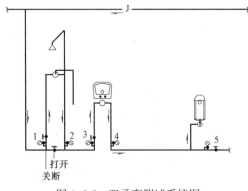

图 3.2-5　双承弯测试系统图

2）链状、环状工况：测试过程同 1）。

（2）双承弯阻力损失测试

将系统调至如图 3.2-5 所示，蹲便器放水并测出流流量，待压力稳定后读取压力探测点 3、4 的压力值。

（3）串联、链状、环状配管水质测试

新建测试系统以地下水源直接供水，在水质测试过程中比较了三种连接方式在不同停留时间后的余氯、耗氧量变化趋势，同时做了极限显色试验，目的是定量分析串联、链状、环状出水水质与干管水质的相关性。

朱官平等人的研究数据显示，二次供水管网中余氯、耗氧量均随水质停留时间的延长有不同程度的下降，这两种指标的变化形式可反映出水质变化情况。建筑户内配水支管属于二次供水管网的末端，因此本研究以余氯和耗氧量作为追踪水质指标。余氯和耗氧量检测分别采用 Q-CL501 便携式余氯-二氧化氯五参数快速测定仪和酸性高锰酸钾滴定法。

（4）试验结果与分析

1）串联、链状、环状配管阻力损失实测

表 3.2-3 给出了系统依次在串联（见图 3.2-1（a））、链状（见图 3.2-1（c））、环状（见图 3.2-1（d））工况下，入口压力在 0.1～0.3MPa 时压力探测点 1、5 的压力值 P_1、P_5 及阻力损失计算值 Δh，Δh 按下式计算：

$$\Delta h = \frac{P_1 - P_5}{\rho g} + Z_1 - Z_5 \tag{3.2-3}$$

式中　Δh——阻力损失值，m；

　　　P_1——压力探测点 1 处压力值，kPa；

　　　P_5——压力探测点 5 处压力值，kPa；

　　　ρ——水的密度，kg/m^3；

　　　Z_1——压力探测点 1 的安装高度，m；

　　　Z_5——压力探测点 5 的安装高度，m。

串联、链状、环状配管阻力损失实测表　　　　　表 3.2-3

连接方式	入口压力 P_2 (kPa)	开启洁具	P_5(kPa)	$P_5 - \Delta Z_{1\text{-}5}$ (m)	P_1 (kPa)	P_1 (m)	Q (L/s)	Δh (m)	平均 Δh (m)
串联	100.000	蹲便器	98.500	8.894	92.400	9.240	0.081	0.346	0.388
	101.000		99.000	8.944	93.000	9.300	0.081	0.356	
	200.000		197.000	18.744	191.100	19.110	0.119	0.366	
	202.000		200.500	19.094	194.700	19.470	0.119	0.376	
	275.000		270.500	26.094	264.000	26.400	0.145	0.306	
	301.000		297.000	28.744	290.700	29.070	0.145	0.326	
链状	102.000	蹲便器	103.000	9.344	97.500	9.750	0.081	0.406	0.401
	102.000		103.000	9.344	97.500	9.750	0.081	0.406	
	201.000		198.500	18.894	193.200	19.320	0.119	0.426	
	200.000		198.500	18.894	193.200	19.320	0.119	0.426	
	300.000		294.000	28.444	287.700	28.770	0.147	0.326	
	300.000		294.000	28.494	289.200	28.920	0.147	0.426	
环状	102.000	蹲便器	105.000	9.544	98.100	9.810	0.083	0.266	0.261
	102.000		105.000	9.544	98.100	9.810	0.083	0.266	
	200.000		200.500	19.094	193.800	19.380	0.117	0.286	
	199.000		199.500	18.994	192.900	19.290	0.117	0.296	
	301.000		300.000	29.044	291.600	29.160	0.145	0.116	
	301.000		300.000	29.044	291.600	29.160	0.145	0.116	

从测试结果可以看出，环状布置的阻力损失最小，其次是串联布置，链状布置的阻力损失最大，这是因为链状较串联连接共增加了 8 个弯头、2 个双承弯，管道长度增长了 2.59m，局部阻力损失和沿程阻力损失均增大；环状连接时同一压力源两路供水，并根据

阻力大小自动进行流量分配，使得阻力较大一侧供水管道的流量减小，因而降低了整个系统的阻力损失。

2）双承弯阻力损失实测

洗手盆处的双承弯阻力损失实测值如表 3.2-4 所示，入口压力在 0.1～0.3MPa 下，双承弯阻力损失值均约等于 0.005m，比流速为 0.8m/s 时的理论计算值 0.039m 要小一个数量级，这是因为管件企业提供的局部阻力系数 $\xi=1.2$ 是在管道流速 2m/s 的工况下测定的。可见，该阀件对整个系统产生的局部阻力损失影响很小，通过此阀件实现管道链状、环状布置从能耗损失的角度来说是可行的。

洗手盆处的双承弯阻力损失测试表　　　　　　表 3.2-4

测试点	入口压力 P_2(kPa)	开启洁具	P_3 (kPa)	P_3 (m)	P_4 (kPa)	P_4-Z-ΔH_{3-4} (m)	Q(L/s)	Δh(m)
洗手盆双承弯	101.000	蹲便器	102.000	10.200	102.300	10.195	0.081	0.0049997
	201.000		198.600	19.860	198.900	19.855	0.119	0.0050012
	201.000		198.300	19.830	198.600	19.825	0.119	0.0049997
	300.000		295.800	29.580	296.100	29.575	0.145	0.0049982
	300.000		295.500	29.550	295.800	29.545	0.145	0.0050012

3）串联、链状、环状配管对出水余氯的影响

试验目的是模拟用水洁具的使用频率（蹲便器、洗手盆、淋浴器分别以每 4h、6h、12h 使用一次的频率），测试配水管道分别在串联、链状、环状连接时的出水余氯变化情况。首先初步测试确定了每个洁具取样后的出流时间（见表 3.2-5），并在测试过程中严格遵循。串联、链状、环状三个工况轮流测试三个周期，测试结果平均值如图 3.2-6 所示。

单工况余氯测试表　　　　　　表 3.2-5

停留时间(h)	取水洁具	取样后放流时间(s)
4	蹲便器	60
6	洗手盆	30
12	淋浴器	10

从余氯总体变化情况来看，随停留时间延长串联、链状、环状余氯变化情况分别是衰减、衰减升高的趋势，其中在停留 4h 后三种配管的蹲便器出水余氯均迅速降低，停留 12h 后淋浴器出水余氯链状和环状均有提高趋势，而串联仍在衰减至更低，分析原因，链状和环状配管蹲便器和洗手盆出水带动淋浴器接口处的水流动，更新了管道内的水质，配水管内的余氯升高，使之维持在一定范围内，降低了因余氯衰减导致微生物增长而引起水质恶化的风险。

6h 后链状余氯较环状增高，其原因很可能是蹲便器更靠近右侧干管，在限定出流时间内链状连接单向水流使得管道内水质更新更彻底，该现象也验证了环状连接时使用频率高的洁具应布置在管道的中间位置，链状则布置在末端。

4）串联、链状、环状配管对出水耗氧量的影响

三种管道系统分别停留24h后，先取洗手盆的初始出水，再将洗手盆放水1min后取淋浴器出水，不同配管方式的洗手盆和淋浴器的耗氧量情况如图3.2-7所示，停留24h后链状、环状配管的淋浴器出水耗氧量均比洗手盆要高，串联时则淋浴器出水耗氧量低于洗手盆，这是因为洗手盆出流时串联配管淋浴器连接处的支管水停滞，链状、环状配管会带动淋浴器接口处的水流动，使得洁具出流水质与供水干管水质保持一致，减小了配水管内的停留时间，降低了因配水管滞水而引起的水质恶化风

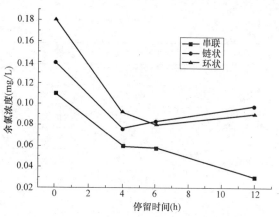

图 3.2-6　串联、链状、环状配管不同停留时间各洁具出水余氯测试平均值

险，此试验再次证明链状和环状布置对水质更新具有绝对的优势。

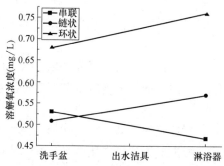

图 3.2-7　串联、链状、环状配管停留24h后洗手盆和淋浴器出水溶解氧值测试

5）串联、链状、环状配管显色试验

目的是测试比较串联、链状、环状三种连接方式各洁具点处水质更新时间的相关性以及判断每一种连接方式水质全部更新的出流流量。

测试方法：串联、链状连接先测试了蹲便器出水显色时间，紧接着测试淋浴器和洗手盆各自的出水显色时间；环状连接先测试了洗手盆出水显色时间，紧接着测试淋浴器和蹲便器的出水显色时间。

测试步骤：①彻底冲洗管道，使各个洁具出水与余氯测试药剂均不发生显色反应，出水颜色如图3.2-8（a）所示；②供水干管内充满高浓度余氯水；③按各配管的洁具出流顺序测试显色时间，出水如图 3.2-8（b）所示。

测试结果见表3.2-6，比较链状和串联，蹲便器出水显色后淋浴器和洗手盆出水显色时间为分别为13s、8s和60s、52s；环状连接在洗手盆出水显色后淋浴器和蹲便器出水显色时间分别为13s和10s。直观地说明链状末端洁具、环状任意洁具出流均可以带动整个配水管的水质更新；串联、链状、环状配管水质全部更新的时间分别为412s、441s、343s，可见测试配管水质全部更新一次环状出流流量最小，串联次之，链状最多。从水质更新和节水的角度考虑环状

(a)　　　　　　　　(b)

图 3.2-8　余氯测试显色反应

（a）低浓度余氯出水显色；（b）高浓度余氯出水显色

最优。

显色测试表

表 3.2-6

连接方式	测试洁具顺序	出高浓度氯水时间(s)	总出水时间(s)
串联	蹲便器	300	412
	淋浴器	60	
	洗手盆	52	
链状	蹲便器	420	441
	淋浴器	13	
	洗手盆	8	
环状	洗手盆	320	343
	蹲便器	10	
	淋浴器	13	

3.2.2　膜复合工艺的家用厨房净水器产水率及出水水质测试及实用性研究

目前家用厨房净水器处理工艺以反渗透膜和超滤膜为核心的复合工艺为主,占整个市场份额的 50%以上。

当选用以反渗透膜为主要工艺的家用厨房净水器时,必须设置增压泵或选用自带增压泵的集成式产品;增加产水率的同时也会以一定比例增加耗电量;无增压泵的反渗透净水器产水率极低,不宜选用。

超滤膜对原水中的悬浮物、腐殖酸等致色物质有较好的处理效果,完全保留了原水中的矿物元素,与反渗透工艺相比几乎无废水率,因此一般情况下建议选用以超滤膜为主的家用厨房净水器。

反渗透膜对原水的硬度、含盐量、有机物均有较好的处理效果,但水中的矿物元素也会被全部去除,与超滤膜相比产水率极低,增加产水率的同时也会增加耗电量,因此无特殊要求不建议选用以反渗透膜为主的家用厨房净水器。

对市面上销售的采用膜处理工艺的家用厨房净水器做了调研,并选购了四款代表性的净水器展开如下研究:测试并比较了三级、五级、六级过滤反渗透工艺的产水率;测试并总结了无增压泵的反渗透净水器在管道入口压力为 0.15～0.4MPa 范围内的产水率变化规律;对比了相同工况下反渗透净水器和超滤净水器出水水质。得出以下结论:不应选用无增压泵的反渗透净水器,带增压泵的反渗透净水器产水率越高,耗电量越大;对于一般自来水水源或仅是悬浮物含量较高、腐殖酸等致色物质较高的水质宜选用超滤净水器;当原水含盐量、硬度超过水质标准限值或被有机物污染时,应选择以反渗透膜为主的净水器。

供水管材、二次供水设施、配水方式、室内温度等因素会不同程度地影响户内终端出水水质,尤其是老旧小区内,管材生锈、老化、腐蚀现象较普遍,图 3.2-9 为北京某小区(1993 年建)自来水管的截面,几乎全部锈蚀,人们健康饮用水意识也在逐渐提高,因此选用家用厨房净水器就成为了提高家庭饮用水水质最直接、最便利、最实用的方法,这是我国家用厨房净水器市场需求量迅速增加的根本原因。

家用厨房净水器实际是小型的给水深度处理设施,文献显示家用厨房净水器采用的膜

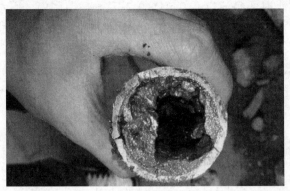

图 3.2-9　北京某小区（1993 年建）自来水管截面

处理工艺是以超滤膜或反渗透膜为主的复合工艺，反渗透膜和超滤膜分别占净水器市场份额的 38％和 18％。近年来，市面上涌现出众多净水器品牌和产品类型，同类型处理工艺的产品不同品牌价位悬殊较大，在选用过程中令消费者无从下手。

本部分在深入调研家用厨房净水器工艺形式的基础上展开测试研究，剖析了现有家用厨房净水器产品中反渗透、超滤复合工艺形式；着重测试了反渗透复合工艺的产水率；比较了反渗透与超滤复合工艺的出水水质；提出了家用厨房净水器选用方法及建议。

1. 现有家用厨房净水器膜处理复合工艺形式

厨房净水器复合工艺主要是超滤膜、反渗透膜分别与 PP 棉、活性炭以不同的形式组合而成。常采用的活性炭种类有颗粒活性炭、压缩活性炭和后置活性炭。反渗透（RO）膜的孔径仅约 1～10nm，几乎可以去除水中的一切物质，包括各种悬浮物、胶体、溶解性有机物、无机盐、细菌、微生物等；超滤（UF）膜的孔径为 5nm～0.1μm，可以有效去除水中的悬浮颗粒、胶体、细菌等，但它对水中有机物的去除率不高。

颗粒活性炭一般设置在膜前对水质进行预处理，对膜起到保护作用，即形成颗粒活性炭＋超滤膜复合工艺，如图 3.2-10（a）所示；也有一些产品在超滤膜后增加了压缩活性炭或后置活性炭，形成颗粒活性炭＋超滤膜＋压缩活性炭或后置活性炭复合工艺，如图 3.2-10（b）所示。无论是前置还是后置活性炭主要是拦截和吸附作用，均辅助于超滤膜的净水器效果。

市面上销售的反渗透膜厨房净水器，基础工艺是活性炭＋反渗透膜＋活性炭，如图

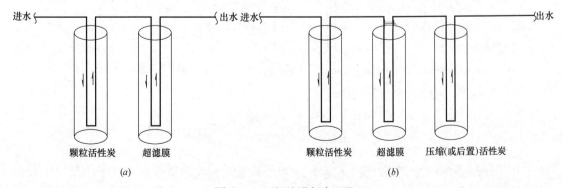

进水　　　　　　　　　　　出水　进水　　　　　　　　　　　　　　出水

颗粒活性炭　　超滤膜　　　　　　　颗粒活性炭　　超滤膜　　压缩(或后置)活性炭

(a)　　　　　　　　　　　　　　　(b)

图 3.2-10　超滤膜复合工艺

（a）颗粒活性炭＋超滤膜复合工艺；（b）颗粒活性炭＋超滤膜＋压缩（或后置）活性炭复合工艺

3.2-11（a）所示，因大部分反渗透膜制水时的净流量在 0.04～0.15L/min 范围内，用水高峰时会供不应求，故增设了压力罐，在无用水时段内制备的净水贮存在压力罐内，不同品牌压力罐的容积有 1～7L 不等。也有一些称之为五级、六级过滤的厨房净水器，在前述工艺的基础上又增加了 PP 棉或活性炭工艺，如图 3.2-11（b）所示。六级过滤采用的复合工艺形式是将五级过滤的第三道过滤换成了超滤膜并且增加了紫外杀菌灯，如图 3.2-11（c）所示。

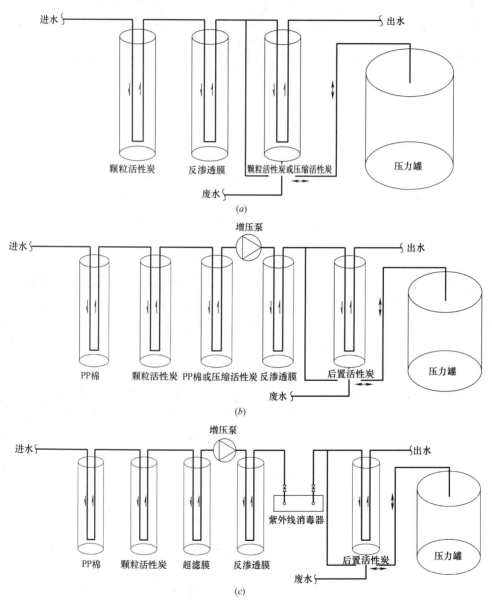

图 3.2-11 反渗透膜复合工艺

（a）三级过滤；（b）五级过滤；（c）六级过滤

由于经过多级过滤，阻力损失较大，该类产品通常在反渗透膜前安装了小型增压泵，以保证反渗透膜前所需压力并提高产水率，不同品牌增压泵后压力范围为 0.5～0.8MPa，此类净水器一般为集成产品。

2. 反渗透复合工艺净水器产水率测试

（1）概况

测试分别选用了以反渗透膜为主的三级、五级、六级过滤净水器（见图 3.2-11），测试系统在北京索乐阳光科技有限公司的餐厅内搭建，反渗透净水器进、出水管上均安装了水表，同时进水管上安装了远传压力探头，连接至控制柜，传输压力信号。家用厨房净水器测试系统示意图见图 3.2-12。

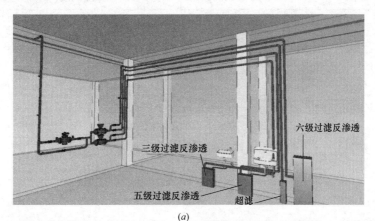

(a)

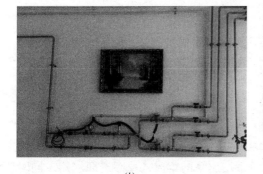

(b)

(c)

图 3.2-12 家用厨房净水器测试系统示意图

(a) 三维图；(b) 管道安装图；(c) 净水器安装图

（2）测试内容

1）0.2MPa 入口压力产水率测试

此测试是针对选用的三个反渗透工艺厨房净水器，测试步骤如下：

① 读取进、出水管水表初始数据；

② 净水器出水量由测试期间工人随机使用频率决定；

③ 隔 2d、5d、10d、20d 读取进、出水管水表数据。

2）0.15～0.4MPa 入口压力产水率变化规律

仅对三级过滤净水器进行测试，目的是量化无增压泵净水器产水率随入口压力变化的规律性。

（3）测试结果

1）测试结果如表 3.2-7 所示，三级、五级、六级家用厨房净水器在入口压力为 0.2MPa 时，不同时间间隔内测试的产水率均在一定的范围内波动，通过测试阶段平均产水率（表 3.2-7 第 6 列）数据可以看出，无增压泵的三级净水器平均产水率仅为 14.55%，五级、六级净水器的平均产水率分别为 43.95% 和 69.10%，六级净水器产水率最高；如前所述，五级、六级净水器在反渗透膜前均设了增压泵，测得五级、六级净水器增压泵后压力分别为 0.6MPa、0.8MPa。

同一入口压力时家用厨房净水器产水率测试表   表 3.2-7

间隔时间(d)	净水器工艺	进水管水表读数	出水管水表读数	产水率(%)	平均产水率(%)
0	三级	2686	139		14.55
2		2793	154	14.02	
5		3067	196	15.33	
10		3358	241	15.46	
20		3769	296	13.38	
0	五级	5403	182		46.89
2		5468	218	55.38	
5		5777	356	44.66	
10		5856	391	44.30	
20		6215	545	42.90	
0	六级	5863	474		69.10
2		5897	497	67.65	
5		6215	714	68.24	
10		6262	747	70.21	
20		6326	792	70.31	

从测试数据可以得出，当入户管道压力为 0.2MPa 左右时，凡选用以反渗透膜为主要工艺的家用净水器，均须设置增压泵或选用自带增压泵的集成式反渗透净水器；同时从增压泵的出口压力和产水率的相关性来看增加产水率的同时也会以一定比例增加耗电量。

2）三级过滤净水器产水率与入口压力相关性测试结果

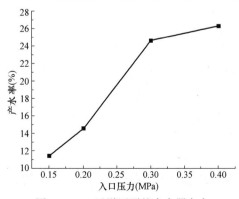

图 3.2-13 无增压泵的净水器产水率随入口压力变化规律

此次测试选用的三级过滤净水器内未安装增压泵，通过调整二次供水变频增压泵来变换净水器前的入口压力（0.15～0.4MPa）并测试其产水率，在同一压力点反复测试 5 次取得产水率平均值，测试结果如图 3.2-13 所示。

随入口压力的增高，净水器的产水率直线上升，但是当入口压力为 0.4MPa 时，净水器的产水率也仅为 26.32%；这仅是对三级过滤净水器的测试数据，由此推断当净水器过滤级数增多时，压力损失也随之增大，产水率就会更低；与此同时因长期膜通量较差，导致反渗透膜容易堵塞，进而缩短膜的使用寿命。

本次测试再次验证了选用反渗透膜工艺的厨房净水器设置膜前自带增压泵的重要性。

3. 反渗透、超滤复合工艺净水器出水水质对比

（1）相关水质标准

目前并没有专门针对家用净水器出水水质的相关规范和标准，诸多产品样本上标明出水水质符合卫生部 2001 年颁布的《生活饮用水水质处理器卫生安全与功能评价规范》，该评价标准中对一般水质处理器要求出水水质符合生活饮用水水质，反渗透水质处理器分别对无机物、挥发性有机物、理化等各项指标分别做了限值规定。

（2）综合比较反渗透、超滤净水器出水水质

乔玉玲等人对终端反渗透膜和超滤膜净水器出水水质做了测试研究，结果如表 3.2-8 所示，反渗透膜对原水中的浊度、色度的去除均比超滤膜好，但超滤膜的出水水质也能达到我国的水质标准，且从电导率值来看超滤膜基本无脱盐作用，完全保留了原水中的矿物元素。

终端反渗透膜和超滤膜净水器水质净化效果　　　　　　表 3.2-8

膜处理工艺	去除率（%）					
	浊度	色度	电导率	有机物		
				UV_{254}	COP_{Mn}	TOC
反渗透	70～80	63～77	91～93	60～73	62	61
超滤	30～60	35～55	无效果	14～31	20	14

对于一般自来水水源或仅是悬浮物含量较高、腐殖酸等致色物质较高的水质宜选用超滤膜处理工艺；当原水含盐量超过水质标准限值或被有机物污染时，应选择反渗透膜为主的处理工艺。

（3）实测超滤、反渗透净水器出水水质

根据《生活饮用水水质处理器卫生安全与功能评价规范——反渗透水处理装置》对净水器出水指标的要求及测试场地供水水质特征，本测试选用了 pH 值、总硬度、耗氧量、三氯甲烷作为水质检测指标，分别对四款净水器出水进行测试。测试方法如表 3.2-9 所示，测试结果如表 3.2-10 所示。

净水器出水检测项目及检测方法　　　　　　表 3.2-9

检测项目	检测方法	检测标准	检出限值
pH 值	玻璃电极法	《生活饮用水标准检验方法　感观性状和物理指标》GB/T 5750.4—2006	—
总硬度（以 $CaCO_3$ 计）	乙二胺四乙酸二钠滴定法	《生活饮用水标准检验方法　感观性状和物理指标》GB/T 5750.4—2006	1.0mg/L
耗氧量	酸性高锰酸钾滴定法	《生活饮用水标准检验方法　有机物综合指标》GB/T 5750.7—2006	0.05mg/L
三氯甲烷	毛细管柱气相色谱法	《生活饮用水标准检验方法　消毒副产物指标》GB/T 5750.10—2006	0.2μg/L

净水器水质对比 表 3.2-10

测试项目		测试次数	pH 值	总硬度(以 CaCO₃ 计)(mg/L)	耗氧量(mg/L)	三氯甲烷(μg/L)
原水水质		1	7.81	335	0.44	3.2
超滤复合工艺		1	7.39	323	0.37	3.5
		2	7.50	338	0.53	5.4
反渗透复合工艺	三级	1	6.71	30	0.29	<0.2
		2	6.70	25	0.34	<0.2
	五级	1	7.34	43	0.37	4.3
		2	6.02	43	0.25	5.6
	六级	1	6.32	26	0.37	3.5
		2	6.97	43	0.53	5.4

表 3.2-10 中的每一款净水器出水水质各测试两次，测试时间间隔为 30d。从测试数据来看，原水的 pH 值和耗氧量不受过滤膜的影响，反渗透膜和超滤膜为主的净水器出水中 pH 值和耗氧量无明显变化。

从总硬度（以 CaCO₃ 计）的去除率来看，反渗透工艺对总硬度的去除率要远高于超滤工艺，三级、五级、六级反渗透净水器对总硬度的去除率均大于 87%，超滤膜对总硬度基本没有去除效果，并且随着净水器使用时间的延长，出水中总硬度会逐渐增高，表明硬度有富集现象。

三级反渗透处理工艺对三氯甲烷的去除有明显优势，两次测试值均小于 0.2mg/L，超滤及五级、六级反渗透处理工艺出水中三氯甲烷有富集。分析其原因很可能是因为三级过滤最后一道采用的是该品牌的专利产品——折叠膜滤芯，其对三滤甲烷、余氯及异味有吸附作用。

此试验结果再次证明在原水硬度、电导率、有机物均符合《生活饮用水卫生标准》GB 5749—2006 限值时宜选用超滤膜家用厨房净水器；以上三类指标超出限值时宜选用反渗透膜家用厨房净水器，且在选用净水器时并非处理级数越多出水水质越好，而是要注重膜的质量及处理作用和效果。

3.2.3 管道式集成水箱

本节主要介绍了管道式集成水箱的发明背景、设计思路、设计理念以及它所产生的经济效益。管道式集成水箱拥有很好的发展前景以及广阔的市场，伴随着我国装配式建筑、装配式机电的大力发展，集成水箱发明的设计理念和思路也将会被大力推广。

1. 研制背景

（1）常规水箱和管道式集成水箱的对比

常规水箱一般多采用金属或塑料板材现场组装，需要较大的安装空间，因而使得机房空间往往不能得到充分利用，尤其是高层、超高层建筑造价昂贵，体量不大的水箱需要占用较大的水箱间，造成不必要的浪费；另一方面，现场组装水箱容易受到污染，每年需要定期消毒清洗，既浪费水资源又增加维护成本。

常规水箱最突出的问题就是因水箱管理不善容易引起二次污染。造成二次污染的原因主要是水箱的人孔、溢流孔、透气孔密闭性差，有的水箱盖子密封不好甚至没有盖子，造成尘土、蚊虫、鼠类等进入水箱；反观管道式集成水箱可彻底改变"三孔"不严的问题，也可以将水箱作为闭式水箱；同时可以实现闭式水箱、开式水箱的功能转换。

常规水箱的结构不合理，平底的水箱容易沉积大量的微生物和有害物质；某些死水区的水常年不循环成为污染源；设计水箱计算容量过大，实际用水量少，贮存时间长导致氯气挥发、微生物滋生；水箱或输送水管的材质不满足卫生要求，造成水质理化、毒化指标超标。管道式集成水箱采用优质不锈钢等材料，改变贮水结构、杜绝死水区，合理减小贮水量，有利于水质指标的保持。

常规水箱需要外设紫外线、二氧化氯等外置消毒器，产品良莠不齐、管理复杂，难以保障二次供水水质；管道式集成水箱与银离子消毒器有机耦合，工厂预制、减少安装与管理环节，确保消毒杀菌效果。

（2）管道式集成水箱的发明

本发明的目的是提供一种管道式集成水箱和生活给水设备，解决传统的组装式水箱占用建筑空间太多、安装管理复杂、成本较高、水质差等一系列问题。

为实现上述目的，本发明采用如下技术方案：利用目前成熟、经济的不锈钢板焊接成圆形管道，多组管道紧凑式安装成一体，利用管道的容积贮存水；不锈钢板圆形管道机械强度较好，工厂预制化集成一体，现场组装方便，可紧贴墙体安装，节省机房面积；水箱与给水泵、消毒器耦合成一体，实现工厂化预制设备集成一体化，避免现场繁杂的安装工作，提高了设备及安装质量。

本发明根据不同水温或用途采用不同的保温层，聚氨酯发泡保温，工厂一次成型。贮存常温冷水时做 10mm 防结露保温；贮存热水或室外防冻时做 50mm 聚氨酯发泡保温；室外埋地安装可不要保温层。与现有技术相比本发明具有以下特点和有益效果：本发明是一种成套化的综合贮水、供水、消毒装置，是一种管道设备高度集成化的综合性二次供水设施，其将工程技术设计、贮水贮热、加压供水、二次消毒等多层面的工程技术预制集成化，构思巧妙、运行方便，适应工业化建筑的建设理念，是绿色建筑、节能减排切实可行的技术保证措施。

2. 研制过程

（1）设计图纸

管道式集成水箱是由具备一定容积的、连续性的承压式管道水箱组装而成，内置内胆保温层，结构易于组装。管道式集成水箱设计前期绘制 CAD 图纸（见图 3.2-14），根据最初的设计思路，要设计一种集成式的管道水箱，把 6 个预制管道水箱组装而成，内部用连通管连接，确定管道集成式水箱主体的尺寸大小、安装位置，然后开始排布各路管线的位置，连接水箱、加压给水泵以及消毒设备。

为使现场组装施工变得更加高效快捷，根据 CAD 设计图纸以及实验室房间的建筑结构情况，绘制 BIM 三维模型（如图 3.2-15）来指导现场施工。绘制 BIM 三维模型可以预先对排布不合理的管线进行检查，在设计阶段就可以减少诸多现场施工问题，大大提高了施工效率。

（2）安装与图片

根据初步设计的图纸，管道式集成水箱及其相应设备采用工厂预制化，现场组装的方式，水箱紧贴墙面安装，大幅度节省占地面积，现场组装成品如图 3.2-16 所示。

（3）技术数据分析

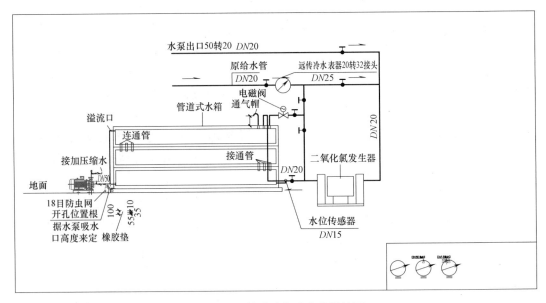

图 3.2-14 管道式集成水箱设计图

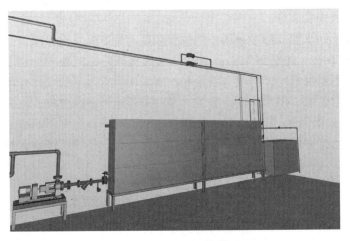

图 3.2-15 BIM 三维模型

管道式集成水箱技术参数表 表 3.2-11

水箱段数	长（m）	宽（m）	高（m）	体积（m³）	占地面积（m²）	传统排布占地面积（m²）	节省面积（m²）
2	4.3	0.48	0.52	1.07	2	2	0
4	4.3	0.48	1.04	2.14	2	4	2
6	4.3	0.48	1.56	3.2	2	6	4
8	4.3	0.48	2.08	4.3	2	8	6

　　管道式集成水箱本体长 4.3m、宽 0.48m、高 1.56m，体积约为 3.2m³。水箱紧贴墙体安装，占地面积仅仅为 2m² 左右。如表 3.2-11 所示，相当于把占地面积缩小为原本的 1/3，所带来的经济效益不言而喻。同理，水泵和消毒装置以及相对应的管道都贴墙安装，

节约室内空间。

3. 经济效益分析

管道式集成水箱所带来的经济效益主要从以下几个方面来分析：

（1）节省面积

管道式水箱、水泵以及消毒设备集成一体，紧贴墙体安装，大幅度减少占地面积，节约室内空间。

（2）节省材料、水资源

管道式集成水箱由多个分体水箱组成，节省保温材料的使用。与之相对应的配套消毒设备可以定期有效地对水箱内的水进行消毒，防止因细菌滋生而造成的水资源浪费。

图 3.2-16　管道式集成水箱

（3）节约时间、人员、维护成本

管道式集成水箱采用工程设计、工厂预制化、现场组装的设计思路，大大节省了因现场组装不利而浪费的时间以及现场组装所需要的人员数量。在后期维护方面管道式集成水箱与银离子消毒器有机耦合，便于后期管理消毒，节约维护成本。

3.2.4　用水量规律在线监测一体化设备构建与测试

1. 测试目的

本测试主要对"用水量规律在线监测一体化设备"的系统压力降以及太阳能盘管热性能进行测试，主要包括冷热水系统流量、系统阻力损失、太阳能热水系统集热效率、贮热水箱平均热损因数的测试。通过一系列测试能够得出进口与国产混水阀在压力降方面的结论以及太阳能集热系统热性能的相关结论，从而为本项目的科研工作提供可靠有效的数据和结论。

2. 用水量规律在线监测一体化设备构建

（1）系统组成：管道式集成水箱；末端链式环状管道；集中热水恒温混水阀组；太阳能热水制备与冷热水水力平衡系统；直饮水制备与节水系统。

本系统由太阳能集热器、换热盘管、贮热水箱、给水泵、减压阀、恒温混水阀等设备组成，其系统原理图如图 3.2-17 所示。

本项目太阳能热水系统为间接式、换热循环系统，系统共安装了 8 台一体式全玻璃真空管太阳能热水器，太阳能热水器总轮廓采光面积为 $25.2m^2$，太阳能热水器安装在屋顶屋面上，安装倾角为 $15°$。每台一体式全玻璃真空管太阳能热水器贮热水箱容积为 300L。测试系统三维模型如图 3.2-18 所示。

（2）部品组件安装：材料清单；设备清单；安装图；测试系统现场安装情况如图 3.2-19～图 3.2-22 所示。

3. 测试结果分析

在 20 种测试工况下，阀门压力降分布的比较，分别计算得出进口单阀门平均压力降为 26.7kPa，国产单阀门平均压力降为 35.2kPa，进口双阀门并联平均压力降为 11kPa。

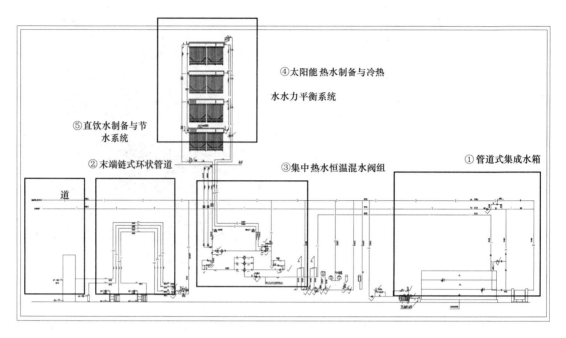

①管道式集成水箱

④太阳能热水制备与冷热
水水力平衡系统

⑤直饮水制备与节
水系统

②末端链式环状管道

③集中热水恒温混水阀组

图 3.2-17 测试系统原理图

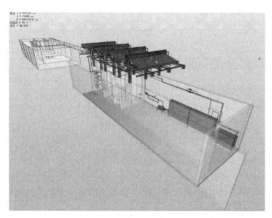

图 3.2-18 测试系统三维模型

在 20 种测试工况下，集热器换热盘管压力降分布的比较，分别计算得出进口单阀门平均压力降为 43.1kPa，国产单阀门平均压力降为 55.4kPa，进口双阀门并联平均压力降为 45.9kPa。

根据国家太阳能热水器质量监督中心检测报告的检测结果，把各个方案的数据进行整理比较，得出以下几个结论：

（1）进口恒温混水阀的压力降小于国产恒温混水阀的压力降。

（2）进口同规格恒温混水阀，双阀门并联的压力降小于单阀门压力降。

（3）在单个进口恒温混水阀开启工况下，太阳能热水系统集热器内的换热盘管平均阻力损失为 43.1kPa。

（4）在单个国产恒温混水阀开启工况下，太阳能热水系统集热器内的换热盘管平均阻力损失为 55.4kPa。

（5）在室外平均环境温度为 15.1℃，累计太阳辐照量为 10.17MJ/m^2 条件下，太阳能热水系统集热效率为 36%。

（6）在室外平均环境温度为 7.8℃条件下，贮热水箱平均热损因数为 11.4W/(m^3·K)。

4. 现场测试照片

太阳能热水制备与冷热水水力平衡系统试验现场图片如图 3.2-23 所示。

图 3.2-19 现场组装管件

图 3.2-20 串联、链状、环状配管布置现场   图 3.2-21 恒温混水阀

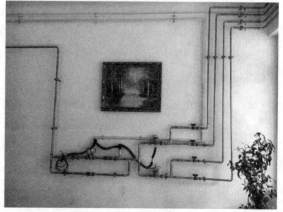

图 3.2-22 净水系统布置

太阳能热水制备与冷热水水力平衡系统中记录太阳总辐照量的辐射表安装如图3.2-24所示。

图3.2-23   屋顶集热器布置

图3.2-24   记录太阳总辐照量的辐射表

集中热水恒温混水阀组测试系统现场安装图片如图3.2-25所示。

系统测试中使用的温度、辐照量、风速采集仪如图3.2-26所示。

图3.2-25   恒温混水阀组及检测设备布置图

图3.2-26   温度、辐照量、风速采集仪

用水量规律在线监测一体化设备具有高度的集成化，由诸多系统构成，设备集成、管线集成、系统集成等多重集成方式构成一体。本试验主要通过对混水阀阻力、太阳能换热盘管阻力的测试，把测试结果进行对比分析，得出相应结论。该系统的构建对于用水器具和供水系统相关特性的评价技术研究有着重要的意义，对今后实际工程应用有着积极的借鉴意义。

3.2.5   用水器具与供水系统实施建议

1. 用水器具节水分析与现状

（1）用水器具与供水系统的节水特性

1）用水器具

节水特性：节水方式（种类）及原理、用水定额、单次供水量、单次使用时间、节水器具用水额定流量下的最佳供水压力范围值。

2) 供水系统（按建筑类型分类：学校、商业、办公、住宅等）

节水特性：系统的优化布置比选，减少分区的节水，不同种类建筑物节水设计要点。

（2）节水龙头及节水原理

《节水型生活用水器具》CJ/T 164—2014 提出，节水型生活用水器具是指满足相同的饮用、厨用、洁厕、洗浴、洗衣等功能，较同类常规产品用水量减少的器具。

节水型水龙头是指具有手动或自动启闭和控制出水口水流量功能，使用中能实现节水效果的阀类产品，在水压 0.1MPa 和管径 15mm 下，最大流量应不大于 0.15L/s。

常用的节水龙头可分为加气节水龙头和限流水龙头两种。这两种水龙头都是通过加气或者减小过流面积来降低通过水量的。这样，在相同使用时间里，就减少了用水量，达到节约用水的目的。一个普通水龙头和一个节水龙头相比，出水量大大不同，一般普通水龙头的流量都大于 0.20L/s，即每分钟出水量在 12L 以上；而一些节水龙头的流量只有 0.046L/s，即每分钟出水量仅 2.76L。目前市场上最普遍的陶瓷阀芯水龙头可以开合数十万次，与旧式水龙头相比，可节水 30%～50%。

最新的节水龙头，可以根据自身的需要，自行调节或卸下安装在水龙头内的节水器，自由转换控制节水率。同时其快速开启方式同样也是传统螺旋式所不及的，从而强化了节水效果。另外，在水龙头的出水口安装充气稳流器（俗称气泡头）也是有效办法。安装了气泡头的水龙头，比不设该装置的水龙头要节水得多，并随着水压的增加，节水效果也更明显。由于空气注入和压力等原因，节水龙头的水束显得比传统龙头要大，水流感觉顺畅。

1) 节水龙头种类

① 节水出水龙头

这种出水头可以安装在水龙头本体上的出水口处，两者通过螺纹连接，结合成节水龙头。阻水片安装在出水头与水龙头本体出水口的结合面之间，阻水片上方的水流经旋流水道上的阻水孔节流增速，经复数条旋流水道形成多道高速旋流，由上大下小锥孔的导引产生扩散状的出水。由于压力大、流量小使水形成雾化，从锥孔底部的出水喷口以雾滴状向外喷出。水流经两次节流，一次在阻水孔，另一次在出水喷口，使水龙头的出水量大为减少，而以雾滴状向外喷出的水流加大。

② 恒压恒流高效自动节水龙头

恒压恒流高效自动节水龙头是通过为一定的用水方式提供最适合使用的稳定水流来实现的，节水原理是"动态限压节流"，即根据水压自动调节流通面积大小——水压高时自动减小流通面积，水压低时自动增大流通面积，从而使出水量基本保持不变，提供最适合使用的出水，适用于用水方式比较固定、流量要求比较稳定的用水终端，如与水龙头、淋浴器、冲洗阀、混水阀、感应式水龙头、自动洗手器等配套使用。

③ 感应式水龙头

感应式水龙头应符合《节水型生活用水器具》CJ/T 164—2014 的规定。离开使用状态后，感应式水龙头应在 2s 内或非正常供电电压下自动断水。开关使用寿命应大于 1 万次。

④ 延时自闭式水龙头

延时自闭式水龙头应符合《节水型生活用水器具》CJ/T 164—2014 的规定。在出水一定时间后自动关闭，避免长流水现象。水龙头每次出水量不大于 1L，给水时间为 4～6s。此水龙头出水时间可在一定范围内调节，使用方便卫生，又可以节水，适用于公共场所，但因其出水时间固定不易满足不同使用对象的要求，因此，不适宜在居民建筑日常所用。

⑤ 光电控制式水龙头

光电控制式水龙头不需要人的触摸操作，弥补了延时自闭式水龙头的不足。例如，一款新型的红外线自动控制洗手龙头（见图 3.2-27），安装时就自行检查其下方或前方的固定反射体（如洗手盆），并根据反射体的距离调节自己的工作距离，避免因前方障碍较近而导致的长流水现象，而该智能化洗手龙头还可以做到：没有洗手动作不给水，长期不用会定时冲水，避免水封失灵，洗手时间过长也会停水。

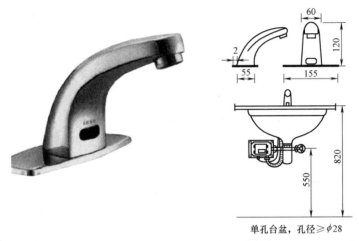

单孔台盆，孔径≥φ28

图 3.2-27　红外线自动控制洗手龙头

⑥ 无活塞延时阀芯水龙头

无活塞延时阀芯水龙头采用无活塞方式控制水流，可使水流的开、关更为简单，水龙头寿命更为耐久，生产更为简捷经济。其特点是轻触即出水，水流自动冲洗触点，使触点保持清洁，安全环保；水流按设定时间延时后自动关闭，切断了传统水龙头手柄开关传播病菌的途径，健康可靠；还具有停水自锁的功能，避免传统水龙头忘关阀门产生漏水的问题，方便节水。其应用还可以扩展到所有水龙头的功能范围，小产品、大市场，前景广阔。

⑦ 铜制节水龙头

铜制节水龙头主体由黄铜制造，采用陶瓷密封，外表镀一层铬。具有抗锈蚀、不渗漏、开关行程短等特点，能够很好地控制水量的大小，实现很好的节水效果。而且铜的抗压性、强度和韧性很好，所以不用担心水龙头爆裂，这对于冬天气温比较低的地区来说，也是很大程度上地节水。更重要的一点，铜具有极强的杀菌功能。达标的饮用水在进入城市居民供水系统后，水中残余的少量细菌会再次滋生或由于进入其他污染物造成二次污染。铜制水管较好的密封性可以防止污染入侵，铜离子强大的杀菌能力也让细菌无法再生。

⑧ 陶瓷阀芯水龙头

目前，节水型水龙头普遍采用陶瓷阀芯水龙头。它由进接头、出接头、变接头、两块形似的陶瓷片、两个形似的垫圈、两个圆形圈、环形垫圈、连接螺母和手轮组成。一个垫圈、一个圆形圈和一块陶瓷片依次装在进接头的下部和出接头的上部，将环形垫圈套在出接头里，用连接螺母旋进进接头的下部，再将手轮卡在出接头的中部，变接头旋在出接头的下部，这样就完成了陶瓷阀芯的组装过程。手轮旋转时，出接头带动其下部的陶瓷片转动，通过两块陶瓷片上通孔的对齐或错开，实现水龙头的启闭及水量的调节。

其所谓节水，是相对于铸铁螺旋升降式水龙头而言。节水原理：限流节水，即限制流量以减少用水过程中水的无谓流失；缩短水龙头开、关时间，减少开关过程中水的浪费；陶瓷密封减少滴漏，陶瓷阀芯及陶瓷阀芯水龙头如图 3.2-28、图 3.2-29 所示。

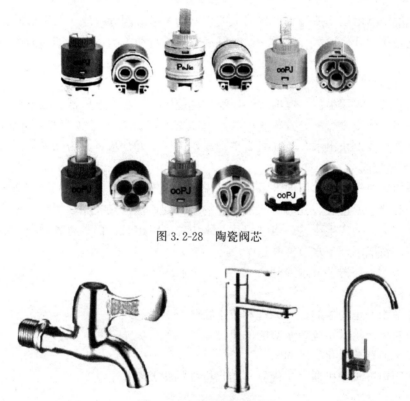

图 3.2-28　陶瓷阀芯

图 3.2-29　陶瓷阀芯水龙头

2）水龙头节水的经济效益

市场上普遍是一种双挡开关的节水龙头。这种龙头的外形并没有什么特别，只是龙头开关分为两挡，第一挡控制 50％的出水流量，适合人们洗手、洗脸等基本洗漱需求；如果你想洗衣、洗菜，需要更大出水量，则将开关扳到第二挡，就会有 100％的出水流量了。通过两个开关挡的控制，可以达到简单但有效的节约用水。这种节水龙头主要有科勒、美标等品牌，此外，也推出了一种内部设有定流阀的自动感应节水龙头，对水流进行源头控制，以便达到节水。

若以涨价后的水价计算，居民生活水价按第一阶梯（1～180m³/年）计为 5 元/m³，一个三口之家月均用水量为 $12m^3$，一个月除去洗衣机、坐便器、洗澡，通过水龙头使用的水可占到 40%，即每月 $4.8t$。按照某品牌节水龙头介绍，该水龙头最高可节水 20%，一年下来可节省 $11.52t$ 水，节约近 57.6 元。

（3）节水型淋浴器

1）机械式脚踏淋浴器

当人站在淋浴喷头下方时，利用压力或通过杠杆、链绳等原理进行力的传递，开启阀门，淋浴器喷水。人离开后，压力消失，阀门关闭，停止喷水，从而达到节水目的。从淋浴阀结构上分为单管和双管，单管是控制已经调节好的 $35\sim40℃$ 水温的混合水，双管是通过分别装设于冷热水管路上的两个截止阀，调节冷、热水混合比，取得满意的水温。

2）电磁式淋浴器

电磁式淋浴器由设于莲蓬头下方墙上的控制器、电磁阀等组成。使用时只需轻按控制器开关，电磁阀即开启通水，延续一段时间后电磁阀自动关闭停水，如仍需供水，可再按控制器开关。

3）红外传感式淋浴器

红外传感式淋浴器类似于反射式小便池冲洗控制器，红外发射器和接收控制器装在同一个面上，当人体走进探测有效距离内时，电磁阀开启，喷头出水。人体离开探测区后，电磁阀关闭，喷头停止出水。目前只有单管式，适用于混合水。无需动手、美观卫生。

4）淋浴连接阀

淋浴连接阀对于具备水压的淋浴设备来说，是理想的节水节能配件。它适用于有软管连接的淋浴装置上，可安装在软管与水龙头的接口处，也可安装在软管与沐浴头手柄的连接处，以空气为动力产生压差，当"膨化"水由花洒喷出时，仍具有大面积淋洒，在满足同样舒适度的情况下，节水节能高达 70%。

（4）节水型坐便器及节水原理

相关文件：

1）《超节水型坐便器的设计原理和技术特色》；

2）《建筑生活给水系统节水节能的研究》；

3）《日本便器节水化的动向》；

4）《福冈市节水型机器（坐便器）指定标准的相关要领》。

（5）节水型洗衣机

北京市不同洗衣机类型的家庭生活用水量见表 3.2-12。

北京市不同洗衣机类型的家庭生活用水量

表 3.2-12

洗衣机类型	占比（%）	平均用水量[L/（人·d）]
滚筒式	18.5	94.6
涡流式全自动	56.1	104.8
涡流式半自动	25.4	98.3

2. 供水系统节水分析

（1）节水型水龙头额定流量下的最佳压力范围值

《建筑给水排水设计标准》GB 50015—2019 第 3.4.4 条规定生活给水系统用水点处供水压力不宜大于 0.2MPa，并应满足卫生器具工作压力的要求；第 3.2.12 条规定水龙头的最低工作压力为 0.1MPa；规定水龙头的额定流量为 0.15～0.2L/s。

流量：以额定流量 0.15L/s 和 0.2L/s 计；

压力：0.1MPa≤用水点给水压力≤0.2MPa。

1）超压出流量（耗水）

超压出流量＝出流量－额定流量（0.15L/s 和 0.2L/s）

2）低压出流量（耗能）

低压出流量＝额定流量（0.15L/s 和 0.2L/s）－出流量

（2）目的

1）将规范给定的支管压力区间 0.05～0.35MPa 细分，测定不同压力点处节水型洗手（脸）盆的出流量，以 0.1MPa 及 0.15L/s 和 0.2L/s 为基准，对节水型水嘴进行 0.05～0.35MPa 压力范围内的流量定量分析，以期测试分析出额定流量下的超压出流量、低压出流量的限值，即得到节水型水龙头在额定流量下的最佳压力范围值，对实际工程设计具有指导意义。

2）对市场上现有的具有代表性的节水洗手（脸）盆水嘴进行深入的出流特性分析，以期能够寻找到既能保证低压时水量较大、满足用水要求，高压时又不会超压出流，节水同时兼顾节能的产品。

3.3 基于终端用水舒适度的节水技术

3.3.1 研究内容及技术路线

1. 冷水洗手

冷水洗手用水舒适度主要研究内容：（1）居民用水习惯和用水舒适度的调查分析；（2）水龙头出流特性测试；（3）静压、性别、洗手液等因素对冷水洗手流量的影响；（4）洗手流量与冲击力的关系；（5）对洗手的用水量和流量分别进行数值模拟分析；（6）得出不同条件下洗手舒适流量区间。

冷水洗手舒适流量区间研究技术路线如图 3.3-1 所示。

2. 热水洗手

热水洗手用水舒适度主要研究内容：（1）居民用水现状及洗手习惯调查分析；（2）热水洗手舒适流量及舒适温度的测试；（3）热水洗手舒适流量及舒适温度的影响因素；（4）水龙头冲击力的测试；（5）水龙头起泡器机理分析；（6）洗手舒适温度场测试及分析；（7）得出不同条件下洗手舒适流量及舒适温度区间。

热水洗手舒适流量及舒适温度区间研究技术路线如图 3.3-2 所示。

3. 淋浴

淋浴用水舒适度主要研究内容：（1）通过不同类别人群在各供水静压下的淋浴测试，结合问卷调查，分析受试者满意的供水静压范围，得出舒适流量和舒适水温，并归纳分析各因素对淋浴舒适度的影响；（2）通过淋浴用水时长、用水量分析节能节水潜力；（3）分

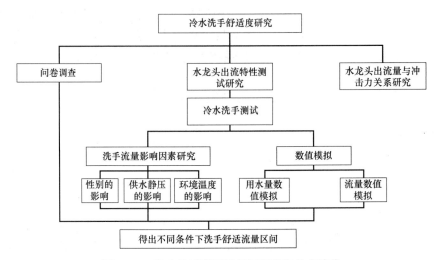

图 3.3-1　冷水洗手舒适流量区间研究技术路线

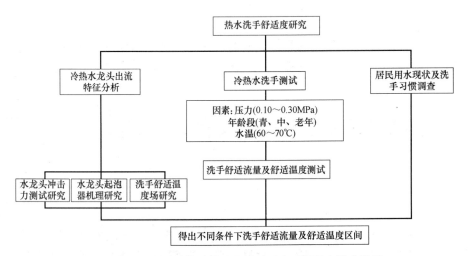

图 3.3-2　热水洗手舒适流量及舒适温度区间研究技术路线

析淋浴的舒适温差、冲击力，得到淋浴用水舒适度。

淋浴用水舒适度研究技术路线如图 3.3-3 所示。

3.3.2　研究方法

1. 冷水洗手

测试选用单冷水嘴且为非节水型，装置参照《水嘴用水效率限定值及用水效率等级》GB 25501—2010 中流量试验要求设计，如图 3.3-4 所示。由减压阀控制管路供水静压分别为 0.05MPa、0.10MPa、0.15MPa、0.20MPa、0.25MPa 和 0.30MPa，洗手方式分为使用洗手液和不使用洗手液两种。不同性别、不同年龄段（青年、中老年）受试者在预设的供水静压下按照个人习惯调节水嘴阀门至舒适出水流量后洗手，用量筒、秒表和电子秤称重并计算出每位受试者洗手用流量。

2. 热水洗手

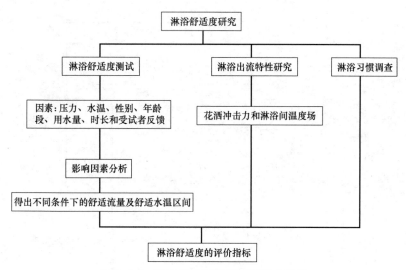

图 3.3-3 淋浴用水舒适度研究技术路线

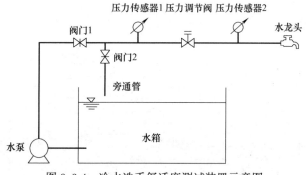

图 3.3-4 冷水洗手舒适度测试装置示意图

测试选用冷热水混合龙头，水嘴为一级节水型，装置参照《水嘴用水效率限定值及用水效率等级》GB 25501—2010 中流量试验要求设计，如图 3.3-5 所示。由减压阀控制管路供水静压分别为 0.10MPa、0.15MPa、0.20MPa、0.25MPa 和 0.30MPa，洗手方式分为使用洗手液和不使用洗手液两种。不同性别、不同年龄段（青年、中年、老年）受试者在预设的供水静压下按照个人习惯调节冷热水龙头混水阀至舒适的流量和温度后洗手，用量筒、秒表和电子秤称重并计算出每位受试者洗手用流量，用温度计测量水温。

3. 淋浴

试验测试装置参照《淋浴器用水效率限定值及用水效率等级》GB 28378—2012 中流量试验要求设计，如图 3.3-6 所示。减压阀调控冷、热水管路供水静压分别为 0.10MPa、0.15MPa、0.20MPa、0.25MPa 和 0.30MPa，数据采集装置可自动记录流量计、温度计和压力传感器的瞬时值。不同性别、不同年龄段（青年、中年、老年）受试者在各供水静压下自主调节混水阀至花洒出水满足自身的舒适感受，完成淋浴行为，并根据不同压力下的实际体验填写调查问卷（"不满意/满意"）；将采集的数据处理后可得到每位受试者淋浴时的流量、水温、用水量及用水时长等参数。

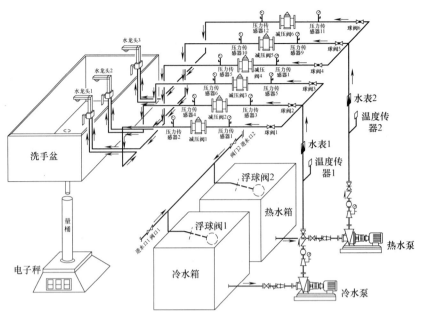

图 3.3-5　热水洗手舒适度测试装置示意图

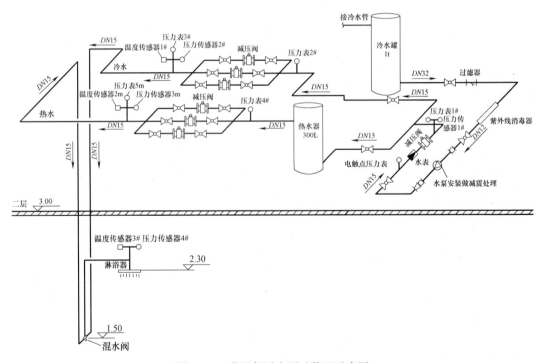

图 3.3-6　淋浴舒适度测试装置示意图

3.3.3　试验结果及分析

1. 冷水洗手

试验持续 3 个月，测试 351 人（2608 人次）。

（1）供水静压

对不同性别、不同年龄段的受试者在使用和不使用洗手液时的洗手流量测试值分别统计，作流量分布直方图，由图可知各工况下受试人数占比最多的流量区间，即最集中区间。该区间为对应工况下最贴近大多数受试者舒适感受的流量范围。将不同供水静压下最集中流量区间内的测试平均值作图分析，如图 3.3-7 所示。

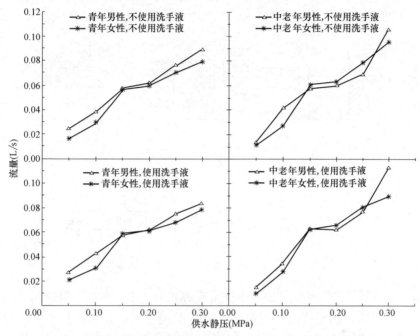

图 3.3-7　冷水洗手最集中流量区间均值与供水静压关系图

由图 3.3-7 可知，8 种工况下流量随供水静压变化均有相似的规律。随着压力的升高，最集中流量区间均值增大。当压力从 0.15MPa 增至 0.20MPa 时，流量变化率最小，增长率小于 10%，说明此压力范围合适，水嘴的最大流量大于受试者的舒适流量，受试者通过调节阀门使流量减小至自身的舒适值，故 0.15～0.20MPa 的供水静压范围更适合大多数不同性别、不同年龄段的受试者。

测试中当静压为 0.15～0.20MPa 时，水龙头前的动压为 0.11～0.14MPa，结合《民用建筑节水设计标准》GB 50555—2010 可知，此压力范围既能满足用户的舒适需求，又能满足节水要求。

（2）舒适流量

适宜的供水静压范围所对应的最集中流量区间可认为是能满足大部分受试者舒适需求的流量范围，不同类别受试者的舒适流量区间见表 3.3-1。

冷水洗手舒适流量区间（L/s）　　　　　　　　　　　　　　表 3.3-1

年龄段	不使用洗手液		使用洗手液	
	男性	女性	男性	女性
青年	(0.055,0.064]	(0.054,0.062]	(0.055,0.064]	(0.056,0.063]
中老年	(0.055,0.062]	(0.058,0.065]	(0.059,0.065]	(0.059,0.068]

由表 3.3-1 可知，性别、年龄段和洗手方式均会影响洗手的舒适流量，对舒适流量区间分布作图分析，如图 3.3-8 所示。

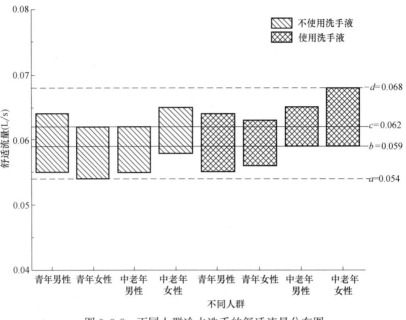

图 3.3-8　不同人群冷水洗手的舒适流量分布图

由图 3.3-8 可知，不同受试人群在不同洗手方式下洗手的舒适流量区间存在差异和重叠部分。重叠部分能够满足在所有条件下受试者的洗手舒适要求；差异部分为较舒适区间，与受试者的性别、年龄和洗手方式有关。故冷水洗手的舒适流量范围为 0.054～0.068L/s，其中重叠部分最舒适区间为 0.059～0.062L/s。

由《建筑给水排水设计标准》GB 50015—2019 中洗脸盆单阀水嘴额定流量为 0.15L/s 的规定可知，若受试者以最舒适流量洗手，可节水 60.7%～58.7%，与一级用水效率指标 0.10L/s 相比可节水 41.0%～38.0%。

通过测试可知，出水流量为 0.059～0.062L/s 时不仅能满足用户的舒适需求，还有较大的节水潜力。

2. 热水洗手

试验持续 5 个月，测试 460 人（2492 人次）。

（1）供水静压

测试方法、数据处理方法与冷水洗手的相同，将不同供水静压下最集中流量区间内的测试平均值作图分析，如图 3.3-9 所示。

由图 3.3-9 可知，12 种工况下流量随供水静压变化均有相似的规律。随着压力的升高，最集中流量区间均值大。当压力从 0.20MPa 增至 0.25MPa 时，受试者的洗手流量变化幅度均不超过 10%，说明此压力范围水嘴的出水流量通过调节适合大部分受试者，故 0.20～0.25MPa 的供水静压范围更适合大多数不同性别、不同年龄段的受试者。

测试中当静压为 0.20～0.25MPa 时，设备的供水动压为 0.12～0.17MPa，结合《民用建筑节水设计标准》GB 50555—2010 可知，此压力范围既能满足用户的舒适需求，又

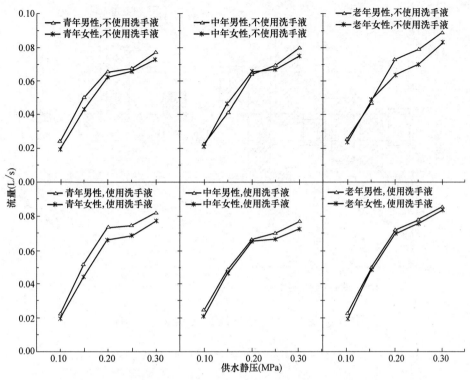

图 3.3-9　热水洗手最集中流量区间均值与供水静压关系图

能满足节水要求。

（2）舒适流量和舒适水温

适宜的供水静压范围所对应的最集中流量、水温区间可认为是满足大部分受试者舒适需求的流量和水温范围，不同类别受试者的舒适流量、舒适水温区间见表 3.3-2、表 3.3-3。

热水洗手舒适流量区间（L/s）　　　　　　　　表 3.3-2

年龄段	不使用洗手液		使用洗手液	
	男性	女性	男性	女性
青年	(0.063,0.070]	(0.058,0.070]	(0.071,0.078]	(0.064,0.071]
中年	(0.060,0.072]	(0.063,0.070]	(0.064,0.073]	(0.063,0.069]
老年	(0.067,0.084]	(0.058,0.077]	(0.068,0.082]	(0.065,0.081]

热水洗手舒适水温区间（℃）　　　　　　　　表 3.3-3

年龄段	不使用洗手液		使用洗手液	
	男性	女性	男性	女性
青年	(33.6,35.5]	(33.5,35.5]	(34.8,36.4]	(35.1,36.5]
中年	(35.3,36.5]	(35.2,37.5]	(34.5,36.6]	(36.3,37.8]
老年	(38.0,40.0]	(37.9,40.1]	(38.9,40.1]	(38.5,40.9]

由表 3.3-2、表 3.3-3 可知，性别、年龄段和洗手方式均会影响洗手的舒适流量和舒适水温，对舒适流量、舒适水温区间分布作图分析，如图 3.3-10、图 3.3-11 所示。

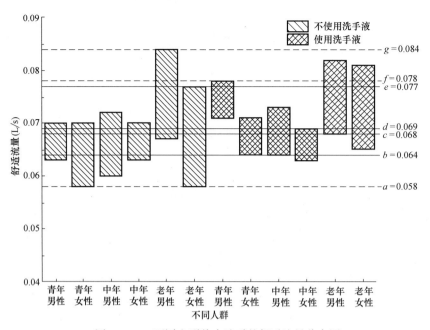

图 3.3-10   不同人群热水洗手的舒适流量分布图

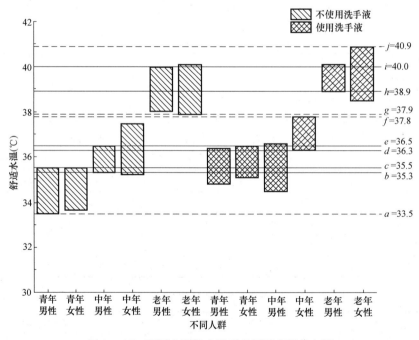

图 3.3-11   不同人群热水洗手的舒适水温分布图

由图 3.3-10、图 3.3-11 可知，不同受试人群在不同洗手方式下洗手的舒适流量、舒适水温区间存在差异和重叠部分。重叠部分能够满足大多数条件下受试者的洗手舒适要求；差异部分为较舒适区间，与受试者的性别、年龄段和洗手方式有关。不同年龄段人群洗手的舒适流量、舒适水温相差较大，考虑到老年人群作为一个特殊群体，现有大量养老院等老年专用建筑，故对老年洗手流量、水温单独分析。

青年、中年人群洗手的舒适流量范围为 0.058～0.078L/s，其中重叠部分最舒适区间为 0.064～0.069L/s；舒适水温范围为 33.5～37.8℃，其中青年的最舒适区间为 35.3～35.5℃，中年的最舒适区间为 36.3～36.5℃。

老年人群洗手的舒适流量范围为 0.058～0.084L/s，其中重叠部分最舒适区间为 0.068～0.077L/s；舒适水温范围为 37.9～40.9℃，其中重叠部分最舒适区间为 38.9～40.0℃。

由《建筑给水排水设计标准》GB 50015—2019 中洗脸盆、洗手盆的冷热混合水嘴额定流量为 0.15L/s 的规定可知，若受试者以最舒适流量、舒适水温洗手，可节水 57.3%～48.7%，与一级用水效率指标 0.10L/s 相比仍可节水 36.0%～23.0%。

综上可知，根据受试者年龄不同，出水流量控制在 0.064～0.069L/s（青年、中年）、0.068～0.077L/s（老年），出水温度控制在 35.3～35.5℃（青年）、36.3～36.5℃（中年）、38.9～40.0℃（老年）时既能满足使用者的舒适需求，又能满足节水要求。

3. 淋浴

试验持续 3 个月，测试 218 人（364 人次）。

（1）供水静压

统计不同受试人群在各供水静压下的淋浴感受，"满意"选项的频率（以下简称满意度）与供水静压的关系如图 3.3-12 所示。以超过 60% 的受试者觉得满意为界限，该压力能满足较多受试者淋浴的基本要求，故以满意度 60% 作为舒适下限。

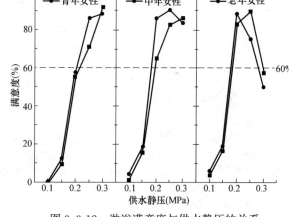

图 3.3-12　淋浴满意度与供水静压的关系

由图 3.3-12 可知，随着供水静压的增大，受试者的淋浴满意度逐渐升高或先升高后下降。由舒适下限可知，当供水静压为 0.25～0.30MPa、0.20～0.30MPa、0.20～0.25MPa 时，能依次满足青年、中年、老年人群的淋浴基本要求。

青年人群中，当压力从 0.25MPa 增至 0.30MPa 时，男性受试者的满意度变化较大（提高 20.1%），女性受试者的满意度变化较小（提高 2.3%）。由满意度的最大值以及变化幅度可知，青年男性供水静压宜为 0.30MPa，青年女性供水静压宜为 0.25～0.30MPa（0.30MPa 最佳）。

中年人群中，当压力从 0.20MPa 增至 0.25MPa、0.30MPa 时，男性受试者的满意度提高 18.0%、3.2%，女性受试者的满意度提高 4.4%、−6.6%，说明中年男性供水静压宜为 0.25～0.30MPa（0.30MPa 最佳），中年女性供水静压宜为 0.20～0.30MPa（0.25MPa 最佳）。

老年人群中，当压力从 0.20MPa 增至 0.25MPa 时，男性、女性受试者的满意度分别提高 6.7%、−13.3%，说明老年男性供水静压宜为 0.20～0.25MPa（0.25MPa 最佳），老年女性供水静压宜为 0.20MPa。

各类人群在适宜的供水静压下淋浴的满意度为 86.8%。

（2）舒适流量和舒适水温

对各供水静压下不同受试人群的淋浴舒适流量、舒适水温测试值进行处理，方法与热水洗手的相同，对不同类别受试者而言，在适宜的供水静压下淋浴的最集中流量、水温区间均能满足其舒适需求。舒适流量、舒适水温区间见表 3.3-4。

淋浴舒适流量、舒适水温区间 表 3.3-4

年龄段	流量(L/s)		水温(℃)	
	男性	女性	男性	女性
青年	(0.18,0.19]	(0.16,0.19]	(39.0,39.5]	(40.0,40.5]
中年	(0.17,0.19]	(0.14,0.18]	(39.5,41.0]	(40.0,41.0]
老年	(0.13,0.17]	(0.13,0.14]	(40.5,41.5]	(41.0,41.5]

由表 3.3-4 可知，性别和年龄段均会影响淋浴的舒适流量、舒适水温，对舒适流量、舒适水温区间分布作图分析，如图 3.3-13、图 3.3-14 所示。

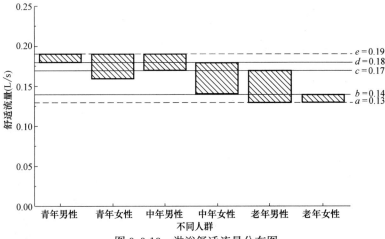

图 3.3-13 淋浴舒适流量分布图

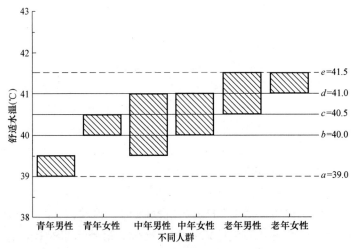

图 3.3-14 淋浴舒适水温分布图

由图 3.3-13、图 3.3-14 可知，不同受试人群淋浴的舒适流量、舒适水温区间存在差异和重叠部分。重叠部分为最舒适区间，能满足大多数受试者的舒适性要求；差异部分为较舒适区间，与受试者的性别和年龄段有关。不同年龄段人群淋浴的舒适流量、舒适水温相差较大。

青年人群淋浴的舒适流量范围为 0.16～0.19L/s，其中最舒适区间为 0.18～0.19L/s；青年男性、女性的舒适水温区间相差较大，男性为 39.0～39.5℃，女性为 40.0～40.5℃。

中年人群淋浴的舒适流量范围为 0.14～0.19L/s，其中最舒适区间为 0.17～0.18L/s；舒适水温范围为 39.5～41.0℃，其中最舒适区间为 40.0～41.0℃。

老年人群淋浴的舒适流量范围为 0.13～0.17L/s，其中最舒适区间为 0.13～0.14L/s；舒适水温范围为 40.5～41.5℃，其中最舒适区间为 41.0～41.5℃。

由上可知，六类人群中只有老年女性的舒适流量小于 0.15L/s，其他人群的舒适流量均大于 0.15L/s，说明要兼顾节水与舒适性还需要从系统设计和产品选用方面来保障。

（3）淋浴用水量及用水时长

淋浴总用水量由调节至舒适流量、舒适水温时消耗的水量（以下简称调节水量）和在舒适流量、舒适水温下淋浴消耗的水量（以下简称有效水量）组成，这两者对应的用水时长分别为调节时长和有效时长。试验装置的热水管路无循环，故调节水量包括将热水管道中的冷水排出水量和受试者调节至舒适流量和舒适水温时的水量。

将各供水静压下受试者淋浴的总用水量、调节水量、有效水量及各自对应的用水时长取均值作图分析，如图 3.3-15 所示。

由图 3.3-15 可知，当压力以 0.05MPa 为增量从 0.10MPa 增至 0.30MPa 时，受试者的调节时长和有效时长均缩短，总用水时长也随之变短。调节时长缩短 5.3%～11.2%，这是因为压力增大时，受试者淋浴流量增大，排空冷水耗时减小；有效时长的变化率依次为 −15.7%、−27.4%、−3.6%、−0.9%，可能的原因是：当压力为 0.10～0.20MPa 时，流量对受试者而言偏小，淋浴效果较差，故需时较长，随着压力的增大用时率变化较大；在适宜的压力范围 0.20～0.30MPa 内，流量能满足受试者的舒适性要求，此时清洁身体、缓解疲劳的效果达到最佳，故用时较短且变化小。

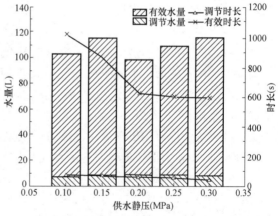

图 3.3-15　淋浴用水量及用水时长与供水静压的关系

总用水量由流量和用水时长共同决定。当压力为 0.10MPa、0.15MPa 时，流量较小，但耗时较长，对应总用水量平均为 103.2L、120.1L；当压力增至 0.20MPa 时，流量开始满足受试者的舒适需求，用水时长反而变短，此时总用水量减小至 98.8L；当压力增至 0.25MPa、0.30MPa 时，由于流量在舒适区间内增大，虽然用水时长变化幅度较小，但总用水量还是增大，分别为 109.7L、117.1L。

由图 3.3-15 可知，当压力为 0.20MPa 时，此压力下各类受试者的平均满意度为 73.3%，受试者淋浴的总用水量最小，与其他工况相比可节水 4.3%～17.7%

调节水量占总用水量的 6.6%～8.8%；调节时长占总时长的 5.4%～10.1%。

（4）节能节水分析

当供水静压为 0.20MPa、0.25MPa、0.30MPa 时，动压分别为 0.17MPa、0.22MPa、0.26MPa，由《民用建筑节水设计标准》GB 50555—2010 可知，只有静压 0.20MPa 满足节水要求，此压力下受试者的满意度为 73.3%，舒适流量区间为 0.13～0.15L/s。

将舒适流量区间与淋浴器混合阀额定流量 0.15L/s 对比，此限值仅能满足老年男性、老年女性和中年女性的舒适流量需求。将舒适水温与《建筑给水排水设计标准》GB 50015—2019 中除幼儿园、托儿所外其他建筑物的淋浴器热水使用水温为 37～40℃、《数控恒温水嘴》GB/T 24293—2009 中恒温淋浴水嘴初始水温为（38±2）℃的规定对比，此范围仅能满足青年男性和中年男性的舒适水温需求。

综合考虑淋浴用水量及规范要求，如以节能节水为前提兼顾舒适度，淋浴器的供水静压宜为 0.20MPa，受试者淋浴的流量、水温区间宜为 0.13～0.15L/s、39.0～40.0℃。

3.3.4 节水技术实施建议

1. 用水舒适度评价方法

根据对不同性别、不同年龄段群体在不同供水静压下的用水进行研究，得到了不同终端用水系统的舒适度评价指标。

（1）冷水洗手

冷水洗手舒适度可用供水静压和流量来评价，具体如下：

当设备的配水支管供水静压在 0.15～0.20MPa 之间时：流量在 0.059～0.062L/s 范围，用水舒适；流量在 0.054～0.059L/s 范围，用水较舒适。

（2）热水洗手

热水洗手舒适度可用供水静压、流量、水温及用水者类型来评价，具体如下：

1）青年、中年人群：当设备的配水支管供水静压在 0.20～0.25MPa 之间时：流量在 0.064～0.069L/s、水温在 35.3～35.5℃、36.3～36.5℃ 之间，用水舒适；流量在 0.058～0.064L/s、水温在 33.5～35.3℃、35.5～36.3℃之间，用水较舒适。

2）老年人群：当设备的配水支管供水静压在 0.20～0.25MPa 之间时：流量在 0.068～0.077L/s、水温在 38.9～40.0℃之间，用水舒适；流量在 0.058～0.068L/s、水温在 37.9～38.9℃之间，用水较舒适。

（3）淋浴

淋浴舒适度可用供水静压、流量、水温及用水者类型来评价，具体如下：

1）青年男女：当设备的配水支管供水静压为 0.30MPa 时，流量在 0.18～0.19L/s 之间，用水舒适（男性为 39.0～39.5℃，女性为 40.0～40.5℃）；当设备的配水支管供水静压为 0.25～0.30MPa 时，流量在 0.16～0.18L/s、水温在 39.0～39.5℃、40.0～40.5℃ 之间，用水较舒适。

2）中年男女：当设备的配水支管供水静压为 0.25～0.30MPa 时：流量在 0.17～

0.18L/s、水温在 40.0~41.0℃之间，用水舒适；当设备的配水支管供水静压为 0.20~0.25MPa 时：流量在 0.14~0.17L/s，水温在 39.5~40.0℃之间，用水较舒适。

3）老年男女：当设备的配水支管供水静压为 0.20MPa 时，流量在 0.13~0.14L/s、水温在 41.0~41.5℃之间，用水舒适；当设备的配水支管供水静压为 0.20~0.25MPa 时，流量在 0.14~0.17L/s、水温在 40.5~41.0℃之间，用水较舒适。

2. 节水设计

(1) 冷水龙头满足用水舒适性和节水要求时，平均可节水 59.7%。

(2) 冷热混合龙头满足用水舒适性和节水要求时，平均可节水 53.0%。

(3) 绝大多数人的淋浴舒适流量都大于 0.15L/s，超过规范要求，应采取有效的技术措施尽量减小调节水量；兼顾节水和淋浴舒适度，淋浴设备的配水支管供水静压应为 0.20MPa，流量在 0.13~0.15L/s 之间，出水温度在 39.0~40.0℃之间，平均可节水 7.0%。

(4) 水龙头装有滤网和起泡器可增强冲击力和舒适性感受，同时也更加节水。

(5) 热水管道保温、升级混水阀等措施能有效减少调节水量，平均可节水 7.7%。

(6) 老年人群作为一个特殊群体，现有大量养老院等老年专用建筑，依据舒适度评价方法对热水洗手和淋浴系统进行有针对性的设计，可提高老年群体的舒适感受和节水效果。

3.4　二次供水系统节能特性比选

3.4.1　二次供水系统节能特性研究内容

二次供水系统设计应充分利用城镇供水管网压力，并依据城镇供水管网条件，综合考虑小区或建筑物类别、高度、使用标准以及水质安全保障等因素，并经技术经济比较后合理选择二次供水系统。目前可采用的二次供水系统包括增压设备和高位水池（箱）联合供水、气压供水、变频调速供水、叠压供水 4 种方式。

通过调查和研究发现，目前气压给水系统已经很少采用，基本上退出了历史舞台，其他各种二次供水系统都可以归集到屋顶水箱重力供水系统和变频水泵加压供水系统这两大类型中。无负压供水系统和叠压供水系统更有效地利用了市政管网压力，其实还是属于变频供水系统；屋顶密闭水罐与无负压加压联合供水系统因为是闭式系统，其实也属于变频供水系统；与水箱吸水的普通变频供水系统相比，其利用市政供水压力节约的能耗与供水系统的优化关系不大，真正具有研究价值的是变频供水系统本身。因此，本研究将建筑二次供水系统分成两大类型：高位水箱供水系统和变频水泵供水系统。

本研究的主要内容包括：

(1) 分析实际运行数据，开展不同建筑类型二次供水能耗研究，通过监测不同功能类型建筑供水能耗数据，对比分析不同功能类型建筑的用水特点。

(2) 结合用水特点分析确定适宜的供水方式，为不同功能类型的建筑提供节水节能设计经验，形成节水设计措施与建议，得出给水系统能耗水平的衡量标准，为设计人员提供支撑。

（3）通过中试试验，并结合实际运行监测数据，开展二次供水系统方式节能差异性能研究，通过监测不同供水系统的居民楼的实时数据，对比出不同供水方式即变频水泵供水和高位水箱供水的能耗差别与节能效率。在设计阶段实现各种方案的能耗水平对比，将对系统方案设计能耗最低化提供有力的参考依据。

3.4.2 二次供水系统节能特性研究方法

1. 理论基础

二次供水是指由于市政供水或自建供水设施水量或水压不足以满足使用要求，通过将市政供水或自建供水设施供水贮存或加压后，用管道供至相应使用位置的系统形式。因此，二次供水系统能耗的核心就是供水机组。

供水机组的形式很多，控制部分的电量由于较大，研究中可以忽略不计，故供水机组的核心能耗单元就是水泵机组。

（1）能耗分析原理

节能型供水系统应为在供水末端变化相同的情况下，水泵耗电量更低。泵的电耗可通过下式计算：

$$W = \frac{\rho g Q H}{1000 \eta_1 \eta_2} \cdot t \tag{3.4-1}$$

式中 W——泵的电耗，kWh；

ρ——液体密度，kg/m^3；

g——重力加速度，m/s^2；

Q——流量，m^3/s；

H——扬程，mH$_2$O；

t——泵运行时间，h；

η_1——泵效率；

η_2——电机效率。

从公式（3.4-1）可以看出，泵的电耗与水泵的流量、扬程、运行时间、效率、电机效率有关（各地水体之间的密度差值、各地重力加速度的差值均较小，可以忽略）。因此，以下从系统组成和运行全生命周期两个维度进行分析。

从系统的组成纵向而言，给水系统通过水箱、吸水管、泵组、出水管、干管、立管、支管直到末端器具出流，其各环节均会产生能量损失。降低电耗，则必然需要提升效率。泵的效率为泵的有效功率和泵的轴功率之比。但泵组部分的电机效率、机械效率等受到不同企业的制造加工工艺水平影响，泵效率、电机效率等因素不可控，不作为本次研究的重点。

而从系统的运行横向而言，以系统运行的全生命周期为时间维度，系统降低能耗的根本方法，在于通过合理设计给水系统，保证系统在大多数时间保持高效运行，使得用水末端的波动状态和水泵的运行状态达到优化匹配。从工程实际而言，由于不同项目的水泵扬程、流量、运行时间均不同，单一比较电能消耗，难以在不同工况间进行分析和比较。消除量纲，简化和统一比较指标，才能达到不同系统之间进行比较的目的。所以，我们将从能效指标上进行研究对比。

（2）供水设备能效指标

一般采用整机效率、单位能耗、吨水能耗等参数作为二次供水设备的能效指标，如图 3.4-1 所示，其中：

1）整机效率 η 是泵效率 η_1、电机效率 η_2、变频器效率 η_3、内部传输效率 η_4 的乘积，即 $\eta=\eta_1\eta_2\eta_3\eta_4$。

2）单位能耗 E 是每立方米水增压 1MPa 消耗的电能，单位为 kWh/（m³·MPa）。

3）吨水能耗是已知平均单位能耗 E 和供水压力 P，则吨水能耗$=E\cdot P$，单位为 kWh/m³。

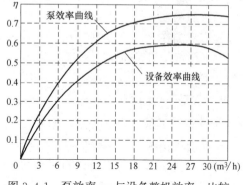

图 3.4-1 泵效率 η_1 与设备整机效率 η 比较

2. 试验方法

（1）能效指标选择及监测参数确定

本次课题研究的是二次供水系统整体的节能技术，不仅仅针对于某个具体设备，故只需要考虑供水设备的整机效率即可。故本次研究应着重获取单位能耗 E，并以此为基础对机组效率进行评价。

为获得单位能耗 E 的参数，需要对供水机组安装计量机组供水流量 Q 的流量计、计量机组出力（进出口压力 P）的压力计、计量机组耗电量（包括控制器等所有元器件、设备总耗电量）的电能表等设备，以便取得对应参数。

（2）试验方法确定

为提高试验及后续分析、结论的工程普适性，试验团队最终决定以生产性试验与中试、软件模拟结合的方式进行研究。先选取部分有代表性的工程，进行上述参数的监测。通过对获得的数据进行理论分析，再在实验室采用中试系统和流体计算机软件模拟，完成对现状给水系统的问题分析和系统模拟改良，并以多个实际工程监测数据为主要依据对软件模拟和中试系统进行试验边界条件修正，提高试验平台分析的可靠性。

3. 实测项目性测试研究

（1）监测内容

通过监测总用水量、水泵总电耗、水泵进出口及系统末端用水点的压力变化评估实际运行项目的二次供水系统的能耗情况。监测原理如图 3.4-2 所示。

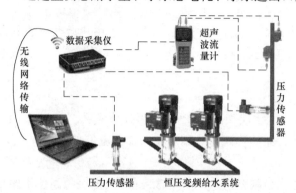

图 3.4-2 数据采集系统示意图

监测主要使用的仪表有：超声波流量计、压力传感器、电量表。

监测功能实现步骤：

1）数字变送器将水泵进出口压力转化为数字信号。

2）压力数字测试模块定时记录并存储给水系统末端压力，10s 记录一次可存储 30d 数据。

3）无线模块通过通信协议定时采集电量、压力等测量值。

4）无线模块通过 GPRS 方式将所有测量值上传至互联网云存储。

5）研究人员通过因特网可以远程访问和下载测试数据，进行节能特性分析。

（2）监测地点

工程实测在 5 个项目中展开。分别是位于苏州的 A、B 两个住宅小区，北京的 C 居民楼、D 办公楼，以及位于绍兴的 E 住宅小区。其中前 4 个项目均为变频泵组供水系统，绍兴的 E 住宅小区项目为水泵-高位水箱联合供水系统。

1）苏州 A 小区

苏州 A 小区总户数 182 户。设计最高日生活用水量为 190m³/d。给水系统分为 3 个区。生活给水系统 1～2 层为市政直供水，3～10 层为中区，11～18 层为高区。

1～3 号泵参数：$Q=10\text{m}^3/\text{h}$，$H=96.7/122\text{m}$，$N=4\text{kW}$，$n=2917\text{r/min}$；

4～6 号泵参数：$Q=10\text{m}^3/\text{h}$，$H=48.3/61.2\text{m}$，$N=2.2\text{kW}$，$n=2899\text{r/min}$。

试验人员在 A 小区供水泵房的两套泵组上分别设置一套监测设备，共设置设备 2 套（智能电表 2 块及其辅助设备、压力传感器 2 块、流量传感器 2 台、数据采集箱 2 套、软线若干）。

2）苏州 B 小区

苏州 B 小区内高层建筑共 31 幢，总建筑面积 28.15 万 m²，规划建设住宅总计 2559套，设计入住 7000 人左右。小区商业配套面积 1.21 万 m²，包括餐饮、超市、恒温游泳池、健身中心、银行等项目。一期工程由 21 幢高层住宅和商业配套组成，建筑面积 18.81 万 m²，1625 套，2008 年 4 月开工，2010 年 12 月交付使用。二期工程由 10 幢高层住宅组成，总建筑面积 9.44 万 m²，934 套，于 2012 年年底建成，2013 年春节后交付使用。

1～4 号泵参数：$Q=64\text{m}^3/\text{h}$，$H=59.8\text{m}$，$W=15\text{kW}$，$M=2923\text{r/min}$；

5～7 号泵参数：$Q=64\text{m}^3/\text{h}$，$H=75.8\text{m}$，$W=18.5\text{kW}$，$M=2934\text{r/min}$；

8～10 号泵参数：$Q=30\text{m}^3/\text{h}$，$H=90.4\text{m}$，$W=11\text{kW}$，$M=2924\text{r/min}$。

试验人员在 B 小区供水泵房的三套泵组上分别设置一套监测设备，共设置设备 3 套（智能电表 3 块及其辅助设备、压力传感器 3 块、流量传感器 3 台、数据采集箱 3 套、软线若干）。

3）北京 C 居民楼

该居民楼地上 18 层，共 216 户，供水泵房设在负 2 层，3 层以下由市政管网直接供水，3～18 层共 192 户采用恒压变频给水系统加压供水，系统形式为 1 用 1 备，最大流量 8m³/h。

4）北京 D 办公楼

该办公楼恒压变频给水系统服务于 2～11 层，其中 2～7 层为办公楼层，共 1200 余办公人员，8～11 层为内部客房，共 40 间，系统形式为 2 用 1 备，最大流量 18m³/h。

5）绍兴 E 小区

绍兴 E 小区给水系统为泵组和高位水箱联合供水，其中 33～45 层由屋顶高位水箱供水，总户数为 112 户。地下设置贮水箱，容积 161m³。由工频泵输水至分别设置于四栋楼

（11 号（38 层）、12 号（40 层）、15 号（40 层）和 16 号（38 层））屋顶层的高位水箱，再经各楼加压泵加压后供至高区各用水末端。

地下泵房水泵参数：$Q=5.8\text{m}^3/\text{h}$，$H=132\text{m}$，$W=4\text{kW}$，1 用 1 备。

11、12、15、16 号楼泵参数：$Q=3\text{m}^3/\text{h}$，$H=19.1\text{m}$，$W=0.37\text{kW}$，1 用 1 备。

4. 模拟平台研究

在对选取的几个实际工程进行监测后，我们对各项目的用水规律、水泵运行状况进行了分析和总结。但由于实际项目中难以对系统进行改造性测试，基于前一部分研究，我们设计并搭建了中试平台。通过缩小相应参数的数量级，在中试平台中模拟实际工程的运行，并在此基础上展开改造性测试。

（1）设备试制

试验系统共设置 6 台水泵，其中模拟给水系统泵组的测试泵（以下简称"测试泵"）5 台，流量均为 1L/s，扬程分别为 50m 的 3 台、90m 的 1 台、130m 的 1 台。由于场地限制，为了满足水箱与用水末端高差不足的情况下，能真实模拟用水末端的水压，屋顶水箱至给水系统的干管间设置模拟真实水压的补压泵（以下简称"补压泵"）1 台，流量为 $1\text{m}^3/\text{h}$，扬程为 10m。

试验系统模拟 6 层建筑，通过在各层干管上设置减压阀降低管线实际安装高度，阀后压力为 0.2MPa。每层设置 5 个电动阀及水嘴，模拟实际中末端启闭的不同用水工况。

水嘴下设置集水槽，试验用水通过各层集水槽下设置的排水管汇入排水干管，最终排入模拟生活水箱，保证试验用水的循环使用。实验室平面布置如图 3.4-3 和图 3.4-4 所示。

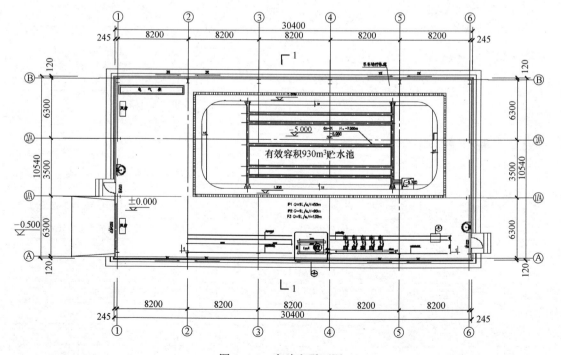

图 3.4-3　实验室平面图

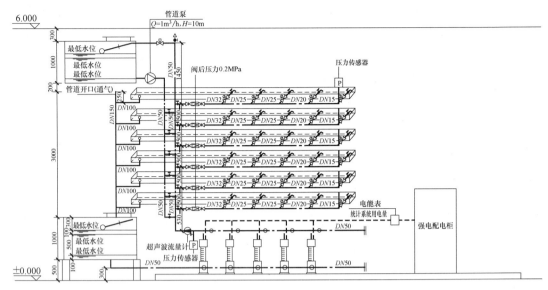

图 3.4-4 实验室系统原理图

水泵出水管处设置压力传感器及超声波流量计，各泵电机接入高压配电柜线路上设置电能表，系统最不利末端水嘴及电动阀前设置压力传感器。主要设备材料见表 3.4-1。

主要设备材料表　　　　　　　　　　　　　表 3.4-1

序号	名称	主要技术参数	数量	单位	备注
1	水力遥控浮球阀	$DN50$	2	套	$PN1.0$
2	不锈钢拼装式水箱	带玻璃管液位计、透气管、泄水管、溢水管等附属设备	2	套	食品级不锈钢
3	多级离心泵	P1:$Q=1L/s,H=50m$	3	套	自带控制装置及进出水管阀门、阀件
		P2:$Q=1L/s,H=90m$	1	套	
		P3:$Q=1L/s,H=130m$	1	套	
4	薄壁不锈钢管道	$DN50,PN2.5$	30	m	
		$DN32,PN1.0$	15	m	
		$DN25,PN1.0$	15	m	
		$DN20,PN1.0$	15	m	
		$DN15,PN1.0$	25	m	
5	可调式减压阀组	$DN32,PN2.5$	5	m	阀后 0.2MPa,自带过滤器
6	水龙头	$DN15,PN1.0$	25	个	额定流量 0.15L/s
7	电动阀	$DN15,PN1.0$	25	个	
8	电磁阀	$DN50,PN2.5$	1	个	
9	排气阀		1	个	
10	PVC-U 排水管	$DN100$	5	m	
		$DN150$	10	m	
11	收水槽	$200(B)\times300(H)$	40	m	不锈钢材质

续表

序号	名称	主要技术参数	数量	单位	备注
12	管道支撑龙骨架	80×80方形钢	见图	m	
13	槽钢水泵基础	100×150	45	m	
14	槽钢水箱支撑架	300×300	35	m	
试验系统附属设备					
1	潜水泵	$Q=5L/s, H=20m$	1	套	
2	供水软管	衬胶水带	40	m	
3	电脑		1	台	

搭建后的试验平台见图3.4-5所示。

图3.4-5 试验平台现场图

（2）试验工况

1）变频调速泵组直接供水工况

高位水箱前电磁阀关闭。试验时，由PLC控制器随机将各处水嘴前电动阀依次开启，从1个电动阀开启开始，每间隔5s开启下一个电动阀。根据流量变化，3台50m扬程测试泵依次启泵，直接供应至各用水末端。变频调速泵组直接供水工况运行示意图见图3.4-6。

2）水泵-高位水箱直接供水工况

高位水箱前电磁阀开启。试验时，由PLC控制器随机将各处水嘴前电动阀依次开启，从1个电动阀开启开始，每间隔5s开启下一个电动阀。电动阀开启后，补压泵启泵供水。当高位水箱液位下降至最低水位需补水时，1台50m扬程测试泵启泵，先将水供应至高位水箱，后通过补压泵补压模拟实际工程中高位水箱系统供应压力，供至各用水末端。当高位水箱持续补水至最高水位时，测试泵停泵。水泵-高位水箱直接供水工况运行示意图见图3.4-7。

3）相同流量、不同扬程水泵并联分区供水工况见图3.4-8。

4）相同流量、相同扬程水泵接力串联分区供水工况见图3.4-9。

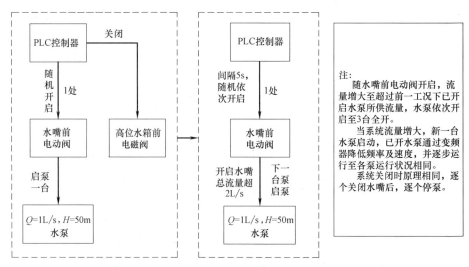

图 3.4-6   变频调速泵组直接供水工况运行示意图

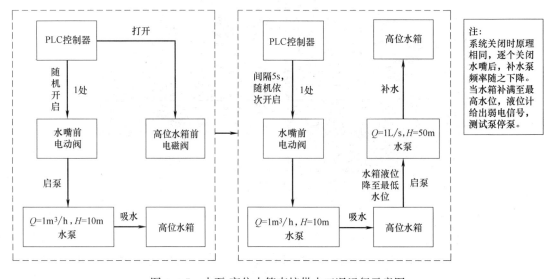

图 3.4-7   水泵-高位水箱直接供水工况运行示意图

5）相同流量、相同扬程水泵与水箱串联分区供水工况见图 3.4-10。

3.4.3   二次供水能效工程数据及分析

基于工程项目实测、系统模拟及中试系统三套试验方法，本次测试共收集到工程项目实测数据 1.4G、实验室模拟平时测试数据 50M、计算机系统模拟 30 余工作日。针对上述试验数据，进行了系统的数据分析，共形成以下几个方面的成果。

1. 用水量分析

（1）苏州 A 小区

A 小区为低密度住宅区，设计住宅数总计 587 套。其给水系统分高、低两区供水，日均用水情况见图 3.4-11 和图 3.4-12。

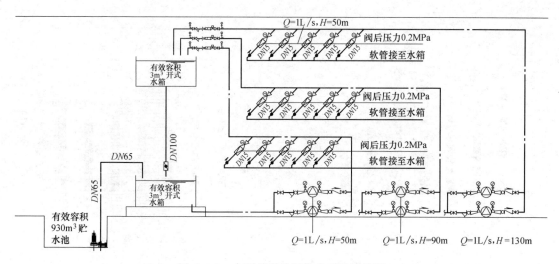

图 3.4-8　水泵并联分区供水系统原理图

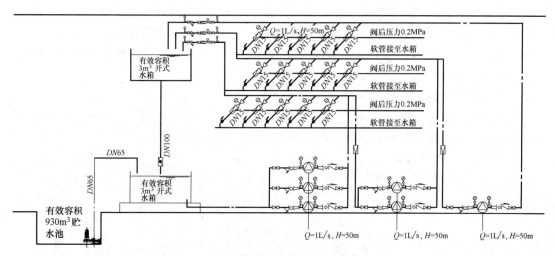

图 3.4-9　水泵接力串联分区供水系统原理图

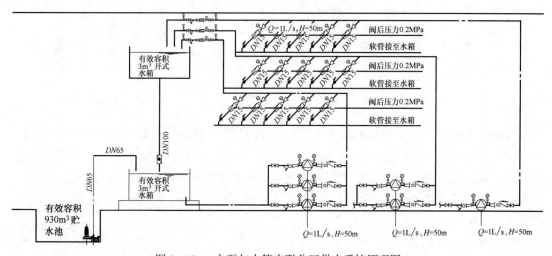

图 3.4-10　水泵与水箱串联分区供水系统原理图

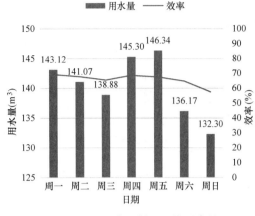

图 3.4-11　A 小区低区日均用水量

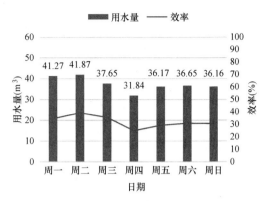

图 3.4-12　A 小区高区日均用水量

　　A 小区用水高峰出现在周一及周五，平均日用水为低区 141.19m³/d、高区 37.94m³/d，日变化系数为低区 1.04、高区 1.1。工作日及休息日用水量相差不大，经现场调研，该小区住户以退休老人和学龄儿童为主，住户的年龄及职业构成对用水量产生了影响。低区水泵日平均效率最低为 57.52%、最高为 69.22%，高区水泵日平均效率最低为 24.94%、最高为 39.33%。

　　（2）苏州 B 小区

　　B 小区建筑高度 31 层，总建筑面积 28.15 万 m²，设计住宅总数 2559 套。供水系统分为低、中、高三套，日均用水量情况见图 3.4-13～图 3.4-15。

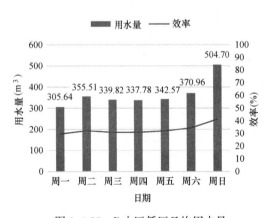

图 3.4-13　B 小区低区日均用水量

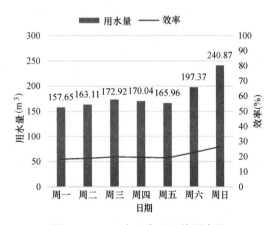

图 3.4-14　B 小区中区日均用水量

　　B 小区用水量整体呈周期性变化，周一至周日逐步增加，在周日达到用水最高值。低、中、高三区用水平均值分别为 382.71m³/d、188.60m³/d、94.82m³/d，日变化系数分别为 1.32、1.28、1.18。低区水泵日平均效率最低为 29.60%、最高为 41.43%，中区水泵日平均效率最低为 18.31%、最高为 26.59%，高区水泵日平均效率最低为 17.60%、最高为 23.48%。

　　（3）北京 C 居民楼

　　C 居民楼位于北京城区，总计 18 层 216 户，其中 3～18 层采用恒压变频给水系统加压供水，用水量情况见图 3.4-16。

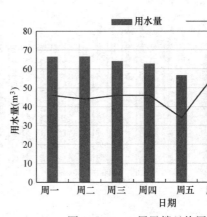

图 3.4-15　B小区高区日均用水量　　　　图 3.4-16　C居民楼日均用水量

C居民楼日均用水量分布较为平均，最低用水量出现在周五为 56.57m³，最高用水量出现在周六为 74.30m³，日变化系数为 1.14。水泵运行效率最低为 37%、最高为 48%。

（4）北京D办公楼

D办公楼的恒压变频给水系统服务于 2～11 层，其中 2～7 层为办公楼层，办公人员1200 余人，8～11 层为内部客房，共 40间，用水量情况见图 3.4-17。

办公楼的使用模式分为休息日模式和工作日模式，而这也直接影响了用水特性。休息日的平均用水量比较小，日均用水量为 70.45m³，平均效率 44%，工作日的平均用水量则比较大，日均用水量为 118m³，平均效率 50.6%，水量变化系数 1.24。

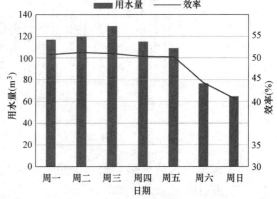

图 3.4-17　D办公楼日均用水量

从以上监测数据可知，由于工作日及休息日的差别，用户在不同种类建筑停留时间不同，工作日期间停留在住宅的时间相对较少，而休息日期间停留在办公场所的时间减少，不同功能型建筑在日均用水量的表现上稍有不同。居住建筑用水量随周末、假期等休息日的到来有所增长；办公类建筑则由于休息日期间使用人数的减少，用水量呈下降趋势。另外，居民区的人员年龄及职业构成也对用水量有一定的影响。

2. 小时用水分布情况

（1）苏州A小区

A小区低区与高区的用水量在每天的时间分布上基本相同，工作日及休息日数值相差不大。每天的用水高峰集中在 11：00—13：00 和 23：00—次日 1：00。用水时分布见图 3.4-18 和图 3.4-19。

（2）苏州B小区

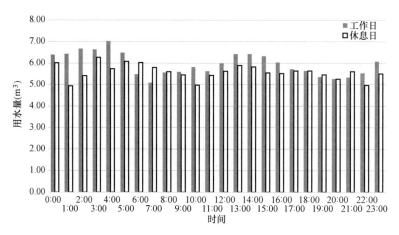

图 3.4-18　A 小区低区用水时分布

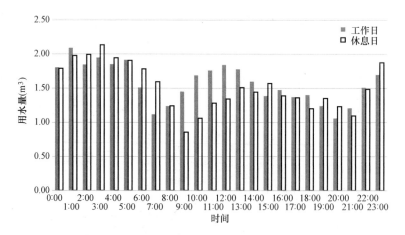

图 3.4-19　A 小区高区用水时分布

　　B 小区每日用水情况呈典型"上班族"表现，工作日用水集中在出门前的 6：00—9：00 和下班后的 19：00—23：00，工作日及休息日均出现较为明显的用水早晚高峰。用水时分布见图 3.4-20～图 3.4-22。

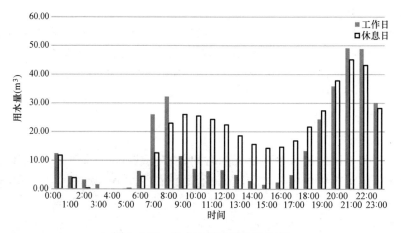

图 3.4-20　B 小区低区用水时分布

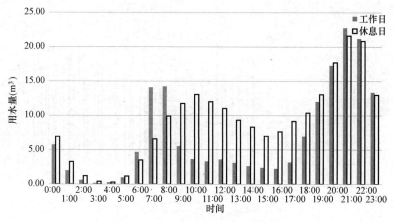

图 3.4-21　B 小区中区用水时分布

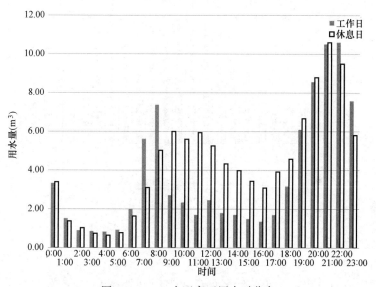

图 3.4-22　B 小区高区用水时分布

（3）北京 C 居民楼

C 居民楼休息日深夜用水量较工作日有较大增加，并且用水高峰在时间上有所延迟，休息日用水早晚高峰在 7：00—9：00 及 17：00—20：00，工作日用水早晚高峰为 7：00—8：00、17：00 及 22：00。用水时分布见图 3.4-23。

（4）北京 D 办公楼

D 办公楼休息日的平均用水量比较小，而且在时间上分布比较均匀；工作日的平均用水量则比较大，在 8：00—17：00 的工作时间中，用水量远大于休息日，在其余时间则与休息日差别不大。用水时分布见图 3.4-24。

在小时用水分布上，居住型建筑与办公型建筑依然呈互补状。通过实测数据可知，两种类型建筑的用水高峰均出现在用户到达和离开的时段。工作日期间居住建筑用水量在用户出发上班前及下班到家后存在两个明显高峰期，休息日用水高峰较工作日有 1～2h 延迟，并在午餐、晚餐时段及睡前时段用水量增加。办公类建筑则在用户到达及离开办公场

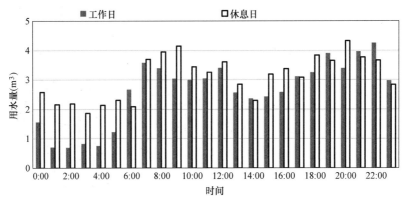

图 3.4-23 C居民楼用水时分布

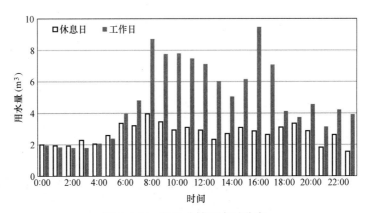

图 3.4-24 D办公楼用水时分布

所时用水量较高。

3. 瞬时流量分布

（1）苏州 A 小区

由流量频次可以看出，A 小区低区水泵 90% 时间处在 4~7m³/h 流量工作状态，高区水泵几乎 100% 处于 0~2m³/h 流量工作状态。所配置水泵大概率处于低效段运行。瞬时流量分布见图 3.4-25 和图 3.4-26。

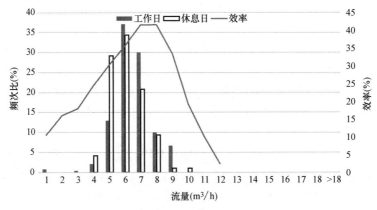

图 3.4-25 A 小区低区瞬时流量分布

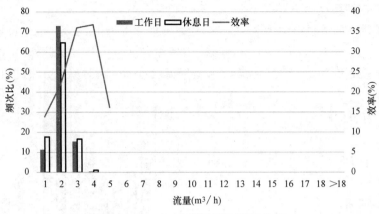

图 3.4-26　A 小区高区瞬时流量分布

（2）苏州 B 小区

B 小区用水时间较为集中，水量较大，水泵工况分布离散，不利于选取合适的水泵使其长时间处于高效工况。三个分区所配置的水泵均长时间在低效率段运行。瞬时流量分布见图 3.4-27～图 3.4-29。

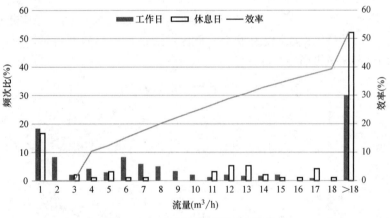

图 3.4-27　B 小区低区瞬时流量分布

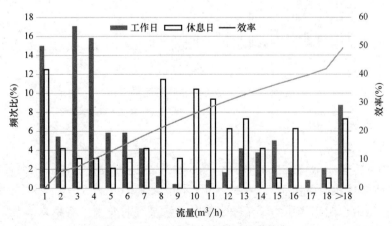

图 3.4-28　B 小区中区瞬时流量分布

（3）北京C居民楼

出现频次最高的流量范围为 $3\sim3.6m^3/h$，出现频率为 16.1%，而该流量仅为最大流量的约 50%；最大流量范围 $7.5\sim8m^3/h$ 的出现频率仅为 0.15%；此外，小流量范围 $0\sim0.5m^3/h$ 的出现频率为 11.6%，也属于大概率流量范围。瞬时流量分布见图3.4-30。

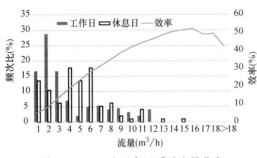

图 3.4-29 B小区高区瞬时流量分布

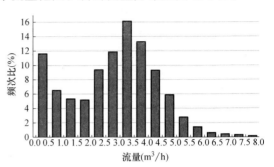

图 3.4-30 C居民楼瞬时流量分布

（4）北京D办公楼

休息日给水系统的流量比较小，基本只有一台水泵运行，流量范围 $0\sim5m^3/h$ 的频次比为 95.4%，此区域水泵的效率较低；工作日，流量范围 $0\sim5m^3/h$ 的频次比为 58.5%，$5\sim9m^3/h$ 的频次比为 30.5%，此区域流量接近单台水泵满载流量，效率较高，属于高效区，流量超过 $9m^3/h$ 的频次比仅为 11%，此区域超过单台泵满载流量，两台水泵启动并联运行。瞬时流量分布见图3.4-31。

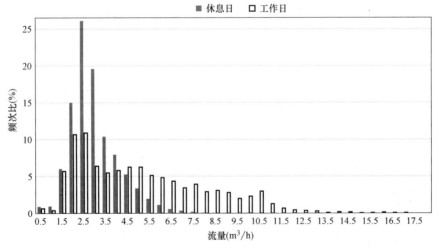

图 3.4-31 D办公楼瞬时流量分布

4. 水泵工作效率分析

（1）苏州A小区

工作效率分析基于全日之采集数据，当系统压力达到设计值时，水泵停机即工作效率＝0，低区水泵停机时段占全天 26%。低区水泵大概率处于 $31\%\sim60\%$ 效率工况区间，所选泵型工作压力稳定，当压力小于额定值时，水泵及时介入，将系统压力维持在稳定水平。该区平均压力值为 $50.6m$，日均用水量 $140.45m^3$，有用功 $19.36kWh$，耗电

29.42kWh，为该区供水平均能耗0.210kWh/m^3，平均工作效率65.79%。A小区低区水泵效率频次和压力曲线分别见图3.4-32和图3.4-33。

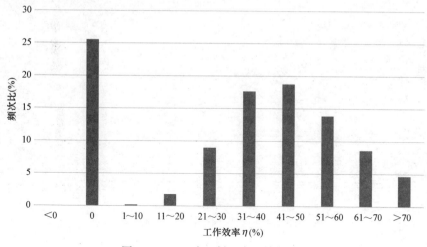

图 3.4-32 A小区低区水泵效率频次

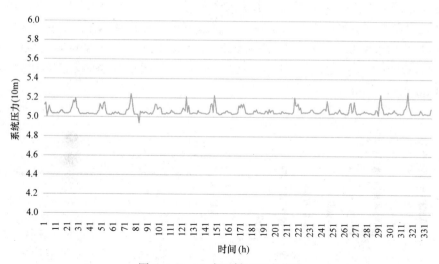

图 3.4-33 A小区低区压力曲线

高区水泵停机时段占全天32%。高区水泵大概率处于11%～40%效率工况区间，效率较低，实际流量明显小于水泵设计流量，可采用较小叶轮尺寸水泵。所选泵型工作压力稳定，当压力小于额定值时，水泵及时介入，将系统压力维持在稳定水平。该区平均压力值为80.45m，日均用水量37.38m^3，有用功8.19kWh，耗电25.61kWh，为该区供水平均能耗0.685kWh/m^3，平均工作效率31.98%。A小区高区水泵效率频次和压力曲线分

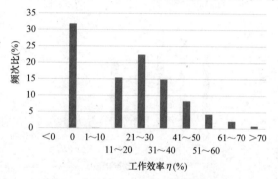

图 3.4-34 A小区高区水泵效率频次

别见图 3.4-34 和图 3.4-35。

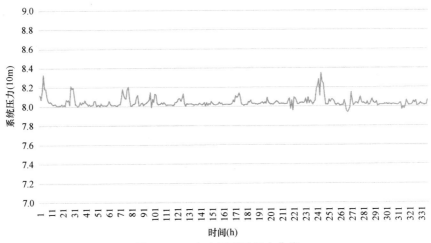

图 3.4-35 A 小区高区压力曲线

（2）苏州 B 小区

低区水泵停机时段占全天 25％。水泵大概率处于 11％～30％及 41％～60％效率工况区间。所选泵型工作稳定，压力波动较小，将系统维持在稳定水平。该区平均压力值为53.00m，日均用水量 365.27m³，有用功 52.70kWh，耗电 158.67kWh，为该区供水平均能耗 0.433kWh/m³，平均工作效率 33.41％。B 小区低区水泵效率频次和压力曲线分别见图 3.4-36 和图 3.4-37。

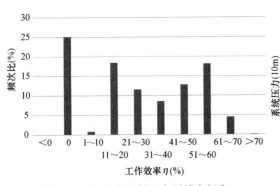

图 3.4-36 B 小区低区水泵效率频次

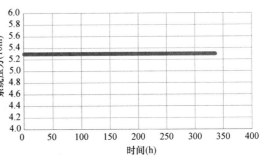

图 3.4-37 B 小区低区压力曲线

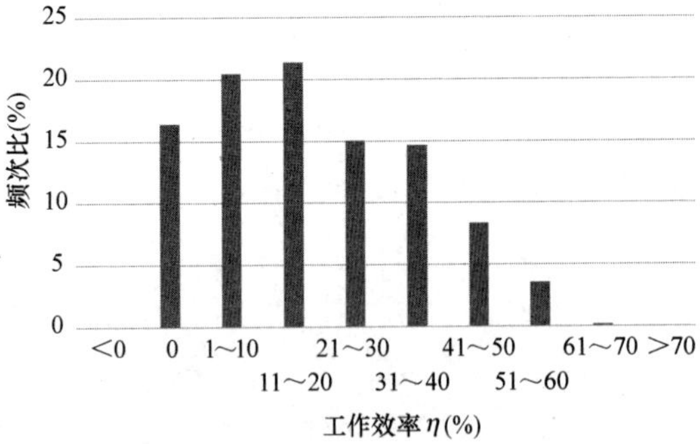

中区水泵停机时段占全天 17％。水泵大概率处于 1％～40％效率工况区间。所选泵型工作稳定，压力波动较小，将系统维持在稳定水平。该区平均压力值为71.40m，日均用水量 181.13m³，有用功35.19kWh，耗电 169.85kWh，为该区供水平均能耗 0.937kWh/m³，平均工作效率20.72％。B 小区中区水泵效率频次和压力曲线分别见图 3.4-38 和图 3.4-39。

图 3.4-38 B 小区中区水泵效率频次

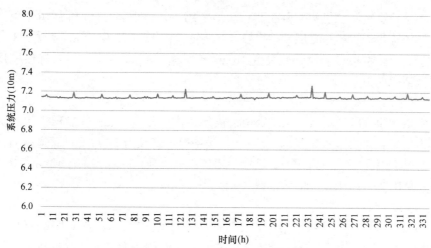

图 3.4-39　B 小区中区压力曲线

　　高区水泵停机时段占全天 16%。水泵大概率处于 1%～40%效率工况区间。所选泵型工作稳定,压力波动较小,将系统维持在稳定水平。另外,该区出现水流倒流情况,可能发生在水泵启停瞬间,系统压力高于水泵瞬时压力所致。该区平均压力值为 85.41m,日均用水量 92.35m³,有用功 21.47kWh,耗电 107.62kWh,为该区供水平均能耗 1.165kWh/m³,平均工作效率 19.95%。B 小区高区水泵效率频次和压力曲线分别见图 3.4-40 和图 3.4-41。

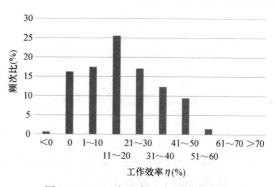

图 3.4-40　B 小区高区水泵效率频次

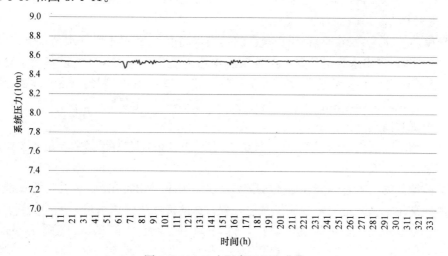

图 3.4-41　B 小区高区压力曲线

5. 高位水箱供水系统数据分析

(1) 测试项目概况

泵组和高位水箱联合供水实际工程位于浙江绍兴，该项目33～45层由屋顶高位水箱供水，涉及楼栋为11号（38层）、12号（40层）、15号（40层）和16号（38层）楼，总户数为112户。本项目于地下室设置161m³贮水箱，经由水泵送至四栋楼屋顶高位水箱。各区域情况如下：

1）地下泵房

楼层幢数：供11、12、15、16号楼；供水高度：超高区33～45层；用户数：112；进出水管道信息：泵房进水管径为DN100，设备出水管径为DN100；管道材质：不锈钢复合管；水泵厂家：格兰富；泵机型号：CR5-26；水泵扬程：额定132m；额定流量：5.8m³/h；泵机功率：4kW；增压泵数：2台。

2）11号楼

楼层幢数：11号（38层）；用户数：24；供水高度：33～34层（水箱直供）、35～38层（设备加压）；进出水管道信息：屋顶泵房水箱进水管径为DN65，设备出水管径均为DN50；管道材质：不锈钢复合管；水泵厂家：格兰富；泵机型号：CR3-4；水泵扬程：额定19.1m；额定流量：3m³/h；泵机功率：0.37kW；增压泵数：2台。

3）12号楼

楼层幢数：12号（40层）；用户数：32；供水高度：33～36层（水箱直供）、37～40层（设备加压）；进出水管道信息：屋顶泵房水箱进水管径为DN65，设备出水管径均为DN50；管道材质：不锈钢复合管；水泵厂家：格兰富；泵机型号：CR3-4；水泵扬程：额定19.1m；额定流量：3m³/h；泵机功率：0.37kW；增压泵数：2台。

4）15号楼

楼层幢数：15号（40层）；用户数：32；供水高度：33～36层（水箱直供）、37～40层（设备加压）；进出水管道信息：屋顶泵房水箱进水管径为DN65，设备出水管径均为DN50；管道材质：不锈钢复合管；水泵厂家：格兰富；泵机型号：CR3-4；水泵扬程：额定19.1m；额定流量：3m³/h；泵机功率：0.37kW；增压泵数：2台。

5）16号楼

楼层幢数：16号（38层）；用户数：24；供水高度：33～34层（水箱直供）、35～38层（设备加压）；进出水管道信息：屋顶泵房水箱进水管径为DN65，设备出水管径均为DN50；管道材质：不锈钢复合管；水泵厂家：格兰富；泵机型号：CR3-4；水泵扬程：额定19.1m；额定流量：3m³/h；泵机功率：0.37kW；增压泵数：2台。

（2）测试数据及分析

工程实测时间段为2018年5月1日至13日，共13d。监测数据主要是各泵组的耗电量和总用水量，见表3.4-2。

根据监测数据，项目总能耗为4289kWh，总用水量为2686m³。因受工程试验条件限制，无法在高位水箱泵组上安装流量监控装置，在此按照户数用水量来平均估算。由高位水箱泵组供给的户数总共为64户，计算对应监测段内的水量则为64/112×2686=1534.86m³。

地下泵房泵水量×扬程＝2686×132＝354552m⁴；

高位水箱泵水量×扬程＝1534.86m³×19.1m＝29316m⁴；

则系统单位水量单位扬程能耗值为：4289/（354552＋29316）＝0.011kWh/m⁴。

各泵组的耗电量和总用水量   表 3.4-2

日期	16 号	15 号	12 号	11 号	地下泵房	
	耗电量 (kWh)	耗电量 (kWh)	耗电量 (kWh)	耗电量 (kWh)	供水量 (t)	耗电量 (kWh)
2018-05-01	5	5	4	5	246	346
2018-05-02	4	4	5	4	224	327
2018-05-03	5	4	5	5	186	305
2018-05-04	4	5	5	5	186	305
2018-05-05	4	4	4	4	200	300
2018-05-06	5	4	5	5	186	317
2018-05-07	4	5	5	5	255	300
2018-05-08	5	4	5	5	174	306
2018-05-09	3	4	4	4	206	322
2018-05-10	4	4	4	4	197	301
2018-05-11	2	4	5	5	191	298
2018-05-12	2	5	5	4	221	305
2018-05-13	1	4	5	5	214	333
合计	48	56	61	59	2686	4065

3.4.4 二次供水能效试验数据及分析

中试系统通过随机开启一定数量的水龙头，模拟相同流量居民楼的用水情况，中试系统的构建是为了模拟真实的用户用水情况，本报告选取其中较有代表性的 50m 扬程下 1.0～5.0L/s 流量数据进行分析。

1. 工况 1：流量 1.0L/s，扬程 50m

在所做的 3 组平行试验中，当系统随机开启 5 个水龙头时，系统压力基本稳定在 50m，效率保持在 55%～60% 区间。水泵实测效率见图 3.4-42。

2. 工况 2：流量 2.0L/s，扬程 50m

在所做的 3 组平行试验中，当系统随机开启 5 个水龙头时，系统压力基本稳定在 50m，效率保持在 60%～65% 区间。水泵实测效率见图 3.4-43。

3. 工况 3：流量 3.0L/s，扬程 50m

在所做的 3 组平行试验中，当系统随机开启 5 个水龙头时，系统压力基本稳定在 50m，效率保持在 45%～65% 区间。水泵实测效率见图 3.4-44。

4. 工况 4：流量 4.0L/s，扬程 50m

当系统随机开启 20 个水龙头时，系统压力基本稳定在 50m，效率保持在 55%～65% 区间。水泵实测效率见图 3.4-45。

5. 工况 5：流量 5.0L/s，扬程 50m

当系统随机开启 25 个水龙头时，系统压力基本稳定在 50m，效率保持在 55%～65% 区间。水泵实测效率见图 3.4-46。

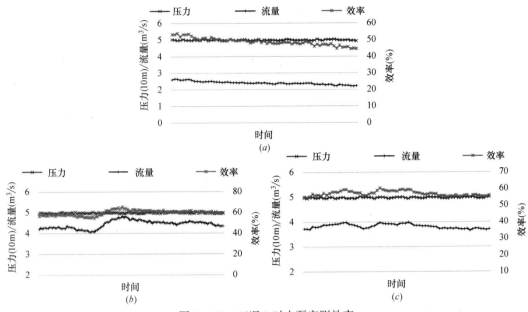

图 3.4-42 工况 1 时水泵实测效率

（a）平行试验 1；（b）平行试验 2；（c）平行试验 3

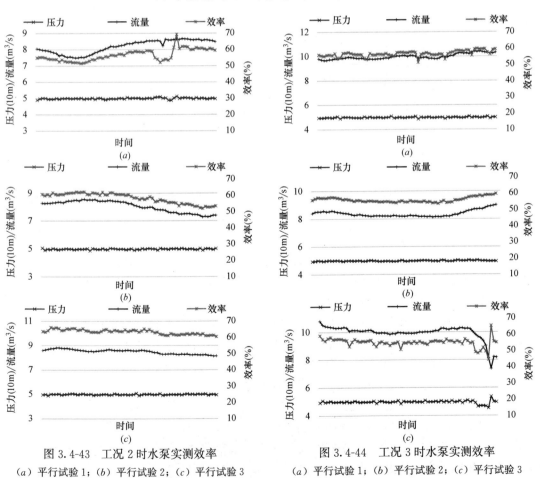

图 3.4-43 工况 2 时水泵实测效率

（a）平行试验 1；（b）平行试验 2；（c）平行试验 3

图 3.4-44 工况 3 时水泵实测效率

（a）平行试验 1；（b）平行试验 2；（c）平行试验 3

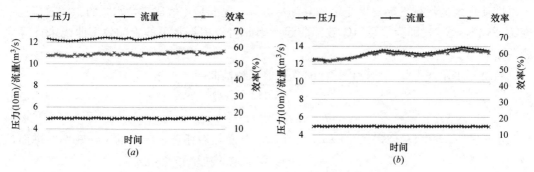

图 3.4-45　工况 4 时水泵实测效率

（*a*）平行试验 1；（*b*）平行试验 2

由试验数据可知，系统所配置的变频调速泵工作稳定，系统压力保持在 50m 左右，变化幅度小于 3%。系统总效率在用水量的急剧变化中一直在 60% 上下小范围波动，体现出该泵型对不同工况的适应能力及稳定性能。该泵型平顺的压力输出曲线及较高的总效率对于保障供水稳定及节约能源有重要意义。

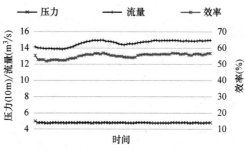

图 3.4-46　工况 5 时水泵实测效率

3.4.5　二次供水能效模拟数据及分析

给水系统的能耗与系统的供水量、扬程及效率等有关，恒压变频给水系统能耗计算实质是确定水泵功率与流量之间的函数关系。通常我们能够得到水泵在工频运行下的效率特性曲线，本节能耗模拟意在通过一定的函数关系，表现水泵在不同频率下的运行能耗情况，建立适当的数学模型，为预测变频调速后的水泵运行能耗提供可能性。

1. 变频系统能耗数学描述

根据水泵的相似比律：

$$\frac{Q_1}{Q_2} = \frac{r_1}{r_2} \tag{3.4-2}$$

$$\frac{H_1}{H_2} = \left(\frac{r_1}{r_2}\right)^2 \tag{3.4-3}$$

$$\frac{N_1}{N_2} = \left(\frac{r_1}{r_2}\right)^3 \tag{3.4-4}$$

水泵的功率方程：

$$N = \frac{1}{3600} \frac{QH\rho g}{\eta} \tag{3.4-5}$$

可以推导出：

$$\eta_1 = \eta_2 \tag{3.4-6}$$

注：η_1 和 η_2 为水泵转速 r_1 和 r_2 下所对应的效率。

$$H = CQ^2 \tag{3.4-7}$$

即使水泵的运行工况发生变化，但只要运行工况满足相似比律，水泵的工作效率就不变，公式（3.4-6）即为水泵的等效率曲线。因此可以根据水泵的工频效率曲线来计算变频后的效率。

若已知水泵在工频下的扬程特性曲线和效率特性曲线：

$$H = a_0 + a_1 Q + a_2 Q^2 \tag{3.4-8}$$

$$\eta = b_0 + b_1 Q + b_2 Q^2 + b_3 Q^3 \tag{3.4-9}$$

由公式（3.4-6）～公式（3.4-8），可计算水泵变频后任意工况点的工作效率，进而计算水泵的功率和能耗。

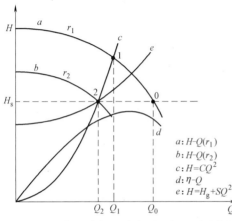

图3.4-47　恒压变频调速水泵运行工况示意图

图3.4-47为恒压变频调速水泵的运行工况示意图。其中，曲线 a 和 b 分别为水泵转速 r_1 和 r_2 的扬程特性曲线（设 r_1 为工频转速），曲线 c 为水泵的等效率曲线，曲线 d 为水泵的工频运行效率特性曲线，曲线 e 为管网的阻力特性曲线，H_s 为设定扬程。当水泵的转速为 r_2 时，水泵的扬程特性曲线与 $H = H_s$ 的交点就是此时水泵的运行状态点，即工况点2，则过工况点2的等效率曲线 c 可以确定下来；等效率曲线 c 与曲线 a 交于点1，则工况点1与工况点2的效率相等；联立曲线 a 与曲线 c 可求出 Q_1，将 Q_1 代入曲线 d 即可求出工况点1的效率，也就是工况点2的效率，将工况点2的效率、流量及扬程代入功率方程就可以求出水泵的功率。

2. 实例模拟计算分析

为获取建筑物的准确用水量数据及验证上文提出的计算模型的准确度，对北京市某居民楼的管网叠压恒压变频给水系统的运行数据进行采集。该居民楼地上共18层，每层12户，其中1层和2层由市政管网直接供水，3～18层共192户采用恒压变频给水系统加压给水，给水泵为1用1备。市政管网压力为37m，水泵出口压力设定为70m。恒压变频给水系统水泵主要参数见表3.4-3。

恒压变频给水系统水泵主要参数（工频）　　　　　　表3.4-3

名　称	参　数	名　称	参　数
流量	8m³/h	扬程特性曲线	$H = 52 + 0.62Q - 0.37Q^2$
扬程	33m	效率特性曲线	$\eta = 0.1 + 20.1Q - 2.02Q^2 + 0.051Q^3$
效率	60%		

数据采集系统主要由超声波流量计、压力传感器和数据传输设备组成。数据采样周期为10s，采集的数据通过移动通信网络实现远传至计算机并实时显示及储存，极大地方便了数据的采集和分析工作。

3. 计算模型验证

图3.4-48为给水系统水泵的效率和功率变化曲线图。对实测数据进行统计和平均，

得出流量、功率与效率的实测值；将流量输入能耗计算模型，计算对应的功率与效率，得出模拟计算值，并将其与实测值进行对比。从图中可以看出，模拟计算值与实测值高度匹配，功率的平均偏差率仅为 1.7%。结果表明，所建立的模型可以合理并准确计算恒压变频给水系统的实际能耗。

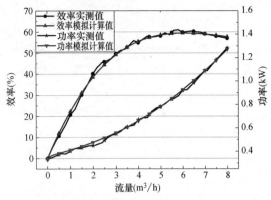

图 3.4-48 水泵效率和功率模拟计算值与实测值

3.4.6 二次供水水泵选型分析

水泵的额定功率、流量、扬程及特性曲线对于选型有决定性作用，现行水泵选型方法已经可以较为容易地确定出所需水泵的大致型号范围，本节针对同一系列下不同细分型号水泵效率进行对比，寻找提高机组效率可参考的指标。

1. CRE10 系列水泵

（1）模拟工况 1：系统流量 20m³/h，流量差 2m³/h，扬程 60m，水泵参数见表 3.4-4。

CRE10 系列水泵参数（模拟工况 1）　　　　　　　　表 3.4-4

型号	单泵流量	扬程	搭配形式	单泵功率	闭阀扬程	设计扬程与闭阀扬程比
CRE10-5	10m³/h	60m	2用1备	3kW	73m	0.82
CRE10-6	10m³/h	60m	2用1备	4kW	89m	0.67
CRE10-7	10m³/h	60m	2用1备	5.5kW	105m	0.57
CRE10-8	10m³/h	60m	2用1备	5.5kW	118m	0.51

如图 3.4-49 和图 3.4-50 所示，在相同流量下，能耗最低的泵型为 CRE10-7，其额定功率为 5.5kW，CRE10-5 型号水泵额定功率为 3kW，为所比较泵型中最低值，但其

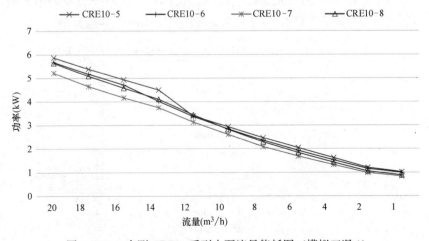

图 3.4-49 实测 CRE10 系列水泵流量能耗图（模拟工况 1）

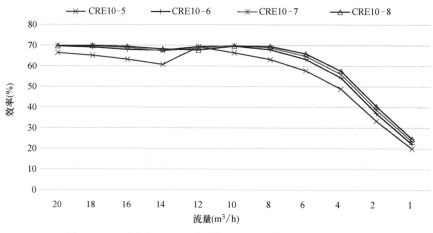

图 3.4-50   实测 CRE10 系列水泵流量效率图（模拟工况 1）

实际功率高于其他型号水泵。额定功率同为 5.5kW 的 CRE10-7 和 CRE10-8 在 8～
20m³/h 流量段效率基本相同，在 1～6m³/h 流量段，CRE10-8 水泵效率略高于 CRE10-
7 水泵。

（2）模拟工况 2：系统流量 20m³/h，流量差 2m³/h，扬程 90m，水泵参数见表
3.4-5。

CRE10 系列水泵参数（模拟工况 2）   表 3.4-5

型号	单泵流量	扬程	搭配形式	单泵功率	闭阀扬程	设计扬程与闭阀扬程比
CRE10-7	10m³/h	90m	2 用 1 备	5.5kW	105m	0.86
CRE10-8	10m³/h	90m	2 用 1 备	5.5kW	118m	0.77
CRE10-9	10m³/h	90m	2 用 1 备	5.5kW	132m	0.68
CRE10-10	10m³/h	90m	2 用 1 备	7.5kW	151m	0.60

如图 3.4-51 和图 3.4-52 所示，在相同流量下，能耗最低的泵型为 CRE10-10，其额
定功率为 7.5kW，CRE10-7 型号水泵额定功率为 5.5kW，为所比较泵型中最低值，但其
实际功率高于其他型号水泵。CRE10-8 在全流量段效率略高于其他泵型。

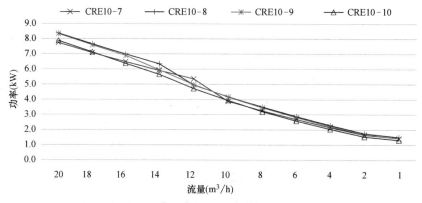

图 3.4-51   实测 CRE10 系列水泵流量能耗图（模拟工况 2）

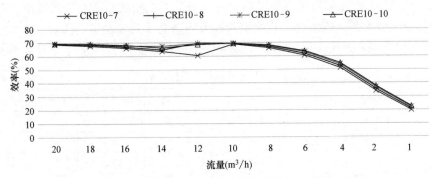

图 3.4-52 实测 CRE10 系列水泵流量效率图（模拟工况 2）

2. CRE15 系列水泵

（1）模拟工况 3：系统流量 30m³/h，流量差 3m³/h，扬程 90m，水泵参数见表 3.4-6。

CRE15 系列水泵参数（模拟工况 3）   表 3.4-6

型号	单泵流量	扬程	搭配形式	单泵功率	闭阀扬程	设计扬程与闭阀扬程比
CRE15-5	15m³/h	90m	2用1备	7.5kW	102m	0.88
CRE15-6	15m³/h	90m	2用1备	11kW	124m	0.73
CRE15-7	15m³/h	90m	2用1备	11kW	142m	0.63
CRE15-8	15m³/h	90m	2用1备	11kW	162m	0.56

如图 3.4-53 和图 3.4-54 所示，在相同流量下，能耗最低的泵型为 CRE15-8，其额定

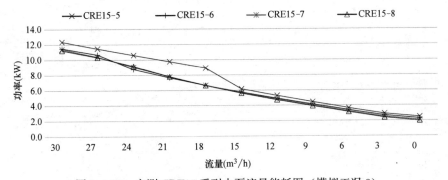

图 3.4-53 实测 CRE15 系列水泵流量能耗图（模拟工况 3）

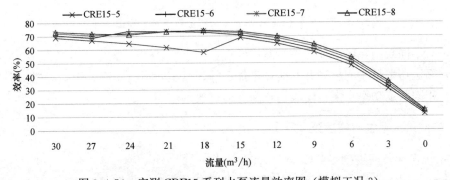

图 3.4-54 实测 CRE15 系列水泵流量效率图（模拟工况 3）

功率为 11kW，CRE15-5 型号水泵额定功率为 7.5kW，为所比较泵型中最低值，但其实际功率高于其他型号水泵。CRE15-8 在全流量段效率略高于其他泵型。

（2）模拟工况 4：系统流量 30m³/h，流量差 3m³/h，扬程 120m，水泵参数见表 3.4-7。

CRE15 系列水泵参数（模拟工况 4）   表 3.4-7

型号	单泵流量	扬程	搭配形式	单泵功率	闭阀扬程	设计扬程与闭阀扬程比
CRE15-7	15m³/h	120m	2 用 1 备	11kW	142m	0.85
CRE15-8	15m³/h	120m	2 用 1 备	11kW	162m	0.74
CRE15-9	15m³/h	120m	2 用 1 备	15kW	184m	0.65
CRE15-10	15m³/h	120m	2 用 1 备	15kW	203m	0.59

如图 3.4-55 和图 3.4-56 所示，在相同流量下，能耗最低的泵型为 CRE15-10，其额定功率为 15kW，CRE15-7 型号水泵额定功率为 11kW，为所比较泵型中最低值，但其实际功率高于其他型号水泵。CRE15-10 在全流量段效率略高于其他泵型。

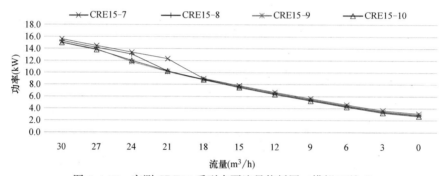

图 3.4-55　实测 CRE15 系列水泵流量能耗图（模拟工况 4）

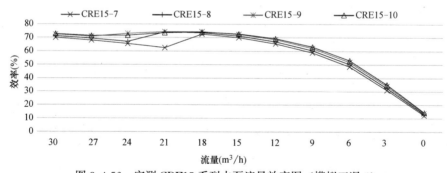

图 3.4-56　实测 CRE15 系列水泵流量效率图（模拟工况 4）

通过对不同泵型在各工况点进行测试发现：

（1）额定功率最小的泵型并非能耗最优选择，其实际运行功率大于高一档功率泵型。

（2）相同额定功率水泵，闭阀扬程高者运行效率较高。

3.4.7　二次供水系统实施建议

1. 系统设计普遍过剩

结合建筑用水流量分布规律与水泵各流量下工作效率，我们调查的工程项目所配置水泵在 60％以上时间处于低效运行状态，能耗高而所做有用功少，水泵性能明显过剩，长期处于"大马拉小车"的情况，系统流量远远小于水泵最佳工况点流量。造成此状况的原因可以归为三方面：

（1）日常用水量远低于系统最大设计流量

根据《建筑给水排水设计标准》GB 50015—2019 相关要求：生活给水系统采用调速泵组供水时，应按系统最大设计流量选泵，调速泵在额定转速时的工作点，应位于水泵高效区的末端。而在实际系统运行中，达到水泵高效运行段流量及系统最大设计流量的时间频次普遍小于 5％，水泵效率超过 60％的时间不足总运行时间的 10％，40％的时间流量所对应的效率在 30％～50％范围内，其余 45％的时间流量所对应的效率低于 30％。

系统最大设计流量在理论上保证了最不利点在最不利用水情况下的出流，而此情况出现的概率低于 5％，即便现行规范中已经设定将该工作点选在水泵高效区末端的条件，但在实际运行中由于水泵能力过剩导致的效率低下及能源浪费问题仍然非常突出。

是否可以考虑改变水泵选型条件，将系统最大设计流量的工作点在水泵特性曲线上后移至某一适当位置，以保证运行中较大频次比的流量可以落在水泵高效范围内。

（2）规范用水当量过大

现行规范中各卫生器具的用水当量值是建立在老式器具、过时用水节水技术的基础上，目前卫生器具的技术不断革新，仅在单次冲水用水量上相对 10 年前数据就已有大幅度减少，加之住宅中节水型水龙头的普遍使用，单位时间出水量小于普通快开水龙头，节水技术的应用使得实际应用的器具用水当量小于设计当量，导致过剩设计。

（3）不同建筑用水规律差别大

以苏州两个项目为例，水云居为低密度住宅，居民以老人及儿童居多，生活节奏较慢，从全天来看用水分布均匀，没有明显的高峰低谷，水泵长期处于相对稳定的工作状态。菁英公寓为工业园区的员工宿舍，居民生活规律性较强，受工作时间制约，用水时间集中且峰谷差距明显，水泵运行状态变化较多，同样配置变频调速泵其效率明显低于水云居供水系统。

2. 变频供水已成行业主流

在本研究的前期调研阶段发现，高位水箱供水方式在实际工程中的应用比例较低，且多数业主表示后期改造过程中会摒弃高位水箱，采用变频加压供水，因此在后续的二次供水领域的相关研究中，侧重点应放在非高位水箱供水系统方面。经过调研及走访，高位水箱供水系统应用较少的主要原因有以下几个方面：

（1）维护成本

高位水箱供水系统后期维护成本较高。近几年由于高位水箱后期运行不佳、水质条件恶化引起的社会问题时有发生。作为物业管理方或者水务公司，上述维护工作会增加管理难度，且随着社会人力成本的不断增加，自动化、封闭式的供水方式也必然会形成主流趋势。

（2）土地成本

随着城市化进程的不断推进，开发建设的土地成本不断飙升，高位水箱间位于一栋建筑的最高层，一般都是景观视野等"卖点"最佳的位置，用来建设水箱间这种设备机房会降低开发建设的"高净值区域",降低收益。

（3）建设成本

高位水箱的建设会增加建筑的结构荷载,增加建设成本。

3. 机组普遍运行效率低

变频供水（包括叠压供水）属于目前广泛应用的系统形式,但通过工程项目实测发现,其工作效率均处在较低的水平,一般为30%。实验室中试系统模拟后发现,在额定供水流量条件下,变频供水工作效率可以达到60%,因此其节能潜力巨大。造成实际工程运行效率偏低的主要原因有以下几个方面:

（1）达到额定流量的频次比低

通过对实际工程的流量实时监测发现,变频供水机组在全天的运行过程中,可以达到其额定供水能力的时间段占总运行时间的比例非常低,且分布也没有明显的规律性,大多数情况下,变频供水机组都在其供水额定流量的30%～50%水平下运行。

（2）建筑用水的日变化系数较大

对于不同类型的建筑、不同类型的建筑群,选用变频供水机组应采用不同的策略。例如,对于较大规模的小区,由于建筑较多,且入住的人员较为复杂,因此一般不会出现工作日用水量少、休息日用水量较多的情况;但是对于办公建筑,建筑使用高频期为工作日,休息日仅为楼宇工作人员用水,用水量少到可忽略不计的程度。再如,对于用户为年轻人居多的青年公寓,用水呈现非常大的规律性,但是对于入住人员多为老年人、儿童的常规居民社区,用水的日变化不大。综上所述,对于不同类型的建筑、不同类型的建筑群,在选用供水机组的时候,应该深入调研,采取不同的策略。

（3）供水机组选用不合理

供水系统最高效的工况应为用户端与供应端高度匹配,使得供水机组处于高效段运行。由于对于不同的建筑类型,用户端的用水量是时时变化的,因此,水泵的选择要深入挖掘用户端的变化规律,研究水泵的特性曲线,并且在同样的额定流量、扬程的条件下,要选择运行效率更高效的水泵。

由于用户端的水量变化幅度较大,因此为适应不同的工况,应充分研究供水机组水泵间的匹配关系。可以肯定的是,1用1备的水泵配置从节能角度来讲是不可取的。把供水机组的流量进行有机拆分,形成不同流量的水泵配合运行,使得每台水泵均处于高效段运行。

对于凌晨等低峰用水时段,气压罐的设置可以有效减少水泵的启停次数,并且在小流量的工况下,水泵启动后即使有变频器的执行参与,水泵也必然在低效段运行。因此,对于供水机组而言,气压罐的设置可以有效减少水泵低效运行的时间和频次。

4. 变频供水和高位水箱供水节能性比较

从理论上分析,在同样的供水工况、同样的供水系统条件下,高位水箱供水要比变频供水更为节能,但是通过项目实测、系统中试等得出的数据显示,变频供水未必比高位水箱供水系统效率低,分析主要原因如下:

（1）变频供水技术的不断发展使得供水机组能效不断提升

智能型供水机组设备对供水系统而言并不是简单的设置出口压力,并依靠压力的检测就能让水泵合理地运转和联动运行。并且不同的应用工况,比如学校、住宅、酒店、商业综合体这几种工况并不相同。供水机组控制器结合实际工况的需求和所配水泵的供给能力，自动学习、适应不同工况的用水习惯。结合水泵能耗、水泵效率、并联效率、供给流量、供给压力所有这些实际工况的需求信息来控制水泵的联动台数和水泵的运转速度，自动学习不同工况运行的特点，从而使得在控制水泵的运行上更好地降低能耗，保证水泵运行在舒适区和高效区。

（2）"一对多"的高位水箱供水系统节能效果较差

对于较大规模的建筑群，例如小区，高位水箱供水系统为了简化供水系统，多采用一组工频供水泵供应多个水箱的设计（"一对多"的高位水箱供水系统），如本次研究实测的绍兴地区的小区。但是经过实测，其比变频供水系统的供水能耗还要高，分析原因主要有两个方面：

1）水泵启停频繁：对于多个水箱的补水，任何一座水箱的补水均需要启动水泵，造成水泵启停频繁，总能耗较高。

2）对于"一对多"的供水系统，水泵相当于面对 N 个用水规律性不同的用户，故水泵的运行状态多数处于非变频状态，影响水泵机组工作效率。

3.5　适用于住宅户内的节水成套技术

3.5.1　模块化住宅户内中水系统研究内容及技术路线

本研究任务以模块化分户中水系统为基础，通过专项研究完成成套化、标准化，同时补充对水质和运行稳定性方面的实测数据，使现有系统升级为适用于住宅户内的节水成套技术。

针对建筑与小区中水收集回用系统不能满足节水要求的问题，开展适用于住宅户内的优质杂排水（灰水）节水成套技术研究，研发户内优质杂排水节水成套设备，研究成套设备对灰水的处理效果和水质安全性，评价成套设备的运行稳定性，研究处理后的户内优质杂排水供马桶冲洗的节水效率。

建立户内优质杂排水（灰水）节水技术，研发出住宅户内灰水回收处理利用成套设备1套，贮水容积 $0.05\sim0.1\mathrm{m}^3$，户内节水率达到 20% 以上。回收处理水质达到《城市污水再生利用 城市杂用水水质》GB/T 18920—2002 的要求。

本项研究任务的技术路线如图 3.5-1 所示。

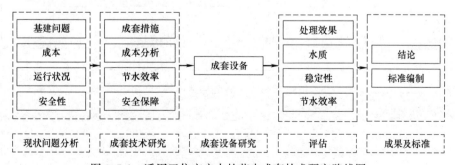

图 3.5-1　适用于住宅户内的节水成套技术研究路线图

3.5.2   模块化住宅户内中水系统研发

1. 模块化住宅户内中水系统原理

针对中水现状问题的了解和分析，以第一代户内中水技术为突破口，开展成套技术研究，对设备进行成套化、标准化，进一步适合住宅户内场景使用。

第一代户内中水技术也称为模块化分户中水系统。主要以住宅户内的杂排水为水源，通过设置在卫生间内的废水处理模块，对户内的杂排水进行收集处理消毒后供给该户内的冲厕用水使用，如图 3.5-2 所示。该系统集同层排水与废水收集、贮存、过滤、回用冲厕为一体。

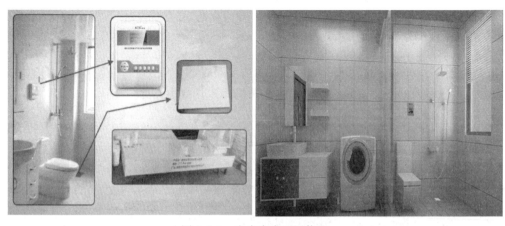

图 3.5-2   户内中水回用装置

模块化分户中水系统是户内三洗优质杂排水收集、处理、回用冲洗自家坐便器。属于户内的微循环，户内回用，没有共用管网，不存在户间交叉感染，水质成分单一容易处理，经过模块装置内过滤、自动消毒后，满足冲厕用水水质标准。户内中水回用技术的特点是使用户内中水冲厕，入住即通。因此，只要入住就能够自动形成上下游利用中水冲厕系统，节约冲厕用自来水。系统技术原理如图 3.5-3 所示；系统总体结构如图 3.5-4 所示。

从以上工作流程可以看出，户内水梯级利用节水技术，主要是收集洗脸盆、洗衣机和

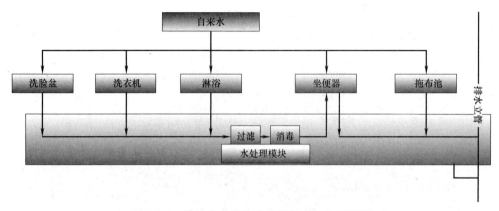

图 3.5-3   模块化分户中水系统节水技术原理图

淋浴的优质杂排水作为敷设在卫生间降板区域内的水处理模块的处理原水。而这些优质杂排水依靠排水管道进入在户内设置的水处理模块，经过过滤和消毒工序后通过回用水泵将处理水回用于便器冲水。而作为污染物较多、处理难度大的便器和拖布池污水则通过排水管道与排水立管直接相连排出室外，减少污染的风险。

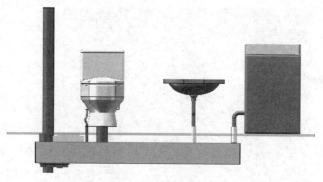

图 3.5-4　模块化分户中水系统总体结构示意

　　该系统同时作为一种同层排水系统，安装于结构楼板上方，排水横支系统均不穿越楼板，划清了楼上和楼下的户界，产权明晰。并且能够实现同层检修、清通的要求。系统是一个卫生间一个独立的节水模块，节水模块整体制作，无外露的管道接头，消除了管道接头渗漏的可能性。立管穿楼板部位，采用立管穿楼板专用连接件，用于连接楼上节水模块和楼下排水立管，使管道穿越部位防渗漏更为可靠。

　　2. 模块化住宅户内中水施工要求

　　模块化分户中水系统具有一系列优点，但在工程实施中，为留出一定的蓄水空间，该技术需要在住宅卫生间区域内的土建楼板进行局部降板（见图 3.5-5、图 3.5-6），这一措施将对卫生间顶部的局部空间造成一定影响。卫生间顶部降板，工程技术难度虽然并不算高，但问题是这项决策需要在设计前期就被明确。卫生间是否采用降板是住宅户内效果的一部分，这也就意味着降板的方式必须在方案创作阶段就有所考虑，设计方和建设单位能够就卫生间降板初步达成意向，这在实际操作中难以做到。除非这项技术成为广泛普及的标准，能够被设计师自动设计在建筑内，否则项目早期的信息设备生产企业很难获得，就不能在设计的早期介入项目，从而难以形成降板技术的使用初步意向。而卫生间降板在设计的后期甚至施工过程中以技术变更的形式提出，则提高了技术使用的难度。在工程建设程序上，户内中水系统需要从设计前期进入直至卫生间安装阶段，长配合流程在客观上成为工程现场安装时的一大障碍。

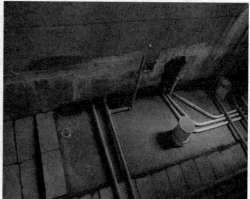

图 3.5-5　第一代户内中水技术需要降板卫生间安装

图 3.5-6　地板预留检修口

模块化分户中水系统在使用过程中，仅采用消毒工艺简单处理，处理后实际使用的水质情况备受关注。需要在自控方面补充一部分监控仪表，以自动化的方式一并解决系统中小设备运行、中水水源不足时的补水、放空控制以及用水量的累计统计等方面要求。完善产品系列、补充自动控制、建立和完善相关技术标准等成为成套措施的关键技术。

3. 模块化住宅户内中水节水效率

各种中水回用技术都是以节约用水为目的，判断该中水技术是否先进，其节水效率大小是重要指标。

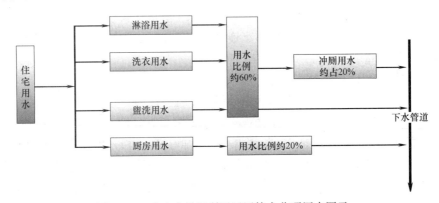

图 3.5-7　户内水梯级利用回用技术分项用水图示

根据《建筑中水设计标准》GB 50336—2018 中的住宅分项给水的百分率计算可知（见图 3.5-7），淋浴、洗衣和盥洗用的优质杂排水比例约占到整个住宅用水的 60%，而冲厕用水约占到整个住宅用水的 20%，如此看来，在户内水梯级利用回用技术中收集户内的优质杂排水进行处理后回用，其水源量远大于用水量，完全可以满足该户内的冲厕用水。该技术不受入住率变化的影响，可以保证节水率超过 20%。

同时由于收集回用管道均设置在户内，所以很少存在漏损的情况，有效地减少了传统中水管道敷设过程中的漏损情况，进一步减少了水资源浪费。

根据 2012 年我国居民家庭生活用水类别比例进行分析，三洗废水占生活用水总量的 47.2%，冲厕用水占 29.1%。住宅三洗废水完全可以满足冲厕用水，其余 18% 用于模块内部反冲洗和排空等功能，保证模块自身的清洁。

节水效率超过生活用水总量的 20%，三口之家每年可以节约 40t 水，节水的同时等量减污。

4. 模块化住宅户内中水安全性

该技术是设置在户内的处理技术，处理及回用管道不出户，不影响其他用户的安全，不会造成交叉污染。同时处理水源为优质杂排水，污染程度相对小，水质达标保障率高。

该技术实施不受市政条件及外线条件影响，可以根据自身需求以单独卫生间为单元进行设置，不影响其他公共空间。

采用该技术时，运行管理直接在户，无需集中管理，可以机动灵活控制，出水水质不受其他用户及入住率变化的影响。

5. 模块化住宅户内中水成本分析

小区中水运行成本方面，据调查数据：中水处理成本一般为 1.2 元/m³，经小型污水处理器处理的中水，直接成本在 1.05 元/m³ 以下，但如果计算折旧费等因素，成本在 8 元/m³ 左右。

模块化分户中水系统无需单独设置小区中水站、中水管网、泵站、中水表等，并且无需公共管理，运行成本低廉。运行成本方面，主要为户内模块的电费及处理耗材费用，每月耗电 1kWh，约 0.5 元，耗费消毒药剂 1 块，月 3 元，合计 3.5 元，按每月节水 3t 计，运行成本折合每吨水 1.1 元。该技术前期的基建成本主要包括：户内水梯级利用模块的敷设及增加的相应土建构造做法，前期建设费用如考虑折旧，吨水约在 1.8 元/m³。

3.5.3 模块化住宅户内中水系统开发和测试

1. 侧立式安装方式研发

将模块化分户中水系统升级为户内节水成套设备，需要在多方面补充研究。在房屋基建条件方面，户内节水成套设备可以完全实现不出户、分散式建设安装。而在基建过程中，主要需要结构降板配合和模块主体及配套管道附件的安装。

原有的模块化分户中水系统升级可以归为同层排水的一种形式，是将水处理模块安装在本层卫生间下的夹层内，所有的排水管道及水处理装置均在本层卫生间的地面夹层内解决，不影响其他用户，做到产权明晰。而卫生间降板的高度主要取决于洁具布置和卫生间尺寸大小，由于住宅卫生间比公共卫生间面积小，排水管道敷设距离短，所以需要降板的高度较小，一般为 200～300mm。理论上，降板区域可以仅限于中水处理模块的尺寸区域内，在其他区域可以不做结构降板处理，即可满足户内水梯级利用模块的安装要求，但通过和结构专业的交流，了解到由于卫生间的面积相对小，在小面积内做局部降板需增加次梁，反而增加结构的难度和造价。所以采用户内水梯级利用节水技术时通常是将卫生间结构板统一降板。同时在立管穿越楼板位置预留 400mm×400mm 洞口，来完成处理模块与排水立管的接驳。模块安装完成后，再采用轻质填料将其他降板区域填平。

卫生间降板的基建条件要求限制了一部分建筑的使用，针对这一情况，本任务研发了侧立式安装方式（见图 3.5-8），取消了卫生间降板这一以往技术必需的条件。

图 3.5-8 住宅户内节水成套
设备侧立式安装方式

　　侧立式模块化户内中水集成系统由核心模块、同排模块、中水模块、向大便器供水的生活饮用水管道、中水给水管道、自动控制器、立管及卫生器具（大便器、洗手盆、洗衣机、淋浴）组成。洗衣机、洗手盆、淋浴排水经敷设于地面垫层内的同排模块收集到核心模块集水区（水封区），置于集水区的液位感应器感应到有水，废水提升泵立即启动将水即时提升到中水模块贮水区，在提升过程中经过中水模块内的过滤装置完成粗滤、精滤和消毒，并利用水泵停泵后的重力作用，将过滤装置上的杂质自动冲洗带回核心模块内的集水区，在排水过程中排出核心模块进入排水立管排出室外。贮水区的水经超滤后，进入中水贮水区，用于冲洗坐便器。侧立式系统安装图如图 3.5-9 所示。

图 3.5-9　侧立式系统安装图

2. 关键部件和消毒优化

　　模块化户内中水集成装置是将卫生间排水横支管集成在整体模块内，与用水器具同层敷设，能够将洗衣、洗浴、盥洗等废水收集进入模块内，经适当处理用于冲厕的户内排水及水梯级利用装置。

　　采用模块化户内中水集成装置代替排水横支管的建筑卫生间中水系统由中水模块、向

图 3.5-10　经优化的核心模块

大便器供水的生活饮用水管道、中水回用管道、水处理自动控制装置、立管穿楼板专用件和排水立管组成，如图 3.5-10 所示。

　　侧立式住宅户内节水成套设备由侧立式中水模块、向大便器供水的生活饮用水管道、中水回用管道、水处理自动控制装置、核心模块和排水立管组成。侧立式中水模块包括中水处理装置和同排模块两部分。

　　第一代的户内中水系统，主要消毒方式采用投加氯片。从水质检验效果来看投加氯片能够满足基本的消毒要求，但在实践中的问题主要是氯片的消耗没有提醒机制，投加时机不易把握，另外过量投加卫生间内会残留氯片独特的味道。为解决上述问题，本项研究通过使用水质传感器，采用即时消毒和定时消毒以及多次过滤过程，辅助自控系统完善了水质管理。图 3.5-11 为水质识别、即时和定时消毒

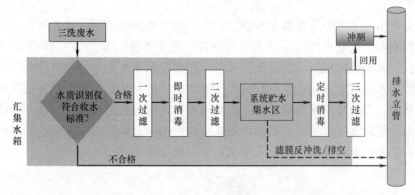

图 3.5-11 水质识别、即时和定时消毒以及多次过滤管理水质的原理示意图

以及多次过滤管理水质的原理示意图，图 3.5-12 为集成自控系统的回用控制单元。

3. 整体设备集成研发

通过开展适用于住宅户内的优质杂排水节水成套技术研究，研发住宅户内的优质杂排水节水成套设备一套，贮水容积 $0.05 \sim 0.1 \mathrm{m}^3$。实际完成节水成套设备两套，贮水容积 $0.08 \mathrm{m}^3$，符合指标要求。2017 年 10 月 12—14 日，由住房和城乡建设部科技与产业化发展中心、中国房地产业协会、中国建筑文化中心共同主办的"第十六届中国国际住宅产业暨建筑工业化产品与设备博览会"上本任务成果"模块化户内中水集成系统""高安全性能排水系统"进行了展览，成套设备制成后，多次参与中国建设科技集团科技成果展等展会，受到各界更广泛的关注。设备图片见图 3.5-13。

图 3.5-12 回用控制单元

经过一系列补充、完善、优化的户内节水成套设备，分为下沉式和侧立式两种。

图 3.5-13 住宅户内的优质杂排水节水成套设备

（1）下沉式

下沉式户内节水成套设备由节水模块、向大便器供水的生活饮用水管道、中水给水管道、自动控制器、立管专用件和排水立管组成，其工作流程如图3.5-14所示。节水模块为工程塑料整体成型的水箱，内部安装有废水收集管和便器排污管两套管路，洗衣机、洗手盆、淋浴排水通过废水管收集后经消毒过滤之后，进入水箱，经提升装置提升冲洗坐便器；坐便器排污口直接与排污管连接，污水直接排入排污管进入排水立管，排出室外。排污管在水箱内呈独立密闭状态，不会污染水箱内的中水。水箱内废水管收集的废水及沉淀物，通过排空装置定时排出水箱进入排水立管，排出室外。

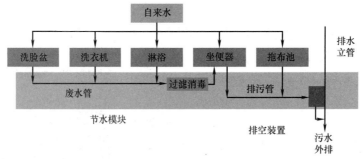

图3.5-14　下沉式户内节水成套设备工作流程图

洗脸盆、洗衣机、淋浴排水经废水管收集排入到水箱内部的汇集水箱，汇集水箱内设有浊度识别装置，对于符合收集要求的水收集并开启进入一次过滤装置进行粗滤，同时进行消毒处理，然后进入二次过滤装置进行精滤后进入系统贮水区，贮水区的水经定时消毒后进行超滤，超滤后的水用于冲厕。确保水质卫生安全。不符合收集处理要求的水，立即通过排空装置进行排放进入排水立管排出室外。

（2）侧立式

侧立式模块化户内中水集成系统由核心模块、同排模块、中水模块、向大便器供水的生活饮用水管道、中水给水管道、自动控制器、立管及卫生器具（大便器、洗手盆、洗衣机、淋浴）组成，其工作流程如图3.5-15所示。

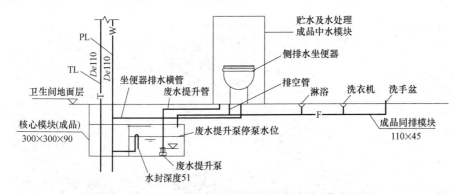

图3.5-15　侧立式模块化户内中水集成系统工作流程图

图3.5-16为应用项目卫生间安装现场，适用于住宅户内的节水成套技术目前已经取得项目应用，获得了经济效益和社会效益。

图 3.5-16　降板卫生间完成安装

4. 成套设备测试评估

测试评估的目的是在水质安全性、运行稳定性、节水效率方面对住宅户内节水成套技术进行检验。

(1) 水质安全性

户内节水成套技术为住户内部使用的中水，涉及户内用水的安全，所以水质安全保障是该技术需要解决的重要问题。

水变质主要是因为厌氧菌的滋生和繁殖，导致水内溶解氧、氨氮、pH 值、嗅觉和观感的变化。而在本技术实施过程中，为保证中水原水的安全、易处理，原水采用了淋浴、盥洗和洗衣用的优质杂排水，这些原水污染程度低，无户外细菌、病毒隐患、重金属污染隐患。其内部含有有毒有害物的概率小，水质成分相对简单，水处理难度低。

在处理模块中设置的主要处理工艺流程见图 3.5-17。

图 3.5-17　水处理流程

处理模块中的杂排水首先经过初次过滤，利用物理截留原理，截留杂质。初次过滤的主要功能是将大颗粒杂质、毛发等进行截留过滤，降低水体的 SS、浊度和色度。经过初次过滤后处理水进入沉淀区，利用沉淀原理将水体的 SS、浊度和色度进一步去除。沉淀区的清水进入下一步的消毒工序，消毒主要采用氯制剂，可以去除总大肠杆菌、其他细菌及病毒等对人体有害的物质，保障水体的水质安全。在处理水回用之前再经过最后一次过滤，设置过滤精度较高的滤网，进一步过滤细小颗粒及悬浮物。

水质安全性测试采用在应用项目中随机抽样检查与水样送检相结合的方式开展。2015—2017 年，对河南濮阳中原油田添运小区、滨河花园小区住户开展了随机抽样检查（见图 3.5-18、图 3.5-19）。

经过抽样检验，成果汇总表见表 3.5-1～表 3.5-3。

谱尼测试出具的结果表明，系统正常运行工况下，水质各项指标均能满足《城市污水再生利用　城市杂用水水质》GB/T 18920—2002 冲厕用水水质要求。

户内节水成套设备由于优化了过滤和消毒工艺，出水水质得到了改善。水质化验指标显示，户内卫生性能最为关注的色度、嗅、总余氯、溶解性总固体、总大肠杆菌、pH 值等指标均正常，符合《城市污水再生利用　城市杂用水水质》GB/T 18920—2002 水质标准。从三年的随机取样监测来看，出水稳定性符合要求。

图 3.5-18   工作人员入户取样

图 3.5-19   实验室水质检验

住户水质抽样检查（2015 年）   表 3.5-1

取样日期	住户门牌号	测试指标						
		pH 值	色（度）	嗅	浊度（NTU）	溶解性总固体（mg/L）	总余氯（mg/L）	总大肠杆菌数（个/L）
2015-01-17	16-3-4	7.84		无不快感	4.3		0.21	未检出
	15-1-2	7.73		无不快感	4.4		0.25	未检出
2015-02-08	12-4-4	6.45		无不快感	4.6		0.24	未检出
	21-2-14	6.67		无不快感	3.5		0.20	未检出
2015-03-14	28-2-2	6.71		无不快感	3.5		0.23	未检出
	25-1-7	6.73		无不快感	4.8		0.21	未检出
2015-04-12	13-1-1	6.81		无不快感	4.7	1245	0.21	未检出
	1-1-18	6.63		无不快感	4.5	1164	0.22	未检出
2015-05-17	25-2-6	7.12	5	无不快感	3.2		0.21	未检出
	72-1-5	6.94	5	无不快感	3.5		0.22	未检出
2015-06-13	11-3-16	6.78		无不快感	4.3		0.23	未检出
	7-3-7	7.05		无不快感	4.4		0.20	未检出
2015-07-19	22-1-12	6.57		无不快感	3.8		0.21	未检出
	25-1-4	6.61		无不快感	3.5		0.23	未检出
2015-08-16	96-2-6	7.03		无不快感	4.1		0.25	未检出
	83-2-3	6.65		无不快感	4.6		0.21	未检出
2015-09-12	78-2-4	7.35		无不快感	4.5	1065	0.22	未检出
	72-1-5	7.01		无不快感	4.2	1135	0.21	未检出
2015-10-17	79-2-2	6.78		无不快感	3.5		0.21	未检出
	4-4-5	6.89		无不快感	3.8		0.22	未检出
2015-11-15	100-1-1	6.82	5	无不快感	4.7	1264	0.21	未检出
	12-3-1	7.01	6	无不快感	4.6	1134	0.20	未检出
2015-12-12	5-1-6	7.43		无不快感	3.8		0.21	未检出
	14-4-6	6.98		无不快感	4.1		0.22	未检出

住户水质抽样检查（2016 年）　表 3.5-2

取样日期	门牌号	测试指标						
		pH 值	色（度）	嗅	浊度（NTU）	溶解性总固体（mg/L）	总余氯（mg/L）	总大肠杆菌数（个/L）
2016-01-09	28-2-14	6.35		无不快感	3.9		0.22	未检出
	1-1-2	6.78		无不快感	4.1		0.21	未检出
2016-02-14	2-1-4	7.32		无不快感	4.6	1032	0.21	未检出
	13-1-11	7.29		无不快感	4.1	1078	0.22	未检出
2016-03-13	1-1-16	6.77	5	无不快感	4.2		0.20	未检出
	84-2-4	6.35	5	无不快感	4.1		0.21	未检出
2016-04-16	72-1-6	6.45		无不快感	3.8		0.2	未检出
	6-3-12	6.73		无不快感	3.5		0.21	未检出
2016-05-15	71-2-7	6.89		无不快感	3.9	835	0.22	未检出
	27-1-14	6.77		无不快感	3.8	866	0.22	未检出
2016-06-12	24-1-8	7.12		无不快感	3.9	1156	0.23	未检出
	95-2-3	6.75		无不快感	4.2	1231	0.22	未检出
2016-07-17	82-2-6	7.03		无不快感	4.5		0.23	未检出
	79-2-4	7.12		无不快感	3.3		0.21	未检出
2016-08-13	72-1-5	6.68		无不快感	4.6		0.25	未检出
	9-2-7	6.73		无不快感	4.1		0.21	未检出
2016-09-17	88-4-2	6.35		无不快感	3.5		0.20	未检出
	101-2-1	6.48		无不快感	4.1		0.21	未检出
2016-10-08	12-3-4	7.06	5	无不快感	3.8		0.22	未检出
	14-1-8	7.31	5	无不快感	3.5		0.21	未检出
2016-11-12	15-3-5	7.02		无不快感	4.1		0.20	未检出
	21-2-12	6.68		无不快感	4.3		0.21	未检出
2016-12-11	21-1-4	6.84		无不快感	3.9	1355	0.20	未检出
	2-1-7	6.59		无不快感	4.1	1233	0.21	未检出

住户水质抽样检查（2017 年）　表 3.5-3

取样日期	门牌号	测试指标						
		pH 值	色（度）	嗅	浊度（NTU）	溶解性总固体（mg/L）	总余氯（mg/L）	总大肠杆菌数（个/L）
2017-01-14	11-1-14	6.67		无不快感	4.7		0.24	未检出
	15-1-11	6.81		无不快感	4.3		0.23	未检出
2017-02-12	82-1-2	7.25	5	无不快感	4.8	803	0.21	未检出
	73-1-6	7.36	5	无不快感	3.1	912	0.22	未检出

续表

取样日期	门牌号	测试指标						
		pH 值	色(度)	嗅	浊度(NTU)	溶解性总固体(mg/L)	总余氯(mg/L)	总大肠杆菌数(个/L)
2017-03-11	12-3-12	7.25		无不快感	3.9	1402	0.21	未检出
	71-3-7	7.01		无不快感	3.5	1365	0.20	未检出
2017-04-15	26-1-10	6.36		无不快感	4.6	1325	0.20	未检出
	25-1-3	6.57		无不快感	3.5	1145	0.21	未检出
2017-05-14	9-2-7	6.74		无不快感	3.9		0.22	未检出
	81-2-1	6.81		无不快感	3.1		0.23	未检出
2017-06-11	77-2-5	6.98		无不快感	4.3	1098	0.21	未检出
	78-1-4	6.66		无不快感	3.5	1123	0.23	未检出
2017-07-15	25-2-6	6.35	5	无不快感	2.9		0.21	未检出
	94-4-6	6.67	5	无不快感	3.5		0.20	未检出
2017-08-13	102-2-1	7.03		无不快感	3.5		0.22	未检出
	19-3-6	7.15		无不快感	3.9		0.22	未检出
2017-09-17	3-1-7	6.77		无不快感	3.8	998	0.22	未检出
	17-4-3	6.81		无不快感	3.1	1103	0.21	未检出
2017-10-15	26-2-17	7.12		无不快感	4.4		0.21	未检出
	23-2-6	6.87		无不快感	4.1		0.23	未检出
2017-11-12	28-1-7	6.49		无不快感	4.1		0.20	未检出
	17-2-7	6.98		无不快感	3.9		0.21	未检出
2017-12-16	8-1-12	6.81		无不快感	3.1		0.21	未检出
	3-2-4	7.02		无不快感	3.5		0.20	未检出

（2）运行稳定性

运行稳定性测试分为实验室测试和入户走访两种方式。入户走访重点对设备漏水、故障、噪声、异味等采用不定期回访的方式了解情况，对运行稳定性整体把握。

实验室安装自动试验装置，对成套设备进行疲劳试验。在符合试验标准要求的条件下，试验结果为寿命达到 30 万次。

与水质安全性入户取样一道，大量走访中并未发现漏水现象和故障现象，部分使用早期产品的用户对于氯片投加提出疑虑，但这一问题在成套设备中已经解除。从用户感受来看，设备运行稳定，未有经常需要照管的现象。

（3）节水效率

国家住宅工程中心住宅实验室对模块化排水及户内中水集成系统，在北京市某建筑面积 5 万 m^2 的公租房小区，进行了全生命周期节水减排量评估。其中住宅面积 3.2 万 m^2，户数 700 户，每户 2.8 人。小区内按照 3 栋 32 层住宅楼（层高 2.7m）计算，标准层每两户一个公共管井，户内卫生间降板 300mm。结论是户均节水量 82.32L/d，户年均节水量 30m^3。

　　本次研究对节水量问题重新进行了入户调查，调查方式采用了解家庭用水情况和查水表。由于门牌号与住户对应关系原因，住户要求对资料采取一定程度的保密措施，故在表3.5-4、表3.5-5中隐去了小区名称。

住户节水量调查表（2017 年）　　　　　　　　表 3.5-4

小区名称	门牌号	挂表日期	抄表日期	表数	常住人口	备注（入住情况）
某小区	19-4-5	2017-03-06	2017-10-14	25m³704L	3	节假日外出，平时常住
	13-1-13	2017-03-06	2017-10-14	28m³258L	3	常住
	15-3-1	2017-03-06	2017-10-14	18m³088L	3	周末一般不在
	15-1-2	2017-03-06	2017-10-14	25m³120L	4	周末一般不在
	1-1-19	2017-03-06	2017-10-14	18m³921L	3	周末一般不在
	11-3-16	2017-03-06	2017-10-14	15m³180L	2	周末一般不在
某小区	29-1-12	2017-03-07	2017-10-15	30m³108L	3	节假日外出，平时常住
	28-2-14	2017-03-07	2017-10-15	16m³704L	2	周末一般不在
	25-1-7	2017-03-07	2017-10-15	38m³014L	5	周末一般不在
	25-1-8	2017-03-07	2017-10-15	30m³955L	3	常住
	21-2-2	2017-03-07	2017-10-15	16m³576L	3	周末一般不在
某小区	73-3-7	2017-03-08	2017-10-21	56m³784L	5	常住
	79-2-6	2017-03-08	2017-10-21	20m³696L	2	常住
	73-1-6	2017-03-08	2017-10-21	31m³428L	4	节假日外出，平时常住
	79-2-2	2017-03-08	2017-10-21	24m³552L	3	节假日外出，平时常住
	77-1-4	2017-03-08	2017-10-21	20m³735L	3	周末一般不在
某小区	98-4-6	2017-03-09	2017-10-22	34m³946L	4	常住
	101-2-1	2017-03-09	2017-10-22	14m³130L	2	周末一般不在
	83-2-2	2017-03-09	2017-10-22	24m³790L	3	节假日外出，平时常住
	96-2-7	2017-03-09	2017-10-22	29m³904L	4	周末一般不在
	83-2-1	2017-03-09	2017-10-22	26m³741L	3	节假日外出，平时常住

濮阳市某小区住户 7 个月节水量汇总（2017 年）　　　　表 3.5-5

序号	小区名称	门牌号	入住天数	节水量（L）	常住人口
1		15-3-1	152	18088	3
2		15-1-2	160	25120	4
3		19-4-5	189	25704	3
4		28-2-14	174	16704	2
5	一	21-2-2	148	16576	3
6		25-1-7	166	38014	5
7		13-1-13	199	28258	3
8		1-1-19	159	18921	3
9		83-2-2	185	24790	3

续表

序号	小区名称	门牌号	入住天数	节水量(L)	常住人口
10		73-1-6	194	31428	4
11		11-3-16	165	15180	2
12		73-3-7	208	56784	5
13		29-1-12	193	30108	3
14		25-1-8	205	30955	3
15	—	96-2-7	168	29904	4
16		83-2-1	187	26741	3
17		79-2-6	199	20696	2
18		77-1-4	145	20735	3
19		79-2-2	186	24552	3
20		98-4-6	202	34946	4
21		101-2-1	157	14130	2

表 3.5-5 中节水量即为户内节水成套设备供水数据。由表中统计可见，不同家庭使用方式稍有不同，平均来看，户均节水 146L/d，节水率达到 30%。

3.5.4   模块化住宅户内中水系统应用及效益分析

相对传统系统，住宅户内节水成套技术节约了 20% 的自来水用量。在北京，住宅人均用水量按照 120L/d 取，一个三口之家使用一个卫生间，如此测算，一个卫生间一年可以节约自来水约 26.28t，在正常使用周期内将节约自来水 1314t。按照现在的自来水价 5元/t 计算，使用户内水梯级利用回用系统，在使用周期内将节约水费约 6570 元，刨除运行费用 800 元，节约运行费用 5770 元。由于是减少了自来水的总量，所以污水处理的负担也相应减小，减少了相应的污水处理费用。

尽管户内水梯级利用回用技术的建设投资相对传统排水系统高出了 1500 元/卫。但由于户内水梯级利用回用系统的维修率低，使用年限相对传统的排水管路系统要多一倍左右，同时节约用水潜力大，节约水费 5770 元左右，由此从使用周期来看，户内水梯级利用不仅没有增加投入，反而节省了住户自身的费用，节约 4270 元/卫。从节水和经济性层面，无疑具有一定的优势和吸引力。

相对于传统的无中水的给水系统，该技术可实现每个卫生间每年节约用水 26t，以一个 2000 户的小区为例，年节水量可达到约 50000t，采用户内节水成套设备后，有效地节约了水资源量的消耗，对水资源的可持续发展起到了积极作用。节省了市政管网、小区管网等一系列基础设施和输配系统，不受物业公司或者其他住户入住率变化的影响。且该技术为同层排水形式，产权明晰，大大降低了因为渗漏等问题而造成的住户纠纷。

3.6   绿色建筑节水系统设计

随着城市建设的不断发展和建筑设施的不断完善，建筑生活用水约占城市总用水量的

60％以上。解决建筑生活用水的节水问题，是推进我国节水工作的重要组成部分。建筑节水标准行为人模式是利用实际用水量和用水基线的比值，判断建筑的节水效果；通过建筑用水分项计量，监测水量数据，掌握建筑用水特点。加强建筑节水管理，制定节水用水量标准、节水产品全过程管理措施、节约用水激励政策及奖励办法等。

3.6.1　建筑节水标准行为人模式研究

美国绿色建筑评价标准 LEED 在其节水附加指南中，规定了满足用水使用需求下的不同节水器具的使用时间和使用次数，如表 3.6-1 及表 3.6-2 所示。

公建标准行为人节水器具使用率　　　　　　　　　　表 3.6-1

器具类型	使用时长 (s)	使用次数（次/d）			
		全职人员	来访人员	零售客人	学生
冲厕（女）	—	3	0.5	0.2	3
冲厕（男）	—	1	0.1	0.1	1
小便（女）	—	0	0	0	0
小便（男）	—	2	0.4	0.1	2
盥洗	30	3	0.5	0.2	3
沐浴	300	0.1	0	0	0
厨房	15	1	0	0	0

住宅标准行为人节水器具使用率　　　　　　　　　　表 3.6-2

器具类型	使用时长(s)	使用次数（次/d）	器具类型	使用时长(s)	使用次数（次/d）
冲厕（女）	—	5	沐浴	480	1
冲厕（男）	—	5	厨房	60	4
盥洗	60	5			

标准规定，将规范规定的用水器具基准要求代入标准行为人模式，即可得出用水基线，如表 3.6-3 所示。通过选用不同等级的节水器具，可以实现实际用水量低于用水基线。据此，利用实际用水量和用水基线的比值，得到节水率，进而判断建筑节水效果。

美国现行节水器具标准　　　　　　　　　　表 3.6-3

公共建筑节水器具	技术要求	住宅建筑节水器具	技术要求
马桶	单次冲水量不大于 1.6gal	马桶	单次冲水量不大于 1.6gal
小便器	单次冲水量不大于 1.0gal	洗手盆	每分钟流量不大于 2.2gal
洗手盆	每分钟流量不大于 2.2gal	清洗槽	每分钟流量不大于 2.2gal
洗碗机	单次用水量不大于 1.6gal	淋浴器	每分钟流量不大于 2.5gal

LEED 标准行为人模式的优势：

（1）LEED 研究水耗指标从人的用水需求入手，包括不同类型建筑内人的用水需求种类、行为、用水器具使用时长及频次、用水舒适度等。

（2）水耗指标设定基准线，同时应依据节水技术应用的程度设置不同的等级，这样既能体现建筑节水技术应用的水平，也可以为建筑节水效果给予定量判断。

（3）通过大量收集实际用水量样本对水耗指标进行校核，不仅确保水耗指标制定的科学性，同时可以为阶梯水价政策的制定和实施提供支撑。

中新天津生态城标准行为人模式的应用，通过对国内外用水标准的调查研究，参考LEED 中"标准用水行为人"的方法，确定适应于生态城实际生活状况的"标准行为人"模式。根据区域水资源利用现状分析，通过研究借鉴国外用水定量化指标的制定方法，同时结合国内用水标准、规范要求，制定了一套符合生态城绿色建筑需求的用水定量化指标及评价方法。在此基础上，结合所采用的节水技术等级，确定建筑用水量。即通过调查研究，得出满足用水使用需求下的不同节水器具的日人均使用时间和使用次数，用来计算不同建筑类型、不同用水器具组合下的标准行为人的日用水量。由于人的用水需求受所处地区的自然条件、社会条件等因素的影响，因此需要针对生态城区域范围，进行实地调研，提出"标准用水行为人"的相关参数。

利用"标准用水行为人"，结合节水器具的普及情况和相关标准，通过用水情境分析，得出人均水耗基线（各级人均水耗量）、人均水耗最优值。基于人均水耗基线需满足天津生态城指标体系所明确的人均生活水耗 120L/（人·d）要求，从而提出生态城适宜的节水器具相关技术要求，相关参数见表 3.6-4、表 3.6-5。

生态城住宅建筑标准行为人节水器具使用率　　　　　　　表 3.6-4

器具类型	使用时长（s）	使用次数（次/d）	器具类型	使用时长（s）	使用次数（次/d）
冲厕	—	5	厨房	60	3
盥洗	60	3	洗衣	—	0.4kg/d
沐浴	420	0.5			

生态城办公建筑标准行为人节水器具使用率　　　　　　　表 3.6-5

器具类型	使用时长（s）	使用次数（次/d）			
		全职人员	来访人员	零售客人	学生
冲厕（女）	—	3	0.5	0.2	3
冲厕（男）	—	1	0.1	0.1	1
小便（女）	—	0	0	0	0
小便（男）	—	2	0.4	0.1	2
盥洗	30	3	0.5	0.2	3
沐浴	300	0.1	0	0	0
厨房	15	1	0	0	0

将生态城节水器具标准和最优值代入标准行为人模式后，分别得出建筑水耗指标基准值和最优值，见表 3.6-6、表 3.6-7。

3.6.2　绿色建筑节水分项计量

建筑用水分项计量是绿色建筑节水与水资源利用的重要组成部分。目前我国建筑用水分项计量方面还存在诸多不足之处，如：不能根据用水点位置和服务功能的不同，分别针

生态城住宅建筑水耗指标基准值和最优值　　　表 3.6-6

水耗指标基准值各分项水耗统计			水耗指标最优值各分项水耗统计		
盥洗	21.6	L/d	盥洗	18	L/d
冲厕	18.6	L/d	冲厕	15	L/d
厨房	21.6	L/d	厨房	18	L/d
淋浴	48	L/d	淋浴	38	L/d
洗衣	10	L/d	洗衣	8.5	L/d
总计	119.8	L/d	总计	97.5	L/d

生态城办公建筑水耗指标基准值和最优值　　　表 3.6-7

水耗指标基准值各分项水耗统计表			水耗指标最优值各分项水耗统计表		
盥洗（男）	7.2	L/d	盥洗（男）	6.0	L/d
冲厕（男）	15.0	L/d	冲厕（男）	10.5	L/d
盥洗（女）	7.2	L/d	盥洗（女）	6.0	L/d
冲厕（女）	18.6	L/d	冲厕（女）	13.6	L/d
总计（男）	22.2	L/d	总计（男）	16.5	L/d
总计（女）	25.8	L/d	总计（女）	19.5	L/d

对不同性质建筑内不同用水点的用水量比例展开研究；没有建立建筑小区供水计量监测系统，没有开展供水管网优化调度研究等。

基于标准行为人模式研究结论和《民用建筑节水设计标准》GB 50555—2010 等内容，选取天津生态城多个典型住宅项目和公共建筑项目开展用水分项计量监测工作，对住宅和公共建筑的各个用水点分别安装水表进行计量，将收集到的分项计量监测数据进行统计分析，校核生态城标准行为人模式的用水基线。对住户用水进行监测，用水分为卫生间冷水、卫生间热水、厨房冷水、厨房热水、坐便器、洗衣机、沐浴器七项。监测结果见表 3.6-8 和图 3.6-1。

住宅项目居民用水量监测　　　表 3.6-8

监测分项	总用水量(t)	监测值[L/(人·d)]	基准值[L/(人·d)]	最优值[L/(人·d)]
卫生间冷水	2	5.56	21.6	18.0
卫生间热水	7	19.44		
厨房冷水	3.9	10.83	21.6	18.0
厨房热水	6.2	17.22		
坐便器	7	19.44	18.6	15.0
洗衣机	4.1	11.39	10.0	8.5
沐浴器	2.06	5.72	48.0	38.0
总计	32.26	89.60	119.8	97.5

（1）针对住宅项目分项计量监测结果与《民用建筑节水设计标准》GB 50555—2010 进行比较，见表 3.6-9。

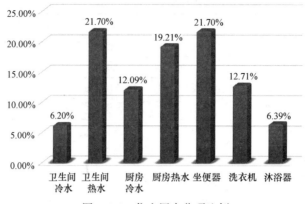

图 3.6-1 住户用水分项比例

典型住宅项目分项监测与节水标准对比 表 3.6-9

分项	住宅1(%)	住宅2(%)	标准(%)
冲厕	21.70	32.01	21
厨房	31.30	25.40	19~20
沐浴	12.71	11.53	29.3~32
盥洗	27.90	18.62	6~6.7
洗衣	6.39	12.44	22~22.7
合计	100	100	100

由表 3.6-9 可知，生态城内住宅项目实际用水分项比例与《民用建筑节水设计标准》GB 50555—2010 规定的比例存在一定差距，主要体现在沐浴、盥洗和洗衣用水方面，由于生态城位于天津市，属于北方地区，居民的用水习惯与其他地区有较大的差异，尤其是沐浴用水和洗衣用水方面。

（2）住宅精装与非精装用水监测比较

精装住户与非精装住户用水分项对比见表 3.6-10。

精装住户与非精装住户用水分项对比 表 3.6-10

监测分项	非精装住户监测值 [L/(人·d)]	精装住户监测值 [L/(人·d)]	基准值 [L/(人·d)]	最优值 [L/(人·d)]
卫生间冷水	8.87	5.56	21.6	18.0
卫生间热水	12.36	19.44		
厨房冷水	15.02	10.83	21.6	18.0
厨房热水	13.94	17.22		
坐便器	36.50	19.44	18.6	15.0
洗衣机	14.19	11.39	10.0	8.5
沐浴器	13.15	5.72	48.0	38.0
总计	114.03	89.60	119.8	97.5

由表 3.6-10 可知，非精装住户与精装住户的人均用水量均满足基准值的要求，精装

住户的人均用水量满足最优值的要求；住户用水分项中坐便器的用水差距最大，且用水量占比最大，故选择节水坐便器尤为重要。

(3) 天津生态城住宅项目用水量与标准行为人模式限值比较

天津生态城住宅用水量与标准行为人模式对比见表 3.6-11。

天津生态城住宅用水量与标准行为人模式对比 表 3.6-11

项目名称	水耗统计值[L/(人·d)]	水耗基准值[L/(人·d)]	水耗最优值[L/(人·d)]
住宅 1	89.61	119.8	97.5
住宅 2	114.03		
住宅 3	81.73		
住宅 4	93.03		

由表 3.6-11 可知，统计的多个生态城住户人均用水量在 81～115L/(人·d) 之间，均满足天津生态城水耗基准值的要求。

选取天津生态城内典型的公共建筑开展用水分项计量监测工作，主要监测内容为公共建筑中的卫生间用水，分冲厕和盥洗用水，监测数据见表 3.6-12。

公共建筑 1、公共建筑 2 用水量监测数据 表 3.6-12

项目名称	监测项目	水耗监测值 [L/(人·d)]	水耗基准值 [L/(人·d)]	水耗最优值 [L/(人·d)]
公共建筑 1	总计（男）	11.05	22.2	16.5
	总计（女）	13.53	25.8	19.5
公共建筑 2	总计（男）	13.90	22.2	16.5
	总计（女）	16.36	25.8	19.5

(4) 公共建筑分项用水比例与民用建筑节水设计标准比较

公共建筑分项用水比例与民用建筑节水设计标准对比见表 3.6-13。

公共建筑分项用水比例与民用建筑节水设计标准对比 表 3.6-13

项 目	典型公共建筑	标 准
冲厕[L/(人·d)]	68.97	60～66
盥洗[L/(人·d)]	31.03	34～40
合计[L/(人·d)]	100	100

通过对天津生态城内典型公共建筑项目的用水分项计量监测可知，项目的用水量均满足标准行为人模式下最优值的要求；公共建筑实际分项用水比例与《民用建筑节水设计标准》GB 50555—2010 的要求基本一致。

3.6.3 建筑节水管理措施

1. 节水用水量标准制定

为了更好地解决天津生态城地区水资源的供需矛盾，合理地解决好生态城供水中面临的问题，制定符合生态城现状的节水用水定额，进一步做好生态城建筑的绿色节水工作，同时为生态城的建设和未来发展提供技术上的保障和支撑，特开展天津生态城用水量标准的研究工作，制定符合天津生态城区域特点的用水定额及用水量标准。

（1）节水器具使用率定额

天津生态城住宅建筑标准行为人节水器具使用率可根据用水需求种类行为、用水器具使用时长及频次因素按表 3.6-4 的规定确定。

天津生态城办公建筑标准行为人节水器具使用率定额可按表 3.6-5 的规定选用，并应考虑项目所在区域的实际情况综合确定。

（2）生态城标准行为人水耗指标

生态城住宅建筑分项水耗指标，应根据卫生器具节水等级、生活习惯和水资源情况综合确定，基准值和最优值按表 3.6-6 的规定确定。

生态城办公建筑分项水耗指标基准值和最优值按表 3.6-7 的规定确定，并应根据节水器具相关标准，通过用水情境分析确定。

2. 节水产品全过程管理措施

为保证生态城内各项目节水技术、产品的落实与实施，中新天津生态城陆续出台一系列措施保障绿色建筑节水产品的管理。如津生建发〔2013〕53 号《关于生态城新建住宅项目设置中水供水系统的通知》中规定：生态城所有新建住宅和公共建筑项目用地范围内的中水管网和建筑物内的中水供水设施均应与建筑工程同步设计、同步建设、同步竣工投入使用。中新天津生态城管理委员会令第 6 号《中新天津生态城住宅装修管理暂行规定》中第六条规定：住宅装修应使用节能、节材、节水、低碳、环保的材料和设备。开发企业应将住宅装修工程所涉及的材料和设备列具清单，标明品牌、产地、规格、节能环保认证文件，并作为房屋销售合同的附件。2009 年颁布了具有生态城地域特点的《中新天津生态城绿色建筑评价标准》DB 29-192—2009，并于 2016 年进行了修编，发布《中新天津生态城绿色建筑评价标准》DB/T 29-192—2016。中新天津生态城管理委员会委托天津生态城绿色建筑研究院有限公司（以下称绿建院）进行绿色建筑全过程管理，包含从绿色建筑方案设计、施工图设计、竣工验收全过程对节水产品、节水技术进行管理，确保节水产品、节水技术的实施与落实。

（1）设计审查

中新天津生态城绿色建筑设计审查主体是建设局，由建设局规划科、绿建院负责绿色建筑节水技术设计审核，生态城建设管理中心（简称建管中心）负责管理项目节水产品的招标投标、施工监管及现场验收工作，绿建院协助绿色建筑项目现场验收工作。具体机构设置如图 3.6-2 所示。

在项目设计阶段，生态城建设局规划科明确节水"三同时"要求，提出建设意见，在项目方案设计和施工图设计阶段，由绿建院对项目设计文件、用水量目标、节水措施、节水技术、节水产品等进行全方位的审定，并将审核的相关文件交于规划科核查，满足节水要求的绿色建筑项目才予以颁发《建筑方案审定通知书》《规划许可证》等相关许可证书。设计阶段工作流程如图 3.6-3 所示。

建管中心负责绿色建筑在招标投标阶段、施工阶段和竣工验收阶段的全过程管理，确保项目按照设计要求采购节水器具、节水产品，落实节水技术的应用。对项目施工阶段进行过程监管，确保节水技术措施设施到位。在竣工验收阶段进行现场检查，绿建院负责生

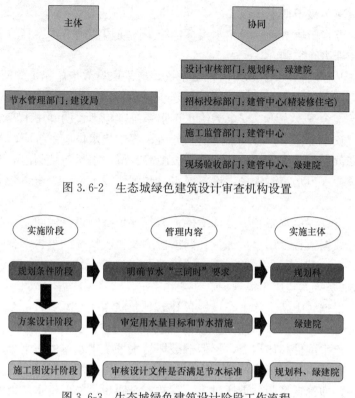

图 3.6-2 生态城绿色建筑设计审查机构设置

图 3.6-3 生态城绿色建筑设计阶段工作流程

态城内绿色建筑项目的绿建验收工作，对项目设计采用的节水技术措施、节水产品进行现场查勘，如有不满足设计要求的责令建设单位进行整改，并重新组织验收工作。施工阶段工作流程如图 3.6-4 所示。

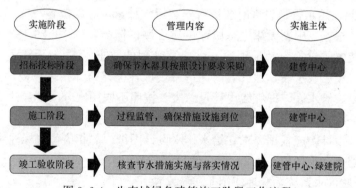

图 3.6-4 生态城绿色建筑施工阶段工作流程

绿色建筑节水审查技术要点如下：

1）建设项目使用的用水设备和用水器具必须是国家认定的节水型产品。

评价依据：根据《中新天津生态城绿色建筑评价标准》DB/T 29-192—2016 第 6.1.3 条：采用节水器具和设备，使用较高用水效率等级的卫生器具，用水效率等级达到 2 级。优先选用《当前国家鼓励发展的节水设备》（产品）目录中公布的设备、器具。所选用器具应满足《节水型生活用水器具》CJ/T 164—2014 及《节水型产品技术条件与管理通则》

的要求，节水效率等级不低于 2 级。

评价方法：方案阶段明确项目用水指标，施工图阶段明确节水器具的选型，招标投标阶段按照设计图纸进行采购。

2）设置合理、完善、安全的给水排水系统，应采取有效措施避免管网漏损。

评价依据：根据《中新天津生态城绿色建筑评价标准》DB/T 29-192—2016 第 6.1.2 条和第 6.1.4 条：合理、完善、安全的给水排水系统，包括：明确用水安全和水质保障措施；充分利用市政给水压力，合理确定供水分区；集中热水供应系统应设置有效的热水循环方式；设置完善的污水收集、处理和排放设施等。漏失水量包括阀门故障漏损量、室内卫生器具漏水量、水池水箱漏水量、设备漏水量和管网漏水量。为避免漏损，应采取相应的措施。

评价方法：设计评价查阅相关设计文件；运行评价查阅设计说明、相关竣工图、水质检测报告、运行数据报告、用水量计量和漏损检测及整改情况的报告；验收阶段由绿建院进行现场核实。

3）建筑给水系统无超压出流现象。

评价依据：根据《中新天津生态城绿色建筑评价标准》DB/T 29-192—2016 第 6.1.5 条：给水系统无超压出流现象，用水点供水压力不大于 0.20MPa，且不小于用水器具的最低工作压力。给水配件超压出流，不但会破坏给水系统中水量的正常分配，对用水工况产生不良影响，同时因超压出流量未产生使用效益，为无效用水量，即浪费的水量。系统的供水压力过高，使管道及附件承压过大，存在安全隐患。随着供水压力的增高，管网漏损量也随之增大。

评价方法：设计评价查阅相关设计文件（含各层用水点用水压力计算表）；运行评价查阅设计说明、相关竣工图和产品说明书；现场验收阶段由绿建院进行现场核实。

4）建设项目应当配套安装内部用水计量仪表，一级水表安装率 100%，二级水表安装率不低于 90%，用水管道设计时要留有安装用水计量设施的位置。

评价依据：根据《中新天津生态城绿色建筑评价标准》DB/T 29-192—2016 第 6.1.6 条：用水计量装置的设置应满足用途、付费及管理的要求。《中新天津生态城节水导则》规定：住宅项目设三级水表，即红线内计量总表、各栋建筑计量表以及用户分户计量表；公共建筑项目设二级水表，即红线内计量总表、按照不同用水分项设置计量表（例如，厨房用水、机房补水、绿化用水、水景补水等）。

评价方法：设计院应根据要求在给水排水设计图纸中的相应位置标注水表及说明，验收阶段由绿建院进行现场核实。

5）设置分质供水系统，合理使用非传统水源。

评价依据：根据《中新天津生态城绿色建筑评价标准》DB/T 29-192—2016 第 6.1.9 条：设置分质供水系统，合理使用非传统水源。中新天津生态城要求冲厕、室外绿化灌溉、道路浇洒、洗车用水及景观用水等其他可利用再生水的用水项目应采用再生水、雨水、海水等非传统水源（见表 3.6-14）。

评价方法：设计评价查阅相关设计文件、非传统水源利用率计算书；运行阶段查阅相关竣工图纸、设计说明，查阅用水计量记录、计算书及统计报告、非传统水源水质检测报告；项目验收阶段由绿建院现场核实再生水管道、用水末端等是否安装到位。

非传统水源利用　　　　　　　　　　表 3.6-14

建筑类型	非传统水源利用率(%)	非传统水源利用措施			
		室内冲厕	室外绿化灌溉	道路浇洒	洗车用水
住宅	30.0	●	●	●	●
办公	10.0	—	●	●	●
商店	3.0	—	●	●	●
旅馆	2.0	—	●	●	●

6）空气调节循环冷却水系统应采用节能节水措施。

评价依据：根据《中新天津生态城绿色建筑评价标准》DB/T 29-192—2016 第 6.1.8 条：

① 冷却塔的冷却能力和飘水率满足表 3.6-15 的规定；

冷却塔冷却能力和飘水率要求　　　　　　　表 3.6-15

名称		要求	
		循环冷却水量≤1000m³/h	循环冷却水量＞1000m³/h
冷却能力	自然通风冷却塔	(100±5)%	
	机械通风冷却塔	≥95%	
飘水率	自然通风冷却塔	≤0.01%	
	机械通风冷却塔	≤0.01%	≤0.005%

② 冷却塔布置在通风良好、无湿热空气回流的地方；

③ 循环冷却水系统设置水处理措施，减少冷却塔排污损失与循环冷却补水量；

④ 采取加大集水盘、设置平衡管或平衡水箱的方式，避免冷却水泵停泵时冷却水溢出。

集中空调系统的冷却水补水量很大，可能占建筑物用水量的 30%～50%，减少冷却水系统不必要的耗水对整个建筑物的节水意义重大。因此，设计时应选用散热性能、收水性能优良的冷却塔。

评价方法：设计评价查阅相关设计文件、计算书，由设计单位提交冷却水补水率计算书，并在冷却水系统补水位置标注计量水表，根据系统实际情况设置水质处理设施，由绿建院进行审核；运行评价查阅相关竣工图纸、设计说明、产品说明，查阅冷却水系统的运行数据、冷却水补水量的用水计量报告和计算书；验收阶段由绿建院现场核实计量水表、水质处理设施等是否安装到位。

7）建设用地区域性绿化建设项目，应当采用节水灌溉设施，有条件的应当采用再生水或者集中雨水收集进行灌溉。

评价依据：根据《中新天津生态城绿色建筑评价标准》DB/T 29-192—2016 第 6.1.7 条：绿化灌溉采用高效节水灌溉方式。绿化灌溉应采用喷灌、微灌、渗灌、低压管灌等节水灌溉方式，节水灌溉系统应按国家现行标准《民用建筑节水设计标准》GB 50555—2010、《园林绿地灌溉工程技术规程》CECS 243—2008 中的相关条款进行设计施工。

评价方法：设计评价查阅相关设计图纸、设计说明（含相关节水灌溉产品的设备材料表）；运行评价查阅相关竣工图、设计说明和节水灌溉产品说明书；验收阶段由绿建院进行现场核查，现场核查包括实地检查节水灌溉设施的使用情况、查阅绿化灌溉用水制度和计量报告。

8）凡生产中配置的各类用水设备，均应建设相应的水循环装置，其间接冷却水循环利用率在95％以上，直接冷却水循环利用率和锅炉蒸汽冷凝水循环利用率在60％以上。

9）凡生产过程中产生的工艺水，应当建设相应的工艺水回用设施，工艺水回用率在60％以上。

评价依据：以上两条主要针对工业建筑生产中涉及工艺用水的项目。《绿色工业建筑评价标准》GB/T 50878—2013第6.5.1条规定水的重复利用率达到国内同行业清洁生产标准的基本水平。

评价方法：设计阶段由设计单位提供工艺用水图纸、冷却水补水率计算书，并在冷却水系统补水位置标注计量水表，根据系统实际情况设置水质处理设施，由绿建院进行审核；验收阶段由绿建院现场核实计量水表、水质处理设施等是否安装到位。

（2）住宅节水器具精装修审查备案

为确保天津生态城内所有住宅项目节水器具的普及，中新天津生态城管理委员会制定了第6号文《中新天津生态城住宅装修管理暂行规定》，要求住宅装修应使用节能、节材、节水、低碳、环保的材料和设备。开发企业须将住宅装修工程所涉及的材料和设备列具清单，标明品牌、产地、规格、节能环保认证文件，并作为房屋销售合同的附件。依照第6号文件，对住宅建筑室内部分空调、用水器具、太阳能热水器、照明灯具等精装修进行备案审查评价。

建设单位须在完成精装修设计图纸时，依据《天津生态城建设工程绿色建筑精装修审查资料清单》准备相关资料，报绿建院进行精装修施工图设计审查。

绿建院依据建设单位提供的设计图纸及相关文件，对住宅装修中使用的节能、节水、低碳、环保的设备等绿色建筑相关内容进行评价，出具《天津生态城建设工程绿色建筑精装修审查意见》。

项目招标投标管理。建设单位依据《天津生态城建设工程绿色建筑精装修审查意见》进行精装修工程招标投标，实际采购的材料、设备、产品的性能参数应符合《天津生态城建设工程绿色建筑精装修审查意见》的相关要求。

合同审核。建设单位向房管中心提交房屋销售合同范本审查时，应按照《天津生态城建设工程绿色建筑精装修审查意见》的要求，将实际采购的材料、设备、产品的规格、性能参数、节能环保认证文件等作为房屋销售合同的附件。

3. 节约用水激励政策及奖励办法

天津生态城节水激励政策研究报告和中新天津生态城节约用水激励办法，结合生态城节水产品管理的相关政策和实践，配合中国建筑设计研究院有限公司完成天津生态城绿色建筑节水产品管理措施研究的相关内容。建立以节水、合理配置水资源、提高用水效率、促进水资源可持续利用为核心的阶梯水价机制。对超计划超定额取水进行加价收费，对于采用非传统水源、新方法、新工艺等从而节约自来水资源使用的采取低价收费或补贴等办法。通过节水激励政策手段对水资源配置、水需求调节等方面进行干预，从而增强生态城内企业和居民的节水意识，鼓励节约用水，避免水资源的浪费。

天津生态城绿色建筑节水激励政策研究，可推动生态城节水相关要求落实。本研究成果可为居民阶梯水价规定、企业阶梯水价规定、企业节水项目投资补贴提供数据支撑。

居住建筑按照天津市人民政府颁布的《天津市城市节约用水规定》和《天津市取水许可管理规定》，参考新加坡阶梯水价经验实行阶梯水价制度，阶梯水价见表3.6-16。

天津生态城阶梯水价表   表 3.6-16

分档	户年用水量(m^3)	自来水价格(元/m^3)	排水价格(元/m^3)	综合水价(元/m^3)
第一阶梯	0～220(含)	1.92	1.70	3.45
第二阶梯	220～300(含)	3.30	1.70	4.83
第三阶梯	300 以上	4.30	1.70	5.83

针对公共建筑，用水单位应当按照中新天津生态城管理委员会下达的年度用水指标用水；超出的用水量，除据实交纳水费外，由城市节水管理部门根据该单位用水实际执行的水价标准，按照下列倍数收取累进加价费用：超出规定数量 20%（含本数）以下的部分，按照水价的 1 倍标准收取；超出规定数量 20%～40%（含本数）的部分，按照水价的 2 倍标准收取；超出规定数量 40% 以上的部分，按照水价的 3 倍标准收取。

加强市政园林设施用水管理。园林管理部门对公园、绿地、苗圃、花坛等用水要严格管理，一律安装水表，使用节水灌溉设施。城市节水管理部门要加强监督检查。房地产开发商、物业管理部门对新建、在建楼房附属绿地和花园必须同时安装水表及节水灌溉设备，经城市节水管理部门同意后方可进行房产交易；已建的楼房附属绿地和花园未安装节水灌溉设备的要限期安装，在规定时限内未安装的，停止用水。

第4章 建筑排水卫生安全性能保障关键技术

4.1 引言

根据国家统计局数据,自2000年2月至2016年12月,全国新增住宅建筑面积872亿 m²;每天居民会花费超过1/3的时间处于住宅内,建筑排水系统是住宅设备系统的重要组成部分,其性能的优劣直接关系着住户的身体健康。主要问题如下:

(1) 建筑排水系统返臭气已成普遍现象,而返臭气将直接影响居民身体健康。

根据国家课题"住宅排水系统卫生性能研究与技术研发"调研报告显示:在北京、上海、重庆、广州四大城市中,超过75%的高层住宅住户受到返臭气影响;地漏和坐便器返臭是最主要的原因。其中,地漏返臭主要是由于地漏水封保持能力不足或安装不当导致无法隔绝管道内气体,而坐便器返臭则多由于尿垢或粪便冲洗不净、坐便器排出口与排水管道接口不密封造成的。

世界卫生组织的研究显示:臭气中所含的气态污染物大多属于"三致(致癌、致畸、致突变)"污染物,能够造成人体血液携氧量降低、肺崩溃和损伤等疾病。臭气中往往还夹杂有非气态污染物如病毒、细菌,能够造成腹泻等疾病。

(2) 市面上水封式地漏产品合格率极低。

目前在市场上,地漏产品中机械密封式地漏居多,水封式地漏的类型则比较单一。李学伟等人曾对北京建材市场上的25种地漏做过相关调研,其中水封式地漏15个,机械式地漏8个,混合密封式地漏2个。而其中水封式地漏的合格率仅为16.7%;机械式地漏效果一般,易出现失效和密封不严的问题;混合密封式地漏的机械部件也会出现问题。

机械式地漏种类较多,品牌也较多,但品质参差不齐。以常用的翻板地漏和T型磁性密封地漏为例,翻板地漏中用作杠杆配重的部件容易掉落或被腐蚀掉,而且翻板也容易被头发或其他污物挡住,无法闭合;T型磁性密封地漏的问题也类似,由于毛发、纤维以及油污物等卡在中间轴或被夹在闭合板上,漏出缝隙。

(3) 厨余垃圾污染室内环境,管道粉碎排放存在安全隐患。

厨余垃圾具有有机物含量高、含水率高等特性,在市政集中处理过程中易腐烂、产生渗滤液造成二次污染等问题;放置在厨房垃圾桶内,容易滋生细菌、污染室内卫生环境。此前,没有专门针对厨余垃圾粉碎排放的排放系统,开发商和住户都是自行安装、使用,在未考虑固体物质排放的厨房排水系统中增加了固体物质的排放,这不仅是物质量的增加,也会使排放系统中流态更复杂,带来油脂板结、管道堵塞等问题。

(4) 排水系统的检测体系尚未建立起来。

此前只有针对材料性能、管配件、地漏等产品的检测方法,缺乏对排水系统"系统性能"的检测体系,造成了如下问题:一是管道系统的性能无法判定,由于没有统一的评判标准,各类管道系统的排水能力处于企业自己随意标注的状况;二是无法判定各类管材、器具构成的排水系统是否符合规范的系统性能要求，从而无法保障排水系统的卫生性能；三是对国家推广产品的工程设计参数产生分歧，产品的推广应用受到限制，影响了产业的发展；四是经常出现按照工程标准设计的系统，即使选用质量可靠的产品，依然出现返水、返臭气等问题，无法判定谁是谁非。

（5）超高层建筑排水系统性能难以判断。

尽管已有足尺实验塔，可以对 110m 以下高度的排水系统进行 1∶1 的足尺实测，但在实际设计中依然存在两方面的问题：一是无法对每一个特定高度的排水系统进行检测；二是无法对系统高度大于 110m 的系统进行足尺实测。如何依据现有足尺实验塔的测试结果，预测超高层建筑排水系统的排水能力，为超高层排水系统设计提供数据指导，是本领域的空白。

针对以上问题，以足尺试验和数值模拟为主要研究手段，从产品（管材、管配件、地漏、存水弯、家庭厨余垃圾处理器）—户内排水横支管—立管系统—排出管系统性能—管道性能恢复各环节以及针对厨余垃圾小区集中处理，开展一系列的足尺试验研究，以试验数据为基础，提出保障建筑排水系统卫生性能安全切实可行的技术要点，从系统性角度降低室内卫生间返臭气发生的可能性、保障室内卫生环境；从测试仪器—测试方法—评测标准，明确符合我国国情、居民用水规律的排水系统排水能力检测方法和评价标准；从水-气两相流机理研究—主控因素与相似率分析—数学建模—数值模拟，开展一系列理论研究并与足尺试验进行比对分析，形成排水系统压力特性曲线的数学模型。同时学习、引进、吸收国外的先进检测技术与应用经验，研制中国的建筑排水卫生安全保障与排水能力预测技术，为今后的排水系统性能研究奠定试验研究与论证的基础。

4.2　建筑排水系统排水性能评测预测技术

4.2.1　建筑排水系统排水性能评测

从国际经验来看，进行排水系统排水能力评测，最有效的方法是进行足尺试验测评，为此必须形成统一的测试方法、统一的判定标准和测试平台。对于测试平台具体的技术原理要求：

（1）测试系统按照 1∶1 足尺度搭建，其管道布置与敷设方式应真实再现排水系统实际的布置情况。

（2）所有实测数据同步采集。为保证实测数据与实际运行结果相接近，并具有较强的说服力，其关键在于保证数据的实时性、准确性和再现性。由于要进行高层甚至超高层住宅排水系统的模拟试验，实验塔高度越高，越会带来数据信号在传输过程中衰减的问题，因此在设计测试系统时要做到：试验各测试层采集数据记录时间应同步，即使为 100m 高的排水系统，最高与最低测试层采集数据的时间起点误差也应小于 5‰。

（3）各层排水装置执行机构工作的同步性，即确保任意层可以按需启动排水，启动时间误差小于 10ms，保证各类测试仪表可以同时开始计量，并传输数据，时间误差小于 10ms。

（4）测试仪器仪表测量精度、测量范围满足测试要求。测试仪器的测量精度和测量范围是基本要求，测量范围应大于最大被测值；精度越高，误差则越小。

1. 排水系统排水能力测试平台

（1）压力检测仪表

排水系统内的压力波动是考察排水系统性能的重要指标，许多国家的排水系统排水能力也是以压力作为判定标准。使得排水系统内产生压力波动的原因是水流的流入（即流量），水流在管道内携气流动引起立管内压力波动。因此，压力与流量的检测仪器是高层住宅排水系统测试平台最为重要的检测设备。

压力传感器在出厂时，厂家会对其性能参数进行测定并校准，并给出产品的选型表。对于排水系统足尺试验研究，在设备选型时，压力传感器最主要的性能参数包括量程、测量精度、响应时间和积分时间。

1）量程

量程和精度是最基础的设计参数。量程是度量工具的测量范围，由度量工具的分度值、最大测量值决定。

由于压力传感器的弹性膜承受流体压力有一定的限度，所以压力传感器的压力适用范围是分级的，这就是通常所说的耐压极限。为了保证压力表弹性元件能在弹性变形的安全范围内可靠地工作，压力表量程的选择不仅要考虑被测压力的大小，而且还应考虑被测压力变化的速度，其量程需留有足够的余地。根据测定的压力不同，最大工作压力与量程之间的选择原则为：

① 使用压力表测量稳定压力时，最大工作压力不应超过量程的 2/3；

② 使用压力表测量脉动压力时，最大工作压力不应超过量程的 1/2；

③ 使用压力表测量高压时，最大工作压力不应超过量程的 3/5；

④ 为了保证测量准确度，最小工作压力不应低于量程的 1/3。

按此原则，根据被测最大压力算出一个数值后，从压力表产品目录中选取稍大于该值的测量范围。由于排水系统内随着排水流量的不同以及测试楼层的不同，各层压力不同，且在同一层，随着时间的推移，压力呈现脉动状。因此，对于排水系统足尺试验研究，压力传感器的最大工作压力不应超过量程的 1/2，即压力传感器的量程应不小于最大被测值的 2 倍。

2）测量精度

压力传感器在出厂前会对其测量精度进行校验，给定产品的精度。精度有两种表示方法：读数精度和满量程精度。其中，读数精度是用相对误差来表示的，而满量程精度是以绝对误差来表示的。例如，A、B 两个压力传感器最大量程都是 10kPa，A 的读数精度为 1%，B 的满量程精度为 1%，那么两个压力传感器在不同测定值条件下的绝对误差如表 4.2-1 所示。

两个不同压力传感器在不同测定值时的绝对误差与相对误差　　　　表 4.2-1

测定值 (Pa)	A		B	
	绝对误差(Pa)	相对误差(%)	绝对误差(Pa)	相对误差(%)
500	5	1	100	20
800	8	1	100	12.5

续表

测定值 （Pa）	A		B	
	绝对误差（Pa）	相对误差（%）	绝对误差（Pa）	相对误差（%）
1000	10	1	100	10
5000	50	1	100	2
10000	100	1	100	1

由表 4.2-1 可以看出，在满量程条件下，A、B 两个压力传感器的绝对误差和相对误差相同，而当测定值慢慢减小时，A 的相对误差保持不变、绝对误差逐渐减小，而 B 的绝对误差保持不变、相对误差则逐渐增大。

在排水系统足尺试验中，排水系统内的压力波动从几十到几千不等。根据国内外常用的判定标准，要求排水系统内的压力波动应控制在±400Pa 以内。所以，要求测量精度宜为 10Pa，即压力传感器的绝对误差为 10Pa。此时，若系统内的压力波动控制的±400Pa 以内时，相对误差也能控制的 10% 以内（当小流量排水时，系统内压力也相对较小，测定值在 100Pa 左右）。

3）采集周期

在排水系统足尺试验中，压力传感器作为数据采集的始端，与 PAC 控制柜、计算机（数据存储端及数据分析处理端）相连接。因此，压力传感器的采集周期与系统（PAC 控制柜、处理器）的采集周期、响应时间等存在一定的关系，如图 4.2-1 所示。

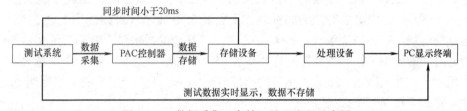

图 4.2-1　数据采集、存储、处理流程示意图

从数据采集性能来考虑，采集周期应尽可能的短，也就是采样频率要尽可能的高，这样便能采集到尽可能多的数据。但采样频率越高，对系统的运行速度要求越高、存储容量要求也越高，系统的工作时间和工作量也随之增加。然而，随着采样频率的增大，压力传感器的误差积累也将愈发严重。因此，压力传感器的采集周期并不是越小越好。

在日本标准《集合住宅排水立管排水能力试验法》SHASE-S 218—2014 中，要求压力传感器应具有 20Hz 以上的采集频率，即要求其采集周期应小于 50ms。随着压力传感器和计算机处理系统的更新换代，压力传感器的性能和计算机的处理能力不断提高，要求压力传感器的采集周期宜为 20ms，即采集频率为 50Hz。此外，要求压力传感器的采集周期应与计算机的响应时间、同步时间等相匹配，以保证整套系统（从数据采集到数据存储、处理等）的良好性能。

4）响应时间与积分时间

相同工况条件下，当响应时间不同时会出现完全不同的试验结果。A 压力传感器的量程为 0~5m，测量精度为±0.06%（满量程精度），即 0.003m，响应时间为 10ms，无积分时间；B 压力传感器的量程为 0~4m，测量精度为±0.02%（满量程精度），即

0.0008m，响应时间为 100ms，积分时间为 1s。由图 4.2-2、图 4.2-3 可以看出，采用 A 压力传感器时排水量的变化曲线以一定的趋势逐渐增大后趋于稳定，曲线在增大时波动相对较大；采用 B 压力传感器时排水量曲线呈明显的"阶梯式"上升。

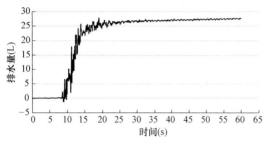

图 4.2-2　A 压力传感器的测试结果　　　　　图 4.2-3　B 压力传感器的测试结果

究其原因，是由于两种压力传感器的响应时间不同而引起的。由于测试系统 PLC（控制储存器）的采集频率为 50Hz，采集周期为 20ms。对于 A 压力传感器而言，其响应时间为 10ms，小于 PLC 的采集周期，故 PLC 能够每 20ms 采集到一次实时变化数据。而 B 压力传感器的响应时间为 100ms，大于 PLC 的采集周期，故 PLC 连续采集的 5 个数据都是同一个值，意味着每采集 5 个数据，压力（液位）数值才变化一次。

此外，A 压力传感器积分时间为 0，即实时变送当前液位，如试验开始后 10s 时测量筒内的实际液位为 80cm，其变送输出值也为 80cm。而 B 压力传感器积分时间为 1s，即变送滞后 1s，如试验开始后 10s 时测量筒内的实际液位为 80cm，其变送输出值会在 11s 时为 80cm，但这 1s 内对采集到的数据自动进行积分处理，效果体现为曲线上升比较缓慢。这也就解释了在相同排水时，图 4.2-2、图 4.2-3 中的排水量上升趋势的快慢问题。

积分时间的大小表征了积分控制作用的强弱。积分时间越小，控制作用越强；反之，控制作用越弱。综上所述，压力传感器的响应时间应小于压力传感器的采集周期。

（2）排水系统立管模拟高度

排水系统性能测试平台中排水系统立管模拟高度宜大于 50m，每层层高宜为 3m。

我国高层住宅普及率高，建筑高度分段参考我国相关防火设计规范，按照 24m、32m、50m、100m 和 250m 进行划分。立管高度大于 50m 即可模拟 18 层以上的排水系统，更有利于解决高层住宅的排水问题。目前住宅层高多集中在 2.8～3.0m，考虑到测试平台的普适性，建议层高为 3m。

（3）流量测试仪表

电磁流量计能够连续测量较宽流量范围的流量，在规定流量（流速）范围（0.5～10m/s）内，可任意调整测量量程。一般情况下，选择流量计口径等于工艺管道口径，可以满足工况需求，而且安装方便，没有压力损失。从准确性、经济性和耐用性方面考虑，推荐使用的流速范围为 1～5m/s。在这个范围内，流量计测量精度高、线性好，动力损耗较小，流体介质对流量计衬里和电极的磨损也较小。

结合排水系统内压力波动的特点，要求流量测试仪表选择可以直接读取流量的测试仪表，且具有现场实时流量显示功能，量程应为 0～3L/s，测量精度不应低于 0.06L/s。

（4）风速计

立管伸顶通气处风速测试仪表应采用风速计，量程应为 0～20m/s，测量精度应为

±0.2m/s。

（5）排水系统排水能力足尺评测的方法与流程

排水系统排水能力足尺评测的方法与流程见图 4.2-4。基本要求如下：

1）排水能力测试前应进行排水系统气密性试验。

2）测试用水宜采用常温清水，并应循环使用。

3）每个系统的压力测试应在同一条件下测 3 次，测试结果应取 3 次测试数据的平均值。当 3 次测试数据以小值为基准的差值比率超过 10%时，应查明原因后再次测试；当差值比率超过 10%，但压力差值未超过 50Pa 时，可不再测试。

4）排水楼层可不观察和不采集其排水管内压力值；非排水楼层应保证支管端头的水封不被破坏。

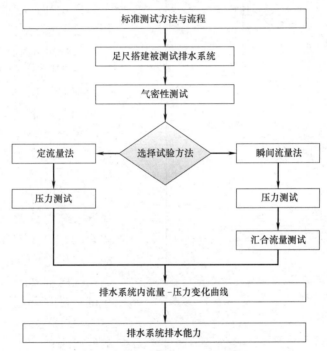

图 4.2-4 排水系统排水能力足尺评测的方法与流程

2. 定流量法

目前，国际上通用的住宅排水系统排水能力测试方法，是定流量排水测试方法。日本、欧洲、德国、美国均规定以此方法进行测试。这种测试方法的操作方式为：在排水层恒定以 2.5L/s 排水，逐层增加，直到立管内的压力值逼近水封破坏判定标准时，在排水层的最下层以 0.5L/s 的增幅逐步增加排水量，达到水封破坏判定标准时的流量，即为系统的排水能力。与实际工况相对应，2.5L/s 意味着排水支管上的坐便器、洗脸盆、浴缸三个卫生器具同时、连续排水，即使在浴缸使用普遍且使用频率较高的国家，也是一种最极端的使用工况。

定流量排水测试方法是一种成熟的测试方法，所以本次研究只是结合我国的使用情况对此方法进行调整。

（1）测试系统布置

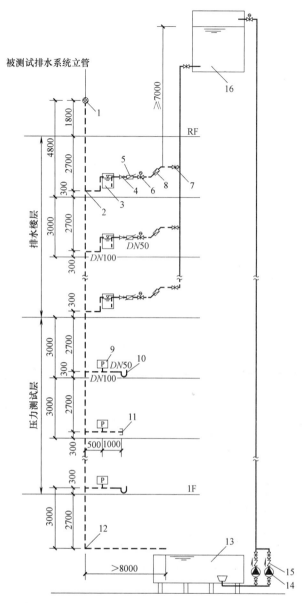

图 4.2-5　定流量法的测试示意图

1—通气帽；2—立管横支管接头；3—隔断水箱；
4—异径管；5—电磁流量计；6—电动阀；7—闸阀；
8—减压阀；9—压力传感器；10—存水弯；11—管堵；
12—立管底部弯头；13—循环集水池；
14—水泵；15—止回阀；16—高位水箱

被测试排水系统立管应根据被测试排水系统的系统类型和系统高度布置，排水楼层应安装电磁流量计、电动阀、隔断水箱及管道连接件，模拟支管排水；在测试楼层应安装压力传感器。定流量法的测试示意图见图 4.2-5。

排水位置应在排水横支管始端，注水方式宜采用与横支管流向垂直的向下淹没注水或密闭注水方式，不宜采用冲击注水或与横支管流量相同的水平注水方式。

（2）测试流程及要求

1）测试时，应从最高排水楼层开始排水，逐层向下增加排水楼层；每层的排水流量均应由 0.5L/s 开始，按 0.5L/s 的幅度递增至 2.5L/s。系统流量应为各排水楼层的累加排水流量，并应记录每一个流量值时的系统压力。当排水系统内压力逼近系统内最大压力判定值时，应按 0.1L/s 的幅度增加最低排水楼层的排水流量；当排水系统内压力达到系统内最大压力判定值时，应停止试验并记录该流量下的系统压力。

2）压力记录装置应具有 3Hz 的低通滤波功能。

3）应采用调节阀和流量计控制排水量，闸门宜采用微调阀门，精度宜为 0.06L/s。

4）总排水时间不应大于 140s。应控制排水流量在测试开始后 40s 内达到设定要求，应采取 40～120s 周期内的数值进行分析。

（3）隔断水箱

为了模拟完全的重力流排水，减少装置电动调节阀和电磁流量计出水具有初速度从而影响试验结果，研发了隔断水箱，要求"注水方式宜采用与横支管流向垂直的向下淹没注水或密闭注水方式，不宜采用冲击注水或与横支管流量相同的水平注水方式"，并且将电磁流量计后的出水经过隔断水箱后再进入排水系统进行测试研究。隔断水箱的外形尺寸应为 600mm×600mm×700mm，进水管和出水管的管径均应为 100mm（见图 4.2-6）。

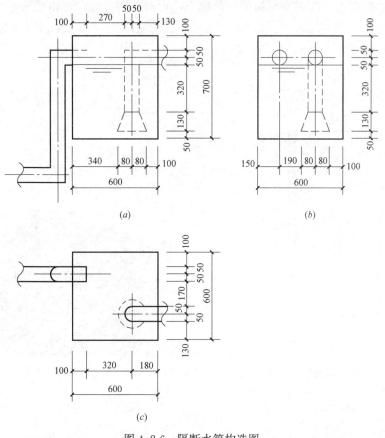

图 4.2-6 隔断水箱构造图
(a) 立面图；(b) 侧面图；(c) 平面图

3. 瞬间流量法

瞬间流量法，排水系统排水能力的一种测试方法。测试时，模拟卫生器具的瞬间流排水特性向排水系统放水，排水流量随时间变化。

瞬间流量法涉及测试系统自动化控制精度、瞬间流量测试方法、排水器具选型等难点，在国际上也没有好的解决方案，所以本次研究针对此方法，投入了近一年的时间进行基础性试验研究，得到了瞬间流量法测试的各种基本参数、测试仪器设备要求等。

(1) 测量筒

国内外历次测试研究表明，建筑生活排水管道中的排水立管中的水流态十分复杂，存在附壁流、中空流和水塞流，水、气、固三相同时存在。排水立管中的最大负压发生在排水层的下一层，也就是组合流量产生的最大流量值。虽然现有的多普勒流量计可用于测量市政排水管道中的排水汇合流量（多普勒流量计可以测量出市政排水管道内的流速和充满度，从而计算出市政排水管道中的排水汇合流量），但市政排水管道内的水流相对来说比较平稳，呈层流状，而建筑生活排水管道中的排水立管中的水流如上所述，流态复杂，所以无法采用多普勒流量计或其他仪器进行流量的测定。

为了测定排水立管中的排水流量，研究、开发了测量筒。测量筒装置由 6 部分组成

（见图 4.2-7），包括推车和放置在推车上的测量筒；测量筒的外侧壁下部位置上预留短管以便连接压力传感器，同时测量筒的外侧壁上还设有与测量筒内侧相通的连接管，并且连通管内放置有投入式液位计；测量筒的中心位置设置有固定支撑架，支撑架的上端固定设置有一个整流圆盘。实物如图 4.2-8 所示。

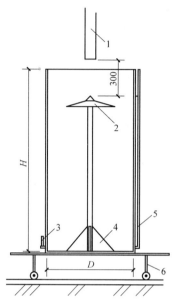

图 4.2-7　测量筒装置示意图

1—排水立管；2—整流圆盘；3—压力传感器；
4—支撑架；5—玻璃管液位计；6—推车

图 4.2-8　测量筒实物图—整流圆盘

　　水经排水立管排入测量筒，水流先冲击在整流圆盘上，在撞击的过程中原本排水立管中气、水混合的两相流在整流圆盘上实现水、气分流，气体飞逸进入空气中，而水流则顺着整流圆盘的四周流下进入测量筒中，与此同时测量筒外侧的压力传感器和投入式液位计测定进入测量筒的水量变化情况。投入式液位计设置于测量筒外侧的连通管内，可以减小液位计所读取数值的波动。另外，通过液位计监控测量筒内的液位高度，使用电动阀定期排水，以保证测量筒内的液位高度在一定的适当范围内，不会太高影响测量精度也不至于太低使水产生巨大的震动而产生误差。

　　1）测量筒的大小

　　测量筒的大小，一是要满足测量精度的要求，二是在保证测量精度需求的同时，能够容纳一定的水量，不致频繁排水。考虑到水流排入测量筒内引起的液位波动足够明显，要求测量筒装置的高度（H）与直径之比应大于 2；同时为了保证测量筒能够容纳一定的水流，要求其有效容积不得小于 150L。

　　2）立管接入形式

　　鉴于排水管道贴墙敷设的情况，排水立管无法垂直排入测量筒，故对排水立管采用 45°弯头或 90°弯头连接接入测量筒进行了比对试验（见图 4.2-9）。试验表明，底部连接方式会影响排水立管中水流进入测量筒时的流态：当落水口采用 45°弯头连接且横管不够长时，实测出的排水流量结果会更容易出现流量不集中、出现两个峰值（见图 4.2-10）。这可能是由于水进入横管中发生水跃后水的流态还未达到均匀流状态就立即通过90°弯头进入竖向立管排入测量筒。相比之下，落水口采用45°弯头连接的水流状态更流畅。

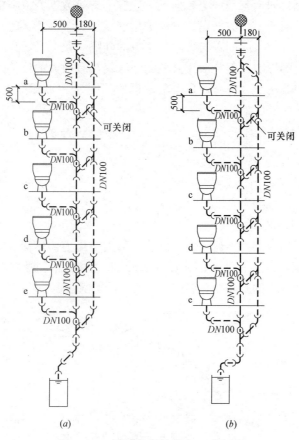

图 4.2-9 不同角度的落水口对比图

（a）落水口45°弯头连接；（b）落水口90°弯头连接

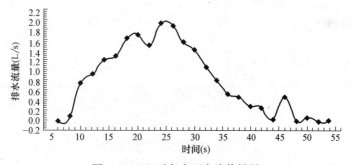

图 4.2-10 90°弯头两个峰值结果

3）滤波处理方法

如前所述，测量筒所采用的压力传感器的采集周期为20ms。当所用仪器测量精度过高但试验又需要很小的采集周期以保证采集到尽可能多的数据时，在原始数据中会出现许多"尖刺"，需要通过滤波的方式去除。使用滑动平均滤波法进行处理，滤波后的输出数据如图4.2-11所示。

滑动平均滤波法是把算法处理中所应用的数据序列定义为当前采样点及其以前的一组数据，数据序列是采样序列里面的一个可移动有效数据截取框内的数据。在采集一个数据后，有效数据截取框将向后移动一个数据点，这样，有效数据截取框将包含最新的一个数据点，并舍弃框内最旧的一个数据点。滑动平均滤波法克服了算术平均滤波法输出缓慢、滤波周期长的特点，输出点的间隔与数据采集点的间隔一致，虽然仍然无法克服偶然性的异常干扰对输出结果的影响，但是对比其他滤波法仍然有很大的优势。

使用滑动平均滤波法时，设有效数据截取框的长度为 N，即框内有 N 个数据，则计算公式为：

$$y_n = \frac{1}{N}\sum_{i=1}^{n} x_{n-i} \tag{4.2-1}$$

式中 y_n——第 n 次采样值经滤波后的输出值；

x_{n-i}——第 $n-i$ 次采样值；

N——递推平均的项数，应为 60。

综合不同滤波法的特点，本研究中的液位计数据与压力传感器数据均使用滑动平均滤波法进行处理。滤波后的输出数据如图 4.2-11 所示。滤波后，曲线少了很多"尖刺"，能更好地反映水位以及压力的真实变化趋势。

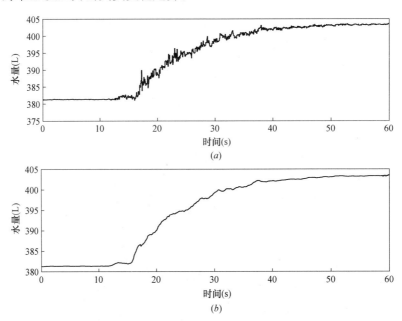

图 4.2-11 流量测量装置仪表采样数据滤波后输出

（*a*）滤波前；（*b*）滤波后

4）汇合流量

通过实测数据做出瞬间流发生器排水的累计排水量，得到累计排水量的最大值 W。在排水量-时间曲线图中截取（0.2~0.8）W 之间的点，按照时间间隔 2s 划分为多个时间段。在 2s 的时间间隔内得到 100 个数据点（x_i，y_i）。瞬间排水流量是通过最小二乘法计算排水量的直线斜率，即排水汇合流量 q 按公式（4.2-2）计算：

$$q = \frac{100\sum x_i y_i - \sum x_i \sum y_i}{100\sum x_i^2 - (\sum x_i)^2} \qquad (4.2-2)$$

式中　x_i——第 i 个点所记录的排水时间；

　　　y_i——第 i 个记录点所测量出的累计排水量。

根据一系列的斜率 k，做出斜率-时间曲线，即可得到瞬间流发生器的汇合流量排水流量曲线图，为一个坐便器排水时在排水立管根部产生的汇合流量。

（2）瞬间流量法试验方法研究

针对实际建筑排水系统中存在瞬间洪峰流量，提出了瞬间流量法。测试时模拟瞬间流排水特性向排水系统放水，排水流量随时间变化。研究过程中，对其测试的基本参数要求都进行了具体研究工作。

1）层间排水时间间隔

传统理论认为，坐便器排水在立管中汇合，并在其排水层的下一层产生最大流量值，与此同时在立管中形成最大负压值；水流越往下流，水流在管内附壁流面积越大，水流逐渐分散，流量变小，流速变慢。

针对伸顶通气排水系统、专用通气排水系统和特殊单立管排水系统的顺序依次进行。试验采用瞬间流量法进行排水，采用不同个数的坐便器并以不同排水时间间隔组合排水，在排水立管的底部设置测量筒装置，测定在不同组合条件下的多个坐便器排水的汇合流量。

坐便器层间排水时间间隔确定研究　　　　　　　　　表 4.2-2

序号	系统类型	层间排水时间间隔(s)	序号	系统类型	层间排水时间间隔(s)
1	伸顶通气排水系统	−3.0	21	专用通气排水系统	0.5
2	伸顶通气排水系统	−2.5	22	专用通气排水系统	1.0
3	伸顶通气排水系统	−2.0	23	专用通气排水系统	1.5
4	伸顶通气排水系统	−1.5	24	专用通气排水系统	2.0
5	伸顶通气排水系统	−1.0	25	专用通气排水系统	2.5
6	伸顶通气排水系统	−0.5	26	专用通气排水系统	3.0
7	伸顶通气排水系统	0.0	27	特殊单立管排水系统	−3.0
8	伸顶通气排水系统	0.5	28	特殊单立管排水系统	−2.5
9	伸顶通气排水系统	1.0	29	特殊单立管排水系统	−2.0
10	伸顶通气排水系统	1.5	30	特殊单立管排水系统	−1.5
11	伸顶通气排水系统	2.0	31	特殊单立管排水系统	−1.0
12	伸顶通气排水系统	2.5	32	特殊单立管排水系统	−0.5
13	伸顶通气排水系统	3.0	33	特殊单立管排水系统	0.0
14	专用通气排水系统	−3.0	34	特殊单立管排水系统	0.5
15	专用通气排水系统	−2.5	35	特殊单立管排水系统	1.0
16	专用通气排水系统	−2.0	36	特殊单立管排水系统	1.5
17	专用通气排水系统	−1.5	37	特殊单立管排水系统	2.0
18	专用通气排水系统	−1.0	38	特殊单立管排水系统	2.5
19	专用通气排水系统	−0.5	39	特殊单立管排水系统	3.0
20	专用通气排水系统	0.0			

　　试验过程中，排水流程采用负排水和正排水两种不同的组合排水形式，如图4.2-12所示。其中，排水间隔－xx秒是指下层先排水后经xx秒后上层开始排水，简称负排水；排水间隔＋xx秒是指上层先排水后经xx秒后下层开始排水，简称正排水。试验将在三种不同的排水管道系统中，进行不同个数坐便器的正、负排水试验，得出在不同系统中，不同个数坐便器排水的汇合流量值。试验的排水时间间隔以－3.0s为起点、以0.5s为间隔逐渐递增至＋3.0s，共有13种排水时间间隔的情况。所有试验如表4.2-2所示。

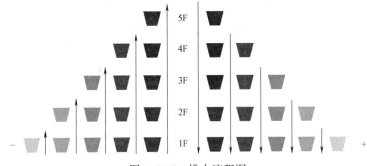

图4.2-12　排水流程图

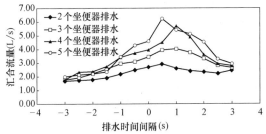

图4.2-13　伸顶通气排水系统汇合流量变化趋势图

　　本研究对伸顶通气排水系统、专用通气排水系统和特殊单立管排水系统，采用瞬间流量法时，以层间排水时间间隔为±3.0s、±2.5s、±2.0s、±1.5s、±1.0s、±0.5s和0s时开展对比足尺试验研究，得到如下结论：

　　① 三种不同的排水系统，排水系统中的汇合流量在层间排水时间间隔为0.5～1.0s时达到最大（见图4.2-13～图4.2-15），为了提高可操作性，可将层间排水时间间隔定为1.0s。

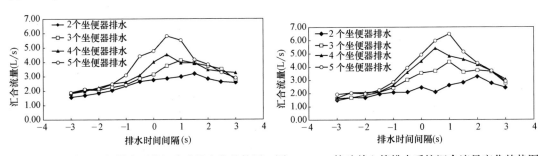

图4.2-14　专用通气排水系统汇合流量变化趋势图　　图4.2-15　特殊单立管排水系统汇合流量变化趋势图

　　② 在排水系统中，汇合流量不同于卫生器具额定流量的叠加值，其值大于额定流量的叠加值。

　　2）坐便器排水个数

　　搭建15层高的排水系统，坐便器每层1个，安装1～8个不同个数的坐便器，测试坐便器排水个数对系统压力波动的影响。试验时由上至下安装，即使用1个坐便器试验时，坐便器安装在第 15 层；使用 2 个坐便器试验时，坐便器安装在第 14 层及第 15 层；依此类推，使用 8 个坐便器试验时，坐便器安装在第 8～15 层。

当层间排水时间间隔分别为 0s、1s 和 3s，安装 2～8 个不同个数的坐便器时，测定排水系统内的压力波动情况，研究坐便器排水个数对压力的影响，得到如下结论：

① 在伸顶通气排水系统中，系统最大负压值一般出现在排水层以下 4 层内；最大正压值基本出现在第 1 层（见图 4.2-16）。

② 系统最大正压值及最大负压值均随着坐便器个数的增多而增大。

③ 在 15 层的伸顶通气排水系统中，采用不同层间排水时间间隔时，试验管道系统中最多容纳 3 层坐便器排水的汇合流量，此时系统内压力波动控制在 ±400Pa 以内。

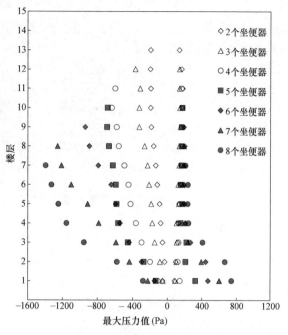

图 4.2-16　不同个数坐便器间隔 1s 排水时各层压力分布

3）排水高度对压力的影响

搭建 15 层高的排水系统，坐便器每层 1 个，总计安装 4 个坐便器，逐渐降低排水系统高度。当层间排水时间间隔分别为 0s、1s 和 3s，在排水系统高度分别为 15～5 层安装 4 个坐便器时，测定排水系统内的压力波动情况，研究坐便器排水高度对压力的影响，得到如下结论：

① 管道系统的排水能力与排水高度有非常密切的关系（见图 4.2-17）。在相同系统形式下，高度越低，系统内压力波动越小，则排水能力越大。因此与定流量法类似，建议采用系统顶部集中负荷进行试验。

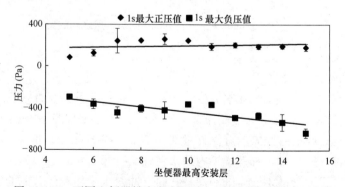

图 4.2-17　不同坐便器排水高度间隔 1s 排水时系统最大压力值

② 在不同层间排水时间间隔下，不同排水高度造成各楼层压力的影响有共同的趋势，越高的楼层其负压值越大，系统底层的最大负压力均不超过 −400Pa。

③ 时间间隔与坐便器排水高度的交互作用对最大正压值以及最大负压值的影响不同。

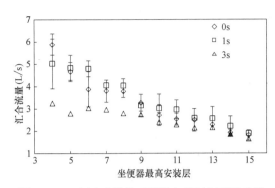

图 4.2-18　压力法测量不同排水高度在不同时间间隔时的汇合流量

4）排水高度对汇合流量的影响

当层间排水时间间隔分别为 0s、1s 和 3s，在排水系统高度分别为 15～5 层安装 4 个坐便器时，测定排水系统的汇合流量，研究坐便器排水高度对汇合流量的影响，得到如下结论：

① 不同的时间间隔所造成的汇合流量也有明显差异。在绝大多数的试验结果中，相同排水高度下三个时间间隔的汇合流量按照从大到小的排序依次为：间隔 1s＞间隔 0s＞间隔 3s（见图 4.2-18）。

② 排水高度、时间间隔与两者的交互作用对汇合流量都有非常显著的影响。

5）瞬间流量法汇合流量的测试位置

通过比对试验研究发现在瞬间流量法中，汇合流量的测试位置不同时，汇合流量的大小不同。图 4.2-19 为在 18 层高的排水系统中采用 4 个瞬间流发生器排水时，测试楼层与最低排水层间隔不同楼层数时所测得的汇合流量。从测试结果可以看出，随着间隔楼层数的增加，汇合流量逐渐减小。故确定两个汇合流量测试点：排水层直下层为最大汇合流量测试点，立管最底层为最小汇合流量测试点。

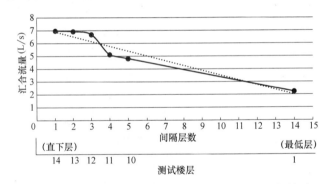

图 4.2-19　瞬间流量法汇合流量与间隔楼层之间的关系

（3）瞬间流发生器

1）坐便器的排水流量

坐便器是耗水大户，特别是在家庭生活用水中，据相关数据统计，其用水约占居民日常用水的 50%。目前，市场主流坐便器根据冲水的形式，主要分为冲落式（直冲式）和虹吸式，虹吸式也有喷射虹吸式、旋涡虹吸式等类型。两种坐便器除了水封构造不同外，其他部位的设计都大同小异，都是水箱内的水在开关打开后，在重力的作用下从水箱进入坐圈内的散水圈，又通过散水圈内的一圈开孔向下冲入水槽，流经弯曲的水封构造，将污物一起带走。

以冲落式坐便器（后排）、普通虹吸式坐便器（下排）、喷射虹吸式坐便器（下排）、漩涡喷射虹吸式坐便器（下排）四种类型共 8 个坐便器为研究对象，采用动态体积法测试坐便器的排水量，测试结果如表 4.2-3 所示。

不同冲洗形式坐便器排水流量结果 表 4.2-3

坐便器冲洗形式	排水形式	排水流量(L/s)	坐便器冲洗形式	排水形式	排水流量(L/s)
冲落式 A	后排水	1.3	喷射虹吸式 A	下排水	4.0
冲落式 B	后排水	1.0	喷射虹吸式 B	下排水	2.0
普通虹吸式 A	下排水	1.5	漩涡喷射虹吸式 A	下排水	3.5
普通虹吸式 B	下排水	1.1	漩涡喷射虹吸式 B	下排水	3.5

总体来看，不同坐便器形式其出流曲线形式差异很大，且峰值流量差异也非常大，比较理想的坐便器出流曲线应该是"劈峰"型，如漩涡喷射虹吸式坐便器、喷射虹吸式坐便器，其特点是排水初期水量浪费极少、峰值流量大，冲污力强；而"丘陵"型曲线排水初期水量浪费较大、峰值流量小，冲污力弱。

2）坐便器的抗瞬间抽吸能力

为了使测试结果能够尽可能地具有普适性，故对市场上较为常见的 4 个品牌的 7 个虹吸式和冲落式坐便器进行了相关测试，表 4.2-4 即为此次试验的 7 种试验坐便器，水封构造都略有不同。

坐便器相关参数 表 4.2-4

坐便器类型	水封最大深度(mm)	坐便器类型	水封最大深度(mm)
A 冲落式	55.8	B 虹吸式	59.3
B 冲落式	52.5	C 虹吸式	59.9
C 冲落式	54.7	D 虹吸式	56.4
A 虹吸式	85.3		

由图 4.2-20 可以看出，冲落式坐便器的负压穿透压力分别为 −853Pa、−768Pa、−796Pa，虹吸式坐便器的负压穿透压力分别为−1071Pa、−924Pa、−1124Pa。虹吸式坐便器的穿透负压值明显大于冲落式坐便器，而由表 4.2-4 可以看出，虹吸式坐便器的最大水封深度普遍大于冲落式坐便器，由此可以看出，最大水封深度直接决定了负压穿透压力的相对大小。一般地，最大水封深

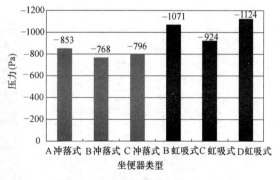

图 4.2-20 坐便器负压穿透压力

度越大，发生抽气现象对应的负压值就越大，抗负压能力就越强。

3）瞬间流发生器研发

由于坐便器冲洗形式的不同，其排水流量差异较大。为了剔除坐便器构造、生产工艺、个体差异对测试的影响，以市面上某一喷射虹吸式坐便器为原型，开发了瞬间流发生器（见图 4.2-21），以此代替坐便器在瞬间流量法中产生瞬间流量排放。模拟坐便器冲洗可避免坐便器制造中水流通道阻力的差异及用机械按钮操作带来的误差。

瞬间流发生器由水箱和排水管两部分组成，瞬间流发生器内设电动控制自动排水的排

水阀。瞬间流发生器的排水管由两个 DN75 的存水弯与 DN75 的排水管拼装而成，便于测试管道的安装，组成 S 型的构造模拟下排水的坐便器。经测试其一次排水量为 6L，排水流量为 1.8L/s，满足《卫生洁具 便器用重力式冲水装置及洁具机架》GB 26730—2011 和《便器水箱配件》JC 987—2005（注：该标准现在已作废）的相关要求，实物图如图 4.2-22 所示。

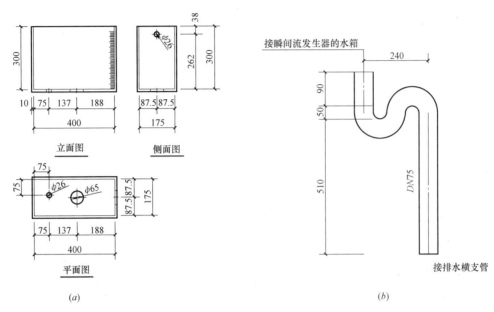

图 4.2-21 瞬间流发生器构造图

（a）水箱构造图；（b）排水管构造图

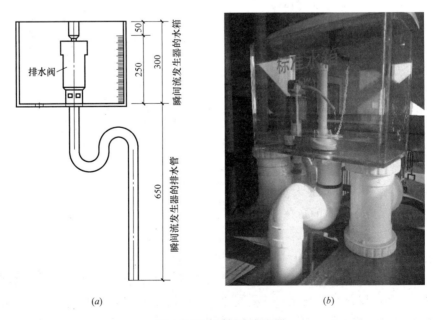

图 4.2-22 瞬间流发生器

（a）设计图；（b）实物图

（4）测试系统布置与测试流程

1）被测试排水系统立管应根据被测试排水系统的系统类型和系统高度布置。

2）测试时，应先测排水系统压力值，后测排水系统汇合流量。

3）排水系统压力值的测试应符合下列规定：

① 排水楼层应安装瞬间流发生器，测试楼层应安装压力传感器（见图 4.2-23（a））；

② 测试时应从安装瞬间流发生器的最高层开始排水，并应同时记录压力值；

③ 当需增加排水流量时，应逐层向下增加排水的瞬间流发生器数量；

④ 层间排水时间间隔应为 1s；

⑤ 当排水系统内压力超过最大压力判定值时，应记录排水的瞬间流发生器个数。

4）排水系统汇合流量的测试应符合下列规定：

① 测试时应按 1s 的排水时间间隔，从最高层的瞬间流发生器开始排水，逐层向下增加排水的瞬间流发生器数量，直至达到判定标准规定所记录的瞬间流发生器个数为止。

② 最小汇合流量的测试，应在排水系统最底层放置测量筒，并应将排水立管底部截断接入测量筒（见图 4.2-23（b））。

③ 最大汇合流量的测试，应在最低排水层的下一层放置测量筒，并应将该层排水立管截断接入测量筒（见图 4.2-23（c））。

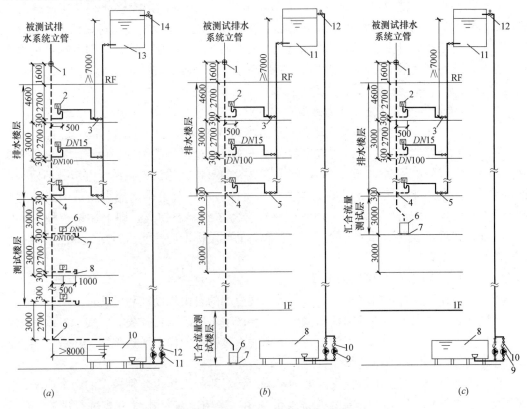

图 4.2-23　瞬间流量法测试示意图

（a）压力测试；（b）最小汇合流量测试；（c）最大汇合流量测试

1—通气帽；2—瞬间流发生器；3—闸阀；4—立管横支管接头；5—减压阀；6—压力传感器；7—存水弯；
8—管堵；9—立管底部弯头；10—循环集水池；11—水泵；12—止回阀；13—高位水箱；14—电动阀

④ 汇合流量测试数据应采用平均滤波法进行处理，按公式（4.2-1）计算。

⑤ 汇合流量应通过测量筒测试得出的压力值，并应按公式（4.2-2）计算。

4. 排水系统排水能力判定标准

建筑排水立管的排水能力是指在同时满足安全功能和经济功能条件下立管的排水流量。安全功能主要包括不破坏器具水封的卫生安全和不堵塞管道的通水安全。所以在测定排水立管的排水能力时，把器具水封是否被破坏作为排水能力的判定条件。在实际应用中，水封破坏的原因有多种，而在立管排水能力的测试中，主要针对水封动态破坏的因素进行测试，即管道内的压力波动。管道内的压力波动与器具的水封损失之间存在一定的关系。

（1）水封破坏与压力波动

1）水封破坏定义的研究

对于水封破坏的界定，许多学者和研究人员都做过相关的讨论。从定义上讲，水封破坏指的是排水管道中的气体穿过存水弯进入室内。从压力破坏形式的角度可分为正压破封和负压破封。正压破封的判定标准非常明确，即气体压力超过水封水柱所能承受的压力，水封冒出气泡或产生"噗噗"的冒气声时，即为正压穿透破封。但负压破封的判定标准却一直备受争议，有一种观点认为负压不可能导致破封，因为当进水端水面低于存水弯最低点时，会出现负压穿透并补气的现象，当负压消失后，两端还是能够存有一定高度的水封，保持隔绝臭气的作用。根据在东莞超高层实验塔上的试验观察，这种说法的确是存在的，但并不全面，尤其是在超高层建筑里，还有此种现象的"升级版"，即负压持续增大时，会出现器具水封被完全抽空的情况。所以对于负压破封的界定，就会有以下三种：

① 水封损失深度或剩余深度达到某值时，即为破封；

② 器具水封被负压穿透，即为破封；

③ 器具水封被完全抽干或剩余水量已不能实现隔绝臭气的作用时，即为破封。

对于水封破坏的定义，赵世明先生曾经发表文章做过详细的阐述。由于水封破坏主要由自虹吸、诱导虹吸和蒸发损失引起，除去自虹吸的影响，他认为在诱导虹吸破坏后，水封剩余深度理应还能够应对 2 周的蒸发损失。由此看出，对于排水能力测试中的破封界限，不应只考虑动态损失的结果，而是应该综合考虑到静态损失，即上述第一种界定方式。因此，在排水立管排水能力的测试中，破封的判定标准应围绕水封损失深度或剩余水封深度来进行研究。

2）水封比与水封损失深度的关系

所谓水封比，就是水封出水通道端与进水通道端的自由水面面积的比值。

不同水封比的水封，在相同负压情况下，会产生不同的水封损失。一般地，水封比越大，同样负压条件下，水封损失越小，抗负压能力越强；同样正压条件下，在进水端顶起的水柱越高，抗正压能力也越强。

为了验证水封比对于水封损失深度的影响，针对两种水封比差别较大的两个地漏，在 33 层 $DN150$ 塑料（PVC-U）单立管排水系统中，采用定流量排水方式进行试验，两个地漏布置在同一根横支管上。试验结果如图 4.2-24 所示。

由图 4.2-24 可以看出，在−400Pa 时，水封比为 0.74 和 2.5 的地漏的水封损失深度分别为 32.7mm 和 12mm。相同负压条件下，水封比为 0.74 的地漏水封损失远远大于水封比为 2.5 的地漏。还可以看出，即使到了 −502Pa，水封比为 2.5 的地漏的水封损失仅有 16.6mm，抗负压能力特别强。所以，水封比越大，抗负压能力越强。

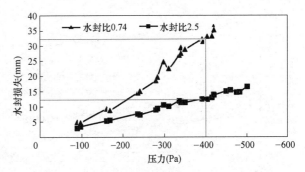

图 4.2-24 不同水封比地漏的压力与水封损失关系

同理，对三个最大水封深度分别为 50mm、72mm 和 152mm 的同类（水封比相同）S 型存水弯，采用定流量排水方式进行对比试验，结果（见图 4.2-25）显示在水封损失达到 30mm 之前，三条散点折线图几乎是重叠在一起的，即相同负压条件下，水封比相同，水封损失也相同。最大水封深度对水封损失几乎没有影响。所以试验中采用最大水封深度不同的器具，对压力与水封损失之间的关系是没有影响的。

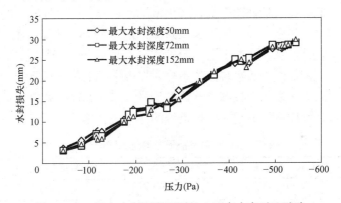

图 4.2-25 最大水封深度不同的 S 型存水弯对比试验

对于不同水封比的水封，不考虑实际的压力波动与晃动问题，即使施加恒定的负压 −500Pa 时，对应的水封损失深度也不一定全为 25mm。具体理论分析，李学伟等人已发表文章进行过详细的阐述，此处不再赘述。由于不同卫生器具，其水封比是不同的，所以位于同一横支管上的卫生器具，破封也存在先后的问题。因此，在选用压力作为器具破封判定标准时，需要按照最不利的原则，选取抗压力波动能力最差的器具作为测试对象。

3）最大水封深度的重要性

剩余水封深度等于最大水封深度减去水封损失深度。因此，若是将水封损失深度或剩余水封深度作为破封的判定标准，则必须将最大水封深度一同考虑。

《建筑给水排水设计标准》GB 50015—2019 规定水封深度不得小于 50mm。所谓的不小于，可以是 50mm，也可以是 60mm 或更高，在欧洲，存水弯最大水封深度甚至可以达到 160mm。

一般地，最大水封深度有两个方面的重要意义：

① 相同水封比条件下，最大水封深度越大，剩余水封深度就越大，抵抗后续破坏的能力就越强。

以水封比同为 1 的 S 型存水弯为例，在相同负压条件下，水封损失是相同的，最大水

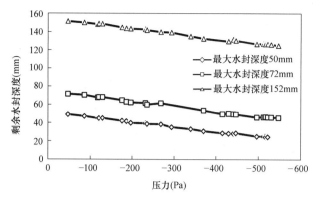

图 4.2-26　不同最大水封深度的 S 型存水弯

封深度越大，则剩余的水封深度就越大。具体试验验证如图 4.2-25 和图 4.2-26 所示，试验选用了 3 种水封比为 1 但最大水封深度分别为 50mm、72mm 和 152mm 的 S 型存水弯，布置在同一根横支管上，在相同负压情况下，水封损失相同，但由于最大水封深度不同，其剩余水封深度也自然不同，即对抗后续破坏的能力也不同。

② 最大水封深度越大，抗负压的能力也就越强。

所谓最大水封深度，就是存水弯两端所能存水的高度。一般地，当正压作用于出水端时，出水端液位降低，进水端液位升高，当出水端液位低到拐弯处时，进水端液位也到达了最高点，此时的水柱高度（约等于最大水封深度的 2 倍）决定了它耐正压穿透的能力，所以最大水封深度设计的越大，这个需顶起的水柱高度就越高，抗正压的能力也就越强。当负压作用于出水端液面时，出水端液位不变，但进水端液位不断降低，当液位降低到存水弯拐弯处时，此时出水端的水柱高度（约等于最大水封深度）就决定了其耐负压穿透的能力，所以最大水封深度设计的越大，抗负压的能力也就越强。

器具水封被抽干时的压力区间　　　　　　　　　表 4.2-5

卫生器具	水封深度（mm）	水封比	定流量压力（Pa）	瞬间流压力（Pa）
地漏	50	0.74	−485～−500	−460～−480
P 型存水弯	55	1	−530～−575	−595～−651
坐便器	56	—	−691～−733	−729～−790
S 型存水弯	72	1	−691～−726	−790～−815

试验结果显示，随着负压的增大，水封损失也在增大，当负压足够大时，便可以将水从器具中抽干。表 4.2-5 为本次试验中各器具水封被抽干时的压力区间，由于抽干时的压力值无法准确测得，只能通过多次试验缩小范围，确定抽干时压力值的存在区间。可以看出，水封被抽干时的压力值可能与最大水封深度有关，最大水封深度越大，越不易被抽干。

由以上分析可以看出，最大水封深度在抵抗正负压穿透方面起到了重要作用。曾有学者指出，由于负压抽吸后的水封仍然有一定的剩余水封深度，可以设计水封比较大但水封深度很小的地漏用作其他器具的水封保护装置，当横支管内负压增大时，地漏首先出现抽气现象，由于气体被不断抽入管道内，就缓解了整个支管内的负压，起到了类似吸气阀的作用。但根据本试验的相关结果及现象观察，认为此想法虽然合理但没有考虑到负压过大时的状况。在负压没有超过一定范围时，地漏的抽气现象的确可以一直保持并起到缓解负压的作用，但是在某些超高层系统或设计不合理的排水系统内，会产生过大的负压，过大的负压会将存水弯内的水完全抽干，这种现象在本试验中是可以观察到的。因此，保持较高的最大水封深度对于水封的抗穿透能力是十分有必要的。

（2）定流量与瞬间流排水压力波动对不同卫生器具水封的影响

搭建一套33层高的排水系统，定流量试验设定第32层和第33层为排水试验层，第31层为负压测试层，第2层为正压测试层；瞬间流试验设定第29～33层为排水试验层，第23层为负压测试层，第2层为正压测试层。

测试层主要针对建筑中常见的四种卫生器具，横支管的具体布置如图4.2-27所示，按照距离排水立管从近到远的顺序依次是压力传感器、S型存水弯、虹吸式坐便器、地漏、P型存水弯。

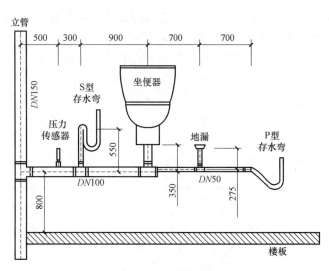

图 4.2-27　测试层管道布置示意图

图4.2-28和图4.2-29为两种不同排水方式下，不同器具的水封损失与压力的关系。从图中我们可以看出，四种器具的水封损失与压力均大致呈线性关系，地漏是四种器具在相同压力下水封损失最大的，其余依次是坐便器、S型存水弯和P型存水弯。产生此种结果的原因，可能与不同器具的水封构造有关，其中影响较大的因素是水封比（水封出水端与进水端过水断面的面积比）和出水端与水平面的夹角。本试验中四种卫生器具的水封比如表4.2-5所示。由于坐便器的进水断面是渐变的，所以没有水封比数据，但可以确定其水封比小于1。通过比较水封比可以得出，水封比越大，水封损失越小，即抗负压的能力越强。而通过比较S型存水弯和P型存水弯可以看到，出水端与水平面的角度α适当减小，也可以提高水封的抗负压能力。

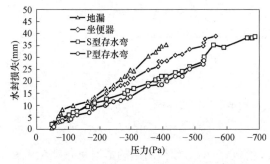

图 4.2-28　定流量排水时不同器具水封损失

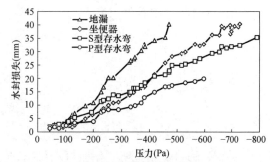

图 4.2-29　瞬间流排水时不同器具水封损失

　　从试验结果可以看出，对于坐便器、S 型存水弯、P 型存水弯，相同压力下，定流量排水对器具水封造成的损失明显比瞬间流的大，而对于地漏，虽然两者之间的差距不是很明显，但也能看出相同压力下定流量产生的水封损失是略大于瞬间流的。所以，在相同负压下，定流量比瞬间流对器具水封造成更大的损失。

　　导致以上现象产生的原因，可能与两种排水方式的排水持续时间有关。两种排水方式下测试层的压力曲线如图 4.2-30 所示。定流量整个试验持续时间远远大于瞬间流的试验时间。从图中可以看到，定流量在达到稳定流量之前的一段曲线与瞬间流达到最大峰值前的一段曲线的趋势是类似的，只不过定流量在达到稳定流量之前需要更多的时间。并且定流量最值出现的时间是处于流量稳定之后的某个时间点，而瞬间流整个过程的最值就是峰值。因此，定流量与瞬间流之间的最大区别是最值出现前，有较长一段时间是有负压一直在抽吸水封，液位差已经和压力处于一种平衡的状态，只是液面在随着压力的波动而小范围的晃动，当压力最值出现时，便会立即出现更大的液位差，有更多的水损失掉。而瞬间流的压力从开始到最值出现这一过程非常短暂，再加上最值持续的时间也非常短暂，导致液位差还未来得及达到与压力最值平衡的高度，压力便已开始变小，所以损失的水也相对较少，最终导致液位恢复后比定流量的液位高。

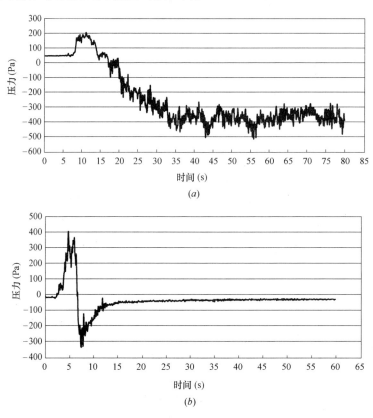

图 4.2-30　定流量与瞬间流测试层压力曲线图
(a) 定流量测试层压力曲线图；(b) 瞬间流测试层压力曲线图

　　另外，通过试验证明，正压对水封损失的影响非常小，在补满水的情况下，整个试验中最大的水封损失也不会超过 10mm。这是因为正压对于水封造成的损失更多地是由于其

使水封晃动而产生的损失，影响不大。

（3）排水立管排水能力判定标准的研究

目前，排水立管排水能力的判定形式主要包括直接的水封判定和间接的压力判定。主要有以下三种判定标准：

1）30mm 水封损失判定标准

《地漏》CJ/T 186—2018 关于水封稳定性的要求，都有"水封地漏在达到水封深度时，当排水系统受到正负压±（400±10）Pa 时，持续 10s 时，地漏中的水封剩余深度应不小于 25mm"。赵世明先生对水封损失与压力变化的判定标准的试验研究以及理论推导认为，水封破坏的临界条件是诱导虹吸损失为 30mm。由于水封破坏主要由自虹吸、诱导虹吸和蒸发损失引起，除去自虹吸的影响，他认为在诱导虹吸破坏后，水封剩余深度理应还能够应对 2 周的蒸发损失（18mm）。这是对动态损失与静态损失综合考虑的结果。

之所以将判定标准定义为水封损失为 30mm 而不是剩余水封深度为 20mm。个人认为，主要是不同器具的最大水封深度是不一样的，并且对于剩余水封深度的测量是比较难操作的。尤其是坐便器和地漏，由于坐便器是由陶瓷烧制而成，水封深度难以准确把握，而地漏的体积非常小，狭小的水封构造很难放入工具测量，所以测量液位的变化比直接测量液位深度的可操作性要高。因此，对于不同最大水封深度的器具，只能制定一个统一的标准，按照最不利的原则，选取最大水封深度为 50mm，损失 30mm 后，还有 20mm 的剩余水封用于维持 2 周的有效保护期，以应对相应的蒸发和毛细作用等静态损失。对于水封深度大于 50mm 的器具，损失 30mm 后，剩余的水封深度大于 20mm，在应对后续静态损失时更是能保证安全的。

按照 30mm 的判定标准，本试验中不同器具对应的压力如表 4.2-6 所示。

器具产生 30mm 水封损失时的压力（Pa）　　　　　　　　　　　　表 4.2-6

测试方法	地漏	坐便器	S 型存水弯	P 型存水弯
定流量法	−357	−441	−530	—
瞬间流量法	−370	−530	−652	—

由表 4.2-6 可以看出，产生 30mm 水封损失时，每个器具的定流量压力小于瞬间流压力，不同器具中地漏对应的负压最小。

2）25mm 水封损失判定标准

目前欧洲的排水能力测试方法中，选择存水弯最大水封深度为 160mm，判定标准为存水弯水封损耗值不大于 25mm，美国的标准也是以水封损失 25mm 为判定标准。对于 25mm 这个数值的选定，个人认为，主要是按照最大水封深度为 50mm 的存水弯在恒定负压抽吸穿透后，剩余的水封深度正好为 25mm，所以损失的深度也为 25mm，这是一种最简单也更加安全的取值方式。

按照 25mm 的判定标准，本试验中不同器具对应的压力如表 4.2-7 所示。

器具产生 25mm 水封损失时的压力（Pa）　　　　　　　　　　　　表 4.2-7

测试方法	地漏	坐便器	S 型存水弯	P 型存水弯
定流量法	−308	−369	−473	−485
瞬间流量法	−318	−450	−516	—

由表 4.2-7 可以看出，产生 25mm 水封损失时，每个器具的定流量压力小于瞬间流压力，不同器具中地漏对应的负压最小。

3）±400Pa 压力判定标准

排水立管排水能力的另一种判定标准就是压力判定法，日本和印度使用的判定标准是管内压力波动在 ±400Pa 以内。我国《建筑给水排水设计标准》GB 50015—2019 第 4.5.7 条中采用 ±400Pa 作为判定标准。之所以采用压力判定法，是由于其准确且高效，不必在非排水层设置存水弯，可以通过压力传感器直接读出对应的数值，这样一来，就不必每次都需要人为读取水封高度，也不需要在每次测试前对存水弯补水。因此，在选定判定压力时，就要对不同器具做压力与水封试验，通过试验数据来选定安全合理的压力值，保证在选定压力范围内所有的器具不会出现破封问题。

日本标准《集合住宅排水立管排水能力试验法》SHASE-S 218—2014 中针对五种不同水封比的地漏（见表 4.2-8）采用定流量法进行压力与水封损失试验。负压测试数据呈现较好的线性关系，而正压测试数据的线性关系较差。经过比较分析，以水封深度为 50mm、水封比为 0.88 的地漏的试验结果作为判定标准，负压和正压分别为 -400Pa 和 +650Pa，最终采用 ±400Pa 作为判定标准。

日本标准《集合住宅排水立管排水能力试验法》SHASE-S 218—2014
中测试地漏的相关参数   表 4.2-8

地漏种类	A	B	C	D	E
水封比	0.75	1.57	1.15	0.88	0.95
水封深度(mm)	50	55	50	50	50

由于日本的地漏与我国的地漏构造有一定的差别，并且国民的生活习惯和排水方式都有所不同，所以这就需要我国在制定判定标准时，根据我国国情，在大量实测数据的基础上，选定适合我国的判定标准。

试验结果证明，系统内压力值可以反映系统内水封损失值。由于市场上各器具水封构造各异，没有统一的要求，难以设计作为试验装置的标准水封，故《住宅生活排水系统立管排水能力测试标准》CJJ/T 245—2016 只采用管内压力的判定方法。

由试验（见图 4.2-31）可知，地漏是水封最易被破坏的器具，当所用地漏的最大水封深度为 50mm 时，参考日本以剩余水封深度为 25mm 为临界条件（优于《地漏》CJ/T 186—2018 和《地漏》GB/T 27710—2011 中关于水封稳定性（水封剩余深度应不小于 20mm）的要求）。采用瞬间流量法时地漏达到临界条件的压力为 -318Pa，因此规定采用瞬间流量法时的判定标准为：排水系统内最大压力 P_{smax} 不得大于 +300Pa，排水系统内最小压力 P_{smin} 不得小于 -300Pa。采用定流量法时地漏达到临界条件的压力为 -325Pa，但由于定流量法更严格，且为了与国际标准对标，所以规定采用定流量法时的判定标准为：排水系统内最大压力 P_{smax} 不得大于 +400Pa，排水系统内最小压力 P_{smin} 不得小于 -400Pa。

4.2.2　排水系统排水能力预测技术

尽管已有足尺实验塔，可以对 110m 以下高度的排水系统进行 1:1 的足尺实测，但

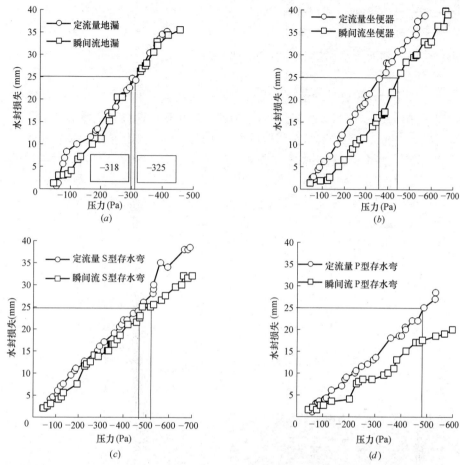

图 4.2-31 采用不同测试方法时四种卫生器具水封损失与压力波动之间的关系
（a）地漏的水封损失与压力的关系；（b）坐便器的水封损失与压力的关系；
（c）S 型存水弯的水封损失与压力的关系；（d）P 型存水弯的水封损失与压力的关系

在实际设计中依然存在两方面的问题：一是无法对每一个特定高度的排水系统进行检测；二是无法对高度大于 110m 的排水系统进行足尺实测。如何依据现有足尺实验塔的测试结果，预测超高层建筑排水系统的排水能力，为超高层排水系统设计提供数据指导，是本领域的空白。

在综合分析系统控制因素的基础上，进行高安全性能排水系统的相似模拟试验研究，确定各主要相似参数对系统排水的影响规律，探讨高安全性能排水系统的相似参数，通过不同排水系统（高度在 110m 以内）进行验证，建立高安全性能排水系统的设计参数选择方法。

利用实际生产试验系统，研究预测排水能力的数值模拟技术，对 110m 高的不同类型排水系统进行研究，包括伸顶通气系统、专用通气系统、特殊单立管系统等，确定不同排水系统内压力分布特性曲线和变化规律，构建研究排水系统内部空气场和水流状况的模拟计算模型，开展气-水两相流的数值模拟分析研究，探讨影响内部空气场和水流状况的主控因素及影响规律，研发高精度压力特性曲线的数学模型，进行超过 110m 的超高层建筑排水系统排水能力预测研究。

1. 排水系统内压力波动成因分析

（1）排水立管内多相流流态现象

排水立管内，随着排水流量的增加会出现三种流态：

1）附壁螺旋流

当排水量较小时，横支管内的水深较浅，水进入立管后下落，当到达对面管壁时由于管壁的固壁作用而发生反向，此时竖直向下的速度大于横向速度，因此形成了螺旋状的流动轨迹（见图 4.2-32（a））。此时由于壁面黏性效应，水流仅附着在管壁上流动。在实测中也用高速摄像枪拍摄了这种流态，如图 4.2-33 所示。

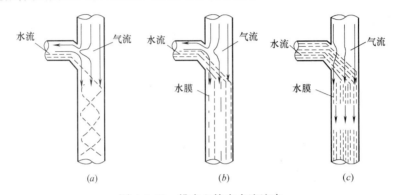

图 4.2-32 排水立管内水流流态
（a）附壁螺旋流；（b）水膜流；（c）水塞流

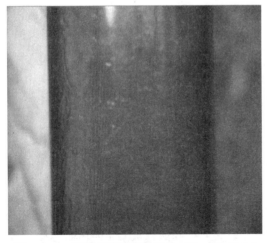

图 4.2-33 附壁螺旋流实景照片（$Q_w=0.5$L/s）

2）水膜流

当流量进一步增加，充水率达到 1/4～1/3 之间时，由于水流冲到立管对面管壁时受到的反向作用力同步增加，导致横向速度比垂向的速度大，在立管横截面上形成了封闭的环形水膜（见图 4.2-32（b）），且在整个向下流动过程中保持连续状态，也就是整段立管管壁都被一薄层水膜覆盖。由于条件限制，高速摄像枪无法拍摄管段内的剖面照片，水膜流实景如图 4.2-34 所示。

3）水塞流

如图 4.2-32（c）所示，随着流量继续增加，充水率超过 1/3 后，水膜的厚度增加，且有时整个立管截面都充满水，而这种全部充满水的状态又不能持续保持，这样立管内就形成了一小段、一小段的水柱，称为段塞流或水塞流，如图 4.2-35 所示。

然而，对于高层住宅排水来说，除了上述几个阶段所对应的水流流态外，当水流从排水横支管进入排水立管时，随着流量的增加，还会出现如下几种流态，如图 4.2-36 所示。

① 当排水流量较小时，水流在排水立管中沿横支管一侧内壁向下流动，形成细线流，如图 4.2-36（a）所示。

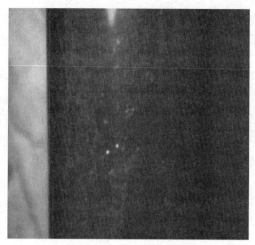
图 4.2-34 水膜流实景照片（$Q_w=2.0L/s$）

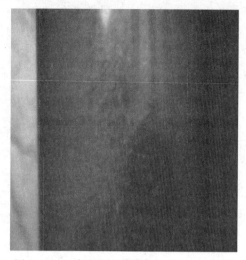
图 4.2-35 水塞流实景照片（$Q_w=4.0L/s$）

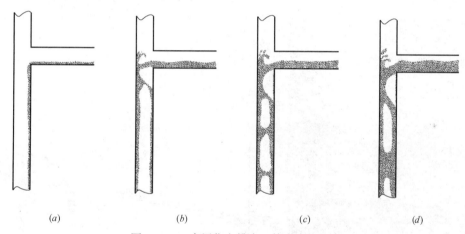

(a) (b) (c) (d)

图 4.2-36 高层住宅排水立管内水流流态

② 随着排水流量的增加，当水流从排水横支管流入排水立管时，在三通处冲向立管对面的管壁，由于速度相对较小，形成附着于管壁而中空的环膜流，如图 4.2-36（b）所示。

③ 当流量进一步增大时，环状水膜达到一定厚度并在下流过程中由于空气的阻力使膜面相接形成隔膜流，如图 4.2-36（c）所示。隔膜流在下流过程中，由于压缩管内空气，使气压增加，同时由于与管壁的冲撞而以小水珠形式飞溅脱离管壁，形成离散的"自由水"，且该部分水在立管内被空气包围，不再与管壁发生作用。

④ 排水流量继续增加，隔膜流压缩空气导致管内气压增加而破坏，破坏后的隔膜流，一部分又形成环膜流；一部分水流分离成"水团"在管中下落，发生较为严重的"离散"现象，如图 4.2-36（d）所示。此外，即便是水膜流条件下，水流在下落过程中，也会有部分水从管壁脱离形成"离散"的"水团"。

上述两种情况（见图 4.2-36（c）和图 4.2-36（d））所形成的水团，在下落过程中，由于与空气、管壁之间的相互作用，水团会逐步破碎、分解，部分形成雾状的小水珠，这种现象即为"雾化",如图 4.2-37 所示。

因此,在高层住宅排水立管内水-气两相流过程中,存在水由连续到非连续的"离散"现象,以及"离散"水进一步破碎而产生"雾化"现象,而空气中也由此混杂了雾状水珠。这些现象都属于相变,它不仅改变了流动的介质状态,关键在于改变了介质的属性。

(2)排水立管内水流相变成因分析

对于高层住宅的排水立管,因其高度很高,水与管内空气的相互作用非常剧烈,在壁面边界层由于旋转而剥离壁面或与壁面碰撞形成破碎等,都会导致"离散-雾化"现象,其主要原因有:

1)水舌处气-水相互作用

在一定排水流量下,在横支管与立管交接处形成水舌(见图 4.2-38)。我们在试验中观察到,由于水舌的阻隔形成"喉部"效应,气体(空气、臭气)只能从水舌的两侧通过,从而在水舌两侧水流与气的交接界面,气的速度比较大。这样在该界面处水-气的相互作用也较大,会有部分水在气的裹挟下以水珠形式脱离水舌,从而在水舌下方会出现部分的"离散"现象。

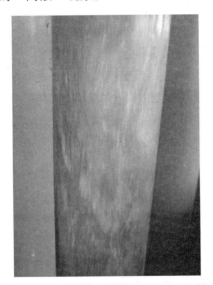

图 4.2-37　"雾化"现象($Q_w = 5.0$L/s)

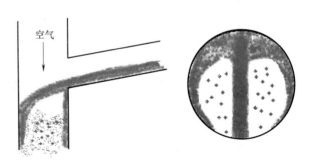

图 4.2-38　水舌处气-水相互作用

2)水舌与壁面发生碰撞

由于高层住宅排水立管管线长、排水量大,当水流由排水横支管流入排水立管时,在三通处水舌快速冲向立管对面,与管壁发生剧烈的碰撞,部分水会沿管壁形成环壁流,另外还有部分水则会在正面碰撞后反射脱离管壁,形成"团块状"离散的水团,或破碎的"离散"现象(见图 4.2-39)。这两种情况都是在水舌与管壁发生碰撞后形成的"离散自由水",这部分水在下落过程中或者与其下部形成的水团发生碰撞继续破碎分离,或者与管壁再次碰撞,或者与空气相互作用而形成更小的水珠,即"雾化"。

3)管内壁面处旋转剥离

由于水膜流是典型的边界层流动,沿水膜厚度方向,管内壁面上水流速度为零,离管壁越远水流速度越大。随着下落距离的增加,水膜流可由层流逐渐演化为湍流,水膜表面的水实际带有强烈的旋转运动（见图4.2-40（a）），当下落速度较大时，水的黏性不再能约束住该部分水而使其保持连续性时，使得这部分水从水膜的表面剥离，成为离散的"自由水"（见图4.2-40（b））。

　　另一种情况就是当排水量较大时，壁面处的水膜厚度也较厚，即使最外层在下落过程中的速度并不很大，但只要水的黏性不再能约束住该部分水而使其保持连续性时，这部分水就会从水膜的表面剥离成为离散的"自由水"（见图4.2-40）。

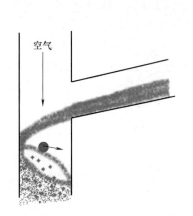

图4.2-39　水流与壁面发生碰撞

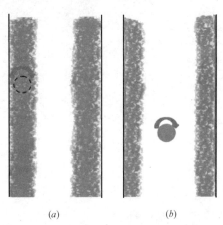

(a)　　　　　(b)

图4.2-40　排水立管壁面处水膜流旋转剥离出"水团"

（a）水膜中的水团；（b）剥离出的水团

4）"离散水团"的"雾化"

　　前面两种情况形成的"离散自由水"在下落过程中往往呈现"水团"的形态，其在下落过程中的形态变化及运动轨迹非常复杂，可能与管壁发生碰撞、"水团"间发生碰撞、"水团"与下层横支管排出水形成的水舌之间发生碰撞、"水团"与管件连接几何变化处发生碰撞，无论发生哪种情况，由于"离散水团"受到的重力作用远远大于空气的阻力，因而下落的速度较快，碰撞发生就较为剧烈，都会进一步发生次生破碎，或有部分水直接发生"雾化"。

　　另外，管内核心部分的离散自由水由于下落速度较大，与周围气体间的速度差也较大，在黏性、表面张力以及空气相互作用下，也会发生分解或"雾化"，如图4.2-41所示。

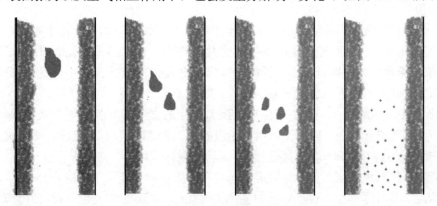

图4.2-41　"离散水团"下落过程中的"雾化"

立管内水的"离散-雾化"不仅改变了管内气体的组分,大的离散水团在重力作用下下落很快,与周围气体相互作用,提高了管内气体速度,进而增大了管内通气量。而对于管内压力,气体组分的改变增大了介质的密度,因此产生了附加的静压和动压,而且管内介质速度的增加也同时增大了动压。此外,由于"离散-雾化"是在管内随机发生的,这就导致了立管内气压较大的波动幅值。

当发生"离散-雾化"现象时,管内气-水的密度为:

$$\rho = \rho_a \cdot \varphi_a + \rho_w \cdot \varphi_w \tag{4.2-3}$$

式中 ρ_a——气体(主要为空气)的密度,kg/m^3;

ρ_w——水的密度,kg/m^3;

φ_a——气体所占的体积分数,%;

φ_w——水所占的体积分数,%。

则管内气体密度的变化量为:

$$\Delta\rho = \rho_a \cdot \varphi_a + \rho_w \cdot \varphi_w - \rho_a \tag{4.2-4}$$

若 v_a 为无离散时管内气体的速度,v_{aT} 为发生离散后管内气体-雾化水混合介质的速度,则两者的速度差值为:

$$\Delta v = v_{aT} - v_a \tag{4.2-5}$$

所以,立管内气体压力变化为:

$$\Delta p = \frac{1}{2}\rho v_{aT}^2 - \frac{1}{2}\rho_a v_a^2 + \Delta\rho g H \tag{4.2-6}$$

公式(4.2-6)中等号右边前两项为动压的差值,最后一项为静压的差值。同时公式(4.2-6)也表明了发生"离散-雾化"现象后,管内压力在数量级上与没有发生"离散-雾化"时的压力应当在同一数量级上,即使发生倍数的变化但量级不变。例如,$\rho_w = 995.65 kg/m^3$、$\rho_a = 1.169 kg/m^3$,当管内空气中混有 10% 的雾化水时,则由公式(4.2-3)可知,混合介质的密度增加 85.07%。此时假设混合介质的速度有 20% 的增加,则根据公式(4.2-6)动压增大到没有"雾化"时的 2.66 倍。若楼层高度为 100m,在底部的静压(正值)达到 190Pa。

"离散-雾化"现象在普通多层住宅排水立管内也存在,只是由于排水系统高度较低,现象不是很明显。根据前面分析的"离散-雾化"机理,在普通多层住宅排水立管内水流发生"离散-雾化"的程度也较小,管内气体密度和速度的变化都较小,且在底部形成的静压也较低,因此往往被人们所忽视。

由此可见,立管内的"离散-雾化"对压力变化的影响程度是不可忽略的。一般要求立管内气压波动在 ±400Pa 以内。而相对于没有"离散-雾化"时,气体压力的 2.66 倍则会使管内气压超过判定标准的可能性增大,导致水封破坏。

"离散-雾化"现象细微且不易分辨,通过高速摄像枪只能用于直观观察,而无法定性分析。为此,设计了一个小试验,通过对立管中心气-水混合物进行取样,并称取排气后的质量,计算出气-水混合物的密度,以此来分析"离散-雾化"现象对压力波动的影响。

当 $Q_w = 5.0$L/s 时，测定了各层气-水混合物的质量，计算得到了各层混合物的密度随楼层的变化曲线，如图 4.2-42 所示。可以看出，不同开始时间测得的气-水混合物的密度随楼层的变化关系基本一致，这与在 50～130s 之间流量较稳定有关。随着楼层的降低（从 13 层降到 7 层），气-水混合物的密度逐渐增大，并在 7 层达到第一个峰值点，7 层的混合物密度大约是 13 层的 10 倍；从 13 层降至 7 层，气-水混合物的密度逐渐增加从侧面反映出"离散-雾化"现象在逐渐增强：越来越多的水从水膜中剥离形成"自由水"和"离散水"。

随后气-水混合物的密度逐渐减小（7 层至 5 层），在 5 层达到第一个波谷，这可能是由于立管底部产生的正压对系统内的负压有所缓解，也可能是由于"离散水"在相互作用下凝结、重新附着在管壁上使得气-水混合物含量降低，使得"离散-雾化"现象减弱。$Q_w = 5.0$L/s 时系统内压力随楼层的变化曲线如图 4.2-43 所示，在 5 层 P_{max} 为 -43Pa，接近 0。随后气-水混合物的密度逐渐增大并达到相对稳定的状态（4 层降至 2 层），在 1 层又发生了巨大的变化，这与立管底部发生的壅水现象有直接关系。

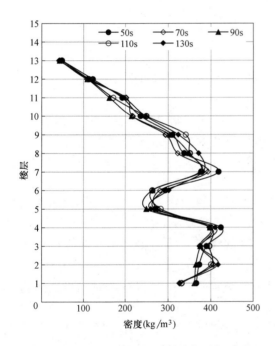

图 4.2-42　$Q_w = 5.0$L/s 时系统各层气-水混合物的密度随楼层的变化曲线

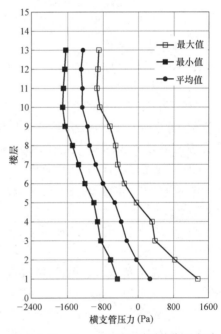

图 4.2-43　$Q_w = 5.0$L/s 时系统内压力随楼层的变化曲线

2. 排水系统内压力波动主控因素与相似率分析

（1）排水系统内压力波动的影响因素与主控参数分析

排水立管中水、气流动的过程非常复杂，管内压力波动也与很多因素有关，综合起来排水压力由环境参数、排水系统参数、排水工况参数和流体性质等决定。下面分别对这 4 类参数进行分析：

1）环境参数

环境参数由当地的位置环境和气象条件决定。由于排水系统处于重力场中，因此当地

的重力加速度 g 是重要参数之一。当地的气象条件主要包括空气的湿度（对流体参数的影响）和风力条件（对初始气压的影响）。气象条件形成的初始压力作为边界条件可简单处理为排水压力的线性叠加，而在整体分析中可不予考虑。

2）排水系统参数

对于特定的排水系统，将其看作一个完整的保守系统，涉及的参数又可分为结构几何参数与立管材质。系统的结构几何参数包括：立管管径 D（若为专用通气排水系统，需增加通气立管的管径 D_1）和排水横管长度 L。立管材质参数方面由于只涉及与流体间的相互作用，也就是在管壁壁面附近的湍流边界层，因此这里只关注管壁壁面的粗糙特征。用于描述管壁壁面粗糙特征的参数较多且数学关系复杂，这里仅引入粗糙度 R_a，具体定义为：

$$R_a = \frac{1}{l}\int_Q^l |z(x)|\,\mathrm{d}x \qquad (4.2\text{-}7)$$

式中　l——测量段长度，m；

　　　x——立管轴线方向坐标；

　$z(x)$——管壁壁面粗糙轮廓高度。

3）排水工况参数

排水工况参数可由排水流量 Q_w（$\mathrm{m^3/s}$）和排水系统高度 H（m）来描述。

4）流体性质

如前所述，本章也将管内介质简化为气、水两相介质。因为排水系统中形成的压力相对较低，水和空气都可认为是不可压缩的，因此涉及的参数为水的密度 ρ_w、黏性系数 μ_w、表面张力 γ_n 以及空气的密度 ρ_a 和黏性系数 μ_a 等。

（2）主控因素的相似参数分析

排水系统足尺试验的主要特征值为系统压力，为简化叙述，现将涉及的压力及其含义定义如下：

P_{max}，最大正压，为每个测试点（即每个测试楼层）所测得各个时间点的压力最大值；

P_{min}，最小负压，为每个测试点（即每个测试楼层）所测得各个时间点的压力最小值；

P_{ave}，平均压力，为每个测试点（即每个测试楼层）所测得各个时间点的压力平均值；

P_{smax}，系统最大正压，为整个排水系统中全部测试点最大正压的最大值，即 $P_{smax}=\max P_{max}$；

P_{smin}，系统最小负压，为整个排水系统中全部测试点最小负压的最小值，即 $P_{smin}=\min P_{min}$；

P_s，系统最大压力，是系统最大正压、系统最小负压的统称。

在排水设计中最值得关注的是系统最大压力以及它们发生的位置 h（包括零压位置）。以下从量纲分析的角度对影响各系统最大压力、零压以及这些压力发生位置 h 的主控因素进行分析。

根据量纲分析原理，系统最大压力和发生位置 h 一定与上述这些影响参数间存在以下函数关系：

$$\begin{cases} P_{\mathrm{s}} = f(\rho_{\mathrm{a}}, \mu_{\mathrm{a}}, \rho_{\mathrm{w}}, \mu_{\mathrm{w}}, \gamma_{\mathrm{w}}, Q_{\mathrm{w}}, D, R_{\mathrm{a}}, D_1, H, L, g) \\ h = f(\rho_{\mathrm{a}}, \mu_{\mathrm{a}}, \rho_{\mathrm{w}}, \mu_{\mathrm{w}}, \gamma_{\mathrm{w}}, Q_{\mathrm{w}}, D, R_{\mathrm{a}}, D_1, H, L, g) \end{cases} \tag{4.2-8}$$

式中 ρ_{a}——气体（主要为空气）的密度，$\mathrm{kg/m^3}$；

$\quad\quad\rho_{\mathrm{w}}$——水的密度，$\mathrm{kg/m^3}$；

$\quad\quad\mu_{\mathrm{a}}$——空气的黏性系数，$\mathrm{kg/(m \cdot s)}$；

$\quad\quad\mu_{\mathrm{w}}$——水的黏性系数，$\mathrm{kg/(m \cdot s)}$；

$\quad\quad\gamma_{\mathrm{w}}$——水的表面张力，$\mathrm{N/m}$；

$\quad\quad Q_{\mathrm{w}}$——排水流量，$\mathrm{m^3/s}$；

$\quad\quad D$——立管管径，m；

$\quad\quad H$——排水系统高度，m；

$\quad\quad R_{\mathrm{a}}$——管道粗糙度，$\mathrm{mm}$；

$\quad\quad D_1$——专用通气管管径（当系统形式为专用通气排水系统时存在），m；

$\quad\quad L$——横干管长度，m；

$\quad\quad g$——重力加速度，$\mathrm{m/s^2}$。

取空气的密度 ρ_{a}、重力加速度 g（或排水流量 Q_{w}）和排水系统高度 H（或立管管径 D）为独立变量，根据量纲分析原理，公式（4.2-8）可写为：

$$\begin{cases} P_{\mathrm{s}} = f\left(\dfrac{\rho_{\mathrm{a}}}{\rho_{\mathrm{w}}}, \dfrac{\mu_{\mathrm{a}}}{\mu_{\mathrm{w}}}, \dfrac{\gamma_{\mathrm{w}}H}{\rho_{\mathrm{a}}g}, \dfrac{\rho_{\mathrm{w}}Q_{\mathrm{w}}}{\mu_{\mathrm{w}}D}, \dfrac{Q_{\mathrm{w}}}{g^{1/2}D^{5/2}}, \dfrac{D}{H}, \dfrac{R_{\mathrm{a}}}{D}, \dfrac{D_1}{H}, \dfrac{L}{H}\right) \\ \dfrac{h}{H} = f\left(\dfrac{\rho_{\mathrm{a}}}{\rho_{\mathrm{w}}}, \dfrac{\mu_{\mathrm{a}}}{\mu_{\mathrm{w}}}, \dfrac{\rho_{\mathrm{w}}Q_{\mathrm{w}}}{\mu_{\mathrm{w}}D}, \dfrac{Q_{\mathrm{w}}}{g^{1/2}D^{5/2}}, \dfrac{D}{H}, \dfrac{R_{\mathrm{a}}}{D}, \dfrac{D_1}{H}, \dfrac{L}{H}\right) \end{cases} \tag{4.2-9}$$

由于水和空气的密度、黏性系数以及表面张力为常数，因此公式（4.2-9）可简化为：

$$\begin{cases} \dfrac{P_{\mathrm{s}}}{\rho_{\mathrm{a}}gH} = f\left(\dfrac{\rho_{\mathrm{w}}Q_{\mathrm{w}}}{\mu_{\mathrm{w}}D}, \dfrac{Q_{\mathrm{w}}}{g^{1/2}D^{5/2}}, \dfrac{D}{H}, \dfrac{R_{\mathrm{a}}}{D}, \dfrac{D_1}{D}, \dfrac{L}{H}\right) \\ \dfrac{h}{H} = f\left(\dfrac{\rho_{\mathrm{w}}Q_{\mathrm{w}}}{\mu_{\mathrm{w}}D}, \dfrac{Q_{\mathrm{w}}}{g^{1/2}D^{5/2}}, \dfrac{D}{H}, \dfrac{R_{\mathrm{a}}}{D}, \dfrac{D_1}{D}, \dfrac{L}{H}\right) \end{cases} \tag{4.2-10}$$

由以上的量纲分析可知，系统最大压力和发生位置 h 由 5 个独立无量纲数决定，等号右边第 1 项实质上是 Reynolds 数，与流体的性质特别是黏性有关；第 2 项为 Froude 数，是重力对流动影响的准数；最后 4 项与排水系统的结构几何尺度相关。

在高层排水系统中，由于存在各种流态以及复杂的相变过程，因此不可能完全满足这 5 个无量纲数，应根据其在流动过程中所起的作用而有所取舍。由于立管内流体与管壁、水与空气（特别是离散-雾化水珠与空气）之间会发生较强的相互作用，因此与黏性相关的 Reynolds 数项必须满足；对于第 2 项 Froude 数，因为壁面水流与空气以及中心雾化水珠与空气之间无明显的压力界面，即压力梯度为 0，此时 Froude 数这一项可以忽略；第 3 项为管径的无量纲数，必须满足；由于第 4 项无量纲数量级很小（10^{-5}），且该项主要决定壁面附近的湍流边界层及壁面阻力，对于高层排水其主要影响到流动达到终限速度的下落高度和水旋转剥离壁面的"离散-雾化"程度，但通常该项的作用与壁面黏性密不可分，往往引入修正的阻力系数进行表征，而根据前面分析得到的公式（4.2-8）可认为其发挥作用的表现形式被包含于第 1 项中，该项也就忽略不计，但对于低层排水由于流动不能充分发展，进而影响排水特征压力，该项不能忽略；第 5 项仅针对专用通气排水系统，而对伸顶通气排水系统该项不存在；最后一项与排水横干管长度有关，可根据排水工况进行分析后确定取舍方案。一般情况下，水流在横干管内的流动压力分布是简单的线性分布且压力为 $\frac{1}{2}\rho_a v_a^2$（其中 v_a 为空气流速，m/s）和边界压力的叠加，而对于高层排水系统，当排水系统高度 H 大于某临界高度 H^* 以及排水流量 Q_w 大于某临界流量 Q_w^* 时，特征压力 $P_s \gg \frac{1}{2}\rho_a v_a^2$，因此最后一项也可忽略，只有当排水系统高度较低、排水流量较小、形成的特征压力 P_s 与 $\frac{1}{2}\rho_a v_a^2$ 在同一量级上时，该项才需考虑。

以伸顶通气排水系统为例，若设计中固定排水横干管长度，则公式（4.2-10）可简化为：

$$\begin{cases} \dfrac{P_s}{\rho_a g H} = f\left(\dfrac{\rho_w Q_w}{\mu_w D}, \dfrac{D}{H}\right) \\ \dfrac{h}{H} = f\left(\dfrac{\rho_w Q_w}{\mu_w D}, \dfrac{D}{H}\right) \end{cases} \tag{4.2-11}$$

而对于专用通气排水系统，公式（4.2-10）可简化为：

$$\begin{cases} \dfrac{P_s}{\rho_a g H} = f\left(\dfrac{\rho_w Q_w}{\mu_w D}, \dfrac{D}{H}, \dfrac{D_1}{D}\right) \\ \dfrac{h}{H} = f\left(\dfrac{\rho_w Q_w}{\mu_w D}, \dfrac{D}{H}, \dfrac{D_1}{D}\right) \end{cases} \tag{4.2-12}$$

特殊单立管排水系统采用特殊三通，即三通处选择旋流器，旋流器内部设置合理的导流筋肋结构。根据科学的原理设计导流筋肋的旋转角度、高度、宽度以及数量，以便达到良好的导流效果。导流作用在一定程度上避免了流动的混乱状态，使水沿管内壁螺旋下流，这样便在排水管中间形成了一个空气通路，保证了管内气体的顺利排出，从而提高系统的排水能力。

在对特殊单立管排水系统进行量纲分析时，只需将导流筋肋的宽度、高度以及与导流筋肋数量相一致的尺寸作为参数，同样可给出无量纲控制参数，这里不再详述。

3. 定流量法下不同排水系统压力分布规律分析

根据公式（4.2-11）由于主控参数只包括两个无量纲量、涉及三个自然变量（排水流量 Q_w、排水系统高度 H 和立管管径 D），这样试验中只需变化其中的两个自然变量即可实现改变两个无量纲参数的目的。根据对照试验法，通过单一变量原则，在同一排水系统中（设定立管管径 $D=100$mm），仅通过改变排水流量 Q_w 和排水系统高度 H 进行试验测试，形成组内对照和组间对照。具体试验方案的工况如下：①设定 $D=100$mm、$Q_w=2.5$L/s，改变排水系统高度 H（38m、53m、86m、107m，分别代表 11 层、16 层、27 层、34 层），如图 4.2-44 所示。②针对伸顶通气排水系统和特殊单立管排水系统，设定

$D=100\text{mm}$、排水系统高度 $H=53\text{m}$（即 16 层），改变排水流量 Q_w（分别为 0.5L/s、1L/s、1.5L/s、2L/s、2.5L/s），如图 4.2-45 所示。③设定专用通气排水系统类型（$D=100\text{mm}$，$D_1=75\text{mm}$ 或 100mm）和排水系统高度 $H=53\text{m}$（16 层），改变排水流量 Q_w（分别为 0.5L/s、1L/s、1.5L/s、2L/s、2.5L/s、3L/s、3.5L/s、4L/s）。

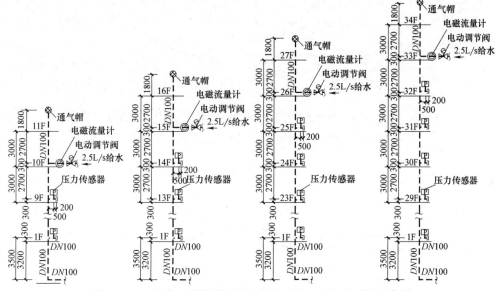

图 4.2-44 固定立管管径和排水流量下的对比试验系统示意图

（1）伸顶通气排水系统压力分布规律

通过分析统计试验中各工况下的最大正压、最小负压、零压以及这些压力发生的位置 h，根据公式（4.2-11）给出的无量纲化形式，将测试结果进行整理并使用 Origin 软件作图，得到最大正压、最小负压、零压以及这些压力发生的位置 h 之间的关系，结果如图 4.2-46～图 4.2-49 所示。

1）单因素分析

对于 34 层高的系统，当排水流量稳定后，立管中的压力分布情况大致可以分为负压区、零压和正压区。最小负压发生在 32 层附近，最大正压发生在立管底部，而中间的过渡零压值发生在 11 层附近。

根据图 4.2-46，利用非线性回归，得到 P_{min} 和 P_{max} 与 Q_w 之间的关系式：

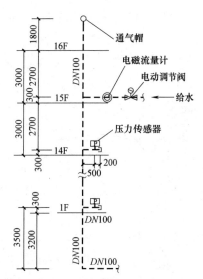

图 4.2-45 固定立管管径和排水系统高度条件下的试验系统示意图

$$\begin{cases} \dfrac{P_{min}}{\rho_a gH}=-1.62\times10^3\times\left(\dfrac{Q_w}{D}\right)^{1.97} \\ \dfrac{P_{max}}{\rho_a gH}=24.1\times\left(\dfrac{Q_w}{D}\right)^{1.30} \end{cases}$$

$$(4.2\text{-}13)$$

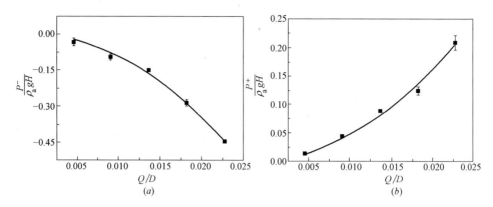

图 4.2-46 伸顶通气排水系统特征压力与流量之间的关系

（a）P_{smin} 与 Q_w 之间的关系；（b）P_{smax} 与 Q_w 之间的关系

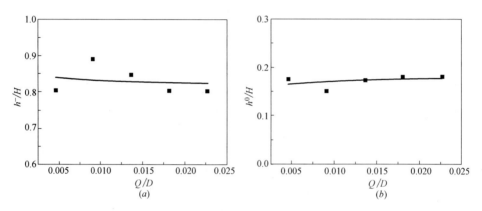

图 4.2-47 伸顶通气排水系统特征压力的位置与流量之间的关系

（a）h^- 与 Q_w 之间的关系；（b）h^0 与 Q_w 之间的关系

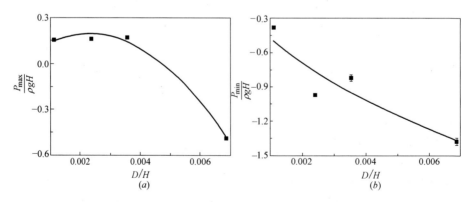

图 4.2-48 伸顶通气排水系统特征压力与排水系统高度之间的关系

（a）P_{smin} 与 H 之间的关系；（b）P_{smax} 与 H 之间的关系

从图 4.2-47 可明显看出，最小负压发生的位置 h^- 和零压发生的位置 h^0 与流量 Q_w 之间的关系近似一个常数关系，这个常数分别处于 0.80～0.85 和 0.17～0.19 之间。经拟合得到的各关系如下：

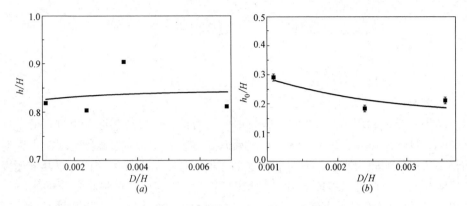

图 4.2-49　伸顶通气排水系统特征压力的位置与排水系统高度之间的关系

(a) h^- 与 H 之间的关系；(b) h^0 与 H 之间的关系

$$\begin{cases} \dfrac{h^-}{H} = 0.791 \times \left(\dfrac{Q_w}{D}\right)^{-0.122} \approx 0.80 \\[4mm] \dfrac{h^0}{H} = 0.212 \times \left(\dfrac{Q_w}{D}\right)^{0.0449} \approx 0.17 \end{cases} \tag{4.2-14}$$

同样，图 4.2-48 表明最小负压与排水系统高度 H 之间的关系也呈递减的规律，而最大正压与排水系统高度 H 之间的关系呈近抛物型规律。经拟合得到数学表达式为：

$$\begin{cases} \dfrac{P_{min}}{\rho_a g H} = -22.6 \times \left(\dfrac{D}{H}\right)^{0.56} \\[4mm] \dfrac{P_{max}}{\rho_a g H} = 0.0184 + 151 \times \dfrac{D}{H} - 3.26 \times 10^4 \times \left(\dfrac{Q}{H}\right)^2 \end{cases} \tag{4.2-15}$$

根据图 4.2-49 可知，最小负压发生的位置 h^- 基本在无量纲排水系统高度 D/H 为 0.80～0.85 之间，而零压发生的位置 h^0 基本在无量纲排水系统高度 D/H 为 0.20～0.30 之间，同理也可给出最小负压发生的位置 h^- 以及零压发生的位置 h^0 与排水系统高度 H 之间的无量纲关系：

$$\begin{cases} \dfrac{h^-}{H} = 0.881 \times \left(\dfrac{D}{H}\right)^{0.00990} \approx 0.82 \\[4mm] \dfrac{h^0}{H} = 0.0262 \times \left(\dfrac{D}{H}\right)^{-0.351} \approx 0.20 \end{cases} \tag{4.2-16}$$

2）多因素分析

综合前面的单因素分析，通过利用量纲分析、数据分析与数学建模方法，可得到特征压力及其发生位置的综合数学表达式如下：

$$\begin{cases} \dfrac{P_{min}}{\rho_a g H} = -4.73 \times 10^4 \times \left(\dfrac{D}{H}\right)^{0.56} \times \left(\dfrac{Q_w}{D}\right)^{1.97} \\[4mm] \dfrac{P_{max}}{\rho_a g H} = 67.0 \times \left(0.0184 + 151 \times \dfrac{D}{H} - 3.26 \times 10^4 \times \left(\dfrac{Q}{H}\right)^2\right)\left(\dfrac{Q_w}{D}\right)^{1.30} \end{cases} \tag{4.2-17}$$

$$\begin{cases} \dfrac{h^-}{H} = 0.835 \times \left(\dfrac{D}{H}\right)^{0.00990} \times \left(\dfrac{Q_w}{D}\right)^{-0.0122} \approx 0.80 \\[3mm] \dfrac{h^0}{H} = 2.52 \times 10^{-2} \times \left(\dfrac{D}{H}\right)^{-0.351} \times \left(\dfrac{Q_w}{D}\right)^{0.0449} \approx 0.20 \end{cases} \tag{4.2-18}$$

3）"离散-雾化"分析

以上结果主要是利用 $DN100$ 的试验数据分析而得。通过观察课题组进行的不同管径（$D=75mm$、$D=125mm$、$D=150mm$）的足尺试验发现："离散-雾化"现象主要对立管当中的最小负压影响较为明显，而对立管底部正压、最小负压发生的位置以及零压发生的位置的影响相对较小，可以忽略不计。为了明确"离散-雾化"对最小负压的影响，这里引入"离散-雾化"因子对压力进行修正。通过大量试验数据分析，可得到不同管径对应的"离散-雾化"因子 ξ，从而公式（4.2-17）的第一式可改写为：

$$\frac{P_{min}}{\rho_a g H} = -4.73 \times 10^4 \times \xi \times \left(\frac{D}{H}\right)^{0.56} \times \left(\frac{Q_w}{D}\right)^{1.97} \tag{4.2-19}$$

其中"离散-雾化"因子 ξ 的取值见公式（4.2-20）：

$$\xi = \begin{cases} 1.24 & D=75mm \\ 1.00 & D=100mm \\ 1.79 & D=125mm \\ 1.55 & D=150mm \end{cases} \tag{4.2-20}$$

利用公式（4.2-17）和公式（4.2-18），取 $\rho_a=1.169$，根据各伸顶通气排水系统的高度、立管管径和排水流量等，计算得到 P_{min} 的取值，并与实测值相比较，如表 4.2-9 所示。可以看到，对于不同高度、不同管径的伸顶通气排水系统而言，公式（4.2-17）的计算误差均在 10% 以内。

公式（4.2-17）的计算值与足尺试验实测值之间的比较　　　表 4.2-9

立管管径 （mm）	系统高度 （m）	排水流量 （L/s）	计算值 （Pa）	足尺试验实测值 （Pa）	绝对误差 （Pa）	相对误差 （%）
100	30	2.5	−465.8	−443.0	−22.8	5.2
100	45	2.5	−556.8	−563.0	6.2	−1.1
100	78	2.5	−709.3	−676.0	−33.3	4.9
150	99	2.2	−535.8	−519.7	−16.2	3.1
150	99	2.5	−689.3	−695.0	5.7	−0.8

注：以足尺试验的实测值为真值计算绝对误差和相对误差。

（2）专用通气排水系统压力分布规律

1）专用通气排水系统 $DN100 \times 75$（结合管每层连接）

通过分析统计试验中各工况下的最大正压、最小负压、零压以及这些压力发生的位置 h，根据公式（4.2-12）给出的无量纲化形式，将测试结果进行整理并使用 Origin 软件作图，得到最大正压、最小负压、零压以及这些压力发生的位置 h 之间的关系，结果如图 4.2-50～图 4.2-53 所示。

由于专用通气排水系统结构的复杂性和系统内气压波动的复杂性，在此不进行详细分析。通过利用量纲分析、数据分析与数学建模方法，可得到特征压力及其发生位置的综合

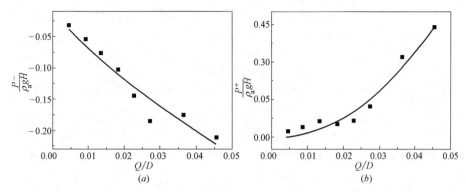

图 4.2-50 专用通气排水系统 $DN100 \times 75$ 特征压力与流量之间的关系

（a）P_{smin} 与 Q_w 之间的关系；（b）P_{smax} 与 Q_w 之间的关系

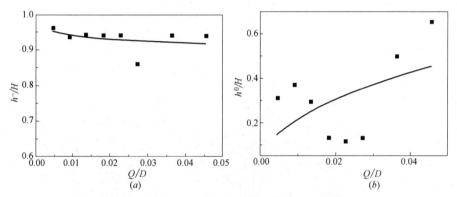

图 4.2-51 专用通气排水系统 $DN100 \times 75$ 特征压力的位置与流量之间的关系

（a）h^- 与 Q_w 之间的关系；（b）h^0 与 Q_w 之间的关系

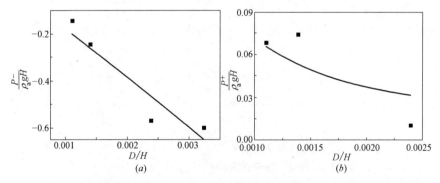

图 4.2-52 专用通气排水系统 $DN100 \times 75$ 特征压力与排水系统高度之间的关系

（a）P_{smin} 与 H 之间的关系；（b）P_{smax} 与 H 之间的关系

数学表达式如下：

$$\begin{cases} \dfrac{P_{min}}{\rho_a gH} = -5.0 \times 10^3 \times \left(\dfrac{D}{H}\right)^{1.10} \times \left(\dfrac{Q_w}{D}\right)^{0.76} \\[4mm] \dfrac{P_{max}}{\rho_a gH} = 0.02 \times \left(\dfrac{D}{H}\right)^{-1.42} \times \left(\dfrac{Q_w}{D}\right)^{2.15} \end{cases} \qquad (4.2\text{-}21)$$

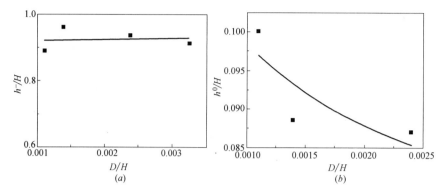

图 4.2-53 专用通气排水系统 $DN100 \times 75$ 特征压力的位置与排水系统高度之间的关系

（a）h^- 与 H 之间的关系；（b）h^0 与 H 之间的关系

$$\begin{cases} \dfrac{h^-}{H} = 0.890 \times \left(\dfrac{D}{H}\right)^{0.0410} \times \left(\dfrac{Q_w}{D}\right)^{-0.0160} \approx 0.89 \\ \dfrac{h^0}{H} = 0.210 \times \left(\dfrac{D}{H}\right)^{-0.161} \times \left(\dfrac{Q_w}{D}\right)^{0.491} \approx 0.20 \end{cases} \tag{4.2-22}$$

2）专用通气排水系统 $DN100 \times 100$（结合管每层连接）

通过分析统计试验中各工况下的最大正压、最小负压、零压以及这些压力发生的位置 h，根据公式（4.2-12）给出的无量纲化形式，将测试结果进行整理并使用 Origin 软件作图，得到最大正压、最小负压、零压以及这些压力发生的位置 h 之间的关系，结果如图 4.2-54～图 4.2-57 所示。

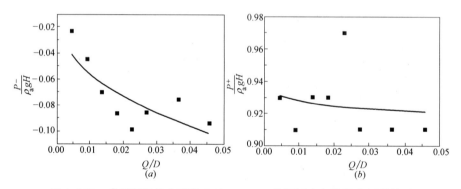

图 4.2-54 专用通气排水系统 $DN100 \times 100$ 特征压力与流量之间的关系

（a）P_{smin} 与 Q_w 之间的关系；（b）P_{smax} 与 Q_w 之间的关系

由于专用通气排水系统结构的复杂性和系统内气压波动的复杂性，在此不进行详细分析。通过利用量纲分析、数据分析与数学建模方法，可得到特征压力及其发生位置的综合数学表达式如下：

$$\begin{cases} \dfrac{P_{min}}{\rho_a g H} = -3.09 \times 10^3 \times \left(\dfrac{D}{H}\right)^{1.33} \times \left(\dfrac{Q_w}{D}\right)^{0.391} \\ \dfrac{P_{max}}{\rho_a g H} = 3.60 \times 10^{-3} \times \left(\dfrac{D}{H}\right)^{1.40} \times \left(\dfrac{Q_w}{D}\right)^{2.15} \end{cases} \tag{4.2-23}$$

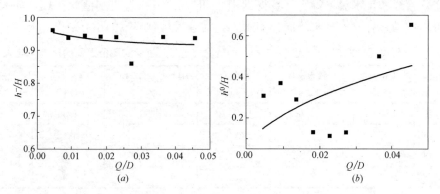

图 4.2-55　专用通气排水系统 $DN100\times100$ 特征压力的位置与流量之间的关系

（a）h^- 与 Q_w 之间的关系；（b）h^0 与 Q_w 之间的关系

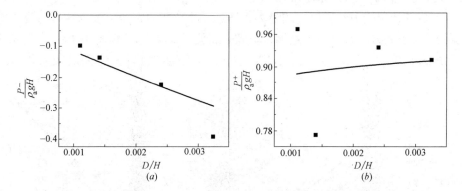

图 4.2-56　专用通气排水系统 $DN100\times100$ 特征压力与排水系统高度之间的关系

（a）P_{smin} 与 H 之间的关系；（b）P_{smax} 与 H 之间的关系

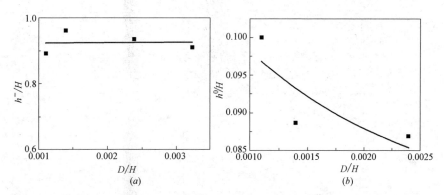

图 4.2-57　专用通气排水系统 $DN100\times100$ 特征压力的位置与排水系统高度之间的关系

（a）h^- 与 H 之间的关系；（b）h^0 与 H 之间的关系

$$\begin{cases}\dfrac{h^-}{H}=1.04\times\left(\dfrac{D}{H}\right)^{0.0240}\times\left(\dfrac{Q_w}{D}\right)^{-0.00491}\approx0.90\\[3mm]\dfrac{h^0}{H}=2.10\times10^{-2}\times\left(\dfrac{D}{H}\right)^{-0.160}\times\left(\dfrac{Q_w}{D}\right)^{0.501}\approx0.20\end{cases}\tag{4.2-24}$$

利用公式（4.2-23）和公式（4.2-24），取 $\rho_a=1.169$，根据两种专用通气排水系统的高度、立管管径和排水流量等，计算得到 P_{min} 的取值，并与实测值相比较，如表 4.2-10 所示。可以看到，计算值与实测值相差不大，计算式具有一定的指导意义。

公式 (4.2-23)、公式 (4.2-24) 的计算值与足尺试验实测值之间的比较　表 4.2-10

立管管径 （mm）	系统高度 （m）	排水流量 （L/s）	计算值 （Pa）	足尺试验实测值 （Pa）	绝对误差 （Pa）	相对误差 （%）
$DN100\times75$	99	2.5	−238.17	−241	2.83	−1.2
$DN100\times75$	78	2.5	−271.09	−284	12.91	−4.5
$DN100\times100$	99	2.5	−353.29	−369	15.71	−4.3
$DN100\times100$	78	2.5	−102.00	−102	0.00	0.0

（3）特殊单立管排水系统压力分布规律

1）加强型特殊单立管排水系统（12 根旋肋）

通过分析统计试验中各工况下的最大正压、最小负压、零压以及这些压力发生的位置 h，根据公式 (4.2-11) 给出的无量纲化形式，将测试结果进行整理并使用 Origin 软件作图，得到最大正压、最小负压、零压以及这些压力发生的位置 h 之间的关系，结果如图 4.2-58～图 4.2-61 所示。

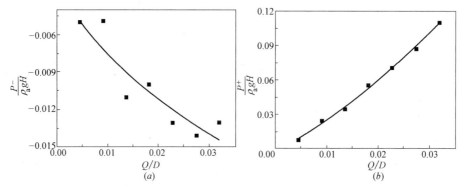

图 4.2-58　加强型特殊单立管排水系统特征压力与流量之间的关系

（a）P_{smin} 与 Q_w 之间的关系；（b）P_{smax} 与 Q_w 之间的关系

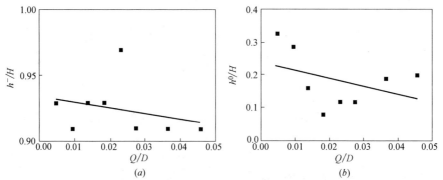

图 4.2-59　加强型特殊单立管排水系统特征压力的位置与流量之间的关系

（a）h^- 与 Q_w 之间的关系；（b）h^0 与 Q_w 之间的关系

由于特殊单立管排水系统结构的复杂性和系统内气压波动的复杂性，在此不进行详细分析。通过利用量纲分析、数据分析与数学建模方法，可得到特征压力及其发生位置的综

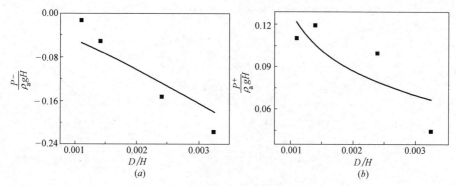

图 4.2-60　加强型特殊单立管排水系统特征压力与排水高度之间的关系

（a）P_{smin} 与 H 之间的关系；（b）P_{smax} 与 H 之间的关系

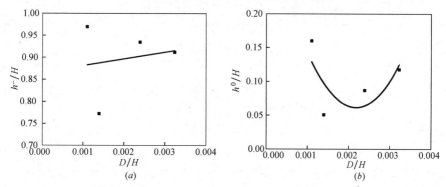

图 4.2-61　加强型特殊单立管排水系统特征压力的位置与排水高度之间的关系

（a）h^- 与 H 之间的关系；（b）h_0 与 H 之间的关系

合数学表达式如下：

$$
\begin{cases}
\dfrac{P_{\min}}{\rho_a g H} = -3.03 \times 10^4 \times \left(\dfrac{D}{H}\right)^{1.80} \times \left(\dfrac{Q_w}{D}\right)^{0.56} \\[3mm]
\dfrac{P_{\max}}{\rho_a g H} = 0.213 \times \left(\dfrac{D}{H}\right)^{-0.56} \times \left(\dfrac{Q_w}{D}\right)^{1.30}
\end{cases}
\tag{4.2-25}
$$

$$
\begin{cases}
\dfrac{h^-}{H} = 0.410 \times \left(\dfrac{D}{H}\right)^{0.120} \times \left(\dfrac{Q_w}{D}\right)^{-0.00800} \approx 0.40 \\[3mm]
\dfrac{h^0}{H} = 1.60 \times 10^{-3} \times \left(\dfrac{D}{H}\right)^{-0.880} \times \left(\dfrac{Q_w}{D}\right)^{-0.0560} \approx 0.20
\end{cases}
\tag{4.2-26}
$$

2）普通型特殊单立管排水系统（8根旋肋）

通过分析统计试验中各工况下的最大正压、最小负压、零压以及这些压力发生的位置 h，根据公式（4.2-11）给出的无量纲化形式，将测试结果进行整理并使用 Origin 软件作图，得到最大正压、最小负压、零压以及这些压力发生的位置 h 之间的关系，结果如图 4.2-62～图 4.2-65 所示。

由于特殊单立管排水系统结构的复杂性和系统内气压波动的复杂性，在此不进行详细分析。通过利用量纲分析、数据分析与数学建模方法，可得到特征压力及其发生位置的综合数学表达式如下：

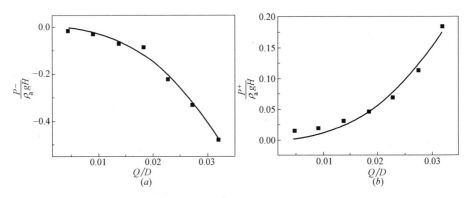

图 4.2-62　普通型特殊单立管排水系统特征压力与流量之间的关系

（a）P_{smin} 与 Q_w 之间的关系；（b）P_{smax} 与 Q_w 之间的关系

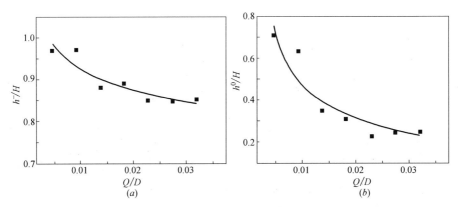

图 4.2-63　普通型特殊单立管排水系统特征压力的位置与流量之间的关系

（a）h^- 与 Q_w 之间的关系；（b）h^0 与 Q_w 之间的关系

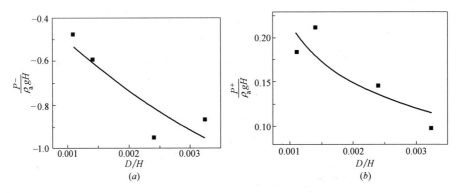

图 4.2-64　普通型特殊单立管排水系统特征压力与排水高度之间的关系

（a）P_{smin} 与 H 之间的关系；（b）P_{smax} 与 H 之间的关系

$$\begin{cases} \dfrac{P_{min}}{\rho_a gH} = -1.14 \times 10^5 \times \left(\dfrac{D}{H}\right)^{0.51} \times \left(\dfrac{Q_w}{D}\right)^{2.50} \\ \dfrac{P_{max}}{\rho_a gH} = 25.0 \times \left(\dfrac{D}{H}\right)^{-0.54} \times \left(\dfrac{Q_w}{D}\right)^{2.50} \end{cases} \tag{4.2-27}$$

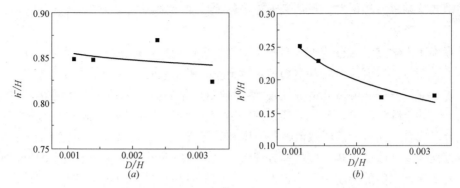

图 4.2-65 普通型特殊单立管排水系统特征压力的位置与排水高度之间的关系

（a）h^- 与 H 之间的关系；（b）h^0 与 H 之间的关系

$$\begin{cases} \dfrac{h^-}{H} = 0.58 \times \left(\dfrac{D}{H}\right)^{0.0150} \times \left(\dfrac{Q_w}{D}\right)^{-0.080} \approx 0.58 \\ \dfrac{h^0}{H} = 0.0025 \times \left(\dfrac{D}{H}\right)^{-0.370} \times \left(\dfrac{Q_w}{D}\right)^{0.600} \approx 0.20 \end{cases} \quad (4.2\text{-}28)$$

利用公式（4.2-27）和公式（4.2-28），取 $\rho_a = 1.169$，根据两种专用通气排水系统的高度、立管管径和排水流量等，计算得到 P_{min} 的取值，并与实测值相比较，如表 4.2-11 所示。可以看到，计算值与实测值相差不大，计算式具有一定的指导意义。

公式（4.2-27）、公式（4.2-28）的计算值与足尺试验实测值之间的比较　　表 4.2-11

立管管径 (mm)	系统高度 (m)	旋肋个数 (根)	排水流量 (L/s)	计算值 (Pa)	足尺试验实测值 (Pa)	绝对误差 (Pa)	相对误差 (%)
100	99	8	2.5	−374.68	−392	17.32	−4.4
100	76	8	2.5	−360.55	−346	−14.55	4.2
100	99	12	2.5	−136.48	−141	4.52	−3.2
100	76	12	2.5	−153.67	−147	−6.67	4.5

4. 排水系统数值模拟

（1）排水系统数值模拟方法

数值模拟方法越来越多地应用于各个领域，且既节省了时间又减少了大量繁复的试验准备与测试。因此，探讨采用数值模拟方法研究超高层排水立管内复杂的流动问题，特别是压力的量值及其波动规律，就越发显得十分有意义。

排水系统的数值模拟方法主要有两种：特征线法和直接求解多相流方程的方法。

特征线法（method of characteristics）是一种基于特征理论的求解双曲型偏微分方程组的近似方法。如果问题比较简单，用这种方法可以求出分析解或近似的分析解；若问题复杂，也可求得准确度很高的数值解。特征线法已经被广泛运用于明渠流、水锤现象以及高层建筑排水系统。

在建筑排水系统的数值研究中，特征线法做了基本的假设，即水流进入排水立管当中后迅速形成环壁流，携入的空气在立管中水膜围成的空心柱中往下流动，并且最终达到终限流速。采用特征线法解决相关问题的基本数学模型有连续性方程和动量方程。此外，也有一些学者从基本方程出发，在动量方程中添加修正项或源项来采用特征线法进行计算，这里就不一一赘述了。

计算流体力学方法（直接求解多相流方程）也被应用在建筑排水系统中。计算流体力学的基本思路是：从流体力学基本物理定律出发，确定控制流动的基本方程组（质量守恒方程、动量守恒方程和能量守恒方程）；然后通过网格节点上数值离散，把原来在时间域和空间域上的连续流动量，如速度场、密度场、压力场和温度场，用有限的离散节点上的变量集合来代替；通过一定的数值处理原则和计算方法，建立离散节点上变量之间所满足的代数方程组，并数值求解这些代数方程组，获得连续流动量在这些节点上的近似值；得到各种复杂流动问题的流动量的分布，以及它们随时间和空间的变化规律；并结合计算机辅助设计，对各种科学问题、工程应用和生产实践进行预报和优化设计。

其中多相流模型主要有：VOF 模型、MIXTURE 模型和 EULER 模型。三者各有其特点，如表 4.2-12 所示。VOF 模型，其特点是流体间界面清晰，各相之间没有互相穿插。MIXTURE 模型，允许两相之间互相穿插，允许两相之间有滑移，但是采用混合密度的概念，适合密度比较接近的多相流模拟。EULER 模型，对于每一相单独求解控制方程，然后各相之间通过共享压力来实现求解，但是其收敛性比较差。在建筑排水系统的数值模拟中，MIXTURE 方法应用较为广泛。

三种多相流模型的适用条件和特点 表 4.2-12

方 法	适用条件	特点	典型应用
MIXTURE 模型	多相流动，有强烈耦合的各向同性多相流和各相以相同的速度运动的多相流	允许两相之间有滑移速度；必须使用分立求解器	沉降、旋风分离器、低载荷粒子流以及气相体积分数很低的泡状流
VOF 模型	气液分层流动（相间界面比较清晰）或者具有自由表面的流动	只允许一相可压缩；必须使用离散求解器	液体中大气泡的运动，水坝决堤时的水流，任何气液交界面的瞬态或稳态跟随
EULER 模型	多个分离的但是又相互作用的相，包括气、液、固的几乎任何组合	二次相的个数只受内存和收敛行为的限制	

超高层建筑排水系统是一个非常复杂的系统，管道当中的流动非常复杂，水与空气的相互作用非常剧烈并伴随有离散-雾化现象的产生。从以上三种物理模型的比较可以看出，VOF 模型适合模拟界面比较清晰的流动，通过追踪界面来判断一个网格当中各相的体积分数，不能很好地反映离散-雾化现象；MIXTURE 模型采用混合密度的概念，适合模拟密度接近的多相流问题，而在超高层建筑排水系统中，水的密度是空气的 1000 倍，所以MIXTURE 模型也不能对该问题进行精确的模拟；EULER 模型汲取了前两个模型的优点，可以模拟多个分离的但是又相互作用的相，包括气、液、固的几乎任何组合。数值模拟结果将会展示不同物理模型的计算结果，从结果比较中我们可以知道最终还是要选取EULER 模型才能对超高层建筑排水系统进行准确的模拟。

（2）超高层建筑排水系统数值模拟

1）几何模型的建立需注意的问题

流体的流动非常复杂，尤其是湍流。湍流具有随机性、掺混性和涡旋性，是比层流流动更为普遍的流动形态，所以湍流的研究是流体力学中更具挑战性的课题之一。超高层建筑排水系统当中的流动状态为湍流，并且为气液两相流。由于流动的随机性，几何模型的建立过程中要注意以下几点：

① 连接排水横支管与排水立管的三通一定要与试验当中的三通保持一致。不同形式的三通对水舌处水流的速度方向影响很大，即对水舌处水和空气的相互作用程度影响很大，从而造成离散-雾化程度的不同，进而影响立管当中的压力波动情况。

② 连接排水立管与底部横主管的两个 45°弯头在几何建模的过程中与实际情况保持一致。否则会造成水在底部弯头处流态的变化，进而造成强烈的壅水现象，加大了底部正压。

③ 各层横支管、底部横主管与水平方向的夹角也要与工程当中的保持一致。夹角的改变同样会改变水流的速度，进而影响立管内的气压波动。

④ 试验当中，相邻两层的立管用一个三通与排水横主管相连接，所以要注意立管竖直方向上的对中问题。数值建模过程中立管的方向都是沿着 Z 轴的正方向，所以对中问题无需考虑。

2）几何模型的建立

排水立管为圆形管，与排水横支管在单侧方向相交。相邻两层的立管与排水横支管是通过三通相连接而成，从图 4.2-66（a）可以看出，试验当中的排水横支管从连接电磁流量计的位置开始到与立管交接的三通处经历了两次 90°弯折和一次变径，其工程简图如图 4.2-66（b）所示；图 4.2-66（c）展示了在立管底部，采用两个 45°弯头将排水立管与排水横主管连接起来。以上介绍了排水系统关键部位的工程简图，接着将工程简图进行合理的简化便可以得到数值计算的几何模型。

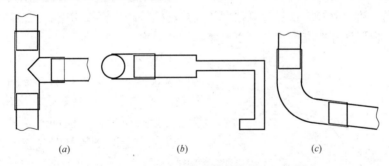

(a) (b) (c)

图 4.2-66　排水系统关键部位的工程简图
（a）进水管与立管交界处；（b）排水横支管；（c）立管底部交界处

3）几何模型的简化

模型简化的最重要原则是保证简化模型计算结果的准确性。要做到这点，就要保证在模型简化时，对改变流体流动方向和流态的关键部位（三通的形式、立管底部 45°弯头以及圆管突扩处）进行不可失真的简化。垂直方向上的立管简化成一根直圆管，水平方向上的横支管细管段简化成没有弯折的水平管（因为是定流量排水工况，90°弯折只改变流体的速度方向但不改变流量的大小）。

模型简化的主要目的是节约计算资源、提高计算效率。排水立管为圆形管，与排水横支管在单侧方向相交，由对称性可知，可以只建立一半几何模型（注意并非简化成二维模型）。这样做的目的是减少网格数量，提高计算效率。

　　根据工程简图与几何模型简化原则可将排水系统的关键部位简化成图 4.2-67 所示。在排水系统几何模型当中，三通、底部两个 45°弯头以及排水横支管变径区域均详细给出。为了方便几何建模、划分网格以及提高计算效率，对于竖直方向的立管，省去了每个排水楼层三通与排水立管交界处互相重叠的复杂结构，而是将竖直方向上的三通与排水立管设置成平滑相接；底部两个 45°弯头与排水横主管也采用同样的简化。

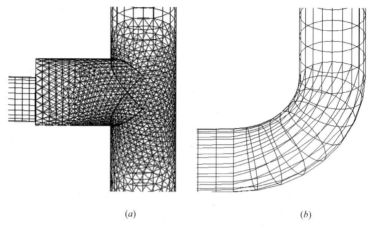

(a)　　　　　　　　　　　　(b)

图 4.2-67　简化的几何模型关键部位的网格划分
(a) 进水管与立管交界处；(b) 立管底部

　　4）网格划分

　　划分网格是建模的一个重要环节，它要求考虑的问题较多，需要的工作量较大，所划分的网格形式、数量以及质量对计算精度和计算规模将产生直接影响。网格划分的最基本原则为需保证模型计算的准确性同时也要兼顾计算效率。

　　① 网格划分原则

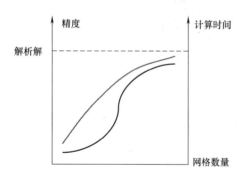

图 4.2-68　精度与计算时间随网格数量的变化

　　网格数量的多少将影响计算结果的精度和计算规模的大小。一般来讲，网格数量增加，计算精度会有所提高，但同时计算规模也会增加，所以在确定网格数量时应权衡两个因素进行考虑。图 4.2-68 给出了精度与计算时间随网格数量的变化，图中两条线只是象征性地画出的两条线，具体情况应具体分析。

　　网格疏密是指在结构不同部位采用大小不同的网格，这是为了适应计算数据的分布特点。在计算数据变化梯度较大的部位（如应力集中处），为了较好地反映数据变化规律，需要采用比较密集的网格。而在计算数据变化梯度较小的部位，为了减小模型规模，则应划分相对稀疏的网格。这样，整个结构便呈现出疏密不同的网格划分形式。

　　许多单元都具有线性、二次和三次等形式，其中二次和三次形式的单元称为高阶单元。选用高阶单元可提高计算精度，因为高阶单元的曲线或曲面边界能够很好地逼近结构的曲线和曲面边界，且高次插值函数可更高精度地逼近复杂场函数，所以当结构形状不规则、应力分布或变形很复杂时可以选用高阶单元。但高阶单元的节点数较多，在网格数量相同的情况下由高阶单元组成的模型规模要大得多，因此在使用时应权衡考虑计算精度和时间。

网格质量是指网格几何形状的合理性。质量好坏影响计算精度。质量太差的网格甚至会终止计算。直观上看，网格各边或各个内角相差不大、网格面不过分扭曲、边节点位于边界等分点附近的网格质量较好。网格质量可用细长比、锥度比、内角、翘曲量、拉伸值、边界点位置偏差等指标度量。

在重点研究的结构的关键部位，应保证划分高质量网格，即使是个别质量很差的网格也会引起很大的局部误差。

位移协调是指单元上的力和力矩能够通过节点传递到相邻单元。为了保证位移协调，一个单元的节点必须同时也是相邻单元的节点，而不应该是内点或边界点。相邻单元的共有节点具有相同的自由度的性质。否则，单元之间须用多点约束等式或约束单元进行约束处理。

② 网格划分情况

在排水系统的几何模型简化后对其进行网格划分，网格划分过程中充分考虑了各部分的重要性、精度要求等具体情况，兼顾计算的准确性与计算效率，获得合理、准确、高效的网格划分。

a. 在垂直方向的立管上，网格采用渐变形式，即在靠近三通处网格逐渐变密，远离三通处网格逐渐稀疏；同样，在立管底部弯头处也是如此。如图 4.2-69 所示。

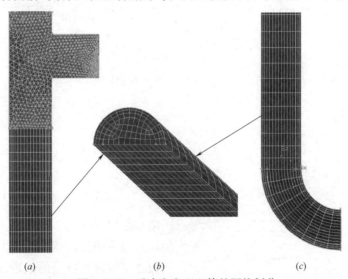

图 4.2-69 垂直方向上立管的网格划分
(a) 靠近三通处网格划分；(b) 立管局部示意图；(c) 靠近底部弯头处网格划分

b. 在水平方向的排水横支管以及底部横主管上，网格同样也采用渐变形式，即在靠近三通处网格逐渐变密，远离三通处网格逐渐稀疏，网格划分情况与图 4.2-69 (a) 类似，这里就不详细给出了。水平横支管有变径情况，所以此处的网格划分也是重点与难点，变径处的网格协调性非常重要，见图 4.2-70。

c. 三通处网格划分。水流经三通处会形成水舌，在重力作用下，流态发生变化。此时水与空气相互作用也非常剧烈，并伴有离散-雾化现象的产生。这种现象能否很好地被辨识与三通处的网格划分密切相关。三通处的网格划分不仅要保证密集型还要保证与相邻网格单元的协调性，这一点是至关重要的。

（3）数值模拟结果

为方便比较，以典型的排水量为 2.5L/s 工况下的模拟结果与实测结果进行比较。图 4.2-71 和图 4.2-72 给出了两个特征压力位置处压力随时间的变化；图 4.2-73 给出的是立管内压力分布规律的实测值与模拟值；图 4.2-74 同样给出立管顶部通气速度的实测值与模拟值。

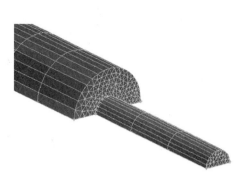

图 4.2-70 水平方向变径处网格划分情况

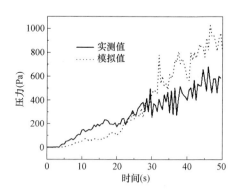

图 4.2-71 1 层压力随时间的变化

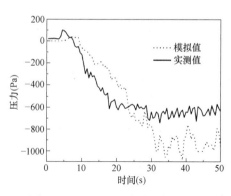

图 4.2-72 27 层压力随时间的变化

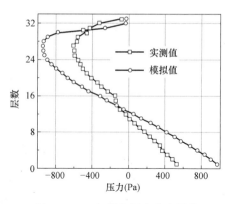

图 4.2-73 立管内压力分布规律

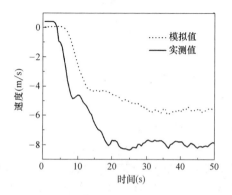

图 4.2-74 顶部通气速度随时间的变化

由图 4.2-71～图 4.2-74 可以看出，模拟结果和实测结果在分布变化特征和数量级上基本一致，模拟结果的最大负压的绝对值和最大正压都大于实测结果，而顶部通气速度小于实测结果，量值上最大误差可达 40%。但这只是与单次实测结果比较，在不同的外部环境下的实测结果差异也较大，有些情况下负压值还大于模拟结果。首先，超高层排水系统是一个非常复杂且不稳定的系统，"离散-雾化"现象在数值模拟中没有很好的模型加以体现；其次，实测过程中，季节与外界风速、立管内湿度等也会影响立管中的压力波动，但在数值模拟过程中不考虑上述因素；再次，数值模拟过程中不同的离散方法及求解格式也会导致一定的误差。

从量纲分析角度对影响管内压力变化 P 的主要因素进行分析。这些主控因素有重力加速度 g、流量 Q_w、管径 D、排水高度 H、水的密度 ρ_w 和黏性 μ_w 以及空气的密度 ρ_a 和黏性 μ_a，并存在以下函数关系：

$$P = f(\rho_a, \mu_a, \rho_w, \mu_w, Q_w, D, H, g) \tag{4.2-29}$$

取 ρ_a、Q_w、H 为独立的变量，公式（4.2-29）可改写为：

$$\frac{P}{\rho_a g H} = f\left(\frac{\rho_a}{\rho_w}, \frac{\mu_a}{\mu_w}, \frac{\rho_w Q_w}{\mu_w D}, \frac{Q_w}{g^{\frac{1}{2}} D^{\frac{5}{2}}}, \frac{H}{D}\right) \tag{4.2-30}$$

公式（4.2-30）等号右边第 3 项为 Reynolds 数，第 4 项为 Froude 数，当立管内流动无明显界面且压力梯度很小时，Froude 数可以忽略。此外，因为本次模拟仅仅为研究压力波动与流量的关系，所以当只改变流量而其他因素都固定不变时，公式（4.2-30）可简化为：

$$P = \rho_a g H \cdot f\left(\frac{\rho_w Q_w}{\mu_w D}\right) \tag{4.2-31}$$

式中 ρ_w 和 μ_w 都恒为常数，由以上的量纲分析可以得出无量纲量 $\dfrac{P_{\max}}{\rho_a g H}$、$\dfrac{P_{\min}}{\rho_a g H}$ 与 Q_w/D 之间的关系，如图 4.2-75 所示。经过拟合可得到压力无量纲量与 Q_w/D 之间的关系式，其中模拟结果为公式（4.2-32）和公式（4.2-33），实测结果为公式（4.2-34）和公式（4.2-35）。

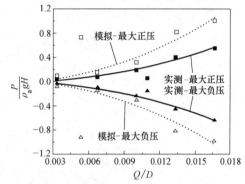

图 4.2-75 管内压力与流量的无量纲关系

$$\frac{P_{\max}^{(s)}}{\rho_a g H} = 2429.07 \left(\frac{Q_w}{D}\right)^{1.89} \tag{4.2-32}$$

$$\frac{P_{\min}^{(s)}}{\rho_a g H} = -2255.84 \left(\frac{Q_w}{D}\right)^{1.88} \tag{4.2-33}$$

$$\frac{P_{\max}^{(e)}}{\rho_a g H} = 1628.50 \left(\frac{Q_w}{D}\right)^{1.95} \tag{4.2-34}$$

$$\frac{P_{\min}^{(e)}}{\rho_a g H} = -1658.80 \left(\frac{Q_w}{D}\right)^{1.92} \tag{4.2-35}$$

由公式（4.2-32）～公式（4.2-35）等号右边指数项可以看出 $\dfrac{P_{\max}}{\rho_a g D}$、$\dfrac{P_{\min}}{\rho_a g D}$ 与 Q/D 的平方 $\dfrac{Q^2}{Y g D^5 Y}$ 间都存在近似线性关系。

5. 排水系统排水能力预测技术及软件

在第一个主界面点击"点击进入"按钮便可以进入计算界面。在计算界面选择管径，输入排水高度与流量的数值，再点击"计算"按钮便可以得到最大正负压、最大正负压的位置以及零压的位置。该结果可直接用于超高层建筑排水系统的设计。

图 4.2-76　最终版软件主界面

深化设计后的软件界面如图 4.2-76～图 4.2-78 所示。最终版的软件界面更为简洁、大方，并注明了课题资助来源。

使用时，进入主界面二时，先选择系统形式——"排水系统选择"。本软件中，将系统形式简化为三种：伸顶通气单立管系统、双立管系统和特殊单立管排水系统。其中，双立管系统不仅包括专用通气排水系统，还包括主通气＋环形通气等形式，即系统形式中包含 2 根立管的系统。

在"参数配置"界面中，将各参数大致分为三类：立管参数、横支管参数和横干管参数。在这里，可以设置排水系统的具体形式。同时，软件给出了即成的系统形式默认值，图 4.2-78 中所显示的为伸顶通气单立管系统中的一种。

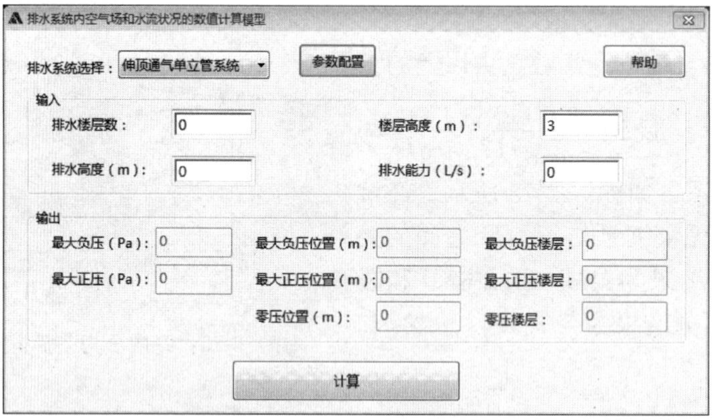

图 4.2-77　最终版软件主界面二

图 4.2-78　最终版参数设置

由于课题研究的时间限制和各类条件限制，无法将采用不同管配件、系统形式的排水系统均进行模拟计算，但本软件已将各系统形式涵盖其中，预留了接口，将来研究更完善后，软件也可以直接升级、完善。

4.2.3 可移动式现场检测技术

1. 现场检查检测现状

既有建筑内卫生间产生异味、下水不畅问题主要以超高层、高层建筑为主，排水系统选型、管材管件、水封地漏及卫生间设计布置都会对排水系统产生影响，加之高端卫浴洁具进入普通家庭后排水量的增大更是对住宅排水系统提出了更高的要求。导致现场实际情况复杂，影响室内空气环境的因素较多，现场检测产生返臭气的来源难度大，目前市场上暂无该检测设备和技术。

（1）实际住宅工况多样化

卫生器具的多样化。室内卫生间洗脸盆、地漏、坐便器等器具品牌、款式繁多，如洗脸盆底面有曲面、平面或洗脸盆下水口与水龙头之间的高度不一致（见图4.2-79）。

图 4.2-79　洗脸盆下水口与水龙头之间的高度不一致

建筑内户型不同、卫生间内的布置不同，二次装修不同。由于国内毛坯交房，二次装修时住户会对卫生间进行较大的改动。如二次装修时，洗脸盆多与洗漱柜合并等（见图4.2-80），造成被测洗脸盆下水口处检测设备不能安装或安装后与下水口密封不严等问题，导致无法安装测试设备进行逐一排查寻找到臭气来源。

由于这些原因，要想准确快速地检测出洗脸盆处的臭气浓度，则对检测设备结构形状的研发提高难度。

（2）住宅内管道多为隐蔽安装

除早期的住宅外，目前建筑内排水立管多统一敷设在管道井内。室内排水横支管，在住户二次装修时，也多将其敷设在吊顶内（隔层排水）或垫层内（同层排水）。如图4.2-81所示，为现场检测提高了难度。

（3）现场检测影响因素繁多

对单层住户卫生间进行返臭检测时，由于单层排水无法对排水管道内产生较大的压力，影响技术人员对该卫生间返臭情况的判断。

调研发现，卫生间返臭不是长时间维持不变的，而是受天气变化、用水高峰期等条件

图 4.2-80 洗脸盆与洗漱柜合并

图 4.2-81 隐蔽安装的排水管道

的影响。有部分住户反映当室外为阴雨天气、大风等恶劣天气时，室内卫生间有明显返臭现象，还有部分住户反映在早晚用水高峰时，室内卫生间有返臭现象。

（4）实际入户检测难度大

传统检测设备及检测方法是通过手持式检测设备来检测卫生间臭气浓度，无法检测具体臭气来源或管道堵塞位置，要想准确地判断返臭气的来源，必须破坏管道或地面，检测、改造工期长，影响住户正常使用。

2. 现场检查检测的必要性

当住宅卫生间内有返臭问题时，如果不进行现场检查检测，则无法明确返臭源及返臭原因。住户发觉有返臭现象后，可能会盲目地更换存水弯或者地漏。而卫生间返臭气是个系统问题，其返臭原因多样，盲目地更换地漏可能无法解决返臭问题，防臭效果也不能得到保证。而采用现场检查检测技术，可以快速地检测出返臭源、分析返臭原因，有针对性地明确改造措施。

（1）只有现场检查检测，才能准确查出返臭源。

卫生间内的臭气来源很多：①卫生器具水封功能丧失，无法隔绝室内用水器具与排水管道空间，导致臭气溢出；②卫生间使用方式或维护不当，导致排入器具内的有机物腐烂、变质，臭气溢出。

当通过现场检查检测出来返臭源是因为凹槽积存污物及用户日常使用、维护不当时，则可以指导住户及时清理、疏通解决返臭问题，从而减少改造成本。

如果是排水管道内臭气溢出，可能原因是水封深度不够或者是因为排水管道陈旧、系统排放性能降低、排水时立管内压力波动过大，此时只能采用现场检查检测技术对压力波动进行检测、分析，否则只是更换新的存水弯或地漏，很可能无法从根本上解决返臭问题。

（2）现场检测确定返臭源，便于指导、确定返臭问题。

只有准确的现场检查检测，才能确定是初始设计、后期施工还是产品选型等问题。初始设计问题包括因为地漏附近安装有大流量排水用具导致诱导虹吸现象，或者是横干管没有扩径造成底层用户返臭问题；很多施工质量问题很难在外观上显现出来，不采用现场检测技术无法判断。

（3）国标规定的水封安全性能检测方法在现场检测中局限性大。

常用的水封安全性能检测方法分为压力检测和水封深度检测，两种方法在实际使用中都存在一定的局限性，如压力检测需要破坏现有装修对横支管进行检测；家用地漏结构形式多样，直接测量水封深度难度较大。如何在不破坏建筑物已有装修的前提下快速精准地发现问题、解决问题是关键。

（4）现场检查检测可采集改造前、改造后的臭气浓度指标，直接反馈改造效果。

通过现场检查检测的结果，可以明确卫生间内产生返臭问题的原因，有针对性地解决返臭问题，从而提高改造效率；改造完成后，通过检测可以验证改造后的效果。

通过现场检查检测的结果，结合住宅卫生间内实际情况，总结出共性问题，指导未来实际建设工程。

3. 现场检查检测设备

（1）设备功能要求

根据实地入户调研情况，针对在既有建筑中无法采用传统的水封安全性能测试方法和既有建筑中因原建筑设计和二次装修等不同造成的返臭源检测困难等问题，同时为了快速确定返臭源和返臭原因，需要研发测得用水器具排水口压力的设备，以期在不破坏待测卫生间地面、管道或排水器具的前提下确定返臭及排水不畅等问题来源，以实现快速、准确地发现问题、解决问题，改善住户室内卫生水平和居住环境。

1）可直接测定的参数

① 存水弯或地漏的水封深度（mm）。以此判定住户使用的地漏是否为达标产品。

② 排水横支管内的压力值（Pa）。以此判定系统的排水情况和排水系统的排放性能、安全性能。

③ 一定测试时间内管道内的压力曲线波动情况，为分析破坏水封原因提供依据。从一段时间内的压力波动情况，可以看出此住宅楼栋内一定的排水习惯。

④ 风速（m/s）。可将风速根据后期处理转换为通气流量，以考察系统内的通气情况。

2）现场检查检测设备应可移动、便携

现场数据采集装置必须方便移动，方便工作人员能够快速对不同既有住宅进行入户检查与检测。自备内部电源，同时具备有线传输功能，便于检测数据的实时保存与同步。

3）现场检查检测设备应具有一定的精准度

现场检查检测设备数据采集频率应在20ms以内，以保证采集到足够的数据源，避免漏采。同时，实时检测各数据的曲线变化，最后生成相应的数据检测报表。

4）检测装置应具有自密闭性

由于压力测试的特殊性，检测装置应在使用时具有良好的自密闭性，防止漏气现象的发生，从而确保检测的准确性。

（2）可移动式现场检查检测设备

该设备可在不破坏待测卫生间地面、管道或排水器具的前提下确定返臭及排水不畅等问题来源：将检测装置安装于卫生间某器具排水口处，连接测试仪器和控制装置，即可快速、简便地实现对排水管道压力的检测。测试开始后，排水系统内压力发生波动，通过分析测得的压力曲线和压力值判断该待测卫生间某器具是否返臭或堵塞情况。主要分为以下两个部分，如图 4.2-82 所示。

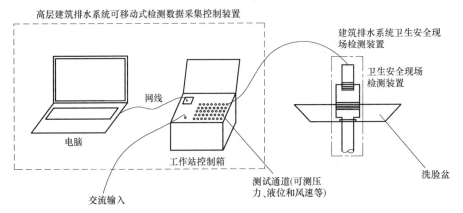

图 4.2-82 既有居住建筑排水系统返臭改造检测设备示意图及构成

1）高层建筑排水系统可移动式检测数据采集控制装置（以下简称"控制装置"），如图 4.2-83（*a*）所示。

　　　　　　　（*a*）　　　　　　　　　　　　　　（*b*）

图 4.2-83 可移动式现场检查检测设备实物图
（*a*）控制装置；（*b*）检测装置

控制装置主要由 PLC 等硬件和可移动检测系统数据采集分析平台软件构成。控制装置测试周期最小可达 20ms，预留压力、风速和液位传感器接口，接口连接不同采集装置可实现不同数据的即时采集功能，用于实际建筑工况下的数据采集与检测。根据测试需求，开发数据采集平台软件，见图 4.2-84。

2）建筑排水系统卫生安全现场检测装置（以下简称"检测装置"），如图 4.2-83（*b*）所示。

该装置一端可与地漏或脸盆排水口相连，并实现其自密闭性；另一端可与检测仪器、设备相连，如压力传感器、风速传感器、液位传感器等。

检测装置可用于通过建筑排水系统的室内排水口与建筑排水系统的排水管道连通，

  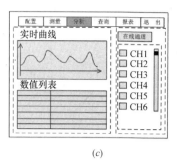

(*a*) 　　　　　　　　　　　　(*b*) 　　　　　　　　　　　　(*c*)

图 4.2-84　高层建筑排水系统可移动式检测数据采集控制装置软件
(*a*) 用户主界面；(*b*) 测试界面；(*c*) 数据分析界面

放置在洗脸盆排水口或地漏处（见图 4.2-85），底部设置硅胶垫圈可对排水口完全密封，同时设置有不同底部口径的可更换式连接部件，可适应不同口径的地漏、洗脸盆排水口。压力传感器通过卫生安全现场检测装置（中空腔体）与各个排水口自由连接，实现无破坏、方便快捷地进行压力检测。

图 4.2-85　可移动式检测现场（与洗脸盆连接）

3）测试仪器参数要求

① 压力传感器主要测量排水系统内压力变化值，测量范围为 ±10kPa，测量精度为 ±0.08%，响应时间小于 100ms。

② 风速传感器测量范围为 0～30m/s，精度为 0.2%（满量程精度）。

③ 液位传感器测量范围为 0～2m，准确度为 ±0.5%（满量程精度）。

4.2.4　通过噪声比对测试探索排水立管流态的试验研究

1. 既有住宅现场测试

实地测试的排水系统位于北京市海淀区某小区内，根据现场观察小区内老年人居多。住宅高 16 层，排水系统采用 DN100 铸铁管，系统形式为伸顶通气单立管。

由于实地进行噪声检测无法像在专业噪声室内进行混响、测试，测定背景声、空气声和结构声。针对该特点，采用手持噪声计，并制作了一个简易用于隔绝外界噪声的盒子以保证手持噪声计不受干扰。

手持噪声计型号为 LA-1440，测量范围为 26～137dB（A 特性），测试频率范围为 20～8000Hz，噪声计采集周期均设为 100ms。噪声测试位置设置在排水立管与排水横干管连接的弯头处。

为尽可能减少其他环境因素对噪声测试的影响，采用隔声箱包裹，如图 4.2-86 所示。隔声箱制作材料采用聚苯乙烯板（KT 板、板厚 5mm）和隔声棉（壁厚 50mm），用 KT 板拼接成方形的箱体，箱体内壁与外壁均有隔声棉，隔声箱尺寸为 550mm×450mm×500mm。

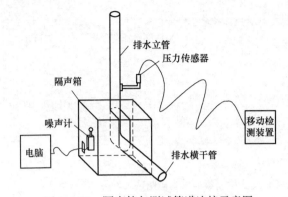

图 4.2-86   隔声箱与测试管道连接示意图

（1）背景噪声

将夜间（凌晨）无排水时所测得噪声视作背景噪声。选取 03：39：16—03：40：56，合计 100s，该时段的噪声波动情况如图 4.2-87 所示，平均值为 36.18dB。

（2）晚高峰的排水噪声情况

21：03：15—21：04：55 期间的排水噪声情况如图 4.2-88 所示（图中横直线为背景噪声）。可以看出，该时间段内排水噪声普遍大于背景噪声，且在某些瞬间有极大噪声值（如图中的 63.53dB）。

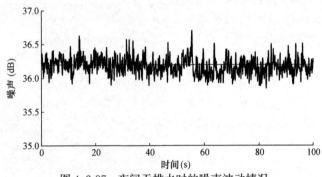

图 4.2-87   夜间无排水时的噪声波动情况

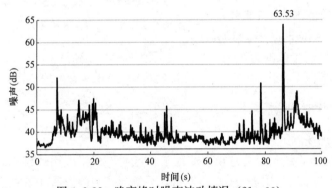

图 4.2-88   晚高峰时噪声波动情况（21：00）

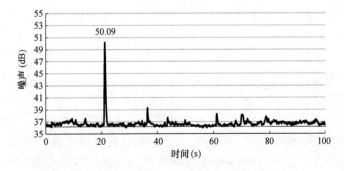

图 4.2-89   晚高峰时噪声波动情况（22：00）

1h 之后的 22：03：15—22：04：55 期间的排水噪声情况如图 4.2-89 所示。可以看出，该时间段内排水噪声已降低，可见用水高峰已过。仅存在一次瞬时突然增大的噪声，可能是一次坐便器的冲洗。

（3）早高峰的排水噪声情况

06：46：32—06：48：12 期间的排水噪声情况如图 4.2-90 所示；18min 之后的 07：04：42—07：06：22 期间的排水噪声情况如图 4.2-91 所示。可以看出，该时间段内的噪声波动情况与晚高峰时相类似，排水噪声普遍高于背景噪声。

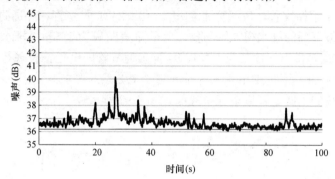

图 4.2-90　早高峰时噪声波动情况（06：46）

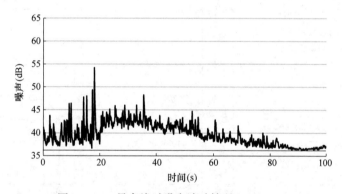

图 4.2-91　早高峰时噪声波动情况（07：04）

（4）凌晨的排水噪声情况

03：03：25—03：05：05 期间的排水噪声情况如图 4.2-92 所示，可以清楚地看到，在该时间段的前 47s 内无排水，随后（46.4～74.5s 间）有瞬时排水情况，持续时长为

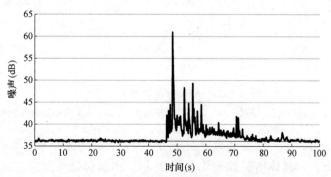

图 4.2-92　凌晨瞬时排水的噪声波动情况

28.1s。表现出坐便器瞬间排水，并叠加少量洗脸盆排水的特征。

综上可以看到，在早、晚高峰时间段内，排水噪声表现出恒定增大并伴有瞬时极大值的特点。可以视为定流量排水的情况，偶尔有瞬间大流量排水（坐便器）。而在凌晨，表现为瞬间流量排水（为主）叠加少量定流量排水的特征。

2. 实验塔模拟测试

为与既有住宅现场测试相比对，在实验塔上搭建与实地测试相同的 $DN100$ 铸铁伸顶通气排水系统。系统高 16 层，层高 3.0m，系统立管的垂直度允许偏差每 1m 不得大于 3mm；每层安装 1 根横支管，按照标准坡度 $i=0.026$ 坡向立管，并通过 $DN100$ 顺水三通与立管连接；最下部的排水横支管与排出管的垂直距离为 3.5m，排水立管底部为 1 个 90°大曲率弯头连接，排出管管径为 $DN100$；伸顶通气管的设置符合现行《建筑给水排水设计标准》GB 50015—2019 中第 4.7.1 条和第 4.7.2 条的要求。

根据测试方法的不同，管道系统布置如图 4.2-93 所示。

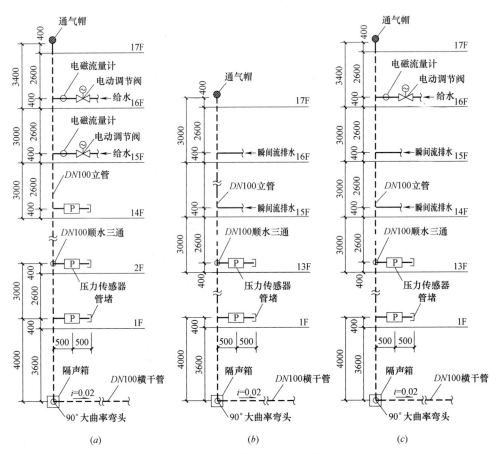

图 4.2-93　噪声管道测试系统模拟图
（a）定流量测试管道系统；（b）瞬间流量测试管道系统；（c）混合流测试管道系统

在实验塔上进行的足尺比对试验分别采用定流量、瞬间流以及定流量与瞬间流组合的混合流三种排水方式，具体情况如表 4.2-13 所示。测试仪器与安装方法与既有住宅现场测试中相同。

噪声测试三种排水方式的设置情况 表 4.2-13

排水方式	排水楼层	排水装置	排水流量
定流量	14、15 层	每层设置 1 套定流量排水装置	0.5～3.5L/s
瞬间流量	13～15 层	每层设置 1 套瞬间流发生器	
混合流	13～15 层	15 层设置定流量排水装置,13、14 层设置瞬间流发生器。定流量法排水 40s 后瞬间流发生器排水	其中定流量的排水流量为 1.0L/s

在实验塔上进行比对试验时,在开始排水的同时打开噪声计进行测试,记录时长根据不同的排水方式有所不同,如表 4.2-14 所示。为了使小区和实验塔数据对应,在实验塔上进行定流量测试时,每组测试 2000 个数据,在实验塔上进行瞬间流量测试时,每组测试 800 个数据。

噪声测试三种排水方式的测试时长 表 4.2-14

排水方式	定流量	瞬间流量	混合流
噪声测试时长(s)	200	80	200

(1) 定流量法测试结果

在排水流量为 1.0L/s 时,测试时长 200s 全过程的噪声如图 4.2-94 所示。选取试验前 10s 的数据(此时排水刚刚开始,还未流到立管底部)作为背景噪声的数据,取平均值为 36.90dB(如图中横直线所示)。根据试验流程,在试验开始后 40s 时,排水流量达到设定流量(1.0L/s)并达到稳定;在 140s 时开始关闭电动调节阀,流量逐渐减小。在图中也看到了噪声的滞后性;在定流量法排水时,排水系统内的噪声均大于背景噪声。

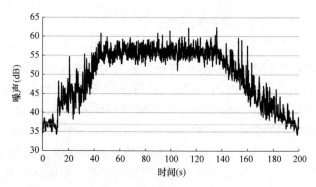

图 4.2-94 定流量法测试时噪声波动情况 (1.0L/s)

(2) 瞬间流量法测试结果

采用 1 个瞬间流发生器排水时,排水系统的噪声波动情况如图 4.2-95 所示。取全过程中最后 10s 的数据作为背景噪声的数据,取平均值为 39.57dB(如图中横直线所示)。可以看到瞬间流排水时,排水系统噪声会短暂(大约 10s)地高于背景噪声,其余时刻均在背景噪声值附近波动。与现场测试时凌晨的排水噪声类似。

(3) 定流量+瞬间流测试结果

定流量排水(1.0L/s)的同时,叠加 2 个瞬间流发生器排水,此时的排水系统噪声波动情况如图 4.2-96 所示。可以看到,此时系统噪声均高于背景噪声,且有短时噪声增

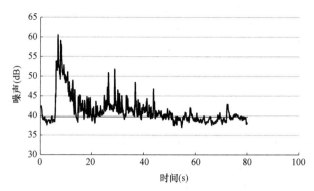

图 4.2-95　瞬间流量法测试时噪声波动情况

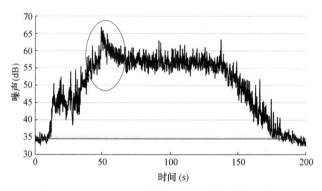

图 4.2-96　定流量＋瞬间流叠加时噪声波动情况

大的情况。

3. 既有住宅现场测试与实验塔模拟测试比对

为了定性分析实际工况中的排水流态，在实际工况中（见图 4.2-88～图 4.2-92），无论是在早、晚高峰还是凌晨，噪声值几乎稳定在某一个值附近，偶尔（某一个瞬间）会有极值出现。而在实验塔足尺试验中，在定流量排水条件下当排水流量稳定时（如 40～120s 之间），噪声值稳定在约 60dB 附近，此时噪声明显大于实际工况可能是由于实验塔管道并未设置在管道井中的关系；在瞬间流排水工况下，噪声值也表现出偶尔会有极值的现象；在混合流工况下，在大约 50s 附近出现极值，出现在瞬间流发生器排水之后。因此，课题组认为，实际排水工况是定流量与瞬间流共存的：一般情况下，噪声处于较稳定水平（定流量）；当有某瞬时排水工况时，噪声值出现瞬时极值。

将曲线进行拟合，并探讨各拟合方程之间的相关系数，如表 4.2-15～表 4.2-18 所示。发现：小区实地早、晚高峰噪声与实验塔定流量、混合流的拟合曲线为低相关度（小于 0.3）；早高峰与实验塔瞬间流的拟合曲线为中度相关；凌晨与实验塔瞬间流的拟合曲线为高相关度（大于 0.8）。出现上述情况的原因是：在小区测试中排水流量大小不确定，所以当排水方式为定流量（早、晚高峰）时，噪声曲线就会出现比较大的波动，而实验塔的流量大小固定，其噪声曲线也相对稳定，这样就会导致在定流量和混合流时，两个试验环境下的噪声曲线相关度较低。当小区为瞬间流（凌晨）时，由于时间较短，噪声曲线不会存在明显的波动，这和实验塔瞬间流时的噪声曲线非常相似。

小区实地晚高峰与实验塔定流量二次拟合结果 表 4.2-15

排水方式	拟合方程式	拟合曲线的相关系数
小区实地晚高峰	$y=-0.0008x^2-0.0882x+41.2634$	$\rho=-0.049$
实验塔定流量	$y=-0.0076x^2+0.8726x+33.7811$	

小区实地早高峰与实验塔混合流二次拟合结果 表 4.2-16

排水方式	拟合方程式	拟合曲线的相关系数
小区实地早高峰	$y=-0.0031x^2+0.1596x+36.043$	$\rho=-0.2670$
实验塔混合流	$y=-0.0029x^2+0.4096x+42.3229$	

小区实地早高峰与实验塔瞬间流三次拟合结果 表 4.2-17

排水方式	拟合方程式	拟合曲线的相关系数
小区实地早高峰	$y=0.0004x^3-0.0239x^2+0.3944x+40.0947$	$\rho=0.4459$
实验塔瞬间流	$y=0.0001x^3-0.0078x^2+0.1592x+42.7993$	

小区实地凌晨与实验塔瞬间流三次拟合结果 表 4.2-18

排水方式	拟合方程式	拟合曲线的相关系数
小区实地凌晨	$y=0.0006x^3-0.0366x^2+0.7086x+35.4911$	$\rho=0.8553$
实验塔瞬间流	$y=0.0001x^3-0.0078x^2+0.1592x+42.7993$	

（1）实际排水工况是定流量与瞬间流共存的：一般情况下，噪声处于较稳定水平（定流量）；当有某瞬时排水工况时，噪声值出现瞬时极值。

（2）当小区排水方式为定流量（早、晚高峰）时，由于排水时间较长而且排水流量大小不确定，其噪声拟合曲线和实验塔三种排水方式之间的相关性都比较小，所以实验塔的三种排水方式都不能模拟小区的定流量排水。

（3）当小区排水方式为瞬间流（凌晨）时，由于排水时间较短，而且排水流量相对固定，其噪声拟合曲线和实验塔瞬间流的噪声拟合曲线相关度较高。

4.3 建筑排水系统卫生性能安全保障技术

对排水系统立管排放性能、横支管输送性能、部品抗压力波动能力、缓解系统内正、负压波动的措施和既有建筑防臭改造施工工法等分别开展了足尺试验研究和验证。共计开展足尺试验 15000 余次，试验及研究内容见图 4.3-1。

4.3.1 排水立管卫生安全度

1. 排水立管卫生安全度的提出

（1）按照国际经验，排水管道的许可流量 Q_p（规范值）应大于其负荷流量 Q_L（计算值）。

日本的《给水排水卫生设备规范·同解说》SHASE-S 206 给出了如下定义：排水管的许可流量，即允许排入排水管的流量，可理解为生活排水立管最大设计排水能力（规范

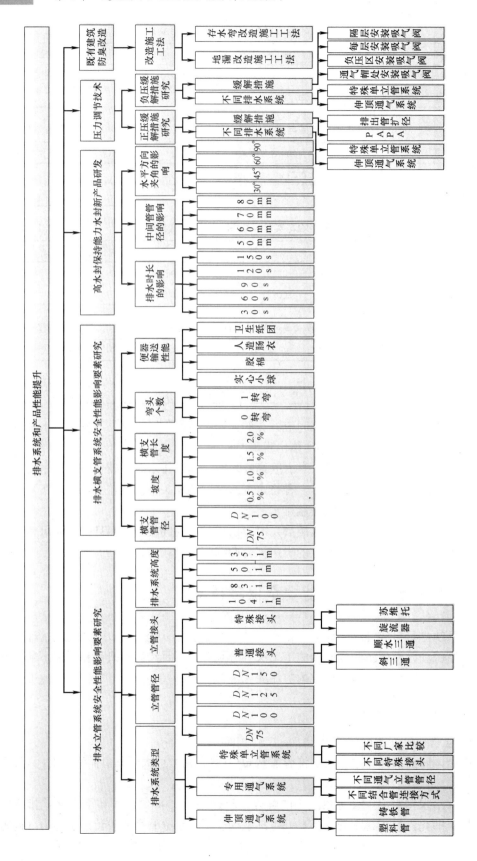

图 4. 3-1　卫生间返臭气控制技术试验及研究内容

值)；排水管的负荷流量，根据器具布置和使用情况，可预想的排入排水管道的排水流量，即计算值（类比于设计秒流量）。

《给水排水卫生设备规范·同解说》SHASE-S 206 中要求，排水管的许容流量（规范值）应大于排水管的负荷流量（计算值）。

(2) 日本特殊单立管排水系统实测排水能力是负荷流量（计算值）的 1.2～2.5 倍。

日本特殊单立管的许容流量是根据《给水排水卫生设备规范·同解说》SHASE-S 206 定常流量法、判定条件为 ±400Pa 的试验结果确定的，即为实测值。

日本现有三家特殊单立管生产企业，如图 4.3-2 所示，各品牌立管管径为 100A、使用层数为 35 层（或 40 层）时的设计用许容流量值，其中 4HF 和 5HF（为更高标准产品）为 40 层高的数据。可见，不同厂家的特殊单立管排水系统的排水能力均大于 6.1 L/s。

根据日本规范规定计算得到在 35 层或 40 层时排水管的负荷流量 Q_L，对比可知日本特殊单立管的实测排水能力均大于排水管的负荷流量 Q_L（计算值），且是负荷流量 Q_L（计算值）的 1.2～2.5 倍。

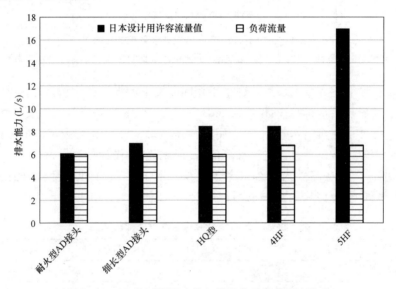

图 4.3-2　日本不同特殊单立管排水系统的排水能力

(3) 我国目前的标准体系对不同特殊管件的特殊单立管排水系统最大设计排水能力的规定不同。

我国国家标准《建筑给水排水设计标准》GB 50015—2019 要求"生活排水系统当采用特殊单立管管材及配件时，应根据现行行业标准《住宅生活排水系统立管排水能力测试标准》CJJ/T 245 所规定的瞬间流量法进行测试"；协会标准《特殊单立管排水系统设计规范》CECS 79—2011 对不同特殊管件的特殊单立管的最大排水能力规定的更为详细。这也间接体现了不同形式特殊管件的特殊单立管排水系统排水能力的差异性。

(4) 国内不同特殊接头的排水能力实测值差异较大，且普遍小于国标要求。

图 4.3-3 为国家住宅工程中心对不同特殊单立管排水系统在系统高度均为 34 层 (104.1m)、测试方法采用《住宅生活排水系统立管排水能力测试标准》CJJ/T 245—2016 中的定流量法、判定条件为 ±400Pa 时的排水能力实测值。在相同条件下进行比较，特殊

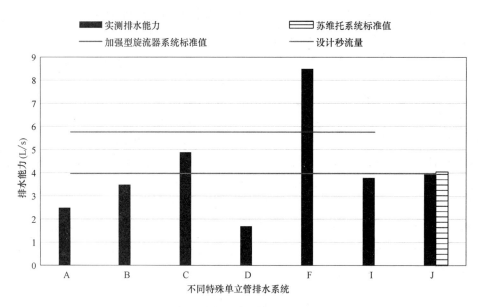

图 4.3-3 国内不同特殊单立管排水系统的排水能力

注：图中标准值引用自国家标准《建筑给水排水设计标准》GB 50015—2003（2009 版）。

单立管排水系统性能差异较大；且普遍小于相同高度下的设计秒流量。

（5）我国《建筑给水排水设计标准》GB 50015—2019 也隐含有卫生安全系数的概念。

根据国家标准《建筑给水排水设计标准》GB 50015—2019 的规定，生活排水立管最大设计排水能力应大于设计秒流量（计算值），即规范值/设计秒流量＞1。

按照住宅计算 34 层高排水系统（考虑底层单排）的设计秒流量（卫浴三件套）为 3.97L/s，此时规范值（2009 版）与设计秒流量的比值如表 4.3-1 所示。

不同特殊接头的规范值与设计秒流量的比值 表 4.3-1

特殊接头形式	生活排水立管最大设计排水流量(L/s)	设计秒流量(L/s)	比值
加强型旋流器	5.76	3.97	1.45
苏维托系统	4.05	3.97	1.02

（6）为了保障、提高住宅排水系统的卫生安全性能，提出"排水立管卫生安全度"。

从国际经验来看，判定排水系统排水能力最有效的方法是进行足尺试验测评。考虑与国际标准对标，同时考虑到测试数据的可比对性，《高层住宅特殊单立管排水系统卫生安全技术规程》选用定流量法。

从日本的经验来看，实测排水能力是负荷流量 Q_L（计算值）的 1.2～2.5 倍，可以满足安全排放的要求；同时考虑到我国《建筑给水排水设计标准》GB 50015—2019 的基本要求，为了保障、提高住宅排水系统的卫生安全性能，剔除特殊管件差异性的影响，提出了"排水立管卫生安全度"的概念。

2. 排水立管卫生安全度的定义

排水系统的性能，有三个不同的表达方法：设计秒流量、立管最大排水能力和立管最大设计排水能力。

设计秒流量主要取决于建筑物类型（用途）、排水立管需要接纳的卫生器具种类（即当量）和数量等，是通过公式计算得到的计算值。

立管最大排水能力，是指在某一系统或某一具体配置条件下（排水立管、排出管、通气管、立管和横支管连接管件等各种要素），通过足尺试验得到的立管最大排水能力，是反映排水管道的允许承载负荷的实测值。《建筑给水排水设计标准》GB 50015—2019 条文说明中提出"在超高层测试塔测试值已反映了立管高度对排水能力的影响，所以无须再乘以安全系数 0.9"。

立管最大设计排水能力，是《建筑给水排水设计标准》GB 50015—2019 编制组根据立管最大排水能力，经过一定比对、适当放大后的标准规定值（见《建筑给水排水设计标准》GB 50015—2019 表 4.5.7）。

建筑排水系统设计时，根据建筑实际条件通过计算确定其排水设计秒流量，以设计秒流量小于《建筑给水排水设计标准》GB 50015—2019 表 4.5.7 规定的立管最大设计排水能力为依据，选取适合的排水系统。

为了确保排水系统的排放性能，提升卫生保障性能，提出了"卫生安全度"这一量化指标，以实测数据为基础，直接反映系统性能。是指排水系统在足尺实验塔上按照《住宅生活排水系统立管排水能力测试标准》CJJ/T 245—2016 的要求实测的立管最大排水能力相较于生活排水管道设计秒流量的排水能力提升比，即：排水系统立管排水能力/系统设计秒流量。

用于计算卫生安全度的排水系统足尺实测值应以排水系统立管模拟高度大于100m、按立管垂直状态下采用定流量测试法，测量立管允许压力波动不大于±400Pa 的数据。特殊单立管排水立管卫生安全度宜根据系统高度、建筑标准、卫生器具设置标准等确定，排水立管卫生安全度不应小于 1.6。当特殊单立管排水立管卫生安全度不能满足要求时，宜采取旋流检查口替代普通检查口；仍不满足要求时，可采用特殊双立管排水系统。

"排水立管卫生安全度"基于排水系统的最大排水能力，在满足排水系统"需求"的同时，为排水系统预留"有效"的富余排水能力。"排水立管卫生安全度"已纳入中国工程建设协会标准《高层住宅特殊单立管排水系统卫生安全技术规程》T/CECS 690—2020。

4.3.2 高安全性能排水系统

1. 高安全性能排水系统管道布置与敷设构造技术

（1）排水系统构成

针对高层建筑，高安全性能排水系统类型可为专用通气排水系统和加强型旋流器特殊单立管排水系统。其中，专用通气排水系统适用于 18 层以下的高层建筑。

专用通气排水系统由伸顶通气帽、排水立管、专用通气立管、结合通气管、大曲率半径变径弯头、专用配件和排出管等组成；特殊单立管排水系统由伸顶通气帽、上部特殊管件、特殊管材、大曲率半径变径弯头、检查口、排水横支管和排出管等组成（见表 4.3-2）。当采用其他类型排水系统时，需在超高层足尺实验塔上参考行业标准《住宅生活排水系统立管排水能力测试标准》CJJ/T 245—2016 开展足尺试验测试以确定其立管最大排水能力。

高安全性能排水系统构成

表 4.3-2

系统类型	适用条件	排水能力	卫生安全度	系统示意图
专用通气排水系统 其中：1—通气帽；2—排水立管；3—立管检查口；4—排水横支管；5—三通配件；6—大曲率半径变径弯头；7—排出管；8—专用通气立管；9—结合通气管	建筑高度≤54m的建筑	5.0L/s	1.52[①]	
加强型旋流器特殊单立管排水系统 其中：1—通气帽；2—内螺旋管；3—立管检查口（或消能检查口）；4—排水横支管；5—上部特殊接头；6—大曲率半径变径弯头；7—排出管	建筑高度≤110m的建筑	8.5L/s	2.12[②]	

① 按卫生间内三件套（洗脸盆、淋浴器、冲洗水箱大便器）考虑，18层住宅的设计秒流量为3.3L/s（1层单独排放），5.0/3.3＝1.52；
② 按卫生间三件套（洗脸盆、淋浴器、冲洗水箱大便器）考虑，34层住宅的设计秒流量为4.0L/s（1层单独排放），8.5/4.0＝2.12。

　　特殊单立管排水系统和特殊双立管排水系统的配置应根据排水立管卫生安全度的要求按表 4.3-3 的要求进行选择。图 4.3-4 为高安全性能排水系统管配件。

特殊单立管排水系统和特殊双立管排水系统的配置　　　　表 4.3-3

系统形式	排水立管	通气立管	立管与横支管连接配件	立管与通气立管的连接	立管与横干管的连接	其他特殊构造
特殊单立管排水系统	内螺旋管	—	旋流器	—	大曲率半径变径弯头	—
	内螺旋管	—	旋流器	—	大曲率半径变径弯头	旋流检查口
特殊双立管排水系统	内螺旋管	光壁管	旋流器	普通 H 管件	大曲率半径变径弯头	—
	内螺旋管	光壁管	旋流器	特殊 H 管件	大曲率半径变径弯头	—

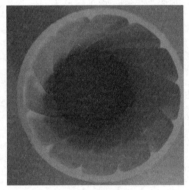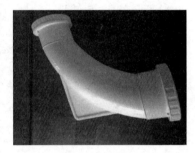

图 4.3-4　高安全性能排水系统管配件

　　（2）排水横支管系统

　　1）排水横支管宜优先选用直线敷设、就近排入排水立管；当需要转弯时，宜提高横支管敷设坡度至 $i＝0.020$。

　　2）排水系统中应选用混合密封式地漏，水封深度不得小于 50mm 且水封比不小于 1.0，并满足现行行业标准《地漏》CJ/T 186—2018 的要求。

　　3）排水系统中所选用的存水弯水封深度不得小于 50mm，水封比不小于 1.0。

　　4）排水横支管宜选用与排水立管相同材质的光壁管。

　　5）卫生器具至排水横支管的距离应最短，支管转弯应最少；当采用节水型卫生器具时，住宅内排水横支管长度不宜大于 8.5m，排水横支管转弯不宜超过 2 次。

　　（3）排水立管系统

　　1）当排水系统选用专用通气排水系统时，结合通气管每层连接；通气立管管径与排水立管管径相同。

　　2）当排水系统选用加强型旋流器特殊单立管排水系统时，具体要求包括：

　　① 排水立管与排水横支管的连接采用加强型旋流器，参数要求见表 4.3-4；

　　② 排水立管应选用加强型内螺旋管，参数要求见表 4.3-5；

③ 当对卫生安全性能有更高要求时，可采用消能检查口代替检查口。

加强型旋流器参数要求 表 4.3-4

导流叶片数量	叶片高度(mm)	叶片旋转角度	螺旋方向	构造示意图
6	6.9～23.2	30°	逆时针	

加强型内螺旋管参数要求 表 4.3-5

公称外径 (mm)		壁厚 e (mm)		螺旋肋高 h (mm)		导程(mm)		螺旋肋数 (根)	螺旋方向	螺纹旋转角度	螺距 (mm)
基本尺寸	公差	基本尺寸	公差	基本尺寸	公差	基本尺寸	公差				
110	+0.30	3.5	+0.60	3.5	+0.70	750	+800	12	逆时针	24°	90
125	+0.30	3.5	+0.60	3.5	+0.70	850	+800	12	逆时针	70°	70

（4）排水排出管系统

1）排出管应采用大曲率半径变径弯头与排水立管连接，且扩大一级或两级。

2）排出管宜选用与排水立管相同材质的光壁管。

（5）辅助设备

1）对于高层住宅，可在部分楼层增加吸气阀以缓解排水系统内负压、提升排水系统性能。

2）吸气阀产品应满足现行行业标准《建筑排水系统吸气阀》CJ 202—2004 的要求。

2. 水封保持能力与高水封保持能力产品

《地漏》CJ/T 186—2018 将水封定义为：地漏中用于阻隔有害气体等逸出的存水构造。主要利用内部的存水弯存储一定的水量，来防止气体、爬虫、病菌等从排水系统进入室内环境。根据课题组开展的返臭气调研，室内臭气的来源主要是卫生间地漏、坐便器。课题组联合排水设备生产企业，研发了新型混合密封式的高水封保持能力地漏产品和存水弯产品。

（1）高水封保持能力地漏产品，采用混合密封式，包含两级密封：一级机械式密封；一级水封。水封部分，水封比为 1.78，水封深度为 50mm。

（2）高水封保持能力存水弯产品，为 S 型存水弯，水封深度为 50mm，水封比为 2.56。

课题组研发的地漏、存水弯产品，经北京建筑材料检测研究院有限公司参考国家标准《地漏》GB/T 27710—2011 和行业标准《卫生洁具排水配件》JC/T 932—2013 检测，结果如表 4.3-6、表 4.3-7 所示。

地漏第三方检测结果

表 4.3-6

检验项目	标准要求	双密封同层排水地漏	双密封直排水地漏
耐压性能	本体构造应有足够强度，承受(0.2±0.01)MPa 水压，保持(30±2)s 后本体应无泄漏、无变形	无泄漏、无变形	无泄漏、无变形
防返溢性能	应符合在(0.04±0.001)MPa,水压条件下,保持(30±2)min 不返溢	无返溢	无返溢
排水流量	≥0.4L/s	0.58L/s	0.50L/s
水封稳定性	地漏达到水封深度时，在排水口处施加真空为(0.4±0.01)×10MPa 的气压，并持续 10s 时，地漏中的水封剩余深度应不小于 20mm	水封剩余深度 48mm	水封剩余深度 50mm

存水弯第三方检测结果

表 4.3-7

检验项目	标准要求	高水封保持能力存水弯 DN32	高水封保持能力存水弯 DN50
水封稳定性	带有存水弯的排水配件进行水封稳定性测试后,水封深度应不小于 50mm	50mm	50mm
流量控制部件密封性能	将排水配件按照使用状态进行安装，关闭排水装置，施加 150mm 水柱的静水压，并保持 5min，排水配件渗漏量应不大于 63mL/min	样品经测试，无渗漏	样品经测试，无渗漏
排水配件操作机构密封性能	将排水配件按照使用状态进行安装，打开排水装置，堵住末端排水口，在排水装置进水口处施加 150mm 水柱的静水压，并保持 5min。排水配件反复启闭 3 次后,操作机构应无渗漏	样品经测试，操作机构无渗漏	样品经测试，操作机构无渗漏
流量性能	卫生器具类型:洗面器 存水弯:带 最小流量:0.4L/s	0.7L/s	0.7L/s

委托东莞市万科建筑技术研究有限公司对研发的高水封保持能力地漏和存水弯产品在定流量法下的水封损失情况进行了测试。测试结果显示，在 34 层高的系统中，高水封保持能力地漏放置在不同区域（系统 33 层和 2 层）、同时安装存水弯的条件下，在不同流量、产生不同的压力时，地漏的水封损失如表 4.3-8 所示。可见，在压力为 400Pa 左右（流量分别为 1.8L/s 和 1.9L/s 时），地漏分别放置于正压区和负压区时的水封损失为 2.7mm 和 15mm；在压力大于 400Pa 的时候，地漏的水封损失也都小于 25mm，满足考核指标的要求。

将东莞市万科建筑技术研究有限公司的测试数据与课题组前期的研究进行对比，得到水封损失与系统最小负压（所用数据均为负压区的测试数据）之间的关系，如图 4.3-5 所示。其中，传统地漏为水封式地漏，其水封深度为 50mm、水封比为 0.74。在不同压力下，高水封保持能力地漏的水封损失明显小于传统地漏。

高水封保持能力地漏在不同工况下的水封损失（直排水地漏）　　表 4.3-8

测试楼层	排水流量（L/s）	P_{smax}（Pa）	P_{smin}（Pa）	水封损失（mm）
2	1.8	+398	-385	2.7
2	2.0	+488	-555	2.3
2	1.9	+488	-440	15
33	2.0	+526	-556	21

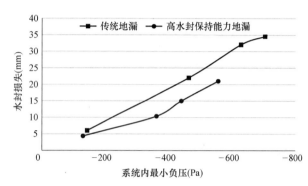

图 4.3-5　高水封保持能力地漏与传统地漏在不同压力下的水封损失

4.3.3　既有建筑排水系统防臭改造工程技术

随着居住建筑房龄的增加，内部的排水设施陈旧老化，以及住户后期使用或维护不当，出现了卫生间返臭问题，需对卫生间进行防臭改造。卫生间形式及洁具布置形式多样，排水设备型号选用多样，给改造带来了不便，需研发快速检测臭气源，不破坏原有地面的防臭改造技术。

考虑既有建筑排水系统多为隐蔽布置的特点，增加或更换产品时不得破坏原装修，研究防臭改造产品的设置位置和施工工法。通过大量的现场调研和现场施工改造后，形成以"专业诊断—防臭改造—效果评价"为主线，从全流程的角度完善了防臭改造的施工流程与方法。

1. 工艺原理

排水时，立管内产生的压力波动会通过横支管传递到该楼层卫生器具存水弯水封处，根据帕斯卡定律，水封亦可传递压力，因而器具存水弯处测得的压力与横支管处测得的压力应具有相关性，利用这个相关性，采用研发的检查检测设备测得用水器具排水口压力，考察排水时该处最大正负压力是否超过±400Pa，以判断该楼层水封是否存在破封隐患。寻找到水封破坏的隐患设备，如存水弯或者地漏，采用研发的新型地漏、存水弯进行改造。

2. 存水弯施工工艺流程及操作要点

（1）检测室内返臭源

1）判断洗脸盆排水口处返臭源检测方法

①用密封装置将卫生间除洗脸盆排水口外的所有器具、地漏以及各器具接口连接处

密封，确保横支管上各器具连接口密闭性良好，排除其他卫浴设备的干扰；

② 将检测装置安装到洗脸盆排水口处，密封洗脸盆溢流口，再将压力传感器连接到检测装置上，输出端连接到控制装置上；

③ 待测卫生间坐便器排水，得到压力曲线，通过现场分析判断洗脸盆排水口处是否有漏气现象；

④ 若该处存在漏气现象，则判断洗脸盆底部的存水弯水封失效，即更换高水封保持能力存水弯（水封深度不小于 50mm）。

注意：测试前不能补充水封；下水不畅检测方法同上。

2）判断地漏处返臭源检测方法

① 用密封装置将卫生间除要检测地漏以外的所有器具、水封以及各器具接口连接处密封，确保横支管上各器具连接口密闭性良好，排除其他卫浴设备的干扰；

② 将检测装置安装到地漏排水口处（如有多个地漏，其他地漏密封，逐一排查），再将压力传感器连接到检测装置上，输出端连接到控制装置上；

③ 待测卫生间坐便器排水，得到压力曲线，通过现场分析判断地漏口处是否有漏气现象；

④ 若该处存在漏气现象，则更换高水封保持能力地漏；

⑤ 若室内有多个地漏，则将要检测的地漏重复步骤①～④。

注意：测试前不能补充水封；下水不畅检测方法同上。

（2）存水弯改造实施方案及现场施工工序

高水封保持能力存水弯安装在洗脸盆下肢，主要分为两种防臭产品：一种是豪华台盆下水装置，另一种是普通S型高水封存水弯（水封深度大于 50mm）。

豪华台盆下水装置（以下简称新型下水器）主要由下水器、磁悬浮机械密封芯、万向伸缩接头及连接管段组成。具体施工操作如下（见图 4.3-6）：

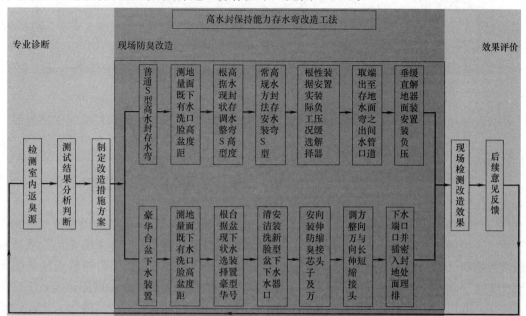

图 4.3-6　高水封保持能力存水弯施工工艺流程图

1）取出并查看既有洗脸盆下水器及下水管的安装现状并测量相关下水管尺寸，如既有洗脸盆是否有溢流口、洗脸盆下水口口径、洗脸盆与地面下水口之间距离、下水管管径等现场安装操作空间问题，根据以上问题挑选适合的新型下水器作为备用。

2）清洗洗脸盆下水口污垢，确保下水口无任何杂物后，将新型下水器插入既有洗脸盆吸水口（注意密封胶垫平整），再使用配套工具将下水器与洗脸盆紧固。

3）确保洗脸盆与新型下水器紧密连接后，再将磁悬浮机械密封芯套入下水腔体内，同时与下水器连接（注意密封胶垫平整），使用配套工具紧固。

4）将万向伸缩接头及连接管段和各接口紧固连接（注意各接口密封胶垫配套使用）。

5）根据现场实际工况来调整万向伸缩接头（新型下水器可270°旋转伸缩，连接自由）方向，将下水管末端带有密封圈插入地面或墙面下水口连接（注意密封效果），确保密闭性良好（新型下水器产品安装时可根据产品说明要求安装）。

6）安装完成后，将洗脸盆存入定量水，做相应的密闭试验，观察台盆下水器各接口是否有渗水或漏水现象，下水是否畅通。

3. 地漏改造主要施工工序

高水封保持能力地漏施工工艺流程如图4.3-7所示。

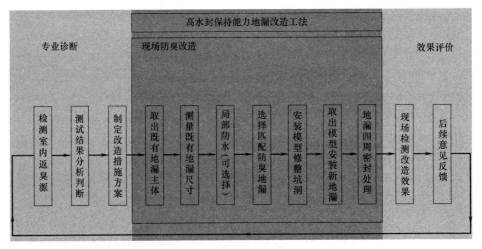

图4.3-7　高水封保持能力地漏施工工艺流程图

（1）采用专用工具将原地漏主体与地面分离（注意对施工人员要求较高，保护地面）；

（2）采用专业工具敲击地漏使其松动，取出地漏主体（注意对施工人员要求较高，保护地面）；

（3）测量地漏尺寸，包括地漏安装高度、面板尺寸，根据以上问题挑选适合的防臭地漏备用；

（4）清洁地漏连接管坑洞，使用塑料地漏模型封堵下水口，防止后续操作带入异物；

（5）按照新安装地漏尺寸，修整地漏坑洞，测量调整地漏中心与下水管中心位置及地漏坑洞四周尺寸（长度、深度），确保新地漏安装方便与地面平整（注意修整地漏坑洞不触及防水层，如根据现场实际需要破坏原防水时，应按照下面的操作做局部防水施工）；

（6）取出地漏模型，安装新型防臭地漏，安装时需要在地漏坑洞处适量加入水泥砂子或在地漏背面涂抹适量的专用胶，确保地漏安装稳固平整；

（7）安装完成后，将地漏四周与地面接触缝隙密封处理，恢复原有面貌；

（8）清洁整理地漏四周杂物，24h 后使用。

局部防水施工工序：

（1）基层修整清理

按照新地漏总高度进行清掏（破坏原防水），地漏四周 200～300mm（可根据瓷砖大小调整，建议以一块瓷砖大小为准）范围内清掏露出原防水保护层即可，再使用专业工具把原防水保护层去掉，露出原有防水层，用纱布打磨（注意不破坏周围防水）。涂膜防水层施工前先将基层表面上的浮灰清理干净。用笤帚将尘土、砂粒等杂物清扫干净。尤其是管根、地漏和排水口等部位要用毛刷仔细清理，基层表面必须平整。

（2）细部附加层施工

用毛刷蘸搅拌好的聚氨酯在管根、地漏等容易漏水的薄弱部位均匀涂刷，不得漏涂，管根四周 200～300mm 范围内均匀涂刷，新涂刷防水层与原防水层有 100～200mm 宽的重叠，使新旧防水层形成一个整体的密闭防水层（关键工序）。

（3）第一道防水施工

聚氨酯附加层不粘手时，进行第一层涂膜施工，将已搅拌好的聚氨酯防水涂料用毛刷均匀刷涂在已涂好底胶的基层表面上，厚度要均匀一致。待第一层涂膜固化到不粘手后，按第一层施工方法进行第二层涂膜防水施工。

待第一遍聚氨酯干燥后，对涂膜质量进行检查。要求满涂，厚度均匀一致，封闭严密。防水层无起鼓、开裂、翘边等缺陷。经检查验收合格后可进行蓄水试验。在蓄水之前，将地漏、预留套管等封堵严密。然后蓄水，待 24h 后观察有无渗漏现象，水面高度做好记录。

（4）第二道防水施工

待第一道防水干燥后，按照第一道施工工法进行第二道防水施工。

待第二道防水干燥后，进行第二次蓄水试验，第二次蓄水试验同第一次。观察 24h 后无渗漏现象，固定地漏贴瓷砖。

4.4　厨余垃圾家庭粉碎处理排放成套技术

4.4.1　厨余垃圾家庭粉碎处理方案

城市生活垃圾处理是城市管理和全面建成小康社会的重要内容，是社会文明程度的重要标志，关系人民群众的切身利益。目前全国范围内"垃圾围城"现象严重，全国600 多座城市有 2/3 被垃圾包围；城镇化快速发展，城市生活垃圾激增，垃圾处理能力相对滞后，严重影响了城市环境和社会稳定。同时，我国厨余垃圾处理现状与发达国家相比相对落后，厨余垃圾具有易腐烂等特点，成为生活垃圾处理和分类回收利用的重大障碍。

经国内外文献调研、实地调研和大量的足尺试验研究，提出厨余垃圾家庭粉碎处理应以"经粉碎处理后的厨余垃圾混合液，未经处理不得直接排放到市政排水管道、河道、公厕、生活垃圾收集设施等"为基本原则，故厨余垃圾排放系统的系统形式包括如下两种：

（1）资源化利用方案

在此方案中，厨余垃圾在住宅厨房内经家庭厨余垃圾处理器粉碎处理后，经排水管道系统排放，在小区内实现固液分离、资源化利用，经处理后的厨余垃圾混合液排放至市政排水管网，如图 4.4-1 所示。

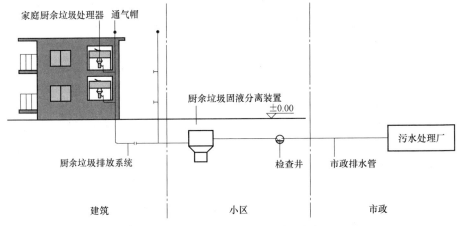

图 4.4-1 厨余垃圾资源化利用方案

（2）源头减量方案

在此方案中，厨余垃圾在住宅厨房内经家庭厨余垃圾处理器粉碎处理后，经排水管道系统排放，在小区内经过小区集中处理装置（化粪池或厨余垃圾收集装置）处理后，固体物质在小区集中处理装置内水解、消化，上清液排放至市政排水管网，如图 4.4-2 所示。

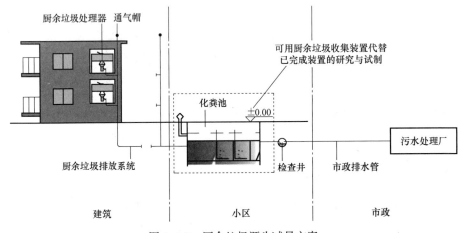

图 4.4-2 厨余垃圾源头减量方案

4.4.2 厨余垃圾排放系统管道布置与设计方法

课题组以足尺试验研究为手段，采用厨余垃圾模拟污物，从家庭厨余垃圾处理器本体性能、横支管排放性能、立管排放性能、排出管搬送性能、小区集中处理装置和高压清洗等方面，开展一系列的试验研究共计 8000 余次。以足尺试验数据为基础，提出切实可行的技术要点。

1. 家庭厨余垃圾处理器本体性能

（1）足尺试验情况

根据国家标准《家用废弃食物处理器》GB/T 22802—2008 中附录 B 细度百分比试验方法的相关要求，采用如表 4.4-1 所示厨余垃圾负载。与《家用废弃食物处理器》GB/T 22802—2008 不同的是，为了得到厨余垃圾粉碎处理后的细度分布，在日本测试条件（6 种不同的筛孔）的基础上，结合我国的情况，采用 9 个不同孔径的标准筛进行试验（见图 4.4-3）（我国国家标准中只有 2 个孔径，6.4mm 和 12.7mm）。

细度百分比厨余垃圾负载（g）　　　　　　　　　表 4.4-1

垃圾负载	猪肋骨	胡萝卜	芹菜	莴苣头	合计
质量	110	110	110	110	440

由图 4.4-3 可以看出，不同孔径标准筛所拦截的厨余垃圾主要集中在 0.6～3.35mm 之间，其中 3.35mm 孔径标准筛所拦截的厨余垃圾固体物质最多，占 31.78%；小于等于 3.35mm 孔径的标准筛总共所拦截的厨余垃圾量占 93.39%。

分别对三种国产品牌垃圾处理器（具体参数见表 4.4-2）在空载状态下进行噪声测试，对 B 处理器

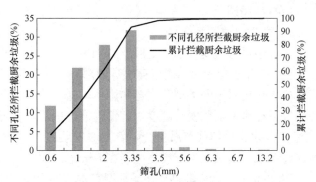

图 4.4-3　厨余垃圾粒径分布与细度百分比（平均值）

在荷载状态下进行噪声测试。测试运行 1min，记录手持噪声计读数，平行 3 次，取最后均值为待测结果。

三种不同品牌家庭厨余垃圾处理器参数　　　　　　　　　表 4.4-2

品　牌	型　号	功率(W)	转速(r/min)
A	DM-1800	935	3500
B	FJ-A65D	420	1490
C	E300	650	1500

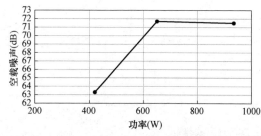

图 4.4-4　空载噪声与处理器功率之间的关系曲线

空载时三种品牌的处理器的本体噪声试验结果如图 4.4-4 所示。可以看到，随着处理器功率的增大，处理器空载时的本体噪声逐渐增大；但当功率达到一定程度后，空载时的本体噪声并没有显著增长。

（2）设计参数

1）家庭厨余垃圾处理器的性能指标应通过测试确定，测试机构应为具备主管部门认可检测资质的第三方公益机构、省部级重点实验室或科研院所。

2）家庭厨余垃圾处理器宜包括悬挂系统、研磨系统、动力系统、控制系统和降噪及

排放系统五个子系统。

3）家庭厨余垃圾处理器的研磨性能，应满足表 4.4-3 的要求。

家庭厨余垃圾处理器的研磨性能 表 4.4-3

试验负载类型	研磨率（％）	研磨速度（g/s）
猪肋骨	≥60	≥0.8
混合负载	100	≥8

4）经家庭厨余垃圾处理器处理后，80％残渣的细度应小于 3.4mm。

5）家庭厨余垃圾处理器在空载运行时的等效连续 A 声级应小于 72dB。

6）家庭厨余垃圾处理器在空载运行时机身表面的振动加速度应小于 $4m/s^2$。

2. 横支管排放系统

（1）足尺试验情况

1）存水弯残留情况

试验中通过改变存水弯上肢安装高度 H_1（分 8cm、13cm、23cm 三种不同高度）和 5 种不同的存水弯形式，观察存水弯内部固体的残留情况。通过模拟家庭厨余垃圾处理器实际排水状况对不同类型存水弯的固体输送能力进行了对比测试（测试装置见图 4.4-5），并研究了存水弯上肢安装高度对其输送能力的影响。通过比较发现：

① 存水弯固体残留质量会随着上肢安装高度的增加而变大，要使存水弯中不产生残留应将存水弯的上肢安装高度控制在 8cm 以内；

② 在相同上肢安装高度下，S 型存水弯对厨余垃圾的输送能力优于 P 型存水弯；

③ 在相同上肢安装高度下，采用两次 180°转弯的 S 型存水弯对厨余垃圾的输送能力优于采用两次 135°转弯的 S 型存水弯。

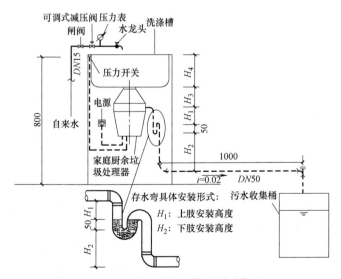

图 4.4-5 存水弯输送能力测试装置

2）横支管坡度与转弯个数

针对横支管的敷设，采用三种不同的存水弯、四种坡度（1.2％、1.5％、2.0％、2.6％）、三种不同转弯形式（不转弯、1 次转弯、2 次转弯）（见图 4.4-6）进行比对测试，可以得到以下结论：

① 随着转弯个数的增加，厨余垃圾混合物在横支管内的搬送距离逐渐减小；

② 随着坡度的增大，厨余垃圾混合物在横支管内的搬送距离逐渐增大；

③ 采用 S 型存水弯时，厨余垃圾混合物在横支管内的搬送性能优于采用 P 型存水弯的情况。

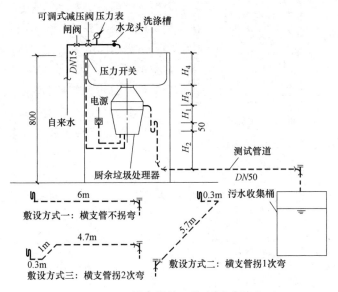

图 4.4-6　横支管输送能力测试装置

（2）设计参数

考虑到与国家标准《建筑给水排水设计标准》GB 50015—2019 对标，建议：

1）家庭厨余垃圾处理器连接的排水横支管宜优先选用直线敷设、就近排入排水立管；当需要转弯时，横支管的最小坡度应按照表 4.4-4 的要求确定。

厨余垃圾排放系统排水横支管的最小坡度　　　　　　表 4.4-4

排水管材	转弯次数		
	0	1	2
塑料管	0.015	0.020	0.026
铸铁管	0.025	0.035	0.035

2）应采用带检查口的 S 型存水弯连接家庭厨余垃圾处理器与排水配管系统，存水弯的水封深度不得小于 50mm。

3）家庭厨余垃圾处理器排水管与排水横支管垂直连接，宜采用 90°弯头。

4）厨余垃圾排放系统横支管与立管连接，宜采用 45°斜三通。

5）横支管系统的布置与连接方式如图 4.4-7 所示。

3. 立管排放系统与排出管

（1）足尺试验情况

家庭厨余垃圾处理器主要用于住宅厨房内，故参考住宅建筑生活给水管道的出流概率计算厨余垃圾处理器的使用概率（出流概率）：不同排放系统高度时，厨房洗涤盆的同时

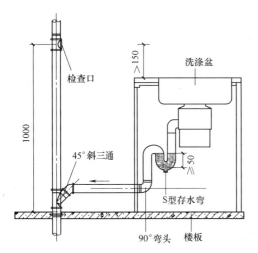

图 4.4-7 家庭厨余垃圾处理器与排水横
支管、立管的连接

出流概率为 21.8% ~ 37.03%，平均值为
28.63%。因此，试验中厨余垃圾同时排放的
楼层数量约为30%。

基于前期针对横支管排放的试验，以优
选的横支管的管道连接和敷设方式，搭建足
尺的立管系统，排水立管管径分别采用 $DN75$
和 $DN100$，对四种不同高度（34.4m、
49.4m、79.4m 和 103.4m）的厨余垃圾排放
系统进行了比对试验研究，同时比对了排出
管管径与排水立管管径相同或扩径时的情况。

试验发现：

1）在厨房排水管道中投加粉碎后的厨余
垃圾后，立管内的压力波动变化不大（见图
4.4-8）。但对于不适宜的排水系统，如
103.4m 高的 $DN75$（排出管不扩径）系统，增加厨余垃圾后，对系统的影响很大。

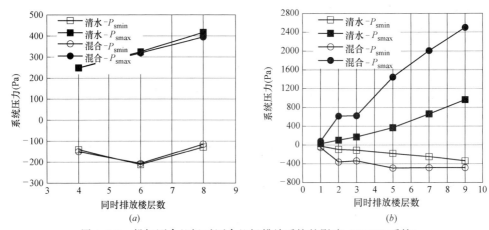

图 4.4-8 投加厨余垃圾对厨余垃圾排放系统的影响（$DN75$ 系统）
（a）34.4m；（b）103.4m

2）相同条件下，当排水立管管径为 $DN75$ 时系统内的压力波动大于 $DN100$ 时（见
图 4.4-9）。

3）当排出管管径与排水立管管径相同时，在立管根部会出现极大的正压，可能影响
住户的使用；而当排出管扩径后，缓解效果明显（见图 4.4-10）。

（2）设计参数

1）厨余垃圾排放系统的排水立管和卫生间的排水立管应分别设置。

2）住宅厨余垃圾排放系统排水立管的最大设计排水能力，应根据现行国家标准《建
筑给水排水设计标准》GB 50015—2019 中生活排水立管的最大设计排水能力确定。立管
管径不得小于所连接的横支管管径。

3）多层住宅厨余垃圾排放系统的立管管径不应小于75mm。

4）排水立管上连接排水横支管的楼层每层应设置检查口，但在建筑物底层必须设置

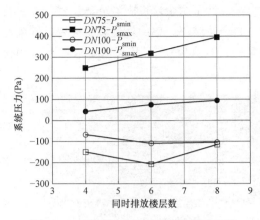

图 4.4-9 不同管径的厨余垃圾排放系统
内的压力波动情况（34.4m）

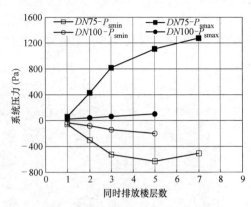

图 4.4-10 15 层高厨余垃圾排放系统不同管径的
排出管比对试验研究（排水立管管径为 DN75）

检查口。

5）检查口中心高度距操作地面宜为 1.0m，并应高于该层洗涤盆上边缘 0.15m；排水立管设有 H 管时，H 管件应设置在检查口的上面。

6）排水立管与排出管端部的连接，应选用 90°大曲率半径变径弯头。

7）排出管管径应比排水立管管径大一级或两级。

8）排出管的坡度不应小于 0.015。

4.4.3 厨余垃圾小区集中处理装置

1. 厨余垃圾粉碎排放小区水质比对

为验证厨余垃圾破碎对小区生活污水的影响，选择北京两个安装家庭厨余垃圾处理器的小区/公寓，对其生活污水出水水质进行取样化验。对于安装化粪池的小区生活污水水质变化可以得出以下几点结论：

（1）安装家庭厨余垃圾处理器的小区，其生活污水的 COD 含量会有所增加，增加幅度约为 100%，增加浓度约为 100mg/L；

（2）安装家庭厨余垃圾处理器的小区，其生活污水的氮素含量也会有所增加，增加幅度约为 50%，增加浓度约为 20mg/L，且氮素的组成不变，依然以氨氮为主；

（3）安装家庭厨余垃圾处理器的小区，其生活污水的磷素含量变化不大；

（4）安装家庭厨余垃圾处理器的小区，其生活污水的 SS 含量变化不大。

2. 小区集中处理装置

根据调研结果，在厨余垃圾中骨头、蛋壳的密度相对较大，更容易在管道内沉积，故以骨头为厨余垃圾成分中最不利的组成要素考虑，并对常见的猪骨头和羊骨头的相关系数进行测定，结果如表 4.4-5 所示。

骨头的堆密度（g/cm³）		表 4.4-5
项　　目	干堆密度	湿堆密度
猪骨头	0.52	1.08
羊骨头	0.68	1.14

根据前期对猪骨头和羊骨头相关系数的测定，设计了厨余垃圾固液分离装置，并进行了试制、小试、优化。经调研、水质采样测试，厨余垃圾小区集中处理装置可采用厨余垃圾固液分离装置、厨余垃圾收集装置（见图 4.4-11），也可核算容积后与生活污水合用化粪池。

(a)　　　　　　　　　　　　　(b)

图 4.4-11　厨余垃圾小区集中处理装置
(a) 厨余垃圾固液分离装置；(b) 厨余垃圾收集装置

3. 小区集中处理装置容积计算

小区集中处理装置的有效容积应为污水部分和污泥部分容积之和，并应符合下列要求：

（1）有效容积应按公式（4.4-1）计算。

$$V=V_w+V_n \tag{4.4-1}$$

式中　V——小区集中处理装置的有效容积，m^3；

V_w——小区集中处理装置污水部分容积，m^3；

V_n——小区集中处理装置污泥部分容积，m^3。

（2）污水部分的容积应按公式（4.4-2）计算。

$$V_w=\frac{m \cdot b_f \cdot q_w \cdot t_w}{24\times1000} \tag{4.4-2}$$

式中　m——小区集中处理装置服务总人数；

b_f——小区集中处理装置实际使用人数占总人数的百分比，可取 $b_f=70\%$；

q_w——每人每日计算污水量，L/(人·d)，按表 4.4-6 选取；

t_w——液体部分在小区集中处理装置内的停留时间，按 24h 计算。

小区集中处理装置每人每日计算污水量　　表 4.4-6

分　类	化粪池	厨余垃圾收集装置
每人每日污水量(L)	(0.85～0.95)生活用水量	(0.25～0.3)生活用水量

（3）污泥部分的容积应按公式（4.4-3）计算。

$$V_n=1.2\times\frac{m \cdot b_f \cdot t_n \cdot q_n \cdot (1-b_x) \cdot M_s}{(1-b_n)\times1000} \tag{4.4-3}$$

式中　t_n——小区集中处理装置清掏周期，按 90d、180d 计；

b_x——新鲜污泥含水率，$b_x=95\%$；

b_n——发酵浓缩后的污泥含水率，$b_n=90\%$；

M_s——腐化期间固液部分缩减系数，$M_s=0.8$；

q_n——每人每日计算污泥量，L/（人·d），按表 4.4-7 选取；

1.2——清掏后考虑留 20％固体物质的容积系数。

表 4.4-7

小区集中处理装置每人每日计算污泥量

分 类	化粪池	厨余垃圾收集装置
每人每日污泥量(L)	1.15	0.75

（4）小区集中处理装置的清掏周期，应按 90d、180d 计。

（5）当进入化粪池的污水量小于或等于 10m³/d 时，应选用双格化粪池；当进入化粪池的污水量大于 10m³/d 时，应选用三格化粪池。

4.4.4 厨余垃圾排放系统性能恢复

1. 足尺试验研究

由于厨余垃圾粉碎排放，有固体物质的排放，为了减少固体物质在管道内壁的沉积，参考日本管道维护管理的经验，结合我国高层住宅普及的现状，采用高压清洗的方式恢复排放系统的管道性能。为了防止高压清洗对排水系统造成不良影响，采用不同类型的喷头、不同的冲洗压力、两种冲洗方式进行比对试验，得到如下结论：

（1）高压冲洗喷头的冲洗压力越大，其流量越大。

（2）高压冲洗喷头的冲洗压力与流量成线性关系，相同压力下旋转喷头流量最大，其次是Ⅱ型喷头，Ⅰ型喷头流量最小。

（3）Ⅰ型喷头在相同冲洗压力下对系统压力波动的影响小于Ⅱ型喷头所产生的影响；旋转喷头对 $DN100$ 普通单立管系统压力影响很小，冲洗压力与系统压力没有明显相关性。如图 4.4-12、图 4.4-13 所示。

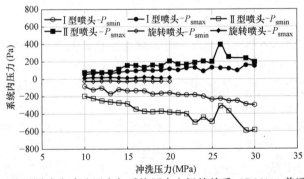

图 4.4-12 三种不同喷头冲洗压力与系统压力之间的关系（$DN100$ 普通单立管系统）

（4）采用固定位置冲洗时，喷头伸入距离分别取 6.5m、7.0m、7.5m、8.0m、8.5m、9.0m、9.5m，比较不同伸入距离下系统压力的变化（见图 4.4-14）。发现固定位置冲洗时，冲洗喷头引起系统最大负压的位置是相对横支管上 0.5m 处。

（5）移动位置冲洗时，不同喷头随着冲洗压力的增加，系统内的压力波动增大（见图 4.4-15）。当采用移动位置冲洗时，需限制冲洗压力。

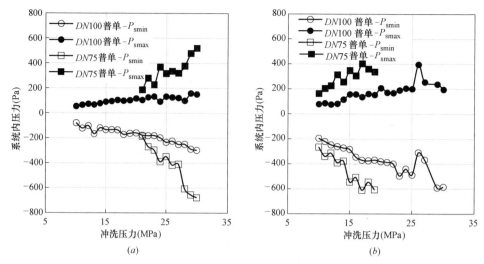

图 4.4-13 不同排水系统内压力与冲洗压力之间的关系

(*a*) Ⅰ型喷头；(*b*) Ⅱ型喷头

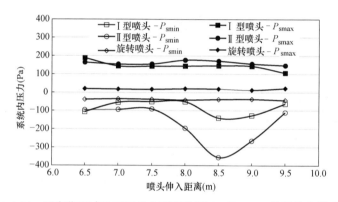

图 4.4-14 固定位置冲洗不同伸入距离的影响（DN100 普通单立管系统）

2. 设计参数与维护

（1）应定期采用高压清洗机以高压水射流的方式对厨余垃圾排放系统的管道系统进行清洗，清洗周期宜为一年一次。

（2）喷头有自进喷头Ⅰ型、自进喷头Ⅱ型和二维旋转喷头三种形式可选，具体应满足如下要求：

1）自进喷头Ⅰ型，有 4 个出水孔，其中喷头顶部 1 个出水孔，侧面均匀布置 3 个。具体构造如图 4.4-16（*a*）所示。

2）自进喷头Ⅱ型，有 4 个出水孔，其中喷头顶部 1 个出水孔，侧面均匀布置 3 个。具体构造如图 4.4-16（*b*）所示。

3）二维旋转喷头，有 3 个出水孔，在侧面均匀分布。具体构造如图 4.4-16（*c*）所示。

4）喷头出水孔的直径不宜大于 1mm。

5）喷头的最小喷射流量不得小于 0.35L/s。

6）喷头能承受的最大压力应不小于 35MPa，最高温度不小于 150℃。

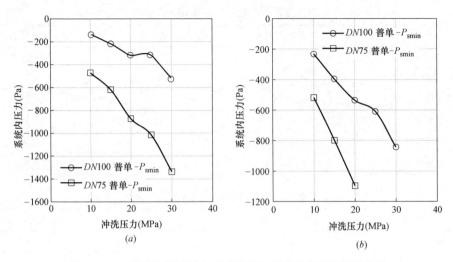

图 4.4-15　移动位置冲洗方式冲洗压力与系统负压之间的关系

（*a*）Ⅰ型喷头；（*b*）Ⅱ型喷头

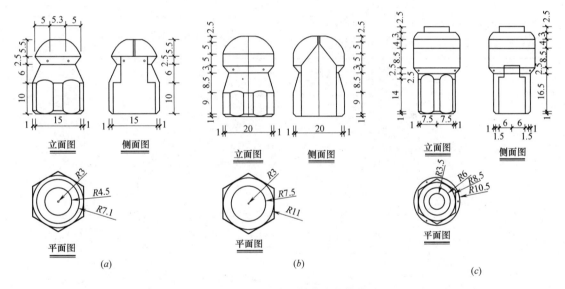

图 4.4-16　三种不同喷头的构造

（*a*）自进喷头Ⅰ型；（*b*）自进喷头Ⅱ型；（*c*）二维旋转喷头

（3）高压清洗时应满足下列要求：

1）高压清洗方式分为固定位置清洗和移动位置清洗。

2）当采用固定位置清洗时，喷头放置位置与横支管之间的垂直距离应大于 0.5m；每个固定位置的清洗时间为 1min；固定清洗时的最大清洗压力不应大于表 4.4-8 中的规定值。

3）当采用移动位置清洗时，最大清洗压力不应大于表 4.4-9 中的规定值。

4）高压清洗时应结合建筑高度、高压软管的长度和实际情况分段进行。

5）当采用其他类型的喷头或清洗装置时，应先通过足尺试验研究确定其对厨余垃圾排放系统的影响后方可应用于实际工程。

固定位置清洗时最大清洗压力选用表　　　　　　　　　表 4.4-8

喷头类型	住宅建筑高度(m)	立管管径(mm)	最大清洗压力(MPa)
自进喷头Ⅰ型	≤50	75	25
自进喷头Ⅰ型	≤100	100	30
自进喷头Ⅱ型	≤50	75	13
自进喷头Ⅱ型	≤100	100	21
二维旋转喷头	≤50	75	20
二维旋转喷头	≤100	100	20

移动位置清洗时最大清洗压力选用表　　　　　　　　　表 4.4-9

喷头类型	住宅建筑高度(m)	立管管径(mm)	最大清洗压力(MPa)
自进喷头Ⅰ型	≤50	75	10
自进喷头Ⅰ型	≤100	100	25
自进喷头Ⅱ型	≤50	75	10
自进喷头Ⅱ型	≤100	100	15
二维旋转喷头	≤50	75	20
二维旋转喷头	≤100	100	20

第 5 章　建筑室外水环境节水与水质保障技术

5.1　引言

改革开放以来，特别是 20 世纪 90 年代后期以来，我国经历了前所未有的快速城镇化过程，城镇化率由 1978 年的 18％上升至 2019 年的 60.6％。快速的城镇化推动了我国的经济转型，促进了国民经济的快速发展和人民生活水平的大幅度提高。然而，我国城镇化的路径效率不高，经济和社会巨大成就的取得也付出了资源消耗增加和环境退化的沉重代价。其中，水资源问题已经成为我国城镇化进程中最重要的资源环境问题之一。

我国是全球 13 个水资源贫乏的国家之一，人均淡水资源量仅为世界人均水资源量的 1/4，扣除难以利用的洪水径流和散布在偏远地区的地下水资源后，我国实际可供利用的人均淡水资源仅为 900m^3，而且我国水资源时空分布极不均衡，南多北少、西多东少、夏多冬少。众多人口稠密、经济发达的地区处于严重缺水状态（人均水资源量低于 500m^3）。目前，我国年均缺水总量约为 400 亿 m^3，其中全国城市年缺水量约为 60 亿 m^3。

根据研究资料我们了解到，2012 年全国城市（包括县城）污水处理回用总量为 44.3 亿 m^3，污水处理回用率为 19.1％。而且，我国区域间的城市污水处理回用发展水平不均衡。未来，随着我国城镇化的快速推进，城镇人口的大量增加，城市用水量将会不断提高，水资源短缺状况将会变得更加严峻。作为对城市发展具有重要影响的室外水体环境的改善与维护技术研究，就具有更加重大的意义。

为贯彻落实《全国城市饮用水安全保障规划（2006—2020）》《节水型社会建设"十二五"规划技术大纲》《国家中长期科学和技术发展规划纲要（2006—2020 年）》和《"十二五"国家科学和技术发展规划纲要》，建设资源节约型、环境友好型社会，推动和谐社区建设，重点研究城镇建筑与小区水量、水质、水环境、水资源再生利用及相关保障体系，研究相关的技术和产品，突破建筑与小区室外水环境-水质-水量与用水安全系统建设、雨污水综合利用集成优化与安全保障、建筑室外水循环系统优化建设、建筑与小区景观水水质保障与维护技术等难点，并结合工程实例进行示范与跟踪反馈，建立全面提高建筑与小区室外水环境水质水量综合保障与改善的工程技术与系统开发集成示范体系。

通过研究工作，研制出相关的水质改善、节水节能的技术设备，形成有效的建筑与小区室外水环境改善、水质保障和高效节水的技术，完善雨污水回用安全保障系统，提升技术集成与推广应用能力，制定相关设计与运营技术标准规范和指南，形成从规划设计、设备到运营维护较为完善的技术体系。通过具体工程的实施，建立一支产-学-研有机结合的技术研发与应用团队，培养相关技术研发与推广人才，全面提升我国在建筑室外水环境、水质保障与节水技术方面的研究水平，为实现水质安全和节水目标以及水环境改善提供系统的科技支撑。

5.2　环境友好型室外水系水质安全保障技术

建筑室外水环境是城市人居环境的重要组成部分，是构成建筑外环境的重要元素之一，具有美化环境、调节气候和净化空气的功能。同时，建筑室外水环境与人类生产和生活活动密切相关，其水质保障是居民健康和生态安全的基本保障。建筑室外水环境问题与城市雨水和防洪排涝，水资源开发利用与城市供水、水资源配置和生态需水，污染源排放和水环境保护，水污染和水体修复，水景观和人水相亲，水面面积和人居舒适度，人文历史和水文化，水经济和社会进步等方面的城市水问题息息相关。

由于大多数建筑室外水环境的整体规划和设计缺乏系统考虑，施工和运行管理不够完善，加上建筑室外水环境生态系统的自然营养结构中，物质循环和结构单一，对外界污染的缓冲能力弱，与大型湖泊及河流相比有其特殊性，水质污染严重，生态系统功能萎缩甚至枯竭。另一方面，城镇建筑与小区室外用水是城镇用水的重点区域，随着城镇建设的加快和建筑设施的不断完善，其用水量迅速增加，受到水资源短缺的制约。目前，城镇建筑与小区用水、节水、水质、水环境等各个方面还存在一定的问题，主要表现在：城镇建筑与小区室外水系水质、水量基础数据缺乏，用水安全存在隐患；城镇建筑与小区雨污水资源化利用率低，节水系统效率低；城镇建筑与小区室外水环境建设不够完善，景观水体保障技术体系与相关措施缺失。正是在这样的背景下，开展建筑室外水环境水质保障技术研究，保障其生态健康，实现"人水和谐"显得尤为必要和紧迫。

本研究中的建筑室外水环境指以建筑为中心，与人们生活、起居等活动互相影响的水体。建筑室外水环境是以建筑构筑空间的方式从人的周围环境中进一步界定而形成的特定环境，指在建筑与小区内部及周边、服务于建筑体或小区功能发挥，便于建筑使用人参与，具有明显人为影响特征且有别于市政公共景观的水体，主要包括住宅小区内部景观水、公共建筑景观水、建筑园区内部景观水、宾馆景观水、小区周边景观水等。它由给水排水系统、污水处理与中水回用、雨水收集利用、绿化与景观用水等几个方面组成。

按照功能可以分为：观赏性河道类、观赏性湖泊类、观赏性水景类、娱乐性河道及湖泊类、娱乐性水景类等。

在水景工程中，建筑室外水环境则包括了静态水景（人工湖、水池、驳岸和护堤）、动态水景（溪流、瀑布、跌水、喷泉）。

水质保障包括建筑与小区室外水环境的水源、充水和补水水质。

建筑室外水环境的水质保障目标就是恢复景观水体的功能，满足人们观赏和娱乐要求，其关键是解决两个问题，一是提高水质指标，二是恢复健康的水生态系统，并且两者相辅相承。本研究以建筑室外景观水环境为研究对象，开展典型地区的水体调研监测分析，开展室外水系水量调查分析，在国内外现有景观水水质保障技术方法的基础上，针对不同的水质污染状况和水体用水规模，提出与之相适应的水安全保障工艺和系统。

在阐述了研究背景后，还尝试提出相关概念，并阐述了国内外研究动态，作为研究的理论基础；因为建筑室外水环境较少作为研究对象受到行业关注，因此，其技术多是来源于城市水环境的成熟技术，因此在第2章中分析了城市水环境的污染与治理现状。

面对日益严峻的水环境问题，政府积极采取了各种防治措施，也取得了一定的效果，尤其是在大型河湖治理上积累了丰富的经验，并形成了成熟的技术体系。河流、湖泊水库、湿地和地下水的修复技术繁多，主要均围绕着物理方法、化学方法和生物-生态方法这3类展开，方法有所重叠。有的技术方法对于某一种水环境类型的修复适用，但对于另一种水环境类型并不一定是最佳选择，例如底泥疏浚对于河流的修复存在一定的风险，但对于湖泊、水库的修复却是一种很好的方法。综上分析，河道引水技术、原位化学反应技术和水生植物修复技术是河流修复较为有效的技术；清洁生产和底泥疏浚是湖泊、水库修复较为有效的技术；土壤渗滤法和生物膜吸附法是湿地修复较为有效的技术；复合法例如渗透性反应屏法、抽出处理法和注气-土壤气相抽提法是地下水修复较为有效的技术。在对流域水环境进行治理和管理时，应综合分析水环境的类型和状况，优先选择最合适的技术进行修复，以最小成本、最快速度达到水环境结构和功能恢复的目的。研究了国内外城市水环境污染治理的进展情况，为建筑室外水环境的保障技术提供了重要参考。然而，由于城市水环境的水质保障长期被忽视，在技术上也没有形成一套成熟的做法。针对水质状况不容乐观的现状，本章对水污染的成因进行了分析，总结了水体自净能力有限又易受到外源污染物的污染，还存在设计不合理等问题，结合对国外景观水治理技术措施的分析，认为要形成基于水环境系统良性循环理念的综合整治技术方案，初步建立适合我国国情的建筑室外水环境污染控制与水环境综合整治的关键技术体系，还亟待开展对不同经济发展阶段与特点、不同污染成因与特征的城市的系统调研和水质水量监测分析，为构建水质保障系统提供强有力的基础数据和依据。

水质保障首先要针对污染成因进行源头控制，减少进入水体的污染物质总量；对已受污染的水体则根据污染状况，采取适合的工程措施，如生物脱氮除磷技术、生态修复技术。城市水环境修复是针对城市河湖功能日益萎缩、水生态系统日益退化而提出的。水环境修复指通过一系列的工程和非工程措施来改善被破坏的城市水环境系统，使河湖的生态功能得以恢复。

5.2.1 控源截污技术

（1）引水换水

引水换水是目前在许多建筑室外水环境中常用的一种净化技术，通过水利工程调水对污染的水体进行稀释，使水体达到相应的水质标准，对于污染严重且水流缓慢的建筑室外水环境都可采用。污染物在进入天然水体后，通过物理、化学、生物因素共同作用，使污染物的总量减少或浓度降低，受污染水体部分或完全恢复现状，即水体自净。这种技术可以将大量污染物在较短时间内输送出去，减少了污染物总量及其浓度；使水体从缺氧状态变为好氧状态，提高了水体自净能力。在水质严重污染的地区，引水换水和稀释的方法对改善水质有立竿见影的效果，不仅是增加水量，稀释污水，更能使水体的自净系数增大。

引水换水和稀释对污染水体的恢复效果显著，但它也会对引水水源区和引入水域带来一定的不利影响，还易引发下游污染。引水首先应从水功能区的角度来考虑是否有必要引水，然后在此基础上，对于能采用引水稀释的区域，充分调查分析该地区的具体污染物类型和水域特征，最终决定引水稀释的可行性。也有人认为，引水换水的做法只能治标不治本，而且还必须有足够的干净水源作为保证，且换水的成本比较高，在小水量的情况下使用效益更好。

例如，为了迎接广东省第三届运动会，2008 年 9 月启动的西湖引水清湖工程，利用自来水净化工艺将东江水过滤净化后沿着在西湖湖底铺设的注水管道分注到各个湖中，达到整体换水的目的，每天 24h 不间断地对西湖进行整体换水，每天抽取 5 万 m³ 东江水，从 8 个注水口注入西湖，为西湖换水 600 万 m³，相当于将西湖水更换 3 次。

2005 年，秦淮河生态修复和综合整治的"引江换水"工程正式启动，2006、2007 两年，引水冲污总水量 19.18 亿 m³，其中通过秦淮河新河泵站抽引的水量为 4.84 亿 m³。江苏省和南京市水环境监测部门在换水线路上总共设置了 9 个水质监测点，定期对秦淮河的水质进行监测，结果显示前秦淮河水质为劣 V 类污染水，通过"引江换水"后，水质达到Ⅲ类水，达到了建筑室外水环境质量标准。

（2）底泥疏浚

长期严重污染的水体其底泥也受到严重污染（主要是人为因素造成的），可能沉积有大量污染物，包括有机物、氮磷营养盐和重金属，在一定条件下这些污染物会从底泥中释放出来，因此底泥是天然水体的一个重要内污染源。城市水体的底泥污染问题，目前已经成为世界范围内的一个主要的环境问题。底泥中沉积了大量重金属、有机质分解物和动植物腐烂物等，因此即使其他水污染源得到控制，底泥仍会使水环境受到二次污染，所以疏浚水体底泥，可以将底泥中的污染物移出水体生态系统，是城市水环境污染治理的重要手段。

目前底泥疏浚主要包括机械疏浚、水利疏浚和爆破三种形式，共有挖、推、吸、拖、冲和爆六种施工方式。疏浚污泥以其量大、污染物成分复杂、含水率高而处理困难，对疏浚污泥进行最终处置，常用的方法有固化填埋和资源化利用两大类。

尽管底泥疏浚能够将沉积于底泥中的污染物质带出水体，但底泥疏浚使许多微生物的生存环境消失，大部分吸附在底泥表层的对水中污染物有降解能力的菌种也被清走，水环境基底生态系统遭到严重破坏，还需要进行河床微生物生态系统修复。

实践表明，对污染底泥采取工程措施，在城市附近污染底泥堆积深度很厚的局部浅水域，环境疏浚工程技术最为普遍，效果也最为明显。

实例：1998 年，南京市玄武湖底泥疏浚，有 85% 的湖底被清淤，平均清淤 30cm，而未损伤湖区荷花景色，直接成本为 40 元/m³。清淤后的次年沉积物中总磷略有下降，但其后又呈现上升趋势。

底泥疏浚旨在清除水体中的污染底泥，并为水生生态系统的恢复创造条件，同时，还需要与水环境综合治理方案相协调，因此，与一般的为某种工程的需要（如流通航道、增容等）而进行的工程疏浚有所区别。具体表现在：环境疏浚的边界要求是按照污染土壤分层确定，而工程疏浚的边界要求是地面平坦和断面规则即可；环境疏浚泥层的厚度较薄，一般小于 1m，而工程疏浚泥层的厚度一般为几米到几十米；环境疏浚的施工精度一般为 5~10m，而工程疏浚一般是 20~50m。

在水环境污染综合治理工程中，考虑对污染面源、点源治理的同时，应对湖泊污染的内源（即污染底泥）存在的危害性及分布进行调查和分析，并确定是否应对污染底泥进行疏浚和处置。

（3）截污纳管

通过建设和改造位于河道两侧的工厂、企事业单位、国家机关、宾馆、餐饮、居住小区等污水产生单位内部的污水管道（简称三级管网），并将其就近接入敷设在城镇道路下的污水管道系统中（简称二级管网），并转输至城镇污水处理厂进行集中处理。简言之，即污染源单位把污水截流纳入污水截污收集管道系统进行集中处理。

截污纳管适用性广，必须结合道路、河道、堤坝修建时一同进行。需要毛细管、支管、主管成网配套才能发挥作用，缺点是投资大、工期长。

5.2.2　内源治理技术

（1）循环过滤

当建筑室外水环境为静止或流动性差的封闭缓流水体时，一般具有水域面积小、水环境容量小、易污染、水体自净能力低等特点。

在水景观设计的初期，根据水体的大小，设计配套的过滤砂缸和循环用水泵，并且埋设循环用的管路，砂缸里一般放置一定量的石英砂。水体通过薄膜过滤、渗透过滤或接触过滤等过程，逐步得到净化。过滤和沉淀能够去除含有碳、氮、磷的有机及无机颗粒物和悬浮固体，因此可以降低水的浊度，同时去除水中的有机物、细菌。

采用水泵抽水循环过滤的方式，一定程度上可以加速水流循环，但仍存在许多弊端。采用过滤法处理泳池水时，需6～8h循环一次方可保证水质清洁，但是应用到建筑室外水环境上来，由于建筑室外水环境水量一般很大，如果想要达到同样的效果，就要大量增加机器数量和运行费用，运营成本高昂也不节能。实践中，采用过滤法治理建筑室外水环境时不得不降低标准，湖水循环一次需要48h或72h，虽然名义上实现了水体的流动，但流动速度太慢仍接近死水，远远不能达到"流水不腐"的流速要求，水质无法根本性改善。据相关人士的实际经验，一天24h以内湖水至少要循环流动10次以上才能显现出"流水不腐"的效果，如果循环次数太少则仍然接近死水，效果不佳。这也是很多设置了水泵的建筑室外水环境水质仍旧恶化的原因。过滤系统属于非连续工作设备，当停机超过10d，没有得到及时地反冲洗，在开机后，其出水就会有颜色和异味；建筑室外水环境会出现轻度的富营养化，水中会有少量藻类，而且，使用8个月以上的过滤器一般会出现堵塞和短流现象，处理效果也会下降。因此，过滤器需要专业人员进行养护和管理；过滤系统使用寿命一般小于5年，从而增加处理成本；过滤时，可以将水中的大量微生物过滤去除，然而，投加的消毒剂虽然可以防止过滤器堵塞，却因为外在药剂的投加而对建筑室外水环境生态系统产生损害。

循环过滤是采用一般游泳池的水处理方法，但是原水水质较差，所以运行设施成本不低，还容易被藻类堵塞，导致不能正常运转而被搁置。现阶段，我国采取循环过滤、制造活水流和建立生态系统的水处理方式较多，推广应用较快，但是也存在一些设计问题。

与引水换水相比较，循环过滤虽然减少了用水量，但增加了日常的电能消耗和维护费用。过滤适用于含悬浮固体或泥沙较多的小规模建筑室外水环境。当建筑室外水环境水量较大时，采用定期补充水在经济上可行，操作管理也方便，效果较好。由于蒸发作用、渗漏等原因，水体盐度会逐渐增加，定期补水可以通过稀释作用缓解这一状况，并减缓水质恶化。对于大体量的水体，仅通过增加循环过滤的时间和次数，效果并不明显，而且在去除有机物、抑制藻类等方面效果不太好。

（2）旁滤

指利用旁路循环系统处理建筑室外水环境，能够减少藻类、SS 及营养物。通常，根据水体水质、水量、所处环境、工程实际等来选择采纳单体工艺或者组合工艺。一般来说，初期开发项目或者使用面积有限制的小区可采纳一些成熟的工艺，例如混凝、过滤等；对于没有面积限制、看中景观效果的项目，土地处理系统是较好的选择，例如新型慢滤池、人工湿地等。在某湖水处理示范工程中，通过添加新型填料到慢滤池，出水浊度处理效果很好，BOD_5 小于 5mg/L，色度小于 10 度。

北京城市排水集团有限责任公司通过多个试验及示范工程研究，采用旁滤系统、水力改善系统及生态强化系统，成功抑制了再生水的水华。北京市高碑店污水处理厂培训中心人工湖，采用了强力混凝技术的旁滤系统，酒仙桥污水处理厂的人工湖采用了臭氧-活性炭技术，在抑制藻类上效果较好。因此，旁滤系统工艺的选择要充分考虑去除色度、去除浊度的功能，如利用臭氧、活性炭工艺等。

（3）曝气充氧

深水曝气可以提供充足的溶解氧，让水动起来而不破坏水体的分层状态，还可以为冷水鱼的食物提供更多的营养，改善水体环境，将底泥界面的厌氧状态变成好氧状态，有利于好氧微生物分解水体中的有机污染物，破坏微囊藻的生存环境，还可以减少磷负荷，最终成功抑制藻类繁殖，激活水体自净机制，水质可以在较短时间内迅速好转，而不会变黑或变臭。此外，还可以降低氨氮、铁离子、锰离子的浓度。

作为建筑室外水环境的常用处理技术之一，曝气方式包括：机械搅拌（包括深水抽取、处理和回灌）、注入纯氧和注入空气。即直接在河底布管、曝气，也可以安装机械进行搅拌曝气，如瀑布、跌水、喷水等，还可以在设计之初与景观相结合。

机械方式曝气包括将深层水抽取出来，在岸上或者在水面上设置的曝气池内进行曝气，然后再回灌深层。但是因为空气传质效率比较低，成本比较高，因此应用并不普遍。而注入纯氧能够大幅度提高传质效率，但是容易引起深层水与表层水混层。

空气曝气包括全部空气提升或者部分空气提升。全部空气提升是指用空气将水全力提升至水面然后释放，而部分空气提升仅是空气和深层水在深层混合，然后气泡分离。有关研究和实践表明，全部空气提升系统与其他系统相比，成本最低而效果最好。尽管如此，部分空气提升系统仍应用得最多，其设备多由 PVC 材料制成。

实际应用中，曝气系统可以将深层水的 DO 浓度提高到 7mg/L；同时，降低氨氮和硫化氢浓度，但降低内源磷负荷的效果则不太稳定，当不再曝气时，磷的浓度就会反弹到之前的数值，因此，应用曝气系统只能在一定程度上改善富营养化的状况和抑制藻类。

研究发现，曝气会影响水体生物。虽然表层水和浅层水中的生物种类变化不大，但是深层水由于从厌氧变为好氧，相应生物种类发生比较大的变化，增加了诸如食草生物的生存空间。某些大型食草动物的增加可能有助于控制藻类等富营养化生物的生长。因此，曝气可能有着更深远的作用。

由于溶解氧的增加，深水高等动物（如冷水鱼类）将会增加，而不会被排挤进入浅水层，底栖生物增加也增加了鱼类的食物供应。例如，某湖泊在曝气改善深层水水质后，鳟鱼又重新出现，而且解剖后发现其胃内含有好氧条件下生长的浮游和底栖生物。

该方法有机结合了曝气氧化塘和氧化沟，综合推流和完全混合工艺的特点，有利于克服短流和提高缓冲能力，同时也有利于氧的传递和污泥絮凝，能够有效改善水环境的污染。实践证明，通过纯氧曝气可以迅速降低水体中有机污染物的浓度，去除 COD_{Cr} 效果好。然而，曝气只能暂时缓解水质污染，减缓水体富营养化，并不能彻底解决问题。

（4）生物接触氧化

传统的化学处理方法主要是着眼于去除 BOD、COD 和 SS，而对氮磷等营养物质的去除率很低。

生物接触氧化技术是一种兼具活性污泥法与生物膜法两者优点的生物处理技术，近 20 年来，该技术在日本、美国等国家得到了迅速的发展和应用，广泛地用于处理生活污水、城市污水和食品加工等工业废水。

生物接触氧化降解污染物质的过程可分为四个阶段：污染物质向生物膜表面扩散；污染物质在生物膜内扩散；微生物分泌的酵素与催化剂发生化学反应；代谢生成物排出生物膜。生物接触氧化的核心部分为生物填料，它是生物膜的载体，污水净化过程就是附着于填料之上以及悬浮于填料之间的微生物的新陈代谢过程。生物填料的材质、比表面积的大小、布水布气性能、强度、密度和造价等因素，直接影响着微生物的生长、繁殖、活性和脱落过程，其效能与污水处理的效率、能耗、基建投资、稳定性及可靠性均有直接关系。

生物接触氧化法在微污染建筑室外水环境的处理中应用广泛，一般去除 COD_{Mn} 可达到 20%～30%、NH_3-N 可达到 80%～90%。尤其适用于建筑室外水环境的初期注入水、补充水源有机物含量较高时。生物接触氧化法具有处理效率高、水力停留时间短、容积负荷大、污泥产率低、占地面积小、无需污泥回流、运行稳定、管理方便等特点。缺点是生物膜的厚度随负荷增高而增大，易堵塞填料，从而增加运行费用。

（5）膜生物反应器

微滤膜或超滤膜将反应器中的进、出水隔开，在进水部分投入培育好的活性污泥或自行培养活性污泥，通过曝气后的出水水质不仅可去除 COD、NH_3-N，而且去除浊度的效果极好。但普通的膜生物反应器对氮、磷的去除效果不好，仍然存在富营养化的隐患。

例如，引温入潮是跨流域调水，经过湿地过滤、蓄水沉淀、膜处理后的温榆河水注入潮白河。采用了膜处理技术来进行微污染河水处理，资源化后进行跨流域调度，开辟了世界污水资源化、流域调度及膜处理技术大规模应用的先河。膜系统，是由 200 个大规模的膜组器组成，每个膜组器一天可以处理出水 500t。

（6）加药气浮法

气浮技术是一种典型的物化处理方法，它通过向水中注入大量的微气泡，使水中的固体或胶体污染物微粒黏附，形成密度小于水的气浮体，上浮至水面形成浮渣而进行分离。为促进微气泡与污染物的黏附，常会加助凝剂，使污染物絮凝成为尺度较大的矾花。另外，气浮过程中向水体大量充氧，无形中还提高了水体的自净能力。

运行结果表明，该工艺优点有：①在去除细小悬浮颗粒、藻类、固体杂质等污染物上效果较好；②大幅度增加了溶解氧含量，可以明显改善水质；③易操作、好维护，可以全自动控制；④抗冲击、负荷能力强，对水质、水量的变化适应性好。缺点是仅适合以自来水、雨水作为补充水源，而且水量相对稳定、无污染源的建筑室外水环境。

以上海某 $8000m^2$ 的人工湖为例，水质和水量较稳定，补水水源包括雨水和自来水，没有其他污染源。采用稳定的流动循环曝气、喷泉曝气充氧、化学加药气浮工艺，藻类、其他固体杂质和磷酸盐得以去除，水体状态保持良好。

以广州东濠涌为例，采用混凝气浮和过滤工艺，分离小颗粒有机悬浮物、无机悬浮物及藻类效果很好，去除率高达 90%，出水水质稳定，大约小于 3NTU。气浮工艺还提高了水体的溶解氧含量，为水中有机物氧化分解提供了有利条件，并降低了水体色度、臭味及氨氮（去除率大于 40%）。絮凝-气浮工艺应用较广，在富营养化含藻水的处理方面有成功应用。

（7）直接除藻

直接去除藻类的方法有许多种，其中，往水体中均匀布撒化学药品控制藻类是传统的方法。即使富营养化非常严重，水体发臭时，仍可以采取投加化学药剂的方法来抑制藻类繁殖，然后在水体沉淀一段时间后再清除淤泥，水体得以净化。常用化学药剂有 $CuSO_4$ 和漂白粉（主要成分是次氯酸钙 $Ca(ClO)_2$，有效氯含量为 30%~38%）。因为硫酸铜药效强，投加浓度一般为 0.3~0.5mg/L，短期内就能见效，考虑到硫酸铜的毒性对于水体生物如鱼类的损害，应慎重计算、实施投加量和频次。漂白粉重的氯可以除藻，还可以氧化致臭物质，投加浓度一般为 0.5~1mg/L。但是，漂白粉投加量过高也会产生异味。

其优点是短期内（约半个月）有一定效果，缺点是对有机污染物等无作用，还会导致二次污染，对生态系统产生负面影响，而且藻类在低浓度药物的长期作用下容易产生抗药性。因此，除非是应急，一般不建议采纳。

还有一种方法，是利用机械设备或人工除藻，可在短期内发挥作用。缺点是耗费能源或者人工较大，而且需要反复实施。

对于水中的散布状藻类，超声波杀藻法是一个比较有前途的新技术。超声波可以将藻细胞中的微气囊击破，使藻细胞团破碎沉于水底，最后被底泥中的微生物所分解。该技术在日本千波湖等地已有应用。

例如，JohnTodd 博士发明的以多物种的多级人工强化生态系统为特征的 Living-machine 系统，具有净化能力强、景观效果好、无需化学试剂等优点，在国外已经进入大规模实际工程应用阶段，但在国内的应用研究还不多见。

目前，应用于除藻的还有一些新型技术，如超声波、紫外线杀藻仪、电磁法除藻等。超声波处理属于新型技术，虽然可以直接抑制藻细胞，操作灵活方便，但缺少设计和运行经验，且超声波可能产生令人不舒服的噪声。紫外线杀藻仪适用于需要对藻类进行快速抑制的中、小水体，它能在短时间内发挥作用，具有比较成熟的设计和运行经验，但紫外灯管需要一定的维护，且需要定期更换。电磁法处理技术需要极高的瞬间电位、极快的荷电速率，使得荷电量迅速饱和，产生 50~60kV 的高压，通过高压、磁场作用来破坏生物细胞离子通道，改变菌类、藻类的生存环境，干扰新陈代谢，而且起到杀菌灭藻的作用。电磁法处理技术是一种相对较新的建筑室外水环境处理技术，对比于传统的方法，它的优点是投资低、运行费用低、无需大规模的处理、没有污泥等二次污染的产生。总体来说，物理除藻技术只能作为建筑室外水环境处理的辅助方式，仍需针对其他污染物进行专项处理。

（8）移动式絮凝-气浮技术

絮凝-气浮工艺应用的水质范围较宽，既可用于工业废水预处理、中间处理或最终处理，又可用于城市污水三级处理，已成功应用在富营养化的建筑室外水环境处理工程中。絮凝-气浮属于物理化学过程，应用设备较为简单，对温度、气候、水力等条件的要求不高，污染物去除率高，效果好，成本低，实用性强，尤其在受到严重污染的水体中，可作为应急措施，也不影响随后的生态恢复和治理。

5.2.3　生态修复技术

建筑室外水环境大多是一个自净能力很弱的封闭系统，内部结构的不合理造成转化和产出效率较低；外来能量和物质的输入，随着时间的推移逐渐累积，由于氮磷营养元素过多而导致富营养化污染。表现为湖水发绿、出现大量蓝绿藻甚至水华。

在水域中人为地建立起一个生态系统，并使其适应外界的影响，处在自然的生态平衡状态，实现良性可持续发展。相应的工程措施包括：在水体边界设计排水沟，以防止污水流入；定期打捞漂浮在水体上的树叶、枯草等杂物，以防止它们向水中释放营养物质；控制饲料的投加量等。适合建筑室外水环境的生态法主要有三种：曝气法、生物药剂法及净水生物法。其中，净水生物法是最直接的生物处理方法。目前，利用水生动植物的净化作用，吸收水中的养分和控制藻类，将人工湿地与雨水利用、中水处理、绿化灌溉相结合的工程实例越来越多，已经积累了很多的经验，可以在有条件的项目中推广使用。当采用曝气或提升等机械设施时，可使用太阳能风光互补发电等可再生能源提供电源，在保证水质的同时综合考虑节水、节能措施。

水环境生态修复是目前研究的热点，也是修复的重要手段。

（1）生态强化系统

建筑室外水环境受到水量及水质的限制，大部分建筑室外水环境都采取了防渗措施，一定程度上损害了水体的自净能力，也增加了治理投入。通过人工筛选培养特定动植物可以增强水体的自净能力，还能起到美化环境的功效。生物恢复技术主要包括物种选育和培植技术、物种引入技术、物种保护技术、种群动态调控技术、种群行为控制技术、群落结构优化配段与组建技术、群落演替控制与恢复技术等；生态系统结构与功能恢复技术主要包括生态系统总体设计技术、生态系统构建与集成技术等。

在物种选育中，通常会选择吸收营养盐能力较强和遮光效果较好的水生植物，如千屈菜、睡莲和荷花等。工程试验表明，挺水植物生命力强，适应能力强，适合于北方的景观水体。有研究表明，挺水植物如慈菇、茭白、水花生以及沉水植物如伊乐藻对水体中氮的去除率可达 75%，茭白、伊乐藻对水体中磷的去除率可达 65%。

清华大学和北京城市排水集团有限责任公司的某试验中，应用了生态强化系统。夏季，景观水体能够将藻类浓度控制在 10^8 个/L 以下，叶绿素 $60mg/m^3$ 以下，避免了水华的发生，水体 pH 值为 7.9～8.6，DO 为 2.4～11.9mg/L，没有发生缺氧而导致鱼类死亡的现象。

也有研究提到，种植水生植物及浮岛植物等模仿大自然法，思路值得提倡，但植物治污效率低，对氮和磷的吸收<10%，而且需占据 50% 水面大面积种植才有效，还需每年补植收割，死亡后残物易破坏景观，并且对黑臭治理无效，易滋生蚊蝇。放养鲢鱼等食藻鱼，治污效果不明显，对黑臭污染治理无效，对藻类吸收<20%，过多的鱼类投放，鱼粪又造成新的污染，而少量投放又达不到有效的治理效果。

（2）人工湿地

湿地处理技术是生态修复的一种，其过程控制十分复杂，这一点也是这项技术能否成功应用的关键。人工湿地，指为达到环保处理效果，模仿自然湿地而人工设计的复杂的具有渗透性的地层生态结构，包括有浮现性、浸没式植物、动物和水体等不同的组成部分。其净水原理包括物理作用（过滤和沉淀）、化学作用（吸附和絮凝、挥发作用）、微生物作用（氧化还原反应和吸收降解）和植物作用（气体运输作用、植物吸收、根系有利于微生物繁殖）。人们在土地处理、生物滤池、稳定塘等工艺上改良而形成，通过人工手段，利用模仿自然的系统来提高处理能力。

大量工程实践表明，该工艺的关键是过程控制和管理到位。该工艺不需另建构筑物，无土建费用，日常运行无需专人管理，因而具有投资少、运行维护简单的特点。具有良好的脱氮除磷效果。

（3）综合利用水位高差和机械动力建造水景观

通常是采取人工瀑布、溪流、喷泉等，借助机械设备来让水体流动，增加氧含量，以提高景观水体自净能力。

5.2.4　其他辅助技术

（1）PBB 法

PBB 法指向水体中增氧与定期接种有净水作用的复合微生物，属于原位修复技术，综合应用了物理、生物和生化手段。对于去除硝酸盐有较好效果，其原理是在底泥深处厌氧环境下，通过有益微生物、藻类和水草的吸附作用将硝酸盐反硝化成气态氮，再排放到大气中。充足的氧是治理水环境的基础，因此通过采用叶轮式增氧机，PBB 法就可以很好地发挥作用。

（2）生物滤沟法

生物滤沟法结合了砂石过滤和湿地，采用了多级跌水曝气，可以有效控制出水的臭味、氨氮，对去除有机物有很好的效果。吸水井中安装格栅，可去除原水中的漂浮物，水体经由水泵的提升、跌水、充氧后，由跌水槽进入到好氧生物滤沟段。根据不同填料，生物滤沟可分为卵石段、炭渣段，植物床和生态净化沟紧随其后，出水流入到清水槽外排。

优点主要包括：常温下，对于控制水的色、嗅、味等感官性状指标效果较好，在去除氨氮上也有一定作用。虽然生物滤沟内的生物量不高，但植物的根系区生物较丰富，弥补了生物量不高的缺憾，可以有效去除有机污染物。

（3）组合工艺

将混凝气浮、生物接触氧化和侧向薄层过滤的技术和装置改进后，进行集成、优化组合，涵盖了物理、物化和生化技术，在空间上将三个单元合并，起到协同互补的功能，通过化学絮凝、药剂氧化、生物同化、微气泡顶托、生物絮凝吸附、生物降解、过滤截留和沸石吸附等多种途径和机理实现水质净化作用。

（4）超磁透析

超磁透析和原位生态修复也是近年来新兴的一种组合工艺。超磁透析通过物化法去除污染物，属于混凝反应分离技术，原理是将不带磁性的污染物赋予磁性，然后通过超磁透析设备进行固液分离，除藻、除碳、除磷、降低浊度；原位生态修复技术是在组合了多种技术的基础上，融合生物转化、吸附、消解和固定等作用，继续降解污染物，再人工清理生物体，污泥外排，恢复水体的生态活性。工程实践证明，这种组合工艺可以较好地解决河湖污染负荷高、水体感官差、水体水量大、水质因子波动大等问题。

　　建筑室外水环境与城市水环境存在诸多不同，多为静止或流动性差的封闭缓流水体，一般具有面积小、易污染、水环境容量小、水体自净能力差等特点。因此，建筑室外水环境容易成为城市居民生活污水、雨水和垃圾的受纳体。建筑室外水环境的水质保障，似乎是环境科学问题，然而在当今环境科学技术比较发达的今天，北京、上海、广州等大城市的水域景观黑臭问题远未得到解决。这说明，建筑室外水环境问题不仅是环境科学问题，已经成为关联社会、经济、技术等多学科，景观、水利、给水排水工程等多专业的综合性问题。本章着眼于建筑室外水环境特征，尝试从水环境中突出的几个问题分别寻求相应的技术措施，为探讨解决建筑室外水环境水质保障的综合机制提供技术基础。水体治理与长效改善技术（措施）体系见表 5.2-1。

水体治理与长效改善技术（措施）体系　　　　　　　　表 5.2-1

技术类型	技术措施	技术特点和适用性
外源减排技术	截污纳管	建设和改造水体沿岸的污水管道，将污水截流纳入污水收集和处理系统，从源头上削减污染物的直接排放
	面源控制	控制雨水径流中含有的污染物，主要技术措施包括低影响开发(LID)技术、初期雨水控制技术和生态护岸技术等
	直排污水原位处理	对直排污水或受污染的地表水进行处理，快速去除水中的悬浮物和部分溶解性污染物，避免污水直排对水体的污染。该措施的特点是周期短、见效快，不受污水管网建设的限制，可在短期内控制外源污染，改善水质。适合于短时间内无法进行截流或在降雨条件下溢流直接排入水体的污水
内源控制技术	清淤疏浚	将底泥中的污染物迁移出水体，减少底泥中的污染物向水体释放，显著且快速地降低水体内源污染负荷。适用于底泥污染严重水体的初期治理
	水生植物残体清理	对于水生植物、季节性落叶和水华藻类等残体，进行打捞和清理，避免植物残体发生腐烂进一步向水中释放污染物和消耗水体氧气
水质净化技术	人工增氧	通过人工曝气充氧(通入空气、纯氧或臭氧等)，提高水体溶解氧浓度和氧化还原电位，防止厌氧分解和促进黑臭物质的氧化。适用于黑臭水体治理的水质改善阶段
	絮凝沉淀	投加絮凝药剂，使之与水体中的污染物形成沉淀而去除。该技术可以在短时间内快速净化水质，但如在水体中原位实施，污染物只是沉至水底，没有从水体中去除，容易反弹，因此不宜在水体中直接投加混凝剂。应进行体外循环处理，适用于小型且相对封闭的水体
	微生物强化净化	通过人工措施强化微生物的降解作用，促进污染物的分解和转化，提升水体的自净能力。一般可用于小型封闭水体，不适合大规模应用
	人工湿地	利用土壤-植物生态系统的净化功能，净化水质。适用于封闭、半封闭水体的水质净化和生态恢复
	生态浮岛	人工构建水生植物系统，降解水体中的污染物，实现水质净化。适用于黑臭水体治理的水质改善和生态修复阶段
	水生植物塘	通过在水体中种植水生植物，对水质进行净化，是一种人工强化措施与自然净化功能相结合的净化技术。适用于黑臭水体治理的水质改善和生态修复阶段
补水活水技术	清水补给	通过引流清洁的地表水对治理对象水体进行补水，促进污染物输移、扩散，实现水质改善。适用于滞留型污染水体、半封闭型及封闭型污染水体水质的长效保持
	再生水补给	城市污水经过处理并达到再生水质要求后，将其排入治理后的城市水体中，以增加水体流量和减少水力停留时间。再生水作为城镇稳定的非常规水源，是经济可行、潜力巨大的补给水源，应优先考虑利用。适用于缺水城市或枯水期的污染水体治理后的水质长效保持

续表

技术类型	技术措施	技术特点和适用性
补水活水技术	水动力保持	通过工程措施提高水体流速,以提高水体复氧能力和自净能力,改善水体水质。适用于水体流速较缓的封闭型水体
生态修复技术	水华藻类控制	黑臭水体水质改善后经常会遇到水华藻类暴发问题,因此控制水华藻类是实现水质长效保持的必要措施,需要采取综合措施进行控制。适用于营养盐水平较低的富营养化水体水质的长效保持
	水生生物恢复利用	水生植物及其共生生物体系,去除水体中的污染物,改善水体生态环境和景观。需考虑不同水生生物的空间布局与搭配。适用于小型浅水水体

为了切实了解当前的建筑室外水环境水质污染状况和水量状况,获取一手的数据,开展实地监测非常必要。

5.3 高效低成本室外水系维护与水质改善技术

本研究依托试验示范基地,采用微絮凝-过滤工艺、混凝-沉淀工艺、混凝-沉淀-过滤工艺等常规物化处理技术,研究了藻类、SS、浊度、色度、臭味、总磷等污染物的去除效果,对比了混凝剂种类与投加量、pH 值、沉淀时间、滤速等因素的影响,为景观水体循环利用技术优化提供了技术支撑。采用强化混凝、复合消毒等技术研究了景观水体对浊度、有机物、营养物、病原微生物等常见突发污染的去除效能和适用性,保障了景观水体的感官指标、营养物指标和病原微生物指标等方面的安全。采用紫外线/二氧化钛高级氧化与生物活性炭过滤的深度处理技术,深度去除景观水的有机物、三氮、嗅味物质、微量污染物等各类污染物,充分保证了景观水的感官指标和化学安全性。分析和对比了常用消毒方式的适用性,采用紫外线、紫外线/二氧化钛的物理消毒技术,有效地控制景观水体中各种病原微生物,有效地保证了景观水体的生物安全性。

采用旁路处理方式研究了曝气-过滤工艺的净化效能,对比了表流湿地工艺与生态氧化塘-水生植物塘工艺的净化效果,为景观水体生态修复技术提供了参考。依托试验示范基地开展了强化水力流动条件、开通景观水体通道等措施,改善了景观水体的流动,减轻了水体出现的黑臭、淤积问题;对比了曝气充氧、跌水充氧、分流充氧等方式的充氧效能,对人工过滤、植物池过滤等方式的适用性进行了对比,采用感官指标、营养物指标等评价了不同维护技术的净水效能及影响因素。

系统地分析了国内外城市小区雨水的水质特点和雨水处理与利用技术,采用过滤/吸附技术、改性沸石吸附技术处理和净化雨水,提高氨氮等污染物去除效能,为城市小区雨水净化后直接用于景观水补水的适用性提供了技术支撑。总结了城市小区污水水质特征,采用多种高效污水处理工艺作为景观水预处理技术,改善了污水处理效率,有效提高了SS、浊度、有机物、磷等污染物的去除效果,为城市小区污水净化后直接用于景观水补水的可行性提供了技术支撑。结合雨污水回用特点以及景观水水质保障需求,采用混凝、沉淀、过滤等污水深度处理技术,有效提高了 SS、浊度、有机物、磷等污染物的去除效果,确保了进入景观水体中的再生水水质满足景观水的相关标准。系统地讨论了我国污水回用管理体制与措施,结合雨污水回用于景观水综合技术与景观水体循环利用技术的特点，进行了适宜处理工艺及相关技术的集成与优化。

根据上述研究内容形成建筑与小区室外水环境水体养护技术、景观水体生态修复与循环利用技术以及雨污水回用与景观水体水质保障技术，为形成高效低成本景观水体维护与水质改善技术提供支持。

5.3.1　景观水的强化混凝-沉淀除污染效能

一般认为，混凝剂的水解聚合产物对水中胶体颗粒的混凝作用主要是通过电性中和与吸附架桥作用实现的。混凝剂分子在水中可形成一系列具有较高的正电荷和比表面积的多核络合物，能迅速吸附水中带负电荷的胶体，压缩胶体的双电层，降低胶体的 Zeta 电位，中和胶体的表面电荷，促进胶体和悬浮物快速脱稳、凝聚和絮凝。硫酸铝主要是通过电性中和作用，同时还有吸附架桥作用来实现混凝作用的。聚合氯化铝含有丰富的多核羟基络合物，能水解生成 $Al(OH)_3$，具有电性中和、吸附架桥和网捕卷扫作用，形成絮体的速度较快，絮体颗粒和相对密度都较大，沉淀性能好。铁盐可由单核羟基络合物聚合为多核羟基络合物，具有电性中和、吸附架桥和网捕卷扫作用；氯化铁水解产生 $Fe(OH)_3$ 胶体，具有电性中和、吸附架桥、网捕卷扫作用。聚合硫酸铁是在硫酸铁分子族的网状结构中嵌入羟基后所形成的一种无机高分子絮凝剂，可以通过对电荷离子及胶体表面进行吸附脱稳，进而在脱稳微粒间发挥吸附架桥作用。可见，在混凝过程中，混凝效果并不是在单一混凝机理条件下形成的，而是以某一种或几种混凝机理为主导，同时具有多种混凝作用。混凝剂种类、投药量、水质条件、处理工艺等都会对混凝作用和混凝效果有很大影响。

1. 混凝剂的优选

试验原水取自北京市某景观水体，该景观水体的补水为城市中水。试验期间的主要水质指标变化范围和均值如表 5.3-1 所示。

试验期间原水水质　　　　　　　　　　　　　　　　表 5.3-1

指标	范围	平均值	指标	范围	平均值
浊度（NTU）	27.8～36.5	31.2	TP(mg/L)	0.146～0.202	0.187
Chl-a(μg/L)	115.4～159.0	131.2	pH 值	7.6～7.9	7.8
COD_{Mn}(mg/L)	11.6～14.42	12.95			

（1）浊度去除效果

《城市污水再生利用 景观环境用水水质》 GB/T 18921—2019 中规定娱乐性景观环境用水浊度不大于 5NTU，通过降低景观水体的浊度也可去除水中的部分营养物质。在本研究中，选择了 4 种不同的常用混凝剂，包括硫酸铝、聚合氯化铝、氯化铁和聚合硫酸铁，进行了混凝试验研究，以优选出适用于该景观水体的混凝剂。

图 5.3-1 所示为 4 种混凝剂对景观水中浊度的去除效果。可以看出，随着 4 种混凝剂投加量的增加，各自的浊度去除率均呈上升的趋势；投药量在 10～25mg/L 范围内时，聚合氯化铝、聚合硫酸铁和氯化铁的除浊效果均明显优于硫酸铝；投药量在 30～35mg/L 范围内时，4 种混凝剂的浊度去除率呈现逐渐接近的趋势。从聚合氯化铝、聚合硫酸铁和氯化铁的除浊效果来看，投药量在 30～35mg/L 范围内时，浊度去除率已经接近稳定状态，

可认为最佳投药量是 30mg/L，此时各自的沉后水浊度分别为 4.12NTU、4.88NTU 和 5.47NTU，浊度去除率分别为 87.2%、83.8% 和 82.1%，比 35mg/L 投药量时的浊度去除率仅低 0.9 个百分点、0.1 个百分点和 0.2 个百分点；硫酸铝的浊度去除率始终处于增加趋势，在投药量为 35mg/L 时也达到了 78.3%，沉后水浊度为 7.11NTU，除浊效果也有明显提高。在本研究的投药量范围内，最佳投药量时聚合氯化铝的浊度去除率可达到 87.2%，分别比聚合硫酸铁、氯化铁和硫酸铝的去除率高出 3.4 个百分点、5.1 个百分点和 16.2 个百分点。可见，对于该景观水体的水质条件而言，聚合氯化铝、聚合硫酸铁和氯化铁的除浊效果均较好，其中聚合氯化铝的除浊效果最佳。

（2）Chl-a 去除效果

叶绿素 a（Chl-a）含量是水体富营养化的重要指标之一。图 5.3-2 所示为 4 种混凝剂对景观水中 Chl-a 的去除效果。可以看出，Chl-a 去除率与浊度去除率的趋势类似。投药量在 10～25mg/L 范围内时，聚合氯化铝、聚合硫酸铁和氯化铁的 Chl-a 去除效果均明显优于硫酸铝；投药量在 30～35mg/L 范围内时，4 种混凝剂的 Chl-a 去除率呈现逐渐接近的趋势，在 35mg/L 投药量时聚合氯化铝、聚合硫酸铁和氯化铁的 Chl-a 去除率已经接近稳定状态，可认为最佳投药量是 30mg/L，此时各自的沉后水 Chl-a 值分别为 26.7μg/L、29.1μg/L 和 29.9μg/L，去除率分别为 83.2%、81.3% 和 80.4%；硫酸铝的 Chl-a 去除率始终处于增加趋势，在投药量为 35mg/L 时沉后水 Chl-a 值为 36.0 μg/L，去除率仅达到了 76.4%。可见，聚合氯化铝、聚合硫酸铁和氯化铁的除藻效果更佳。

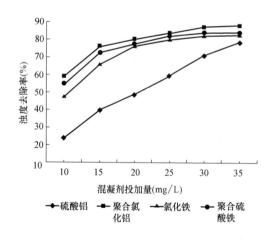

图 5.3-1   不同混凝剂的浊度去除特性

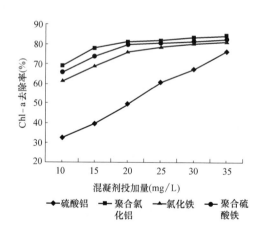

图 5.3-2   不同混凝剂的 Chl-a 去除特性

（3）COD_{Mn} 去除效果

图 5.3-3 所示为 4 种混凝剂对景观水中 COD_{Mn} 的去除效果。可以看出，随着 4 种混凝剂投加量的增加，COD_{Mn} 去除率均呈上升的趋势。投药量在 10～30mg/L 范围内时，4 种混凝剂的 COD_{Mn} 去除率始终呈现增加的趋势，其中聚合氯化铝、聚合硫酸铁和氯化铁的 COD_{Mn} 去除效果明显优于硫酸铝；当投药量达到 35mg/L 时，4 种混凝剂的 COD_{Mn} 去除率均趋于稳定，可认为最佳投药量是 35mg/L，此时投加聚合氯化铝、聚合硫酸铁、氯化铁和硫酸铝的沉后水 COD_{Mn} 值分别为 4.70mg/L、5.06mg/L、5.59mg/L 和 6.06mg/L，

去除率分别为 66.9%、63.6%、59.9% 和 57.3%，可见，聚合氯化铝的 COD_{Mn} 去除效果更佳。

（4）TP 去除效果

图 5.3-4 所示为 4 种混凝剂对景观水中总磷（TP）的去除效果。可以看出，投药量在 10～25mg/L 范围内时，聚合氯化铝、聚合硫酸铁和氯化铁的 TP 去除效果明显优于硫酸铝；在投药量为 25mg/L 时，聚合氯化铝、聚合硫酸铁和氯化铁的 TP 去除效果已基本达到最佳范围，而硫酸铝则在 30mg/L 投药量时才达到了最佳去除率；投药量在 30～35mg/L 范围内时，4 种混凝剂的 TP 去除率已经非常接近，均在 83%～88% 范围，沉后水 TP 含量均在 0.024～0.033mg/L 之间。可见，在较高投药量时 4 种混凝剂的 TP 去除效果相当，在较低投药量时聚合氯化铝的 TP 去除效果最佳、聚合硫酸铁和氯化铁的 TP 去除效果稍差、硫酸铝的 TP 去除效果最差。

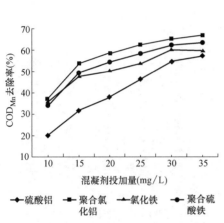

图 5.3-3　不同混凝剂的 COD_{Mn} 去除特性

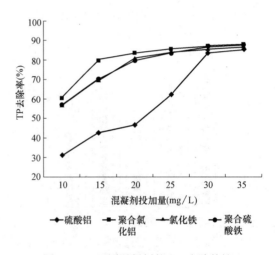

图 5.3-4　不同混凝剂的 TP 去除特性

2. pH 值对混凝效果的影响

pH 值是影响混凝效果的重要指标，不同的混凝剂都有其最佳混凝 pH 值区间。试验中分别采用盐酸和氢氧化钠溶液将原水的 pH 值调节到 5～9 范围，考察了 pH 值对不同混凝剂的浊度、Chl-a、COD_{Mn} 和 TP 去除效果的影响，结果如图 5.3-5～图 5.3-8 所示，其中各混凝剂的投加量均为 30mg/L。

由图 5.3-5 可以看出，聚合氯化铝对景观水的 pH 值适应范围相对较宽，在 pH 值为 5～9 的区间内，聚合氯化铝的浊度去除率都能达到 85% 以上，其中 pH 值在 6～8 之间时，浊度去除率相对更高一些。这主要是因为聚合氯化铝为无机高分子铝盐絮凝剂，在混凝过程中，当 pH 值介于 6～8 之间时，铝主要以 $Al(OH)_3$ 沉淀形式存在，可以通过氢氧化物沉淀的网捕卷扫作用获得更佳的混凝效果。当 pH 值在 6～8 范围内时，硫酸铝的浊度去除率在 78.6%～85.5% 之间，而在 pH 值为 5 和 pH 值为 9 的条件下，硫酸铝的浊度去除率仅分别为 26.2% 和 61.4%，浊度去除效果明显变差。聚合硫酸铁和氯化铁的浊度去除效果和 pH 值的变化趋势比较相似，与聚合氯化铝的除浊效果相差不大；在 pH 值为 5 的偏酸性条件下，聚合硫酸铁和氯化铁的浊度去除率稍好于聚合氯化铝，在 pH 值为 6～9 的中性条件下，聚合硫酸铁和氯化铁的浊度去除率稍逊于聚合氯化铝。

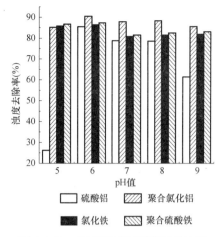

图 5.3-5 pH 值对不同混凝剂的浊度
去除效果的影响

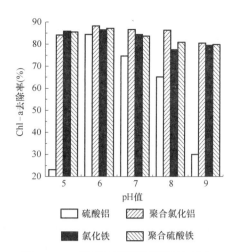

图 5.3-6 pH 值对不同混凝剂的 Chl-a
去除效果的影响

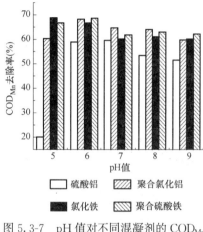

图 5.3-7 pH 值对不同混凝剂的 COD_{Mn}
去除效果的影响

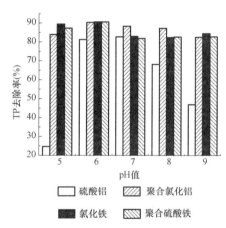

图 5.3-8 pH 值对不同混凝剂的 TP
去除效果的影响

由图 5.3-6 可以看出，pH 值在 6~8 之间时，聚合氯化铝的除藻效果最好，去除率可以达到 85% 以上。硫酸铝的除藻效果较差，去除率仅为 70% 左右；聚合硫酸铁在 pH 值为 7 时的 Chl-a 去除率达 83.7%、在 pH 值为 8 时的去除率降低到 80.9%；氯化铁在 pH 值为 7 时的 Chl-a 去除率达 84.4%、在 pH 值为 8 时的去除率降低到 79.8%。可见，pH 值不同时，4 种混凝剂的 Chl-a 去除率均有一定差异。

由图 5.3-7 可以看出，pH 值在 6~8 之间时，聚合氯化铝的 COD_{Mn} 去除率相对较高，均能达到 64% 以上；在 pH 值为 6 时，聚合氯化铝对 COD_{Mn} 的去除率可达到最高的 68.2%。pH 值在 6~9 范围内时，硫酸铝的 COD_{Mn} 去除率在 51.5%~58.9% 之间，而在 pH 值为 5 的条件下 COD_{Mn} 去除率仅为 20.1%。聚合硫酸铁和氯化铁的 COD_{Mn} 去除效果随 pH 值的变化情况比较相似，也与聚合氯化铝的 COD_{Mn} 去除效果相似，均在 pH 值为 5~6 时去除率相对较高，而且略好于聚合氯化铝；pH 值在 6~9 范围内时，这 3 种混凝剂的 COD_{Mn} 去除效果都很相近。

由图 5.3-8 可以看出，聚合氯化铝、聚合硫酸铁和氯化铁对 pH 值的适应性均较好，pH 值在 5～9 范围内时，TP 去除率均能达到 80% 以上。硫酸铝对 pH 值的适应性相对较差，pH 值在 6～7 之间时，硫酸铝的 TP 去除效果相对较好，去除率可达到 80% 以上，而在 pH 值为 5 和 8 的条件下，TP 去除率较低，只能达到 24.6% 和 46.9%。

3. 沉淀时间对混凝效果的影响

如何能够在保证出水水质的前提下尽量缩短沉淀时间，以提高沉淀池的运行效能是景观水体水质维护保障中的重要参数。本研究主要考察了不同沉淀时间条件下的污染物去除效果，以确定出最佳的沉淀时间。分别对 5～25min 沉淀时间范围的沉后出水中的污染物含量及其去除效果进行了研究，以期确定出最佳沉淀时间范围。

图 5.3-9 所示为沉淀时间对浊度去除效果的影响。可以看出，随着沉淀时间的延长，4 种混凝剂的浊度去除率均呈逐渐增大的趋势。当沉淀时间增至 15min 时，聚合氯化铝、氯化铁、聚合硫酸铁的浊度去除率均开始趋于平稳，对应的浊度去除率分别达到 86.7%、81%、82.4%，之后浊度去除率基本趋于稳定，可见 15min 沉淀时间是最佳值。硫酸铝的浊度去除率增长趋势最慢，在 5～25min 沉淀时间范围内始终处于增加的趋势，在沉淀时间为 25min 时的浊度去除率已达到了 74.6%，但浊度去除率仍没有达到稳定状态。

图 5.3-10 所示为沉淀时间对 Chl-a 去除效果的影响。可以看出，在沉淀时间达到 15min 时，聚合氯化铝和聚合硫酸铁的 Chl-a 去除率均达到了 83% 以上，并处于去除率趋于稳定状态。在沉淀时间达到 20min 后，氯化铁的 Chl-a 去除率也达到了 82% 左右的稳定状态。硫酸铝的 Chl-a 去除率则显著低于聚合氯化铝、聚合硫酸铁、氯化铁，去除率平均低 10 个百分点左右；在沉淀时间为 25min 时，硫酸铝的 Chl-a 去除率仅达到约 71%。可见，聚合氯化铝和聚合硫酸铁类的高分子混凝剂在除藻方面具有更佳的沉淀效果和较短的沉淀时间，氯化铁和硫酸铝类的无机盐混凝剂则需要更长的沉淀时间才能使得更多 Chl-a 絮体得以沉淀和去除。上述结果表明，采用高分子混凝剂去除景观水中的藻类更有效，形成的絮体沉降速率相对更大。

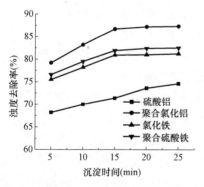

图 5.3-9　沉淀时间对浊度去除效果的影响

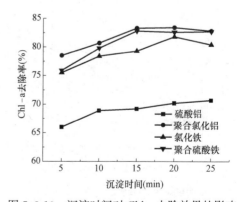

图 5.3-10　沉淀时间对 Chl-a 去除效果的影响

图 5.3-11 所示为沉淀时间对 COD_{Mn} 去除效果的影响。可以看出，聚合氯化铝的有机物去除效果明显优于另外 3 种混凝剂，随着沉淀时间的延长，COD_{Mn} 去除率呈明显上升趋势；当沉淀时间为 15min 时，COD_{Mn} 去除率达到了 66.2% 的最大值。在沉淀时间为 5～20min 期间，聚合硫酸铁、氯化铁和硫酸铝的有机物去除效果与聚合氯化铝相比有一

定的差异,大约低 4～5 个百分点,在沉淀时间达到 20min 后有机物去除效果呈接近的趋势。在沉淀 15min 时,4 种混凝剂的 COD_{Mn} 去除率增加趋势均出现变缓和趋于平衡的状态,但氯化铁和硫酸铝仍呈现缓慢增长趋势,这表明无机盐类混凝剂的絮体沉降速率稍低,但足够的沉淀时间也可以达到相近的有机物去除效果。

图 5.3-12 所示为沉淀时间对 TP 去除效果的影响。可以看出,聚合氯化铝、聚合硫酸铁、氯化铁在沉淀时间为 15min 时的 TP 去除率均达到了最高值,分别为 85.8%、83.8% 和 81.5%,但在沉淀时间超过 15min 后,TP 去除率呈略有减小的趋势。在沉淀时间为 20min 时,硫酸铝的 TP 去除率才达到约 80% 的最大值,明显滞后于其他 3 种混凝剂。从 TP 去除率的整体情况来看,TP 去除率从高到低依次为聚合氯化铝、聚合硫酸铁、氯化铁、硫酸铝。综上可以看出,高分子混凝剂聚合氯化铝和聚合硫酸铁的除 TP 效果和絮体沉降速率均好于无机盐类混凝剂氯化铁和硫酸铝。

在实际应用中,混凝剂生成的絮体粒径及其沉降性能对后续的沉淀过程有显著的影响。一般情况下,当混凝阶段生成的絮体较大、沉降性能较好时,可以缩短沉淀池的沉淀时间,减小沉淀池的体积。

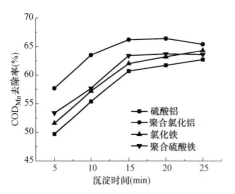

图 5.3-11 沉淀时间对 COD_{Mn} 去除效果的影响

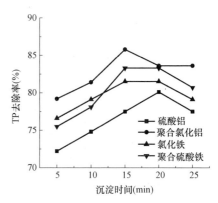

图 5.3-12 沉淀时间对 TP 去除效果的影响

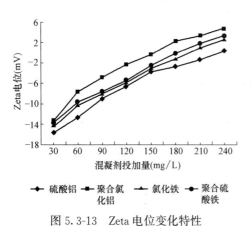

图 5.3-13 Zeta 电位变化特性

4. 不同混凝剂的絮体特性

(1) Zeta 电位对比

Zeta 电位是反映胶体和悬浮物稳定性的重要指标,胶体的 Zeta 电位小于 0mV 时电性中和起主导作用,Zeta 电位大于 0mV 时吸附架桥和网捕卷扫起主导作用。从图 5.3-13 的结果可以看出,聚合氯化铝、聚合硫酸铁、氯化铁和硫酸铝达到等电点时的投药量分别为 160mg/L、180mg/L、200mg/L 和 230mg/L;当这 4 种混凝剂投药量为 30mg/L 时,Zeta 电位均小于 0mV,此时起主导作用的应是电性中

和作用,可见不同混凝剂对 Zeta 电位的影响有较大差异,聚合氯化铝对 Zeta 电位的影响明显更大,表明聚合氯化铝具有更高密度的正电荷,而硫酸铝的电荷密度最低。在投药量为 30mg/L 时,虽然 4 种混凝剂的主要混凝作用仍是电性中和作用,但也存在显著的吸附

架桥和网捕卷扫作用，所以 30mg/L 投药量时混凝效果已经非常好，主要的污染物去除效果已经很显著，因此选择电荷密度高、水解聚合效果佳的聚合氯化铝具有更显著的混凝和除污染效能。

（2）絮体特性对比

絮体沉降性能是混凝剂特性的重要指标，表 5.3-2 为聚合氯化铝、聚合硫酸铁、氯化铁和硫酸铝在投药量为 30mg/L 时的絮体二维边界分形维数（D_{pf}）。可知，这 4 种混凝剂形成的 D_{pf} 大小依次为 1.61、1.54、1.49 和 1.47，可见聚合氯化铝的絮体结构更密实，沉降性能相对更好。上述浊度、藻类、总磷等去除效果也与絮体特性有很好的相关性，这可能是因为聚合氯化铝可以有更佳的电性中和与吸附架桥作用，使得胶体、藻类等脱稳效果和吸附架桥作用更佳；对硫酸铝来说，在低投药量时主要是电性中和作用，在高投药量时才具有较显著的网捕卷扫作用。结果表明，D_{pf} 值在吸附架桥作用下最大，其次是电性中和作用，网捕卷扫作用最小，所以聚合氯化铝和聚合硫酸铁形成的 D_{pf} 值更大。

絮体二维边界分形维数　　　　　　　　　　　　　表 5.3-2

混凝剂种类	二维边界分形维数 D_{pf}	相关系数 R^2	絮体数目 n	平均粒径（μm）
硫酸铝	1.47	0.78	60	29.5
聚合氯化铝	1.61	0.85	62	38.1
氯化铁	1.49	0.91	83	35.5
聚合硫酸铁	1.54	0.89	62	38.7

从表 5.3-2 还可以看出，聚合氯化铝和聚合硫酸铁形成的絮体较大，平均粒径可达 38μm 以上，而硫酸铝形成的絮体相对最小，平均粒径仅为 29.5μm，表明硫酸铝形成的絮体较小，沉降性能相对较差。从形成的絮体颗粒数目可以看出，氯化铁形成的絮体数目明显较多，而且 D_{pf} 值较小，表明氯化铁形成的絮体也相对较小，沉降性能也相对较差。

5. 不同景观水处理工艺的除污染效能

为了有效去除景观水中的悬浮固体、浊度、色度、有机物、营养盐类、藻类和微生物等污染物，本研究对混凝-沉淀和混凝-沉淀-砂滤两种工艺进行了对比分析，确定出了最佳混凝剂，并通过沉后水和滤后水中各类污染物的去除效果对不同处理工艺的效果进行了综合评价。

（1）浊度去除效果

图 5.3-14 所示为混凝-沉淀工艺和混凝-沉淀-砂滤工艺对景观水中浊度的去除效果。可以看出，随着聚合氯化铝投加量的增加，混凝-沉淀工艺的浊度去除率呈现逐渐升高的趋势；当聚合氯化铝投加量从 15mg/L 增至 30mg/L 时，混凝-沉淀工艺的浊度去除率呈现更快的增加趋势；当聚合氯化铝投加量在 30～40mg/L 之间时，混凝-沉淀工艺的浊度去除率已基本接近平稳趋势。经过混凝-沉淀-砂滤工艺后，出水浊度明显更低，

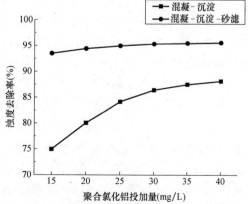

图 5.3-14　混凝-沉淀工艺和混凝-沉淀-砂滤工艺的浊度去除效果

浊度去除率显著高于混凝-沉淀工艺。随着聚合氯化铝投加量的增加，混凝-沉淀-砂滤工艺的浊度去除率变化不明显，当聚合氯化铝投加量由15mg/L增至40mg/L时，混凝-沉淀-砂滤工艺的浊度去除率均在93%~96%之间。这说明过滤单元可以有效地截留沉后水的浊度，投加较少的混凝剂就可得到很低浊度的出水。从两种工艺的浊度去除率变化趋势可以看出，聚合氯化铝的最佳投加量为30mg/L，此时混凝-沉淀工艺需要更多的混凝剂投加量才能达到较高的浊度去除率，混凝-沉淀-砂滤工艺则有明显更高的浊度去除率，两种工艺出水的浊度分别为1.02NTU和0.35NTU，浊度去除率分别为86.42%和95.34%，可见混凝-沉淀-砂滤工艺的除浊效能更好。

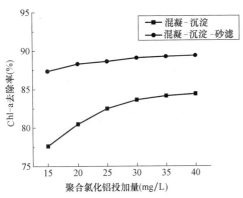

图5.3-15 混凝-沉淀工艺和混凝-沉淀-砂滤工艺的Chl-a去除效果

（2）Chl-a去除效果

图5.3-15所示为混凝-沉淀工艺和混凝-沉淀-砂滤工艺对景观水中Chl-a的去除效果。可以看出，随着聚合氯化铝投加量的增加，混凝-沉淀工艺的Chl-a去除率呈持续增加的趋势；当聚合氯化铝投加量从15mg/L增至30mg/L时，混凝-沉淀工艺的Chl-a去除率增加幅度较快，当投加量超过30mg/L时，Chl-a去除率变化趋于稳定。经过混凝-沉淀-砂滤工艺后，出水的Chl-a含量有明显下降，Chl-a去除率得到进一步提高，Chl-a去除效果明显优于混凝-沉淀工艺。另外还可以看出，在不同的混凝剂投加量下，混凝-沉淀-砂滤工艺的Chl-a去除率变化趋势较为平缓，均在87%~90%范围内。从两种工艺的Chl-a去除率变化趋势可以看出，混凝-沉淀工艺需要投加更多的聚合氯化铝才能达到稳定的去除效果，其最佳投加量范围在30~35mg/L，混凝-沉淀-砂滤工艺可投加更少的聚合氯化铝就达到稳定的去除效果，其投药量在15mg/L时的Chl-a去除率就已经达到较理想的水平，可以显著节省混凝剂。最佳混凝条件下两种工艺出水的Chl-a含量分别为12.15μg/L和8.11μg/L，Chl-a去除率分别达到83.63%和89.08%。

（3）TP去除效果

图5.3-16所示为混凝-沉淀工艺和混凝-沉淀-砂滤工艺对景观水中TP的去除效果。可以看出，随着聚合氯化铝投加量的增加，两种工艺的TP去除率均呈现上升的趋势。当聚合氯化铝投加量为15~30mg/L时，两种工艺的TP去除率均呈现明显增加的趋势，当聚合氯化铝投加量超过30mg/L后，两种工艺的TP去除率基本趋于平稳。当聚合氯化铝投加量从15mg/L增至40mg/L时，混凝-沉淀工艺的TP去除率由68.98%增至85.03%，混凝-沉淀-砂滤工艺的TP去除率由80.75%增至88.24%，可见混凝-沉淀-砂滤工艺的TP去除效能明显优

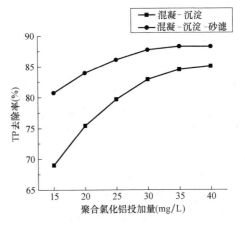

图5.3-16 混凝-沉淀工艺和混凝-沉淀-砂滤工艺的TP去除效果

于混凝-沉淀工艺。从 TP 去除率曲线的变化趋势可以看出，聚合氯化铝的最佳投加量范围为 30～35mg/L，此时两种工艺出水的 TP 含量分别为 0.029mg/L 和 0.022mg/L，TP 去除率分别为 84.49％和 88.24％，可见混凝-沉淀-砂滤工艺的 TP 去除效能更佳，也更节省混凝剂。

（4）有机物去除效果

1）UV_{254} 去除效果

图 5.3-17 所示为混凝-沉淀工艺和混凝-沉淀-砂滤工艺对景观水中 UV_{254} 的去除效果。可以看出，随着聚合氯化铝投加量的增加，两种工艺的 UV_{254} 去除率均呈现逐渐上升的趋势。当聚合氯化铝投加量由 15mg/L 增至 30mg/L 时，两种工艺的 UV_{254} 去除率呈较快的增加趋势，当聚合氯化铝投加量超过 30mg/L 时，UV_{254} 去除率均基本趋于平稳。

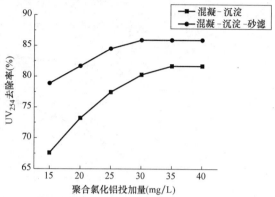

图 5.3-17　混凝-沉淀工艺和混凝-沉淀-砂滤工艺的 UV_{254} 去除效果

从 UV_{254} 去除率的整体变化趋势可以看出，混凝-沉淀-砂滤工艺对 UV_{254} 的去除效能显著优于混凝-沉淀工艺，聚合氯化铝的最佳投加量在 30～35mg/L 范围，此时两种工艺出水的 UV_{254} 含量分别为 $0.014cm^{-1}$、$0.010cm^{-1}$，UV_{254} 去除率分别达到 80.28％、85.92％。

2）COD_{Mn} 去除效果

图 5.3-18 所示为混凝-沉淀工艺和混凝-沉淀-砂滤工艺对景观水中 COD_{Mn} 的去除效果。可以看出，随着聚合氯化铝投加量的增加，两种工艺的 COD_{Mn} 去除率均呈现持续增加的趋势。当混凝剂投加量为 15～30mg/L 时，混凝-沉淀工艺的 COD_{Mn} 去除率增加幅度较大，当混凝剂投加量大于

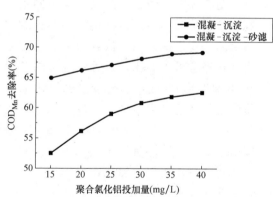

图 5.3-18　混凝-沉淀工艺和混凝-沉淀-砂滤工艺的 COD_{Mn} 去除效果

30mg/L 时，COD_{Mn} 去除率的变化趋于平稳。混凝-沉淀-砂滤工艺在各投药量条件下的 COD_{Mn} 去除率比混凝-沉淀工艺的变化明显平缓，但 COD_{Mn} 去除率明显更高。聚合氯化铝的最佳投加量为 30～35mg/L，此时两种工艺出水的 COD_{Mn} 含量分别为 3.44mg/L 和 2.80mg/L，COD_{Mn} 去除率分别为 60.82％和 68.11％。

3）TOC 去除效果

图 5.3-19 所示为混凝-沉淀工艺和混凝-沉淀-砂滤工艺对景观水中 TOC 的去除效果。可以看出，聚合氯化铝投加量在 15～40mg/L 范围时，两种工艺的 TOC 去除率均呈现逐渐增加的趋势，其中混凝-沉淀工艺的 TOC 去除率增长较快；当聚合氯化铝投加量大于 30mg/L 时，两种工艺的 TOC 去除率增加趋势变缓，而且混凝-沉淀-砂滤工艺的 TOC 去除率增加趋势均比混凝-沉淀工艺的平缓。在 15～40mg/L 聚合氯化铝投加量范围内，混

凝-沉淀-砂滤工艺的 TOC 去除效果均显著优于混凝-沉淀工艺，在 15mg/L 聚合氯化铝投加量时混凝-沉淀-砂滤工艺的 TOC 去除率就已经达到了约 58％的水平，继续增加混凝剂投加量也没有显著改善，可见过滤单元对 TOC 去除效果的提高起到了重要作用。

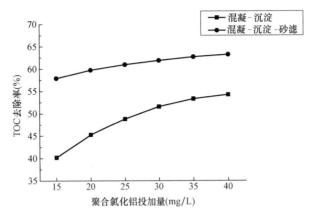

图 5.3-19   混凝-沉淀工艺和混凝-沉淀-砂滤工艺的 TOC 去除效果

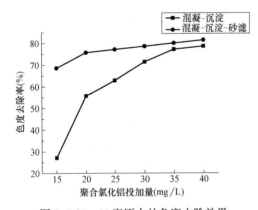

图 5.3-20   40 度原水的色度去除效果

（5）色度去除效果

1）不同色度的去除效果

图 5.3-20～图 5.3-22 所示为不同色度景观水经过混凝-沉淀工艺和混凝-沉淀-砂滤工艺后的色度去除效果。从各图中的色度去除率变化趋势可以看出，尽管景观水的色度从 40 度增加到 60 度，但随着聚合氯化铝投加量的增加，色度去除率都呈现出相似的变化趋势。聚合氯化铝投加量由 15mg/L 增至 35mg/L 时，混凝-沉淀工艺的色度去除率增加趋势较快；当聚合氯化铝投加量为 35mg/L 时，色度去除率基本接近平稳。采用混凝-沉淀-砂滤工艺的色度去除率明显好于混凝-沉淀工艺，聚合氯化铝投加量在 20～25mg/L 时，色度去除率已经接近平稳。从两种工艺对

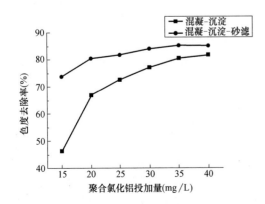

图 5.3-21   50 度原水的色度去除效果

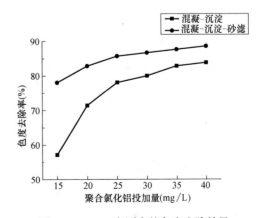

图 5.3-22   60 度原水的色度去除效果

色度去除率的变化趋势可以看出，混凝-沉淀-砂滤工艺的色度去除效能明显更佳，聚合氯化铝投加量也明显更节省。

随着景观水色度的增加，在相同聚合氯化铝投加量时的色度去除率也呈上升趋势，在聚合氯化铝投加量为 30mg/L 时，混凝-沉淀工艺和混凝-沉淀-砂滤工艺分别可使 40 度原水的色度降至 11.7 度和 8.9 度、色度去除率为 71.43％和 78.57％，可使 50 度原水的色度降至 11.4 度和 8.3 度、色度去除率为 77.27％和 84.09％，可使 60 度原水的色度降至 12.3 度和 8.3 度、色度去除率为 80.01％和 86.67％，可见，尽管原水色度增加了，但经过混凝-沉淀工艺和混凝-沉淀-砂滤工艺后，出水色度都可以保持在非常相似的水平，表明两种工艺的色度去除效能均可保持高效和稳定状态。

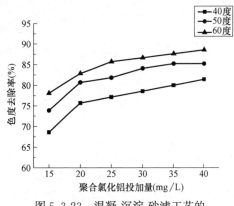

图 5.3-23　混凝-沉淀-砂滤工艺的
色度去除效果

2）混凝-沉淀-砂滤工艺的色度去除效果

图 5.3-23 所示为聚合氯化铝不同投加量时的混凝-沉淀-砂滤工艺对 3 种色度景观水的色度去除效果。可以看出，聚合氯化铝投加量在 15～40mg/L 范围内时，混凝-沉淀-砂滤工艺对 3 种不同色度景观水的色度去除效果均呈现升高的趋势。聚合氯化铝投加量在 15～20mg/L 之间时，混凝-沉淀-砂滤工艺对 3 种景观水色度的去除率均呈较快的增长趋势，当聚合氯化铝投加量超过 25mg/L 时，该工艺对色度的去除率增加趋势明显变缓。另外还可以看出，在相同聚合氯化铝投加量下，色度越高的景观水的色度去除效果越好。

（6）复合消毒的微生物灭活效果

景观水池、人工湖、喷泉等城市景观娱乐设施越来越多地被应用，近年来病原微生物在景观水体中的出现被大量报道。景观水体中的病原微生物通过直接接触、空气扩散等途径传播，可引起人类感染病原体和疾病的爆发，威胁人类的健康。因此，有必要对景观水体经过常规工艺处理后进行消毒处理，以提高水体的生物安全性。

常用的景观水消毒工艺有化学消毒（如氯气、二氧化氯、臭氧、过氧乙酸）、物理消毒（如紫外线）。在上述常用的消毒技术中，液氯在水处理中有广泛的应用，但由于氯易与水中的有机物发生反应，生成卤代烃、氯仿、三氯甲烷、多氯联苯等消毒副产物，许多是致癌、致畸、致突变的"三致"物质，水中残留的消毒药剂还会产生二次污染。因此现在国际上许多国家和地方政府已限制氯及其衍生物的使用。目前，国内二氧化氯消毒技术正在被接受和认可，但二氧化氯使用时要现场制备，也存在消毒副产物问题。尽管这些化学消毒剂有较好的持续消毒作用，但由于景观水体中各种污染物种类多、含量较高，剩余消毒剂在景观水体中易与这些污染物发生反应，造成景观水体的二次污染，同时还会对水生动植物产生危害。

紫外线消毒技术是物理消毒技术，已在水处理中得到广泛应用。紫外线消毒不投加化学药剂，不产生有害消毒副产物，对受纳水体的生物无毒副作用。紫外线消毒运行成本低，操作运行简便，易于维护管理。因此，采用紫外线消毒技术能够有效控制景观水体中的各种病原微生物，有效地保证了生物安全性。

本研究以景观水中细菌总数为微生物评价指标，考察了紫外线消毒、氯消毒以及紫外线/氯联合消毒对景观水中微生物的灭活效果。图 5.3-24 所示为不同消毒方式对景观水中细菌总数的灭活效果。可以看出，紫外线消毒时的微生物灭活效果明显好于氯消毒；在消毒时间为 5min 时，氯消毒的细菌总数灭活率仅为 59.88%，而紫外线消毒的细菌总数灭活率已达到 91.13%；随着消毒时间的延长，尤其是消毒时间超过 20min 后，氯消毒与紫外线消毒的细菌总数灭活率越来越接近；消毒时间达到 30min 时，紫外线消毒和氯消毒的细菌总数灭活率分别达到了 99.75% 和 99.25%。从图中还可以看出，当采用紫外线/氯联合消毒时，细菌总数的灭活效果均好于单独的氯消毒或紫外线消毒，可见紫外线/氯联合消毒能够形成优势互补，协同消毒作用

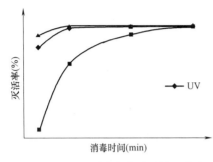

图 5.3-24　不同消毒方式对景观水中细菌总数的灭活效果

使得细菌总数的灭活效果更佳。当紫外线/氯联合消毒时间为 5min 时，细菌总数的灭活率就已达到了 96%，细菌总数由滤后水的 800CFU/mL 降至 32CFU/mL；随着消毒时间的延长，紫外线/氯联合消毒的细菌总数灭活率持续提高，消毒 10min 时细菌总数的灭活率达到 99.75%，消毒 20min 时的细菌总数灭活率就已达到 100% 的完全灭活程度。

从图 5.3-24 的消毒结果可以看出，虽然氯消毒技术需要较长的消毒时间才可以达到有效的灭活效果，但氯消毒具有很好的持续消毒作用；紫外线消毒技术在很短的消毒时间内就可以达到很高的灭活率，但没有持续消毒作用；紫外线/氯联合消毒技术结合了紫外线消毒和氯消毒各自的优势，可作为景观水中微生物消毒的有效方法。

6. 景观水与再生水的加载絮凝除污染技术

本部分研究建立了景观水与再生水的加载絮凝除污染技术，提高了浊度、藻类、TOC、COD_{Mn} 及 UV_{254} 等的去除效果，显著改善了水质，工艺设备具有占地面积小、适应性强等特点，具有良好的应用前景。

（1）混凝条件优化

加载絮凝过程的影响因素较多，不仅包括混凝剂投加量和投加点等因素，还涉及加载剂投加量及投加时间点等因素，为有效地开展试验并确定最佳工况参数，采用正交试验法进行了相关研究。

开展一系列单因素试验确定了混凝剂和加载剂的最佳投加量，并选取各因素的水平值。当聚合氯化铝的投加量为 24mg/L 的最佳投加量时，浊度、COD_{Mn} 和 UV_{254} 的去除率分别达到 87.51%、49.17% 和 12.90%。在聚合氯化铝的最佳投加量条件下同时投加微砂，污染物去除效果的提高并不显著。在聚合氯化铝最佳投加量条件下同时投加磁粉，磁粉投加量为 0.50g/L 时，浊度、COD_{Mn} 和 UV_{254} 的去除率达到最大值。

以浊度为评价指标的四因素三水平正交试验结果见表 5.3-3。在微砂投加量为 0.50g/L、投加时间点为 1.5min，聚合氯化铝投加量为 24mg/L、投加时间点为 0.5min 时，污染物去除效果最佳。磁粉投加量为 0.75g/L、投加时间点为 0.5min，聚合氯化铝投加量为 27mg/L、投加时间点为 1.5min 作为最佳的水平组合，浊度、COD_{Mn} 和 UV_{254} 的去除

率最佳。影响因素的主次顺序为：聚合氯化铝投加量＞聚合氯化铝投加时间点＞磁粉投加量＞磁粉投加时间点。

混凝影响因素评价表 表 5.3-3

因素 水平	聚合氯化铝投加时间点 （min）	聚合氯化铝投加量 （mg/L）	微砂（磁粉）投加时间点 （min）	微砂（磁粉）投加量 （g/L）
1	0.5	21	0.5	0.25
2	1.0	24	1.0	0.50
3	1.5	27	1.5	0.75

（2）PAM 投加量优化

在正交试验确定的最佳因素水平组合下，研究聚丙烯酰胺（PAM）投加量变化对污染物去除效果的影响，其投加时间点参照 Actiflo 和 Sirofloc 工艺经验数据，选在混凝剂和加载剂投加之后 2.5min 时。图 5.3-25 所示为 PAM 投加量对浊度去除效果的影响。可以看出，单独投加聚合氯化铝时，当 PAM 投加量为 0.6mg/L 时，浊度去除率达到最大值 92.0%。在微砂和磁粉加载工艺中，当 PAM 投加量为 0.2mg/L 时，浊度去除率较未投加 PAM 时均有较大幅度提高并达到 92.6% 和 94.5% 的最大值；当 PAM 投加量大于 0.2mg/L 时，浊度去除率降低至 91.5%。说明适量投加 PAM 可以增强吸附架桥作用使絮体凝结形成更大的絮体，增强了对水中胶体颗粒物的网捕卷扫作用，降低了沉后水浊度。该作用在磁加载絮凝工艺中表现为最强——磁加载工艺中浊度去除率均高于另外两种工艺，这是由于磁粉本身带有磁性，在混凝剂水解产物和助凝剂及磁性吸引力三者的协同作用下所致。

图 5.3-26 所示为 PAM 投加量对 COD_{Mn} 去除效果的影响。可以看出，单独投加聚合氯化铝时，当 PAM 投加量为 0.6mg/L 时，COD_{Mn} 去除率达到 67.4% 的最大值。微砂加载工艺的 COD_{Mn} 去除效果最差，过量投加 PAM 反而降低了该工艺对有机物的去除效果，这是因为聚合氯化铝水解产物形成的以微砂为絮凝核心的絮体沉速较快，过量的 PAM 加快了架桥、网捕速度，使之没有充分获得对有机物的吸附时间，未能有效去除有机物。磁加载工艺中，当 PAM 投加量为 0.2mg/L 时，COD_{Mn} 最大去除率达到 75.1%。磁加载工艺对 COD_{Mn} 的去除效果明显优于另外两种工艺，最大去除率高于另外两种工艺 7.7 个百分点。

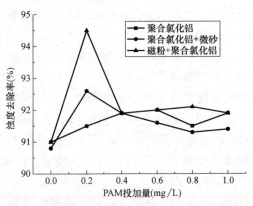 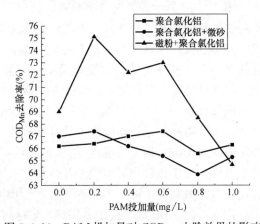

图 5.3-25　PAM 投加量对浊度去除效果的影响　　图 5.3-26　PAM 投加量对 COD_{Mn} 去除效果的影响

　　图 5.3-27 所示为 PAM 投加量对总磷与溶解性总磷去除效果的影响。可以看出，单独投加聚合氯化铝时，随着 PAM 投加量的增加存在明显的最佳点。微砂加载工艺的总磷最大去除率为 93.0%。说明 PAM 投加量的增加未能使总磷的去除率进一步提高，这是由于水中的胶体颗粒和有机物本身带负电，过量投加 PAM 会导致水解产物负电性较强，反而不利于絮体凝聚，同时会产生"胶体保护"作用。磁加载工艺中，0.2mg/L 的 PAM 可使总磷去除率达到 92.4%，被去除的磷主要为非溶解态磷。微砂加载工艺对总磷的去除效果优于磁加载工艺和常规工艺。

　　单独投加聚合氯化铝时，当 PAM 投加量为 1.0mg/L 时，溶解性总磷去除率达到最大值 24.2%。微砂加载工艺中，PAM 并未明显提高对溶解性总磷的去除率，平均值为 23%。磁加载工艺中，加入 PAM 反而降低了对溶解性总磷的去除率。这是由于 PAM 存在最佳投加量，PAM 过多会使得絮体形成过快，聚合氯化铝水解产生的金属离子未能与水中溶解性磷充分反应，就被 PAM 吸附架桥作用聚集到一起并迅速下降，抑制了对溶解性总磷的去除效果，这种现象在磁加载絮凝中表现的最为明显。

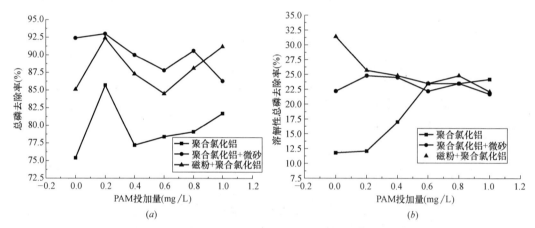

图 5.3-27　PAM 投加量对总磷与溶解性总磷去除效果的影响
（a）PAM 投加量对总磷去除效果的影响；（b）PAM 投加量对溶解性总磷去除效果的影响

（3）沉淀时间优化

　　图 5.3-28 所示为浊度去除率随沉淀时间的变化曲线。可以看出，磁加载工艺的浊度平均去除率明显高于另外两种工艺，在沉淀时间为 5min 时去除率达到 88.6%，而随着沉淀时间的延长，浊度去除率未有明显提高。微砂加载工艺需要 10min 沉淀时间可达到最佳的 85.8% 浊度去除率，常规混凝工艺则需要 15min 沉淀时间才能达到浊度最佳去除效果，与微砂加载工艺相当，均低于磁加载工艺约 3 个百分点。

　　图 5.3-29 所示为 COD$_{Mn}$ 去除率随沉淀时间的变化曲线。可以看出，对于这 3 种工艺而言，沉淀时间的延长均能改善其对有机物的去除效果；常规混凝工艺的作用最为明显，沉淀时间为 10min 时，去除率达到 63.6%，当沉淀时间再度延长时，去除效果增加趋势明显变缓。对于微砂和磁加载工艺，沉淀时间的延长同样可以提高其对有机物的去除率，并均在沉淀时间为 20min 时达到最佳去除率 67.1% 和 74.1%。

　　图 5.3-30 所示为总磷去除率随沉淀时间的变化曲线。磁加载工艺对总磷的去除效果明显优于其他两种工艺，去除率随着沉淀时间的延长有小幅度增加，在沉淀时间为 20min

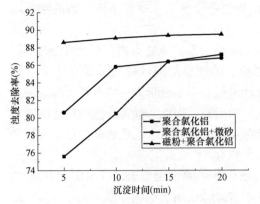

图 5.3-28 浊度去除率随沉淀时间的变化曲线

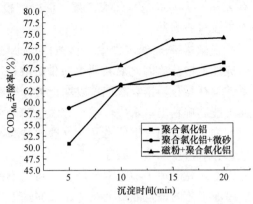

图 5.3-29 COD$_{Mn}$ 去除率随沉淀时间的变化曲线

时达到 98.6%。常规混凝工艺和微砂加载工艺的总磷去除效果均不随沉淀时间的延长而改善，常规混凝工艺和微砂加载工艺的最佳沉淀时间分别为 10min 和 5min，这与所形成的絮体密实度及溶解性总磷含量的比例有关。

从污染物去除率随沉淀时间的变化规律来看，磁加载工艺在沉淀时间为 5min 时浊度、COD$_{Mn}$ 和总磷去除率分别达到最高值 88.6%、65.8% 和 90.4%。微砂加载工艺在沉淀时间为 10min 时能获得最佳去除效果，常规混凝工艺至少需要 15min 沉淀时间，二者对污染物的最佳去除效率仍不如磁加载工艺在沉淀时间为 5min 时的效果。

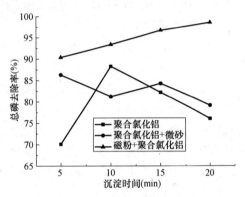

图 5.3-30 总磷去除率随沉淀时间的变化曲线

5.3.2 景观水的微絮凝-过滤技术除污染效能

1. 微絮凝-细砂过滤效能

微絮凝-细砂过滤工艺流程如图 5.3-31 所示，原水由蠕动泵提升进入混合池，经 1min 左右混合后进入微絮凝池，经 1～5min 混凝后进入砂滤池。砂滤池由有机玻璃制成，内径为 30mm；采用的细石英砂滤料的粒径为 0.5～1mm，滤层高度为 700mm，滤层下部

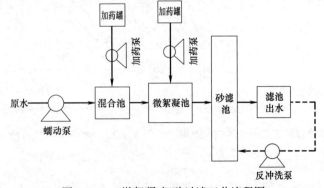

图 5.3-31 微絮凝-细砂过滤工艺流程图

有8cm卵石承托层。研究考察了混凝剂投加量、滤速等因素变化条件下该工艺的除污染效果及过滤周期。

在微絮凝-过滤过程中，若絮体太小则易穿透滤层，若絮体过大则易增大滤池负荷，造成滤池堵塞，因此混凝剂投加量的控制非常重要。滤速也是微絮凝-过滤工艺中非常重要的运行参数，增大滤速可以增加运行周期内的产水量，但也会带来一些不利影响。一方面可能影响到出水水质，另一方面会加速水头损失的增长。因此，确定合理的滤速范围对工艺的实际应用有重要意义，合理的过滤速度应该是能够保证出水水质达标并且水头损失增长相对较慢的最大滤速。

本研究确定了不同混凝剂投加量、不同滤速条件下的除污染效果，以确定微絮凝-细砂过滤工艺的最佳混凝剂投加量及滤速。在滤速分别为2m/h、4m/h、6m/h和8m/h以及聚合氯化铝投加量分别为6mg/L、9mg/L、12mg/L、15mg/L、18mg/L和21mg/L条件下，研究了浊度、Chl-a、COD_{Mn}和TP等指标的去除特性。

（1）浊度去除效果

微絮凝-细砂过滤工艺的浊度去除效果如图5.3-32所示。可以看出，滤速对浊度去除效果的影响不大，主要是聚合氯化铝投加量影响了处理效果。在各滤速条件下，当聚合氯化铝投加量小于15mg/L时，随着聚合氯化铝投加量的增加，浊度去除率逐渐增加。当聚合氯化铝投加量为15mg/L时，各滤速条件下的浊度去除率已经接近达到稳定状态，可认为最佳投药量是15mg/L，此时在滤速分别为2m/h、4m/h、6m/h和8m/h的条件下，滤后水浊度值分别为1.37NTU、1.38NTU、1.19NTU和1.39NTU，去除率分别达到91.9%、92.0%、91.8%和90.9%。

（2）Chl-a去除效果

微絮凝-细砂过滤工艺的Chl-a去除效果如图5.3-33所示。可以看出，当聚合氯化铝投加量小于15mg/L时，在4m/h低滤速下进行时，Chl-a的去除效果要好于其他滤速。当聚合氯化铝投加量在15mg/L以上时，Chl-a去除率趋于稳定，且滤速对Chl-a去除效果的影响不大；在不同滤速下滤后水Chl-a值都小于12μg/L，因此选定15mg/L的聚合氯化铝投加量对Chl-a的去除较为合适。

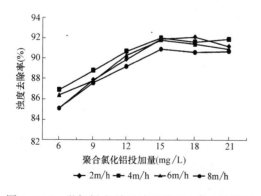

图5.3-32 微絮凝-细砂过滤工艺的浊度去除效果

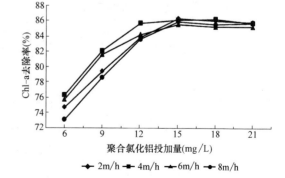

图5.3-33 微絮凝-细砂过滤工艺的Chl-a去除效果

（3）COD_{Mn}去除效果

微絮凝-细砂过滤工艺的COD_{Mn}去除效果如图5.3-34所示。可以看出，滤速和聚合氯化铝投加量都会影响 COD_{Mn} 的去除效果。在 2m/h 低滤速下进行时,COD_{Mn} 的去除效果要好于其他滤速。在其他条件不变的情况下,增加滤速会降低 COD_{Mn} 的去除效果,这是因为进水在加药混合絮凝后直接进入滤池,后期的絮凝作用继续在滤池内完成,当滤速过大时滤层表面的水力停留时间过短,絮凝剂的絮凝作用得不到充分发挥。在各滤速条件下,当聚合氯化铝投加量小于 15mg/L 时,COD_{Mn} 去除率都逐渐增加。当聚合氯化铝投加量达到 15mg/L 后,各滤速条件下的 COD_{Mn} 去除率都趋于稳定。

(4) TP 去除效果

微絮凝-细砂过滤工艺的 TP 去除效果如图 5.3-35 所示。可以看出,滤速对 TP 去除效果的影响不大,主要是聚合氯化铝投加量影响了处理效果。在各滤速条件下,当聚合氯化铝投加量小于 15mg/L 时,随着聚合氯化铝投加量的增加,TP 去除率逐渐增加。当聚合氯化铝投加量达到 15mg/L 后,各滤速条件下的 TP 去除率已经接近达到稳定状态,可认为最佳投药量是 15mg/L,此时在滤速分别为 2m/h、4m/h、6m/h 和 8m/h 的条件下,滤后水 TP 值分别为 0.019mg/L、0.020mg/L、0.022mg/L 和 0.020mg/L,去除率分别达到 88%、87.7%、86.7% 和 86.7%。

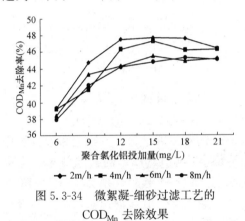

图 5.3-34 微絮凝-细砂过滤工艺的 COD_{Mn} 去除效果

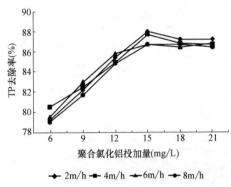

图 5.3-35 微絮凝-细砂过滤工艺的 TP 去除效果

2. 微絮凝-粗砂过滤效能

由前述试验结果可知,细石英砂在过滤过程中,絮体基本被上层滤料截留,而下层滤料基本未起截留作用,因此考察以粗石英砂为滤料进行微絮凝-过滤时的处理效果。粗石英砂滤料的粒径为 1~1.6mm,滤层高度为 700mm,滤层下部有 8cm 卵石承托层。

以粗石英砂为滤料进行微絮凝-过滤研究,考察了不同混凝剂投加量及滤速的除污染效果。在滤速分别为 2m/h、4m/h、6m/h 和 8m/h 以及聚合氯化铝投加量分别为 6mg/L、9mg/L、12mg/L、15mg/L、18mg/L 和 21mg/L 条件下,研究了浊度、Chl-a、COD_{Mn} 和 TP 等指标的去除特性。

(1) 浊度去除效果

微絮凝-粗砂过滤工艺的浊度去除效果如图 5.3-36 所示。可以看出,滤速对浊度去除效果的影响不明显,聚合氯化铝投加量是主要的影响因素。在各滤速条件下,当聚合氯化铝投加量小于 18mg/L 时,随着聚合氯化铝投加量的增加,浊度去除率逐渐增加。当聚合氯化铝投加量达到 18mg/L 后,各滤速条件下的浊度去除率已经接近达到稳定状态,可认为最佳投药量是 18mg/L,此时在滤速分别为 2m/h、4m/h、6m/h 和 8m/h 的条件下,浊度去除率分别达到 86.7%、85.5%、85.9% 和 84.3%。

（2）Chl-a 去除效果

微絮凝-粗砂过滤工艺的 Chl-a 去除效果如图 5.3-37 所示。可以看出，滤速和聚合氯化铝投加量都会影响 Chl-a 的去除效果。当聚合氯化铝投加量一定时，随着滤速的增大，Chl-a 的去除效果逐渐变差。当滤速一定时，随着聚合氯化铝投加量的增加，Chl-a 的去除效果逐渐变好。当聚合氯化铝投加量为 18mg/L 时，各滤速条件下的 Chl-a 去除率趋于稳定，都达到了 78% 以上。因此选定 18mg/L 的聚合氯化铝投加量对 Chl-a 的去除较为合适。

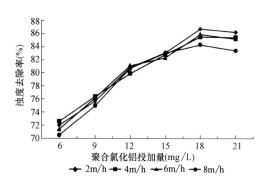

图 5.3-36　微絮凝-粗砂过滤工艺的
浊度去除效果

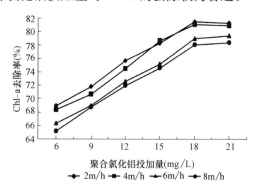

图 5.3-37　微絮凝-粗砂过滤工艺的
Chl-a 去除效果

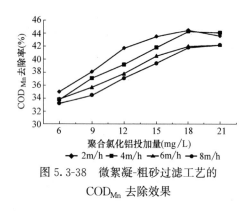

图 5.3-38　微絮凝-粗砂过滤工艺的
COD_{Mn} 去除效果

（3）COD_{Mn} 去除效果

微絮凝-粗砂过滤工艺的 COD_{Mn} 去除效果如图 5.3-38 所示。可以看出，滤速和聚合氯化铝投加量都会影响 COD_{Mn} 的去除效果。当聚合氯化铝投加量一定时，增加滤速会降低 COD_{Mn} 的去除效果。在各滤速条件下，当聚合氯化铝投加量小于 18mg/L 时，COD_{Mn} 去除率都逐渐增加。当聚合氯化铝投加量达到 18mg/L 后，各滤速条件下的 COD_{Mn} 去除率都趋于稳定。当聚合氯化铝投加量为 18mg/L 时，在滤速分别为 2m/h、4m/h、6m/h 和 8m/h 的条件下，COD_{Mn} 去除率分别为 44.5%、44.3%、42% 和 41.8%。COD_{Mn} 的去除效果要略差于同条件下的细石英砂滤料。

（4）TP 去除效果

微絮凝-粗砂过滤工艺的 TP 去除效果如图 5.3-39 所示。可以看出，滤速和聚合氯化铝投加量都会影响 TP 的去除效果。当聚合氯化铝投加量一定时，增加滤速会降低 TP 的去除效果。在各滤速条件下，当聚合氯化铝投加量小于 18mg/L 时，随着聚合氯化铝投加量的增加，TP 去除率逐渐增加。当聚合氯化铝投加量达到 18mg/L 后，各滤速条件

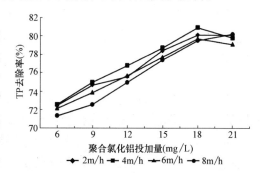

图 5.3-39　微絮凝-粗砂过滤工艺的 TP 去除效果

下的 TP 去除率已经接近达到稳定状态，可认为最佳投药量是 18mg/L，此时在滤速分别为 2m/h、4m/h、6m/h 和 8m/h 的条件下，滤后水 TP 值分别为 0.022mg/L、0.023mg/L、0.023mg/L 和 0.025mg/L，去除率分别达到 80.1％、80.9％、79.7％和 79.5％。

3. 微絮凝-双层滤料过滤效能

由前面的试验结果可知，当采用细石英砂为滤料时，絮体容易被上层截留，其下层滤料未充分发挥作用，造成水头损失增长速度过快；而采用粗石英砂为滤料时，其对絮体的截留能力弱，会造成碳砂滤池提前穿透，出水水质变差。因此考虑采用双层滤料对景观水体进行微絮凝-过滤试验。试验用滤料如下：上层的活性炭滤料粒径为 1～1.6mm，滤层高度为 400mm；下层的石英砂滤料粒径为 0.5～1mm，滤层高度为 300mm，滤层下部有 8 cm 卵石承托层。

考察了微絮凝-双层滤料过滤工艺在不同混凝剂投加量及不同滤速下的除污染效果。在滤速分别为 2m/h、4m/h、6m/h 和 8m/h 以及聚合氯化铝投加量分别为 6mg/L、9mg/L、12mg/L、15mg/L、18mg/L 和 21mg/L 条件下，考察了浊度、Chl-a、COD$_{Mn}$ 和 TP 等指标的去除特性。

（1）浊度去除效果

微絮凝-双层滤料过滤工艺的浊度去除效果如图 5.3-40 所示。可以看出，滤速对浊度去除效果的影响不大，主要是聚合氯化铝投加量影响了处理效果。在各滤速条件下，当聚合氯化铝投加量小于 15mg/L 时，随着聚合氯化铝投加量的增加，浊度去除率逐渐增加。当聚合氯化铝投加量达到 15mg/L 后，各滤速条件下的浊度去除率已经接近达到稳定状态，可认为最佳投药量是 15mg/L，此时在滤速分别为 2m/h、4m/h、6m/h 和 8m/h 的条件下，滤后水浊度值分别为 1.21NTU、1.10NTU、1.19NTU 和 1.15NTU，去除率分别达到 91.3％、91.2％、90.6％和 90.5％。

（2）Chl-a 去除效果

微絮凝-双层滤料过滤工艺的 Chl-a 去除效果如图 5.3-41 所示。可以看出，当聚合氯化铝投加量小于 15mg/L 时，在低滤速 4m/h 下进行时，Chl-a 的去除效果要好于其他滤速。当聚合氯化铝投加量在 15mg/L 以上时，Chl-a 去除率趋于稳定，且滤速对 Chl-a 去

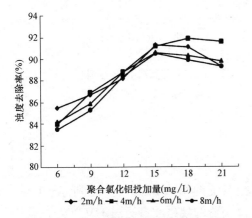

图 5.3-40　微絮凝-双层滤料过滤工艺
的浊度去除效果

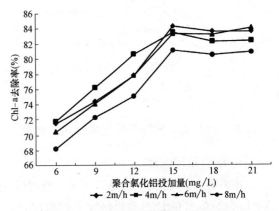

图 5.3-41　微絮凝-双层滤料过滤工艺
的 Chl-a 去除效果

除效果的影响不大；在不同滤速下出水 Chl-a 值都小于 $12\mu g/L$，因此选定 15mg/L 的聚合氯化铝投加量对 Chl-a 的去除较为合适。

（3）COD_{Mn} 去除效果

微絮凝-双层滤料过滤工艺的 COD_{Mn} 去除效果如图 5.3-42 所示。可以看出，滤速和聚合氯化铝投加量都会影响 COD_{Mn} 的去除效果。当聚合氯化铝投加量一定时，增加滤速会降低 COD_{Mn} 的去除效果。在各滤速条件下，当聚合氯化铝投加量小于 15mg/L 时，COD_{Mn} 去除率都逐渐增加。当聚合氯化铝投加量达到 15mg/L 后，各滤速条件下的 COD_{Mn} 去除率都趋于稳定。当聚合氯化铝投加量为 15mg/L 时，在滤速分别为 2m/h、4m/h、6m/h 和 8m/h 的条件下，COD_{Mn} 去除率分别为 49.4%、49.9%、49% 和 47.8%。COD_{Mn} 的去除效果要优于同条件下的单层石英砂滤料，这说明双层滤料对 COD_{Mn} 的去除效果较好。

（4）TP 去除效果

微絮凝-双层滤料过滤工艺的 TP 去除效果如图 5.3-43 所示。可以看出，滤速对 TP 去除效果的影响不大，主要是聚合氯化铝投加量影响了处理效果。在各滤速条件下，当聚合氯化铝投加量小于 15mg/L 时，随着聚合氯化铝投加量的增加，TP 去除率逐渐增加。当聚合氯化铝投加量达到 15mg/L 后，各滤速条件下的 TP 去除率已经接近达到稳定状态，可认为最佳投药量是 15mg/L，此时在滤速分别为 2m/h、4m/h、6m/h 和 8m/h 的条件下，滤后水 TP 值分别为 0.019mg/L、0.020mg/L、0.022mg/L 和 0.020mg/L，去除率分别达到 88%、87.7%、86.7% 和 86.7%。

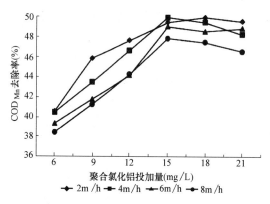

图 5.3-42 微絮凝-双层滤料过滤工艺的 COD_{Mn} 去除效果

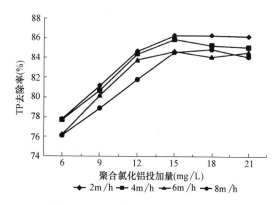

图 5.3-43 微絮凝-双层滤料过滤工艺的 TP 去除效果

5.3.3 UV/TiO₂ 高级氧化技术除污染效能

1. 试验系统构建

紫外线/二氧化钛（UV/TiO_2）高级氧化试验系统的组成如图 5.3-44 所示。UV/TiO_2 为流过式的管道型光催化氧化反应器，UV 反应器的规格和参数与 UV/TiO_2 反应器相同，以便进行平行对比试验研究。可以根据具体的研究需要进行运行参数调控，通过调节水泵的流量和切换管道的阀门进行反应时间和流量的改变。

2. 有机物去除效果

为了研究 TiO_2 和 UV 在去除有机物过程中所起到的作用，以及 TiO_2 与 UV 组合后所产生的协同作用，在有机物初始浓度、pH 值、光照强度、运行方式等试验条件相同的前提下，分别研究了单独 UV 氧化、单独 TiO_2 氧化、UV/TiO_2 催化氧化的有机物去除效果。结果表明，单独 TiO_2 氧化的 UV_{254} 去除率为 1.35%，仅采用 TiO_2 氧化无法有效去除水中的有机物。

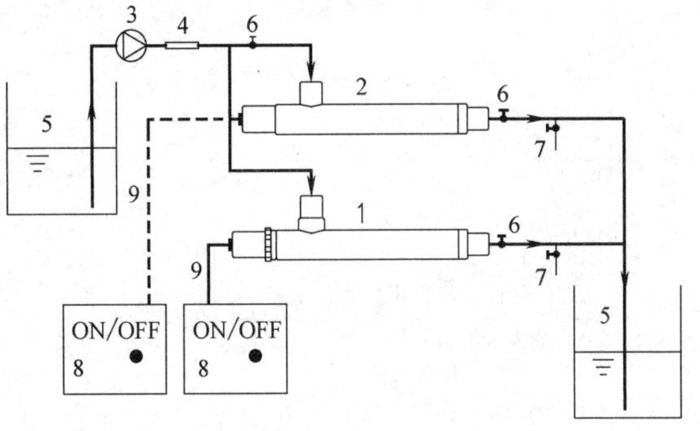

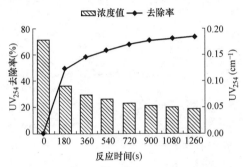

图 5.3-44 UV/TiO_2 高级氧化试验系统的组成

1—UV/TiO_2 反应器；2—UV 反应器；3—水泵；4—流量计；5—水箱；6—阀门；7—取样口；8—电源控制箱；9—电源线

（1）UV 反应器的有机物去除效果

通过静态作用方式考察了 UV 反应器去除有机物的效果，研究了反应前后 UV_{254}、DOC 和 SUVA 的变化，结果如图 5.3-45～图 5.3-47 所示，反应时间分别为 180s、360s、540s、720s、900s、1080s 和 1260s。

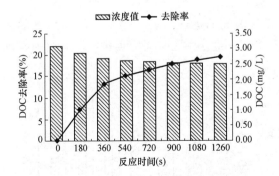

图 5.3-45 UV 反应器的 UV_{254} 去除效果

由图 5.3-45～图 5.3-47 可知，UV 反应器对有机物具有一定的去除效果，随着反应时间的增加，有机物去除率均不断增加。UV_{254}、DOC 和 SUVA 的去除率分别由 180s 时的 49.1%、7.2% 和 45.2% 提高到 1260s 后的 73.1%、19.4% 和 66.7%。可见，UV 反应器的氧化效果比较显著，这是由于 UV 作用于 H_2O 并使之裂解成 OH^- 和 H^+，OH^- 进一步吸收光子能量产生活性中间产物·OH，·OH 与有机物发生亲电、亲核或电子转移反应引起有机物降解，可见 UV 能去除水中的有机物。

图 5.3-46 UV 反应器的 DOC 去除效果

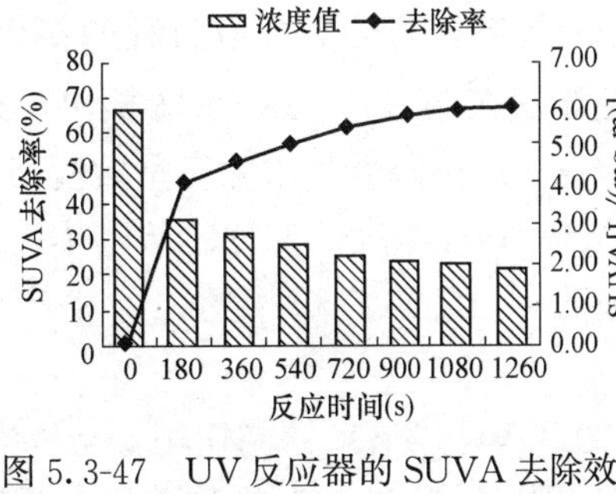

图 5.3-47 UV 反应器的 SUVA 去除效果

光催化氧化反应中有机物浓度可通过 DOC 确定，随着光催化氧化反应的进行 DOC 降解速率逐渐降低，在相同的反应时间内 DOC 去除率要比 UV_{254} 平均低 49.9 个百分点，可见 UV 反应器去除有机物的过程中存在中间产物，腐殖质类有机物没有被完全降解，

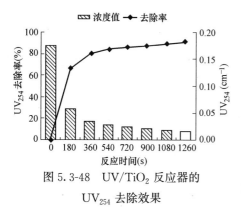

图 5.3-48　UV/TiO₂ 反应器的
UV₂₅₄ 去除效果

而是被氧化成了其他种类的中间产物。

（2）UV/TiO₂ 反应器的有机物去除效果

通过静态作用方式考察了 UV/TiO₂ 反应器去除有机物的效果，研究了反应前后 UV_{254}、DOC 和 SUVA 的变化，结果如图 5.3-48～图 5.3-50 所示，反应时间分别为 180s、360s、540s、720s、900s、1080s 和 1260s。

由图 5.3-48 ～ 图 5.3-50 可知，UV_{254}、DOC 和 SUVA 的去除率由 180s 时的 66.9％、19.5％和 58.8％逐渐提高到 1260s 后的 91.4％、30.9％和 87.6％。UV/TiO₂ 反应器中附着的 TiO₂ 在 UV 光照射激发下发生电子跃迁，电子从低能价带跃迁至高能导带形成空穴电子对，具有氧化性的空穴和具有还原性的电子进一步产生·OH 去除有机物。在相同的反应时间内 DOC 去除率比 UV_{254} 去除率平均低 55.6 个百分点，可见 UV/TiO₂ 反应器去除有机物的过程中也存在中间产物，腐殖质类有机物没有被完全降解，而是被氧化成了其他种类的中间产物，所以 DOC 的去除率会低于 UV_{254} 的去除率。

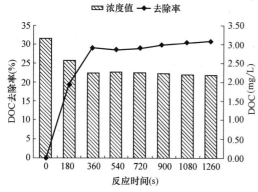

图 5.3-49　UV/TiO₂ 反应器的 DOC 去除效果

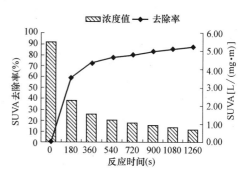

图 5.3-50　UV/TiO₂ 反应器的 SUVA 去除效果

在 UV/TiO₂ 光催化氧化反应中，随着反应时间的延长 UV_{254}、DOC 和 SUVA 的去除率不断提高，与 UV 反应过程的变化趋势类似。随着反应时间的延长，反应速率表现为开始阶段速度快、去除率增长快，约 360s 后反应速率逐渐降低、去除率呈缓慢增长的趋势，这与·OH 浓度的变化趋势基本一致，说明生成的·OH 与有机物的去除率有一定的关系。

（3）UV 与 TiO₂ 协同作用

在水温、pH 值、有机物浓度、反应时间等条件相同的前提下，单独 UV 氧化与 UV/TiO₂ 光催化氧化的有机物去除效果对比如图 5.3-51～图 5.3-53 所示。

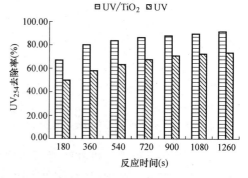

图 5.3-51　UV/TiO₂ 与 UV 的 UV₂₅₄
去除效果对比

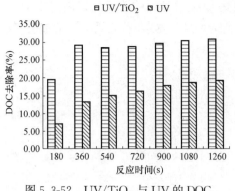

图 5.3-52　UV/TiO₂ 与 UV 的 DOC
去除效果对比

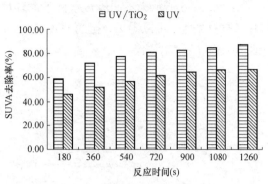

图 5.3-53　UV/TiO₂ 与 UV 的 SUVA
去除效果对比

由图 5.3-51～图 5.3-53 可以看出，UV/TiO₂ 反应器对 UV₂₅₄、DOC 和 SUVA 的去除率分别比 UV 反应器平均高出了 18.5 个百分点、12.7 个百分点和 18.6 个百分点，可见 TiO₂ 提高了 UV 去除有机物的效果。UV 作用于 H₂O 并使之裂解成 OH⁻ 和 H⁺，OH⁻ 进一步吸收光子能量产生活性中间产物·OH，·OH 与有机物发生亲电、亲核或电子转移反应引起有机物降解；TiO₂ 的内部构成导致其表面存在大量的氢氧键，使得 TiO₂ 具有很高的光催化活性和氧化能力，在波长小于 387nm 的紫外光的照射下，光辐射使电子发生跃迁，价带电子被激发到导带，形成空穴-电子对有利于产生·OH，·OH 产生与作用机理的不同使 TiO₂ 与 UV 具有良好的协同作用。

5.3.4　UV/TiO₂ 技术除污染效能

1. 有机物去除效果

采用动态试验研究了 UV/TiO₂ 反应器对 UV₂₅₄ 和 DOC 的去除效果，以进水箱中的水全部流经 UV/TiO₂ 反应器进入出水箱后作为一次循环反应过程，循环反应次数越多，对应 UV/TiO₂ 的反应时间越长，试验中采用的 UV/TiO₂ 反应器流量分别为 0.10m³/h、0.20m³/h、0.45m³/h、0.60m³/h 和 0.75m³/h，研究了随着循环反应次数和反应时间的变化，不同流量条件下 UV/TiO₂ 的有机物去除效果。

（1）UV₂₅₄ 去除效果

图 5.3-54 所示为不同流量条件下循环反应次数与 UV₂₅₄ 去除率的相关性。可以看出，随着 UV/TiO₂ 反应器的流量不断增加，UV₂₅₄ 去除率均呈现降低的趋势；在 0.10m³/h（对应反应时间 10.8 s）流量时，UV/TiO₂ 反应器的 UV₂₅₄ 去除率为 29.3%；当流量增加至 0.20～0.75m³/h 以后，反应时间也相应缩短，UV₂₅₄ 去除效果明显降低，与 0.10m³/h 流量时的 UV₂₅₄ 去除率平均相差 17.3～27.9 个百分点，可见保持足够低的流速以增加 UV/TiO₂ 氧化反应时间是必要的。增加循环反应次数可以改善 UV₂₅₄ 的去除效果，但总体增加幅度不显著；在 0.10m³/h 流量时，1 次循环反应的反应时间为 10.8s，UV/TiO₂ 反应器的 UV₂₅₄ 去除率为 29.3%；进行 12 次循环反应的反应时间共计为 129.6s，尽管 UV/TiO₂ 反应器的 UV₂₅₄ 去除率达到了 53.7%，但仅增加了 24.4 个百分点；其他流量条件下的 UV₂₅₄ 去除率结果也呈现类似的趋势。

图 5.3-55 所示为不同流量条件下循环反应 1～12 次所对应的总反应时间与 UV_{254} 去除率的相关性。可以看出，随着总反应时间的增加，UV_{254} 去除率呈现持续增加的规律，但增加幅度基本不变。

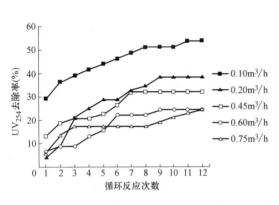

图 5.3-54　循环反应次数与 UV_{254} 去除率的相关性　　图 5.3-55　反应时间与 UV_{254} 去除率的相关性

从各种流量和反应时间对应的 UV_{254} 去除率来看，低流量时的 UV_{254} 去除率要好于高流量时的 UV_{254} 去除率；流量越大，所能达到的最高 UV_{254} 去除率越低。可见，流量对 UV_{254} 的去除效果有很大影响，这是因为流量较小时水力停留时间和 UV/TiO_2 氧化反应时间较长，TiO_2 可以有更长的接触时间与水中的有机物发生氧化反应；而在流量加大后，每次循环反应的时间缩短，UV_{254} 去除率显著下降，通过增加循环反应次数也不能有效提高 UV_{254} 的去除效果，并且随着流量的增加，UV_{254} 的最高去除率逐步下降。因此，可以认为 UV/TiO_2 反应器的流量是 UV_{254} 去除效果的主要影响因素。

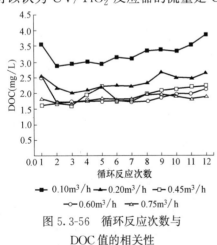

图 5.3-56　循环反应次数与 DOC 值的相关性

（2）DOC 去除效果

图 5.3-56 所示为不同流量条件下循环反应次数与 DOC 值的相关性。可以看出，随着循环反应次数的增加，DOC 值出现了先降低后增加的现象。

在 $0.10m^3/h$ 流量时，循环反应 1 次时 DOC 值从原水的 3.568mg/L 降低到 2.877mg/L，循环反应 2～12 次时 DOC 值从 2.877mg/L 逐渐升高到 3.837mg/L，循环反应 12 次的 DOC 值比原水增加了约 7.5%。流量在 $0.20～0.75m^3/h$ 范围时，出水 DOC 值也随着循环反应次数的增加出现逐渐增加的现象。从图 5.3-56 中可以看出，无论进水的 DOC 值高低（1.606～3.586mg/L），UV/TiO_2 氧化反应基本都会出现类似的变化规律，这可能是因为在 UV/TiO_2 氧化反应中同时存在 DOC 降解和生成的过程，易降解的 DOC 在第 1 次循环反应过程中被氧化降解，使得 DOC 值显著降低；在随后的循环反应中，更多的其他类有机物被氧化为溶解性的 DOC，导致 DOC 值又逐步增加。

图 5.3-57 所示为不同流量条件下循环反应 1～12 次所对应的总反应时间与 DOC 值的

相关性。可以看出，随着总反应时间的增加，DOC 值呈现持续增长的趋势，表明 UV/TiO$_2$ 氧化反应过程不但没有去除 DOC，反而使 DOC 含量显著增加。

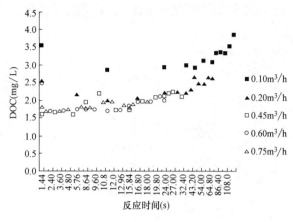

图 5.3-57 反应时间与 DOC 值的相关性

从上述反应流量和循环反应次数的变化规律可以看出，保持较低的反应流速可以更有效地发挥 UV/TiO$_2$ 的氧化反应效能，增加循环反应次数可以逐步提高 UV$_{254}$ 的去除效果，但也会造成 DOC 含量的增加，因此需根据实际进水水质条件和处理工艺的状况来选择和优化循环反应次数。

（3）COD$_{Mn}$ 及 SUVA 变化特性

根据上述 UV$_{254}$ 和 DOC 的结果，选定 UV/TiO$_2$ 反应器在循环反应流量为 0.10m^3/h、循环反应 1 次时，研究了 UV/TiO$_2$ 氧化反应前后水体中 COD$_{Mn}$ 和 SUVA 的变化特性，结果如图 5.3-58 所示。

由图 5.3-58 可以看出，原水经 UV/TiO$_2$ 氧化后，SUVA 值由 1.22 降为 0.72，这主要是因为经 UV/TiO$_2$ 氧化后部分疏水性有机物的不饱和键减少，导致了亲水性有机物比例增加，这表明 UV/TiO$_2$ 氧化形成了更多的亲水性 DOC。在原水 COD$_{Mn}$ 含量为 1.94mg/L 时，氧化出水的 COD$_{Mn}$ 含量增加到 2.51mg/L，出水 COD$_{Mn}$ 含量比进水增加了约 22.7%，即经过 UV/TiO$_2$ 氧化后，COD$_{Mn}$ 含量不但没有降低反而有所增加，这与 DOC 含量的变化趋势一致。

TiO$_2$ 在紫外光的照射下能够产生具有较强氧化能力的羟基自由基，其氧化势能为 2.8V，远高于高锰酸钾的氧化势能（1.67V）。上述原水经过 UV/TiO$_2$ 氧化后，COD$_{Mn}$ 含量增加，水中能够被高锰酸钾氧化的有机物含量增多，这是因为 UV/TiO$_2$ 氧化过程中产生羟基自由基，其氧化能力强于高锰酸钾的氧化能力，UV/TiO$_2$ 氧化将部分不易被高锰酸钾氧化的有机物降解，产生易被高锰酸钾氧化的有机物，从而导致氧化出水 COD$_{Mn}$ 含量增加。

2. 浊度去除效果

图 5.3-59 所示为 UV/TiO$_2$ 的浊度去除效果。可以看出，UV/TiO$_2$ 氧化对浊度的去除效果不佳，随着反应时间的延长，浊度去除率呈缓慢增加的趋势；在初始浊度为 4.90NTU、反应时间为 36s 时，浊度去除率仅为 1.02%，当反应时间增加到 252s 时，浊度去除率增加到 11.84%；在 UV/TiO$_2$ 氧化过程中，初始浊度对浊度去除率有较大影响，随着初始浊度增加，浊度去除率逐渐降低，当初始浊度由 4.90NTU 增加到 6.07NTU 时，浊度的平均去除率降低了 28.6%，即浊度去除率与初始浊度成反比，这可能是因为浊度高时，会造成颗粒物的浓度增大而对紫外光照有遮蔽作用，影响管壁上 TiO$_2$ 对紫外光的充分吸收，导致浊度的去除效果降低。可见，UV/TiO$_2$ 氧化技术更适用于低浊度水的处理，在处理浊度偏高水时，可以采取延长反应时间来达到浊度去除目的，或在 UV/TiO$_2$

氧化单元前增加其他预处理单元以降低进水浊度。

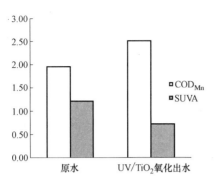

图 5.3-58 UV/TiO₂ 氧化前后 COD$_{Mn}$
与 SUVA 变化特性

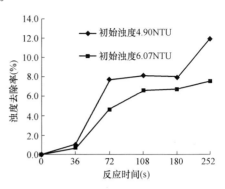

图 5.3-59 UV/TiO₂ 的浊度去除效果

3. 氨氮、亚硝酸盐氮和硝酸盐氮去除效果

氨氮和有机物是建筑室外景观水中存在的较为普遍的污染物。将生活污水与自来水按照一定比例混合后来模拟建筑室外景观水进行了试验,生活污水中的氮主要以氨氮和有机氮的形式存在。

图 5.3-60 所示为 UV/TiO₂ 的氨氮、亚硝酸盐氮和硝酸盐氮去除效果。可以看出,当进水氨氮浓度为 1.439~3.138mg/L 时,UV/TiO₂ 氧化出水的氨氮浓度为 1.439~2.991mg/L,平均去除率约为 5%,UV/TiO₂ 氧化的氨氮去除率较小,甚至出现了氧化出水氨氮浓度升高的现象。

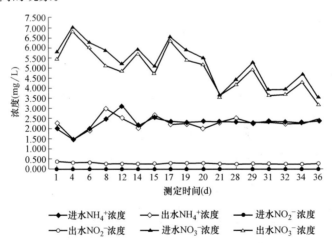

图 5.3-60 UV/TiO₂ 的氨氮、亚硝酸盐氮和硝酸盐氮去除效果

Altomare 和 Satoshi Shibuya 等人的研究结果表明,氨氮可以被 UV/TiO₂ 氧化使得氨氮浓度降低;另一方面,有机氮可以被氧化成氨氮,使得氨氮浓度升高。上述结果中 UV/TiO₂ 氧化对氨氮的去除率较小,这说明在氧化过程中有部分有机氮被氧化成了氨氮,从而导致氨氮的去除率较低。

从亚硝酸盐氮含量的变化趋势可以看出,进水中亚硝酸盐氮含量较低,其浓度为 0~0.008mg/L,经 UV/TiO₂ 氧化后,亚硝酸盐氮浓度增加到 0.223~0.355mg/L,其平均增加率为 5.3%，表明 UV/TiO$_2$ 氧化可以使得亚硝酸盐氮有一定积累，这可能是由进水中的氨氮或有机氮被氧化而来，导致亚硝酸盐浓度增加。从硝酸盐氮含量的变化情况可知，UV/TiO$_2$ 氧化前后硝酸盐氮的浓度基本没有变化，说明进水中的氨氮和亚硝酸盐氮并没有被彻底氧化成硝酸盐氮，而是转化成了亚硝酸盐氮等中间产物。

由于 UV/TiO$_2$ 氧化的氨氮去除率不高，还可导致亚硝酸盐氮的积累，因此将 UV/TiO$_2$ 氧化用于建筑室外景观水处理时，需要在 UV/TiO$_2$ 氧化单元后增加后处理单元，以进一步去除氨氮及亚硝酸盐氮。

4. 2-MIB 和 GSM 去除效果

由藻类代谢引起的嗅味污染已成为建筑室外景观水体普遍存在的问题，2-MIB 和 GSM 是导致产生嗅味的两种主要物质。为研究 UV/TiO$_2$ 氧化对嗅味物质 2-MIB 和 GSM 的去除效果，分别采用自来水配制两种不同初始浓度的试验用水，浓度分别为 $C_{1,0}$（2-MIB）= 58.7ng/L、$C_{2,0}$（2-MIB）= 728.5ng/L、$C_{1,0}$（GSM）= 61.6ng/L、$C_{2,0}$（GSM）= 715.7ng/L，循环反应时间为 3min 时 2-MIB 和 GSM 的去除率如图 5.3-61 所示。

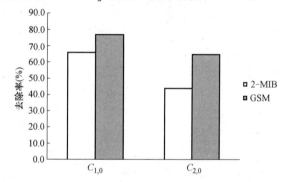

图 5.3-61　UV/TiO$_2$ 的 2-MIB 和 GSM 去除效果

由图 5.3-61 可知，当 2-MIB 和 GSM 的初始浓度分别为 58.7ng/L 和 61.6ng/L 时，经过 UV/TiO$_2$ 氧化后的 2-MIB 和 GSM 去除率分别为 66.0% 和 76.6%；当 2-MIB 和 GSM 的初始浓度分别增加到 728.5ng/L 和 715.7ng/L 时，2-MIB 和 GSM 的去除率也相应地分别降低到 43.7% 和 64.8%。可以看出，两种有机物的去除率均随着初始浓度的增加而降低，这与其他学者研究的光催化氧化降解 DMP 规律一致。原因可能是在反应时间一定时，UV/TiO$_2$ 氧化产生的羟基自由基的数量是一定的，当水中 2-MIB 和 GSM 的含量增加时，相同条件下的去除率也必然会降低。

5. 消毒后的细菌光复活能力

TiO$_2$ 具有较高的光催化活性，稳定性好，对人体无害，现有的 TiO$_2$ 光催化氧化常用于水中有机物的去除。目前，UV/TiO$_2$ 光催化灭活微生物的应用主要在某些环境设施表面涂有 TiO$_2$ 涂层，如一些公共设施的表面、卫生陶瓷的釉面和医院室内的建材表面等，通过此方法降低细菌的存活率从而减少细菌的传播机会。

水中微生物含量与水的污染程度有关，有研究表明浊度与水中微生物含量成正相关，本研究以细菌总数为微生物评价指标，考察了 UV/TiO$_2$ 氧化的微生物灭活效果和灭活后的微生物光复活能力。

在微生物灭活试验中，UV/TiO$_2$ 的循环流量为 0.10m^3/h，循环一次（相应反应时间为 10.8s）时测定出水的细菌总数；在光复活效应研究中，将 UV/TiO$_2$ 氧化出水密封放置在太阳光下，在照射时间为 1h、3h 和 5h 时分别进行取样测定，结果如图 5.3-62 所示。可以看出，进水细菌总数为 550CFU/mL 时，UV/TiO$_2$ 氧化出水的细菌总数为 57CFU/mL，低于《生活饮用水卫生标准》GB 5749—2006 中规定的 100CFU/mL，

UV/TiO$_2$ 氧化对细菌总数的去除率达到 89.6%；从 1h、3h 和 5h 的测定结果可知，经太阳光照射后，水中的细菌总数为 60～99CFU/mL，其去除率仍维持在 82%～89%，较 UV/TiO$_2$ 氧化出水时的细菌总数变化不大，这说明经 UV/TiO$_2$ 氧化灭活后的微生物不具备光复活能力，出现这一现象的原因是 UV/TiO$_2$ 氧化过程中产生羟基自由基，它通过氧化微生物细胞内的辅酶 A、渗透到微生物细胞里面和直接氧化微生物细胞等作用造成微生物彻底死亡。

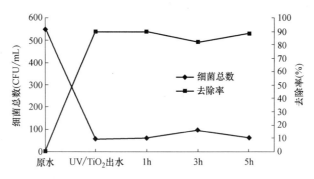

图 5.3-62   UV/TiO$_2$ 氧化对细菌总数的去除效果

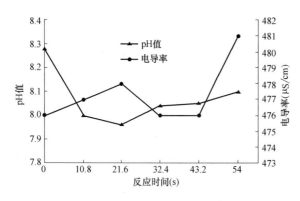

图 5.3-63   UV/TiO$_2$ 氧化过程中 pH 值和电导率的变化特点

6. pH 值和电导率变化特点

图 5.3-63 所示为 UV/TiO$_2$ 氧化过程中 pH 值和电导率的变化特点，可以看出，进水的 pH 值为 8.28、电导率为 476μS/cm，当反应时间增加到 54s 时，pH 值降到 8.1，电导率增加到 481μS/cm，整个过程均呈现为 pH 值下降、电导率增加的趋势，这说明 UV/TiO$_2$ 氧化降解有机物过程中形成了小分子有机酸等中间产物。

7. 细菌总数和异养菌灭活效果

水中细菌总数与水的受有机污染程度相关，细菌总数和异养菌常作为评价水体污染程度的一个重要指标，我国现行《生活饮用水卫生标准》GB 5749—2006 规定细菌菌落总数不得超过 100CFU/mL。本研究也采用细菌总数和异养菌作为考察指标，研究了灭菌过程中细菌总数和异养菌的变化特性，如图 5.3-64 所示。

当 UV/TiO$_2$ 联合消毒时间为 1.2s 时，细菌总数和异养菌的灭活率分别达到 97.1% 和 96.9%，其中细菌总数由 7.40×10^2CFU/mL 降到 23CFU/mL，异养菌由 7.9×10^3CFU/mL 降到 2.43×10^2CFU/mL。当 UV/TiO$_2$ 联合消毒时间为 2.0s 时，细菌总数和异养菌的灭活率分别达到 99.4% 和 98.4%，细菌总数由 7.40×10^2CFU/mL 降到 4CFU/mL，异养菌由 7.9×10^3CFU/mL 降到 1.27×10^2CFU/mL。可知，UV/TiO$_2$ 联合消毒可以在短时间内显著灭活水中细菌总数和异养菌，延长消毒时间可以更有效地提高细菌总数和异养菌的灭活率。

UV/TiO$_2$ 联合消毒能快速、高效地灭活建筑景观水系统内的细菌总数和异养菌，有

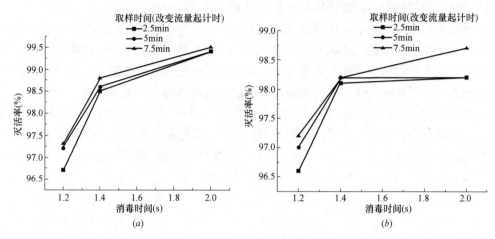

图 5.3-64 UV/TiO₂ 联合消毒的细菌总数和异养菌灭活率变化特性

(a) 细菌总数；(b) 异养菌

效保障建筑景观水生物安全性，同时 UV/TiO₂ 联合消毒技术不会产生消毒副产物、无二次污染，并具有有机物降解效能。

8. 嗜肺军团菌灭活效果

图 5.3-65 所示为 UV/TiO₂ 联合消毒过程中嗜肺军团菌的变化情况。当消毒时间为 0.8s 时，UV/TiO₂ 联合消毒对嗜肺军团菌的灭活率达到 99.999%，其中嗜肺军团菌由 $8.40×10^4 CFU/mL$ 降到 1CFU/mL。消毒时间分别为 0.9s、1.2s、1.4s 和 2.0s 时，嗜肺军团菌的灭活率均能达到 100%，即嗜肺军团菌可得到全部灭活。与单独紫外线杀灭嗜肺军团菌相比，UV/TiO₂ 联合消毒对嗜肺军团菌的杀灭效果更佳。表明 UV/TiO₂ 联合消毒技术具有广谱、高效的微生物杀灭作用，能在较短时间内无选择性地灭活微生物，对嗜肺军团菌等病原微生物具有极佳的灭活效能。

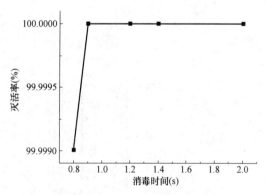

图 5.3-65 UV/TiO₂ 联合消毒对嗜肺军团菌的灭活特性

经 UV/TiO₂ 联合消毒后，出水已经符合我国卫生部即将颁布的《公共场所卫生指标及限值要求》GB 37488—2019 和现行国家标准《生活饮用水卫生标准》GB 5749—2006 中规定的公共场所用水不得检测出嗜肺军团菌的要求。可见，UV/TiO₂ 联合消毒技术是一种非常有效的建筑景观水二次消毒方法，可以有效保障建筑水系统中水质的生物安全性。

9. 不同消毒时间的细菌总数灭活效果

景观水中的病原微生物污染仍是影响范围最广的环境问题，景观水体可能通过多种途径造成病原微生物污染的风险。降雨地表径流可能携带病原微生物进入景观水体、大气沉降颗粒物表面可能附着病原菌、景观水的补水（特别是再生水补水）也有可能含有病原微生物。因此，病原微生物控制是景观水水质保障中的重要问题。

目前常用的消毒方法主要包括氯消毒、紫外线消毒等。这些方法虽能杀灭常见病原微生物，但均存在一定问题。如氯消毒技术对隐孢子虫和贾第鞭毛虫的灭活效果较差，紫外线消毒可有效灭活隐孢子虫和贾第鞭毛虫，但是被紫外线灭活的细菌（致病菌）在光照或黑暗条件下可以修复紫外线造成的损伤，重新获得活性（称"光复活"和"暗修复"），从而再次出现健康风险。近年来有研究显示，以羟基自由基（·OH）为氧化剂的高级氧化方法具有很好的消毒效果，本部分开展了 UV/TiO$_2$ 联合消毒杀灭水中细菌的研究。

针对初始细菌总数从 10^4 CFU/100mL 到 10^6 CFU/100mL 范围的进水，研究了在不同消毒时间的条件下 UV/TiO$_2$ 消毒设备对水中细菌总数的杀灭效果。从图 5.3-66 和图 5.3-67 中可以看出，在初始细菌总数小于 10^4 CFU/100mL 条件下，在消毒时间为 0.2s 时的细菌总数灭活率只有 30% 左右；随着消毒时间的延长，细菌总数灭活率呈逐渐上升趋势，当消毒时间超过 0.5s 以后，细菌总数的灭活效果已经基本保持恒定，出水细菌总数均低于 20CFU/ mL。

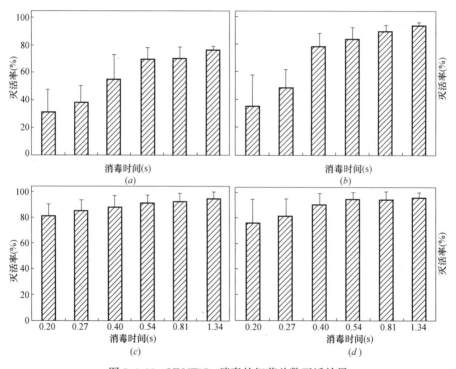

图 5.3-66 UV/TiO$_2$ 消毒的细菌总数灭活效果

（a）初始细菌总数<10^4CFU/100mL；（b）初始细菌总数为 $1×10^4$～$5×10^4$CFU/100mL；
（c）初始细菌总数为 $6×10^4$～$10×10^4$CFU/100mL；（d）初始细菌总数>$10×10^4$CFU/100mL

对于初始细菌总数为 $1×10^4$～$5×10^4$ CFU/100mL 的进水，在消毒时间为 0.2s 和 0.27s 的条件下，细菌总数灭活率略高于初始细菌总数较低的情况；随着消毒时间的延长，细菌总数灭活率也随之上升，当消毒时间超过 0.8s 以后，细菌总数灭活率已高于 90%，出水细菌总数已经低于 100CFU/mL，结果如图 5.3-68 所示。

在更高的初始细菌总数条件下，较短的消毒时间仍可以达到较高的细菌总数灭活效果,如图 5.3-66 和图 5.3-67 所示,但是出水细菌总数也相对较高。对于初始细菌总数大于 10^5CFU/100mL、消毒时间在 $0.2\sim0.27$s 的条件下,出水细菌总数保持在 $5\times10^2\sim1\times10^3$CFU/mL 范围,可见消毒时间越长,细菌总数的下降幅度越大。

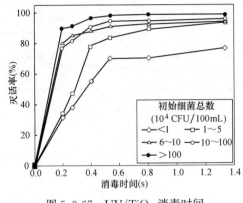

图 5.3-67 UV/TiO$_2$ 消毒时间
对细菌总数灭活率的影响

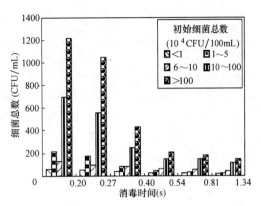

图 5.3-68 UV/TiO$_2$ 消毒时间对
细菌总数的影响

10. 藻类灭活效果

研究过程中开展了 UV/TiO$_2$ 消毒设备去除景观水中藻类的研究,所用水样分别取自北京某大学校园的景观水,主要水质指标见表 5.3-4,根据《地表水环境质量标准》GB 3838—2002 所取水样属于Ⅴ类水体。

景观水主要水质指标   表 5.3-4

水样	取水时间	藻密度（个/L）	叶绿素 a（mg/m^3）	pH 值	NH$_4^+$-N（mg/L）	TP（mg/L）	COD$_{Mn}$（mg/L）	浊度（NTU）	TN（mg/L）
高藻水	8 月	8.6×10^8	66.2	8.86	2.3	0.22	25.3	22.4	22.1
低藻水	5 月	3.2×10^7	23.5	8.24	2.4	0.08	12.4	5.6	18.7

藻类杀灭率的确定采用黑白瓶溶解氧测定法。藻类一般是无机营养的,其细胞内含有叶绿素及其他辅助色素,能进行光合作用。在有光照时,能利用光能吸收二氧化碳合成细胞物质,同时放出氧气。在无光照时,只能通过呼吸作用取得能量,吸收氧气同时放出二氧化碳。昼间藻类光合作用大于呼吸作用,水中溶解氧往往很高,甚至过饱和,而夜间藻类只进行呼吸作用,水中溶解氧比白天低得多。

对于不同时间取样的两种景观水质,UV/TiO$_2$ 消毒设备的灭藻试验测定结果分别见表 5.3-5 和表 5.3-6。

UV/TiO$_2$ 消毒的灭藻效果（高藻水）   表 5.3-5

消毒时间(s)	DO(白)(mg/L)	DO(黑)(mg/L)	ΔDO(mg/L)	灭藻率(%)
0	4.76	2.98	1.78	—
1	4.19	2.86	1.33	25.2
5	3.58	2.75	0.83	53.6
15	3.13	2.68	0.45	74.5

续表

消毒时间(s)	DO(白)(mg/L)	DO(黑)(mg/L)	△DO(mg/L)	灭藻率(%)
30	3.34	2.98	0.36	79.6
60	3.13	3.05	0.08	95.6
100	3.06	3.00	0.06	96.8

UV/TiO$_2$ 消毒的灭藻效果（低藻水）　　　表 5.3-6

消毒时间(s)	DO(白)(mg/L)	DO(黑)(mg/L)	△DO(mg/L)	灭藻率(%)
0	4.76	2.98	4.47	—
1	6.92	2.66	4.26	4.63
5	6.26	2.42	3.79	15.2
15	5.47	2.33	3.14	29.6
30	5.09	2.56	2.53	43.2
60	4.46	2.47	1.99	55.4
100	4.26	2.55	1.71	61.7

　　UV/TiO$_2$ 消毒过程中消毒时间与藻类灭活率的相关性试验结果如图 5.3-69 所示。可以看出，对于藻浓度较低且浊度较低的景观水，在消毒时间 30s 左右就可达到约 80% 的灭藻率，并且随着消毒时间的延长，灭藻率可达到 98% 以上。对于浊度高达 20NTU 以上、初始藻浓度为 8.6×10^8 个/L 的景观水，UV/TiO$_2$ 消毒的杀藻效果显著下降，30s 的消毒时间只能达到约 40% 的灭藻率，即使将消毒时间延长到 100s，也只能达到 60% 的灭藻率。

　　11. 色度去除效果

　　图 5.3-70 为不同进水流量条件下景观水在 UV/TiO$_2$ 反应器中循环反应 1～15 次时的色度去除率变化特性。可以看出，随着 UV/TiO$_2$ 反应器进水流量的增加，色度去除率呈现降低的趋势；当进水流量为 0.1m^3/h（相应的反应时间为 10.8s）时，循环反应 1 次的色度去除率为 28.32%；当流量增加至 0.3～0.7m^3/h 以后，由于循环 1 次的反应时间缩

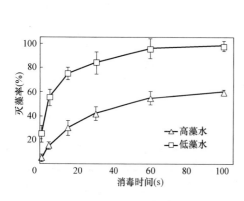

图 5.3-69　UV/TiO$_2$ 消毒时间对藻类
灭活率的影响

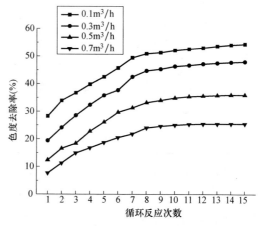

图 5.3-70　UV/TiO$_2$ 循环反应次数对
色度去除率的影响

短,色度的去除效果明显降低,比 $0.1m^3/h$ 流量时的色度去除率平均降低 $8.9\sim20.6$ 个百分点,可见保持较低的流速以增加 UV/TiO_2 氧化反应时间是必要的。

增加循环反应次数可以改善色度去除效果,在 4 种不同进水流量下,当循环反应次数达到 10 次以上时,色度去除率呈现出持续增长的趋势。当循环反应次数为 15 次时,在进水流量分别为 $0.1m^3/h$、$0.3m^3/h$、$0.5m^3/h$、$0.7m^3/h$ 时,出水的色度由 8.3 度分别降至 4.0 度、4.3 度、5.3 度、6.2 度,色度呈现出逐渐增加的趋势。

5.3.5 UV/TiO$_2$-BAC 组合工艺除污染特性

1. UV/TiO$_2$-BAC 组合工艺的除污染效能

UV/TiO_2 氧化用于建筑室外景观水处理时,需要在 UV/TiO_2 氧化单元后增加后处理单元以进一步去除氨氮及亚硝酸盐氮。本组合工艺在 UV/TiO_2 氧化单元后增加了活性炭过滤单元,构建出用于建筑室外景观水处理的 UV/TiO_2-BAC 新型组合净化工艺。在组合工艺连续运行近 40d 期间,考察了有机物、氨氮、亚硝酸盐氮、浊度的去除效果,分析了 UV/TiO_2-BAC 工艺对不同分子量污染物的去除特性。

(1) 有机物去除效果

1) UV$_{254}$ 去除效果

UV/TiO_2-BAC 组合工艺的 UV_{254} 去除效果如图 5.3-71 所示。工艺连续运行了近 40d,在 $1\sim21d$ 期间的进水 UV_{254} 值为 $0.019\sim0.024cm^{-1}$,在 $21\sim36d$ 期间的进水 UV_{254} 值为 $0.031\sim0.036cm^{-1}$。可以看出,随着进水 UV_{254} 含量的增加,UV/TiO_2-BAC 组合工艺的 UV_{254} 去除率也逐渐增加;当进水 UV_{254} 值为 $0.019\sim0.024cm^{-1}$ 时,UV/TiO_2-BAC 组合工艺对 UV_{254} 的平均去除率为 34.7%;当进水 UV_{254} 值增加到 $0.031\sim0.036cm^{-1}$ 时,UV_{254} 的平均去除率增加到 50.8%,增加了约 46.4%。

在 UV/TiO_2-BAC 组合工艺中,UV/TiO_2 氧化单元去除了绝大部分 UV_{254};在 $1\sim36d$ 期间,UV/TiO_2-BAC 组合工艺的 UV_{254} 总去除率平均为 40.4%,其中 UV/TiO_2 单元和 BAC 单元的 UV_{254} 去除率分别占 27.6 个百分点和 12.8 个百分点,UV/TiO_2 单元的 UV_{254} 去除率占 UV/TiO_2-BAC 组合工艺去除率的 68.3%,可见 UV/TiO_2 氧化起主要去除作用。

图 5.3-72 所示为 BAC 滤柱中 UV_{254} 随炭层深度的变化特性。可以看出,UV_{254} 值与

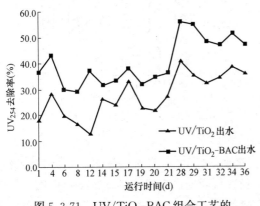

图 5.3-71　UV/TiO$_2$-BAC 组合工艺的
UV$_{254}$ 去除效果

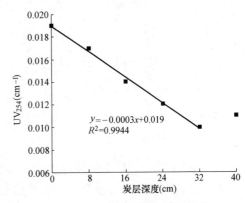

图 5.3-72　BAC 滤柱沿程的
UV$_{254}$ 变化特点

活性炭层的深度有较好的相关性，说明 BAC 滤柱对 UV_{254} 去除效果较显著。在超过活性炭层深度 30cm 以后 UV_{254} 的去除率趋于稳定，这表明 UV_{254} 的去除作用主要发生在活性炭层的上层 30cm 以内。

2）DOC 去除效果

图 5.3-73 所示为 UV/TiO_2-BAC 组合工艺的 DOC 去除效果。可以看出，UV/TiO_2-BAC 组合工艺对 DOC 有一定去除效果，其去除率为 36.9%，UV/TiO_2 单元对 DOC 几乎没有去除效果，去除率仅为 1.4%。

在 BAC 过滤阶段，随着活性炭层深度的增加，DOC 去除率呈现先增加后趋于稳定的趋势，在 BAC 进水处至下层取样口，DOC 的去除率由 1.4% 增加到 39.8%；在活性炭层下层取样口至滤柱出水处，DOC 去除率基本不变。从不同滤层对 DOC 的去除率来看，不同滤层的活性炭对 DOC 去除的贡献均不一样，在 BAC 滤柱进水至上层取样口区间，DOC 的去除率占 20.2 个百分点；在上层取样口至中层取样口区间，DOC 的去除率占 12.1 个百分点；在中层取样口至下层取样口区间，DOC 的去除率占 6.1 个百分点；在下层取样口至活性炭滤柱出水区间，DOC 的去除率基本保持不变，甚至出现负值。可见，随着炭层深度增加，相同高度的活性炭层对 DOC 的去除率降低，这说明 BAC 的有机物去除作用主要集中在活性炭层的中上部，而 BAC 滤柱下部没有明显的有机物去除作用。这主要是因为滤柱上部的活性炭吸附了大量有机物，可以有效增加 DOC 的去除率，另一方面吸附了有机物的活性炭更有利于微生物的生长，从而促进 DOC 的生物降解。

pH 值为影响微生物生长的重要环境因素之一，不同的微生物菌种所适宜的最佳 pH 值范围也不同，另外，在微生物降解有机物过程中，会消耗碱度或酸度。图 5.3-74 所示为 BAC 滤柱中 DOC 含量变化与 pH 值变化的关系。可以看出，BAC 滤柱中 pH 值变化与 DOC 含量变化一致，在 BAC 滤柱中上部下降较为明显，pH 值由进水时的 8.36 降至下层取样口处的 8.04，而在 BAC 滤柱下部基本不再变化，pH 值均维持在 8.04 左右。这说明在 BAC 滤柱中上部，微生物作用较强，而在 BAC 滤柱的下部则相对较弱。

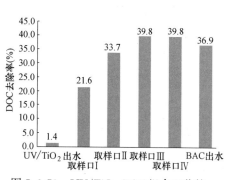

图 5.3-73　UV/TiO_2-BAC 组合工艺的
DOC 去除效果

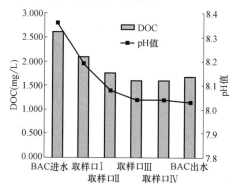

图 5.3-74　BAC 滤柱中 DOC 与 pH 值
的相关性

在 BAC 单元中，DO 会影响微生物的生长速率，是 BAC 工艺去除有机物的重要影响因素之一。较高的 DO 含量有利于微生物的生长，从而促进有机物的生物降解作用，低含量的 DO 则会抑制微生物的生长，进而影响有机物的去除效果。在通常情况下，由于好氧微生物生长的需要，BAC 滤柱中的 DO 含量沿水流逐渐下降。图 5.3-75 所示为 BAC 滤柱中 DOC 含量变化与 DO 含量变化的关系。可以看出，在 BAC 滤柱进水处至中层取样口，DO 含量由 6.0mg/L 迅速降至 3.3mg/L，与此同时水中的 DOC 含量由 2.623mg/L 降至 1.763mg/L，DO 消耗量为 2.7mg/L，DOC 消耗量为 0.860mg/L，所消耗的 C/O 比值为 0.319，小于微生物呼吸作用所需的 C/O 比值（0.375），可见此段炭层内水中 DO 相对较为充足，微生物活性也较强，因此有机物去除率也较高。在中层取样口至 BAC 滤柱出水区间，DO 含量较低，维持在 3.17～3.30mg/L，相应的 DOC 去除率也较低。因此可以认为，DO 含量的大小对 BAC 滤柱去除有机物有较大的影响，较高的 DO 含量有利于 BAC 去除有机物。

图 5.3-76 所示为 BAC 滤柱中 DOC 随活性炭层深度的变化趋势。可以看出，随着活性炭层深度的增加，DOC 含量呈现先明显降低后趋于平缓的特点，这与 UV_{254} 的变化特点不同。可知，BAC 滤柱中的 UV_{254} 随炭层深度增加呈线性下降，这一现象可以认为是 DOC 在 BAC 滤柱中被活性炭截留、吸附和生物降解，而 UV_{254} 不易被生物降解，主要以活性炭吸附方式去除。

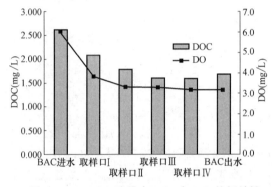

图 5.3-75 BAC 滤柱中 DOC 与 DO 的相关性

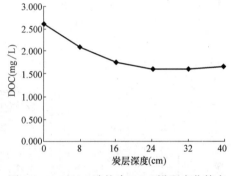

图 5.3-76 BAC 滤柱中 DOC 沿程变化特点

（2）浊度去除效果

由于 UV/TiO_2 单元的浊度去除率较低，为了有效去除水中的浊度，在 UV/TiO_2 单元后增加了 BAC 过滤单元，以提高 UV/TiO_2-BAC 组合工艺的浊度去除效果。

研究期间进水的浊度为 1.53～2.03NTU，图 5.3-77 所示为 UV/TiO_2-BAC 组合工艺的浊度去除效果。可以看出，UV/TiO_2-BAC 组合工艺具有较好的浊度去除效果，去除率在 33.3%～76.6% 之间，其中 UV/TiO_2 单元的浊度去除效果较差，去除率仅为 0.7%～12.4%，而 BAC 单元的浊度去除率为 27.3%～69.5%，其平均去除率比 UV/TiO_2 单元高出 55.7 个百分点，这说明 BAC 单元具有很好的除浊作用，在 UV/TiO_2 单元后增加 BAC 单元构建出的 UV/TiO_2-BAC 组合工艺，可以明显提高浊度的去除率。

（3）三氮去除效果

图 5.3-78 所示为 UV/TiO_2-BAC 组合工艺的氨氮、亚硝酸盐氮和硝酸盐氮变化特点。可以看出，在 UV/TiO_2 阶段，氨氮和硝酸盐氮含量下降，亚硝酸盐氮含量上升，但变化幅度都不大，这主要是因为氨氮经过 UV/TiO_2 氧化后转化为氮、亚硝酸盐氮或硝酸盐氮。在 BAC 过滤阶段，从 BAC 滤层顶端进水至取样口 II 阶段，氨氮和亚硝酸盐氮含量沿程减少，硝酸盐氮含量沿程增加；在取样口 II 至 BAC 滤柱底部出水阶段，氨氮、亚硝酸盐氮和硝酸盐氮均趋于稳定，说明 BAC 滤柱炭层上部的硝化作用较强，BAC 滤柱炭层下

部的硝化作用较弱。已有的研究表明，当进水有机物浓度较高时，异养菌会成为优势菌种；当进水有机物浓度较低时，硝化细菌可成为优势菌种。从图 5.3-78 可知，氨氮含量的变化处于炭层的中上部，炭层下部的氨氮含量趋于稳定，这主要是因为进水的有机物浓度相对较低（COD/TKN 约为 0.4），使得异养菌的生长受到抑制，硝化细菌成为优势菌种。

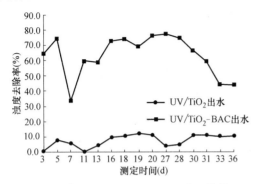

图 5.3-77　UV/TiO₂-BAC 组合工艺的浊度去除效果

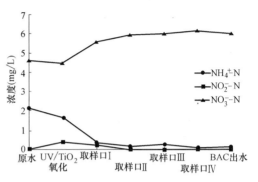

图 5.3-78　UV/TiO₂-BAC 组合工艺的氨氮、亚硝酸盐氮和硝酸盐氮变化特点

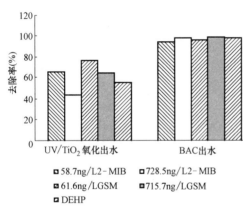

图 5.3-79　UV/TiO₂-BAC 组合工艺的 2-MIB、GSM 和 DEHP 去除效果

（4）2-MIB、GSM 和 DEHP 去除效果

水中的代表性嗅味物质主要为 2-MIB 和 GSM，其阈嗅值均为 10ng/L。图 5.3-79 所示为 UV/TiO₂-BAC 组合工艺的 2-MIB、GSM 和 DEHP 去除效果。可以看出，两种嗅味物质 2-MIB 和 GSM 的初始浓度较高或较低时，UV/TiO₂-BAC 组合工艺对其去除率均可达到 90% 以上，在 2-MIB 初始浓度为 728.5ng/L 时，UV/TiO₂-BAC 组合工艺处理后的出水 2-MIB 浓度值为 11.6ng/L；在 GSM 初始浓度为 715.7ng/L 时，UV/TiO₂-BAC 组合工艺处理后的出水 GSM 浓度值为 8.9ng/L。

从邻苯二甲酸酯（DEHP）的去除效果可以看出，UV/TiO₂-BAC 组合工艺的去除率为 97.6%，其中 UV/TiO₂ 单元的去除率占 55.7 个百分点，BAC 单元的去除率占 41.9 个百分点，两个处理单元对 DEHP 均有较好的去除作用。上述研究结果表明，UV/TiO₂-BAC 组合工艺能够有效去除水中的典型嗅味物质及邻苯二甲酸酯类物质。

（5）不同分子量污染物去除特性

图 5.3-80 所示为 UV/TiO₂-BAC 组合工艺中不同单元的 UV_{254} 分子量分布特点，分子量按照 $<3kDa$、$3\sim10kDa$、$10\sim30kDa$ 及 $30kDa\sim0.45\mu m$ 范围进行划分。可知，UV/TiO₂-BAC 组合工艺中的 UV/TiO₂ 单元和 BAC 单元的 UV_{254} 去除率分别为 38.7% 和 10.5%，UV/TiO₂ 单元对 UV_{254} 的去除起到了更重要的作用。

对于 $<3kDa$ 和 $30kDa\sim0.45\mu m$ 范围的 UV_{254}，UV/TiO₂ 单元的 UV_{254} 去除率分别

达到42.3％和100％，而BAC单元的UV_{254}去除率分别为13.3％和0％，说明UV/TiO_2单元对较大分子量和较小分子量的UV_{254}均具有显著去除作用，而BAC单元对较大分子量和较小分子量的UV_{254}去除作用不明显。在进水中不含有3～10kDa和10～30kDa范围的UV_{254}条件下，UV/TiO_2氧化后反而有一定的UV_{254}生成量，表明UV/TiO_2氧化能够将大分子量的有机物转化为较小分子量的有机物，而且BAC单元对该分子量范围的UV_{254}没有明显的去除作用。从不同分子量分布的UV_{254}去除规律可以看出，UV/TiO_2单元是较大分子量和较小分子量UV_{254}的主要去除单元，BAC单元仅对较小分子量的UV_{254}有一定的去除作用。

图5.3-81所示为UV/TiO_2-BAC组合工艺中不同单元的DOC分子量分布特点。可以看出，UV/TiO_2-BAC组合工艺中UV/TiO_2单元和BAC单元的DOC去除率分别为18.3％和28.5％，可见BAC单元起到更重要的去除作用。<3kDa和30kDa～0.45μm范围的DOC占总量的比例分别为60.9％和25.8％，表明进水中DOC的分子量分布主要集中在此范围。在UV/TiO_2单元，3～10kDa、10～30kDa和30kDa～0.45μm范围的DOC去除率分别为11.1％、64.0％和84.3％，说明UV/TiO_2氧化能够较有效地去除3kDa～0.45μm范围的DOC，且分子量越大去除效果越好；<3kDa的DOC含量反而有较大幅度的增加，表明UV/TiO_2氧化过程形成了大量的小分子量DOC。

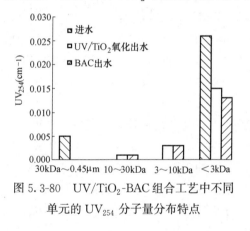

图5.3-80　UV/TiO_2-BAC组合工艺中不同
单元的UV_{254}分子量分布特点

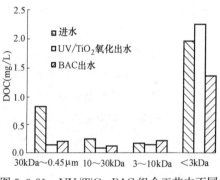

图5.3-81　UV/TiO_2-BAC组合工艺中不同
单元的DOC分子量分布特点

在BAC单元中，3～10kDa、10～30kDa和30kDa～0.45μm范围的DOC均有所增加，这可能是由于BAC中微生物内源呼吸产生的代谢产物以及细菌死亡后解体释放的细胞物质导致DOC增加；<3kDa范围的DOC去除率达40.0％，表明BAC单元具有较显著的微生物降解作用。上述不同分子量范围的DOC变化现象表明，UV/TiO_2单元能够有效地去除3kDa～0.45μm的DOC，而BAC单元对<3kDa范围的DOC有较好的去除效果。

2. BAC工艺与UV/TiO_2-BAC组合工艺除污染特性对比

由于BAC工艺能有效去除水中的有机物、氨氮和亚硝酸盐氮，UV/TiO_2单元也能去除部分有机物，本部分采用平行试验装置对比研究了BAC工艺和UV/TiO_2-BAC组合工艺的除污染效果，研究了UV/TiO_2单元和BAC单元在去除有机物方面的相互关系，以及UV/TiO_2单元对后续BAC单元的氨氮和亚硝酸盐氮去除效果的影响。

（1）UV_{254}和DOC的去除特性对比

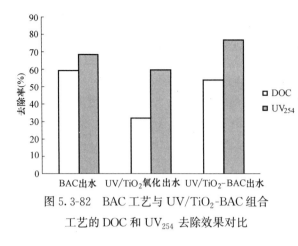

图 5.3-82　BAC 工艺与 UV/TiO₂-BAC 组合
工艺的 DOC 和 UV₂₅₄ 去除效果对比

采用 BAC 工艺与 UV/TiO₂-BAC 组合工艺进行了平行对比试验，研究了 BAC 工艺与 UV/TiO₂-BAC 组合工艺的 DOC 和 UV$_{254}$ 去除效果；试验中 UV/TiO₂ 单元的循环流量为 0.10m³/h、反应时间为 108s，结果如图 5.3-82 所示。

由图 5.3-82 可以看出，UV/TiO₂ 氧化的 DOC 和 UV$_{254}$ 去除率分别为 32% 和 60%，UV/TiO₂ 氧化对 UV$_{254}$ 的去除效果明显好于 DOC。

UV$_{254}$ 类有机物多为含有不饱和键的双键或苯环类物质，从试验结果可以看出，UV/TiO₂ 氧化对于不饱和键类的有机物降解效果更明显。分析原因可能是 UV/TiO₂ 氧化可以致使含有不饱和键的化合物开环、断裂，从而使 UV$_{254}$ 明显降低，而这种开环、断裂作用并不一定会导致 DOC 的下降，因此 UV/TiO₂ 氧化对 DOC 的降解效果低于 UV$_{254}$。

对比 UV/TiO₂ 氧化出水和 UV/TiO₂-BAC 出水可知，UV/TiO₂ 氧化的 UV$_{254}$ 去除率为 60%，UV/TiO₂-BAC 组合工艺的 UV$_{254}$ 去除率增加到了 77%；UV/TiO₂-BAC 组合工艺中 BAC 的 UV$_{254}$ 去除率仅占 17 个百分点，明显低于单独 BAC 工艺的 UV$_{254}$ 去除率 68%。从试验结果可以看出，UV/TiO₂-BAC 组合工艺中的 UV/TiO₂ 明显减轻了后续 BAC 去除 UV$_{254}$ 的负荷，从而降低了 BAC 的反冲洗频率，延长了 BAC 的运行周期。

（2）氨氮和亚硝酸盐氮的去除特性对比

由前面的研究结果可知，UV/TiO₂ 氧化对氨氮几乎没有去除效果，可以认为两种工艺的氨氮去除作用主要发生在 BAC 单元中。图 5.3-83 所示为 BAC 工艺与 UV/TiO₂-BAC 组合工艺的氨氮去除效果对比。可以看出，在两种工艺运行 1～14d 期间，BAC 工艺出水的氨氮浓度高于 UV/TiO₂-BAC 组合工艺出水的氨氮浓度，氨氮的平均去除率分别为 27.6% 和 57.7%，UV/TiO₂-BAC 组合工艺的氨氮去除效果更好，这可能是因为在 UV/TiO₂ 单元中有部分氨氮被 UV/TiO₂ 所氧化。

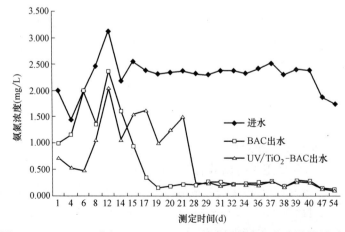

图 5.3-83　BAC 工艺与 UV/TiO₂-BAC 组合工艺的氨氮去除效果对比

在运行 15～28d 期间，BAC 工艺出水的氨氮浓度低于 UV/TiO$_2$-BAC 组合工艺出水的氨氮浓度，氨氮的平均总去除率分别为 86.2% 和 50.2%，此阶段中 BAC 工艺对氨氮的去除效果明显好于 UV/TiO$_2$-BAC 组合工艺的氨氮去除效果，这与第一阶段的结果不同，原因可能是在运行 15～28d 期间，BAC 工艺中的活性炭上开始形成生物膜，水中的氨氮可以通过活性炭吸附和生物降解两种途径去除。在第 28 天时，两种工艺的氨氮去除效果基本一致，氨氮去除率分别达到了 90.3% 和 91.0%，因此，可以认为 BAC 单元的氨氮去除效果基本不受 UV/TiO$_2$ 氧化作用的影响。

图 5.3-84 所示为 BAC 工艺与 UV/TiO$_2$-BAC 组合工艺的亚硝酸盐氮去除效果对比。可以看出，在运行 1～14d 期间，两种工艺的出水亚硝酸盐氮含量均增加，UV/TiO$_2$-BAC 组合工艺中的亚硝酸盐氮含量增加更为明显，这是因为 UV/TiO$_2$ 氧化过程中形成了部分亚硝酸盐氮，从而导致 UV/TiO$_2$-BAC 组合工艺出水的亚硝酸盐氮含量比 BAC 工艺出水的亚硝酸盐氮含量高。在第 12 天时，BAC 工艺出水的亚硝酸盐氮开始积累，其含量逐渐增加，在第 19 天时达到最大值（1.475mg/L），在运行 19～29d 期间，其出水亚硝酸盐氮含量逐渐下降，在第 29 天时，BAC 工艺出水的亚硝酸盐氮含量降为 0.002mg/L，之后出水稳定；而在 UV/TiO$_2$-BAC 组合工艺中，出水亚硝酸盐氮的含量在第 21 天时才开始增加，在第 28 天时达到最大值（1.791mg/L），在运行 28～47d 期间，其出水亚硝酸盐氮含量逐渐下降，在第 47 天时，UV/TiO$_2$-BAC 组合工艺出水的亚硝酸盐氮含量降为 0.0004mg/L，之后出水稳定。

这说明在两种工艺的出水达到稳定状态后，出水的水质基本相同，增加 UV/TiO$_2$ 单元不会明显影响后续的生物活性炭中硝化细菌的生长。

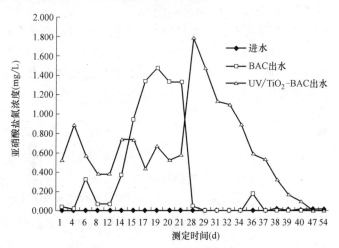

图 5.3-84　BAC 工艺与 UV/TiO$_2$-BAC 组合工艺的亚硝酸盐氮去除效果对比

5.3.6　雨水过滤回用处理技术

雨水是城市中非常宝贵的水资源。相对生活污水和工业废水等，雨水水质更好；来自于大自然，处于不断更新中；总量巨大，达到 500 多万亿 m^3。因此，对于雨水资源的收集与利用在水资源日益匮乏的今天具有重大的研究意义。目前可利用的雨水包括路面径流雨水和屋面径流雨水。其中，屋面径流雨水的污染物成分较简单，污染物含量均较低（包括大气和屋面自身的污染物）。处理屋面雨水可以减少对集中式供水系统的依赖、缓解城市的缺水压力、削减城市面源污染负荷，具有可行性和很高的实际价值。因此，处理屋面雨水技术具有广阔的发展前景。

1. 雨水过滤回用处理技术原理与方法

雨水过滤回用处理技术原理是对天然沸石进行氯化钠改性，并将改性滤料有序地铺设在滤罐中，通过离子交换、吸附过滤从而高效处理实际屋面雨水。本研究对氯化钠改性沸石与天然沸石进行物理测试，并对改性前后的天然沸石表面性状进行测定分析，包括颗粒强度测定仪分析、扫描电子显微镜观察形貌特征以及零电点测定。通过以上分析对比可知改性后沸石物理化学性状的变化。

（1）颗粒强度测定

通过颗粒强度测定仪对比改性前后天然沸石的颗粒强度。将天然和改性沸石颗粒置于仪器的样品盘中心位置，通过旋转手轮对样品逐步施加压力。当沸石颗粒第一次破碎时，所显示的压力值即为沸石颗粒的破裂强度，即所能承受压力的最大值。本试验过程中的沸石颗粒为 4mm×2mm×2mm 的立方体。每次取样 10 次，以保证数据准确性，并测定其平均值。

颗粒强度 P_c（kg/cm^2）可通过下式计算：

$$P_c = F_{max}/S \tag{5.3-1}$$

式中 F_{max}——沸石颗粒所能承受的最大压力，kg；

S——沸石颗粒的受力面积，cm^2。

（2）扫描电镜（SEM）分析和 X 射线能谱分析

为进一步探讨氯化钠改性对沸石孔道和组成的影响，分别对天然沸石和氯化钠改性沸石进行扫描电镜（SEM）分析和 X 射线能谱分析。对沸石粉末进行扫描电镜（SEM）分析之前，需先对沸石粉末进行预处理，处理好的沸石样品用于扫描电镜（JSM-6510A，JEOL）分析并进行拍照观察。在这一步骤中可同时进行 X 射线能谱分析，对沸石内部的元素含量进行准确的分析测定。

（3）零电点

沸石的零电点采用 pH 位移法测定。向多个三角烧瓶中添加 50mL 的去离子水，调节初始 pH_i 分别为 2.0～11.0。然后向三角烧瓶中分别加入 0.1g 沸石，置于恒温振荡箱，在 20℃、180r/min 的条件下恒温振荡 24h。将上清液在高速离心机中离心 2min，转速设定为 3200r/min。然后立即用 pH 计测定溶液的最终 pH_f。则零电点即为投加沸石后不改变溶液酸碱度的 pH_i。

通过对比沸石氯化钠改性前后各个指标发现，氯化钠改性沸石的颗粒强度明显增大，氯化钠改性沸石优化了物理化学特性：原孔道内的一些水分和无机杂质被去除，使得氯化钠改性沸石的表面更加粗糙，孔道拓宽，孔径增大，吸附面积增加，从而增强了吸附屋面雨水中氨氮、SS 和 COD 的效果；天然沸石中的 Al^{3+}、Mg^{2+}、K^+、Ca^{2+} 等金属离子与离子半径更小的 Na^+ 发生了交换反应，增大了沸石的阳离子交换量，提高了以离子交换为原理的吸附氨氮性能；经过氯化钠溶液浸泡后沸石的酸性增强，零电点由 7.0 下降到 6.1，增加了阳离子交换量。氯化钠改性沸石在天然沸石的基础上具有稳定的硅（铝）氧四面体结构，其多孔性、高比表面积和阳离子交换特性使其具有分子筛、化学催化、吸附和阳离子交换的性能。这些分析更深入地解释了天然沸石和经过氯化钠改性后的沸石吸附过滤雨水中污染物的机制。

在研究氯化钠改性沸石物理性能的基础上，研究雨水过滤回用处理技术。雨水过滤回用处理技术包括吸附法、离子交换法两种处理方法：

（1）吸附法：通过固体吸附剂对受污染水体中的污染物进行吸附去除的方法。工作原理是利用固体吸附剂的巨大比表面积将被吸附物质大量吸附。

（2）离子交换法：通过固体颗粒在液体界面上发生的离子交换反应，对被污染水体中的污染物进行吸附去除，是一种特殊的吸附过程。

目前研究较多的离子交换剂有粉煤灰、膨润土、沸石等。其中沸石作为最常用的离子交换剂，对离子的选择吸附性较强。同时，沸石资源丰富、价格低廉，能够重复利用。

过滤作为雨水回用处理中重要的一道工序，在去除氨氮、COD、SS方面发挥了重要作用，使雨水达到回用水的水质要求。

2. 雨水过滤回用处理装置技术参数的确定

在实际工程中，通过滤料吸附过滤处理雨水通常是在雨水流动的条件下进行的，即重力流处理方式，因此本项目研究首先通过小试规模的动态试验（即将试验用水连续地通过填充有改性沸石吸附剂的固定床），考察原水氨氮浓度、固定床吸附剂的填充高度、进水流速以及改性沸石的粒径对于动态吸附效果的影响，从而确定最佳吸附条件。在小试试验确定的基本参数基础上进行现场中试规模试验，将实际屋面雨水以上进下出的方式连续地通过填充有改性沸石滤料的滤罐，吸附过滤去除雨水中的氨氮、COD、SS、TP等，考察本项目研发的以氯化钠改性沸石滤料为核心的雨水过滤回用处理装置对实际屋面雨水中主要污染物的去除效果。为实际工程中屋面雨水的吸附过滤处理提供技术支持并确定运行参数。

（1）固定床模拟中试试验

在实际雨水吸附过滤试验中，将改性沸石吸附剂装入一定高度的固定床吸附柱中。固定床为玻璃材料制品，高度为3m，内径为10cm。根据试验设置了1.0m、2.0m和3.0m三个出水口。在固定床的底端设置承托层。考虑到实际工程中对于上向流的操作压力难度，本试验将实际雨水溶液经过蠕动泵的抽取，采用下向流的方式进入固定床中，经过改性沸石进行吸附试验。调整恒流蠕动泵的转速，使之达到试验所需流速（50mL/min、150mL/min 和 250mL/min）。详见图5.3-85。

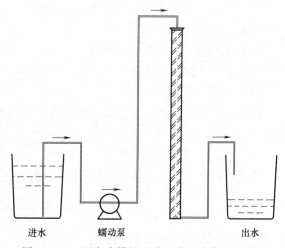

进水　　　　蠕动泵　　　　　　出水

图 5.3-85　固定床模拟试验吸附过滤装置示意图

试验所用实际雨水为北京的降雨集中月份2016年7、8月时，北京工业大学西区建工楼东侧的雨水管出水，具体参数见表5.3-7。

北京工业大学西区建工楼东侧的雨水管出水参数　　　　表 5.3-7

次数	氨氮(mg/L)	COD(mg/L)	SS(mg/L)
1	8.6	84.5	89.0
2	8.2	90.5	95.5
3	7.8	82.5	85.0

本试验同时考察三个因素对改性沸石吸附实际雨水中氨氮、COD、SS 的浓度变化规律。

1）进水流速对吸附的影响：在改性沸石填充高度为 3.0m、粒径为 2～4mm 的条件下，测定溶液流速分别为 50mL/min、150mL/min 和 250mL/min 时进水流速对改性沸石吸附性能的影响，并根据试验数据，绘制穿透曲线。

2）填料高度对吸附的影响：在改性沸石粒径为 2～4mm、进水流速为 150mL/min 的条件下，测定改性沸石填充高度分别为 1.0m、2.0m 和 3.0m 时填料高度对改性沸石吸附性能的影响，并根据试验数据，绘制穿透曲线。

3）沸石粒径对吸附的影响：在进水流速为 70mL/min、填料高度为 3.0m 的条件下，测定沸石粒径分别为 1～2mm、2～4mm 和 4～8mm 时沸石粒径对改性沸石吸附性能的影响，并根据试验数据，绘制穿透曲线。

（2）运行参数的确定

改性沸石的填充高度越大，屋面雨水通过流速越小，改性沸石的粒径越小，溶液中的污染物与改性沸石吸附剂的接触时间越长，停留时间也就越长，对污染物的吸附效果就越好。

根据以上结论，考虑雨水过滤回用处理装置的实际应用，确定雨水过滤回用处理装置的技术参数如下：考虑实际情况，确定采用雨水过滤罐处理屋面雨水，装置内铺设氯化钠改性沸石滤料，铺设高度为 1.7m，粒径分别为 4～8mm、8～12mm；根据雨水量，控制进水流速在 5～7m³/h 之间。

3. 雨水过滤回用处理技术应用

（1）雨水过滤回用处理工艺流程与方法

1）工艺流程及装置简图

屋面雨水沿雨水管从屋面流向集（雨）水装置，经泵提升后进入滤罐进行过滤处理，处理之后回用。详见图 5.3-86、图 5.3-87。

2）污染物去除率的测定

达到吸附平衡时，改性沸石对于污染物的去除率的计算方法如下：

$$R = \frac{C_0 - C_e}{C_0} \times 100\%$$　　　　（5.3-2）

式中　R——污染物去除率，%；

　　　C_0——溶液中污染物初始浓度，mg/L；

　　　C_e——平衡时溶液中污染物浓度，mg/L。

3）污染物指标测试方法

① 氨氮浓度测定：将待测溶液高速离心后，根据"纳氏试剂比色法"，采用紫外可见

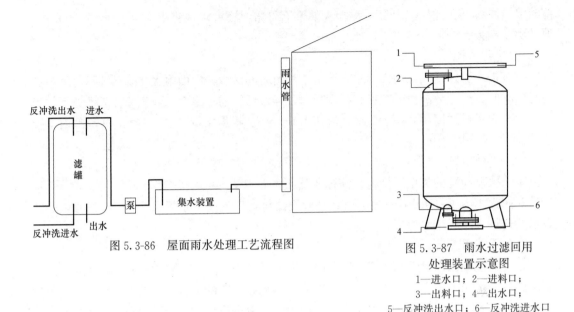

图 5.3-86　屋面雨水处理工艺流程图

图 5.3-87　雨水过滤回用
处理装置示意图
1—进水口；2—进料口；
3—出料口；4—出水口；
5—反冲洗出水口；6—反冲洗进水口

分光光度计在波长为 420nm 处测吸光度，根据标准曲线计算溶液中氨氮浓度。

② SS 浓度测定：采用工业在线污泥检测仪实时测量出水的 SS 浓度。

③ COD 浓度测定：将待测溶液用高速离心机进行固液分离后，根据《水质　化学需氧量的测定　重铬酸盐法》HJ 828—2017 进行测定。

（2）雨水过滤回用处理技术与装置条件设置

1）滤料

通过前期固定床模拟试验，选用改性沸石为填充滤料。试验所用改性沸石取自河南博凯隆净化材料厂；鹅卵石取自河南博凯隆净化材料厂。

本试验将实际屋面雨水经过潜流泵的抽取，采用下向流的方式进入滤罐。滤罐中的滤料颗粒粒径不能全部过小，因为在颗粒粒径过小时，上向流会出现污染物阻滞作用，影响正常的吸附过程。选择大粒径改性沸石在上，小粒径改性沸石在下的装填方式，此种装填方式均匀、粒径层次清晰，下层小粒径改性沸石吸附效果更好，更有利于吸附低氨氮浓度雨水。滤罐中的滤料分布详见图 5.3-88，滤罐填充滤料的相关参数见表 5.3-8。

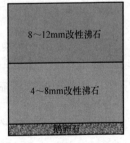

图 5.3-88　滤罐中的滤料分布

滤罐填充滤料的相关参数　　　　　　　表 5.3-8

类别	滤料种类	粒径（mm）	高度（cm）
1	改性沸石	8～12	80
2	改性沸石	4～8	80
承托层	鹅卵石	适当粒径	10

根据试验结果，氯化钠溶液投加过量时，改性沸石对污染物的去处效果反而会下降。常温条件下，配制 1.0mol/L 氯化钠溶液，控制固液比为 15：100（g/mL），使得氯化钠

溶液浸没沸石，在搅拌器上机械搅拌天然沸石 24h，然后用水将沸石反复冲洗 5～6 次，改性沸石制备完毕，自然烘干，保存备用。

2）进水流速

随着进水流速增大，屋面雨水在滤罐中停留时间减少，屋面雨水与改性沸石之间没有充足的时间进行充分的离子交换和物理吸附，导致污染物去除率下降。综合考虑处理效果及效率，雨水过滤回用处理装置最佳流速为 $6m^3/h$。根据雨量可在 $5～7m^3/h$ 范围内进行调节。

3）反冲洗试验参数

本试验反冲洗的类型选择传统高速水流反冲洗法，反冲洗强度为 $25L/(s \cdot m^2)$，反冲洗时间为 15min。使用同一氯化钠改性沸石滤料处理多次实际降雨，在每次过滤试验结束后均进行反冲洗试验处理。

4. 研究成果

（1）通过颗粒强度分析、SEM、EDS、零电点测定等手段分析发现，氯化钠改性沸石的颗粒强度明显增大；去除了原孔道内的一些水分和无机杂质，氯化钠改性沸石与天然沸石相比，表面更加粗糙，孔道拓宽，孔径增大；原沸石中的 Al^{3+}、Mg^{2+}、K^+、Ca^{2+} 等金属离子与 Na^+ 发生了交换反应，增大了沸石的阳离子交换量；经过氯化钠溶液浸泡后沸石的酸性增强。

（2）模拟实际工程进行固定床过滤试验，研究氯化钠改性沸石对实际屋面雨水中氨氮和其他污染物质的动态吸附效果。通过考察固定床吸附剂的填充高度、屋面雨水通过固定床的流速以及改性沸石的颗粒粒径对于屋面雨水中氨氮及其他污染物质的吸附效果的影响得知，改性沸石的填充高度越大，屋面雨水通过流速越小，改性沸石的粒径越小，溶液中的氨氮与改性沸石吸附剂的接触时间越长，对氨氮的吸附效果就越好。但颗粒粒径过小时，会出现溶液阻滞作用，影响正常的吸附过程。

（3）雨水过滤回用处理技术预期起到分担对集中式供水系统（自来水供水系统）的依赖、缓解城市的缺水压力，同时可削减城市面源污染负荷，达到《建筑与小区雨水控制及利用工程技术规范》GB 50400—2016 的要求，高效快速处理屋面雨水，将回用雨水用于浇灌绿地、补充景观湖泊用水。通过研究发现，雨水过滤回用处理技术处理实际屋面雨水效果明显，技术能够达到预期效果。

5.3.7 分散式污水生态处理技术

人工湿地是由水、永久性或者间歇性处于水饱和状态下的基质及水生植物和微生物等组成、具有较高生产力和较大活性、处于水陆交界相的复杂的生态系。人工湿地是为处理污水而人为设计建造的、工程化的湿地系统。人工湿地依靠物理、化学、生物的协同作用完成污水的净化过程，强化了自然湿地生态系统的降解能力。基于人工湿地能耗低、易管理并可灵活组合等特点，在处理生活污水和工业废水、防止径流污染以及治理湖泊水体污染和工业废水等方面得到了广泛的应用，在世界范围内被誉为是一种环境友好型的"绿色"可持续污水处理工艺。在人工湿地污水处理系统中，主要通过填料的物理（截留、过滤、吸附）、化学（氧化、分解、交换）和生物（生物膜）等作用完成对污染物的去除。

目前，国内外学者对人工湿地的分类多种多样。从工程实际应用的角度出发，根据人工湿地中水面位置不同，人工湿地可分为表流人工湿地（surface flow wetland）和潜流人工湿地（subsurface fiow wetland）。其中，潜流人工湿地又包括水平潜流人工湿地（horizontal subsurface flow wetland）和垂直潜流人工湿地（vertical subsurface flow wetland）。为了提高湿地的供氧能力，在潜流人工湿地的基础上，又研发出了曝气人工湿地和潮汐式人工湿地。由于潮汐式人工湿地耗能少、操作简便、除污效果好，得到了广泛的应用。

"潮汐"是指污水在泵的驱动下周期性地浸润湿地的运行方式，运行周期主要包括四个方面：①快速进水，即污水在泵的抽吸下，由位于上部的进水口从上往下流，快速充满填料，进水时间一般小于 1h。②接触/反应，即污水与填料的接触/反应。③快速排水，排水时间一般与进水时间一致。④"空闲"阶段，即填料处于排空状态，直至下一周期开始。

1. 运行参数选择

（1）基质

填料是潮汐式人工湿地中最重要的组成部分，而且其投资占到了整个湿地投资的 50% 以上，所以，国内外有学者提出应该将潮汐式人工湿地填料的研发作为重点。国内有学者研究发现，对 COD 的去除效果：页岩陶粒＞石灰石＞沸石；对 TP 的去除效果：沸石＞页岩陶粒＞石灰石；对 TN 的去除效果：沸石＞页岩陶粒＞石灰石；对氨氮的去除效果：沸石＞页岩陶粒＞石灰石。页岩陶粒不仅具有优异的性能，比表面积大，吸附悬浮能力强，密度低，孔隙率高；并且耐磨，耐冲刷，微孔多，截污能力强，化学性能稳定。适合用作潮汐式人工湿地填料。

（2）基质层高度

国内有学者研究了潮汐式人工湿地系统不同位置 TN、NH_3-N、NO_3^--N、NO_2^--N、COD 的去除效果。研究表明，潮汐式人工湿地对 NH_3-N、NO_2^--N、TN 的去除主要发生在中上层；对 NO_3^--N 的去除主要发生在底层，其次是中层；对 COD 的去除主要发生在中部。并且，适当添加碳源可以显著增强潮汐式人工湿地的反硝化作用，进而提高了人工湿地的脱氮能力。在实践中，人工湿地的高度一般设置在 60~80cm，且不宜超过 80cm。

（3）溶解氧

湿地环境对很多微生物来说是一种严酷的逆境，最严酷的条件是湿地土壤缺氧，缺氧条件下，微生物不能进行正常的新陈代谢。因此，人工湿地系统供氧是否充足关系到湿地系统的正常运转。在人工湿地中，污染物所需的氧来自植物输氧、大气自然复氧及来水。其中植物输氧和大气自然复氧是湿地系统供氧的主要途径。从水质净化和污染物的降解来看，系统的耗氧与供氧与其是密切相关的。Yi Ding 等人研究发现，湿地系统进水时检测到的 DO 介于 3.8~4.7mg/L，出水时检测到的 DO 为 0.5~1.7mg/L，DO 主要通过功能微生物生化过程被消耗。这一值明显大于传统湿地，说明潮汐式人工湿地具有良好的富氧效果与利用氧能力。

（4）水力负荷

中国农业大学以芦苇人工湿地系统作为研究对象研究了水力负荷（HLR）的变化对湿地净化效果和氧分布的影响。结果表明，随着 HLR 由 454mm/d 下降至 91mm/d，湿地对 NH_3-N、NO_3^--N、TN、TP、COD 的净化能力分别提高了约 35 个百分点、8 个百分点、20 个百分点、25 个百分点和 20 个百分点。运行期间湿地水体 DO 在水平方向上从前至后呈下降趋势，在垂直方向上上层要高于下层。随着 HLR 的降低，湿地水体 DO 在水平方向和垂直方向上的差异有缩小之势。同时湿地床层的 DO 含量随着 HLR 的下降呈现出升高的态势，湿地床上层的 DO 变化较明显。研究发现，湿地床的耗氧过程和富氧过程能同步协调进行，污染物降解的耗氧速率大于湿地系统的复氧速率时，出现湿地水体 DO 不升而降的现象。目前国内有关学者针对潮汐式人工湿地的淹没时间和空床时间做了一定的研究，在固定空床时间为 8h 的前提下，设置淹没时间为 1～48h，分析发现，在 1～4h 内，NH_3-N、COD 的去除能力可以达到 70%、80%，继续延长时间，COD、NH_3-N 的去除率增加量很小，趋于稳定。在 1～6h 内，TN、TP 的去除率也达到最大，超过 6h 之后，增长速率不明显。同样的原理对空闲时间做了研究发现，空床时间 2h，各污染物去除速率达到最大。所以，潮汐式人工湿地淹没时间可以定为 6h，空闲时间可以定为 2h。

（5）湿地植物

植物是人工湿地的重要组成部分，通过吸收、吸附、过滤、富集作用去除污染物。此外，植物还可以起到固定床体表面，为微生物提供良好的根区环境，提高填料基质的过滤效率、抗冲击负荷等作用。人工湿地植物的选择和利用应该更注重间接生态效应的发挥。目前，国内外学者针对各种人工湿地植物展开了研究，其中芦苇、香蒲、水葱和千屈菜的生物量比较大，可以吸收较多的 TN。另外，不同植物之间的相互组合对 TN、TP 和 NH_4 的去除效果差异也比较明显。但是到了冬季低温季节，便会出现绝大多数草本植物地上部分枯死现象，由于冬季植物效应的丧失，从而会影响冬季潮汐式人工湿地污水处理和景观效果，寻找耐低温人工湿地植物变成了潮汐式人工湿地的研究难点之一。

2. 系统运行效果

构建以活性氧化铝和传统页岩陶粒为基质的潮汐式人工湿地系统，在高水力负荷 $1.35m^3/(m^2 \cdot d)$ 条件下，对比两系统处理生活污水性能和稳定运行表现。数月连续运行对比试验表明，活性氧化铝基质潮汐式人工湿地系统对污染物具有更强和更持久的处理能力。两种基质对 COD_{Cr} 的平均去除率为 85.8%、71.3%，对 NH_4 的平均去除率为 77.4%、62.6%，对 TP 的平均去除率为 96.4%、38.4%。基质表面生物膜宏基因组对比分析显示，活性氧化铝表面生物膜生物种类比页岩陶粒丰富，硝化和反硝化细菌所占比例更高。对比两基质表面电镜图像发现，页岩陶粒表面平整，孔隙稀疏，其表面生物膜生长致密均匀；活性氧化铝表面具有密集的微孔和微缝结构，表面生物膜有较大裂缝。运行期间测得两系统出水溶解氧平均值分别为 1.47mg/L、0.87mg/L，这说明活性氧化铝的微孔和微缝结构具有较强的富氧能力，能够丰富基质表面微生物种群多样性，提高潮汐式人工湿地去除污染物的能力和持续稳定运行的表现。详见图 5.3-89。

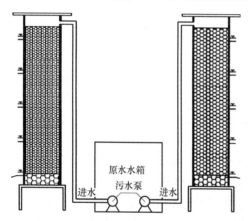

图 5.3-89　潮汐式人工湿地小试试验并联装置图

（1）基质类型对有机物去除效果的影响

页岩陶粒基质潮汐式人工湿地系统（TFCW-A）和活性氧化铝基质潮汐式人工湿地

系统（TFCW-B）对 COD_{Cr} 的去除效果如图 5.3-90 所示。可以看出，两种基质潮汐式人工湿地系统在运行初期对 COD_{Cr} 的去除率都比较低，平均去除率分别为 32.12% 和 28.23%。在此期间 COD_{Cr} 去除主要依靠两种基质的吸附截留作用。在 TFCW-A 启动初期，时间持续较长，30d 后 COD_{Cr} 去除率才逐渐趋于稳定，平均去除率为 71.3%。而在 TFCW-B 中，初期持续运行 15d 左右，基质表面颜色开始发生变化，由原来的白色逐渐变成淡黄色，随着运行时间的延长，COD_{Cr} 的去除率开始逐渐上升并趋于稳定，平均去除率为 85.8%。

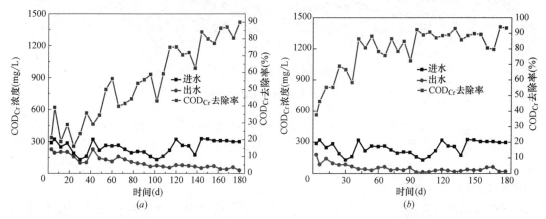

图 5.3-90 两种潮汐式人工湿地系统对 COD_{Cr} 的去除效果
（a）页岩陶粒；（b）活性氧化铝

从总体来看，两种基质的潮汐式人工湿地系统都保持较高的 COD_{Cr} 去除率。这主要是由于随着进水 COD_{Cr} 的增加，基质表面微生物开始生长，生物量的增多导致表面分泌物增加，在基质表面逐渐形成生物膜。生成的生物膜进而附着更多脱氮细菌以及其他微生物体，而其中大部分的有机物最终被异养微生物转化为微生物体及 CO_2 和 H_2O。当基质中的微生物达到一个动态生长平衡后，出水的 COD_{Cr} 趋于稳定。

TFCW-B 系统对 COD_{Cr} 的去除效果略高于 TFCW-A 系统。经检测，活性氧化铝和页岩陶粒的比表面积分别为 $310.23m^2/g$、$13.22m^2/g$。前者单位质量孔的表面积是后者的 23.47 倍。这证明活性氧化铝基质内部具有丰富的孔结构，为异养和自养微生物提供了更广阔的生存空间，从而降解去除了更多的有机物。

（2）基质类型对 NH_3-N 去除效果的影响

TFCW-A 系统和 TFCW-B 系统对 NH_4 的去除效果如图 5.3-91 所示。在系统启动初期，人工湿地床基质对 NH_4 的去除主要依靠滤料吸附和物理截留沉淀作用。页岩陶粒基质在初期对 NH_3-N 的去除率为 35.32%，而活性氧化铝基质仅为 29.12%，页岩陶粒基质对 NH_3-N 的吸附能力要优于活性氧化铝基质。

随着运行时间的延长，两种基质对 NH_4 的去除效果逐渐增强。等到运行稳定期，活性氧化铝基质潮汐式人工湿地系统出水 NH_3-N 浓度平均值为 12.35mg/L，平均去除率为 77.4%，页岩陶粒基质潮汐式人工湿地系统出水 NH_4-N 浓度平均值为 22.65mg/L，平均去除率为 62.6%。两者都具有较高的去除 NH_4 的能力，这主要是由于潮汐式人工湿地系统的间歇进水方式使基质表面和内部孔隙形成了好氧-厌氧环境，在处于淹水阶段，系统

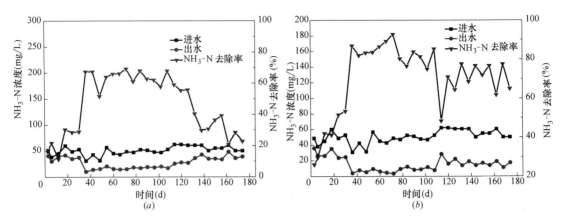

图 5.3-91 两种潮汐式人工湿地系统对 NH₃-N 的去除效果

(a) 页岩陶粒；(b) 活性氧化铝

对 NH₃-N 的去除作用主要体现在滤料的截留沉淀和交换吸附，使得 NH₃-N 最大程度地附着在填料表面和空隙里面；当床体处于排空阶段的时候，空气中的氧气由于负压作用进入填料的孔隙中，进而可以迅速传输到生物膜表面，硝化细菌在有氧状态下对吸附在基质上的 NH₃-N 进行生物降解。

活性氧化铝基质具有更高的 NH₃-N 去除效果可能是两系统中溶解氧值的差异造成的。活性氧化铝基质中出水溶解氧浓度平均值为 1.65mg/L，页岩陶粒基质中出水溶解氧浓度平均值仅为 0.86mg/L。由于硝化作用具有氧化还原敏感性，这就意味着低浓度的溶解氧会极大地限制硝化反应的进行。活性氧化铝基质比页岩陶粒基质具有更大的比表面积、更加密集的空隙和更大的孔体积，使得基质复氧能力更强，从而附着了更大量的微生物，增强了 NH₃-N 的去除效果。

(3) 基质类型对 TP 去除效果的影响

TFCW-A 系统和 TFCW-B 系统对 TP 的去除效果如图 5.3-92 所示。在运行初期，页岩陶粒和活性氧化铝基质分别保持着较高的去除效果，对 TP 的平均去除率分别为 38.4%、96.4%。

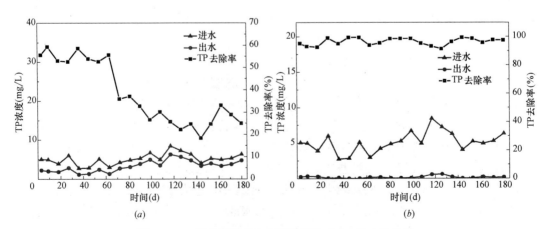

图 5.3-92 两种潮汐式人工湿地系统对 TP 的去除效果

(a) 页岩陶粒；(b) 活性氧化铝

有关研究表明，进水磷浓度决定磷首要去除途径，进水 TP 浓度＞0.5mg/L 时，主要去除途径为填料吸附及化学沉淀；进水 TP 浓度＜0.25mg/L 时，主要去除途径为微生物降解。本研究采用无植物潮汐式人工湿地，所以基质吸附和化学沉淀是 TP 的主要去除途径。

当持续运行近 5 个月时，TFCW-A 系统对 TP 的去除效果逐渐恶化，TP 的平均去除率由原来的 40.3％下降到 25.2％；TFCW-B 系统对 TP 一直都保持较高的去除效果，经过近 7 个月的运行，TP 去除率一直稳定在 95％左右，出水 TP 平均浓度在 0.1mg/L 以下。

TFCW-B 系统对 TP 的去除效果明显优于 TFCW-A 系统，并且对 TP 去除持久性也更强。一般认为，进水中磷元素与 Ca、Mg 等金属元素形成较稳定的沉淀或者络合物，所以填料中 Ca、Mg 含量是影响填料吸附除磷的关键因素，页岩陶粒中含有一定量的 Ca、Mg 元素，是基质去除磷的主要因素。而活性氧化铝基质对于磷的吸附可归因于磷酸盐与吸附剂表面羟基之间的反应，活性氧化铝主要是 $X\text{-}Al_2O_3$ 和勃姆石（$\alpha\text{-}AlOOH$）的混合物，可以产生大量的羟基基团，这就大大提高了对 TP 的吸附能力。有关研究表明，活性氧化铝基质对磷的吸附能力大约是页岩陶粒基质的 50 倍，这也很好地证明了本试验的结果，活性氧化铝在处理较低浓度的含磷污水时具有很好的磷吸附和持久去除的特性。

（4）基质类型对生物群落的影响

对运行 7 个月后活性氧化铝基质和页岩陶粒基质上的生物膜菌群进行宏基因组 16s rDNA 测序分析。

图 5.3-93 显示的是基质生物膜上菌门数量所占比例大于 2％的种类在基质上的分布。从菌门角度来看，两种基质生物膜上，各自分布有四种菌门，但菌门种类和所占比例并不完全相同。在活性氧化铝基质生物膜上，变形菌门（Proteobacteria）所占比例最高，为 75.87％，是生物群落的优势菌门。其他三类为拟杆菌门（Bacteroidetes）、酸杆菌门（Acidobacteria）和硝化螺旋菌门（Nitrospirae），所占比例分别为 8.08％、3.52％、2.06％。而在页岩陶粒基质生物膜上，所占比例最高的也是变形菌门（Proteobacteria），为 67.71％，相比活性氧化铝基质下降了 8.16 个百分点。其他三类菌门分别为拟杆菌门（Bacteroidetes）、浮霉菌门（Planctomycetes）、酸杆菌门（Acidobacteria），所占比例分别为 14.61％、7.92％、2.36％。

变形菌门（Proteobacteria）和拟杆菌门（Bacteroidetes）在人工湿地中是十分容易占

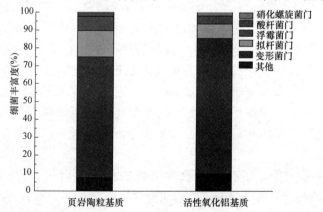

图 5.3-93　不同基质生物膜上菌门种类细菌丰富度（数量所占比例大于 2％）

到主导地位的两类菌门，其中变形菌门中的微生物在自然和人工生态系统中主要参加大量有机化合物的生物降解和转化活动。它们在自然湿地、人工污水处理工艺以及净化饮用水的滤池中都占据了主导地位。同时，酸杆菌门（Acidobacteria）、硝化螺旋菌门（Nitrospirae）以及浮霉菌门（Planctomycetes）在人工湿地中也是较为常见的菌门。

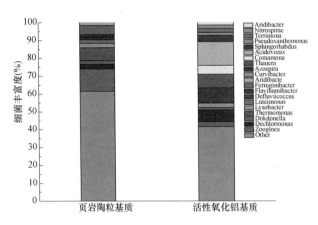

图5.3-94　不同基质生物膜上菌属种类细菌丰富度
（数量所占比例大于1.5%）

图5.3-94显示的是基质生物膜上菌属数量所占比例大于1.5%的种类在基质上的分布。从菌属角度来看，细菌数量所占比例大于1.5%的共有22种。页岩陶粒基质生物膜上细菌种类共10种，活性氧化铝基质生物膜上共13种。在页岩陶粒基质生物膜上所占比例最大的为动胶菌属（Zoogloea）（12.47%）。其次分别为热单胞菌属（Thermomonas）（7.18%）、铁锈菌属（Ferruginibacter）（5.04%）、Dechlormonas（2.49%）、溶杆菌属（Lysobacter）（2.49%）。在活性氧化铝基质生物膜上，食酸菌属（Acidovorax）所占比例最大，为13.23%。紧接着是固氮螺菌属（Azospira）（8.44%）、陶厄氏菌属（Thauera）（7.64%）、Dechloromonas（6.53%）、丛毛单胞菌属（Comamonas）（4.90%）、动胶菌属（Zoogloea）（2.70%）以及硝化螺旋菌属（Nitrospirae）（2.06%）。Dechlormonas在两种基质生物膜中都是优势菌属，但是所占比例有较大差异，页岩陶粒和活性氧化铝基质上的Dechlormonas比例分别为2.49%、6.53%。硝化螺旋菌属（Nitrospirae）在活性氧化铝基质生物膜上为优势菌属，所占比例为2.06%，而在页岩陶粒基质生物膜上，硝化螺菌属（Nitrospirae）数量较少，比例仅为0.62%，为非优势菌属。

动胶菌属（Zoogloea）是一种专性好氧细菌，特别是碳氮比相对较高时，菌群体集于共有的菌胶团中，是废水生物处理中的重要细菌。在页岩陶粒基质生物膜上该菌属所占比例最大，说明页岩陶粒基质为其提供了一个较好的氧环境。硝化螺旋菌属（Nitrospirae）是亚硝酸盐氧化菌群的典型代表，为专性好氧的自养细菌，是实现硝化作用过程中的关键菌属。活性氧化铝基质出水溶解氧浓度大于页岩陶粒基质出水溶解氧浓度，说明活性氧化铝基质为硝化螺旋菌属（Nitrospirae）提供了更适宜的氧环境供其生存。另外，陶厄氏菌属（Thauera）在活性氧化铝基质生物膜上所占比例为7.64%，它在传统的活性污泥工艺中同样是重要的反硝化细菌，它是一种兼性厌氧菌属，陶厄氏菌属（Thauera）的大量存在，说明活性氧化铝基质可能在表面提供好氧环境，而内部提供厌氧环境，使得陶厄氏菌属（Thauera）能够大量存活生长，从而使活性氧化铝基质具备一定的反硝化能力。

在活性氧化铝基质中，还有较多兼性厌氧的反硝化菌群，比如食酸菌属（Acidovorax）、丛毛单胞菌属（Comamonas）、固氮螺菌属（Azospira）、Dechloromonas，其中Dechloromonas在页岩陶粒基质中也有分布。它们可以通过有机物来作为电子供体，使氮氧化物为电子的最终接受体，从而实现脱氮的目的。

（5）生物膜表观形态特性

如图 5.3-95 所示，分别对两种基质填料原始形貌情况和运行 6 个月后表面生物膜生长情况进行了对比分析。可以看出，活性氧化铝表面粗糙多孔，孔隙总体分布非常密集，孔隙数量多且孔径大小不一，但以细小的微孔为主；表面同时有不同程度开裂的裂缝，但以细小的微缝为主。页岩陶粒表面质地较为均匀平整，几乎没有发现裂缝；孔隙分布稀疏零散，微孔和相对较大的孔隙数量都较活性氧化铝少很多。

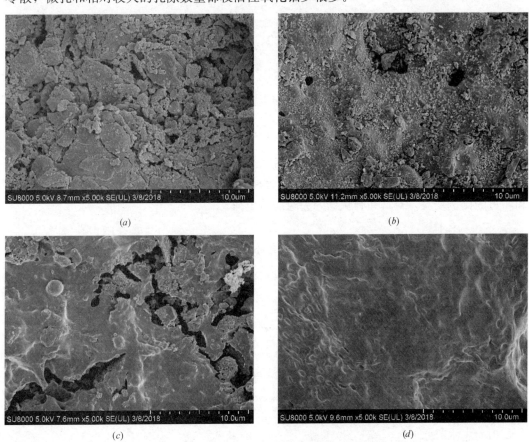

图 5.3-95 活性氧化铝与页岩陶粒基质有无生物膜表面结构
（a）活性氧化铝（原始状态）；（b）页岩陶粒（原始状态）；
（c）活性氧化铝（有生物膜）；（d）页岩陶粒（有生物膜）

对比图 5.3-95（c）和（d）可以看出，两种基质连续运行 6 个月后，表面均生长出致密且均匀的生物膜。活性氧化铝基质表面的生物膜有较大裂缝和局部孔隙出现，同时裂开的缝隙深度较深，裂缝长度较长；页岩陶粒基质表面的生物膜蔓延生长十分密实，几乎覆盖了页岩陶粒表面所有孔隙和裂缝，生物膜生长情况致密均匀，无裂缝出现。

经测试，活性氧化铝基质的比表面积是页岩陶粒基质的 23.47 倍。基质上生物膜的形成可能是滤料堵塞更重要的原因。随着运行时间的推移，基质上微生物的数量越来越多，生长需要占用更多生存空间。当基质生物膜达到生长极限的时候，就可能会达到基质本身的处理极限，从而限制了基质本身的处理效果。在电镜图像中发现，页岩陶粒上生长的生物膜已经处于饱和状态，几乎没有任何缝隙，这就会限制空气中的氧气向生物膜深层渗透，大大降低了页岩陶粒基质的硝化能力。而活性氧化铝则可以为更多微生物提供生存空间，生物膜生长的面积更大，空气能够从缝隙渗透到生物膜的内部，使得微生物的数量和种类更多，去除氨氮和有机物的能力更强。

3. 小结

（1）在以活性氧化铝和页岩陶粒为基质的潮汐式人工湿地系统中，两者对 COD_{Cr} 和 $NH_3\text{-}N$ 都有较好的去除效果，对 COD_{Cr} 平均去除率为 85.8%、71.3%；对 $NH_3\text{-}N$ 平均去除率稳定在 77.4%、62.6%。

（2）在保证对污染物高效去除的前提下，活性氧化铝基质潮汐式人工湿地系统具有更高的处理能力，水力负荷是传统潮汐式人工湿地的 3 倍左右。同时从启动到稳定运行的时间大约在 15～20h 之间，启动时间更短。

（3）活性氧化铝由于本身成分组成的原因使得与页岩陶粒对 TP 的去除效果差异较大，活性氧化铝基质对 TP 的平均去除率为 96.4%，而页岩陶粒基质仅为 38.4%。活性氧化铝基质对 TP 的去除更加高效和持久。

（4）活性氧化铝基质具有更加密集的微孔和微缝结构，基质内部空间广，复氧能力更强。这增加了生物膜上由内到外生长的微生物种群多样性，好氧硝化和兼性厌氧细菌种类和所占的比例变大，对氮和有机物的去除能力更强。

5.4 室外水环境水量平衡节水技术

5.4.1 室外水环境节水技术

1. 室外水环境节水技术体系

室外水环境节水技术体系，主要包含开源和节流两块，开源主要指的是通过外部水如中水、雨水和冷凝水补水，节流包括水循环净化节水和防渗节水，通过水循环内部处理措施使景观水体达到净化目的，同时保证景观水不会渗漏损失掉。详见图 5.4-1。

2. 景观水补水节水措施

（1）中水补水

中水回用技术减少了为满足用水要求而必须从环境中取水的数量，于水量有益；同时也减少了排放到环境中的污染物，于水质有益。这项技术还可以减少排放水体中氮磷总量，比新建污水处理工程容易，对生态环境几乎不产生附加隐患，而且可减少对区域水环境造成的污染影响。因此，在绿色建筑开发中推行中水回用技术与污水资源化利用战略，有利于建筑水环境的良性循环，比传统意义的开源更有意义。鉴于这项技术在开源和节流两方面的特点，可以作为绿色建筑重要的一项节水与水资源利用技术。

绿色建筑中水处理工艺应将保证水质放在第一位。在达到水质要求的前提下，再运用先进的技术和手段来简化处理工艺。达不到水质要求，再便宜的处理方法也是浪费。随着科技进步和经济发展，一些原来被人们认为是复杂、昂贵、不可靠的水处理工艺如臭氧消毒、臭氧-活性炭处理、膜处理等，已经变得安全可靠和经济实用了。设计人员的观念应随之改变，不能在国际标准的建筑里使用过时陈旧的水处理工艺和设备，使处理出水水质

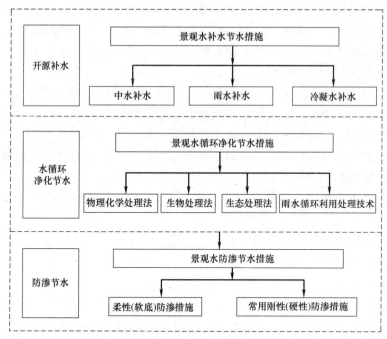

图 5.4-1 节水技术体系流程图

达不到回用标准要求。随着自动控制和监测技术的进步，许多物化处理设备可以实现自动化，从这个方面来说，这些处理工艺和设备比传统工艺反而更加简单。这些基础条件的出现，使我们不必担心水处理工艺是否复杂，而只需要关心其性价比是否合理、出水水质是否能达到要求。

(2) 雨水补水

当雨水水质符合《城市污水再生利用　景观环境用水水质》GB/T 18921—2019 的要求时，可采用雨水作为景观水体补水水源。

1) 水系补水采用雨水时，应收集硬化面上降落的雨水，且应满足下列要求：

① 首选轻污染不透水硬化面雨水。轻污染硬化面包括屋面、人行路面及广场等。

② 当设置初期雨水弃流设施时，可收集利用小区内机动车道的雨水。旱塘收集利用路面雨水时可不设置初期雨水弃流设施。

③ 降落在水面上的雨水应收集利用。

④ 透水面上的雨水不宜再设置收集利用设施，透水面包括绿地、透水铺装、绿化覆土厚的屋面等。

⑤ 当单独利用屋面雨水时，应设置屋面雨水输水管道进入水系或雨水弃流设施。输水管道的起端应设置检查井，检查井的井盖应能向地面溢流雨水。输水管宜按 2 年重现期雨水径流量计算。

⑥ 当对屋面雨水和路面雨水都利用时，屋面雨水宜排至散水面。地面雨水宜漫流汇入初期雨水弃流设施。

⑦ 当采用雨水管道汇入室外水系时，管道出口的内底应高于水系的雨水贮存设计水位。

⑧ 雨水宜采用地面汇流的方式进入旱塘。

2）水系采用雨水作为补水水源时，应采取雨水贮存措施，并满足下列要求：

① 当水系的水体设计水位为非恒定水位时，应在设计常水位上方和溢流水位之间贮存雨水。不宜另建水池贮存雨水。

②当设计水位为恒定水位且用溢流维持恒定水位时，应设置雨水贮存池贮存雨水。

③ 室外水系为旱塘时，应利用旱塘的全部空间贮存雨水。

3）水体用作雨水贮存设施时，应符合下列要求：

① 贮存雨水空间的周壁宜设为缓坡绿地或生态驳岸，周壁防渗做法应和下方的水系周壁一致并连接为整体。

② 设有溢流雨水管渠时，宜采用重力溢流排水。出水口标高应高于贮水量所需要的高度。

③ 进水口周围应种植水生植物净化雨水，且宜设置前置塘，雨水从前置塘初步沉淀后进入水体。前置塘应便于清淤。

（3）冷凝水补水

采用冷凝水补水，循环处理系统的出水水质应达到景观水体补水水质的标准。娱乐性水体与观赏性水体还应符合《城市污水再生利用 景观环境用水水质》GB/T 18921—2019 的规定。冷凝水补水措施包括：

1）空调冷凝水

该空调冷凝水不是并入废水系统的冷凝水，而是设置了单独收集管道直接回用利用的冷凝水水源。空调冷凝水本身的水质非常干净，其成分基本为纯净的水分子，只是在空气中凝结的过程中会聚集少量的灰尘，所以空调冷凝水在设置了单独的收集管道条件下，可以直接回用于景观补水及绿化、浇洒、洗车等用途。

在国内一些建筑当中，尤其是设置了集中空调的办公等冷负荷相对较大的建筑当中，冷凝水水量相对较大，在楼宇中设置了单独的冷凝水收集管道，管道最终敷设至景观水循环机房或是景观水池，还有一些将管道直接汇入了中水或雨水回用的清水池，并不增加水处理的负担，但是增加了非传统水源回用的水量。冷凝水的回收利用要保证安全可靠，符合人们的感官要求，达到规定的水质标准。根据回收利用用途的不同，选用相应的水质标准。当回收利用用途为建筑杂用水或者城市杂用水时，出水水质应满足《城市污水再生利用 城市杂用水水质》GB/T 18920—2019 的相关规定；当回收利用用途为冷却塔补充水时，由于我国尚未制定出循环冷却水的水质标准，出水水质可以按照《工业循环冷却水处理设计规范》GB/T 50050—2017 中的相关规定来执行。

但是根据朱水荣、徐瑛等人的研究，冷凝水中可能混有军团菌。因此从安全角度出发，建议对其进行杀菌消毒处理。可以通过定期在集水盘添加片剂的办法进行消毒，或者是在贮水箱采用投加氯或者臭氧进行消毒。此外，由于冷凝水比地下水和地表水更具腐蚀性，因此相关容器和管道要考虑采用抗腐蚀性材料。

2）冷却塔补水

冷却塔是利用水与空气流动接触后进行冷热交换产生蒸汽，蒸汽挥发带走热量达到蒸发散热、对流传热和辐射传热等原理来散去工业上或制冷空调中产生的余热来降低水温的蒸发散热装置。建筑物冷却系统的制冷量越大，则需要蒸发的水资源量越多。而在设置了集中水冷空调系统的公共建筑中冷却塔的补水量占整个建筑用水量的比例非常高，有些甚至能达到 1/3 以上，而在一些发电厂、数据机房的水冷需要的补水量更是大的惊人。

现阶段在民用建筑的室外冷却塔补水中，采用非传统水源的案例并不是很多，主要是由于在冷却塔的水量蒸发过程中，大量的水蒸气会随着空气飘散开来，如果水质出现了问题，会造成比较严重的危害。不过随着水处理技术和水质监测技术的不断发展，采用非传统水源作为室外冷却塔补水变为了现实，可以大大节约自来水水资源的消耗量。排污水的可生化性指标为（即 BOD 与 COD 的比值）＞0.3，因此可采用生化处理法进行处理，拟定排污水的处理工艺为生物接触氧化法。

生物接触氧化法是在池内填充填料，充氧的污水会浸没全部填料并会以一定的流速流经填料。填料上布满生物膜，当污水与生物膜广泛接触时，污水中的有机物被生物膜内微生物通过新新代谢得到去除，从而污水得到净化。生物接触氧化法具有造价低、占地面积小、运行稳定性好等特点。排污水的水处理工艺流程为：排污水→调节池→生物接触氧化→沉淀→过滤→消毒→出水。

3. 景观水循环净化节水措施

（1）物理化学处理法

在建筑室外水循环处理的物理化学处理方法中，常见的方法主要包括：混凝絮凝、气浮、沉淀法、过滤法、活性炭吸附等。

1）混凝絮凝

混凝现象是指微粒凝结现象。凝聚和絮凝总称为混凝。凝聚是指在水中加入某些溶解盐类，使水中的细小悬浮物或胶体微粒互相吸附结合成较大颗粒，从水中沉淀下来的过程。

通过向废水中投加混凝剂，使其中的胶粒物质发生凝聚和絮凝而分离出来，以净化废水。混凝剂可归纳为两类：①无机盐类；②高分子物质。处理时，向废水中加入混凝剂，消除或降低水中胶体颗粒间的相互排斥力，使水中胶体颗粒易于相互碰撞和附聚搭接而形成较大颗粒或絮凝体，进而从水中分离出来。

2）气浮

气浮是气浮机的一种简称，也可以作为一种专有名词使用，即水处理中的气浮法，是在水中形成高度分散的微小气泡，黏附废水中疏水基的固体或液体颗粒，形成水-气-颗粒三相混合体系，颗粒黏附气泡后，形成表观密度小于水的絮体而上浮到水面，形成浮渣层被刮除，从而实现固液或者液液分离的过程。

3）沉淀法

沉淀法是水处理中最基本的方法之一。它是利用水中悬浮颗粒和水的密度差，在重力作用下产生下沉作用，以达到固液分离的一种过程。在典型的污水处理厂中，沉淀法可用于下列几个方面：

① 污水处理系统的预处理

污水的初级处理（初次沉淀池，简称初沉池）可较经济有效地去除污水中的悬浮固体，同时去除一部分呈悬浮状态的有机物，以减轻后续生物处理构筑物的有机负荷。

② 生物处理后的固液分离（二次沉淀池，简称二沉池）

二沉池主要用来分离悬浮生长生物处理工艺中的活性污泥以及生物膜法工艺中脱落的生物膜等，使处理后的出水得以澄清。

③ 污泥处理阶段的污泥浓缩

污泥浓缩池是将来自二沉池的污泥，或者二沉池及初沉池污泥一起进一步浓缩，以减小体积，降低后续构筑物的尺寸、处理负荷和运行成本等。

4）过滤法

过滤法包含的范围相对较广，大到预处理的格栅过滤小到膜处理过滤均属于过滤方法的范畴，该方法在水处理中占有非常重要的地位。

过滤法的目的是将水源内的悬浮颗粒物质或胶体物质清除干净。这些颗粒物质如果没有清除，会对其他精密的过滤膜造成破坏甚至造成水路的阻塞。这是最古老且最简单的净水法，所以这个步骤常用在水纯化的初步处理，或有必要时，在管路中也会多加入几个过滤器以清除体积较大的杂质。去除悬浮颗粒物质所使用的过滤器种类很多，例如网状过滤器、砂状过滤器（如石英砂等）或膜状过滤器等。只要颗粒大小大于这些孔洞的大小，就会被阻挡下来。

5）活性炭吸附

利用吸附作用进行物质分离已有漫长的历史。在水处理领域，吸附法主要用于脱除水中的微量污染物，应用范围包括脱色、除臭味、脱除重金属、各种溶解性有机物、放射性元素等。在处理流程中，吸附法可作为离子交换、膜分离等方法的预处理，以去除有机物、胶体物及余氯等；也可以作为二级处理后的深度处理手段，以保证回用水的质量。

（2）生物处理法

1）传统活性污泥法

活性污泥法是以活性污泥为主体的废水处理方法。活性污泥法是向废水中连续通入空气，经一定时间后因好氧性微生物繁殖而形成的污泥状絮凝物。其上栖息着以菌胶团为主的微生物群，具有很强的吸附与氧化有机物的能力。

该法是在人工充氧条件下，对污水和各种微生物群体进行连续混合培养，形成活性污泥。利用活性污泥的生物凝聚、吸附和功能性生化反应，以分解去除污水中的有机污染物。然后使污泥与水分离，大部分污泥再回流到曝气池，多余部分则排出活性污泥系统。

2）生物接触氧化

生物接触氧化工艺通过鼓风机或水下曝气机进行充氧曝气，在接触氧化池内，利用填料上附着的微生物膜吸收分解污水中的有机污染物质，达到降解有机物的目的。接触氧化池出水自流进入沉淀池，脱落的生物膜等在其中进行沉淀，澄清水经过加药装置投加絮凝剂后进入中间水箱，用二级提升泵提升进入石英砂过滤器，用于过滤水中的悬浮物，并进一步降低水中污染物的浓度。滤后水经加氯消毒后由供水系统将其供给各回用点。

3）MBR 技术

MBR 又称膜生物反应器（Membrane Bio-Reactor），是一种由活性污泥法与膜分离技术相结合的新型水处理技术。膜的种类繁多，按分离机理可分为反应膜、离子交换膜、渗透膜等；按膜的性质可分为天然膜（生物膜）和合成膜（有机膜和无机膜）；按膜的结构形式可分为平板型、管型、螺旋型及中空纤维型等。可有效地进行泥水分离。

4）BAF 技术

曝气生物滤池，简称 BAF，是近年来国际上兴起的污水处理新技术。目前在欧美和日本等国家已有上千座大小各异的污水处理厂应用了这种工艺。它可广泛应用于城市污水、小区生活污水、生活杂排水和食品加工水、酿造等有机废水处理，具有去除 SS、COD_{Cr}、BOD、硝化与反硝化、脱氮除磷、去除 AOX 的作用，其最大的特点是集生物氧化和截留悬浮固定于一体，并节省了后续二次沉淀池。该工艺有机物容积负荷高、水力负荷大、水力停留时间短、出水水质好，因而所需占地面积小、基建投资少、能耗及运行成本低。曝气生物滤池污水处理新技术的诞生，是我国环保领域的一次重大技术突破，掀开了城市污水处理工艺新的一页。

5）生物转盘

由水槽和部分浸没于污水中的旋转盘体组成的生物处理构筑物。盘体表面上生长的微生物膜反复地接触槽中污水和空气中的氧，使污水获得净化。

生物转盘工艺是生物膜法污水生物处理技术的一种，是污水灌溉和土地处理的人工强化，这种处理法使细菌和菌类的微生物、原生动物一类的微型动物在生物转盘填料载体上生长繁育，形成膜状生物性污泥——生物膜。污水经沉淀池初级处理后与生物膜接触，生物膜上的微生物摄取污水中的有机/无机污染物作为反应基质，使污水得到净化。在气动生物转盘中，微生物代谢所需的溶解氧通过设在生物转盘下侧的曝气管供给。转盘表面覆有空气罩，从曝气管中释放出的压缩空气驱动空气罩使转盘转动，当转盘离开污水时，转盘表面形成一层薄薄的水层，水层也从空气中吸收溶解氧。

（3）生态处理法

1）微生物-人工湿地法

人工湿地是一种人工构筑而成的联合物理吸附、沉降拦截、生物降解和植物吸收为一体的生态处理系统。由人工建造和控制运行的与沼泽地类似的地面，将污水、污泥有控制地投配到经人工建造的湿地上，污水与污泥在沿一定方向流动的过程中，主要利用土壤、人工介质、植物、微生物的物理、化学、生物三重协同作用，对污水、污泥进行处理的一种技术。其作用机理包括吸附、滞留、过滤、氧化还原、沉淀、微生物分解、转化、植物遮蔽、残留物积累、蒸腾水分和养分吸收及各类动物的作用。具有能耗低、处理效果好、脱氮除磷效率高的特点，但是其占地面积大，容易受季节影响，因此在南方地域比较开阔的地方适用。采用人工湿地作为污水处理排水的后续再生水生态净化工艺已经广泛应用于市政杂用水、工业用水、农业用水和城市河道湖泊景观水体等用途。

2）复合氧化塘系统

氧化塘，是一种利用天然净化能力对污水进行处理的构筑物的总称。其净化过程与自然水体的自净过程相似。通常是将土地进行适当的人工修整，建成池塘，并设置围堤和防渗层，依靠塘内生长的微生物来处理污水。主要利用菌藻的共同作用处理废水中的有机污染物。稳定塘污水处理系统具有基建投资和运转费用低、维护和维修简单、便于操作、能有效去除污水中的有机物和病原体、无需污泥处理等优点。

（4）雨水循环利用处理技术

1）绿地雨水处理

绿地是城市人为或天然的生态系统，其系统中土壤、植物及微生物对水的净化作用相当于污水的土地处理系统，在绿地植物和土壤环境中生长的大量细菌、真菌、原生动物以及相伴存在的丰富土壤微生物酶系能去除雨水中的有机营养物质，土壤的过滤、沉淀和吸附作用能除去雨水中存在的杂质、悬浮颗粒、部分有机污染物和各种溶解性污染物。根据有关土壤对雨水污染物的净化试验，对于 1m 厚的土层，在多年平均降雨条件（600mm）下，对超 V 类污染物 Pb、Hg、Cd、Cr、NH_4-N、COD，土壤的安全使用年限为 1.48 年，对于 6m 厚的土层，其安全使用年限为 482 年，出水水质能达到普通二级处理水质的标准。绿地中不仅土壤对雨水污染物具有处理净化作用，同时绿地植物对雨水污染物也具有净化作用，因此，绿地净化能力强，出水水质好。结合城市雨水水质特点，绿地及其汇水区的降雨通过绿地土壤净化能直接补充地下水，绿地雨水径流可作为非饮用水的水源，经过简单过滤和消毒后即可用于如景观用水、绿地浇灌、冲洗道路、洗车等。

2）城市屋面、道路雨水处理

屋顶和道路收集的雨水，含有大量的杂物，可以先经过格栅将较大的杂质去除，而后通过初期弃流装置将水质较脏的雨水排入地下污水管道，进入城市污水处理厂处理后再排放，防止屋顶、道路雨水初期径流中的污染物对城市水环境造成不利影响，同时为下一步的处理利用创造条件。雨水初期弃流设施可以分为分散式和集中式两种类型。分散式初期雨水弃流装置主要应用于屋顶集流系统和小区雨水集流系统。已收集到的初期雨水，在降雨结束后打开放空管上的阀门将其排入污水管道。弃流后的雨水沿旁通管流至雨水收集管道。集中式初期雨水弃流设施主要用于路面、广场的集雨系统。主要形式为弃流池，通过计算确定弃流池的容积，可以将一定量的初期雨水弃流，从而保证处理设备进口的雨水水质在一定程度内稳定。

4. 景观水防渗节水措施

（1）土工膜防渗

土工膜是一种薄型柔软的合成材料，目前多采用 PE 复合土工膜，产品多为一布一膜和两布一膜。土工布一般为 $200\sim300g/m^2$；PE 膜的厚度为 0.2～1.2mm，膜厚度与垫层平整度、材料允许拉应力及弹性模量等有关，理论上膜越厚渗漏量越小。一般人工景观湖多采用两布一膜，膜厚为 0.5～0.75mm。施工时膜与膜之间多采用焊接，布与布之间多采用缝合的连接方式。焊接质量易受现场条件、气温、膜厚度、垫层平整度等诸多因素影响，造成抗拉强度和止水效果较难保证。土工膜与混凝土墙无法用焊接连接。近年出现的新工艺可用特殊胶粘剂进行膜与膜、膜与布及膜与混凝土之间的粘接。但无论焊接还是粘接均属刚性连接，土层的应力变化会传递给防水材料，接缝一旦不能承受就会破裂，因此接缝是土工膜防渗系统中的薄弱环节。

（2）膨润土防水毯防渗

膨润土是一种以蒙脱石为主要成分的黏土矿物，具有遇水膨胀形成不透水凝胶体的重要特性，膨胀系数可达 24 倍，从而起到防渗隔漏作用。在实际工程中膨润土防水毯经常采用有压安装，膨润土遇水膨胀后产生的反向压力也可以起到堵漏、自我修补的作用。其连接处采用 30cm 以上的搭接，并在搭接处撒膨润土干粉或涂抹浆状膨润土以增强防水效果。膨润土防水毯具有抗穿孔性强、可在不平表面施工、不受微生物影响、使用寿命长、施工便捷、维护方便等特点，近几年人工景观湖多采用此方法防渗。

5.4.2　室外节水规划设计体系

1. 建筑与小区室外水环境构成

（1）建筑与小区室外水环境分类

原生水体环境：主要依靠室外环境中原有的自然水体和坑塘就地利用或经过简单的修饰处理后，达到观赏或娱乐需求的景观娱乐水体。

人工水体环境：依靠后期的人为建设，建造出的供人们观赏或娱乐的室外景观水体环境。主要包括：人造景观型水景、娱乐型喷泉等。

（2）建筑与小区室外水环境组成部分

1）水体

水体是室外水环境的主体，也是呈现在人们面前最直接、最核心的部分。水体的外观形式、水质特性等因素是影响室外水环境直观评价最重要的部分。

2）娱乐设施

包括喷泉、水幕、艺术水景造型等娱乐性的水体设施，又可分为观赏型娱乐设施和接触型水体娱乐设施两类。不同类型的水体娱乐设施对于景观水体的水质要求不同。

3）补水系统

由于水体的耗水量大于天然的补水量，人工水景不能依靠自然水体循环满足维持水体水量的需求，需要额外补充水量而设置的系统。

4）净化处理

指人造水体中，其水环境无法依靠自身水体自净来维持所需要的水质标准，而需要人为增加设置循环、过滤、消毒等水质处理净化，以达到所需的水质要求过程。

2. 室外景观水体的水质控制标准

（1）与人体非直接接触的人造景观用水水体水质标准见表 5.4-1。

非接触性景观用水水体水质标准   表 5.4-1

序号	项　目	限　值
1	透明度	≥0.5
2	水温（℃）	不高于近 10 年当月平均水温 4℃（景观娱乐用水水质标准）
3	嗅	不得含有任何异嗅
4	漂浮物	不得含有漂浮的浮膜、油斑和聚集的其他物质（景观娱乐用水水质标准）
5	pH 值	6～9（再生水水质最高标准）
6	氨氮（mg/L）	≤1.5（地表三类）
7	总磷（以 P 计）（mg/L）	≤0.3（再生水水质最高标准，地表水Ⅳ类）
8	生化需氧量（BOD$_5$）（mg/L）	≤6（再生水水质最高标准）
9	化学需氧量（COD$_{Cr}$）（mg/L）	≤20（地表三类）
10	溶解氧（DO）（mg/L）	≥3（景观娱乐用水水质标准）
11	类大肠菌群（个/L）	2000（再生水水质最高标准）

（2）与人体直接接触的人造景观娱乐水体水质标准见表 5.4-2。

人体直接接触的景观娱乐水体水质标准   表 5.4-2

序号	项　目	限　值
1	浊度（散射浊度计单位）（NTU）	≤5
2	水温（℃）	不高于近 10 年当月平均水温 2℃

续表

序号	项　目	限　值
3	嗅	不得含有任何异嗅
4	悬浮物(mg/L)	≤5
5	pH 值	6.5～8.5
6	氨氮(mg/L)	≤0.5
7	总磷(以 P 计)(mg/L)	≤0.02
8	生化需氧量(BOD$_5$)(mg/L)	≤4
9	化学需氧量(COD$_{Cr}$)(mg/L)	≤15
10	溶解氧(DO)(mg/L)	≥5
11	类大肠菌群(个/L)	500(处理后出水不得检出)
12	余氯(mg/L)	处理后出水 0.05～0.3
13	阴离子表面活性剂(mg/L)	≤0.3

注：人工游泳池、浴场的水质应分别符合《游泳池水质标准》CJ/T 244—2016 和《公共浴池水质标准》CJ/T 325—2010 的水质要求。

（3）易飘散至空气中被人体吸入的景观水体水质标准

符合《生活饮用水卫生标准》GB 5749—2006 的水质要求。

3. 雨水利用规划设计技术要点

（1）雨水利用设施设计流程

（2）雨水利用主要形式

雨水资源不同于其他通过管道输送的水系统资源，具有时空分布不均、规律性差等不确定因素。所以雨水利用形式根据其自身特点也具有多样性，主要利用形式可分为：自然入渗涵养室外水环境、通过景观滞留达到补充效果、收集回用等。

1）雨水入渗利用

雨水入渗是雨水利用涵养和补充室外水环境、地下水的一种有效方法，由于建设开发的增加，导致硬化地面过多，雨水无法全部回到地下，导致室外天然水环境消耗和供给不平衡，而增加雨水的入渗利用可以缓解该现象。入渗也可与雨水收集回用相结合使用。

雨水入渗方式选择：

① 下凹式绿地入渗

下凹式绿地是雨水入渗最主要、最有效的方式，在设置绿地时宜设置为下凹式绿地。

② 透水铺装地面入渗

人行道、非机动车道、庭院、广场等硬化地面宜采用透水铺装，使降落在这些区域的雨水能快速有效地入渗至地下，涵养地下水的同时，减少硬化铺装地面的排水压力。

③ 植被浅沟与洼地入渗

结合室外景观的设置，人为设置一些景观植被浅沟与洼地，有效地疏导滞留室外雨水，在此过程中使此部分雨水得到有效的入渗。

④ 生物滞留设施（浅沟渗渠组合）入渗

结合微地形中植被浅沟、洼地的设置，并行埋设入渗沟、渗渠等人工设施，增加雨水入渗的水量和速度。

⑤ 渗透管沟、入渗井、入渗池、渗透管排放系统等

人工在绿地内或道路旁的雨水滞留入渗区域设置入渗井、入渗池及渗透管道等排放设施，增加雨水入渗的水量和速度。

2）雨水滞留景观

除了上述生物雨水滞留区之外，还有通过人工建设旱景设施，在降雨过程中将雨水有组织地进行收集和滞留形成水体景观环境，形成水体与旱体结合交替呈现的景观，既起到了雨水水量的调蓄作用，同时也补充了景观水体。

雨水滞留景观在进入水体蓄水主体前，往往需要通过植草沟、绿地后进入。使天然雨水经过生态过滤，去除一定的污染物后补充水体。

3）雨水收集回用

室外景观水体的雨水收集回用系统应由雨水收集、贮存、处理和回用水管网等设施组成。

在进行雨水收集回用补充室外景观水体时，宜根据室外景观水体的补水需求量确定雨水收集回用设施的规模。在满足该需求的基础上，再考虑回用至道路浇洒、绿化、冲厕等用途。雨水回用系统的平均日设计用水量不应小于汇水面需控制及利用雨水径流总量的30%。当条件不满足时，应在贮存设施中设置排水泵，其排水能力应在12h内排空雨水。

雨水收集回用系统的贮存设施，其贮水量应按公式（5.4-1）计算。当具有逐日用水量变化曲线资料时，也可根据逐日降雨量和逐日用水量经模拟计算确定。

$$V_h = W - W_i \tag{5.4-1}$$

式中　V_h——收集回用系统雨水贮存设施的贮水量，m^3；

　　　W——降雨量，m^3；

　　　W_i——设计初期径流弃流量，m^3。

$$W_i = 10 \times \delta \times F \tag{5.4-2}$$

式中　F——汇流面积，m^2；

　　　δ——初期径流弃流厚度，mm。

（3）雨水处理工艺

雨水处理工艺流程应根据收集雨水的水量、水质以及雨水回用水质要求等因素，经技术经济比较后确定。雨水进入蓄水贮存设施之前宜利用植草沟、卵石沟、绿地等生态净化设施进行预处理。

当雨水用于观赏性景观水体时，宜采用下列工艺流程：

雨水→初期径流弃流→景观水体或湿塘。景观水体或湿塘宜配置水生植物净化水质。

当雨水用水娱乐性景观水体时，宜采用下列工艺流程：

雨水→初期径流弃流→沉砂→雨水蓄水池沉淀→过滤→消毒→浇洒；

雨水→初期径流弃流→沉砂→雨水蓄水池沉淀→絮凝过滤或气浮过滤→消毒→雨水清水池。

对于亲水娱乐型景观水体采用雨水回用补水时，应进行消毒，满足细菌学指标要求。

（4）雨水回用水质要求

当雨水作为景观水体的补水进行回收利用时，回用雨水集中供应系统的水质中 COD_{Cr} 和 SS 指标应符合表 5.4-3 的规定，其余指标应根据第 3.2.2 节的水质标准要求确定。

回用雨水 COD_{Cr} 和 SS 指标

表 5.4-3

项目指标	观赏性水景	娱乐性水景
COD_{Cr}(mg/L)	≤30	≤20
SS(mg/L)	≤10	≤5

（5）雨水系统水质安全保障措施

雨水供水管道应与生活饮用水管道分开设置，严禁回用雨水进入生活饮用水给水系统。当采用生活饮用水补水时，应采取防止生活饮用水被污染的措施，并应符合下列规定：

1）清水池（箱）内的自来水补水管出水口应高于清水池（箱）内溢流水位，其间距不得小于 2.5 倍补水管管径，且不应小于 150mm。

2）向蓄水池（箱）补水时，补水管口应设在池外，且应高于室外地面。

3）雨水供水管道上不得装设取水龙头，并应采取下列防止误接、误用、误饮的措施：

① 雨水供水管外壁应按设计规定涂色或标识；

② 当设有取水口时，应设锁具或专门开启工具；

③ 水池（箱）、阀门、水表、给水栓、取水口均应有明显的"雨水"标识。

第 6 章　建筑水系统微循环重构技术综合示范

6.1　建筑水系统微循环重构技术综合示范工程一

6.1.1　项目总体概况

1. 工程总体情况

建筑水系统微循环重构技术综合示范工程位于北京市海淀区北下关街道的北京交通大学主校区。主要示范建筑和区域包括大学生活动中心、新建住宅楼、学苑公寓和明湖景观水体。

大学生活动中心总建筑面积 58000m² （见图 6.1-1），共分为地下 2 层、地上 10 层，主要包括学生食堂、学生艺术用房、学生浴室、小剧场、办公用房、地下车库等部分。其中，一、二、三层食堂面积共计 12000m²，可提供 3000 个就餐座位，极大地改善了学生们的用餐环境；男女浴室共 1400m²，可同时提供 371 个喷头。主要示范点建筑供水泵房和中水回用系统位于地下一层，办公楼建筑排水系统位于一层和三层。

新建住宅楼总建筑面积 17 万 m²，共含有 A、B、C、D 四栋教师公寓（见图 6.1-2）及一栋配套商业楼 E。主要示范点建筑供水泵房位于地下一层，主要示范技术为建筑二次供水系统节水节能技术。

图 6.1-1　北京交通大学大学生活动中心　　　　图 6.1-2　北京交通大学新建教师公寓

学苑公寓（见图 6.1-3）建设用地 2.93hm²，总建筑面积 106800m²，绿化面积 8900m²，建筑高度 60m。各楼地下设置淋浴室、洗衣房。建筑生活热水技术示范选择学苑公寓 4 号楼和 8 号楼地下一层淋浴房，学苑公寓是几栋学生公寓楼里服务学生人数最多、建筑规模最大的公寓。主要示范技术为建筑热水消毒技术。

图 6.1-3　北京交通大学学苑公寓

明湖（见图 6.1-4）为北京交通大学校园景观水体，水体容积为 $3000 \mathrm{m}^3$。本示范技术为雨水循环回用技术，主要是将入湖雨水进行体外循环过滤处理，回补景观，使景观水体的水质得到有效的维持。

图 6.1-4　北京交通大学校园景观明湖

本综合示范技术包括 5 项内容，分别是：（1）水质安全保障技术示范；（2）热水消毒技术集成与示范；（3）节能节水技术集成与示范；（4）雨水和灰水循环利用技术集成与示范；（5）排水系统反臭气控制技术集成与示范。如图 6.1-5 所示，第 1、3、5 项示范工程位置在学校的大学生活动中心和新建住宅楼，示范规模为公共建筑 5 万 m^2 和住宅建筑 17 万 m^2；第 4 项示范工程位置在明湖；第 2 项示范工程位置在学苑公寓 4 号楼和 8 号楼（其中 4 号楼安装银离子热水消毒装置，8 号楼安装 AOT 热水消毒装置）。

2. 项目特点及技术目标

本综合示范项目针对北京交通大学现有建筑水系统中存在的供水水质安全问题、建筑

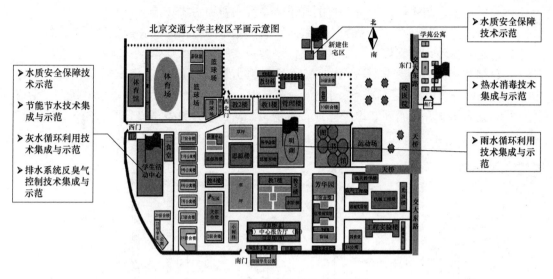

图 6.1-5 综合示范技术位置分布图

热水水质安全问题、水资源和能源的浪费问题、建筑灰水与雨水回用问题以及排水系统反臭气问题等亟需解决的难题，结合学校当下开展的改善水质安全、中水回用、多方面节能节水等工作，以水质安全保障和节水节能为核心特点，重点展开了水质安全保障技术示范、热水消毒技术集成与示范、节能节水技术集成与示范、雨水和灰水循环利用技术集成与示范、排水系统反臭气控制技术集成与示范 5 个工程的示范与科学研究。以期为解决供水"最后一千米"的安全保障问题提供科技支撑。

在满足示范工程面积大于 4 万 m^2 的前提下，提出了需要达到的技术目标：

（1）水质安全保障技术示范要求示范建筑自来水水质符合《生活饮用水卫生标准》GB 5749—2006 的要求；

（2）热水消毒技术集成与示范要求示范公寓的洗浴热水中军团菌浓度需低于 1CFU/100mL，确保学生洗浴安全；

（3）节能节水技术集成与示范要求节水率达到 10%，并绘制节水系统能耗变化规律曲线，确定节能百分比；

（4）雨水和灰水循环利用技术集成与示范要求新建和修缮改进后的雨水、灰水处理回用系统的出水水质需达到《城市污水再生利用 景观环境用水水质》GB/T 18921—2019 的相关规定；

（5）排水系统反臭气控制技术集成与示范要求示范建筑卫生间需达到室内无臭气、学生满意度高的标准。

6.1.2 示范技术简介

1. 水质安全保障技术示范

通过课题研究，水质安全保障技术示范体系包括：

（1）供水设备与管道材料：采用耐腐蚀材料的安全输配水设备与管道，避免造成二次污染。

（2）供水系统封闭性：采用全封闭式供水系统，避免污染物进入。

（3）水力停留时间：供水系统不设置水箱，缩短水力停留时间，降低被污染风险。

（4）水质保障运行管理：设置水质监测平台，实时监测水质情况。

在总结课题研究成果的基础上，本示范选用了稳压补偿式无负压供水设备（见图 6.1-6）。该设备具有流量控制、双向补偿、密封保压三大特点。设备材质为不锈钢，耐腐蚀性强；设备供水在全密闭状态下完成，杜绝了二次污染；设备不设置贮水箱，水力停留时间短。同时，该设备配套有水质和能量实时在线监测平台（见图 6.1-7）。

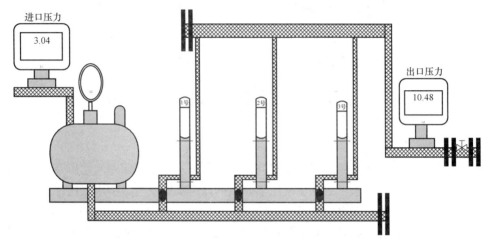

图 6.1-6 稳压补偿式无负压供水设备示意图

图 6.1-7 二次供水水质与节能监测平台

2. 热水消毒技术集成与示范

（1）银离子消毒技术

银离子消毒技术是银离子通过抑制胞内酶的活性，从而破坏微生物结构及干扰微生物 DNA 分子的合成，使微生物死亡，达到去除水中污染物，保障水质的效果。

银离子消毒装置由电控箱和银离子发生器两部分组成（见图 6.1-8）。水流经过离子发生器中产生银离子的极板时，通过调整直流电的大小以获得不同浓度的银离子，银离子随着循环泵的启动与水混合均匀，起到消毒作用。

图 6.1-8　银离子消毒装置

（*a*）银离子发生器；（*b*）电控箱

（2）AOT 光催化氧化消毒技术

AOT 光催化氧化消毒技术原理（见图 6.1-9、图 6.1-10）是将 TiO_2 光催化剂固定在紫外光源周围，光催化膜（TiO_2/Ti）在紫外灯的照射下产生羟基自由基，羟基自由基接触微生物表面后，通过夺取微生物表面的氢原子破坏微生物结构，使其分解死亡，同时羟基自由基夺取氢原子后成为水分子。

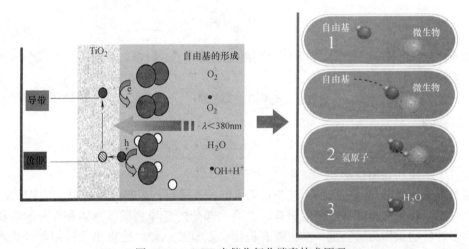

图 6.1-9　AOT 光催化氧化消毒技术原理

3. 节能节水技术集成与示范

（1）节能技术简介

该示范工程通过以下技术措施达到水泵节能效果：

1）项目高区供水采用变频无负压供水系统；水泵选型上扣除市政管网供水余压；水泵采用高效等级（Ⅰ级能效）；水泵运行处于高效段；每台水泵采用独立变频器控制。

2）无负压供水系统采用 2 用 1 备的供

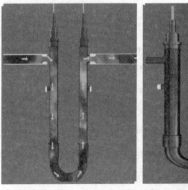

图 6.1-10　AOT 光催化氧化消毒装置

水方式，小流量采用气压罐供水，有效控制了水泵启停次数，降低了能耗。

（2）节水技术简介

该示范工程通过以下技术及管理措施达到节水要求：

1）项目采用无负压供水系统，取消了水箱，无需水箱清洗。

2）控制高区最底层用水点压力不超过 0.35MPa。

3）项目采用了集中式灰水收集、处理与回用技术，学生洗浴废水经过处理后用于冲厕和景观补水，节省了水资源。

4. 雨水和灰水循环利用技术集成与示范

（1）灰水回收技术

2016 年，学校对大学生活动中心原灰水处理工艺进行了升级改造，改造后采用生物处理技术与物化处理技术相结合的工艺（见图 6.1-11）。生物处理技术以接触氧化法为核心，物化处理技术以过滤为核心，整个处理工艺布局紧凑、充分利用机房内面积，操作者只需在机房内便可完成操作和管理。课题组针对雨水和灰水中污染物的去除问题，研究形成了多层改性滤料过滤处理技术，过滤罐内部铺设 3 层滤料，底层铺设 0.1m 适当粒径的鹅卵石作为承托层，从下到上铺设 0.8m 粒径为 4～8mm 的沸石和 0.8m 粒径为 8～12mm 的沸石，对雨水和灰水中的氨氮具有良好的去除效果。

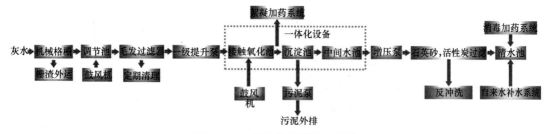

图 6.1-11　灰水处理系统工艺图

（2）雨水循环利用技术

通过管道收集雨水，采取的工艺为：雨水经砂—沸石—填料过滤处理。对于雨水补充水和循环水，首先进行改性滤料的试验，去除大部分的悬浮物质、总磷和部分的有机物，然后以多种矿物质作为滤料进一步去除有机物、氨氮和总磷，处理出水被用作景观水体。在景观水体中养殖水生生物，由水生生物对水体进行自我修复，改善水体水质。首次引入景观水处理设备，景观池内的水全部循环，通过池底回水方式，经潜水泵作用，送水入水处理装置进行净化（过滤），经有机物去除装置后，从景观池池壁布水送入水池内。示范工程所采用的雨水处理技术主要适用于雨水回用及景观水体补给，具有大型景观用水的居住小区开展雨水利用改造工程，大部分新建的居住小区、校园、大型公共建筑采取雨水回用等。

5. 排水系统反臭气控制技术集成与示范

臭气控制设备由存水弯排水系统和地漏两部分组成（见图 6.1-12）。存水弯产品为 S型存水弯，水封深度为 50mm，水封比为 2.56。地漏产品采用混合密封式，包含机械式和水两级密封，水封深度为 55mm。存水弯通过在卫生器具内部或器具排水管段上形成水封高度，防臭地漏主要连接排水系统和室内的地面，达到室内防臭气的效果。

 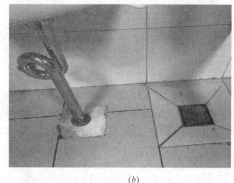

(a)　　　　　　　　　　　　　　　　(b)

图 6.1-12　存水弯、地漏装置
(a) 地漏；(b) 存水弯

6.1.3　示范工程建设与管理

1. 方案设计

（1）热水消毒技术

1）银离子热水消毒技术示范方案

北京交通大学学苑公寓 4 号楼建筑生活热水银离子消毒技术方案由中国建筑设计研究院有限公司绿色研究中心进行设计。

① 项目简介

银离子热水消毒技术示范地点为北京交通大学学苑公寓 4 号楼负二层浴室。该浴室共有 23 个喷头，系统主管道 DN65。采用银离子发生器进行消毒，增加热水循环泵加压方式。

② 银离子热水消毒技术方案

银离子消毒装置主要用来在浴室关闭时段对管道进行杀菌消毒，通过管道的消毒以及残余在管道中的银离子对管道中流过的洗浴热水进行消毒。通过在浴室管道的首尾端之间安装一条新的管道，在管道上安装银离子消毒装置、水泵并设置泄水管道。在循环管道上安装电动阀 1、2、3，在泄水管道上安装电动阀 4、5，便于自动控制。控制柜安装于浴室门外墙上，保障用电安全。

③ 控制功能

通过以上方案，实现银离子消毒装置与水泵及各电动阀的联动，水泵和银离子控制柜可以联动，即银离子控制柜启动时，水泵同时启动开始管道循环；电动阀和银离子控制柜可以联动，要求银离子控制柜启动时，电动阀 1 和 3 关闭，电动阀 2 开启。当银离子控制柜停止运行后，继续维持电动阀 1 和 3 的关闭状态，电动阀 2 的开启状态，并且打开电动阀 4 和 5 进行管道系统的泄水，上述状态共计 5min；15min 后关闭电动阀 2、4、5，重新开启电动阀 1 和 3。可实现银离子消毒装置对热水管道的消毒。

2）AOT 热水消毒技术示范方案

北京交通大学学苑公寓 8 号楼建筑生活热水 AOT 催化氧化消毒技术方案由中国建筑设计研究院有限公司绿色研究中心进行设计。

① 项目简介

AOT 热水消毒技术示范地点为北京交通大学学苑公寓 8 号楼负一层浴室。该浴室共计 13 个喷头，按每个喷头 300L/h 的流量考虑，系统总流量约为 4t/h，系统主管道为 $DN65$。

② AOT 热水消毒技术方案

该方案采用在线消毒方式，选用赛弗利 AOT-10-$DN40$ 设备对热水进行消毒灭菌处理，将赛弗利 AOT-10-$DN40$ 安装于热水供水主管道上，为便于操作，电控箱安装于设备附近的墙面上（见图 6.1-13），设备右侧应留有 500mm 的空间。

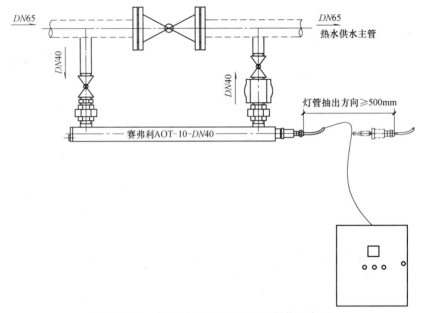

图 6.1-13　赛弗利 AOT-10-$DN40$ 安装示意图

③ 控制功能

AOT 消毒设备具有自动启停功能，配有水流开关，由图 6.1-13 可知，AOT 消毒设备并联在原来的管道上，有水流通过时设备自动启动，进行消毒，无水流通过时设备自动停止运行。且控制柜会有工作状态指示，运行不正常时会有报警提醒。

(2) 灰水回用技术

示范工程主要技术为灰水出水水质保障技术。为了加强水质保障效果，在工艺末端原石英砂和活性炭过滤罐中，采用了课题研究成果确定的多层改性滤料，强化去除原有工艺不能去除的氨氮，保障工艺出水水质。

(3) 雨水循环利用技术

景观水体设计时，根据水景的需要构建了一个循环回路：在明湖设置循环泵 3 台，提升湖水进入过滤装置，经多层超精细过滤介质过滤，出水利用景观区的跌落台和水草等通过有效的跌落增氧、水草吸附沉淀等实现水体自净作用，工艺流程见图 6.1-14。本项目景观水处理工程参数设计见表 6.1-1。

(4) 排水系统返臭气控制技术

北京交通大学大学生活动中心室内除臭技术方案由中国建筑设计研究院有限公司和北

景观水处理工程参数设计　　　　　　　　　　表 6.1-1

设计参数	容积 (m³)	循环周期 (h)	循环水量 (m³/h)	循环方式	初次充水时间 (h)	运行方式		
						补水	放空	反冲洗
景观水	3000	30	105	顺流	48	手动/自动	手动	手动

京交通大学共同设计。

　　通过现场实际测试发现系统一层和三层男卫生间臭气较为严重，臭气浓度均达到 200 以上，其他楼层均有不同程度的异味，臭气浓度为 80～120。初步判断产生异味的

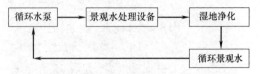

图 6.1-14　景观水水质维护系统工艺流程图

主要部位有：1）地面地漏无水封；2）小便器底部无水封及管壁黏附有污物；3）部分洗手盆底部无水封及排水管道与地面没有完全密封；4）部分蹲便器使用时间较长管壁黏附有污物。

　　更换所有卫生间的蹲便器及部分排水管道。

　　2. 工程建设情况

　　（1）水质安全保障技术

　　根据设计图纸，依照如图 6.1-15 所示设备安装程序对无负压供水系统和在线自动水质监测系统进行了安装。安装过程如图 6.1-16 所示。

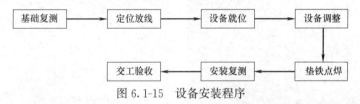

图 6.1-15　设备安装程序

图 6.1-16　二次供水水质与节能监测平台安装

　　（2）热水消毒技术

　　1）银离子消毒设备试制安装与调试由上海通华不锈钢压力容器工程有限公司开展。银离子消毒设备安装包括：

　　① 吊顶增加检查孔，墙体开孔（过墙眼）。

② 主要设备安装：银离子消毒器安装；热水循环泵安装；水表安装；过滤器安装；进出水增加电动阀管道安装等（见图 6.1-17、图 6.1-18）。

③ 电气设备安装：控制柜安装（见图 6.1-19）；电缆线桥架安装。

图 6.1-17　管道安装

图 6.1-18　仪表、阀门安装

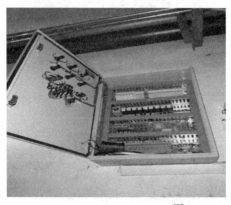

图 6.1-19　控制柜安装

2）AOT 消毒设备安装（见图 6.1-20）包括：

① 供水管道破管，增加阀门等。

② 主要设备安装：AOT 消毒器安装；进出水增加电动阀管道安装等。

③ 电气设备安装：控制柜安装；电缆线桥架安装。

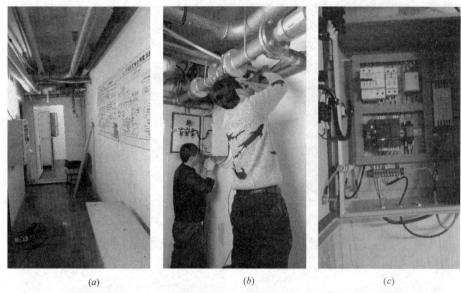

图 6.1-20   AOT 热水消毒技术示范项目的施工过程

(a) AOT 消毒设备管道安装前；(b) AOT 消毒设备管道安装施工；(c) AOT 消毒设备控制柜

（3）节能节水技术

为获得试验所需数据，需要对无负压二次供水系统的流量、进出口压强、频率、转速、耗电量等数据进行实时监测。对供水系统加装了压力表、水表、电表、转速采集器、频率采集器等设备，大学生活动中心运行监测设备如图 6.1-21 所示。

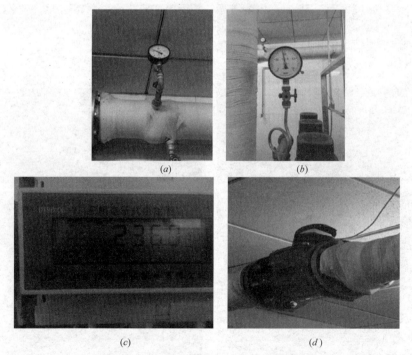

图 6.1-21   大学生活动中心水泵站监测设备

(a) 水泵进口压力表；(b) 水泵出口压力表；(c) 水表；(d) 电表

图 6.1-22　石英砂、活性炭过滤器

（4）灰水回用技术

2016 年 7—9 月，进行了灰水处理系统的改造施工，包括：组焊水箱—设备就位安装—管道安装—调试安装—电气安装—单机试车、调试—验收。图 6.1-22 为石英砂、活性炭过滤器。

（5）雨水循环利用技术

雨水补给景观水过滤与水质保障技术循环过滤设备应用在 2016 年北京交通大学明湖改造工程中（见图 6.1-23）。

图 6.1-23　景观水循环过滤系统施工过程

（6）排水系统反臭气控制技术

2016年7—9月进行了排水系统反臭气控制设备的安装和调试（见图6.1-24、图6.1-25）。

图6.1-24 地漏施工过程图

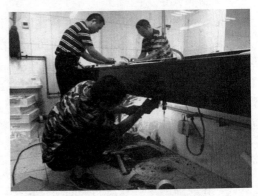

图6.1-25 存水弯改造施工图

3. 运行管理措施

北京交通大学后勤集团建立了完善的管理制度。由后勤集团负责人进行设备管理，配备专人负责看管，负责此课题的研究生需要定期观察各个设备的运行状况并记录每天的运行情况，同时向管理人员询问设备运行状况，确保设备正常运行。负责人需按照要求对设备进行定期保养，使设备处在一个高效稳定的运行状态。

（1）水质安全保障技术与节能节水技术

在保证供水系统技术先进，能安全可靠地满足用户正常供水的前提下，设备的运行管理也十分重要。无负压供水系统是在传统变频恒压供水系统的基础上发展起来的一种新型高效的高层建筑供水方式，是一种集机械、电子、通信、自控技术为一体的高科技产品，一般的物业管理部门已无力应对，针对这种现状各地供水部门也成立了高层供水专业管理部门。

专业管理部门除了制订必要的管理规章制度外，为应对供水系统泵房的运行管理还需做以下几方面的工作：

1）落实专人定时巡检供水系统的运行状况，检查管阀是否开启正常有无泄漏点，观察泵房的通风状况确保电控柜干燥通风，耳听水泵运行噪声及管道水流声是否异常；

2）对泵房内的设备部件、仪器仪表要做好定期的清洁卫生工作，对需注油脂的电机轴承应定期加注相应的油脂，对气压式稳流罐应定期检查、定期补气，对相关仪器仪表应定期送检。

通过监控中心对供水系统实行 24h 的实时监控，对泵房实行视频监控。

（2）热水消毒技术

银离子与 AOT 消毒设备均为自动运行设备，平时可自行运行，但是在使用过程中要确保定期对设备使用情况、设备状况进行检查，确保设备处于完好状态运行。

（3）灰水回用技术与雨水循环利用技术

灰水回用系统和雨水循环利用系统为自动运行设备，平时可自行运行，但是在使用过程中要确保定期对设备使用情况、设备状况进行检查，确保设备处于正常运行状态。

6.1.4　示范应用效果

1. 技术指标测试与评估

（1）水质安全保障技术

示范监测考核标准应符合《生活饮用水卫生标准》GB 5749—2006 的相关规定。

北京交通大学大学生活动中心无负压供水系统和在线监测系统自建立完善起，通过对其长时间的连续日常监测和第三方监测表明，9 项监测指标 pH 值、浊度、色度、COD_{Mn}、臭和味、肉眼可见物、游离余氯、菌落总数、总大肠杆菌数监测结果达标率超过 99％，第三方监测机构提供的由《生活饮用水卫生标准》GB 5749—2006 规定的 106 项监测指标的监测结果全部达标，证明了无负压供水设备提供的饮用水的安全性。在饮用水使用高峰期（11：00—13：00 和 16：30—19：00）供水系统最远点（北京交通大学大学生活动中心顶层卫生间）供水水压稳定，水源充足，证明了无负压供水系统的安全性和有效性。在线监测系统在监测期间运行正常，监测数据稳定可靠。

通过对无负压供水系统两个监测点的长期运行监测，证明了无负压供水设备的可靠性。在示范期间，设备运行稳定，未出现任何异常情况。由此可得出结论：北京交通大学大学生活动中心无负压供水系统示范效果良好，供水水质安全，达到了预期示范目的。

（2）热水消毒技术

根据课题示范要求，热水消毒设备主要杀灭和预防的是洗浴热水中的军团菌，保障建筑热水系统军团菌满足世界卫生组织建议的 1CFU/100mL 要求。该示范工程 AOT 和银离子消毒设备即为洗浴热水提供安全保障。

为了验证示范技术的效果，课题组委托第三方检测单位进行效果验证。军团菌检测情况见表 6.1-2。

军团菌检测情况 表 6.1-2

示范点	取样点	检测结果(CFU/100mL)			备 注
		2017 年 8 月 24 日	2017 年 12 月 14 日	2018 年 5 月 28 日	
4 号楼银离子消毒设备	淋浴喷头	未检出	未检出	未检出	
8 号楼 AOT 消毒设备	淋浴喷头	未检出	未检出	未检出	

通过检测结果可知，两个样品均未有菌团菌检出，说明 AOT 和银离子消毒设备的热水消毒效果良好。

（3）节能节水技术

1）节能技术示范效果

通过测试，大学生活动中心高区平均流量为 1.2m³/h。相同用水量条件下，水泵站设备效率从原来的不足

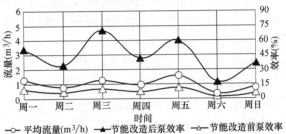

图 6.1-26 一周内各天用水量及水泵机组效率曲线

10%提高到了 45%，效率提升幅度明显，节能改造有了明显的效果（见图 6.1-26）。

2）节水技术示范效果

根据统计数据可以发现，北京交通大学大学生活动中心平均总节水率达 30% 以上（见表 6.1-3）。其中，泵房采用全封闭式供水系统，避免了泄漏；办公楼通过安装节水器具和中水回用系统提供的中水用于冲厕取得了较好的节水效果；食堂通过安装节水器具和统一集约化管理取得了一些节水效果；洗浴部分通过插卡式水表的推广使学生在洗浴时注意用水的启停，有效地遏制了浴室"长流水"现象，节水效果也较为显著。

大学生活动中心实测与计算各部分用水量对照表 表 6.1-3

建筑区域	节水规范设计值 (m³/d)	实测用水量(m³/d)	
		工作日	休息日
办公楼区域	52.2	28.1	13.8
洗浴区域	101.2	71.2	60.4
食堂	61.8	57.1	45.6
红玺园酒楼	32.0	32.05	32.05
总用水量	247.2	188.45	151.85
总节水率	28.0%	23.8%	38.7%

（4）灰水回用技术

通过第三方检测结果分析，可以得出以下结论：浊度符合杂排水水质标准；色度测量值很小，达标；总大肠菌群均达标；COD 符合相关标准。同时，为了了解灰水回用系统的日常状况，本课题组也对灰水回用系统出水进行了日常监测，可以得出以下结论：

1）COD、总大肠菌群、浊度符合《城市污水再生利用 景观环境用水水质》GB/T 18921—2002 的规定；

2）色度通过肉眼已经基本看不到颜色，测量值也很小。

对比第三方检测结果与本课题组日常监测结果，COD、色度、浊度均达标，关于总大肠菌群，第三方检测机构偶尔会有检出，但是日常监测均未检出，说明出水中的总大肠菌群基本达标，以上结果表明经过灰水回用系统，出水基本达标。

（5）雨水循环利用技术

本项目设置雨水回用水质保障考核，出水水质符合《城市污水再生利用 景观环境用水水质》GB/T 18921—2002 中的观赏性景观环境用水水景类标准，即：浊度无要求，色度≤30，pH 值为 6～9，粪大肠菌群数≤2000 个/L。连续运行半年，每个月检测 4 次，每周检测 1 次。日常监测数据显示，监测水质合格，未出现任何超标情况。同时按每个月 1 次的品类取 6 次水样进行第三方检测，数据合格，未出现任何超标情况。

（6）排水系统返臭气控制技术

我国尚未建立室内返臭气控制的标准，所以考核存在无具体数值指标可遵循的现状。《示范工程第三方检测方案》中给出的考核指标为"室内无臭气，居民满意度高"。

根据课题示范要求，对改造后卫生间内臭气、氨气、硫化氢等指标进行了连续半年的监测，改造后卫生间内臭气浓度明显下降，臭味明显改善。通过问卷调查，群众满意度较高。

2. 综合效果

该示范工程大学生活动中心 5 万 m²，居民楼 17 万 m²，水质安全指标符合《生活饮用水卫生标准》GB 5749—2006 的规定；热水消毒设备无军团菌检出，消毒效果良好；水泵设备效率提高 35%，节能改造效果明显；节水 30%；灰水回用出水水质和雨水循环利用出水水质符合《城市污水再生利用 景观环境用水水质》GB/T 18921—2002 的规定；室内无臭气。

6.1.5　推广应用前景

1. 水质安全保障技术

近年来，不断有新闻媒体报道高层建筑二次供水水质问题。一方面是因为传统二次供水方式水循环不足，易造成死水、水质二次污染；另一方面是因为相关产权单位工作落实不到位，水箱维护、清洗、消毒不及时，造成水质污染。无负压供水设备是全封闭的结构，避免了冒、滴、漏等现象。另外，全封闭的系统也杜绝了高层用水的二次污染问题，保证了人们的用水安全，使得高层建筑的用水质量得到了保障。无负压供水系统具备自动报警系统和故障判断系统。无负压供水系统可以在设备运行过程中出现过载、缺相、短路、水源缺水等情况下自动发挥保护功能，在延长设备使用寿命的同时在一定程度上避免了危险事故的发生。此外，无负压供水设备减少了水箱等构筑物，仅设备占地，节省了水箱、消毒间、值班室等建筑，节省的空间可作车位、库房、办公场所等用途，简化了供水系统的设计和安装，并且大大缩短了安装工期，是一种非常值得推广应用的技术。

2. 热水消毒技术

通过本示范工程大量的数据得出结论，无论是 AOT 消毒技术还是银离子消毒技术对水质的保障与杀菌效果都十分显著，且技术高效节能，两项技术适用于建筑热水系统的杀菌消毒，针对军团菌的杀菌效果尤其显著，而通过对军团菌的生长和存活率的抑制也就直接让其他菌种无法存活，无论是 AOT 消毒技术还是银离子消毒技术都可以延伸到冷却塔循环冷却水、泳池、SPA、景观乃至建筑小区的整体供应等其他领域，产品已经过国内相关机构认证，全自动的运行模式管理方便，属于当前高效节能环境下的绿色环保消毒技术产品，在技术日渐成熟和政府的大力推广下，具有良好的市场应用前景。

3. 节能节水技术

无负压供水设备是一个未来趋势，在节能、防污染、用水安全方面，都是市场上相对最先进的。这种设备在节能、节水、节地、节省建设资金等方面具有显著优势，成了取代水池、水箱等二次供水设施的首选设备。具有卫生无污染，物业管理方便、简单，能源不浪费，成本低等特点，与传统水池供水系统相比，不论在供水水质、设备投资还是在运行能耗上都具有较大优势。因此，无负压供水技术具备市场推广应用的价值。

4. 灰水回用技术

灰水回用技术对于淡水资源缺乏、城市供水严重不足的缺水地区，既能节约水源，又能使污水无害化，是防治污染的重要途径，也是我国目前及将来长时间内重点推广的新技术、新工艺，灰水回用工程的建设作为污水资源化的一种手段，是解决水资源紧缺、提高污水利用率的有力措施。

面对越来越严峻的水资源问题，灰水回用能有效改善这一尴尬局面，提高水资源的利用率，一定程度上缓解城市污水处理的压力，同时随着供水价格的不断提高，灰水回用的市场前景也是无限光明。所以在未来的发展中，应试图从思想上让公众更加接受灰水回用，从技术上让灰水的处理效果更经济高效，进而在世界范围内提升灰水回用的应用和推广。

5. 雨水循环利用技术

本项目收集的雨水，经改性滤料过滤技术，补给循环水系统，进行水质净化，具有较强的技术优势和适用性，在获得多项关键技术与研究成果的同时，可对其中普遍适用于国内城市雨水净化系统的技术成果进行进一步的标准化与产业化工作，使本项目研究成果得以延伸从而具备更广泛的推广应用价值。示范工程所采用的雨水处理技术主要适用于雨水回用及景观水体补给，具有大型景观用水的居住小区开展雨水利用改造工程，大部分新建的居住小区、校园、大型公共建筑采用雨水回用等。

6. 排水系统返臭气控制技术

通过对现行除臭技术的分析发现，除臭系统可有效治理臭气，臭气排放浓度可达到国家相关标准的规定。当前公共建筑室内臭气问题受到人们的普遍关注，已经引起了政府以及民众的重视，所以建筑室内除臭技术市场很大。通过本示范工程的验证，建筑室内除臭效果较好，具有良好的推广应用前景。建筑室内除臭技术在北京交通大学大学生活动中心应用后取得了良好的示范效果，产品经过国内机构的相关认证，安全可靠，维护管理方便、简单易行，属于绿色环保的除臭产品，具有广阔的市场前景。

6.2　建筑水系统微循环重构技术综合示范工程二

6.2.1　项目总体概况

1. 工程总体情况

中新天津生态城是中国、新加坡两国政府战略性合作项目，生态城的建设显示了中新两国政府应对全球气候变化、加强环境保护、节约资源和能源的决心，为资源节约型、环境友好型社会的建设提供了积极的探讨和典型示范。采用良好的环境技术和做法，促进可持续发展；更好地利用资源，产生更少的废弃物；探索未来城市开发建设的新模式，为中国城市生态保护与建设提供管理、技术、政策等方面的参考。水专项课题"建筑水系统微循环重构技术研究与示范"的研究内容和目标正好符合生态城建设的宗旨，分别在生态城南部片区 11b 地块和 10a 地块对无负压二次供水、厨余垃圾处理、排水系统防臭等技术进行了示范。

其中，中新天津生态城南部片区 11b 地块住宅项目（见图 6.2-1）总建筑面积 110400m²，地上建筑面积 80000m²，地下建筑面积 30400m²。生活给水水源为市政自来水，给水系统在竖向分为两个区：－1～3 层为市政区，利用市政给水管网压力直接供给；4～11 层为加压分区，由管网叠压设备加压供给。排水污、废分流，卫生间设专用排气立管，每层设 H 管与污水立管相连，一层独立排水。在 18 号楼示范厨余垃圾排放系统及排水防臭系统，安装厨余垃圾处理器及防臭地漏，厨房排水进入化粪池前先经厨余垃圾沉淀池。

图 6.2-1 中新天津生态城南部片区 11b 地块住宅项目

中新天津生态城南部片区 10a 地块住宅项目（见图 6.2-2）总建筑面积 157518.21m²，其中地上建筑面积 113270.71m²，地下建筑面积 44247.5m²。生活给水系统竖向分为三个区：1～3 层为一区，由市政给水直接供给；4～11 层为二区，12～17 层为三区，二、三区采用加压供水，加压设备选用管网叠压（无负压）供水设备，该设备带有稳流补偿罐且自带控制柜。

2. 项目特点及技术目标

项目采用罐式无负压供水设备，能够利用市政管网的余压再经由水泵叠加增压向用户供水，具有节能、占地面积小、无需建水池、供水过程全密闭等特点，能够有效保证水质，防止二次污染。通过每个月对龙头水或泵后出水检测 2 次常规 7 项水质，每 6 个月检测 1 次 106 项水质，考核是否符合《生活饮用水卫生标准》GB 5749—2006 的规定。连续

图 6.2-2　中新天津生态城南部片区 10a 地块住宅项目

运行半年，通过检测水泵用电量和水泵出水量考核节水率是否达到 10%，并通过与 10 地块住宅项目同楼层高度的二次供水设备对比测试来计算实际节能量和节能曲线。

城市垃圾中大部分为生活垃圾，而生活垃圾中大部分为厨余垃圾。本项目在 18 号楼 44 户厨房洗菜盆下安装了厨余垃圾粉碎机，增大了排水管径，并在排水管道入化粪池前加装了沉淀池。预期目标为处理后垃圾 80% 的颗粒粒径小于 3.4mm，系统噪声小于 45dB。

根据国家课题"住宅排水系统卫生性能研究与技术研发"调研报告显示：在北京、上海、重庆以及广州四大城市中，超过 75% 的高层住宅住户受到反臭气影响；本项目同样选在 18 号楼将 44 户的户内地漏改装成了高水封加机械密封的双水封地漏，并对卫生间采用了 H 型的专用排气立管。预期目标为用户满意度调查达到户内无臭气反映的效果。

6.2.2　示范技术简介

1. 二次供水水质保障及节能节水技术

无负压供水系统中不需要设置大型的贮水池和水箱，大幅度缩短了饮用水在二次供水系统中的水力停留时间，余氯衰减程度得到明显控制，而且无负压供水系统采用全密封方式运行，能够有效防止污染物进入二次供水系统，因此，无负压供水方式可以更有效地保障二次供水的水质。本项目采用智联供水三罐式无负压供水设备，其由综合水力控制单元、加压泵组、恒压罐体、高压罐体、超高压罐体、蓄能增压单元、智能控制柜等组成；可与供水管直接连接，设备能够充分利用市政管网压力且确保市政供水管网不产生负压，同时能够通过高压罐体与超高压罐体协同配合完成补偿流量和小流量保压功能；智联供水设备利用控制器和软件应用程序使用基于物理的分析、预测算法、自动化和电气工程学及其他相关专业知识来解析供水设备与供水管网的运作方式，实时监测市政管网和用户管道压力，根据检测压力和设备压力的差值，通过降低和升高变频器频率等方式，使设备运行充分利用市政管网压力且能够确保市政供水管网不产生负压；当市政管网压力充足时，市政管网的水进入恒压腔，通过变频调速泵组加压供水，同时一部分与设备出口端压力等压的水通过双向补偿器 C 端到 A 端进入到高压腔，另外一部分利用超高压蓄能泵为超高压腔加压蓄能；当市政管网供水量不足，压力趋向市政最低服务压力时，双向补偿器汇集高压腔和超高压腔的蓄能水，从 A 端到 B 端补偿到恒压腔中，完成高峰时用水差量补偿，确保设备进水端压力始终维持在服务压力以上；当夜间用户水量较少时，超高压腔蓄能水经减压后与高压腔中的水混合后经过双向补偿器 A 端到 C 端直接供给用户，减少设备启停，大大提高了供水设备的安全性、稳定性，系统原理及实物见图 6.2-3、图 6.2-4。

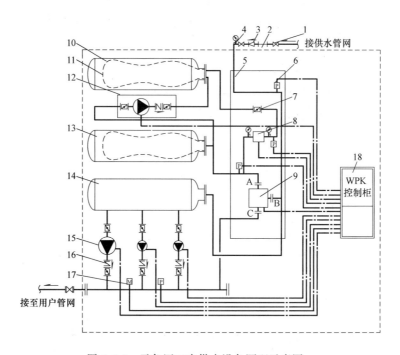

图 6.2-3　无负压二次供水设备原理示意图

1—阀门；2—Y 型过滤器；3—倒流防止器；4—压力表；5—水力控制单元；6—压力传感器；7—蝶阀；
8—电磁减压阀；9—双向补偿器；10—超高压罐体；11—食品级水囊；12—蓄能增压单元；13—高压罐体；
14—恒压罐体；15—加压泵组；16—止回阀；17—压力开关；18—智能控制柜

2. AOT 光催化氧化消毒技术

TiO_2 属于一种 n 型半导体材料，它的禁带宽度为 3.2eV（锐钛矿），当它受到波长小于或等于 387.5nm 的光（紫外光）照射时，价带的电子就会获得光子的能量而跃迁至导带，形成光生电子（e^-）；而价带中则相应地形成光生空穴（h^+）。如果把分散在溶液中的每一颗 TiO_2 粒子近似看成是小型短路的光电化学电池，则光电效应产生的光生电子和光生空穴在电场的作用下分别迁移到 TiO_2 表面不同的位置。TiO_2 表面的光生电子 e^- 易被水中溶解氧等氧化性物质所捕获，而光生空穴 h^+ 则可氧化吸附于 TiO_2 表面的有机物或先把吸附在 TiO_2 表面的 OH^- 和 H_2O 分子氧化成羟基自由基，羟基自由基的氧化能力是水体中存在的氧化剂中最强的，能氧化水中绝大部分的有机物及无机污染物，将其矿化为无机小分子、CO_2 和 H_2O 等无害物质。此技术由于不会产生二次污染且可以在常压下

图 6.2-4　无负压二次供水设备实物图

操作，反应条件温和，运行费用低而被广泛关注。本课题研究了 TiO_2 光催化技术应用研究的新近成果，并对其在生活热水水质保障方面的应用进行了试验研究，为建筑生活热水水质安全保障提供了一种新的思路，见图 6.2-5。

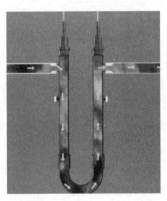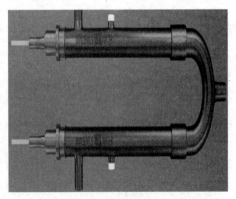

图 6.2-5　AOT 水处理装置

3. 厨余垃圾排放系统

示范工程选用的产品采用两级自动变速交流感应电机，超大扭矩，能耗低；智能微电脑控制系统，拥有智能遇堵自动反转、故障自动停机、断电保护停机、过载保护停机、过温保护停机等高科技性能；人性化设计，空载运转超时自动停机，安全可靠；采用高级降噪材料，多级降噪设计，空载噪声＜40dB；高品质处理效率，超低能耗，每月耗电量2kWh 以下；1200mL 超大碾磨腔，可轻松处理大量食物垃圾；独创三轴立体锤式破碎技

图 6.2-6 厨余垃圾处理器

术，彻底杜绝卡机问题；四级碾磨，碾磨后颗粒直径<3.4mm；具备防水防潮功能，采用空气开关，安全有保障，见图 6.2-6。

4. 建筑室内臭气控制

课题组联合排水设备生产企业，研发了新型混合密封式的高水封保持能力地漏产品和存水弯产品。高水封保持能力地漏产品，采用混合密封式，包含两级密封：一级机械式密封；一级水封。水封部分的水封深度为 55mm，见图 6.2-7。另外，为加强建筑室内臭气控制，采用了专用层层相连的 H 型专用通气立管的排水系统。

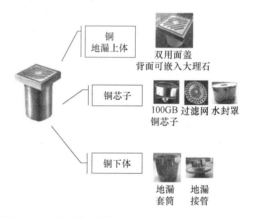

图 6.2-7 防返气地漏

6.2.3 示范工程建设与管理

1. 方案设计

中新天津生态城南部片区 11b 地块住宅项目，最高建筑为 11 层，生活给水水源为市政自来水。供水压力为 0.20MPa。小区给水及中水管上设数字式水表。从市政管网接两根 DN200 给水管引至本工程红线内，在小区内形成环状供水。引入管设倒流防止器。给水系统在竖向分两个区：（1）−1～3 层为市政区，利用市政给水管网压力直接供给；（2）4～11 层为加压分区，由管网叠压设备加压供给；（3）加压区给水来自地下一层给水管网叠压加压泵房，设于地下车库内，详见二次供水机房设计方案（见图 6.2-8）。

中新天津生态城南部片区 10a 地块住宅项目，生活给水系统竖向分为三个区：1～3 层为一区，由市政给水直接供给；4～11 层为二区，12～17 层为三区，二、三区采用加压供水，加压设备选用管网叠压（无负压）供水设备，该设备带有稳流补偿罐且自带控制柜，如图 6.2-9 所示。

在二次供水机组出水管上并联两支 AOT 消毒管，满足机组高峰水量的消毒要求，日常运行时，机组出水通过两支 AOT 消毒管消毒后送往用户，当消毒设备检修时可以通过旁通管供水，实现不断水检修更换，方案如图 6.2-10 所示。

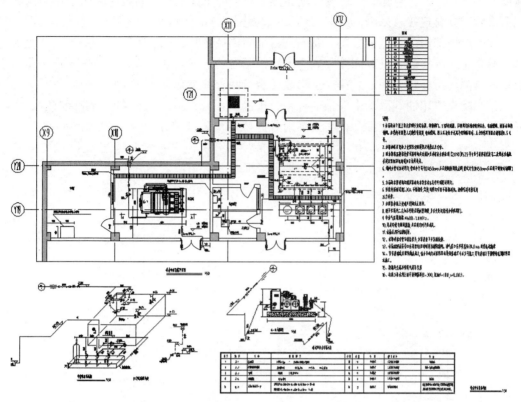

图 6.2-8 中新天津生态城南部片区 11b 地块住宅项目二次供水机房设计方案

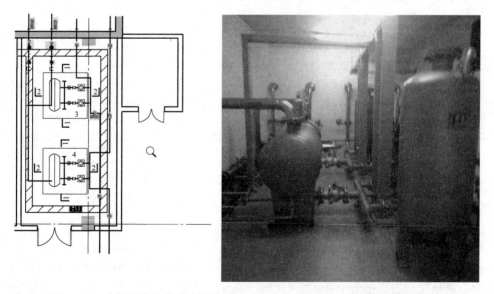

图 6.2-9 中新天津生态城南部片区 10a 地块住宅项目二次供水机房设计方案

厨余垃圾排放系统设计即家庭厨余垃圾经厨余垃圾处理器处理后，就近排入排水立管，采用带检查口的 S 型存水弯连接家庭厨余垃圾处理器与排水配管系统，存水弯的水封深度不小于 50mm。家庭厨余垃圾处理器排水管与排水横支管垂直连接，厨余垃圾排放系统横支管与立管连接，采用 45°斜三通，方案如图 4.4-7 所示。

住宅厨房的厨余垃圾混合液，应经过小区集中处理装置处理后，排放至市政污水管道。厨余垃圾收集装置具有固液分离、隔离油脂的功能，厨余垃圾混合液中固体物质可在装置内过滤、沉淀、分解之后排放至市政排水管网，方案如图 4.4-2 所示。

排水防臭专用通气系统由伸顶通气帽、排水立管、专用通气立管、结合通气管、大曲率半径变径弯头、专用配件和排出管等组成，如图 6.2-11 所示。

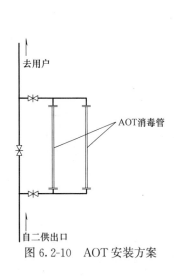

图 6.2-10　AOT 安装方案

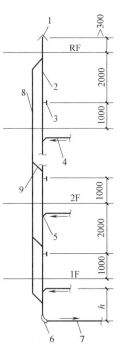

图 6.2-11　专用通气系统安装示意图
1—通气帽；2—排水立管；3—立管检查口；
4—排水横支管；5—三通配件；6—大曲率半径变径弯头；
7—排出管；8—专用通气立管；9—结合通气管

2. 工程建设情况

中新天津生态城南部片区 11b 地块住宅项目于 2017 年 9 月底完成全部工程竣工验收，于 2017 年 10 月底全部交付购买业主，交房即项目中所有设备投入使用。无负压加压供水机组投入运行进行正常供水，厨余垃圾处理器在入住用户中正常使用、排水防臭系统运行正常，建成情况如图 6.2-12、图 6.2-13 所示。

3. 运行管理措施

根据《天津市供水用水条例》规定，新建居民住宅的二次供水设施由建设单位将产权移交给供水企业，由供水企业统一管理。改造后的二次供水设施经验收合格后，管理权与产权移交给供水企业，供水企业再将运行养护委托专业公司。为了避免与《中华人民共和国物权法》及《物业管理条例》对产权的规定发生矛盾，目前，天津水司只接收了二次供水设施的管理权，产权仍归原产权单位所有。

中新天津生态城能源投资建设有限公司主要进行新能源的综合建设、开发和利用，包

图 6.2-12　二次供水机房建设情况

图 6.2-13　室内厨余垃圾处理器及防返气地漏安装情况

括道路能源利用及可再生能源研发，并负责生态城范围内供电、供热、燃气、供水、电信等专项规划的编制以及市政公用基础设施工程设计、建设、管理、运营、维护及咨询；负责生态城中部片区加气站的建设与运营，计量仪表、水暖器材的批发及维修服务，以及能源管理系统的运营及维护。

中新天津生态城在二次供水运行管理方面，由专业的二次供水管理机构负责，中新天津生态城能源投资建设有限公司是专门的二次供水管理公司，从管理上更系统、更专业，更好地保障了二次供水水质安全。

6.2.4　示范应用效果

1. 技术指标测试与评估

（1）水质检测结果与评估

从 2017 年 7 月开始，该无负压加压供水机组投入运行，稳定且高效，不间断地为整个小区四层以上的用户提供水源。经第三方检测（见表 6.2-1），二次供水设备泵出口及龙头出水口水质仅入住初期除个别指标偶尔超标外，正常情况下均满足国家水质标准。

每月两次连续6个月的水质检测结果　　　　　表 6.2-1

时间		色度(度)		浊度(NTU)		耗氧量(mg/L)		总大肠菌群(CFU/100mL)		菌落总数(CFU/mL)		耐热大肠菌群(CFU/100mL)		肉眼可见物		臭和味		游离余氯(mg/L)	
		泵出口	龙头水	泵出口	龙头水	泵出口	龙头水	泵出口	龙头水	泵出口	龙头水	泵出口	龙头水	泵出口	龙头水	泵出口	龙头水	泵出口	龙头水
2017年7月	月初	<5	<5	<0.5	<0.5	0.74	0.75	未检出	未检出	未检出	未检出	未检出	未检出	无	无	无	无	0.22	0.19
	月末	<5	<5	<0.5	<0.5	0.73	0.74	未检出	未检出	未检出	1	未检出	未检出	无	无	无	无	0.22	0.18
2017年8月	月初	<5	<5	<0.5	<0.5	0.50	0.39	未检出	未检出	未检出	未检出	未检出	未检出	无	无	无	无	0.36	0.33
	月末	<5	<5	<0.5	<0.5	0.45	0.46	未检出	未检出	未检出	1	未检出	未检出	无	无	无	无	0.29	0.10
2017年9月	月初	<5	<5	<0.5	<0.5	0.51	0.47	未检出	未检出	未检出	59	未检出	未检出	无	无	无	无	0.20	0.09
	月末	<5	16	<0.5	1.16	0.73	1.09	未检出	未检出	未检出	34	未检出	未检出	无	无	无	无	0.14	0.02
2017年10月	月初	<5	<5	<0.5	<0.5	0.39	0.75	未检出	未检出	未检出	未检出	未检出	未检出	无	无	无	无	0.22	0.09
	月末	<5	12	<0.5	1.52	0.86	0.94	未检出	未检出	1	150	未检出	未检出	无	无	无	无	0.10	0.02
2017年11月	月初	<5	<5	<0.5	<0.5	0.74	0.75	未检出	未检出	未检出	未检出	未检出	未检出	无	无	无	无	0.22	0.19
	月末	<5	<5	<0.5	<0.5	0.45	0.49	未检出	3	未检出	65	未检出	1	无	无	无	无	0.16	0.02
2017年12月	月初	<5	7	<0.5	<0.5	0.47	0.66	未检出	未检出	1	42	未检出	未检出	无	无	无	无	0.29	0.09
	月末	<5	<5	<0.5	<0.5	0.41	0.38	未检出	未检出	未检出	未检出	未检出	未检出	无	无	无	无	0.33	0.08
2018年1月	月初	<5	<5	<0.5	<0.5	0.77	0.60	未检出	未检出	未检出	未检出	未检出	未检出	无	无	无	无	0.32	0.16
	月末	<5	<5	<0.5	<0.5	2.34	2.40	未检出	未检出	未检出	1	未检出	未检出	无	无	无	无	0.29	0.18

（2）厨余垃圾处理器检测结果与评估

所选用厨余垃圾处理器经第三方检测机构检测，研磨后细度不小于3.4mm的残渣所占质量分数为0.0%。聘请第三方检测机构实地对厨余垃圾处理器工作时居室噪声进行了测试，测试结果见表6.2-2。

厨余垃圾处理系统噪声检测结果　　　　　表 6.2-2

编号	检测点位置	开启方式	测量值 L_{Aeq}(dB)
1	客厅	空转	41.1
		粉碎	44.4

编号	检测点位置	开启方式	测量值 L_{Aeq}/(dB)
2	南卧	空转	33.4
		粉碎	44.1
3	北卧	空转	30.3
		粉碎	40.7

整个示范工程于 2017 年 10 月底交房，半年后入住率为 40% 左右。厨余垃圾排放系统与项目同期投入使用，处理器运行半年来粉碎效果良好，使用过程中未曾接到业主报修，经检测厨余垃圾处理器的粉碎结果 100% 能达到 3.4mm 以下，管道排放系统排放顺畅，未曾发生堵塞现象。机组运行过程中居住空间的噪声，经检测符合国家居住建筑噪声标准。

（3）排水系统室内臭气控制检测结果与评估

本次调查采用问卷调查方式，共发出《中新天津生态城 11b 项目卫生间臭气满意度调查》22 份，共收回 22 份。共 6 个问题，采用选择法。

1）在"性别"中，男 4 人，女 18 人；

2）在"房屋居住情况"中，"一直居住"8 位，"偶尔居住"14 位；

3）在"室内空气品质的总体评价"中，"良"10 位，"很好"12 位；

4）在"房间室内空气品质可以接受"中，均可以接受；

5）在"造成卫生间气味难闻的主要原因"中，"下水、地漏返味"17 位，"卫生间通风差"5 位；

6）在"对于地漏、下水是否满意"中，均为满意。

从问卷调查整体来看，对于卫生间臭气控制这一项来说，室内空气品质可接受，空气质量良好，对于卫生间地漏、下水满意度非常高，臭气控制情况良好。总体达到了检测目的。

（4）二次供水系统节能节水检测结果与评估

红橡二期项目加压供水系统与红橡一期中区的加压供水系统服务对象均为 4～11 层，户型相同、层高相同，两套系统具有较好的可比性，两个项目第三方检测结果见表 6.2-3 及表 6.2-4。

红橡一期中区加压给水逐日平均流量、功率统计表 表 6.2-3

项 目	逐日平均最大值	逐日平均最小值	平均值
流量(m³/h)	1.80	1.50	1.61
功率(kW)	2.85	2.41	2.71

红橡二期加压给水逐日平均流量、功率统计表 表 6.2-4

项 目	逐日平均最大值	逐日平均最小值	平均值
流量(m³/h)	1.41	1.00	1.14
功率(kW)	1.17	1.10	1.15

单位流量耗电量：

$$W=\frac{P}{F} \qquad (6.2\text{-}1)$$

式中 W——二次供水系统单位流量耗电量，kWh/m³；

P——二次供水系统运行期间总平均输入功率，kW；

F——二次供水系统出水平均流量，m³/h。

应用公式（6.2-1）计算红橡一期中区加压供水机组的单位流量耗电量为：

$$W_1=\frac{P_1}{F_1}=\frac{2.71}{1.61}=1.68\text{kWh/m}^3$$

应用公式（6.2-1）计算红橡二期加压供水机组的单位流量耗电量为：

$$W_2=\frac{P_2}{F_2}=\frac{1.15}{1.14}=1.01\text{kWh/m}^3$$

通过对比机组单位流量耗电量，计算节能百分比为：

$$E=\frac{W_1-W_2}{W}\cdot 100\%=39.9\%$$

结论：通过数据检测及后期数据计算分析，可得红橡二期加压供水机组在单位流量耗电量上相对红橡一期中区加压供水机组要节能 39.9%。

在检测小区用水量的同时，物业对小区入住户数进行了统计，统计结果见表 6.2-5。

小区入住户数统计 表 6.2-5

月份	月末入住户数统计	其中二次供水用户数	月份	月末入住户数统计	其中二次供水用户数
1	89	71	4	150	106
2	93	74	5	174	133
3	137	93	6	182	137

为了使户均用水量计算结果更加准确，根据户均人数 3.2 人分别计算出 6 次检测结果的人均日用水量后，再对 6 次结果进行二次平均，结果见表 6.2-6。

人均日用水量计算表 表 6.2-6

检测次数	日均用水量(m³)	人均日用水量(L)	检测次数	日均用水量(m³)	人均日用水量(L)
1	27.34	120.35	5	50.71	118.25
2	24.03	101.46	6	50.64	115.51
3	32.37	108.77			
4	33.88	99.87	平均人均日用水量 q_c [L/(人·d)]		110.70

根据《建筑给水排水设计标准》GB 50015—2019 中用水定额取值范围，取普通住宅用水定额低值 $q_z=130$L/(人·d)，计算本项目节水率 R 为：

$$R=\frac{q_z-q_c}{q_z}\times 100\%=\frac{130-110.7}{130}\times 100\%=14.85\%$$

结论：通过 6 次的现场用水量实测及物业用水户数的统计，计算得出本项目相对于国家规范节水 14.85%。

2. 综合效果

该示范工程示范面积 111178.90m²，二次供水水质符合《生活饮用水卫生标准》GB

5749—2006 的规定；节能 39.9%，节水 14.85%；室内无臭气，厨余垃圾处理后 100% 颗粒粒径小于 3.4mm，系统噪声小于 45dB。

6.2.5 推广应用前景

示范技术可较大幅度节水、节能，可有效减量生活垃圾、有效改善室内空气环境，提高人们的生活质量，示范工程取得了较好的效果，示范技术可以进行推广，具有较好的应用前景。

6.3 二次供水水质保障与管理信息平台技术工程示范

6.3.1 项目总体概况

1. 工程总体情况

二次供水水质保障与管理信息平台技术示范工程为 A、B 两个居住小区，建筑面积 23.74 万 m^2，二次供水户数 1726 户（见图 6.3-1）。

图 6.3-1 A、B 居住小区建筑外景

A 居住小区坐落于天津市西青区梨双公路，建筑面积 12.54 万 m^2，二次供水户数 744 户，共计 8 栋住宅楼，（4 栋 24 层、1 栋 18 层、3 栋 11 层），供水分区为：市政供水：—1～4 层，加压低区：5～11 层，加压中区：12～18 层，加压高区：19～24 层，二次供水泵房位于地下一层车库。

B 居住小区坐落于天津市河西区卫津南路，建筑面积 11.20 万 m^2，二次供水户数 982 户，共计 11 栋住宅楼（1 栋 18 层、1 栋 20 层、2 栋 28 层、1 栋 29 层、2 栋 31 层、4 栋 33 层），供水分区为：市政供水：—2～4 层，加压低区：5～14 层，加压中区：15～24 层，加压高区：25～33 层，二次供水泵房位于地下一层车库。

2. 项目特点及技术目标

二次供水水质保障与管理信息平台系统是一套对城市高层建筑二次供水设施的运行状态、数据参数进行监控采集，并对突发状况进行应急处置的远程控制和管理系统。通过在示范工程的运行，对现场信息采集和网络远程传输系统的稳定性进行测试，并对运行监控、数据查询、水质分析、压力分析、流量分析、调度指挥和热线服务等多项功能进行实际验证，实现二次供水设施的智慧管理，全方位保障水质、水压、水量的安全稳定。

6.3.2   示范技术简介

二次供水水质保障与管理信息平台是在原天津市自来水二次供水监控系统基础上通过硬件和软件的升级改造后形成的，深入研究二次供水管理信息系统的组成和构造，对数据库、监控功能及界面外观进行优化，提升系统的可靠性和稳定性，建立具有实时显示与控制功能的监管系统，对必要的水质（余氯、浊度、pH 值）、水量（水箱市政进水量）、压力（市政进水压力和水泵出水压力）等关键参数进行实时监控，制定合理的管理指标和控制参数，构建二次供水系统的多功能管理和质量控制平台，为建立和完善二次供水管理信息系统提供支撑和示范。

该平台主要由下位信息采集系统、网络通信系统和上位监控调度系统三个子系统组成。具备报警汇总、子站工艺图查询、子站一览表、历史趋势查询、WEB 查询、权限登录设置等相应界面及功能。并配备了二次供水系统数据库，可进行实时数据查询、历史数据查询、日报表查询和导出、月报表查询和导出、报警信息管理以及系统界面管理。同时，还设有视频以及门禁系统，实现下位子站的实时视频监控，具备录像回放等功能，门禁系统采用"集成化"、"智能化"的一卡通管理系统，整合了门禁、考勤、巡查、系统、访客、可视对讲等应用相关系统。

6.3.3   示范工程建设与管理

1. 方案设计

在示范工程二次供水泵房（见图 6.3-2）内安装数据采集和检测设备仪表，建立具有实时显示与控制功能的监管系统，对必要的水质（余氯、浊度、pH 值）、水量（水箱市政进水量）、压力（市政进水压力和水泵出水压力）等关键参数进行实时监控。对信息采集、传输、存储、记录、分析、预警及网络技术的应用等进行技术示范。

2. 工程建设情况

示范工程建设内容主要包括下位信息采集系统、网络通信系统和监测设备及仪表的安装与调试。

下位信息采集系统以一处二次供水泵房为单位设置，称之为监控子站（终端）。由数据信息采集系统和视频信息采集监控系统两部分组成，包括 PLC、摄像头、硬盘录像机、路由器、DTU、UPS、信号传感器等。

网络通信系统分为有线和无线两种方式。君禧华庭采用有线网络传输通信，万和花苑采用无线网络传输通信。

监测设备及仪表主要包括：供水子站数据采集传输装置、恒压供水控制柜、远传水

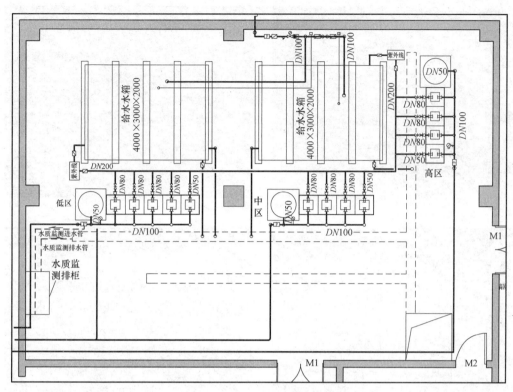

图 6.3-2 二次供水泵房平面布置图

表、投入式液位变送器、在线余氯检测仪、在线浊度仪、pH 值检测仪、臭氧消毒发生器、电磁流量计。

A、B 两个居住小区示范工程分别于 2016 年 5 月和 2016 年 9 月完成设备安装和调试（见图 6.3-3）。

3. 运行管理措施

通过二次供水管理信息平台可以实时显示和监控泵房内各种设备上传的实时数据和视频，形成智慧管控系统。如监测信号出现异常，则报警闪烁，调度员可以及时发现问题，通过系统的控制菜单实现对远程设备的启停等开关状态进行监测控制，及时上报处理。实时影像保存 30d，数据永久储存，形成天津市二次供水大数据库，通过云计算平台对大数据的分析应用，可以预防和减少故障的发生，提高运行管理效率，降低设备运行维护的成本，保障了城市供水安全。

二次供水管理信息平台配备了一支专业的巡检维护队伍，融合了手机客户端实时定位功能，主要负责子站的巡查、回访和应急处置，消除影响供水安全的各类隐患。一旦某处二次供水设施出现故障或接到用户报修热线，智慧管控系统将第一时间将故障信息和检修建议以短信或客户端通知的形式发送至距离最近的巡检维护人员，到达现场后将检修信息及时反馈至上位监控调度指挥中心，以最短的时间修复故障，恢复正常供水，实现智慧化运行维护。

另外，根据各类事件的突发性、重要性、影响程度及范围等因素，智慧管控系统包含了红、橙、黄、蓝 4 个等级的应急救险预案，并定期组织应急演练，做到提前预判和防

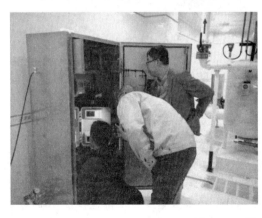

图 6.3-3　示范工程建设及调试

范，切实保障天津二次供水的安全稳定。例如，为应对夏季暴雨、冬季寒潮和重大会议活动，可通过智慧管控系统实现水务、公安、卫生、环保、气象、交通、地质等"涉水"部门的协调联动，信息共享，建立应急联动机制，及时掌握供水情况，加强监控值守，采取有效措施，保障供水安全。

6.3.4 示范应用效果

1. 技术指标测试与评估

（1）泵站远程监控

通过二次供水管理信息平台对泵房现场的运行数据进行实时在线监测，包括24h泵站影像监控、安防报警、水泵运行远程控制，水量（水箱市政进水量）、压力（市政进水压力和水泵出水压力）等关键参数进行远程传输及分析，如图 2.10-3 所示。监测时段为24h 不间断监测。其中，实时影像保存 30d，数据永久储存。

（2）水质在线监测

对二次供水泵站出水口的余氯、浊度、pH 值进行实时监测。水质在线监测设备可实时显示二次供水的余氯（总氯）、浊度、pH 值、温度等水质参数，通过显示界面可以查看各参数历史数据和曲线，并可与国家标准值进行比对，超过国家标准限值时可实时报警提示，如图 6.3-4 所示。

图 6.3-4　水质在线监控界面

通过对 A、B 两个居住小区二次供水水质监测数据进行分析，除网络运营商信号故障和设备检修维护外，余氯、浊度、pH 值三项水质指标均符合现行国家标准《生活饮用水卫生标准》GB 5749—2006 的规定。

2. 综合效果

通过示范工程的实际应用，对天津市二次供水水质保障与管理信息平台系统的各项功能进行了测试和完善。该平台的主要功能是对分布在城区的各处二次供水设施运用物联网构成中心系统，对二次供水系统的重要数据进行实时采集、传输和远程监控，对异常数据即时分析提前预警及时处置。改变了靠接听热线维护救险的传统模式，降低了维护成本、延长了设备寿命、提高了用户满意率。它实现了对二次供水子站远程实时监测及在线控制，站点视频图像实时采集显示，数据存储、网络发布、调度管理功能以及子站泵组管理功能等。同时留有与地理信息系统的数据交换及远期数据上传至天津市自来水集团调度中心的数据接口。通过工艺流程，监控泵站的管网压力、变频器频率、出水压力等信息，做到在线管理泵房并对异常数据和故障信息即时分析，提前预警及时处置。

二次供水水质保障与管理信息平台技术示范工程实现了对水质、水量、压力等关键参数的实时监控，有效地提升了故障应急反应速度，减少了停水影响范围和时间，降低了人力资源成本，为后续的深化研究和应用推广奠定了坚实的基础，对实现智慧供水，保障城镇供水"最后一千米"的安全、优质具有积极意义。

6.3.5　推广应用前景

1. 经验总结

天津市二次供水水质保障与管理信息平台系统是一套对城市高层建筑二次供水设施的运行状态、数据参数进行监控采集，并对突发状况进行应急处置的远程控制和管理系统。通过在示范工程中的实际运行，实现了二次供水系统运行状态的现场信息采集和网络远程传输，具备运行监控、数据查询和分析、调度指挥和热线服务等多项功能。

该平台已在天津市中心城区高层住宅小区进行了全面推广应用，监管二次供水设施近1000 处，覆盖二次供水用户逾 42 万户，服务人口 120 多万人，取得了良好的示范和应用效果，在天津市中心城区居民高层住宅二次供水设施的运行维护、应急救险和安全保障等方面发挥了重要作用，推动了天津市二次供水管理向智慧水务发展的进程。

2. 推广应用前景

天津市二次供水水质保障与管理信息平台可对泵房的供水设备和环境进行远程监视和控制，通过现场信息采集和网络远程传输实时感知二次供水系统的运行状态，实现压力、流量的数据传送及阀门开关的自动控制。采用可视化的方式有机整合运行管理部门职能，通过互联网＋、大数据、云计算等新技术与二次供水系统的高效融合，形成"二次供水物联网"，并将海量供水信息进行及时分析与处理，做出相应的处理结果辅助决策建议，降低故障率和检修的时间，提高故障反应时间，减少停水影响范围和时间，提高整体的服务水平。为二次供水的规划设计、设备研发、工程施工、运行维护的全过程管理提供有力的保障和支撑，具有良好的推广应用前景。

6.4　建筑室外水系维护与节水关键技术工程示范

6.4.1　项目总体概况

1. 工程总体情况

清熙园（见图 6.4-1）是沃奇新德山水集团投资建立的以生产、科研为主要目的的大型生态园，占地 8 万 m^2，位于北京市大兴区。园内人工湖约 5 万 t，长约 2km，水深 0.2～5.0m。园内景观水体采用新型水处理仿生原位修复设备，净化系统循环运行周期为 7d，每小时处理量为 280m^3，进回水口均匀分布于水体两端，在水体中间连接地方以跌水形式流入下级水体，工艺改进后，出水口的水质达到地表三类水标准；同时园区建有各种生态功能区，如表流湿地、生态氧化塘、沉水植物、跌水曝气、生态边坡等。在不投加任何药剂的情况下，水体清澈透明，并辅以水生动植物种植，构成完整的生物链，达到自然原生态循环，水质保持良好（见图 6.4-2、图 6.4-3）。

图 6.4-1　清熙园整体平面图

图 6.4-2　清熙园水体分布图（m）

图 6.4-3　水体净化技术分布区域图

2. 项目特点及技术目标

清溪园示范基地项目水体为封闭型大型人工景观水体，水体水量大，占地范围广。水体周边污染源数目较多，且有生产厂区，水体污染主要是因为水体流动性差，此外还有厂区径流污染以及水生植物及树叶等腐烂造成的污染。针对景观水体整体水质存在的污染问题，本示范基地以高效景观水体仿生修复技术为核心，结合表流湿地技术、源头雨水净化的生态氧化塘技术和生态边坡技术，以及水生态修复技术等，构建形成了综合的景观水体水质保障技术体系，实现了景观水体水质的保障。

6.4.2 示范技术简介

景观水体中的主要污染物是尿素、溶解酶、溶解蛋白、油脂等有机污染物，常规工艺由于无法去除水中的有机污染物，更不含溶解氧，因而对水处理的认识只处于初级阶段。

高效景观水体仿生修复技术设备可以有效去除水中的有机污染物，技术设备主体集曝气、浮选、精滤于一体，主体设备采用全 PVC-U 塑料材质，内部装填石英砂、活性炭等多层复合滤料，运行方式为水力全自动运行。设备无电气元件，无阀门，根据滤层含污量，自动调整反冲洗周期，实施反冲洗，反冲洗时间短。通过水泵从景观水体中取水，水泵将水体提升到设备，设备净化后重力自流到水体的进水口，同时一部分净化后的水体给到各个跌水点，形成跌水景观。

该技术的主要原理在于：

(1) 曝气充氧。溶气气浮是往水中溶气和分离有机物，目的一是有效去除水中的人体污染物等有机污染物；二是增加水中溶解氧的含量，提高水的除污自净能力。所谓流水不腐就是这个道理。

(2) 精滤。不同于传统的以单层砂粒为介质的砂滤，它是以多种矿物质作为滤料，并按密度大小、粗细程度由上至下分层排列组成的复合滤层，过滤精度极高，出水浊度可达到 0.4NTU 以下。

(3) 再次曝气充氧。通过精滤器过滤后的清水，从精滤器顶部的清水箱向设备出水槽汇集，通过出水槽螺旋曝气增氧装置对水进行再次曝气溶氧，使水的溶氧量达到 8mg/L 的极值，使水活化、鲜化，进一步提高水除污自净的能力。

(4) 反冲洗。模仿人体肾、肠排泻的过程，它完全自行根据过滤器内部压力的变化来判断是否实施反冲洗。

高效景观水体仿生修复技术应用于设备后，具有几方面的优势：

(1) 水力全自动化设备，无阀门、无维护；(2) 独特的二次曝气溶氧技术，有效去除水体中的尿素、溶菌酶等有机污染物；(3) 独特的多层超精细过滤介质，出水浊度＜1.0NTU；(4) 根据滤层含污量自动调整反冲洗周期；(5) 设备结构紧凑占地面积小；(6) 无需投加混凝剂、助凝剂、除藻剂；(7) 水力自己翻转，自动复位滤料，永不板结、永不更换；(8) 淘汰了国外易腐蚀、易损坏的金属弹簧多向阀，采用全 PVC-U 材质，无金属一次成形全塑，使用寿命长达 40 年。

1. 曝气技术（吐故纳新器）

曝气溶氧技术，本技术产品采用一种引出曝气的方式，将部分水体从整个景观水体中引出，在水体内充氧后输入回大水体环境内，如图 6.4-4 所示。通过一些推动力，实现整个水体的溶氧量增加。这种方式比较安全，不需要对水体内部结构做出调整。

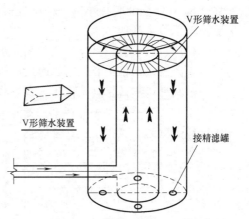

图 6.4-4　曝气系统原理图

　　自然界的水体自净的关键就在于水在流动过程中发生的呼吸功能，"流水不腐"不是因为运动，而是运动过程中出现的呼吸功能。给水领域里应该引进"呼吸"功能这个很重要的概念。在吐故纳新器中，原水从其中的内筒上升，在顶端溢流到 360°辐射水槽中，在水槽中水流分为三部分跌落，在空中形成三个极薄的水幕，根据氧转移原理，提高氧总转移系数需加强水流液相主体的紊流程度，降低液膜厚度，加速气、液界面的更新，增大气、液接触面积。也就是说水流充分细分，增大水流与空气的接触面积，在空气中充分曝气，使得水中富含溶解氧，同时水体中的有机物、含氮磷物质、氨氮、二氧化碳等有害气体从水流表面溢出。因为氧化还原作用是水体净化的主要作用，水中的溶解氧可以与污染物发生激烈的氧化反应，由此去除水中的有害物质。根据水质检测，处理后水中的溶解氧保持着饱和状态，使水始终鲜化、活化。

　　2. 浮选技术

　　溶气浮选技术应用于水处理领域，其主要目的是去除水中的悬浮物质，水中浮游生物和有机物的含量，主要技术指标是悬浮物质、有机物的去除率和处理后出水悬浮物质以及有机物的浓度。本技术产品将气浮工艺嫁接进设备，使之成为其中一个环节，与前端的曝气溶氧功能结合起来去除水中的有机物质。浮选系统原理如图 6.4-5 所示。

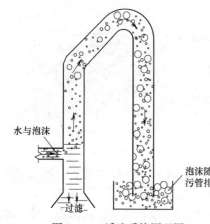

图 6.4-5　浮选系统原理图

　　高效景观水体设备系列的水处理设备中当夹杂着泡沫的原水来到过滤层上时，由于泡沫比水轻，所以浮在水面以上，设备内压力极小，滤层采用粒径较小、密度较大的矿石复合滤料，泡沫不能通过下面过滤层，只能浮在表面。当泡沫越积越多时只能通过上面的管道溢走，或者当滤池反冲洗时，泡沫随着一起被冲走。由此基本上去除了水中的尿素、N、P物质和油脂类物质。

　　3. 精滤技术

　　景观水体治理的主要目的是恢复原自然生态环境，本技术产品模拟了肾脏的过滤特点，对受污染水体强制进行过滤处理，使其水体水质得到提高。

　　一般循环过滤技术只适用于水体面积较小的景观喷泉水景中。本技术产品按照渗井原理（见图 6.4-6），采用级配负荷多层滤料过滤，形成精滤机，具有高效能、不易堵塞、不会频繁冲洗、工作周期大大延长等特点。由于这种分层过滤的特点所致，甚至可以达到细菌去除率90%以上。众所周知，大肠杆菌的粒径是 0.5μm，换句话说这种复合滤层可

以去除 $0.5\mu m$ 以上的所有颗粒，对 $0.5\mu m$ 以下的颗粒同样得到有效的去除。

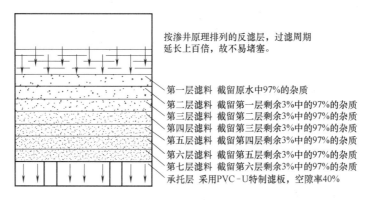

按渗井原理排列的反滤层，过滤周期
延长上百倍，故不易堵塞。

第一层滤料 截留原水中97%的杂质
第二层滤料 截留第一层剩余3%中的97%杂质
第三层滤料 截留第二层剩余3%中的97%杂质
第四层滤料 截留第三层剩余3%中的97%杂质
第五层滤料 截留第四层剩余3%中的97%杂质
第六层滤料 截留第五层剩余3%中的97%杂质
第七层滤料 截留第六层剩余3%中的97%杂质
承托层 采用PVC-U特制滤板，空隙率40%

图 6.4-6 精滤系统原理图

在滤料选择方面，经常根据密实判断、惯例和具有权威性的研究而选择（见图 6.4-7）。模型试验出来的不同滤料组合及级配，便能得以借鉴，从中研究以达到合乎真实情况的结论。期望在这些试验中能有最优化的试验资料，以得到最适合于要处理水的滤料及最佳滤速。

图 6.4-7 部分滤料样品

按照渗井原理排列的多层复合滤料滤池的含污能力比原单层滤料滤池的含污能力提高 2～3 倍，过滤周期延长 1 倍，滤速提高 40% 以上。

在滤板设计方面，滤板采用新型高强给水型塑料经机床一次性压制切割而成，使用寿命达 40 年以上；专用滤板的形状根据滤池内部结构进行改造，设计滤板厚度为 20mm。在本次改造中采用的专用滤板主要为方形结构，尺寸分别为 800mm×400mm、400mm×400mm、400mm×300mm、800mm×300mm，所用滤板总量为 308 块。排水滤板结构简单、尺寸恰当、孔眼形状合理、设计精巧，可实现排水阻力几乎为零（见图 6.4-8）。

4. 水力自动化技术

重力式无阀滤池（见图 6.4-9）是一种不需要阀门的快滤池，在运行的过程中，出水的水位保持恒定不变，进水的水位则随着滤层水头损失的增加而不断在虹吸管内上升，当水位上升到虹吸管管顶并形成虹吸时，就开始自动进行滤层反冲洗，冲洗掉的废水沿虹吸管排出池外。本产品参照重力式无阀滤池的原理，在研发设备时也采用了此种设备的结构形式，使其在整个工艺上能耗较低，水在此处理机构时不消耗任何能量，当设备截留的污染物质达到一定程度时，带动水阻增大，开始自动反冲洗，不需要人为根据压力表去判断手动操作反冲洗。

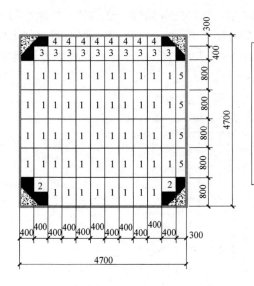

备注

1为800×400通透滤板 53块

2为800×400半透滤板 2块

3为400×400通透滤板 10块

4为400×300通透滤板 8块

5为800×300通透滤板 4块

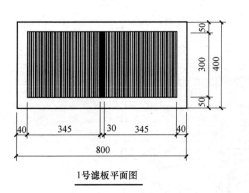
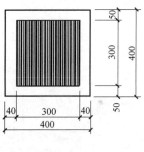

1号滤板平面图　　　　　　　　　3号滤板平面图

图 6.4-8　滤板平面图

5. 设备集成化

基于以上技术，我们将其整合成为一个整体设备，这个设备具有曝气溶氧、浮选、精滤的功能，能够实现水力自动化。减少人工操作，减少能耗，减少占地面积。

其整体运行流程（见图 6.4-10）为：来水由进水管送入过滤设备上部自动曝气充氧，经过滤层自上而下的过滤，滤后清水从连通管进入清（冲洗）水箱内贮存。水箱充涌后，进入出水槽，通过出水槽螺旋曝气充氧装置再次曝气充氧出水。

图 6.4-9　重力式无阀滤池

过滤设备运行中，滤层不断截留悬浮物质，滤层阻力逐渐增加，因而促使虹吸管内的水位不断升高。当水位达到虹吸管管口时，水自该管中落下，并通过抽气管不断将虹吸管中的空气带走，使虹吸管内形成真空，发生虹吸作用，则水箱中的水自下而上通过滤层，对滤料进行反冲洗。此时过滤设备仍在进水，反冲洗开始后，进水和冲洗废水同时经虹吸管排至排水井排出。当冲洗水箱面下降到虹吸管管口时，空气进入虹吸管，虹吸作用被破坏，过滤设备反冲洗结束，过滤设备又开始进水，自动进行下一周期的过滤运行（见图6.4-11）。

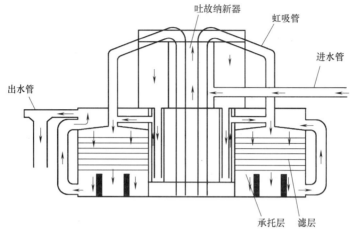

图 6.4-10　系统工作流程图

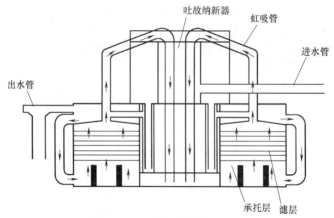

图 6.4-11　反冲洗系统原理图

6.4.3　示范工程建设与管理

1. 方案设计

本示范工程结合清溪园景观水体污染特征进行了系统方案设计。（1）补水水源的净化。针对景观水体雨水水源污染，进行了源头净化，采用生态氧化塘技术和生态边坡技术，对雨水及地表径流进行污染控制，使景观水体补水水源的水质得到保障。（2）水质净化与提升。针对景观水体污染问题，采用高效景观水体仿生修复技术设备，进行水体的循环净化。同时，采用设备曝气、跌水等工艺措施，提升实体溶解氧含量。（3）增强水体的流动性。通过高效景观水体仿生修复技术进行水体循环过程，增加水体的流动性。（4）水体自净能力提升。采用沉水植物、挺水植物等生态修复技术，提升水体自净能力。形成以高效景观水体仿生修复技术为核心的综合性景观水体水质保障技术。具体工艺环节如下：

（1）补水水源的净化

采用表流湿地与生态边坡技术，进行雨水水源污染净化。表流湿地是指将污水有控制地投配到一定长宽比及地面坡度并种有水生植物的洼池中，使污水沿着湿地表面呈推流式流动，与土壤、植物及植物根部的生物膜接触，在物理、化学、生物三者的协同作用下，通过过滤、吸附、沉淀、离子交换、植物吸收和微生物降解等来实现水质净化目的的污水处理技术。生态边坡技术，是通过改善工程环境、体现自然环境美的边坡植物防护新技术，与传统的坡面工程防护措施共同形成了边坡工程植物防护体系。

（2）水质净化与提升

主要采用高效景观水体仿生修复技术工艺进行水体净化与提升。研发设备主体，集曝气、浮选、精滤于一体，主体设备采用全 PVC-U 塑料材质，内部装填石英砂、活性炭等多层复合滤料，循环处理水量为 $280m^3/h$，净化系统循环周期为 7d，运行方式为水力全自动运行。设备无电气元件，无阀门，根据滤层含污量，自动调整反冲洗周期，实施反冲洗，反冲洗时间不超过 3.5min。通过水泵从水体中回水，水泵将对水体提升到设备，设备净化后重力自流到水体的进水口，同时一部分净化后的水体给到各个跌水点，形成跌水景观。消毒系统主要利用次氯酸钠通过计量泵对水体投加，进行水体的消毒，防止有害物质滋生。

（3）增强水体流动性，提升溶解氧含量

通过高效景观水体仿生修复技术产品的循环净化，改善水体流动性，设置不同形式的曝气方式提升水体溶解氧含量，从而使水中硝化细菌顺利进行好氧硝化作用。曝气主要用于大型水体、有水力势头的水体，通过跌水曝气，不用消耗能量，达到向水中充氧的效果。

（4）水体自净能力提升

通过水体生态环境建设，提升水体自净能力。生态氧化塘是指将库塘和低洼荒地进行适当的人工修整，利用天然净化能力对污水进行处理的生物工程措施。塘内分布着大量的菌藻及各种微生物，可形成由藻类、原生动物、浮游动物、鱼类等参与的多级食物链组成的复杂生态系统。具有投资费用低、维护简单、抗冲击负荷强及美化生态景观等特点。该生态氧化塘主要利用微生物和水生动植物的生物反应以及生命活动，吸收、转化水体内的有机污染物质，将大分子有机污染物转化成小分子物质，最终转化成氮气、二氧化碳释放到空气中。该生态氧化塘表面形状呈长方形，设计水面面积为长 50m×宽 20m，平均水深为 3m，水力停留时间为 2～3d。氧化塘的岸边种植芦苇，塘底种植多种水草、藻类植物，塘内投加适量草鱼等鱼类动物，保证氧化塘内生物多样性及多层次生态系统完整性。

2. 工程建设情况

（1）表流湿地及生态边坡建设

清熙园表流湿地建设在湿地种植区内，水生植物生长茂密、种类繁多，主要包括挺水植物芦苇、水葱，浮叶植物睡莲以及沉水植物狐尾藻。它们夹杂种植，没有固定的排列顺序，全面覆盖了湿地的水面、水中及水底区域。该表流湿地单元的水面面积为长 12m×宽 10m，池深 1.0m，水力停留时间为 1d。对于水体中的有机污染物、含氮磷化合物湿地植物都能够大量吸收，脱氮除磷效果好，能够解决水体富营养化的问题。

生态边坡建设，根据园区的土质以及地形特点，在沿湖的缓坡带种植人工草坪，如

图 6.4-12、图 6.4-13 所示。生态边坡不仅造价低廉而且适应性强，美化景观效果好，对于降雨、降雪等径流水流具有阻拦、降解有机物的作用。在陡坡地区种植灌木、乔木类树种，固化土壤，防风固沙，种植品种以果树为主，在美化景观的同时具有食用价值，更能促进园区人们维护景观的积极性。

图 6.4-12　生态边坡一

图 6.4-13　生态边坡二

图 6.4-14　设备图

（2）高效景观水体仿生修复技术设备的安装

根据园区水体形状，选择适宜的位置，进行设备的安装与调试，如图 6.4-14 所示。

（3）曝气及水体流动性改善工程建设

1）跌水

水蘑菇表面积很大，因此过水与空气接触面积大，由于长期过水，表面已附着一层生物膜，水层缓慢流过，能够有效降解过水中的有机物含量。水蘑菇中的水完全靠设备出水重力流出，无需动力设备。如图 6.4-15、图 6.4-16 所示。

2）缓流、湍流

通过自然溪流、河道或者明渠的方式与管道运输水体进行对比，更强的优势在于在水体的运输过程中，水与空气进行了大面积接触，溶氧量得以提高。如图 6.4-17、图 6.4-18 所示。

3）喷泉、涌泉

在欧式风格石柱群边，设置了两排喷泉和涌泉（见图 6.4-19），通过主体水处理设备循环泵的支管压力，形成一道道水帘，喷洒到湖中，再次达到了充氧的目的。跌水曝气是提高水体溶解氧的有效措施之一。

地势较高的小湖与主体湖通过几条湍流的溪水自然相连。

4）冬季防冻工艺

北方地区在冬季寒冷的天气下，一般水体表面都结有冰层，图 6.4-20 中的防冻工艺则充分利用了池底水温度较高（为 4℃）的原理，通过阻流墙将池底水推到水面，再流过

图 6.4-15 水蘑菇

图 6.4-16 台阶跌水

网格式导流槽，这样加大了水流速度，即使在严寒水面也不会结冰。夏天，水流过导流槽时也增大了水与空气的接触面积，从而增加了水中溶解氧含量。

（4）沉水植物的种植

根据水系特点及功能定位采用的沉水植物种类为矮生耐寒型苦草，同时搭配亚洲苦草、刺苦草、轮叶黑藻、马来眼子菜、伊乐藻，以群落塘植方式种植（种植密度 $100\sim150$ 株/m^2），沉水植物种植面积达该水域 30%（约 $16000m^2$），如图 6.4-21 所示。

3. 运行管理措施

该示范工程由北京沃奇新德山水集团进行设备的运行管理，配备专人进行管理，形成

图 6.4-17   缓流

图 6.4-18   湍流

图 6.4-19   喷泉、涌泉

了完善的管理制度。

（1）定期设备检修制度

在设备运行管理方面，定期进行设备检修与维护。同时针对系统方案各个环节的要求，有专业人员进行系统维护。

（2）水质监测制度

根据要求，定期进行水体水质监测。

（3）日常维护制度

日常进行水体污染物清理，定期进行水草的修剪。

图 6.4-20　网格式导流槽

图 6.4-21　沉水植物

6.4.4　示范应用效果

1. 技术指标测试与评估

分配水箱完成后，为了测试其溶氧能力，故做成简易的系统，在清熙园的示范基地内，利用水泵取水增压到分配水箱，经过分配水箱的内部结构处理后，出水回流到原水体。2015 年 5—10 月，连续半年，利用便携式溶解氧测试仪分配水箱的曝气性能，结果见表 6.4-1。

溶氧数据跟踪记录表　　　　　　　　　　　　　　表 6.4-1

日期	溶解氧（mg/L）	日期	溶解氧（mg/L）	日期	溶解氧（mg/L）	日期	溶解氧（mg/L）
5 月 15 日	6.6	6 月 30 日	8.4	8 月 16 日	7.8	9 月 30 日	8.3
5 月 29 日	7.2	7 月 15 日	8.6	8 月 31 日	7.9	10 月 16 日	8.0
6 月 14 日	7.8	7 月 30 日	8.5	9 月 15 日	8.4	10 月 31 日	8.3

通过数据可以看出，系统刚开始运行的时候，水中溶氧在 6.6mg/L 左右，水体具有自净能力，但是能力有限。在溶氧系统加入后，水中溶氧有了较大改善，初期水体溶氧增幅较大，随着天气的升温，有机物含量增高，水中溶氧消耗量增大，水体溶氧稍有降低，但是仍高于加入溶氧系统前的水体含氧量。

将原曝气系统内增加浮选设备，形成一个曝气浮选的系统，测量系统出水水质，结果见表 6.4-2。

<table>
<tr><td colspan="6" align="center">浮选数据跟踪记录表   表 6.4-2</td></tr>
<tr><th>日期</th><th>COD(mg/L)</th><th>氨氮(mg/L)</th><th>日期</th><th>COD(mg/L)</th><th>氨氮(mg/L)</th></tr>
<tr><td>8月15日</td><td>4.5</td><td>0.18</td><td>8月31日</td><td>4.1</td><td>0.09</td></tr>
<tr><td>8月17日</td><td>4.0</td><td>0.13</td><td>9月2日</td><td>4.2</td><td>0.12</td></tr>
<tr><td>8月19日</td><td>3.8</td><td>0.12</td><td>9月4日</td><td>4.0</td><td>0.11</td></tr>
<tr><td>8月21日</td><td>3.9</td><td>0.13</td><td>9月6日</td><td>3.9</td><td>0.10</td></tr>
<tr><td>8月23日</td><td>4.0</td><td>0.11</td><td>9月8日</td><td>3.8</td><td>0.13</td></tr>
<tr><td>8月25日</td><td>3.8</td><td>0.10</td><td>9月10日</td><td>3.9</td><td>0.09</td></tr>
<tr><td>8月27日</td><td>3.8</td><td>0.13</td><td>9月12日</td><td>4.1</td><td>0.11</td></tr>
<tr><td>8月29日</td><td>3.9</td><td>0.12</td><td>9月14日</td><td>4.0</td><td>0.12</td></tr>
</table>

通过试验数据可以看出，系统没有运行的时候（即 8 月 15 日的测试数据），COD 与氨氮的数值比系统运行时数据高，在系统开启后，水中的有机物浓度有了明显改善，其中 COD 浓度控制在 4.0mg/L 左右，氨氮浓度在 0.10mg/L 左右波动，整体水质良好，按照原先的景观娱乐用水水质标准来看，整体数值接近 B 类标准，其中氨氮浓度远高于 A 类标准。

本次试验设置两组，取两片隔离开的、相距较远的水系分别进行试验，A 组利用水泵直接将水加压到精滤罐体内，出水回流到原水体；B 组将曝气溶氧精滤系统组成一个整体，利用水泵将水加压到设备，设备进行曝气、浮选、精滤后，出水重力流到原水体。A 组测量悬浮物，B 组测量溶氧、COD、氨氮以及悬浮物，两组试验的测量结果分别见表 6.4-3、表 6.4-4。

<table>
<tr><td colspan="8" align="center">A 组精滤数据跟踪记录表   表 6.4-3</td></tr>
<tr><th>日期</th><th>悬浮物(mg/L)</th><th>日期</th><th>悬浮物(mg/L)</th><th>日期</th><th>悬浮物(mg/L)</th><th>日期</th><th>悬浮物(mg/L)</th></tr>
<tr><td>9月15日</td><td>19</td><td>9月23日</td><td>5</td><td>9月31日</td><td>4</td><td>10月8日</td><td>4</td></tr>
<tr><td>9月17日</td><td>8</td><td>9月25日</td><td>5</td><td>10月2日</td><td>4</td><td>10月10日</td><td>4</td></tr>
<tr><td>9月19日</td><td>6</td><td>9月27日</td><td>6</td><td>10月4日</td><td>5</td><td>10月12日</td><td>3</td></tr>
<tr><td>9月21日</td><td>6</td><td>9月29日</td><td>5</td><td>10月6日</td><td>5</td><td>10月14日</td><td>4</td></tr>
</table>

<table>
<tr><td colspan="5" align="center">B 组精滤数据跟踪记录表   表 6.4-4</td></tr>
<tr><th>日期</th><th>溶氧(mg/L)</th><th>COD(mg/L)</th><th>氨氮(mg/L)</th><th>悬浮物(mg/L)</th></tr>
<tr><td>10月15日</td><td>8.1</td><td>4.0</td><td>0.11</td><td>5</td></tr>
<tr><td>10月17日</td><td>8.2</td><td>3.9</td><td>0.10</td><td>5</td></tr>
<tr><td>10月19日</td><td>8.0</td><td>4.1</td><td>0.09</td><td>4</td></tr>
<tr><td>10月21日</td><td>8.6</td><td>4.2</td><td>0.11</td><td>5</td></tr>
</table>

续表

日期	溶氧(mg/L)	COD(mg/L)	氨氮(mg/L)	悬浮物(mg/L)
10 月 23 日	8.4	4.1	0.10	4
10 月 25 日	8.6	3.9	0.11	3
10 月 27 日	8.3	3.9	0.10	3
10 月 29 日	8.9	4.1	0.09	3
10 月 31 日	8.7	4.0	0.10	4
11 月 2 日	8.7	4.1	0.11	3
11 月 4 日	8.6	3.9	0.10	3
11 月 6 日	8.5	3.9	0.09	4
11 月 8 日	8.9	4.0	0.10	3
11 月 10 日	8.8	4.0	0.10	3
11 月 12 日	8.7	4.1	0.10	2
11 月 14 日	8.9	4.0	0.09	2

通过试验数据可以看出，A 组数据主要测量悬浮物，在系统未运行时，整个水体的悬浮物浓度较高，系统开启后，整个水体的悬浮物浓度逐步下降，最终稳定在 5mg/L 以内；从 B 组数据可以看出，将曝气、浮选、精滤系统整合成一个整体设备后，溶氧、COD、氨氮以及悬浮物几项指标都能够比单项系统时的数据要有所改善。

2. 综合效果

通过对景观水体生态改善技术的试验研究及对比分析，得出以下主要结论：

（1）生态改善系统对景观水体的净化效果较好，对 COD_{Mn}、TN、TP 及浊度等指标的去除率较高且长期稳定，景观水质可达到且优于《地表水环境质量标准》GB 3838—2002 中Ⅲ类标准限值。

（2）分析研究了曝气溶氧过滤、表流湿地等各单元对污染物的去除效果，其中曝气溶氧过滤对浊度的去除效率最高，表流湿地对 TN、TP 处理效果较为明显，生态氧化塘对 COD_{Mn}、TN 及 TP 去除效果明显，水生植物塘对 TP 去除效果明显，各单元因结构特点及植物种类不同，对污染物的去除效果相异。

（3）对比分析了各工艺单元及自然曝气、跌水充氧对水体增氧效果的作用，其中曝气溶氧过滤装置增氧率最高，水生植物塘次之，生态氧化塘与自然曝气、跌水充氧增量效果相当，表流湿地呈耗氧状态。

（4）对两种不同的工艺组合进行了对比分析，曝气溶氧过滤＋表流湿地组合对浊度的去除效果更佳，但曝气溶氧过滤＋生态氧化塘＋水生植物塘组合对有机污染物及营养物质的去除效果更好，在考虑气温、环境塑造及土地利用等因素的情况下，因地制宜地选择生态改善工艺进行组合。两者对水体增氧效果差异不大，生态改善系统总出水 DO 浓度均值达到了 90％以上的溶解氧饱和率，优于《地表水环境质量标准》GB 3838—2002 中Ⅰ类标准限值。

综上所述，该景观水体生态净化组合工艺的试验研究可为优选景观水体生态修复工艺提供理论依据及设计参照。

6.4.5 推广应用前景

1. 经验总结

高效景观水体仿生修复技术体系的研发是在多项基础技术研究的基础上，结合景观水体治理的需求，形成的综合性的技术集成产品，该技术具有先进性优势。同时企业在产品研发方面结合设备的特征采用了不同的材质，保障设备的长期有效运行。在实际工程应用过程中，结合水环境治理的总体方案，形成了较为完善的技术工艺体系，充分体现了技术产品应用效果。

通过示范工程建设，进一步检验了设备产品的应用效果，总结了技术产品应用过程中存在的问题，并形成了工程建设手册，指导设备推广应用，完善了水环境治理技术工艺体系，为产品的推广提供了支撑。

2. 推广应用前景

（1）目标市场

各类河湖、景观、人工水系、喷泉等水处理。随着城市建设速度加快、规模加大，城市用水量急剧增加，水资源越来越紧张，城市河湖、景观及人工水系缺乏补充水源，导致水质恶化，同时随着人们生活水平的提高，对水环境要求也越来越高。

（2）技术实施可能性

该技术产品的研发经过了试验研究与技术研发的系统过程，技术安全可靠，且企业基于技术形成了技术产品。该产品在实际工程中进行了示范应用，并取得了良好的效果。同时企业以科技为先导，注重知识产权保护，进行了独有的专利技术保护，成立后累计申请专利 20 余项，其中发明专利 2 项，构建了强有力的专利保护体系。产品的不可复制性保证了产品在市场上一直保持领先地位，主要表现在：1）焊接要求高，目前市场上的焊接技术根本满足不了产品所要求达到的焊接质量要求，焊接技术突破了产品工艺实现的瓶颈，而焊接所要求的技术工人的培训实习期也长达 3 个月以上；2）焊接所采用的焊条全部由自己配料生产，配料具有严格标准及科学的检测设施，确保焊接过程的焊接质量；3）产品由于没有系统的国家标准，从开始制作至变成合格产品其检测标准及技术标准均是由公司自己起草，北京市技术监督局监督进行实施的企业标准；4）产品专业技术性非常强，一件合格产品通常需要经过多道程序、多工种人员配合协助共同完成，因此产品保持了很高的机密性。

（3）风险分析

该技术产品市场风险相对较小：1）该项目完全符合并积极响应了目前国家所提出的建设节约型社会的要求，也符合国家"十一五"所倡导的以塑代钢的产业政策。2）就目前的市场条件而言，大量新兴楼盘的建设、大量河湖水质的恶化，因此景观水处理市场空间巨大。3）就目前处理设备现状而言，国内外没有一种很成熟的工艺，该设备的出现定会给整个市场带来巨大冲击，给客户带来一个全新选择。4）高效的节能降耗、较低的价格定位定会赢得客户的青睐。

该技术推广的人才风险：项目的实施需要储备一定数量的技术及工程人才，就目前而言储备的人才数量较少。1）由于设备整体技术含量很高，所招相关专业人员必须经过专业培训后才能进行设计、安装施工。2）人才培养需要一定的周期，因此必须实施人才工程，专业人员是批量化生产的保障。